抗 疲 劳 设 计 手 册

赵少汴 编 著

机 械 工 业 出 版 社

本书系统地介绍了各种抗疲劳设计方法及其设计参数的确定方法。其主要内容包括：概论、疲劳极限和疲劳图、影响疲劳强度的因素、疲劳累积损伤理论、常规疲劳设计、随机疲劳、低周疲劳、局部应力应变分析法、损伤容限设计、概率疲劳设计、环境疲劳、典型零部件的抗疲劳设计、联接和接头的疲劳强度、提高零构件疲劳强度的方法。本书是在总结我国机械行业在抗疲劳设计方面的系列科研成果基础上，汲取必要的国内外成熟方法和技术数据编写而成的，书中包含了大量国内外工程材料和典型零部件及接头的疲劳性能技术数据和抗疲劳设计图表，实用性和针对性强。

本书是一本机械设计人员进行抗疲劳设计的必备参考书，也可供相关专业在校师生参考。

图书在版编目（CIP）数据

抗疲劳设计手册/赵少汴编著. —2 版. —北京：
机械工业出版社，2015.6
ISBN 978 - 7 - 111 - 50562 - 4

Ⅰ. ①抗… Ⅱ. ①赵… Ⅲ. ①疲劳强度 - 机械设计 -
手册 Ⅳ. ①TH122 - 62

中国版本图书馆 CIP 数据核字（2015）第 133838 号

机械工业出版社（北京市百万庄大街22 号 邮政编码100037）
策划编辑：陈保华 责任编辑：陈保华
封面设计：马精明 版式设计：霍永明
责任印制：康朝琦
北京京丰印刷厂印刷
2015 年 9 月第 2 版·第 1 次印刷
184mm ×260mm · 33.5 印张 · 828 千字
0 001—3 000 册
标准书号：ISBN 978 - 7 - 111 - 50562 - 4
定价：119.00 元

第 2 版前言

本书第 1 版书名为《抗疲劳设计——方法与数据》，于 1997 年出版，曾获国家机械局科技进步二等奖。该书汇集了国内外机械行业抗疲劳设计方面的大量研究成果及先进、成熟的设计方法和数据，是一本机械设计人员进行抗疲劳设计的必备参考书，深受读者欢迎。该书出版已十多年了，各种新技术不断涌现，相应的标准都进行了修订，为了适应读者的需要，决定对该书进行修订。

本书不仅对各种抗疲劳设计方法及其设计参数的确定方法进行了系统的论述，还提供了大量的国内外工程材料和典型零部件及接头的疲劳性能技术数据和抗疲劳设计图表，实质上是一本抗疲劳设计工具书。因此，本书第 2 版书名改为《抗疲劳设计手册》。

在这次修订工作中，增加了作者在机械结构强度评价方法与应用软件研究课题中的新研究成果；在有限寿命设计和局部应力应变分析法等方面进行了较大的修订和补充；修正了第 1 版中的错误；对全书进行了重新编排，将第 1 版附录中大量的图表融入正文中，以方便读者查阅。

在本书修订编写过程中，为使数据更全面，方法更系统，能够真正起到抗疲劳设计工具书的作用，书中除了总结作者及其合作者在这方面的系列试验研究成果之外，也收录了大量国内外成熟的设计方法和数据，以便于读者使用。在此，对这些文献资料的作者表示衷心的感谢。

由于作者水平有限，错误和纰漏之处在所难免，敬请广大读者批评指正

作　者

第1版前言

从19世纪初叶首次发现疲劳破坏现象以来，已有近二百年的历史。在这不足两世纪的岁月里，人们对疲劳进行了大量试验研究，并越来越认识到疲劳破坏是机械产品的一种主要失效形式。现在美英等一些发达国家，对于承受循环载荷的机械，除了要进行传统的静强度计算之外，都还要进行疲劳强度校核，且后者往往是产品设计规范更主要的内容。而我国的机械设计则还停留在静强度设计阶段，对大多数本应进行抗疲劳设计的产品，还是只进行静强度计算，而不进行疲劳强度计算或校核。推其原因，除了一些机械设计人员对疲劳强度的重要性认识不足外，主要是缺乏国产工程材料的抗疲劳设计数据和没有制订出各种机械产品的抗疲劳设计规范。我国自20世纪70年代起，已开始对疲劳问题进行了较多的试验研究。机械行业也从20世纪80年代开始，组织了一些研究院所、高等院校和工厂，对机械产品的抗疲劳设计方法和国产工程材料的抗疲劳设计数据进行了较系统的试验研究，为开展机械产品的抗疲劳设计打下了一定基础。本书是在总结我国十几年来在抗疲劳设计研究方面的系列成果基础上写出的，它汲取了必要的国内外成熟方法和数据，是一本既反映当代世界先进水平，又适合我国机械产品使用的抗疲劳设计参考书，旨在为我国机械设计人员进行抗疲劳设计或制订专业产品的抗疲劳设计规范提供通用的设计方法和数据。本书设计方法和数据全面、系统、新颖、实用，特别是所提供的国产工程材料的抗疲劳设计数据和典型零构件及接头的抗疲劳设计方法，为目前国内现有的诸多疲劳文献中内容最多、最全的。

本书分正文和附录两大部分，正文对各种抗疲劳设计方法及其设计参数的确定方法进行了系统的论述，附录提供了大量的国内外材料和典型零构件及接头的疲劳性能数据和抗疲劳设计图表。书中的很多数据、图表都是取自郑州机械研究所、上海材料研究所、东北大学、浙江大学、西安交通大学、郑州工学院、同济大学、冶金部钢铁研究总院、洛阳拖拉机研究所、天津工程机械研究所和第二汽车制造厂等单位的试验研究报告，另外还参考了一些其他中外文献资料，在此一并表示感谢。本书选用的试验研究成果有：疲劳设计基础问题研究，常规疲劳设计方法研究，疲劳设计方法补充工作，疲劳设计方法数据库，机械强度与振动数据库，材料性能数据库研究，疲劳累积损伤规律研究，焊接接头的疲劳强度研究，典型焊接接头的疲劳强度与断裂行为研究等。这些研究成果获得国家或机械部科技进步奖四项，获得机械部机械科学研究院科研成果奖多项。

本书由赵少汴、王忠保编著，张晓慧、陈德广参加编写。本书主要供机械设计人员使用，也可供大专院校有关专业师生使用。由于作者水平所限，不尽人意之处，敬请读者指正。

作　者

目 录

常用符号表

a——计算裂纹尺寸(mm)

a_0——初始裂纹尺寸(mm)

a_c——临界裂纹尺寸(mm)

$\mathrm{d}a/\mathrm{d}N$——疲劳裂纹扩展速率(mm/周次)

A——横截面积(mm^2)

无限次循环时的疲劳极限(MPa)

b——疲劳强度指数

c——疲劳延性指数

C——循环比

d——直径(mm)

D——直径(mm)

疲劳损伤

D_f——损伤和

e——名义应变

E——弹性模量(MPa)

f——频率(Hz)

疲劳比

F——作用力(N)

ΔF——作用力范围(N)

G——切变模量(MPa)

I——截面轴惯性矩(mm^4)

I_P——截面极惯性矩(mm^4)

K——应力强度因子($\mathrm{N/mm}^{\frac{3}{2}}$)

K'——循环强度系数(MPa)

K_C——断裂韧度($\mathrm{N/mm}^{\frac{3}{2}}$)

K_{IC}——平面应变断裂韧度($\mathrm{N/mm}^{\frac{3}{2}}$)

ΔK——应力强度因子范围($\mathrm{N/mm}^{\frac{3}{2}}$)

ΔK_{th}——疲劳裂纹扩展门槛值($\mathrm{N/mm}^{\frac{3}{2}}$)

K_f——疲劳缺口系数

K_{fs}——粗糙加工表面的疲劳缺口系数

K_t——理论应力集中系数

K_σ——正应力下的疲劳缺口系数

K_σ'——真实应力集中系数

$K_{\sigma D}$——正应力下的疲劳强度降低系数

$K_{\sigma N}$——N次循环时的疲劳缺口系数

K_τ——切应力下的疲劳缺口系数

$K_{\tau D}$——切应力下的疲劳强度降低系数

K_e'——真实应变集中系数

L——长度(mm)

M——弯矩(N·m)

M_t——扭矩(N·m)

n——循环次数(周次)

安全系数

子样容量

n'——循环应变硬化指数

$[n]$——许用安全系数

n_N——寿命安全系数

N——疲劳寿命(周次)

$2N$——以反向数计的疲劳寿命

N_i——裂纹形成寿命(周次)

N_0——S-N曲线转折点的疲劳寿命(周次)

N_{50}——中值疲劳寿命(周次)

N_p——$p\%$存活率的疲劳寿命(周次)

N_P——疲劳裂纹扩展寿命(周次)

p——存活率(%)

P——破坏率(%)

q——疲劳缺口敏感度

Q——相对应力梯度(mm^{-1})

r——半径(mm)

相关系数

R——应力比

可靠度

半径(mm)

s——子样标准差

s^2——子样方差

S——名义应力(MPa)

ΔS——名义应力范围(MPa)

t——时间(h)

T——温度(℃)

u_p——与存活率相关的标准正态偏量

$\bar{x}$——子样均值

x_p——$p\%$存活率下的对数疲劳寿命

Z_R——可靠度系数(联结系数)

Z——抗弯截面系数(mm^3)

Z_p——抗扭截面系数(mm^3)

α——显著度

β——表面系数

β_1——表面加工系数

$\beta_{1\tau}$——切应力下的表面加工系数

β_2——腐蚀系数

β_3——表面强化系数

γ——置信度（%）

δ——相对误差（%）

ε——尺寸系数

真应变

ε_a——应变幅

ε_e——弹性应变

ε_f——真断裂延性

ε_f'——疲劳延性系数

ε_p——塑性应变

ε_t——总应变

$\Delta\varepsilon$——真应变范围

μ——母体均值

ν——泊松比

变异系数

ρ——缺口根部曲率半径（mm）

σ——应力（MPa）

真应力（MPa）

母体标准差

$[\sigma]$——许用应力（MPa）

σ_{-1}——材料的对称弯曲疲劳极限（MPa）

σ_{-1cor}——材料的对称弯曲腐蚀疲劳极限（MPa）

σ_{-1d}——尺寸 d 试样的对称弯曲疲劳极限（MPa）

σ_{-1D}——零件的对称弯曲疲劳极限（MPa）

σ_{-1K}——应力集中试样的对称弯曲疲劳极限（MPa）

σ_{-1z}——材料的对称拉-压疲劳极限（MPa）

σ_{-1N}——N 次循环的材料对称弯曲疲劳极限（MPa）

σ_{-1p}——p% 存活率的材料对称弯曲疲劳极限（MPa）

$\sigma_{-1\infty}$——无限多次循环时的材料对称弯曲疲劳极限（MPa）

σ_0——脉动循环下的弯曲疲劳极限（MPa）

σ_a——应力幅（MPa）

σ_{aD}——零件疲劳极限振幅（MPa）

$\Delta\sigma$——应力范围（MPa）

σ_b——抗拉强度（MPa）；抗拉强度新符号为 R_m，为了全书力学性能符号形式尽量统一，本书抗拉强度符号仍采用 σ_b

σ_e——变幅载荷下的当量应力（MPa）

σ_f——真断裂强度（MPa）

σ_f'——疲劳强度系数（MPa）

σ_m——平均应力（MPa）

σ_{max}——最大应力（MPa）

σ_{min}——最小应力（MPa）

σ_n——名义应力（MPa）

σ_q——等效应力（MPa）

σ_r——非对称循环下的疲劳极限（MPa）

σ_{rR}——疲劳极限的半径矢量（MPa）

σ_R——应力的半径矢量（MPa）

蠕变极限（MPa）

σ_s——屈服强度（MPa）；屈服强度新符号为 R_{eH}（上屈服强度）和 R_{eL}（下屈服强度），为了全书力学性能符号形式尽量统一，本书屈服强度符号仍采用 σ_s

σ_t——真应力（MPa）

τ——切应力（MPa）

τ_{-1}——材料的对称扭转疲劳极限（MPa）

τ_{-1K}——应力集中试样的对称扭转疲劳极限（MPa）

τ_{-1D}——零件的对称扭转疲劳极限（MPa）

τ_0——材料的脉动扭转疲劳极限（MPa）

τ_a——切应力幅（MPa）

τ_m——平均切应力（MPa）

ψ——断面收缩率（%）

ψ_σ——正应力下的平均应力影响系数

$\psi_{\sigma K}$——缺口试样的平均应力影响系数

$\psi_{\sigma D}$——零件的平均应力影响系数

ψ_τ——切应力下的平均应力影响系数

第1章 概　　论

1.1　常用术语

（1）疲劳（fatigue）　材料在循环应力和应变作用下，在一处或几处逐渐产生局部永久性累积损伤，经一定循环次数后产生裂纹或突然发生完全断裂的过程。

（2）环境（environment）　包围试样试验部分的化学物质和能量的组合体。

（3）波形（wave form）　控制的力学试验变量（例如载荷、应力、应变）作为时间的函数而从峰值变到峰值的形状。

（4）反向（reversal）　疲劳载荷中，载荷-时间函数的一阶导数改变符号处。恒幅循环载荷中，反向次数为循环次数的两倍。

（5）疲劳载荷（fatigue loading）　加于试样或服役构件的周期性或非周期性动载荷，也称为循环载荷。

（6）峰值载荷（peak load）　疲劳载荷中，载荷-时间函数的一阶导数从正数变至负数处的载荷；恒幅载荷中的最大载荷。

（7）谷值载荷（valley load）　疲劳载荷中，载荷-时间函数的一阶导数从负数变至正数处的载荷；恒幅载荷中的最小载荷。

（8）恒幅载荷（constant amplitude loading）　疲劳载荷中，所有峰值载荷均相等和所有谷值载荷均相等的载荷。

（9）谱载荷（spectrum loading）　疲劳载荷中，所有峰值载荷不等，或所有谷值载荷不等，或两者均不相等的载荷，也称为变幅载荷或不规则载荷。

（10）随机载荷（random loading）　疲劳载荷中，峰值载荷和谷值载荷及其序列是随机出现的一种谱载荷。

（11）载荷单元（block）　疲劳载荷中，连续施加的恒幅载荷循环的特定次数，或同样重复的有限长度的谱载荷序列。

（12）计数法（counting method）　谱载荷中，从载荷-时间历程确定不同载荷参量值和计算其出现次数的方法。

（13）应力循环（stress cycle）　恒幅载荷中，应力随时间做周期性变化的一个完整过程（见图1-1）。谱载荷中，循环的定义随计数方法而异。

（14）最大应力（maximum stress）σ_{max}　应力循环中具有最大代数值的应力（见图1-1）。拉应力为正，压应力为负。

（15）最小应力（minimum stress）σ_{min}　应力循环中具有最小代数值的应力（见图1-

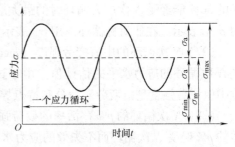

图1-1　应力循环

1）。拉应力为正，压应力为负。

（16）平均应力（mean stress）σ_m 应力循环中最大应力和最小应力的代数平均值（见图1-1），即

$$\sigma_m = \frac{\sigma_{max} + \sigma_{min}}{2} \tag{1-1}$$

拉应力为正，压应力为负。

（17）应力幅（stress amplitude）σ_a 应力循环中最大应力和最小应力代数差的一半（见图1-1），即

$$\sigma_a = \frac{\sigma_{max} - \sigma_{min}}{2} \tag{1-2}$$

（18）应力范围（range of stress）$\Delta\sigma$ 应力循环中最大应力和最小应力的代数差，即

$$\Delta\sigma = \sigma_{max} - \sigma_{min} = 2\sigma_a \tag{1-3}$$

（19）应力比（stress ratio）R 应力循环中最小应力与最大应力的代数比值，即

$$R = \frac{\sigma_{min}}{\sigma_{max}} \tag{1-4}$$

（20）应力水平（stress level） 由一对应力分量 σ_{max} 和 σ_{min} 确定。在给定应力比或平均应力 σ_m 的条件下，应力水平可以用最大应力 σ_{max} 或应力幅 σ_a 表示。

（21）对称循环（reversed cycle） 平均应力 $\sigma_m = 0$ 的循环，此时 $R = -1$。

（22）脉动循环（fluctuating cycle） 最小应力 $\sigma_{min} = 0$ 的循环，此时 $R = 0$。

（23）疲劳寿命（fatigue life）N 疲劳失效时所经受的应力或应变的循环次数。

（24）中值疲劳寿命（median fatigue life）N_{50} 将在同一试验条件下所试一组试样的疲劳寿命观测值按大小顺序排列时，处于正中的一个数值。当试样为偶数时，为处于正中的两个值的平均值。

（25）$p\%$ 存活率的疲劳寿命（fatigue life for $p\%$ survival）N_p 给定载荷下母体的 $p\%$ 达到或超过的疲劳寿命的估计值，可从个体疲劳寿命估计，p 可以是90、95等。

（26）N 次循环的疲劳强度（fatigue strength at N cycles） 从 S-N 曲线上所确定的恰好在 N 次循环失效的估计应力值，也称为 N 次循环的条件疲劳极限。此值的使用条件必须与用来确定它的 S-N 曲线的测定条件相同。此值一般是指在平均应力为零的条件下，给定一组试样的50%能经受 N 次应力循环时的最大应力或应力幅，即所谓的 N 次循环的中值疲劳强度，用 σ_{-1N} 表示。在非对称循环下用 σ_{rN} 表示。

（27）N 次循环的中值疲劳强度（median fatigue strength at N cycles） 母体的50%能经受 N 次循环的应力水平的估计值。由于试验不能直接求得 N 次循环的疲劳强度频率分布，故中值疲劳强度是由疲劳寿命分布特点导出的。

（28）N 次循环的 $p\%$ 存活率的疲劳强度（fatigue strength for $p\%$ survival at N cycles） 母体的 $p\%$ 经受 N 次循环而不失效的应力水平的估计值。p 可以是90、95、99等。

（29）疲劳极限（fatigue limit）σ_r 指定循环基数下的中值疲劳强度，循环基数一般取 10^7。对称循环下用 σ_{-1} 表示。

（30）$p\%$ 存活率的疲劳极限（fatigue limit for $p\%$ survival）σ_{rp} 指定循环基数下，具有

$p\%$ 存活率的疲劳强度。对称循环下用 σ_{-1p} 表示。

（31）$S\text{-}N$ 曲线（$S\text{-}N$ curve） 应力与至破坏循环数的关系曲线。应力可为最大应力、最小应力、应力范围或应力幅。此曲线表示规定平均应力、应力比或最小应力下的 $S\text{-}N$ 关系。通常指 50% 存活率下的这种关系。N 通常采用对数标尺，而 σ 则常用线性标尺或对数标尺。

（32）50% 存活率的 $S\text{-}N$ 曲线（$S\text{-}N$ curve for $p\%$ survival） 在各应力水平下拟合中值疲劳寿命的曲线。它是所加应力与 50% 母体能尚存的破坏循环数之间关系的一种估计量。

（33）$p\%$ 存活率的 $S\text{-}N$ 曲线（$S\text{-}N$ curve for $p\%$ survival） 在各应力水平下拟合 $p\%$ 存活率疲劳寿命的曲线，它是所加应力与 $p\%$ 母体能尚存的破坏循环数之间关系的一种估计量。p 可以是 90、95、99 等。

（34）$p\text{-}S\text{-}N$ 曲线（$p\text{-}S\text{-}N$ curve） 画在同一张图上的一族不同存活率下的 $S\text{-}N$ 曲线。它反映了不同存活率下的 $S\text{-}N$ 关系。

（35）N 次循环响应曲线（response curve for N cycles） 对几个应力水平拟合 N（如 10^6、10^7 等预定值）次循环时存活率观测值的曲线。它是所加应力与经受 N 次循环尚存的母体百分数之间关系的一种估计。

（36）滞后回线（hysteresis diagram） 一次循环中的应力-应变回路。

（37）循环 $\sigma\text{-}\varepsilon$ 曲线（cyclic $\sigma\text{-}\varepsilon$ curve） 材料在循环加载下的应力-应变响应。通常指循环稳定后的应力-应变响应。

（38）$\varepsilon\text{-}N$ 曲线（$\varepsilon\text{-}N$ curve） 应变与至失效循环数间的关系曲线。

（39）名义应力（nominal stress）S 不考虑几何不连续性（如孔、沟、圆角等）所产生的影响，而按简单弹性理论计算的净截面上一点的应力（我国习惯上仍写作 σ）。

（40）局部应力（local stress）σ 按弹性理论计算所得缺口或其他应力集中源处某点的应力。

（41）局部应变（local strain）ε 按弹性理论计算所得缺口或其他应变集中源处某点的应变。

（42）理论应力集中系数（theoretical stress concentration factor）K_t 按弹性理论计算所得缺口或其他应力集中源的最大应力与相应的名义应力的比值。

（43）疲劳缺口系数（fatigue notch factor）K_f 在相同条件和在 N 次循环的相同存活率下，无应力集中试样的疲劳强度与有应力集中试样的疲劳强度之比。规定疲劳缺口系数 K_f 时，应注明试样的几何形状、应力幅、平均应力和疲劳寿命值。

（44）疲劳缺口敏感度（fatigue notch sensitivity）q 疲劳缺口系数与理论应力集中系数一致程度的一种度量，以 $(K_f-1)/(K_t-1)$ 表示。

（45）尺寸效应（size effect） 由于试样或零件的尺寸增大而引起的疲劳强度降低现象。材料尺寸效应的大小用尺寸系数 ε 表示，它是大试样的疲劳强度与其他条件相同的标准尺寸试样疲劳强度的比值。

（46）表面系数（surface factor）β 由于试样表面情况或环境改变而引起的疲劳强度相对变化。

（47）疲劳强度降低系数（fatigue strength reduction coefficient） 零件的对称疲劳极限 σ_{-1D} 与材料疲劳极限 σ_{-1} 之比。正应力下用 $K_{\sigma D}$ 表示，切应力下用 $K_{\tau D}$ 表示。

（48）平均应力影响系数（mean stress effect factor） 将平均应力折合为等效应力幅时的

折合系数，也称为不对称循环度系数。正应力下用 ψ_σ 表示，切应力下用 ψ_τ 表示。

（49）等寿命疲劳图（constant life fatigue diagram）　通常用直角坐标表示的一族直线，其每一曲线分别表示某一给定疲劳寿命下的应力幅、最大应力和最小应力与平均应力之间的关系。

（50）安全系数（safety factor）n　零构件在服役条件下的疲劳强度与工作应力的比值。

（51）许用安全系数（reserve factor）$[n]$　安全系数的最低允许值。

（52）循环比（cyclic ratio）C　在某一应力（或应变）水平下所经历的累积循环数 n 与由 S-N 曲线（或 ε-N 曲线）所估计的疲劳寿命 N 的比值。

（53）损伤和（damage sum）D_f　疲劳失效时的循环比平均值。

（54）疲劳累积损伤（fatigue damage accumulation）D　谱载荷下疲劳损伤的积累，以循环比和表示，即

$$D = \sum_{i=1}^{n} C_i \tag{1-5}$$

（55）应力强度因子（stress-intensity factor）K　均匀线弹性体中特定形式的理想裂纹尖端应力场的量值。

（56）断裂韧度（fracture toughness）　量度裂纹扩展阻力的通用术语。平面应力条件下用 K_C 表示，平面应变条件下用 K_{IC} 表示。

（57）计算裂纹长度（counting crack length）a　与实际裂纹相当的直前缘裂纹长度。对于紧凑拉伸试样，此值从加载线开始计量；对于中心裂纹试样，此值从试样中心线开始计量。

（58）疲劳裂纹扩展速率（fatigue crack growth rate）da/dN　恒幅疲劳载荷引起的裂纹扩展速率，以循环一次的疲劳裂纹扩展量表示。

（59）疲劳裂纹扩展门槛值（threshold in fatigue crack propagation）ΔK_{th}　已存在的疲劳裂纹不发生扩展的应力强度因子值，在平面应变条件下，以 $10^{-7} \sim 10^{-6}$ mm/周次所对应的应力强度因子范围 ΔK 值表示。

（60）表面冷作强化（strengthening by surface cold working）　由于表面冷作变形在表面层内产生了压缩残余应力和使表面材料的力学性能提高所引起的疲劳强度提高现象。

（61）表面热处理强化（strengthening by surface heat treatment）　由于表面热处理所引起的表面疲劳强度提高现象。

（62）母体（population）　研究对象的全体。

（63）子样（sample）　母体中包括很多甚至近无限多个个体。为了推断母体的性质，常从母体中抽取一部分个体来研究，这些被抽取出来的一部分个体称为子样。

（64）子样大小（sample size）n　子样中所包含的个体数目，即一个试验组中观测值的个数。

（65）子样均值（sample average）$\bar{x}$　一个试验组中各观测值的算术平均值，即

$$\bar{x} = \frac{1}{n} \sum_{i=1}^{n} x_i \tag{1-6}$$

它是母体平均值的估计量。

（66）子样中值（sample median）　将一组数据按大小顺序排列，居于正中间位置的数

值称为子样中值。子样大小为偶数时，为正中间两个数值的平均值。

（67）子样方差（sample variance）s^2　一个试验组中各观测值 x_i 与子样平均值 $\bar{x}$ 之差的平方和除以 $n-1$，即

$$s^2 = \frac{\sum_{i=1}^{n}(x_i - \bar{x})^2}{n-1} \tag{1-7}$$

它是母体方差的估计量。

（68）子样标准差（sample standard deviation）s　子样方差的平方根。它是母体标准差的估计量。

（69）存活率 p（p percent survival）　在给定的应力（或应变）与循环数下，母体中个体不破坏的百分数。

（70）破坏率 P（P percent failure）　在给定的应力（或应变）与循环数下，母体中个体破坏的百分数。它与存活率 p 间存在如下关系：

$$p\% + P\% = 1 \tag{1-8}$$

（71）可靠度（reliability）R　强度超过工作应力的概率。

（72）可靠度系数（reliability coefficient）Z_R　疲劳强度与工作应力差值的均值与差值的标准差的比值，也称为联结系数。

1.2　疲劳发展史

疲劳破坏现象的出现，始于19世纪初叶。产业革命以后，随着蒸汽机车和机动运载工具的发展，以及机械设备的广泛应用，运动部件的破坏经常发生。破坏往往发生在零构件的截面突变处，破坏处的名义应力不高，低于材料的抗拉强度和屈服强度。破坏事故的原因一时使工程师们摸不着头脑，直至1829年德国人 Albert（艾伯特）用矿山卷扬机焊接链条进行疲劳试验，破坏事故才被阐明。1839年，法国工程师 Poncelet（彭赛列）首先使用"疲劳"这一术语来描述材料在循环载荷作用下承载能力逐渐耗尽以致最后突然断裂的现象。1843年苏格兰人 Rankine（兰金）发表了第一篇疲劳论文，论文中指出，机车车辆的破坏是由于运行过程中金属性能逐渐变坏所致。他分析了车轴轴肩处尖角的有害影响，指出了加大轴肩处的圆角半径可以提高其疲劳强度。1842年 Hood（胡特）提出了结晶理论，认为金属在循环应力下的疲劳强度降低是振动引起的结晶化所致。1849年美国机械工程学会还举行了专门会议对此理论进行讨论。

对疲劳现象最先进行系统试验研究的学者是德国人 Wöhler（沃勒），他从1847年至1889年在斯特拉斯堡皇家铁路工作期间，对金属的疲劳进行了深入系统的试验研究。1850年他设计出了第一台疲劳试验机（也称为 Wöhler 疲劳试验机），用来进行机车车轴疲劳试验，并首次使用金属试样进行了疲劳试验。他在1871年发表的论文中，系统论述了疲劳寿命与循环应力的关系，提出了 S-N 曲线和疲劳极限的概念，确定了应力幅是疲劳破坏的主要因素，奠定了金属疲劳的基础。因此，Wöhler 被公认是疲劳的奠基人。

1874年 Gerber（格伯）根据 Wöhler 的数据，研究了平均应力对疲劳的影响，提出了表达极限应力幅 σ_a 和平均应力 σ_m 间关系的抛物线方程。1899年，英国人 Goodman 对疲劳极

限线图进行了简化，提出了著名的简化曲线——Goodman 图，此图至今仍在广泛应用。1884年 Bauschinger（包辛格）在验证 Wöhler 的疲劳试验时，发现了在循环载荷下弹性极限降低的"循环软化"现象，引入了应力-应变迟滞回线的概念。但他的工作当时并未引起人们重视，直到 1952 年 Keuyon（柯杨）在做铜棒试验时才把这一概念重新提出来，并命名为"包辛格效应"。因此，包辛格是首次研究应力循环的人。

20 世纪初叶，开始使用光学显微镜来研究疲劳机制。1903 年 Ewing（尤因）和 Humfery（汉弗莱）在单晶铝和退火的瑞典铁上发现了循环应力产生的滑移痕迹。他们通过微观研究推翻了老的结晶理论，指出了疲劳变形是由于与单调变形相类似的滑移所产生。1910 年 Bairstow（贝尔斯托）研究了循环载荷下应力-应变曲线的变化，测定了迟滞回线，建立了循环硬化和循环软化的概念，并且进行了程序疲劳试验。

1920 年 Griffith（格里菲思）发表了他用玻璃研究脆断的理论计算结果和试验结果。他发现，玻璃的强度取决于微裂纹尺寸，得出了 $S\sqrt{a} = C$ 的关系式（S 为断裂时的名义应力，a 为裂纹尺寸，C 为常数）。此公式是断裂力学的基础。1926 年 Gough（高夫）在伦敦出版了一本巨著《金属疲劳》，并在金属疲劳方面发表过 80 多篇论文，研究了弯曲与扭转同时作用下的复合疲劳，在疲劳机理方面做出了很大贡献。1929 年美国人 Peterson（彼得逊）对尺寸效应进行了一系列试验，并提出了应力集中系数的理论值。1929—1930 年英国人 Haigh（黑格）发表了高强度钢与低碳钢有不同缺口敏感性的论文，使用缺口应变分析和内应力的概念，对高强度钢和软钢的不同缺口效应做了合理解释。1930 年前后，在汽车工业中使用了喷丸技术，解决了车轴和弹簧经常发生疲劳破坏的问题。美国人 Alman（阿尔曼）正确解释了喷丸提高疲劳强度的机理，提出主要是由于在表面层内建立了残余压应力。1936 年美国人 Horger（霍格）和 Maulbetsch（莫尔贝奇）指出，表面辊压能防止疲劳裂纹的形成。1937 年德国人 Neuber（诺伯）在缺口疲劳强度问题中引入了"体素"和"应力梯度"的概念，指出了决定缺口疲劳强度的是缺口根部表面层小体积内的平均应力，而非缺口根部的峰值应力。第二次世界大战期间，在飞机发动机和装甲车的设计中，已利用残余压应力来提高疲劳强度。

原苏联人 Серенсен（谢联先）在 20 世纪 40 年代推导出了常规疲劳的设计计算公式。根据 S-N 曲线的水平段（即疲劳极限）进行的设计称为无限寿命设计；根据 S-N 曲线的斜线段进行的设计称为有限寿命设计。为了解决变幅应力下的有限寿命设计问题，1945 年美国人 Miner（迈纳）在对疲劳累积损伤问题进行大量试验研究的基础上，将 Palmgren（帕姆格伦）在 1924 年估算滚动轴承寿命时提出的线性累积损伤理论公式化，形成了 Palmgren-Miner 线性累积损伤法则（简称 Miner 法则），此法则至今仍在广泛使用。

20 世纪 50 年代以后，疲劳试验研究工作得到了更为迅速的发展。在低周疲劳方面，1954 年美国航空和航天管理局（NASA）刘易斯研究所的 Manson（曼森）和 Coffin（科芬），在大量疲劳试验的基础上，提出了表达塑性应变范围与疲劳寿命间关系的 Manson-Coffin 方程，奠定了低周疲劳的基础。

在疲劳试验方面，20 世纪 50 年代研制出了闭环控制的电液伺服疲劳试验机。20 世纪 60 年代随着大规模集成电路的出现，制造出了能够模拟零件或构件服役载荷工况的随机疲劳试验机。到 20 世纪 70 年代，国外已广泛使用由电子计算机控制的电液伺服疲劳试验机来进行随机疲劳试验。用概率统计方法来处理疲劳试验数据是从 20 世纪 40 年代开始的。1949

年，Weibull（威布尔）发表了著名的对疲劳试验数据进行统计分析的方法。1959 年 Pope（波普）指出，疲劳试验的寿命数据符合对数正态分布。1963 年美国材料与试验协会（ASTM）的 E9 疲劳委员会出版了《疲劳试验与疲劳数据的统计分析指南》（ASTM STP91A）一书。在概率疲劳设计方面，1961 年 Stulen（史图伦）等人在机械设计中考虑了材料疲劳极限的概率分布。1964—1969 年，美国人 Haugen（豪根）对两个正态分布函数的代数运算进行了分析，为强度干涉模型的可靠度计算奠定了基础。从 1970 年开始，美国人 Kececioglu（凯塞乔格罗）完善了用强度干涉模型进行概率疲劳设计的一套方法，使疲劳可靠性研究走上了一个新阶段。

在疲劳裂纹扩展方面，1957 年美国人 Paris（帕里斯）提出，在循环载荷作用下，裂纹尖端的应力强度因子范围是控制零构件疲劳裂纹扩展速率的基本参量，并于 1963 年提出了著名的指数幂定律——Paris 公式，给疲劳研究提供了一个估算疲劳裂纹扩展寿命的新方法，后来在此基础上发展出了损伤容限设计，从而使断裂力学和疲劳这两门学科逐渐结合起来。1967 年 Forman（福尔曼）提出了可以考虑平均应力影响的修正公式——Forman 公式。现在，以上两个公式都广泛用于零构件的疲劳裂纹扩展寿命估算。

在局部应力应变法方面，1950 年 Stowell（斯托厄尔）对受单轴拉伸的带圆孔平板应力场的弹性解进行了塑性修正，得到了孔边的真实应力集中系数。1961 年 Neuber 开始用局部应力应变研究疲劳寿命，他对受切应力作用的有对称缺口的棱柱体进行了分析，得出了描述缺口非线性应力-应变特性的 Neuber 定律。1956 年 Manson 和 Dolan 等人提出了根据缺口根部的应力应变分析和光滑试样的应变-寿命曲线确定缺口疲劳寿命的方法。1969 年 Topper（托珀）、Wetzel（韦策尔）和 Morrow（莫罗）等人提出了用 Neuber 公式和光滑试样的试验数据确定缺口疲劳寿命的简化方法。1971 年 Wetzel 建立了用局部应力应变分析估算零构件随机疲劳寿命的一整套方法，并给出了计算程序，使局部应力应变法很快发展起来。1974 年美国空军把这种方法应用到飞机部件的寿命估算上。美国汽车协会也要求各厂家在进行产品设计时，一定要把此法纳入设计大纲。1979 年美国杜鲁门飞机公司已正式采用这种方法来估算零构件的疲劳寿命。

1.3 疲劳分类

1）按研究对象可以分为材料疲劳和结构疲劳。材料疲劳研究材料的失效机理、化学成分和微观组织对疲劳强度的影响，标准试样的疲劳试验方法和数据处理方法，材料的基本疲劳特性，环境和工况的影响，疲劳断口的宏观和微观形貌等，其特点是使用标准试样进行试验研究。结构疲劳则以零部件、接头以至整机为研究对象，研究它们的疲劳性能、抗疲劳设计方法、寿命估算方法和疲劳试验方法，形状、尺寸和工艺因素的影响，以及提高其疲劳强度的方法。

2）按失效周次可以分为高周疲劳和低周疲劳。材料在低于其屈服强度的循环应力作用下，经 $10^4 \sim 10^5$ 周次以上循环产生的失效称为高周疲劳；材料在接近或超过其屈服强度的应力作用下，低于 $10^4 \sim 10^5$ 周次塑性应变循环产生的失效称为低周疲劳。高周疲劳与低周疲劳的主要区别在于塑性应变的程度不同。高周疲劳时，应力一般比较低，材料处在弹性范围，因此其应力与应变是成正比的。低周疲劳则不然，其应力一般都超过弹性极限，产生了比较大的塑性变形，所以应力与应变不成正比。对于低周疲劳，采用应变作为参数时，可以得出较好的规律，因此，低周疲劳的主要参数是应变。这样，低周疲劳也常称为应变疲劳。与此相应，高周疲劳也常称为应力疲劳。但严格讲，低周疲劳与应变疲劳的涵义是不同的，前者考虑的是失效周次，后者考虑的是控制参量。高周疲劳与应力疲劳也有同样差别。因高周疲劳是各种机械中最常见的，故简称疲劳，通常所说的疲劳一般指高周疲劳。

3）按应力状态可以分为单轴疲劳和多轴疲劳。单轴疲劳是指单向循环应力作用下的疲劳，这时零件只承受单向正应力或单向切应力，例如，只承受单向拉-压循环应力、弯曲循环应力或扭转循环应力。多轴疲劳系指多向应力作用下的疲劳，也称为复合疲劳，例如弯扭复合疲劳、双轴拉伸疲劳、三轴应力疲劳、拉伸-内压疲劳等。多轴应力状态是很普遍的，不但多轴载荷能产生多轴应力，在单轴载荷作用下，缺口处的应力状态也往往是多轴的。

4）按载荷变化情况可以分为恒幅疲劳、变幅疲劳、随机疲劳。疲劳载荷中，所有峰值载荷均相等和所有谷值载荷均相等的载荷称为恒幅载荷。承受恒幅载荷的疲劳称为恒幅疲劳。疲劳载荷中，所有峰值载荷不等，或所有谷值载荷不等，或两者均不相等的载荷称为谱载荷（或变幅载荷），承受谱载荷的疲劳称为变幅疲劳。疲劳载荷中，峰值载荷和谷值载荷及其序列是随机出现的谱载荷称为随机载荷，承受随机载荷的疲劳称为随机疲劳。随机疲劳的幅值和频率都是随机变化的，而且是不确定的，所以它不能用一个简单的数学表达式来描述，一般要从幅域、时域和频域三个方面来描述、分析其统计特性。

5）按载荷工况和工作环境可以分为常规疲劳、高低温疲劳、热疲劳、热-机械疲劳、腐蚀疲劳、接触疲劳、微动磨损疲劳和冲击疲劳。在室温、空气介质中的疲劳称为常规疲劳。低于室温的疲劳称为低温疲劳，高于室温的疲劳称为高温疲劳。高于蠕变温度时，存在着蠕变和疲劳的交互作用。温度循环变化产生的热应力所导致的疲劳称为热疲劳。温度循环与应变循环叠加的疲劳称为热-机械疲劳。腐蚀环境与循环应力（应变）的复合作用所导致的疲劳称为腐蚀疲劳，它又可分为气相疲劳和水介质疲劳。滚动接触零件在循环接触应力作用下，产生局部永久性累积损伤，经一定的循环次数后，接触表面发生麻点、浅层或深层剥落的过程称为接触疲劳。过盈配合零件，由于接触面间的微幅相对振动造成的磨损和疲劳的联合作用所导致的疲劳称为微动磨损疲劳。重复冲击载荷所导致的疲劳称为冲击疲劳。

1.4　金属疲劳破坏机理

工程中常用的金属均为多晶体，由于各个晶粒位向不同，位错、夹杂等微观、宏观缺陷及第二相的存在，在多晶体中存在着各向异性和非均质性。而疲劳破坏总是由应力应变最高和位向最不利的薄弱晶粒或夹杂等缺陷处起始，并沿着一定的结晶面扩展。因此，金属的疲劳破坏与多晶体的非均质性和各向异性密切相关。一般来说，金属的疲劳破坏可以分为疲劳裂纹萌生、疲劳裂纹扩展和失稳断裂三个阶段。

1.4.1　疲劳裂纹萌生

疲劳裂纹萌生都是由塑性应变集中所引起，有三种常见的萌生方式：滑移带开裂，晶界或孪晶界开裂，夹杂物或第二相与基体的界面开裂。其中滑移带开裂不但是最常见的疲劳裂纹萌生方式，也是三种萌生方式中最基本的一种。这是由于在晶界开裂和夹杂物界面开裂之前，也都要先产生塑性形变和形成滑移带。因此，塑性形变和形成滑移带不但是滑移带开裂的基础，也是其他两种萌生方式的先决条件。

滑移带开裂的过程为出现滑移线、形成滑移带和形成驻留滑移带。金属在循环载荷作用下，首先在薄弱晶粒上产生塑性形变，塑性形变在金属表面上留下的痕迹便是滑移线。在一定的循环数以后，出现了硬化和软化，硬化和软化使塑性形变不总是在一个滑移面上进行，而是在一个或几个滑移系上的一系列平行平面上进行。同时，又由于循环载荷下范性形变的不均匀性，使塑性形变总是集中在一定的地区，这种集中在某些地区的不均匀塑性形变，在金属表面上便表现为滑移带。形成驻留滑移带是形成滑移带的继续。驻留滑移带与一般滑移带的区别，在于一般滑移带能用抛光方法完全除去，而驻留滑移带则留有痕迹。当这些痕迹足够深时，便成为裂纹。因此，驻留滑移带的形成和发展过程，就是裂纹的萌生过程。而形成挤入和挤出，则是形成驻留滑移带的主要方式。

纯金属和单相金属的疲劳裂纹萌生方式多为滑移带开裂。密排六方晶系因滑移系较少，滑移困难，孪晶形变较为常见。如锌中除了形成滑移带之外，还有孪晶形成，铋晶体中则仅出现孪晶。这时，裂纹即在孪晶与基体的界面上萌生。在某些其他金属，如锆、锑、铜、锌、金和铁中都有孪晶界开裂出现。

在不合理的合金化以后，当晶界比晶粒内部为弱时，则在低于晶内滑移的应力下，在晶界上萌生晶间裂纹。一般来说，室温下裂纹多为穿晶的，裂纹或者在滑移带上萌生，或者在孪晶界面上萌生。而高温下则往往由穿晶变为晶间。在高应力幅下，滑移线在纯表面上的分布几乎是均匀的，纯表面的位移可以很大。在晶界与表面相交处，垂直于表面的位移很小，从而在该处产生了深的挤入槽，造成了很大的应力集中。因此，在高载荷幅下，包括纯铝、铜、黄铜和低碳钢等许多金属，其疲劳裂纹都是在晶界上萌生。晶间裂纹多萌生于与最大切应力方向相近的晶界上，或相邻晶粒位向差较大的晶界上。

在许多商用高强合金中，粗大的夹杂物和其他第二相质点的存在对裂纹萌生起着重要作用。这些材料的屈服强度一般很高，只有在很高的应力幅下才能产生滑移带。但是，由于在夹杂物或第二相质点处产生了很高的应力集中，从而在较低的名义应力下也能出现局部的范性形变，这样便导致在夹杂物和基体的界面上萌生裂纹，或由于夹杂物或脆性第二相的断裂导致裂纹萌生。

疲劳裂纹经常在金属表面上萌生，其原因如下：

1）在实际零件中，表面应力往往比内部为高。

2）内部晶粒的四周完全为其他晶粒所包围，而表面晶粒所受的约束则较少，因而比内部晶粒易于滑移。

3）表面晶粒与大气或其他环境直接接触，存在有环境介质的腐蚀作用。

4）表面上往往留有加工痕迹或划伤，使其疲劳强度降低。

1.4.2 疲劳裂纹扩展

疲劳裂纹扩展可分为第 I 阶段裂纹扩展和第 II 阶段裂纹扩展两个阶段，见图 1-2。

疲劳裂纹在滑移带上萌生以后，首先沿着切应力最大的活性面扩展，具有一定的结晶学特性。在单轴应力下，即沿着与应力成45°角的滑移面扩展，这种切变形式的扩展称为第 I 阶段疲劳裂纹扩展。在滑移带上往往萌生有很多条微裂纹，在继续施加循环载荷的过程中，这些微裂纹扩展并相互连结。但绝大多数裂纹很早就停止扩展，只有少数几条能超过几十个微米的长度。在微裂纹扩展到几个晶粒或几十个晶粒的深度以后，裂纹的扩展方向开始由与应力成接近45°角的方向逐渐转向与拉应力相垂直的方向。这种拉伸形式的裂纹扩展，称为第Ⅱ阶段裂纹扩展，它不再有结晶学特性。在裂纹扩展的第Ⅱ阶段，只剩下一条主裂纹，其他裂纹在第Ⅰ阶段结束以前已停止扩展。

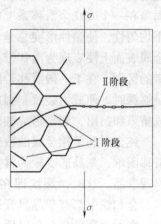

从第Ⅰ阶段向第Ⅱ阶段的转变，一般认为是内部晶粒难于滑移造成的。当裂纹端部由约束少的表面晶粒进入金属内部时，因内部晶粒各向都受约束，滑移受到强烈抑制，从而使裂纹由开始的剪切扩展方式转变为拉伸扩展方式。实际上，从第Ⅰ阶段向第Ⅱ阶段的转变位置，往往是在显微结构的不连续处。这种转变的发生，完全是由裂纹尖端的应力状态决定的。

由第Ⅰ阶段向第Ⅱ阶段转变的裂纹长度，决定于材料和应力幅，一般不超过十分之几个毫米，或完全不发生转变。而由高强合金夹杂物处萌生的裂纹，转变时的裂纹长度仅为几个微米。应力幅越低，转变时的裂纹长度越长。对于光滑试样，由于第Ⅰ阶段的裂纹扩展速率远比第Ⅱ阶段为低，因此消耗在第Ⅰ阶段的循环数比第Ⅱ阶段要多得多。对锐缺口或预制裂纹试样，则情况完全相反，第Ⅰ阶段裂纹扩展几乎可以忽略不计。

图 1-2　第Ⅰ和第Ⅱ阶段疲劳裂纹扩展的示意图

第Ⅰ阶段裂纹扩展受切应力控制，第Ⅱ阶段裂纹扩展受正应力控制。在室温无腐蚀介质情况下，裂纹扩展多为穿晶的，在高温或有腐蚀介质情况下则变为沿晶的。

第Ⅰ阶段的裂纹扩展，在断口上一般并不留下任何痕迹，第Ⅱ阶段裂纹扩展则常留下条带的显微特征。在韧性特别好的材料如铝和不锈钢中，这种特征更为明显。这种微观条带一般称为疲劳条纹。佛斯把疲劳条纹分成两类：延性条纹（A型）和脆性条纹（B型）。延性条纹由位于不规则的非结晶学高台上的明暗组成，而脆性条纹则位于结晶面上。

疲劳条纹除了以条带形式扩展以外，还会出现前进距离较大的跳跃。这种跳跃可能是延性的，也可能是显微解理或晶间断裂式的。

实际上，裂纹萌生阶段和裂纹扩展阶段很难划分开来。怎样才算萌生了一条疲劳裂纹呢？这以人们采用的检测仪器能否观察到裂纹而定，也就是说，它取决于所用检测仪器的分辨率。从疲劳机制的角度，目前就是以电子显微镜为准。但这一定义在工程上很不方便。因此在工程应用中又提出了裂纹形成的概念。裂纹形成一般定义为形成一条肉眼可见的宏观裂纹，此宏观裂纹的长度一般取为 0.25~1 mm。

由于第Ⅱ阶段的裂纹扩展速率和条纹间距都比第Ⅰ阶段大得多，因而对第Ⅱ阶段的扩展机制进行了较多的研究，有较多的了解。Laird（莱尔德）通过对延性金属裂纹尖几何形状变化情况的直接观察，提出了描述第Ⅱ阶段疲劳裂纹扩展过程的范性钝化模型（见图1-3）。这种模型的特征是：当卸载时裂纹闭合，裂纹尖处于尖锐状态（见图1-3a）；施加拉伸载荷后，由于应力集中使裂纹尖产生塑性变形，此塑性变形集中在滑移区的最大切应力面上（见图1-3b）；继续加载时，裂纹尖加宽，并钝化成半圆形（见图1-3c）；当卸载时产生反向滑移，裂纹面间的距离减小，并因皱曲而使裂纹尖变成双缺口（见图1-3d）；继续卸载时，裂纹面逐渐闭合，但是，由于拉伸时产生的新表面不能重新黏结在一起，从而使裂纹长度增

长了 Δl，并且形成了一个新的裂纹尖（见图1-3e），Δl 等于条纹间距。

Laird 的塑性钝化模型对延性材料的疲劳裂纹扩展做了较好的说明。但此模型还不能全面解释各种实验现象，特别是脆性材料的疲劳裂纹扩展机制。对于脆性疲劳条纹的形成，目前还没有较好的模型。

为了研究第Ⅰ阶段疲劳裂纹扩展，Kap-lan（卡普兰）和 Laird 用预制有第Ⅰ阶段裂纹的单晶铜试样，在脉动压缩载荷循环下进行了疲劳试验。这时裂纹并不扩展。这一现象说明，在第Ⅰ阶段要使裂纹扩展，也必须有拉应力分量。于是，他们便在此基础上提出了一个修正钝化与锐化模型。这一模型认为，第Ⅰ阶段裂纹扩展的决定因素是应力的剪切分量，但为了使裂纹能够张开，拉伸正应力分量也是不可缺少的。但这一模型还不成熟。

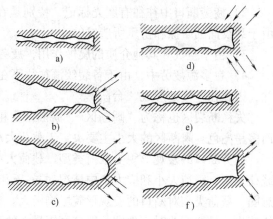

图1-3 疲劳裂纹扩展的范性钝化模型
a) 无载荷 b) 小的拉伸载荷 c) 最大拉伸载荷
d) 小的压缩载荷 e) 最大压缩载荷
f) 小的拉伸载荷（应力轴沿垂线方向）

1.4.3 失稳断裂

失稳断裂是疲劳破坏的最终阶段，它与前两个阶段不同，是在一瞬间突然发生的。但从疲劳的全过程来说，则仍是渐进式的，是由损伤逐渐累积引起的。失稳断裂是损伤积累到临界值的一种表现，是裂纹扩展到临界尺寸，裂纹尖的应力强度因子达到临界值的结果。失稳断裂的机制与静载脆性断裂相同，只是由于两者的加载速率不同，其临界应力强度因子值与静载下的断裂韧度值有所差别。

1.5 疲劳断口的形貌特征

1.5.1 宏观形貌特征

图1-4 所示为疲劳断口示意图。疲劳断口最显著的宏观形貌特征是无明显的塑性变形，和可以划分为两个截然不同的区域，即平滑的疲劳区和凹凸不平的失稳断裂区。图1-4 中 A 为裂纹源，B 为疲劳区，C 为失稳断裂区。

严格地讲，疲劳区包括疲劳裂纹萌生区和扩展区两个部分，而疲劳裂纹扩展区又可划分为第Ⅰ阶段疲劳裂纹扩展区和第Ⅱ阶段疲劳裂纹扩展区。但裂纹萌生区与第Ⅰ阶段扩展区都很短，宏观上往往不能分辨出来。因此，一般所讲的疲劳区都是指第Ⅱ阶段疲劳裂纹扩展区。疲劳区的宏观形貌特征如下：

1）疲劳区在高周疲劳时为平面应变断裂，断口呈现细晶粒，较平滑。由于疲劳裂纹中有空气及其他腐蚀介质进入，可能发生氧化或腐蚀，一般颜色较深。在该区上常出

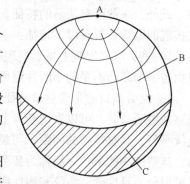

图1-4 疲劳断口示意图

现有如海滩状的花纹，裂纹扩展方向与海滩状花样相垂直，指向曲率半径较大的方向（见图1-4）。海滩状花样是起停和循环载荷变化造成的。对于在等幅载荷下进行疲劳试验的实验室试样，由于在试验过程中循环载荷保持不变，其疲劳区仅呈现细晶粒，一般看不到海滩状花样。

2）疲劳断口中往往有磨光标记，特别是在疲劳源附近。它是在疲劳裂纹扩展过程中，由于裂纹面的摩擦和挤压所造成的。

3）由于空气和其他介质的腐蚀作用，疲劳区多为暗色。

4）在多源疲劳中，由于各裂纹源往往不在同一个平面上，而是随着裂纹的扩展逐渐合并，因此在连接处形成"台阶"。

失稳断裂区也称为"瞬断区"，瞬断区为粗晶粒，由于此区与环境介质接触时间短，断面多呈亮色。瞬断区的大小主要决定于载荷大小和材料性能。

疲劳断口的宏观形貌受载荷类型、载荷大小和应力集中情况的影响很大。图1-5所示为载荷类型、载荷大小和应力集中情况对拉-压和弯曲载荷下疲劳断口宏观形貌影响的综合示意图。载荷类型对断口的宏观形貌影响极大。在脉动平面弯曲载荷作用下，裂纹仅在梁的一侧萌生，悬臂弯曲时，裂纹一般在弯矩最大的截面上萌生，纯弯曲时则可能产生几个裂源，而其中只有一条扩展到最终断裂。在对称平面弯曲载荷下，裂纹在梁的两侧都萌生，但两侧的裂源不一定在同一个截面上，因此最终断裂面常不与梁的轴线相垂直。另外，对称平面弯曲载荷下的断口上常有磨光痕迹。在旋转弯曲载荷下，常常产生多个裂源。在单向转动时，疲劳裂纹一般不对称于裂源，而在旋转方向的逆方向扩展加快。对于往复转动的轴，其裂纹对称扩展。在拉-压载荷下，由于不可能完全避免偏心，裂纹一般从应力较大的一侧萌生。平板试样则从角上萌生的居多。载荷大小主要影响瞬断区大小。当载荷增大时，瞬断区增大，且容易产生多条裂纹。当存在应力集中时，易于产生多源疲劳，并使裂纹沿表面的传播加快。对于应力集中较大的轴类零件，多源疲劳的断口常形成所谓的"棘轮状花样"。交变扭转载荷下的裂纹扩展既可能为拉伸型，也可能为横向剪切型、纵向剪切型或复合型。因此，其断口可能呈现不同的形状。图1-6所示为扭转载荷作用下的疲劳断口示意图。

1.5.2　微观形貌特征

第Ⅰ阶段的裂纹扩展方向与拉伸轴成接近45°角，断口比较平滑，具有一定的结晶学性质。此外，一般没有明显的特征。第Ⅰ阶段的裂纹长度一般只有2~5个晶粒。第Ⅱ阶段裂纹扩展的微观形貌有以下特征：

1）疲劳区在宏观上虽然呈现平坦光滑的外貌，但在微观上仍然是凹凸不平的。每个断口由若干个凹凸不平的小断片组成，断片接合处形成台阶（见图1-7）。

2）疲劳断口的主要显微特征是具有疲劳条纹（见图1-7）。用光学显微镜或电子显微镜观察疲劳断口时，可以发现断口上有很多细小的条纹。这些条纹略带弧形，在同一个断片上连续平行，具有规则的间距，与裂纹扩展方向垂直。在不同断片上的条纹是不连续、不平行的。这些细小的条纹一般称为疲劳条纹。按照表面的浮凸程度和塑性变形的大小，疲劳条纹又可以分为延性疲劳条纹和脆性疲劳条纹。一般常见的均为延性疲劳条纹，脆性疲劳条纹比较少见，它只是在腐蚀环境或交变载荷缓慢施加的情况下才出现。脆性疲劳条纹往往和与其

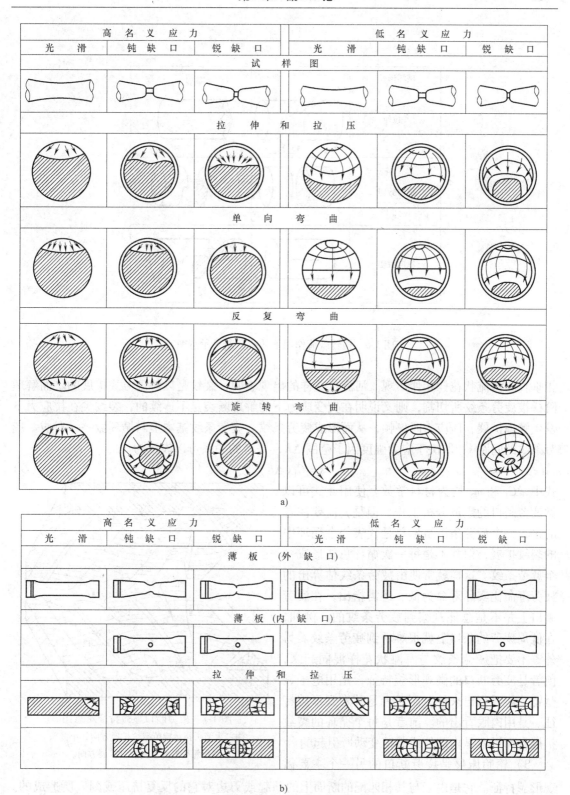

图 1-5　在轴向或弯曲载荷作用下的疲劳断口示意图

a) 圆试样　b) 薄板或板试样

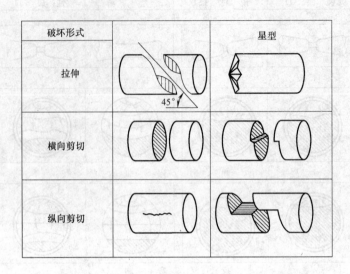

图 1-6　扭转载荷作用下的疲劳断口示意图

相垂直的河流状花样相伴出现。河流状花样的出现表明，裂纹是以解理方式扩展的。而解理阶梯被疲劳条纹所切割，则又说明在交变应力下的解理断裂是不连续的，裂纹尖在拉应力下发生解理扩展，压应力时停顿，从而形成疲劳条纹。疲劳条纹基本上与循环数一一对应。疲劳条纹的间距 s，取决于应力强度因子范围 ΔK，二者的关系可以表示为

$$s = C_1 (\Delta K)^{m_1} \tag{1-9}$$

式中，C_1 和 m_1 均为材料常数。使用此式可以做疲劳断口的定量分析工作。但是，需要注意的是，一个疲劳条纹虽然总是代表一个循环中的裂纹扩展，但并不是每一次循环总能形成一个疲劳条纹。这样就常使由疲劳条纹估算出的疲劳寿命比实际寿命为低。还需指出，在疲劳断口上并不是总能观察到疲劳条纹的。例如，在低周疲劳的断口上就很难看到疲劳条纹。另外，不要把疲劳条纹与海滩状花样混同起来，前者是疲劳断口的微观形貌特征，是用电子显微镜才能看得出来的，而后者是其宏观形貌特征，是用肉眼看出的。前者是每个循环的裂纹扩展，而后者是由起停或载荷变动所引起的。

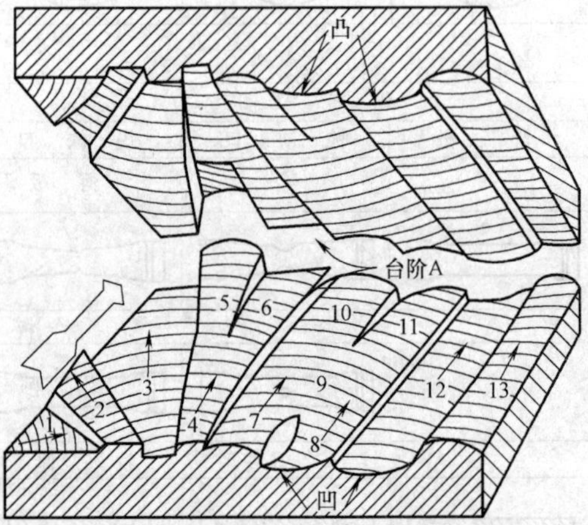

图 1-7　疲劳断口显微特征示意图

注：大箭头指示疲劳裂纹扩展方向，小箭头表示每个断片上的裂纹扩展方向。

3）轮胎压痕是疲劳断口的另一个主要微观形貌特征。它是由于与其相匹配的断面上的凸起或刃边对它的反复挤压或刻入所造成的。轮胎压痕的间距也随着裂纹的扩展而增大。

4）在疲劳裂纹扩展时，还可能产生二次裂纹，二次裂纹往往呈扫帚状。

1.6　抗疲劳设计方法

1.6.1　抗疲劳设计准则

抗疲劳设计准则已由无限寿命设计发展到损伤容限设计，但各种准则各有其不同的应用范围，并不能完全互相取代。

1. 无限寿命设计

无限寿命设计是最早的抗疲劳设计准则，它要求零构件的设计应力低于其疲劳极限，从而具有无限寿命。对于要求长期安全使用，而对自重没有严格要求的机械，它仍然是一种合理的设计准则。

2. 安全寿命设计

实用中称按有限寿命设计为安全寿命设计。有限寿命设计只保证零构件在规定的使用期限内能够安全使用，因此，它允许零构件的工作应力超过其疲劳极限，从而自重可以减轻。它是当前许多机械产品的主导设计准则。如航空发动机、汽车等对自重有较高要求的产品都广泛使用这种设计准则。

安全寿命设计必须考虑安全系数，以考虑疲劳数据的分散性和其他未知因素的影响。在设计中可以对应力取安全系数（如取应力安全系数 $n=2$），也可以对寿命取安全系数（如取寿命安全系数 $n_N=10$），或者规定两种安全系数都要满足（如锅炉）。安全寿命设计可以根据 $S\text{-}N$ 曲线进行设计，也可以根据 $\varepsilon\text{-}N$ 曲线进行设计，前者称为名义应力有限寿命设计，后者称为局部应力应变法。

3. 破损-安全设计

破损-安全设计准则是由航空工程师制定的。它允许结构中出现裂纹，但在设计中要采取断裂控制措施，如采用多通道设计和设置止裂板等，以确保裂纹在被检测出来而未修复之前不致造成结构破坏。压力容器设计中的"破裂前渗漏"就是这种设计准则的一种体现。

1.6.2　现行的抗疲劳设计方法

现在广泛使用的抗疲劳设计方法有以下几种：名义应力法、局部应力应变法、损伤容限设计、概率疲劳设计。

1. 名义应力法

以名义应力为基本设计参数的抗疲劳设计法称为名义应力法，是最早使用的抗疲劳设计方法，也称为常规疲劳设计或影响系数法。其设计思路是：从材料的 $S\text{-}N$ 曲线出发，再考虑各种影响系数的影响，得出零构件的 $S\text{-}N$ 曲线，并根据零构件的 $S\text{-}N$ 曲线进行抗疲劳设计。当使用 $S\text{-}N$ 曲线的水平区段——疲劳极限进行设计时称为无限寿命设计。当使用 $S\text{-}N$ 曲线的倾斜部分进行抗疲劳设计时称为名义应力有限寿命设计。

2. 局部应力应变法

以应变集中处的局部应力、应变为基本设计参数的抗疲劳设计方法。它的设计思路是：零构件的破坏都是从应变集中部位的最大应变集中处起始，并且在裂纹萌生以前都要产生一定的局部塑性变形，而局部塑性变形是疲劳裂纹萌生和扩展的先决条件，因此，决定零构件疲劳强度和寿命的是应变集中处的最大局部应变。只要最大局部应力应变相同，疲劳寿命就相同。因而有应变集中的零构件的疲劳寿命，可以使用光滑试样的循环应力-应变曲线和应变-寿命曲线进行计算，也可以使用局部应力应变相同的光滑试样进行疲劳试验来模拟。

3. 损伤容限设计

这种抗疲劳设计方法是破损-安全设计准则的体现和改进。它假定零构件内存在有初始裂纹，而应用断裂力学方法来估算其剩余寿命，并通过试验来校验，确保在使用期（或检修期）内裂纹不致扩展到引起破坏的程度，从而有裂纹的零构件在其使用期内能够安全使用。它适用于裂纹扩展缓慢而断裂韧度高的材料。美国空军曾在某些合同中规定采用这种抗疲劳设计方法。

4. 概率疲劳设计

概率疲劳设计是根据零构件的工作应力与疲劳强度相联系的统计方法而进行的抗疲劳设计方法，是概率统计方法与抗疲劳设计相结合的产物，也称为疲劳可靠性设计。

1.6.3　分析与试验

抗疲劳设计可以在机械尚未制造出来以前，利用计算方法预估零构件的疲劳强度和寿命，在初步设计阶段有着重要作用。但由于通用设计数据往往与零构件的实际情况不尽相同，而且设计计算难于考虑各种因素之间的相互干涉作用，因此，它不能给出精确结果。对于重要的零构件，为了精确确定其疲劳强度和寿命，在批量生产以前，往往还要进行验证性疲劳试验。

为验证设计而进行的疲劳试验称为验证性疲劳试验。进行验证性疲劳试验最好使用全尺寸零构件，并且要尽可能的模拟零构件的服役载荷条件和环境条件。为了考虑疲劳性能分散性和试验条件的影响，试验时要将试验载荷提高 K_s 倍：

$$K_s = K_{ss} K_{sc} K_{st} \tag{1-10}$$

式中　K_{ss}——试验数据的统计变化系数，取决于对试验结果的可靠度要求；

　　　K_{sc}——试验频率影响系数，对于多数金属，在室温和空气介质下，当工作频率和试验频率均在 $5 \sim 300Hz$ 范围内时，频率影响不大，可取为 $K_{sc} = 1$；

　　　K_{st}——试验温度影响系数，当工作温度与试验温度均为室温时，$K_{st} = 1$。

正态分布下，试验数据的统计变化系数为

$$K_{ss} = \frac{\sigma_{aD}}{\sigma_{aD} + u_p s \sqrt{1 + \dfrac{1}{n}}} \tag{1-11}$$

式中　σ_{aD}——零件极限应力幅的平均值；

　　　u_p——与存活率 p 相关的标准正态偏量，可由表 2-21 查出；

　　　s——零件疲劳极限振幅的标准差，当缺乏试验数据时，可取 $s = 0.1\sigma_{aD}$；

　　　n——试验的试样数。

在进行验证性疲劳试验时，也可在试验载荷中不考虑 K_{ss}，而用下式计算出可靠度为 R 时的疲劳寿命 N_p：

$$\frac{N_p}{N_{50}} = 10^{-u_p s \sqrt{1 + \frac{1}{n}}} \tag{1-12}$$

式中　s——对数疲劳寿命的标准差，当无试验数据时，可近似取为 $s=0.2$。

　　大型零件往往不能直接用实物进行疲劳试验，这时就必须使用缩小的模型，可使用几何相似的比例模型或局部应力场模拟模型。前者的试验载荷还需考虑尺寸效应。后者仅适用于以裂纹形成寿命为主的高周疲劳试验。为缩短试验时间，在进行验证性疲劳试验时常将载荷强化，进行加速疲劳试验，但这时残余应力可能因试验载荷过大而发生变化，微动磨损可能减轻或漏掉，腐蚀的不利作用也会减小，这些因素都使试验结果与服役状况有所出入。为了缩短试验时间，在进行验证性疲劳试验时也常将高频次小载荷删去，但在裂纹扩展寿命占较大比例时这样做是不安全的，因为小载荷也能使已有的裂纹扩展。

1.6.4　展望

　　每种抗疲劳设计方法都有一定的适用范围，并不能完全互相取代。从目前来看，对于高周疲劳，仍以名义应力法为佳。对于低周疲劳，则局部应力应变法具有先天的优越性，但它只能计算裂纹形成寿命，需要与损伤容限设计结合起来使用。对于具有初始缺陷或裂纹的零构件，显然应当使用损伤容限设计。为了考虑应力与强度分散性的影响，提高零构件的可靠度，以上几种抗疲劳设计方法都应当与可靠性设计结合起来，进行概率疲劳设计。由仅仅使用均值进行设计的传统抗疲劳设计方法发展到利用概率分布进行设计的概率疲劳设计，除了要研究概率疲劳设计理论之外，还需积累相应的概率疲劳设计数据。现在，名义应力法的概率疲劳设计理论已经比较成熟，局部应力应变法和损伤容限设计的概率疲劳设计理论正在研究中。在概率疲劳设计数据方面，已经积累了一定的名义应力法概率疲劳设计数据，但还不敷需要，而局部应力应变法和损伤容限设计的概率疲劳设计数据则更为缺乏，因此急需积累各种概率疲劳设计数据。

　　目前，与常规条件下的抗疲劳设计方法相比，特殊环境下的抗疲劳设计方法还不很成熟，设计数据也更为缺乏。因此，研讨特殊环境下的抗疲劳设计方法并积累相应的设计数据，仍是今后相当长时期的一项艰巨任务。

　　另外，疲劳损伤机理的研究现在已取得新进展，Miller（米勒）等学者已开始使用三个阶段的裂纹扩展（微观结构的短裂纹扩展，物理小裂纹扩展，长裂纹扩展）来统一解释各种疲劳失效现象。如何使这一研究由定性走上定量，将是今后疲劳研究工作的一个重点。而失效模式的突破，必将引起抗疲劳设计方法的变革。

第2章 疲劳极限和疲劳图

2.1 S-N 曲线

2.1.1 概述

疲劳失效以前所经历的应力或应变循环数称为疲劳寿命，一般用 N 表示。试样的疲劳寿命取决于材料的力学性能和施加的应力水平。一般来说，材料的强度极限越高，外加的应力水平越低，试样的疲劳寿命就越长；反之，疲劳寿命就越短。表示这种外加应力水平和标准试样疲劳寿命之间关系的曲线称为材料 S-N 曲线（见图 2-1），简称为 S-N 曲线。因为这种曲线通常都是表示中值疲劳寿命与外加应力间的关系，所以也称为中值 S-N 曲线。又因为这种曲线为德国人 Wöhler 首先提出，所以又称为 Wöhler 曲线。

S-N 曲线通常取最大应力 σ_{max} 为纵坐标，但也常取应力幅 σ_a 为纵坐标。S-N 曲线中的疲劳寿命通常都使用对数坐标，而应力则有时取线性坐标，有时取对数坐标，二者均统称为 S-N 曲线。S-N 曲线的左段在双对数坐标中一般是一条直线，在单对数坐标中一般不为直线，但由于用直线表示比较简便，在单对数坐标中也常简化为直线。S-N 曲线的右段则可以分为两种形式：第一种形式（见图 2-1a）有一明显的水平区段，为结构钢和钛合金的典型形式；第二种形式（见图 2-1b）没有水平区段，是非铁金属和腐蚀疲劳的典型形式。

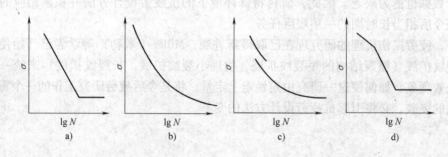

图 2-1 材料 S-N 曲线的主要形式

S-N 曲线的左段有时也会出现断开（见图 2-1c）和转折（见图 2-1d）。断开可能是由于裂纹尖由平面应力状态转变为平面应变状态和由穿晶破坏转变为晶间破坏等原因所引起。转折点则往往是不同破坏区域的交界点，如循环蠕变与低周疲劳的交界点，低周疲劳与高周疲劳的交界点等。

S-N 曲线的左段，常用如下形式的公式表达：

$$\sigma^m N = C \tag{2-1a}$$

式中的 m 和 C 均为材料常数。将上式两边取对数得

$$mlg\sigma + lgN = lgC \tag{2-1b}$$

可见，式 2-1b 相当于 S-N 曲线的左段在双对数坐标上为直线，$1/m$ 为 S-N 曲线的负斜率。

在中、长寿命区（$N > 10^4$ 周次），S-N 曲线还可以使用下面的三参数幂函数公式来统一表达：

$$N(\sigma - A)^{m'} = D \tag{2-2}$$

式中 A——无限寿命时的疲劳极限，在对称循环下即 $\sigma_{-1\infty}$；

m'——斜率参数；

D——常数。

2.1.2 测定方法

S-N 曲线的测定方法可分为单点法和成组法。单点法在每级应力水平下只试验一根试样，成组法则在每级应力水平下都试验一组试样。单点法主要用来测定疲劳极限，所测出的 S-N 曲线往往是不很准确的，因此这种方法在疲劳极限的测定中再加以介绍，这里仅介绍成组法。

1. 二参数 S-N 曲线的测定方法

用成组法测定二参数 S-N 曲线时，一般是在 4~5 级应力水平下进行疲劳试验，在每级应力水平下试验一组试样。应力水平的选定，应使试验点处在高周疲劳区 [$N >$（1~5）× 10^4 周次]，并位于拐点以前。试验顺序可以任意选择，但由于高应力水平的疲劳寿命远比低应力水平为低，摸索合适的应力水平比较省时，所以习惯于由高到低。试验后将对数疲劳寿命的中值或均值在双对数坐标上进行线性回归，即可得出 S-N 曲线的斜线部分。将此斜线与由疲劳极限确定出的水平线光滑相连，即可得出完整的 S-N 曲线。

用成组法测定 S-N 曲线时，一般每组需 3~5 根试样。当误差限度 δ 一定时，每组的最少试样数 n 取决于变异系数 ν_x 和置信度 γ。通常取 $\delta = 5\%$，这时可根据 ν_x 和 γ 由图 2-2 确定 n。当所用的试样数满足图 2-2 的要求时试验有效；否则，应增加该组试样的数量，直至满足图 2-2 确定的最少试样数为止。

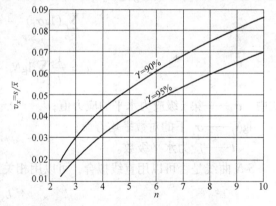

图 2-2 确定最少试样数 n 的曲线图

图中 ν_x 为对数疲劳寿命 x 的变异系数，用下式计算：

$$\nu_x = \frac{s_x}{\bar{x}} \tag{2-3}$$

式中 s_x——对数疲劳寿命的标准差；

$\bar{x}$——对数疲劳寿命的均值。

$\bar{x}$ 和 s_x 的计算公式为

$$\bar{x} = \frac{1}{n}\sum_{i=1}^{n}x_i \tag{2-4}$$

$$s_x = \sqrt{\dfrac{\displaystyle\sum_{i=1}^{n} x_i^2 - \dfrac{1}{n}\left(\displaystyle\sum_{i=1}^{n} x_i\right)^2}{n-1}} \tag{2-5}$$

式中　n——该组试样的试样数；

　　　　x_i——第 i 组试样的对数疲劳寿命。

变异系数 ν_x 反映了疲劳寿命的相对分散性。ν_x 越大，分散性越大，因此，为保证一定的试验精度，疲劳试验所需的最少试样数也越多；反之，ν_x 越小，相对分散性越小，疲劳试验所需的最少试验数也越少。一般取 $\gamma = 90\%$ 或 95%。若取 $\gamma = 90\%$，则意味着有 90% 的把握说，对数疲劳寿命的均值 $\bar{x}$ 的误差不超过 δ。δ 在工程上一般取为 5%，图 2-2 就是根据 $\delta = 5\%$ 绘出的。

用式（2-4）、式（2-5）和式（2-3）计算出各级应力水平下的 s_{x_j} 和 ν_{x_j}，并用图 2-2 对试样数进行检查，确信各级应力水平下的试样数满足所需的最少试样数以后，即可根据各级应力水平下的对数疲劳寿命的均值 x_j 和应力水平 σ_j 绘制 S-N 曲线。

由 σ_j 和 $x_j = \lg N_j$ 用直线拟合数据点时，可以用最小二乘法拟合，最小二乘法能确定出最佳的拟合直线。用最小二乘法得出的拟合方程为

$$\lg N = a + b\lg\sigma \tag{2-6}$$

$$b = \dfrac{\displaystyle\sum_{j=1}^{l} \lg\sigma_j \lg N_j - \dfrac{1}{l}\left(\displaystyle\sum_{j=1}^{l} \lg\sigma_j\right)\left(\displaystyle\sum_{j=1}^{l} \lg N_j\right)}{\displaystyle\sum_{j=1}^{l} (\lg\sigma_j)^2 - \dfrac{1}{l}\left(\displaystyle\sum_{j=1}^{l} \lg\sigma_j\right)^2}$$

$$a = \dfrac{1}{l}\sum_{j=1}^{l} \lg N_j - \dfrac{b}{l}\sum_{j=1}^{l} \lg\sigma_j$$

式中　σ_j——第 j 级应力水平的应力值；

　　　　$\lg N_j$——σ_j 下的对数平均寿命；

　　　　l——应力水平级数。

S-N 曲线是否可以用直线拟合，可以用相关系数 r 来检查，r 的定义为

$$r = \dfrac{L_{SN}}{\sqrt{L_{SS}L_{NN}}} \tag{2-7}$$

$$L_{SS} = \sum_{j=1}^{l} (\lg\sigma_j)^2 - \dfrac{1}{l}\left(\sum_{j=1}^{l} \lg\sigma_j\right)^2$$

$$L_{NN} = \sum_{j=1}^{l} (\lg N_j)^2 - \dfrac{1}{l}\left(\sum_{j=1}^{l} \lg N_j\right)^2$$

$$L_{SN} = \sum_{j=1}^{l} \lg\sigma_j \lg N_j - \dfrac{1}{l}\left(\sum_{j=1}^{l} \lg\sigma_j\right)\left(\sum_{j=1}^{l} \lg N_j\right)$$

r 的绝对值越接近于 1，说明 $\lg\sigma$ 与 $\lg N$ 的线性关系越好。表 2-1 中给出了相关系数的起码值 $r_{\min}$。当用以上公式计算出的 $|r|$ 值大于表 2-1 中给出的 $r_{\min}$ 时，S-N 曲线才能用直线拟合。

表 2-1　相关系数的起码值

$n-2$	起码值	$n-2$	起码值	$n-2$	起码值
1	0.997	14	0.497	27	0.367
2	0.950	15	0.482	28	0.361
3	0.878	16	0.468	29	0.355
4	0.811	17	0.456	30	0.349
5	0.754	18	0.444	35	0.325
6	0.707	19	0.433	40	0.304
7	0.666	20	0.423	45	0.288
8	0.632	21	0.413	50	0.273
9	0.602	22	0.404	60	0.250
10	0.576	23	0.396	70	0.232
11	0.553	24	0.388	80	0.217
12	0.532	25	0.381	90	0.205
13	0.514	26	0.374	100	0.195

2. 三参数 *S-N* 曲线的测定方法

三参数 *S-N* 曲线的测定方法与二参数 *S-N* 曲线基本相同，一般也是在 4 ~ 5 级高于 σ_{-1} 的应力下用成组法进行疲劳试验，得出各级应力水平 σ_j 下的对数平均寿命 $X_j = \lg N_j$，用升降法得出 10^7 循环下的疲劳极限平均值 σ_{-1}，然后用三参数 *S-N* 曲线方程对上述成组法和升降法的平均值数据统一进行拟合。其数据处理方法如下：

将式（2-2）取对数得

$$\lg N + m'\lg(\sigma - A) = \lg D$$

令 $\lg N = X$，$\lg(\sigma - A) = Y$，$\lg D = C$，则上式变为

$$X + m'Y = C \tag{2-8}$$

因此，可以用最小二乘法由各级平均值数据回归出上述直线方程。常数 m'、C 的计算公式为

$$m' = -L_{XY}/L_{YY}$$

$$C = \lg D = \overline{X} - \overline{Y}L_{XY}/L_{YY}$$

$$\overline{X} = \frac{1}{l}\sum_{j=1}^{l} X_j$$

$$\overline{Y} = \frac{1}{l}\sum_{j=1}^{l} Y_j$$

$$L_{XX} = \sum_{j=1}^{l} X_j^2 - \frac{1}{l}\left(\sum_{j=1}^{l} X_j\right)^2$$

$$L_{YY} = \sum_{j=1}^{l} Y_j^2 - \frac{1}{l}\left(\sum_{j=1}^{l} Y_j\right)^2$$

$$L_{XY} = \sum_{j=1}^{l} X_j Y_j - \frac{1}{l} \left(\sum_{j=1}^{l} X_j \right) \left(\sum_{j=1}^{l} Y_j \right)$$

$$X_j = \lg N_j$$

$$Y_j = \lg (\sigma_j - A)$$

式中 σ_j——第 j 级应力水平的应力值；

$\lg N_j$——第 j 级应力水平的对数平均寿命；

l——应力水平级数。

但是，因为 A 是未知的，而 m' 和 C 都与 A 值有关，因此，必须先求出 A 才能求出 m' 和 C。

根据最小二乘法原理，所拟合的直线的相关系数的绝对值应为其最大值。相关系数的表达式为

$$r = \frac{L_{YX}}{\sqrt{L_{YY} L_{XX}}}$$

对其求导，并令其导数为零：

$$\frac{\mathrm{d} |r(A)|}{\mathrm{d} A} = 0$$

可得一个 A 的复杂函数：

$$E(A) = \frac{L_{Y0}}{L_{YY}} - \frac{L_{X0}}{L_{XY}} \tag{2-9}$$

$$L_{X0} = \sum_{j=1}^{l} \frac{X_j}{\sigma_j - A} - \frac{1}{l} \left(\sum_{j=1}^{l} X_j \right) \left(\sum_{j=1}^{l} \frac{1}{\sigma_j - A} \right)$$

$$L_{Y0} = \sum_{j=1}^{l} \frac{Y_j}{\sigma_j - A} - \frac{1}{l} \left(\sum_{j=1}^{l} Y_j \right) \left(\sum_{j=1}^{l} \frac{1}{\sigma_j - A} \right)$$

因式 (2-9) 较复杂，所以需使用数值法求解，以逐步逼近的方式求 A 值。从物理意义上推断，A 必位于区间 $[0, \sigma_1]$ 内，σ_1 为诸数据 σ_i ($i = 1, 2, \cdots, n$) 中的最小者。对于钢铁材料，σ_1 通常是它的疲劳极限 σ_{-1} ($N = 10^7$ 周次)。因此，可以很容易地用两分法迭代求得 A，求解过程见图 2-3。

求出 A 值之后，就可以求出式 (2-8) 中的 m'、C 值，对 C 取反对数，即可求出 D 值，从而可得出三参数 S-N 曲线方程式 (2-2)。

2.1.3   金属材料的 S-N 曲线

常用国产机械材料的 S-N 曲线可查阅表 2-25 ~ 表 2-29 中存活率 $p = 50\%$ 时的中值 S-N 曲线。S-N 曲线的通用表达式为式 (2-6)，表 2-25 ~ 表 2-29 中存活率 $p = 50\%$ 时的 a_p、b_p 值即为该式中的 a、b 值。

图 2-4 ~ 图 2-50 给出某些结构钢和铝合金的 S-N 曲线。

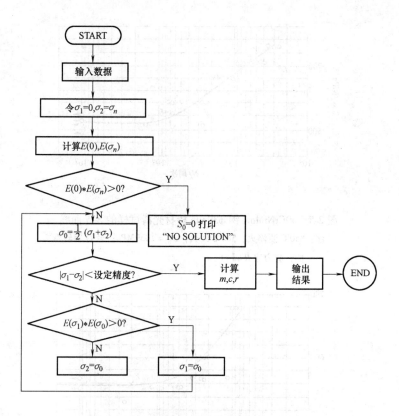

图 2-3 A 的迭代法求解过程

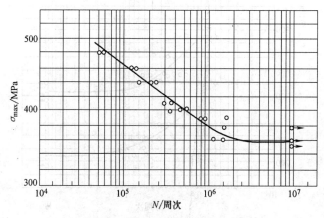

图 2-4 18Cr2Ni4WA 钢 ϕ18mm 棒材缺
口试样（$K_t = 2$）的 S-N 曲线

注：950℃正火，860℃淬火，540℃回火；$\sigma_b = 1145$MPa；旋转弯曲
疲劳试验，应力比 $R = -1$。

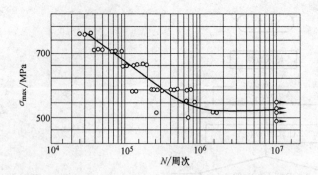

图 2-5　40CrNiMoA 钢 φ30mm 棒材光滑试样的 S-N 曲线

注：850℃油淬火，580℃回火；$\sigma_b = 1039\text{MPa}$；悬臂旋转弯
　　曲，应力比 $R = -1$。

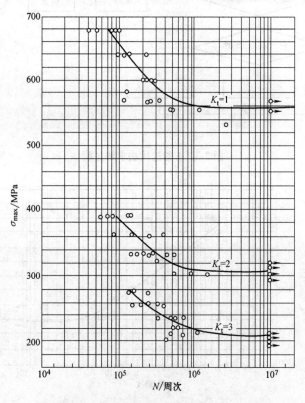

图 2-6　40CrNiMoA 钢 φ22mm 棒材的 S-N 曲线

注：850℃油淬火，580℃回火；$\sigma_b = 1049\text{MPa}$；旋转弯曲疲劳
　　试验，应力比 $R = -1$。

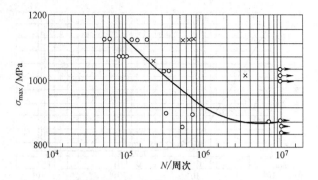

图 2-7　40CrNiMoA 钢 ϕ180mm 棒材光滑试样的 S-N 曲线

×—纵向　○—横向

注：850℃ 油淬火，570℃ 回火；纵向 σ_b = 1167MPa，横向

σ_b = 1172MPa；轴向加载疲劳试验，应力比 R = 0.1。

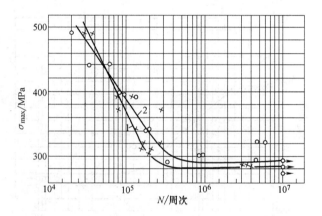

图 2-8　40CrNiMoA 钢棒材缺口试样（K_t = 3）的 S-N 曲线

1—纵向　2—横向

注：850℃ 油淬火，570℃ 回火；纵向 σ_b = 1167MPa，横向

σ_b = 1172MPa；轴向加载疲劳试验，应力比 R = 0.1。

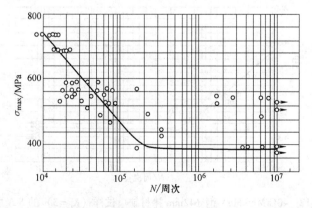

图 2-9　40CrMnSiMoA 钢 ϕ42mm 棒材缺口试样（K_t = 3）的 S-N 曲线

注：920℃ 加热，180℃ 等温，260℃ 回火；σ_b = 1971MPa；轴向加载疲劳试验，

应力比 R = 0.1。

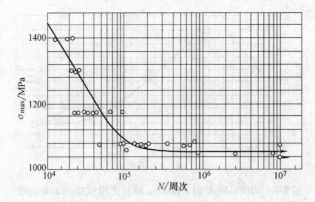

图 2-10　40CrMnSiMoA 钢 φ42mm 棒材光滑试样的 S-N 曲线

注：920℃ 加热，300℃ 等温，空冷；$\sigma_b = 1893\,\text{MPa}$；轴向加载疲劳试验，

应力比 $R = 0.1$。

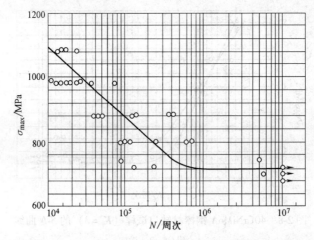

图 2-11　40CrMnSiMoA 钢 φ42mm 棒材光滑试样的 S-N 曲线

注：920℃ 加热，300℃ 等温，空冷；$\sigma_b = 1893\,\text{MPa}$；轴向加载疲劳试验，

应力比 $R = -1$。

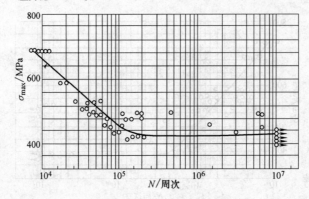

图 2-12　40CrMnSiMoA 钢 φ42mm 棒材缺口试样（$K_t = 3$）的 S-N 曲线

注：920℃ 加热，300℃ 等温，空冷；$\sigma_b = 1893\,\text{MPa}$；轴向加载疲劳试验，应力

比 $R = 0.1$。

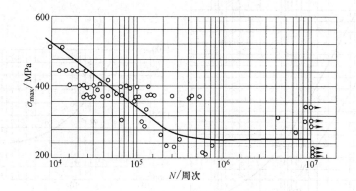

图 2-13   40CrMnSiMoA 钢 φ42mm 棒材缺口

试样（$K_t = 3$）的 S-N 曲线

注：920℃加热，300℃等温，空冷；$\sigma_b = 1893\text{MPa}$；轴向加载疲劳

试验，应力比 $R = -1$。

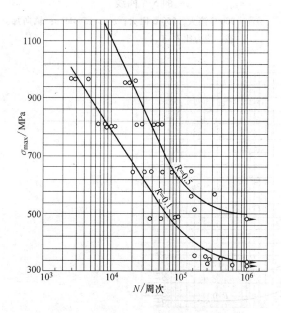

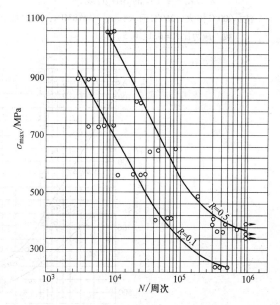

图 2-14   30CrMnSiNi2A 钢锻压板缺口试样

（$K_t = 2.9$）的 S-N 曲线

注：900℃淬火，250℃回火；$\sigma_b = 1618\text{MPa}$；轴向加

载，应力比 $R = 0.1$、0.5。

图 2-15   30CrMnSiNi2A 钢锻压板缺口试样

（$K_t = 3.7$）的 S-N 曲线

注：900℃淬火，250℃回火；$\sigma_b = 1618\text{MPa}$；轴向加

载，应力比 $R = 0.1$、0.5。

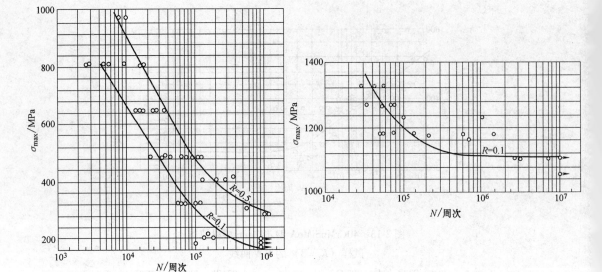

图 2-16　30CrMnSiNi2A 钢锻压板缺口试样　　　　　图 2-17　30CrMnSiNi2A 钢 ϕ25mm 棒材光滑试样
（K_t = 4.1）的 S-N 曲线　　　　　　　　　　　　　　　的 S-N 曲线

注：900℃淬火，250℃回火；σ_b = 1618MPa；轴向加　　　注：900℃淬火，250℃回火；σ_b = 1584MPa；轴向加
载，应力比 R = 0.1、0.5。　　　　　　　　　　　　　载，应力比 R = 0.1。

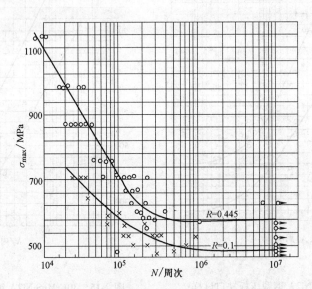

图 2-18　30CrMnSiNi2A 钢 ϕ25mm 棒材缺
口试样（K_t = 3）的 S-N 曲线

注：900℃淬火，260℃回火；σ_b = 1569MPa（R = 0.445），
σ_b = 1665MPa（R = 0.1）；轴向加载，应力比 R = 0.1、
0.445。

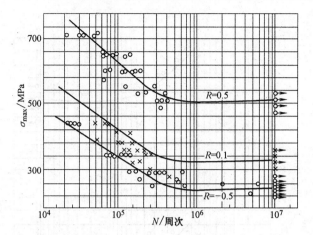

图 2-19 30CrMnSiNi2A 钢 ϕ25mm 棒材缺口试样 ($K_t = 5$) 的 S-N 曲线

注：900℃淬火，260℃回火；$\sigma_b = 1569$MPa ($R = 0.5$，-0.5)，$\sigma_b = 1665$MPa ($R = 0.1$)；轴向加载，应力比 $R = 0.5$、0.1、-0.5。

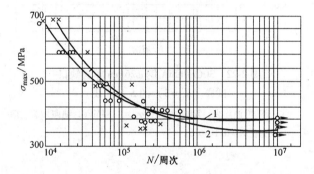

图 2-20 30CrMnSiNi2A 钢 ϕ30mm 棒材缺口试样 ($K_t = 3$) 的 S-N 曲线

1—900℃淬火，370℃回火；$\sigma_b = 1417$MPa 2—900℃淬火，320℃回火；$\sigma_b = 1550$MPa

注：轴向加载，应力比 $R = 0.1$。

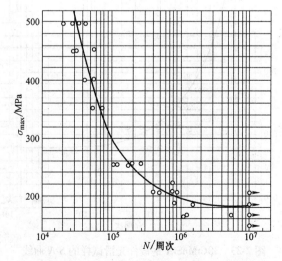

图 2-21 30CrMnSi2A 钢 ϕ55mm 棒材缺口试样 ($K_t = 3$) 的 S-N 曲线

注：900℃淬火，260℃回火；$\sigma_b = 1755$MPa；轴向加载，应力比 $R = 0.1$。

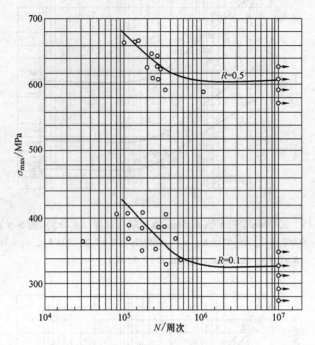

图 2-22　30CrMnSiA 钢 φ26mm 棒材缺口
试样（$K_t = 3$）的 S-N 曲线

注：890℃ 油淬火，520℃ 回火；$\sigma_b = 1184$MPa；轴向加载，应
力比 $R = 0.1$、0.5。

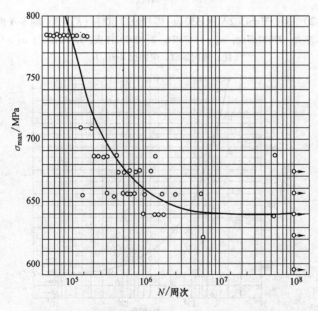

图 2-23　30CrMnSiA 钢锻件光滑试样的 S-N 曲线

注：900℃ 油淬火，510℃ 回火；$\sigma_b = 1110$MPa；悬臂旋转弯曲，
应力比 $R = -1$。

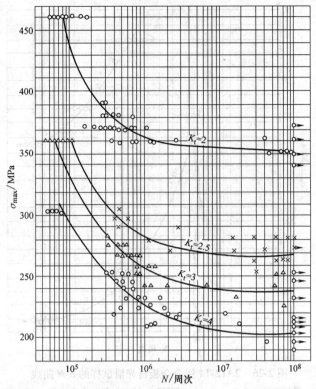

图 2-24　30CrMnSiA 钢锻件缺口试样（$K_t = 2$、2.5、3、4）的 S-N 曲线

注：900℃淬火，510℃回火；$\sigma_b = 1110$MPa；悬臂旋转弯曲试验，应力比 $R = -1$。

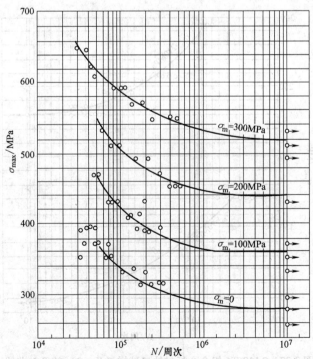

图 2-25　45 钢 ϕ26mm 棒材缺口试样（$K_t = 2$）的 S-N 曲线

注：调质处理；$\sigma_b = 834$MPa；轴向加载，$\sigma_m = 0$、100、200、300MPa。

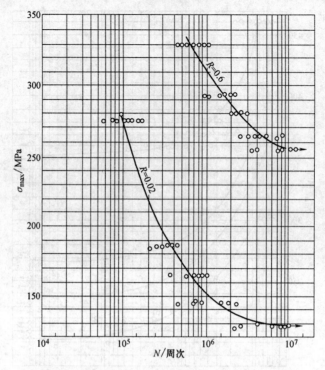

图 2-26 2A12-T4 铝合金板材光滑试样的 S-N 曲线

注：板材厚度为 2.5mm；$\sigma_b = 457$MPa；轴向加载，应力比 $R = 0.02$、0.6。

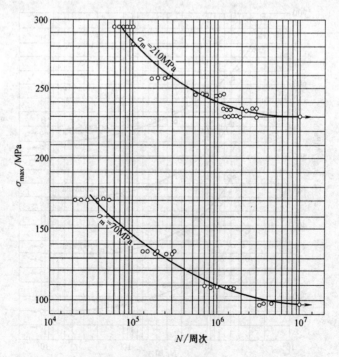

图 2-27 2A12-T4 铝合金板材缺口试样（$K_t = 2$）的 S-N 曲线

注：板材厚度为 2.5mm；$\sigma_b = 449$MPa；轴向加载，$\sigma_m = 70$、210MPa。

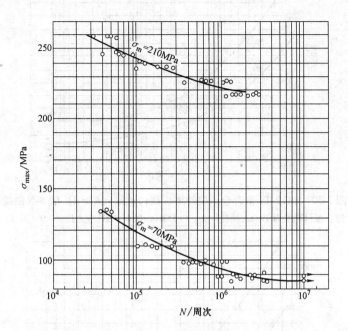

图 2-28 2A12-T4 铝合金板材缺口试样（$K_t = 4$）的 S-N 曲线

注：板材厚度为 2.5mm；$\sigma_b = 441$MPa；轴向加载，$\sigma_m = 70$、
210MPa。

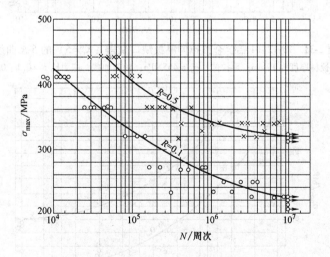

图 2-29 2A12-T4 铝合金预拉伸厚板光滑试样的 S-N 曲线

注：板材厚度为 19mm；预拉伸；$\sigma_b = 455$MPa；轴向加载，应
力比 $R = 0.1$、0.5。

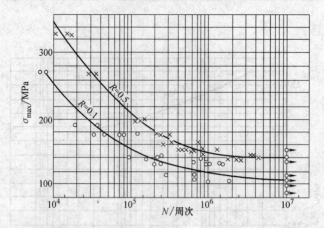

图 2-30　2A12-T4 铝合金预拉伸厚板缺口试样（$K_t = 2$）的 S-N 曲线

注：板材厚度为 19mm；预拉伸；$\sigma_b = 455$MPa；轴向加载，应力比 $R = 0.1$、0.5。

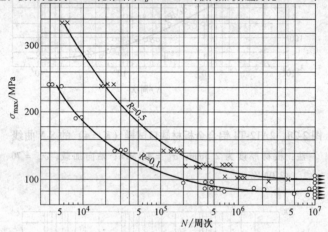

图 2-31　2A12-T4 铝合金预拉伸厚板缺口试样（$K_t = 5$）的 S-N 曲线

注：板材厚度为 19mm；预拉伸；$\sigma_b = 455$MPa；轴向加载，应力比 $R = 0.1$、0.5。

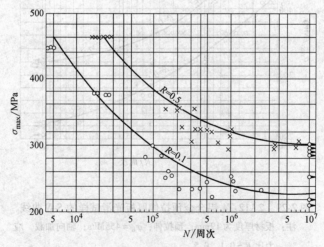

图 2-32　2A12 铝合金预拉伸厚板光滑试样的 S-N 曲线

注：板材厚度为 19mm；淬火，自然时效，预拉伸，190℃ × 12h 人工时效；$\sigma_b = 481$MPa；轴向加载，应力比 $R = 0.1$、0.5。

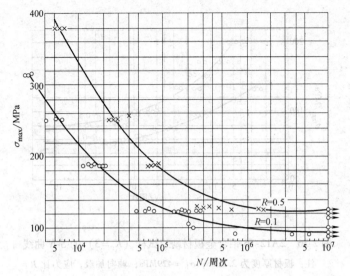

图 2-33 2A12 铝合金预拉伸厚板缺口试样（$K_t = 3$）的 S-N 曲线

注：板材厚度为 19mm；淬火，自然时效，预拉伸，190℃×12h 人工
时效；$\sigma_b = 481$MPa；轴向加载，应力比 $R = 0.1$、0.3。

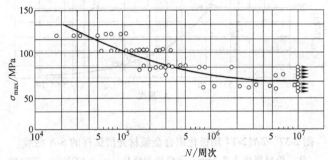

图 2-34 2A12-T4 铝合金预拉伸厚板缺口试样（$K_t = 5$）的 S-N 曲线

注：板材厚度为 19mm；预拉伸；$\sigma_b = 455$MPa；轴向加载，应力比 $R = -0.5$。

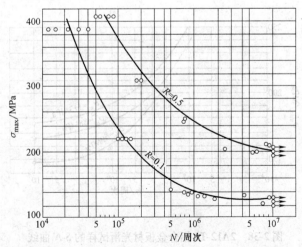

图 2-35 2A12-T6 铝合金板材光滑试样的 S-N 曲线

注：板材厚度为 2.5mm；$\sigma_b = 429$MPa；轴向加载，应力比 $R = 0.1$、0.5。

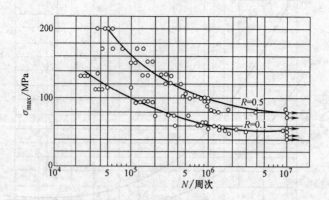

图 2-36　2A12-T6 铝合金板材缺口试样（$K_t = 3$）的 S-N 曲线

注：板材厚度为 2.5mm；$\sigma_b = 429$MPa；轴向加载，应力比 $R = 0.1$、0.5。

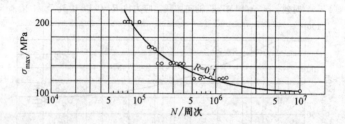

图 2-37　2A12-T4 阳极化铝合金板材光滑试样的 S-N 曲线

注：板材厚度为 2.5mm；无色硬阳极化；$\sigma_b = 407$MPa；轴向加载，应力比 $R = 0.1$。

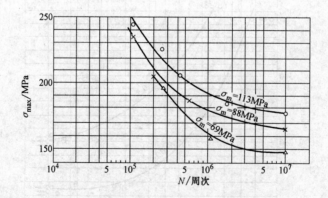

图 2-38　2A12-T4 铝合金板材光滑试样的 S-N 曲线

注：板材厚度为 1mm；$\sigma_b = 451$MPa；轴向加载，$\sigma_m = 69$、88、113MPa。

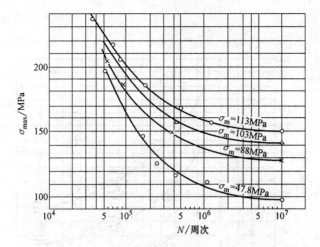

图 2-39 2A12-T4 铝合金板材缺口试样（$K_t = 2.5$）的 S-N 曲线

注：板材厚度为 1mm；$\sigma_b = 451$MPa；轴向加载，$\sigma_m = 47.8$、88、103、

113MPa。

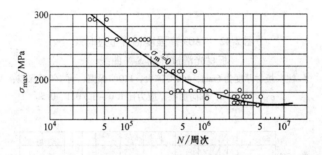

图 2-40 7A09-T6 高强度铝合金 ϕ25mm 棒材光滑试样的 S-N 曲线

注：$\sigma_b = 647$MPa；轴向加载，$\sigma_m = 0$。

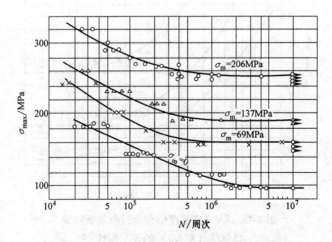

图 2-41 7A09-T6 高强度铝合金 ϕ25mm 棒材缺口

试样（$K_t = 2.4$）的 S-N 曲线

注：$\sigma_b = 647$MPa；轴向加载，$\sigma_m = 0$、69、137、206MPa。

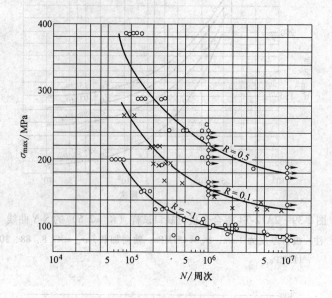

图 2-42　7A09 高强度铝合金过时效
板材光滑试样的 S-N 曲线

注：板材厚度为 6mm；460℃淬火，110℃保温，再 160℃保温；
$\sigma_b = 498$MPa；轴向加载，应力比 $R = -1$、0.1、0.5。

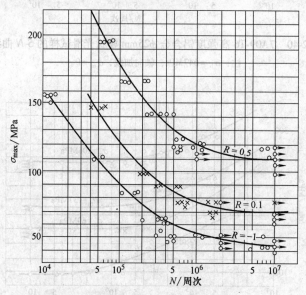

图 2-43　7A09 高强度铝合金过时效板材缺
口试样（$K_t = 3$）的 S-N 曲线

注：板材厚度为 6mm；460℃淬火，110℃保温，再 160℃保
温；$\sigma_b = 498$MPa；轴向加载，应力比 $R = -1$、0.1、0.5。

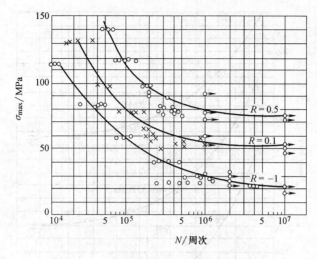

图 2-44　7A09 高强度铝合金过时效板材

缺口试样（$K_t = 5$）的 S-N 曲线

注：板材厚度为 6mm；460℃淬火，110℃保温，再 160℃保温；

$\sigma_b = 498$MPa；轴向加载，应力比 $R = -1$、0.1、0.5。

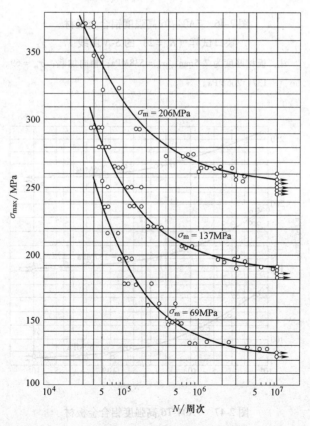

图 2-45　7A04-T6 高强度铝合金板材光滑试样的 S-N 曲线

注：板材厚度为 2.5mm；$\sigma_b = 538$MPa；轴向加载，$\sigma_m = 69$、

137、206MPa。

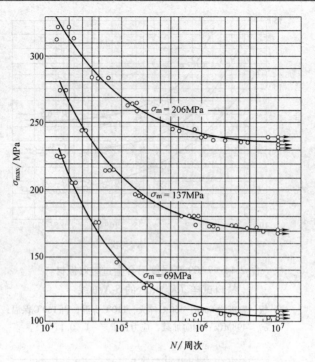

图 2-46　7A04-T6 高强度铝合金板材
缺口试样（$K_t = 2$）的 S-N 曲线

注：板材厚度为 2.5mm；$\sigma_b = 538$MPa；轴向加载，$\sigma_m = 69$、
　　137、206MPa。

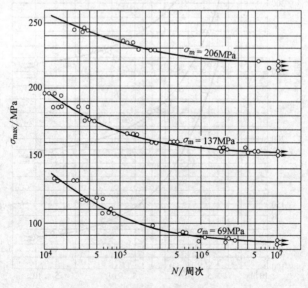

图 2-47　7A04-T6 高强度铝合金板材
缺口试样（$K_t = 4$）的 S-N 曲线

注：板材厚度为 2.5mm；$\sigma_b = 538$MPa；轴向加载，$\sigma_m = 69$、
　　137、206MPa。

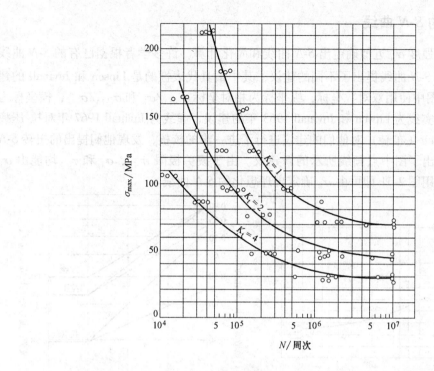

图 2-48　7A04-T6 高强度铝合金板材试样

（$K_t = 1$、2、4）的 S-N 曲线

注：板材厚度为 2.5mm；$\sigma_b = 553$MPa；轴向加载，$\sigma_m = 0$。

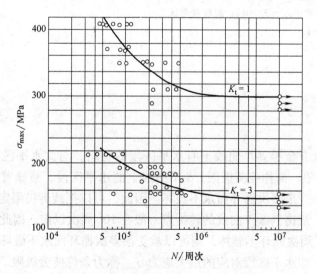

图 2-49　2A14-T6 铝合金 ϕ25mm 棒材试样

（$K_t = 1$、3）的 S-N 曲线

注：$\sigma_b = 541$MPa；轴向加载，应力比 $R = 0.1$。

2.1.4 理想化的 *S-N* 曲线

为了能由抗拉强度 σ_b 近似确定出 *S-N* 曲线和简化计算，许多学者根据已有的 *S-N* 曲线数据，对理想化的 *S-N* 曲线提出了不同的建议，其中最具代表性的是 Lipson 和 Juvinall 的建议（见图 2-51）。图中使用双对数坐标，纵坐标为相对坐标 σ_{-1N}/σ_b 和 σ_{-1N}/σ_{-1}，横坐标为疲劳寿命。图中的实线为 Lipson 和 Juvinall 1963 年的建议，虚线为 Juvinall 1967 年对拉-压疲劳的修正建议。Buch（布赫）对他们的建议进行了进一步的校核，发现他们提出的扭转 *S-N* 曲线偏于危险，提出了图中点画线所示的新建议。由于疲劳极限 σ_{-1}、σ_{1z} 和 τ_{-1} 均能由 σ_b 估算出来，因此利用图 2-51 即可由 σ_b 确定出理想化的 *S-N* 曲线。

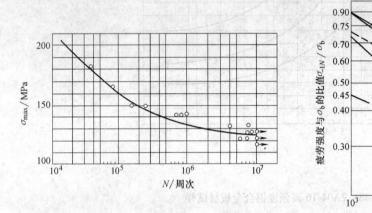

图 2-50　ZK61M 镁合金 ϕ20mm 棒材
　　　　　光滑试样的 *S-N* 曲线

注：热挤压，人工时效；σ_b = 330MPa；旋转弯曲试
　　验，应力比 $R = -1$。

图 2-51　理想化的 *S-N* 曲线

2.2 疲劳极限

2.2.1 概述

对于结构钢和钛合金等 *S-N* 曲线上有水平区段的材料，与此水平区段相应的最大应力 σ_{max} 称为材料疲劳极限，简称疲劳极限。*S-N* 曲线上的水平区段，意味着在与它相应的应力水平下，试样可以承受很多次循环而永不破坏。因此，可以把疲劳极限定义为疲劳寿命很大时的中值疲劳强度。结构钢 *S-N* 曲线的转折点一般在 10^7 周次以前，因此，一般认为，结构钢试样只要经过 10^7 周次循环不破坏，则可以承受很多次循环而永不破坏。

在 *S-N* 曲线上，非水平区段对应的最大应力 σ_{max} 称为条件疲劳极限。对于腐蚀疲劳和非铁金属，其 *S-N* 曲线没有水平区段，因此不存在真正的疲劳极限。但是，在 $10^7 \sim 10^8$ 周次循环以后，其 *S-N* 曲线渐趋平坦，因此一般以 10^7 或 10^8 周次循环失效时的最大应力 σ_{max} 作为条件疲劳极限，这时的失效循环数称为循环基数。循环基数取为 10^7 周次循环时，可以不特别注明。循环基数取为其他循环数时，必须同时注明其循环基数。因此，对于非铁金属和腐蚀疲劳等没有水平区段的情况，当未注明循环基数时，意味着循环基数为 10^7 周次循环。但这时的疲劳极限仍为条件疲劳极限，而不像结构钢和钛合金在常温空气介质下那样的真正疲劳极限。

材料疲劳极限随加载方式和应力比的不同而异。因为决定材料疲劳强度的是应力幅 σ_a，所以一般都以对称循环下的疲劳极限作为材料的基本疲劳极限。材料疲劳极限一般均用标准圆形试样试验得出。材料的对称弯曲疲劳极限用 σ_{-1} 表示，对称拉-压疲劳极限用 σ_{-1z} 表示，对称扭转疲劳极限用 τ_{-1} 表示。符号中的下标 -1 表示应力比 $R = -1$。又因三者中以对称弯曲疲劳试验最为方便，所以一般都以对称弯曲疲劳极限来表征材料的基本疲劳性能，许多手册中给出的材料疲劳性能数据往往只限于对称弯曲疲劳极限 σ_{-1}。圆形截面对称平面弯曲载荷下的疲劳极限一般与圆试样旋转弯曲下的疲劳极限接近相等，因此二者往往不加区别。

但是，S-N 曲线的水平区段实际上也并非真正水平。高周次（10^9 周次）的疲劳试验表明，当试验周次继续增加时，试样的疲劳强度仍在不断下降，只是降低得不明显而已。因此，通常得出的疲劳极限，只是 10^7 周次时的疲劳极限，并非真正的疲劳极限。而使用三参数 S-N 曲线方程则可以推算出无限寿命下的疲劳极限，即式（2-2）中的 A。由于 10^7 周次循环的疲劳极限已经沿用至今，我们仍以通常的符号 σ_{-1} 表示，而用 A 或 $\sigma_{-1\infty}$ 来表示由三参数 S-N 曲线方程计算出的无限寿命下的疲劳极限。

2.2.2　测定方法

无限寿命下的疲劳极限 A（$\sigma_{-1\infty}$）的测定方法与三参数 S-N 曲线的测定方法相同，本节仅介绍 10^7 周次循环时的疲劳极限 σ_{-1} 的测定方法。

1. 常规的单点试验法

一般是先根据材料的抗拉强度 σ_b 估算出一个疲劳极限值，然后再在比估算值高一定百分数的应力水平下开始进行疲劳试验，以后再根据前一根试样的疲劳寿命，逐步降低应力进行下一根试样的疲劳试验，直至有一根试样试验到试验基数以后不发生断裂为止。不断试样与相邻应力水平的应力平均值即为其疲劳极限。

用常规法进行疲劳试验时，一般要准备 10 根材料和尺寸均相同的一组试样，5~7 根试样供疲劳试验用，其余用作备品。对标准光滑试样，推荐使用以下步骤进行弯曲载荷下的常规单点法疲劳试验：

1）先用 $\sigma_{-1} = 0.47\sigma_b$ 的近似公式估算出材料疲劳极限 σ_{-1}。

2）对于 $\sigma_b < 800\mathrm{MPa}$ 的钢，第 1 根试样的应力取为 $\sigma_1 = 1.3\sigma_{-1}$；对于 $\sigma_b > 800\mathrm{MPa}$ 的钢，第 1 根试样的应力取为 $\sigma_1 = 1.12\sigma_{-1}$。

3）第 2 根试样的应力与第 1 根试样的破坏循环数 N_1 有关。当 $N_1 < 2 \times 10^5$ 周次循环时，第 2 根试样的应力 $\sigma_2 = \sigma_1 - 20\mathrm{MPa}$；当 $N_1 > 2 \times 10^5$ 周次循环时，$\sigma_2 = \sigma_1 + 20\mathrm{MPa}$。这样，前两根试样确定出的是 S-N 曲线的上面部分。

4）第 3 根试样应力的选择与头两根试样的破坏循环数有关。当 N_1（或 N_2）= $(1 \sim 3.5) \times 10^5$ 周次循环时，$\sigma_3 = 0.86\sigma_1$（或 σ_2）；当 N_1（或 N_2）= $(3.5 \sim 10) \times 10^5$ 周次循环时，$\sigma_3 = 0.88\sigma_1$（或 σ_2）。

5）第 4 根试样的应力规定为：

①如果第 3 根试样在 $N_3 = 10^7$ 周次循环没有破坏：当 $\sigma_1 < \sigma_2$ 时，$\sigma_4 = (\sigma_3 + \sigma_1)/2$；当 $\sigma_1 > \sigma_2$ 时，$\sigma_4 = (\sigma_3 + \sigma_2)/2$。

②如果第 3 根试样在 $N_3 < 10^7$ 周次循环下破坏了，则 $\sigma_4 = \sigma_3 -$ （20 ~ 30） MPa。

由于应力水平 σ_4 是根据 N_3 选择的，而 N_3 大约为 $10^6 \sim 10^7$ 周次，因此应力 σ_4 接近于 σ_{-1}。

6）若 σ_3 和 σ_4 中有一根试样在 10^7 周次循环以前破坏，另一根试样在 10^7 周次循环时未破坏，则第 5 根试样的应力选择为 （$\sigma_4 + \sigma_3$） /2；若 σ_3 和 σ_4 均在 10^7 周次循环以前破坏，则 $\sigma_5 = \sigma_4 -$ （20 ~ 30） MPa。

若第 5 根试样到试验基数时未破坏，则疲劳极限等于 σ_5 和比它高一级的破坏应力的平均值；若第 5 根试样在达到试验基数以前破坏，则疲劳极限等于 σ_5 与比它低一级的不破坏应力的平均值。

当疲劳极限在 100MPa 以内时，决定疲劳极限的两级应力之差一般不应高于 3MPa；当疲劳极限在 100 ~ 200MPa 时，不高于 5MPa；当疲劳极限在 200 ~ 400MPa 时，不高于 10MPa；当疲劳极限大于 400MPa 时，不高于 15MPa。若最后两级应力之差超出以上范围，则应在等于此二级应力平均值的应力水平上补充进行试验。

为了提高疲劳极限的可靠度，测定疲劳极限时应当有两根试样达到试验基数以后不破坏，当不破坏试样数不足两个时应补做试验。

由试验数据绘制 S-N 曲线时，可使用图 2-52 所示的逐点描迹法。这时应力通常使用线性坐标，寿命使用对数坐标。将数据点画在坐标图上以后，用曲线板将它们连成光滑曲线。在连线过程中，应力求做到使曲线均匀地通过各数据点，曲线两侧的数据点与曲线的偏离应大致相等。

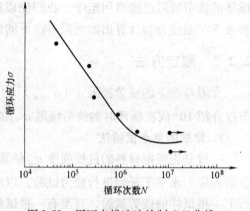

图 2-52　用逐点描迹法绘制 S-N 曲线

2. 小子样升降法

由于疲劳性能的分散性，用常规法求出的疲劳极限值是不很精确的。要想求得精确的疲劳极限，必须使用升降法。国外提出的大子样升降法需要使用较多的试样，试样数一般不得少于 30 根。为了减少试样数，高镇同教授在"配对"的理论基础上，提出了可以节约试样的小子样升降法，目前国内多使用这种方法测定疲劳极限。本书所提供的国产机械工程材料的疲劳极限数据都是用此法测出的。下面介绍高镇同教授提出的小子样升降法。

试验前先用常规法或估算法估算出粗略的疲劳极限值，然后根据估算出的疲劳极限值确定出应力级差。试验时先在略高于疲劳极限估算值的应力下开始试验。若第 1 根试样在达到试验基数以前破坏，则下一根试样的试验应力降低一个级差；若第 1 根试样在达到试验基数时未破坏（即越出），则下一根试样的试验应力增加一个级差。以后的试样，也都按与此相同的方法继续进行试验。图 2-53 为用这种方法进行试

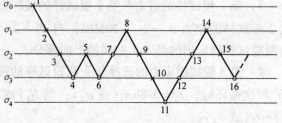

图 2-53　升降图示例

验得出的一个典型的升降图。图中"×"表示破坏，"◎"表示越出。

　　在处理试验结果时，在出现第 1 对相反结果以前的数据均应舍弃，这些试样为无效试样。如图 2-53 中的点 3 和点 4 是出现的第 1 对相反结果，因此数据点 1 和点 2 均应舍弃。而第 1 次出现的相反结果 3 和 4 的应力平均值 $(\sigma_3 + \sigma_4)/2$ 就是一个常规法疲劳极限值。同样，第 2 次出现的相反结果点 5 和点 6 的应力平均值，和以后出现的相邻相反数据点的平均值也都相当于常规法疲劳极限值。将这些用配对法得出的疲劳极限数据作为疲劳极限的数据点进行统计处理，即可得出疲劳极限的平均值和标准差。这时的平均值 σ_{-1} 和标准差 $s_{\sigma_{-1}}$ 的计算公式为

$$\sigma_{-1} = \frac{1}{k}\sum_{i=1}^{k}\sigma_i = \frac{1}{n}\sum_{j=1}^{l}\nu_j\sigma_j \tag{2-10}$$

$$s_{\sigma_{-1}} = \sqrt{\frac{\sum_{i=1}^{k}\sigma_i^2 - \frac{1}{k}\left(\sum_{i=1}^{k}\sigma_i\right)^2}{k-1}} \tag{2-11}$$

式中　k——配成的对子数；

　　　　n——有效试样数；

　　　　l——应力水平级数；

　　　　σ_i——用配对法得出的第 i 对疲劳极限值；

　　　　σ_j——第 j 级应力水平的应力值；

　　　　ν_j——第 j 级应力水平上的有效试样个数，不论试样断否均包括在内。

当最后一个数据点的下一根试样恰好回到第 1 个有效数据点时，则有效数据点恰能互相配成对子。因此，用小子样升降法进行试验时，一般应试验到最后一个数据点与第 1 个有效数据点恰好衔接，这样才能保证式（2-10）后面的等式成立。

　　当试验第八根试样时，其试验应力与无效数据点 2 相同，这时由于无效数据点 2 尚未利用，可以把这个数据点移过来作为第八个数据点，而不再在此应力水平重新试验另一根试样，其他未利用过的无效试样也都可以按此方法加以利用。但每个数据点只能利用一次，且只能在需要在该应力水平下试验时才能加以利用。

　　小子样升降法所需的试样数一般为 14 ~ 20 个。具体的最少试样数可由 $\nu_{\sigma_{-1}}$ 值用图 2-2 确定，但这时求出的试样数为配成的对子数。

　　试验时的应力增量，最好应选择得使试验在 4 级应力水平下进行。用光滑试样进行对称弯曲疲劳试验时，应力级差 $\Delta\sigma$ 可取为（4% ~ 6%）σ_{-1}。有应力集中试样的级差应适当减小。

　　用升降法测出的疲劳极限可以和用成组法测出的 S-N 曲线合并在一起，绘制出从中等寿命区到高寿命区的完整的 S-N 曲线。

3. 大子样升降法

　　大子样升降法的试验方法与小子样升降法完全相同，但它不要求配成对子。其数据处理可使用以下公式：

$$\sigma_{-1} = \sigma_0 + \Delta\sigma\left(\frac{A}{F} \pm \frac{1}{2}\right) \tag{2-12}$$

$$S_{\sigma_{-1}} = 1.62\Delta\sigma\left(\frac{FB - A^2}{F^2} + 0.029\right) \tag{2-13}$$

式中　$F = \sum_{j=0}^{l-1} f_j, A = \sum_{j=0}^{l-1} if_j, B = \sum_{j=0}^{l-1} j^2 f_j$;

　　σ_0——当未破坏试样数小于破坏试样数时，为最低的试验应力水平；当破坏试样数小于未破坏试样数时，为最低的破坏应力水平；

　　$\Delta\sigma$——应力级差；

　　j——应力水平序号，以 σ_0 的序号为 0，其上依次为 1、2 等；

　　l——应力水平数；

　　f_j——在第 j 级应力水平下的最少事件数。当破坏试样数小于未破坏试样数时 f_j 为破坏试样数；反之，为未破坏试样数。

当最少事件是未破坏时，式（2-12）的括号中取"＋"号；当最少事件是破坏时，式（2-12）的括号中取"－"号。

大子样升降法的试样数不应少于 30 个。GB/T 24176—2009《金属材料　疲劳试验　数据统计方案与分析方法》中即采用此法。

4. 步进法

步进法是一种改进的升降法，由 Кудрявцев 提出。它所需的试样数比升降法少一半，但总的试验时间比升降法增加。因此，这种方法适用于试样数量不足或特别贵重的大型试样。另外，这种方法只适用于在低于疲劳极限的应力下不产生锻炼和损伤的材料。

用这种方法进行疲劳试验时，试样数应在 3 个以上。第一根试样在略低于疲劳极限估计值的应力下进行试验，如果它在达到试验基数时不破坏，则仍用此试样提高一级应力（级差 $\Delta\sigma = 10$MPa）继续进行试验，如此继续下去，直至第一根试样破坏。第二根试样也按上述方法逐级提高应力进行试验，但其第一级应力要比第一根试样的破坏应力低一级。以后的试样均在比前几次试验的最低破坏应力低一级的应力水平下开始试验，再按前述方法逐级提高应力直至破坏。

每根试样均可定出一个疲劳极限值，它等于破坏应力减去半个级差。一组试样疲劳极限的平均值即为所求的疲劳极限值。如果一组试样中的试样数较多，则可以使用升降法中的计算公式来计算疲劳极限的平均值和标准差。由于这种方法每根试样都试验到破坏，因而每根试样都可以确定出一个疲劳极限值，所需的试样数比升降法少一半。

这种方法是 Locati（洛卡提）的超载法与升降法的结合。它与 Locati 法的区别，在于它是在疲劳极限以下逐级升载，并且在每级应力下都试验到循环基数或试样破坏；而 Locati 法则是在疲劳极限以上逐级升载，它的试验基数远比正常的循环基数为小。原苏联中央机器制造与工艺科学研究院（ЦНИИТМАШ）对特大型试样进行弯、扭疲劳试验的实践已经表明，这种方法适用于钢和铸铁试样的疲劳试验。

2.2.3　金属材料的疲劳极限数据

常用国产机械工程材料的旋转弯曲疲劳极限和疲劳比见表 2-2。某些国产机械工程材料的拉-压疲劳极限见表 2-3。各种国外材料的旋转弯曲疲劳极限和疲劳比见表 2-4。某些国外材料的疲劳极限见表 2-5。某些国外材料的全反复旋转弯曲无缺口疲劳极限见表 2-6。德国碳钢的静强度和疲劳极限见表 2-7。德国回火合金钢的静强度和疲劳极限见表 2-8。两炉日本碳钢的疲劳极限均值见表 2-9。日本合金结构钢的疲劳极限均值见表 2-10。俄罗斯正火碳钢的典型静强度和疲劳极限见表 2-11。美国灰铸铁的力学性能见表 2-12。调质结构钢的疲劳极限均值及标准离差见表 2-13。铝合金的疲劳极限均值及标准离差见表 2-14。

表 2-2 常用国产机械工程材料的旋转弯曲疲劳极限和疲劳比

序号	材料	热处理	抗拉强度 σ_b/MPa	疲劳极限（$N=10^7$ 周次）			疲劳比 f（$N=10^7$ 周次）	疲劳极限 $\sigma_{-1\infty}$/MPa
				平均值 σ_{-1}/MPa	标准差 $s_{\sigma_{-1}}$/MPa	变异系数 $\nu_{\sigma_{-1}}$		
1	Q235A	热轧	439	210	7.8	0.037	0.48	181.1
2	Q235AF	热轧	428	198	9.4	0.047	0.46	—
3	Q235B	热轧	441	250	3.9	0.016	0.57	
4	20	正火	463	250	4.7	0.019	0.54	229.6
5	20G	热轧	432	209	2.6	0.012	0.48	
6	20R	—	386	209			0.54	
7	35	正火	593	261	4.1	0.016	0.44	255.6
8	45	正火	624	285.1	7.0	0.025	0.46	280.8
9	45	调质	735	389	10.1	0.026	0.53	384.6
10	45	电渣重熔	934	433	19.5	0.045	0.46	415.3
11	50	正火	661	278	10.3	0.037	0.42	—
12	55	调质	834	386	13.3	0.034	0.46	
13	70	淬火后中温回火	1138	489	17.9	0.037	0.43	
14	Q345	热轧	586	298.1	8.6	0.029	0.51	289.2
15	Q345G	热轧	507	271	—		0.53	
16	20MnVB	碳氮共渗	1210	809	0.6	0.001	0.67	
17	20SiMnVB	渗碳	1166	537	23.1	0.043	0.46	
18	25MnTiBRE	碳氮共渗	1193	834	23.2	0.028	0.70	
19	35Mn2	调质	937	520	—		0.55	
20	40MnB	调质	970	436	19.5	0.045	0.45	435.5
21	40MnVB	调质	1111	531	9.0	0.017	0.48	—
22	45Mn2	调质	952	485	8.0	0.016	0.51	
23	12Cr2Ni4	调质	793	441	22.6	0.051	0.56	
24	18CrNiW	调质	1039	491	23.1	0.047	0.47	
25	20Cr	渗碳	577	273	3.9	0.014	0.47	
26	20CrMnTi	淬火后低温回火	1416	566	37.4	0.066	0.40	
27	20CrMnSi	调质	788	299	13.7	0.046	0.38	
28	20Cr2Ni4A	淬火后低温回火	1483	602	14.1	0.023	0.41	
29	30CrMnTi	碳氮共渗	1771	730	35.3	0.048	0.41	
30	30CrMnSiA	调质	1110	641	25.2	0.039	0.58	
31	35CrMo	调质	924	431	13.3	0.031	0.47	429.9
32	40Cr	调质	940	422	10.1	0.024	0.45	421.3

（续）

序号	材料	热处理	抗拉强度 σ_b/MPa	疲劳极限（$N=10^7$ 周次）			疲劳比 f （$N=10^7$ 周次）	疲劳极限 $\sigma_{-1\infty}$/MPa
				平均值 σ_{-1}/MPa	标准差 $s_{\sigma_{-1}}$/MPa	变异系数 $\nu_{\sigma_{-1}}$		
33	40CrMnMo	调质	977	470	17.2	0.037	0.48	—
34	40CrMnSiMoVA	淬火后低温回火	1843	677	—	—	0.37	—
35	40CrNiMo	调质	972	498	7.8	0.016	0.51	—
36	40CrNiMoA	调质	1040	524	19.7	0.038	0.50	—
37	42CrMo	调质	1134	504	12.5	0.025	0.44	493.1
38	16MnCr5	淬火后低温回火	1372	592	10.9	0.018	0.43	—
39	20MnCr5	淬火后低温回火	1482	634	8.0	0.013	0.43	—
40	25MnCr5	淬火后低温回火	1587	509	37.4	0.074	0.32	—
41	28MnCr5	淬火后低温回火	1307	479	21.1	0.044	0.37	—
42	50CrV	淬火后中温回火	1586	747	32.0	0.043	0.47	734.9
43	55Si2Mn	淬火后中温回火	1866	658	10.5	0.016	0.35	—
44	60Si2Mn	淬火后中温回火	1625	660	24.2	0.037	0.41	562.6
45	65Mn	淬火后中温回火	1687	708	31.1	0.044	0.42	655.9
46	06Cr17Ni4Cu4Nb	固溶时效	740	400	—	—	0.54	—
47	12Cr12Mo	调质	768	382	—	—	0.50	—
48	12Cr13	调质	721	374	12.5	0.033	0.52	362.6
49	20Cr13	调质	687.5	374	14.0	0.037	0.54	371.2
50	30Cr13	调质	842	370	12.5	0.034	0.44	—
51	40Cr5MoVSi	调质	1496	730	—	—	0.49	—
52	68Cr7Mo3V2Si	调质	2353	512	24.2	0.047	0.22	—
53	Cr12	淬火后低温回火	2272	709	20.4	0.029	0.31	—
54	Cr12MoV	淬火后低温回火	2059	633	—	—	0.31	—
55	ZG20SiMn	正火	515	226	7.5	0.033	0.44	—
56	ZG230-450	正火	543	207	9.4	0.045	0.38	—
57	ZG270-500	调质	823	272	5.5	0.020	0.33	—
58	ZG40Cr	调质	977	294	10.9	0.037	0.30	—
59	ZG340-640	调质	1044	322	12.6	0.039	0.31	—
60	ZG06Cr13Ni6Mo	正火后两次回火	779	289	16.8	0.058	0.37	—
61	ZG15Cr13	退火后正火	789	328	14.8	0.045	0.42	—
62	QT400-15	退火	484	243	10.9	0.045	0.50	—
63	QT400-18	退火	453	219	7.4	0.034	0.48	—
64	QT500-7	退火	625	206	10.9	0.053	0.33	—
65	QT600-3	正火	809	271	7.4	0.027	0.33	—
66	QT700-2	正火	754	219	9.9	0.045	0.29	—
67	QT800-2	正火	842	352	10.1	0.029	0.42	—

表 2-3　某些国产机械工程材料的拉-压疲劳极限

序号	材料	热处理	抗拉强度 σ_b/MPa	疲劳极限（$N=10^7$ 周次）			疲劳比 f （$N=10^7$ 周次）
				平均值 σ_{-1z}/MPa	标准差 $s_{\sigma_{-1z}}$/MPa	变异系数 $\nu_{\sigma_{-1z}}$	
1	20	正火	464	241	7.8	0.032	0.52
2	45	调质	735	329①	18.7	0.057	0.45
3	Q345	热轧	586	327	14.0	0.043	0.56
4	12CrNi3	调质	833	363	14	0.039	0.44
5	25Cr2MoV	调质	1090	335	—	—	0.31
6	35CrMo	调质	924	317	—	—	0.34
7	35VB	热轧	741	331	13.3	0.040	0.45
8	40CrMnSiMoVA	等温淬火	1765	718	—	—	0.41
9	40CrNiMo	调质	972	389	15.6	0.040	0.40
10	45CrNiMoV	淬火后中温回火	1553	486	17.2	0.035	0.31
11	55SiMnVB	淬火后中温回火	1536	536	21.1	0.039	0.35
12	HT200	去应力退火	250	96.5	5.4	0.056	0.39
13	HT300	去应力退火	353	133.3	5.0	0.38	0.38
14	ZG310-570	调质	1012	303	17.2	0.057	0.30

① 应力比 $R=0.1$。

表 2-4　各种国外材料的旋转弯曲疲劳极限和疲劳比

序号	材料（质量分数）	抗拉强度 σ_b/MPa	疲劳极限 σ_{-1}/MPa	疲劳比 f
1	商业纯铁（退火）	322	182	0.57
2	灰铸铁	378	154	0.41
3	球墨铸铁	756	252	0.33
4	软钢，0.15%C（退火）	413	237	0.55
5	碳钢，0.36%C（退火）	588	266	0.46
6	碳钢，0.36%C（淬火和回火）	875	406	0.46
7	碳钢，0.75%C（退火）	738	301	0.38
8	碳钢，0.75%C（淬火和回火）	1043	427	0.41
9	Ni 钢（淬火和回火）	987	581	0.59
10	CrMo 钢（淬火和回火）	973	476	0.49
11	NiCrMo 钢（淬火和回火）	1260	504	0.40
12	NiCrMo 钢（淬火和回火）	1960	665	0.34
13	18-8CrNi 不锈钢（冷轧）	896	518	0.58
14	12%Mn 钢（淬火）	1120	455	0.41
15	纯铜（退火）	217	63	0.29
16	59 黄铜（退火）	378	140	0.37
17	70 黄铜（退火）	315	98	0.31

（续）

序号	材料（质量分数）	抗拉强度 σ_b/MPa	疲劳极限 σ_{-1}/MPa	疲劳比 f
18	90 黄铜（冷轧）	504	147	0.29
19	磷青铜（退火）	455	140	0.31
20	铝青铜, 9.5% Al（退火）	574	203	0.35
21	蒙乃尔合金, NiCu（退火）	546	238	0.44
22	蒙乃尔合金, NiCu（冷轧）	735	308	0.42
23	尼孟合金 80, NiCr	1022	315	0.31
24	纯铝（退火）	70	21	0.30
25	纯铝（冷作）	133	45.5	0.34
26	Al-7% Mg（退火）	245	119	0.49
27	Al-7% Mg（冷作）	336	147	0.43
28	2024, AlCuMg（退退）	183	91	0.48
29	2024-T, AlCuMg（固溶处理, 时效）	476	140	0.29
30	7075-TAlZnMg（固溶处理, 时效）	581	154	0.27
31	纯镁（压出）	227	70	0.31
32	MgAlZn（热处理）	336	133	0.40
33	MgZnZr（热处理）	385	140	0.36
34	纯钛（轧制）	616	364	0.59
35	Ti-4Al-2.5Sn（热处理）	931	532	0.57
36	Ti-Al-4V（热处理）	1078	574	0.53
37	Ti-4Mn-4Al（热处理）	1085	630	0.58

注：试验基数钢为 10^7 周次循环，非铁金属为 5×10^7 周次循环。

表 2-5　某些国外材料的疲劳极限

材　　料	抗拉强度/MPa	疲劳极限[1]/MPa	材　　料	抗拉强度/MPa	疲劳极限[1]/MPa
退火金	115	±46(10^8)	$w(Cu)=4.5\%$ 的铝合金	465	±147(10^8)
退火铜	216	±62(10^8)	$w(Zn)=5.5\%$ 的铝合金	540	±170(10^8)
冷加工铜	310	±93(10^8)	薄片石墨铸铁	310	±130
退火黄铜	325	±100(10^8)	可锻铸铁	385	±185
冷加工黄铜	620	±140(10^8)	工业纯铁	294	±185
磷青铜	540	±230(10^8)	软钢	465	±230
铝青铜	770	±340(5×10^7)	镍铬合金钢	1000	±510
退火镍	495	±170(10^8)	高强度钢	1700	±695(10^8)
冷加工镍	830	±280(10^8)	钛	570	±340(10^7)
镁	216	±70(10^8)	铅	—	±3(10^7)
铝	108	±46(10^8)	$w(Sn)=1\%$ 的铝合金	—	±9(10^7)

[1]　括号内的数字是测定疲劳强度时所取的循环基数。

表 2-6　某些国外材料的全反复旋转弯曲无缺口疲劳极限

材料[①]		加工说明	σ_b/MPa	σ_s/MPa	ε_f	σ_{-1}/MPa
钢	1015(15)	冷拉—0%	455	275	1.20	240
	1015(15)	冷拉—30%	620	585	0.62	315
	1015(15)	冷拉—60%	710	605	0.78	350
	1015(15)	冷拉—80%	790	660	0.30	365
	1020(20)	热轧	450	330	0.80	240
	1040(40)	热轧	620	410	0.09	295
	1040(40)	冷拉—0%	670	405	0.71	345
	1040(40)	冷拉—20%	805	670	0.58	370
	1040(40)	冷拉—50%	965	855	0.33	410
	1060(60)	冷拉—自应力	735	425	0.49	385
	4340(40CrNiMoA)	退火	745	475	0.69	340
	4340(40CrNiMoA)	淬火并回火(538℃)	1260	1170	0.73	670
	4340(40CrNiMoA)	淬火并回火(427℃)	1530	1380	0.63	470
	4340(40CrNiMoA)	淬火并回火(204℃)	1950	1640	0.65	480
	9Ni-4Co-25	回火(315℃)	1930	1780	0.43	620
	18Ni 马氏体时效钢	时效(482℃)	1540	1480	0.80	690
	18Ni 马氏体时效钢	真空熔炼时效(482℃)	1760	1630	0.97	690
	18Ni 马氏体时效钢	真空熔炼时效(482℃)	1980	1920	0.69	760
	18Ni 马氏体时效钢	真空熔炼时效(482℃)	2425	2380	0.58	760
铝(以 5×10^8 次循环为基数)	1100-0		90	35		35
	2024-T3		480	345		140
	2024-T4		470	325		140
	6061-T6		310	275		95
	7075-T6		570	500		160
其他	Ti	退火	520			330
	Ti-6Al-4V		1190	1090		365
	铜	退火	235	75		75
	60 黄铜	退火	315	95		85
	磷青铜	退火	340	150		170

① 括号内为对应的我国牌号。

表 2-7　德国碳钢的静强度和疲劳极限　　　　　　　　　　（单位：MPa）

材料[①] DIN	热处理	抗拉强度	屈服强度			疲劳极限			
		σ_b	σ_{sb}	σ_s	σ_{st}	σ_{-1}	σ_{-1z}	τ_{-1}	σ_{01}
St34 (10)	正火	340	240	220	130	160	130	90	210
St38 (15)		380	260	240	150	180	140	100	230
St42 (20)		420	300	260	160	200	160	120	250

（续）

材料[①] DIN	热处理	抗拉强度 σ_b	屈服强度			疲劳极限			
			σ_{sb}	σ_s	σ_{st}	σ_{-1}	σ_{-1z}	τ_{-1}	σ_{0z}
St50（30）	正火	500	370	300	190	240	190	140	300
St60（45）		600	430	340	220	280	210	160	340
St70（60）		700	490	370	260	320	240	190	370
C25（25）	回火	500	420	310	200	260	210	150	310
C35（35）		600	500	370	250	290	230	170	370
C45（45）		650	530	400	270	320	250	180	400
C60（60）		750	620	490	310	360	290	210	480

注：表中的疲劳极限为存活率 $p=90\%$ 时的数值。抗拉强度 σ_b 和弯曲屈服强度 σ_{sb}、拉伸屈服强度 σ_s、扭转屈服强度 σ_{st} 值为其典型力学性能。

① 括号内为对应的我国牌号。

表 2-8　德国回火合金钢的静强度和疲劳极限　　　　　　　　（单位：MPa）

材料 DIN	抗拉强度 σ_b	屈服强度			疲劳极限			
		σ_{sb}	σ_s	σ_{st}	σ_{-1}	σ_{-1z}	τ_{-1}	σ_{0z}
40Mn4	800	630	550	280	390	310	230	510
30Mn5	800	630	550	280	390	310	230	510
25CrMo4	800	630	550	270	380	310	210	520
30Mn5	850	710	600	400	420	340	250	540
40Mn4	900	720	650	410	430	350	260	560
37MnSi5	900	800	650	410	440	350	260	580
34Cr4	900	800	650	400	440	360	260	600
40Cr4	900	800	650	400	440	360	260	600
25CrMo4	900	780	700	410	440	360	270	590
34CrMo4	900	750	650	390	440	360	250	620
37MnSi5	1000	890	800	450	490	380	280	620
42MnV7	1000	900	800	460	480	380	290	640
34Cr4	1000	890	800	450	490	380	280	620
34CrMo4	1000	890	800	450	490	380	280	620
42CrMo4	1000	900	800	450	480	380	290	640
36CrNiMo4	1000	900	800	450	480	390	280	650
50MnSi4	1000	890	800	450	490	380	280	620
37MnV7	1000	890	800	450	490	380	280	620
40Cr4	1050	930	850	470	510	410	300	670
42MnV7	1100	980	900	500	520	420	310	680
50CrV4	1100	950	900	480	510	400	310	680
58CrV4	1100	950	900	480	510	400	310	680
42CrMo4	1100	980	900	500	520	420	310	680
50CrMo4	1100	980	900	480	510	430	310	720
36CrNiMo4	1100	980	900	500	520	420	310	680

（续）

材料 DIN	抗拉强度 σ_b	屈服强度			疲劳极限			
		σ_{sb}	σ_s	σ_{st}	σ_{-1}	σ_{-1z}	τ_{-1}	σ_{0z}
38CrSi6	1100	980	900	500	520	420	310	680
50CrV4	1200	1080	1000	520	550	440	340	720
50CrMo4	1200	1080	1000	520	550	440	340	720
58CrV4	1250	1130	1050	560	570	450	360	740
30CrMoV9	1250	1100	1050	480	560	450	340	760

注：疲劳极限为90%存活率下的数值。抗拉强度 σ_b 和弯曲屈服强度 σ_{sb}、拉伸屈服强度 σ_s、扭转屈服强度 σ_{st} 为其典型力学性能。

表 2-9　两炉日本碳钢的疲劳极限均值

热处理	炉号	一般力学性能				疲劳极限			
		σ_b/MPa	σ_s/MPa	σ_f/MPa	δ（%）	σ_{-1}/MPa	τ_{-1}/MPa	σ_{-1z}/MPa	σ_{0z}/MPa
0.25C，正火（$\sigma_b=469\sim504$MPa）									
885℃，30min 空冷	A	473	333	961	40	232	142	209	370
	D	506	353	1013	37	241	152	215	370
0.35C，865℃淬火（$\sigma_b=630\sim791$MPa）									
550℃回火 水冷60min	A	736	543	1482	23	397	275	—	—
	D	790	594	1440	20	394	256	—	—
600℃回火 水冷60min	A	678	487	1438	26	382	249	342	542
	D	738	576	1438	24	379	251	354	554
650℃回火 水冷60min	A	635	461	1384	28	344	222	—	—
	D	667	509	1412	28	338	226	—	—
0.45C，845℃淬火（$\sigma_b=700\sim924$MPa）									
550℃回火 水冷60min	D	809	572	1481	22	446	322	—	—
	A	923	822	1617	20	513	318	—	—
600℃回火 水冷60min	D	760	538	1465	25	415	289	372	582
	A	828	727	1540	22	459	295	—	702
650℃回火 水冷60min	D	696	493	1424	26	378	269	—	—
	A	735	632	1485	27	413	259	—	—
0.55C，825℃淬火（$\sigma_b=756\sim966$MPa）									
550℃回火 水冷60min	A	962	853	1603	19	523	345	—	—
	D	967	795	1583	18	500	366	—	—
600℃回火 水冷60min	A	854	755	1518	22	468	301	—	734
	D	860	703	1468	19	458	318	437	702
650℃回火 水冷60min	A	757	657	1440	26	419	261	—	—
	D	777	631	1444	23	398	284	—	—

注：旋转弯曲和扭转的试样直径为 $d=8$mm，轴向加载试样直径为 $d=6$mm。

表 2-10 日本合金结构钢的疲劳极限均值

热处理		炉号	一般力学性能				疲劳极限			
			σ_b/MPa	$\sigma_{0.2}$/MPa	σ_f/MPa	δ (%)	σ_{-1}/MPa	τ_{-1}/MPa	σ_{-1z}/MPa	σ_{0z}/MPa
SCr440，0.40C-1Cr ($\sigma_b = 819 \sim 1008$MPa)										
855℃淬火	550℃回火	B	1006	907	1745	18	524	371	—	—
	600℃回火	B	902	781	1638	20	504	339	481	788
	650℃回火	B	862	739	1627	22	457	312	—	—
SCM435，0.35C-1Cr-0.2Mo ($\sigma_b = 847 \sim 1050$MPa)										
855℃淬火	550℃回火	B	1048	975	1802	18	571	372	—	—
	600℃回火	B	955	859	1745	20	519	347	496	798
	650℃回火	B	846	734	1772	22	491	319	—	—
SMn438，0.38C-1.5Mn ($\sigma_b = 742 \sim 889$MPa)										
850℃淬火	550℃回火	B	889	757	1614	19	486	325	—	—
	600℃回火	B	811	680	1564	20	435	292	430	690
	650℃回火	B	742	616	1537	25	397	265	—	—
SMn443，0.43C-1.5Mn ($\sigma_b = 756 \sim 1113$MPa)										
845℃淬火	550℃回火	A	936	802	1612	17	505	328	—	—
	600℃回火	A	837	698	1559	20	449	296	422	676
	650℃回火	A	757	619	1527	25	411	267	—	—
SNC631，0.31C-2.7Ni-0.8Cr ($\sigma_b = 819 \sim 952$MPa)										
850℃淬火	550℃回火	B	948	870	1738	19	530	335	—	—
	600℃回火	B	886	789	1714	21	510	315	510	764
	650℃回火	B	821	712	1682	23	477	301	—	—
SNCM439，0.39C-1.8Ni-0.8Cr-0.2Mo ($\sigma_b = 840 \sim 1071$MPa)										
845℃淬火	580℃回火	A	1070	1003	1777	19	591	395	—	—
	630℃回火	A	957	878	1750	22	551	370	542	824
	680℃回火	A	843	766	1648	25	482	325	—	—
SNCM447，0.47C-1.8Ni-0.8Cr-0.2Mo ($\sigma_b = 875 \sim 1113$MPa)										
845℃淬火	580℃回火	BP	1111	1037	1824	19	615	407	—	—
	630℃回火	B	992	905	1748	22	556	372	556	876
	680℃回火	B	878	797	1653	25	476	319	—	—

注：1. 各种钢均为 30min 油淬，回火 60min 水冷。

2. 试样直径与表 2-9 相同。

表 2-11 俄罗斯正火碳钢的典型静强度和疲劳极限

材料[①] ГОСТ	屈服强度 σ_s/MPa	抗拉强度 σ_b/MPa	疲劳极限		
			σ_{-1}/MPa	σ_{-1z}/MPa	τ_{-1}/MPa
10	180	320 ~ 420	160 ~ 220	120 ~ 150	80 ~ 120
15	200	350 ~ 450	170 ~ 220	120 ~ 160	85 ~ 130

（续）

材料[1] ГОСТ	屈服强度 σ_s/MPa	抗拉强度 σ_b/MPa	疲劳极限		
			σ_{-1}/MPa	σ_{-1z}/MPa	τ_{-1}/MPa
20	220	400～500	170～220	120～160	100～130
25	240	430～550	190～250	160	110
30	260	480～600	200～270	170～210	110～120
35	280	520～650	220～300	170～220	130～180
45	320	600～750	250～340	190～250	150～200
50	340	630～800	270～350	245	160～200

[1]　表中俄罗斯碳钢牌号与我国大致相同。

表 2-12　美国灰铸铁的力学性能

材料[1] SAE	ASTM 分级	抗拉强度 /MPa	抗压强度 /MPa	扭转抗剪强度 /MPa	平均疲劳强度 /MPa	硬度 HBW
G2000（HT200）	20	154	581	182	70	156
—	25	182	679	224	80.5	174
G3000（HT300）	30	217	763	280	98	201
G3500（HT350）	35	255.5	866	339.5	112	212
G4000（HT400）	40	297.5	980	399	129.5	235
G4500（HT450）	—	315	—	—	—	217～269
—	50	367.5	1148	511	150.5	262
—	60	437.5	1309	619.5	171.5	302

[1]　括号内为对应的我国牌号。

表 2-13　调质结构钢的疲劳极限均值及标准离差

材　料	静强度指标	试验条件		寿命 N/周次	疲劳极限 均值 $\bar{\sigma}_r$/MPa	标准离差 s_r/MPa	变异系数 $\nu = s_r / \bar{\sigma}_r$
		R	K_t				
45 钢（调质）	$\sigma_b = 833.6$MPa $\sigma_s = 686.5$MPa $\delta = 16.7\%$ 硬度 250～270HBW	-1	1.9	5×10^4	411.9	13.07	0.03173
				10^5	343.2	9.807	0.02858
				5×10^5	309.9	7.845	0.02531
				10^6	294.2	7.845	0.02667
				5×10^6	286.4	7.845	0.02739
				10^7	279.5	8.169	0.02923
18Cr2Ni4WA （950℃正火，860℃淬火， 540℃回火）	$\sigma_b = 1145.5$MPa $\delta = 18.6\%$	-1	2	10^5	463.9	22.23	0.04792
				5×10^5	411.9	17.00	0.04127
				10^6	384.4	15.69	0.04082
				5×10^6	368.7	13.73	0.03724
				10^7	360.9	11.77	0.03261

（续）

材　料	静强度指标	试验条件		寿命 N/周次	疲劳极限 均值 $\overline{\sigma_r}$/MPa	标准离差 s_r/MPa	变异系数 $\nu = s_r / \sqrt{\sigma_r}$
		R	K_t				
			1	10^5	784.6	35.96	0.04583
				5×10^5	676.7	19.61	0.02898
				10^6	655.1	17.65	0.02694
				5×10^6	639.4	17.00	0.02659
				10^7	637.5	18.63	0.02922
			2	10^5	411.3	19.61	0.04768
				5×10^5	379.5	14.71	0.03876
				10^6	359.9	10.13	0.02815
				5×10^6	356.0	10.13	0.02846
		-1		10^7	353.1	9.807	0.02777
			3	10^5	308.9	14.71	0.04762
				5×10^5	270.7	10.13	0.03742
				10^6	250.1	9.807	0.03921
				5×10^6	243.2	9.150	0.03762
				10^7	241.3	9.150	0.03792
30CrMnSiA （890~8989℃油淬火， 510~520℃回火）	$\sigma_b = 1108.2 \sim$ 1186.6MPa $\sigma_s = 1088.6$MPa $\delta = 15.3\% \sim 18.6\%$		4	10^5	285.4	11.11	0.03893
				5×10^5	245.2	9.807	0.03500
				10^6	221.6	9.150	0.04129
				5×10^6	210.9	8.169	0.03873
				10^7	204.0	6.865	0.03365
			1	10^5	1176.8	52.30	0.04444
				5×10^5	1108.2	42.49	0.03834
				10^6	1090.5	39.23	0.03597
				5×10^6	1088.6	39.55	0.03633
		0.1		10^7	1088.6	39.89	0.03664
			3	10^5	455.0	29.42	0.06466
				5×10^5	377.6	17.00	0.04502
				10^6	347.2	14.39	0.04145
				5×10^6	335.4	15.69	0.04678
				10^7	328.5	16.35	0.04977
			3	10^5	676.7	35.96	0.05314
				5×10^5	642.4	31.06	0.04835
		0.5		10^6	612.0	27.46	0.04487
				5×10^6	609.0	24.84	0.04079
				10^7	608.0	24.84	0.04086

（续）

材　　　料	静强度指标	试验条件		寿命	疲劳极限	标准离差	变异系数
		R	K_t	N/周次	均值 $\bar{\sigma}_r$/MPa	s_r/MPa	$\nu = s_r\sqrt{\sigma_r}$
30CrMnSiNi2A （900℃淬火，260℃回火）	$\sigma_b = 1422 \sim 1618\text{MPa}$ $\sigma_s = 1109\text{MPa}$ $\delta = 12.5\% \sim 18.5\%$	-0.5	5	5×10^4	415.8	20.92	0.05031
				10^5	343.2	13.73	0.04001
				5×10^5	272.6	10.46	0.03837
				10^6	251.1	9.150	0.03644
				5×10^6	248.1	9.150	0.03688
				10^7	245.2	9.807	0.04000
		0.1	3	10^4	662.0	33.02	0.04988
				5×10^4	539.4	26.80	0.04968
				10^5	441.3	17.98	0.04074
				5×10^5	415.8	16.67	0.04009
				10^6	402.1	16.35	0.04066
				5×10^6	392.3	15.69	0.03999
				10^7	382.5	14.71	0.03846
			4	10^4	686.5	49.04	0.07143
				5×10^4	510.0	29.42	0.05769
				10^5	328.5	17.98	0.05473
				5×10^5	241.3	9.150	0.03792
				10^6	187.3	6.865	0.03665
		0.445	3	10^4	1059.2	58.84	0.05555
				5×10^4	858.1	34.32	0.04000
				10^5	686.5	27.78	0.04047
				5×10^5	583.5	20.59	0.03529
				10^6	578.6	20.27	0.03503
				5×10^6	572.7	19.29	0.03368
				10^7	571.7	18.96	0.03316
		0.5	5	5×10^4	731.6	29.74	0.04065
				10^5	624.7	26.16	0.04188
				5×10^5	525.7	18.31	0.03483
				10^6	517.8	17.33	0.03347
				5×10^6	513.9	16.67	0.03244
				10^7	510.0	16.35	0.03206
40CrNiMoA （850℃油淬火，580℃回火）	$\sigma_b = 1040 \sim 1167\text{MPa}$ $\sigma_s = 917 \sim 1126\text{MPa}$ $\delta = 15.6\% \sim 17\%$	-1	1	5×10^4	760.0	44.13	0.05807
				10^5	666.9	37.59	0.05637
				5×10^5	590.4	26.16	0.04431
				10^6	559.0	20.92	0.03742
				5×10^6	539.4	20.92	0.03878
				10^7	523.7	19.61	0.03745

（续）

材　料	静强度指标	试验条件		寿命 N/周次	疲劳极限 均值 $\bar{\sigma}_r$/MPa	标准离差 s_r/MPa	变异系数 $\nu = s_r / \bar{\sigma}_r$
		R	K_t				
40CrNiMoA （850℃油淬火，580℃回火）	$\sigma_b = 1040 \sim 1167$MPa $\sigma_s = 917 \sim 1126$MPa $\delta = 15.6\% \sim 17\%$	-1	2	10^5	392.3	25.17	0.06416
				5×10^5	333.4	14.05	0.04214
				10^6	318.7	11.44	0.03590
				5×10^6	310.9	10.46	0.03364
				10^7	307.9	9.807	0.03185
			3	10^5	294.2	15.03	0.05109
				5×10^5	245.2	9.807	0.04000
				10^6	217.7	8.169	0.03752
				5×10^6	210.9	6.865	0.03255
				10^7	208.9	6.865	0.03286
		0.1	1	5×10^4	1259.2	60.15	0.04777
				10^5	1211.2	45.77	0.03779
				5×10^5	1157.2	42.49	0.03672
				10^6	1110.2	39.89	0.03593
				5×10^6	1066.0	38.25	0.03588
				10^7	1029.7	32.69	0.03175
			3	5×10^4	490.4	22.88	0.04666
				10^5	384.4	17.65	0.04592
				5×10^5	326.6	11.44	0.03503
				10^6	305.0	10.79	0.03538
				5×10^6	292.2	10.79	0.03693
				10^7	284.4	9.807	0.03448
42CrMnSiMoA （GC-4 电渣钢；920℃加热， 300℃等温，空冷）	$\sigma_b = 1894$MPa $\sigma_s = 1388$MPa $\delta = 13\%$	-1	1	5×10^4	965.0	65.38	0.06775
				10^5	874.8	49.69	0.05680
				5×10^5	799.3	38.25	0.04785
				10^6	761.0	29.42	0.03866
				5×10^6	735.5	26.80	0.03644
				10^7	717.9	24.84	0.03460
			3	10^4	513.9	45.44	0.08842
				5×10^4	421.7	32.04	0.07598
				10^5	373.6	18.31	0.04901
				5×10^5	323.6	13.37	0.04039
				10^6	284.4	11.44	0.04023
				5×10^6	251.1	9.807	0.03906
				10^7	239.3	9.150	0.03824

（续）

材　料	静强度指标	试验条件		寿命 N/周次	疲劳极限均值 $\overline{\sigma_r}$/MPa	标准离差 s_r/MPa	变异系数 $\nu = s_r\ \sqrt{\sigma_r}$
		R	K_t				
42CrMnSiMoA（GC-4 电渣钢；920℃加热，300℃等温，空冷）	$\sigma_b = 1894\text{MPa}$ $\sigma_s = 1388\text{MPa}$ $\delta = 13\%$	0.1	1	5×10^4	1216. 1	65. 38	0. 05376
				10^5	1118. 0	52. 30	0. 04678
				5×10^5	1074. 8	41. 19	0. 03832
				10^6	1069. 0	39. 23	0. 03670
				5×10^6	1067. 0	39. 23	0. 03677
				10^7	1065. 0	38. 57	0. 03622
			3	10^4	672. 8	33. 02	0. 04908
				5×10^4	555. 1	26. 48	0. 04770
				10^5	485. 4	18. 63	0. 03838
				5×10^5	460. 9	16. 35	0. 03547
				10^6	447. 2	16. 67	0. 03728
				5×10^6	433. 5	15. 69	0. 03619
				10^7	427. 6	15. 03	0. 03515

表 2-14　铝合金的疲劳极限均值及标准离差

材　料	静强度指标	试验条件		寿命 N/周次	疲劳极限均值 $\overline{\sigma_r}$/MPa	标准离差 s_r/MPa	变异系数 $\nu = s_r\ \sqrt{\sigma_r}$
		R	K_t				
2A12（预拉伸加工硬化）	$\sigma_b = 455 \sim 480\text{MPa}$ $\sigma_s = 343 \sim 438\text{MPa}$ $\delta = 8\% \sim 19\%$	0.1	1	10^4	411. 9	22. 88	0. 05555
				5×10^4	369. 7	18. 63	0. 05039
				10^5	329. 5	13. 41	0. 04070
				5×10^5	293. 2	11. 77	0. 04014
				10^6	264. 8	9. 807	0. 03704
				5×10^6	243. 2	9. 150	0. 03762
				10^7	223. 6	7. 522	0. 03364
			3	10^4	245. 2	13. 07	0. 05330
				5×10^4	191. 2	9. 150	0. 04786
				10^5	161. 8	7. 522	0. 04649
				5×10^5	134. 4	5. 227	0. 03889
				10^6	114. 7	4. 246	0. 03702
				5×10^6	106. 9	3. 923	0. 03670
				10^7	103. 0	3. 599	0. 03494
			5	10^4	194. 2	9. 150	0. 04712
				5×10^4	148. 1	6. 541	0. 04417
				10^5	120. 6	4. 904	0. 04066
				5×10^5	99. 05	3. 923	0. 03961
				10^6	87. 28	3. 266	0. 03742
				5×10^6	84. 34	3. 266	0. 03872
				10^7	82. 38	2. 941	0. 03570

（续）

材　料	静强度指标	试验条件		寿命 N/周次	疲劳极限均值 $\overline{\sigma}_r$/MPa	标准离差 s_r/MPa	变异系数 $\nu = s_r \sqrt{\overline{\sigma}_r}$
		R	K_t				
2A12 （预拉伸加工硬化）	$\sigma_b = 455 \sim 480\text{MPa}$ $\sigma_s = 343 \sim 438\text{MPa}$ $\delta = 8\% \sim 19\%$	0.5	1	5×10^4	459.0	21.58	0.04702
				10^5	405.0	17.33	0.04279
				5×10^5	360.9	15.03	0.04165
				10^6	347.2	13.73	0.03954
				5×10^6	328.5	12.09	0.03680
				10^7	319.7	11.77	0.03682
			3	10^4	343.2	16.35	0.04764
				5×10^4	268.7	11.77	0.04380
				10^5	211.8	8.826	0.04167
				5×10^5	169.7	6.541	0.03854
				10^6	151.0	5.227	0.03462
				5×10^6	145.1	5.227	0.03602
				10^7	143.2	4.904	0.03425
			5	10^4	299.1	14.71	0.04918
				5×10^4	222.6	10.46	0.04699
				10^5	161.8	6.541	0.04043
				5×10^5	129.4	5.227	0.04039
				10^6	115.7	4.246	0.03670
				5×10^6	109.8	3.923	0.03573
				10^7	104.0	2.941	0.02828
		-0.5	3	10^5	117.5	5.816	0.04950
				5×10^5	108.5	4.776	0.04402
				10^6	100.0	3.923	0.03923
				5×10^6	92.19	3.599	0.03904
				10^7	87.77	2.942	0.03352
2A12-T4 （固溶处理＋自然时效）	$\sigma_b = 407\text{MPa}$ $\sigma_s = 270\text{MPa}$ $\delta = 13\%$	0.1	1.16	10^5	202.0	9.483	0.04695
				5×10^5	146.1	6.541	0.04477
				10^6	125.5	4.580	0.03649
				5×10^6	115.7	4.246	0.03670
				10^7	110.8	3.923	0.03541
	$\sigma_b = 457\text{MPa}$ $\sigma_s = 336\text{MPa}$ $\delta = 18.7\%$	0.02	1	10^5	277.5	14.05	0.05063
				5×10^5	195.2	8.826	0.04522
				10^6	144.2	5.561	0.03856
				5×10^6	132.4	4.580	0.03459
		0.6	1	5×10^5	331.5	15.69	0.04733
				10^6	309.9	12.43	0.04011
				5×10^6	274.6	9.807	0.03571

（续）

材　料	静强度指标	试验条件		寿命 N/周次	疲劳极限均值 $\overline{\sigma}_r$/MPa	标准离差 s_r/MPa	变异系数 $\nu = s_r\sqrt{\sigma_r}$
		R	K_t				
2A12-T6（固溶处理＋人工时效）	$\sigma_b = 429 \sim 433\text{MPa}$ $\sigma_s = 364 \sim 370\text{MPa}$ $\delta = 6.6\% \sim 7.8\%$	0.1	1	5×10^4	353.1	21.25	0.06018
				10^5	240.5	11.44	0.04757
				5×10^5	176.5	7.189	0.04073
				10^6	139.3	5.227	0.03752
				5×10^6	133.4	4.904	0.03676
				10^7	131.4	4.680	0.03562
		0.5	1	5×10^4	470.7	22.88	0.04861
				10^5	372.7	16.35	0.04387
				5×10^5	304.0	11.77	0.03872
				10^6	255.0	8.826	0.03461
				5×10^6	225.6	7.846	0.03478
				10^7	206.9	6.865	0.03318
7A09	$\sigma_b = 647\text{MPa}$ $\sigma_s = 603\text{MPa}$ $\delta = 17.2\%$	-1	1	5×10^4	303.0	14.05	0.04637
				10^5	261.8	12.75	0.04870
				5×10^5	220.7	8.826	0.03999
				10^6	188.3	7.189	0.03818
				5×10^6	170.6	6.208	0.03639
				10^7	161.8	5.561	0.03437
			2.4	5×10^4	187.3	8.826	0.04712
				10^5	154.0	6.541	0.04247
				5×10^5	131.4	5.227	0.03978
				10^6	113.8	4.246	0.03731
				5×10^6	98.07	3.599	0.03670
				10^7	93.17	3.266	0.03505
		0.1	1	10^5	269.7	13.41	0.04972
				5×10^5	199.1	8.169	0.04103
				10^6	161.8	5.561	0.03437
				5×10^6	142.2	4.904	0.03449
				10^7	130.4	4.246	0.03256
			3	10^5	124.5	5.884	0.04726
				5×10^5	93.17	4.246	0.04557
				10^6	76.49	2.942	0.03846
				5×10^6	70.61	2.618	0.03708
				10^7	66.69	2.285	0.03426

（续）

材 料	静强度指标	试验条件		寿命 N/周次	疲劳极限均值 $\bar{\sigma}_r$/MPa	标准离差 s_r/MPa	变异系数 $\nu = s_r \sqrt{\sigma_r}$
		R	K_t				
		0.1	5	5×10^4	115.7	6.865	0.05933
				10^5	81.40	4.246	0.05216
				5×10^5	63.75	2.618	0.04107
				10^6	57.86	2.285	0.03949
				5×10^6	54.92	1.961	0.03571
				10^7	52.96	1.795	0.03389
7A09	$\sigma_b = 647\text{MPa}$ $\sigma_s = 603\text{MPa}$ $\delta = 17.2\%$	0.5	1	10^5	431.5	26.16	0.06063
				5×10^5	262.8	13.41	0.05103
				10^6	228.5	10.79	0.04722
				5×10^6	204.0	7.846	0.03846
				10^7	186.3	5.884	0.03158
			3	10^5	178.5	9.807	0.05494
				5×10^5	144.2	6.208	0.04305
				10^6	127.5	4.904	0.03846
				5×10^6	116.3	4.119	0.03542
				10^7	109.8	3.599	0.03278
			5	5×10^4	166.7	8.169	0.04900
				10^5	117.7	4.904	0.04167
				5×10^5	92.19	3.599	0.03904
				10^6	82.38	3.267	0.03967
				5×10^6	78.46	2.618	0.03337
				10^7	76.49	2.618	0.03423

2.2.4 材料疲劳极限与抗拉强度间的关系

在室温和空气介质下，材料疲劳极限 σ_{-1} 与抗拉强度 σ_b 之间有较好的相关性，因此，当缺乏现成的试验数据，且没有条件进行疲劳试验时，可以由 σ_b 近似估算 σ_{-1}。

根据许多学者的研究，碳钢和合金钢的对称弯曲疲劳极限 σ_{-1} 一般可用下面形式的近似公式计算：

$$\sigma_{-1} = a + b\sigma_b \tag{2-14}$$

Жуков（茹科夫）根据他对大量试验数据的统计处理，对 $\sigma_b < 1400\text{MPa}$ 的碳钢和合金钢，推荐使用如下的关系式：

$$\sigma_{-1} = 38\text{MPa} + 0.43\sigma_b \tag{2-15}$$

此关系式在图 2-54 中以直线表示，图中的黑

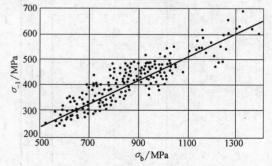

图 2-54 光滑钢试样 σ_{-1} 与 σ_b 间的试验关系

点为 Жуков 的试验点。

Buch（布什）则建议用下面的近似公式计算 σ_{-1}：

正火和退火碳钢 $\qquad\sigma_{-1}=0.454\sigma_b+8.4MPa$ (2-16a)

淬火后回火碳钢 $\qquad\sigma_{-1}=0.515\sigma_b-24MPa$ (2-16b)

淬火后回火合金结构钢 $\qquad\sigma_{-1}=0.383\sigma_b+94MPa$ (2-16c)

高合金奥氏体钢 $[w(Cr+Ni)>(18+8)\%]$

$$\sigma_{-1}=0.484\sigma_b \qquad (2\text{-}16d)$$

对于锻钢，疲劳强度与抗拉强度间的关系还可以用更简单的关系式代替：

$$\sigma_{-1}=f\sigma_b \qquad (2\text{-}17)$$

式中 f——疲劳比。

锻钢的疲劳比常取为 0.5。但 f 值与钢的显微组织有关，在 0.3~0.6 之间变化。

图 2-55 所示为回火合金结构钢 σ_{-1} 与 σ_b 间的试验关系，图 2-56 所示为显微组织对钢疲劳比的影响。表 2-15 中给出了两种钢的疲劳比 f 随显微组织的变化。

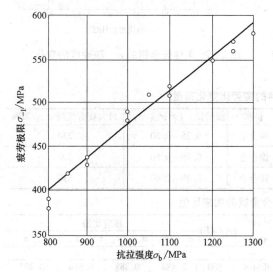

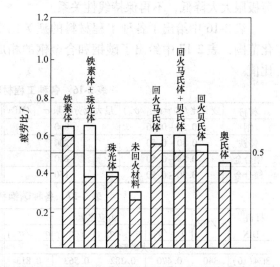

图 2-55　回火合金结构钢 σ_{-1} 与 σ_b 间的试验关系　　图 2-56　显微组织对钢疲劳比的影响

表 2-15　两种钢的疲劳比 f 随显微组织的变化

材料	显微组织	σ_b/MPa	σ_{-1}/MPa	f
45 钢	珠光体 + 铁素体	650	285	0.44
	索氏体	790	425	0.54
	托氏体	1250	715	0.57
	马氏体	1550	640	0.41
$w(C)=0.4\%$，$w(Cr)=1\%$ 的钢	珠光体 + 铁素体	650	314	0.48
	索氏体	1020	524	0.51
	托氏体	1750	883	0.50
	马氏体	2080	775	0.37

Жуков 根据他对大量试验数据的统计处理，对于碳钢和合金钢，推荐取 $f = 0.46$。郑州机械所根据对 50 多种国产钢试验数据的统计分析（见表 2-2），对于碳素结构钢、合金结构钢和不锈钢，推荐取 $f = 0.47$。

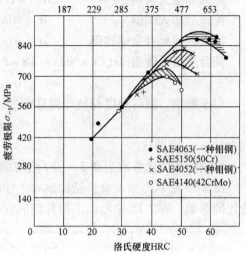

抗拉强度的均值 σ_b 推荐用下式求出：

$$\sigma_b = 1.07\sigma_{bmin} \qquad (2\text{-}18)$$

式中　σ_{bmin}——由手册查出的抗拉强度下限值。

而抗拉强度与布氏硬度间的关系可以用下式估算：

$$\sigma_b = 3.5HBW \qquad (2\text{-}19)$$

因而钢的疲劳强度也可由布氏硬度或洛氏硬度算出（至 450HBW 或 45HRC）。疲劳极限与布氏硬度或洛氏硬度间的关系见图 2-57。当硬度较大时，由于非金属夹杂的有害作用，使其疲劳极限大大降低，不再保持线性关系。

图 2-57　4 种合金钢的 σ_{-1} 随硬度的变化

表 2-16 中给出了各种工程材料的疲劳比变化范围，表 2-17 中给出了碳钢和合金钢的相应比值。

表 2-16　各种工程材料的疲劳比变化范围

材料	疲劳比 f ($=\sigma_{-1}/\sigma_b$)	最大疲劳极限 σ_{-1}/MPa	材料	疲劳比 f ($=\sigma_{-1}/\sigma_b$)	最大疲劳极限 σ_{-1}/MPa
钢	0.35 ~ 0.60	800	铜合金	0.25 ~ 0.50	250
铸铁	0.30 ~ 0.50	200	镍合金	0.30 ~ 0.50	400
铝合金	0.25 ~ 0.50	200			
镁合金	0.30 ~ 0.50	150	钛合金	0.30 ~ 0.60	630

表 2-17　各种碳钢和合金钢的相应比值

材料[①] DIN	σ_b/MPa	相应比值				材料[①] DIN	σ_b/MPa	相应比值			
		σ_{-1}/σ_b	σ_{-1z}/σ_b	τ_{-1}/σ_{-1}	σ_{-1z}/σ_{-1}			σ_{-1}/σ_b	σ_{-1z}/σ_b	τ_{-1}/σ_{-1}	σ_{-1z}/σ_{-1}
正火碳钢						回火合金钢					
St34(10)	340	0.470	0.382	0.563	0.813	40Mn4	800	0.488	0.388	0.584	0.795
St38(15)	380	0.474	0.368	0.556	0.777	25CrMo4	800	0.475	0.388	0.553	0.795
St42(20)	420	0.476	0.381	0.600	0.800	34Cr4	900	0.488	0.400	0.591	0.818
St50(30)	500	0.480	0.380	0.583	0.792	40Cr4	900	0.488	0.400	0.591	0.818
St60(45)	600	0.467	0.350	0.571	0.750	34CrMo4	900	0.488	0.400	0.568	0.818
St70(60)	700	0.457	0.343	0.594	0.750	37MnSi5	900	0.488	0.389	0.591	0.795
回火碳钢						42CrMo4	1000	0.480	0.380	0.604	0.792
C25(25)	500	0.520	0.420	0.577	0.807	36CrNiMo4	1000	0.480	0.390	0.583	0.813
C35(35)	600	0.483	0.383	0.586	0.793	42MnV7	1000	0.480	0.380	0.604	0.808
C45(45)	650	0.492	0.385	0.563	0.781	50CrV4	1100	0.464	0.364	0.608	0.784
C60(60)	750	0.480	0.387	0.583	0.806	58CrV4	1100	0.464	0.464	0.608	0.784
回火合金钢						50CrMo4	1100	0.464	0.391	0.608	0.843
30Mn5	800	0.488	0.388	0.584	0.795	30CrMoV9	1250	0.448	0.360	0.607	0.804

注：表中的 σ_b 为其典型值，疲劳极限值则相应于 $p = 90\%$。σ_{-1z}/σ_b 对试样尺寸的敏感性小于 σ_{-1}/σ_b。τ_{-1}/σ_{-1} 的变化范围为 0.533 ~ 0.608，σ_{-1z}/σ_b 的变化范围为 0.750 ~ 0.843，这些数据支持表 2-18 中给出的加载系数推荐值 $C_L = 0.58$（对扭转）和 $C_L = 0.8$（对拉-压）。

① 括号中为对应的我国牌号。

铸钢的疲劳极限比锻钢低，图 2-58 所示为铸钢疲劳极限与锻钢疲劳极限之比与抗拉强度的关系。

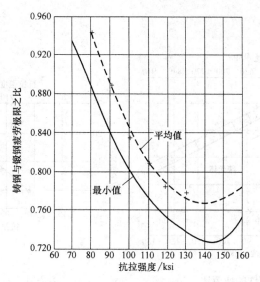

图 2-58　铸钢疲劳极限与锻钢疲劳极限之比与抗拉强度间的关系

注：1ksi = 6.89476MPa

图 2-59 ~ 图 2-62 所示为碳钢、合金钢、球墨铸铁、灰铸铁、铝合金和锻造铜合金的疲劳比或疲劳极限与抗拉强度的关系。

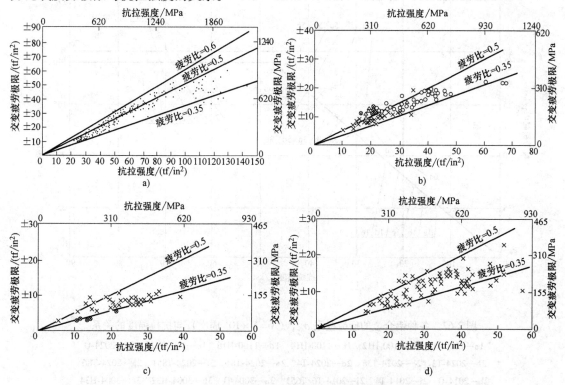

图 2-59　旋转弯曲疲劳极限与抗拉强度间的关系

a）碳钢与合金钢（$10^7 \sim 10^8$ 周次）　b）纯铁与铸铁（10^7 周次）：

×—片状石墨铸铁　○—球墨铸铁　△—工业纯铁　⊗—纯铁

c）铝合金（10^8 周次）：×—锻造铝合金　⊗—铸造铝合金　d）锻造铜合金

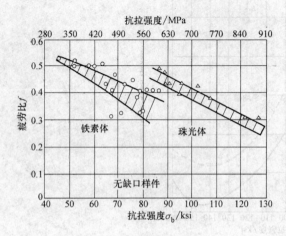

图 2-60 球墨铸铁的疲劳比

图 2-61 灰铸铁的疲劳极限
与抗拉强度的关系

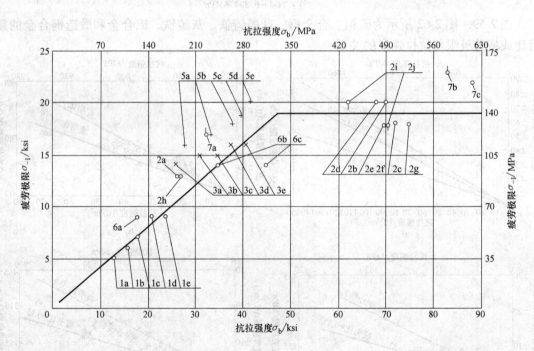

图 2-62 各种铝合金的疲劳极限 σ_{-1}（$N = 5 \times 10^8$ 周次）与抗拉强度的关系

1a—1100-O   1b—1100-H12   1c—1100-H14   1d—1100-H16   1e—1100-H18   2a—2024-O

2b—2024-T3   2c—2024-T36   2d—2024-T4   2e—2024-T81   2f—2024-T851   2g—2024-T86

2h—2014-O   2i—2014-T4   2j—2014-T6/T651   3a—3004-O   3b—3004-H32   3c—3004-H34

3d—3004-H36   3e—3004-H38   5a—5052-O   5b—5052-H32   5c—5052-H34   5d—5052-H36

5e—5052-H38   6a—6061-O   6b—6061-T4/T451   6c—6061-T6/T651

7a—7075-O   7b—7075-T6/T651   7c—7178-T6/T651

2.2.5 加载方式、横截面形状和方向性影响

1. 加载方式影响

加载方式对疲劳极限也有较大影响。拉-压疲劳极限 σ_{-1z} 和扭转疲劳极限 τ_{-1} 与抗拉强度 σ_b 间也存在着较好的相关关系（见图 2-63 ~ 图 2-64），回火合金钢的 σ_{-1z} 和 τ_{-1} 可以用下式计算（Buch 的建议）：

$$\sigma_{-1z} = 0.3\sigma_b + 83\,\text{MPa} \qquad (2\text{-}20)$$

$$\tau_{-1} = 0.274\sigma_b + 9.6\,\text{MPa} \qquad (2\text{-}21)$$

光滑钢试样弯曲疲劳极限 σ_{-1} 与扭转疲劳极限 τ_{-1} 之间存在着稳定的比例关系（见图 2-65）：

$$\tau_{-1} = 0.58\sigma_{-1} \qquad (2\text{-}22)$$

加载方式对疲劳极限的影响用加载系数 C_L 表示，C_L 为不同加载方式下的疲劳极限与旋转弯曲疲劳极限 σ_{-1} 之比，钢试样的 C_L 值可由表 2-18 查出。

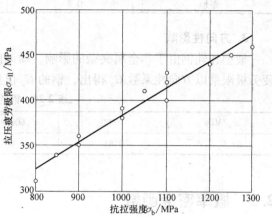

图 2-63 回火结构合金钢拉-压疲劳极限 σ_{-1z} 与 σ_b 间的关系

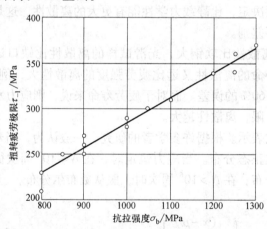

图 2-64 回火结构合金钢扭转疲劳极限 τ_{-1} 与 σ_b 间的关系

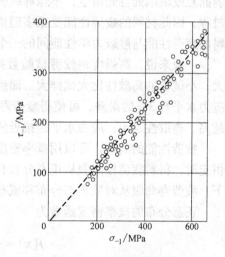

图 2-65 光滑钢试样 σ_{-1} 与 τ_{-1} 的关系

表 2-18 加载系数 C_L

加载方式	弯曲	拉-压	扭转
加载系数	1	0.8	0.58

灰铸铁的拉-压疲劳极限与弯曲疲劳极限之比在 0.59 至 0.94 之间变化，平均值为 0.75。

2. 截面形状影响

零件的截面形状对疲劳极限的影响用截面形状系数 C_q 表示，C_q 为不同截面形状试样的疲劳极限与圆形试样的疲劳极限之比，可由表 2-19 查出。

表 2-19 截面形状影响系数 C_q

截面形状	弯曲	拉-压	扭转
圆形	1	1	1
方形	0.9	1	0.9
矩形	0.8	0.9	0.8

3. 方向性影响

锻钢和轧钢由于非金属夹杂的影响,横向的疲劳性能比纵向低,横向疲劳极限可由纵向疲劳极限乘以方向性系数 C_a 得出,钢的 C_a 值见表 2-20。

表 2-20 钢的方向性系数

σ_b/MPa	< 600	600 ~ 900	900 ~ 1200	> 1200
C_a	0.85	0.83	0.80	0.75

2.3 概率密度函数

由于金属是多晶体,各个晶粒的位向和性质都各不相同,而疲劳破坏是在应力最大的薄弱晶粒或缺陷处首先萌生,不像静载破坏那样在破坏前有一个应力重新分配的宏观塑性变形过程,因此材料的疲劳性能受很多随机因素决定,比静载力学性能有更大的离散性。这是材料的疲劳性能与静载力学性能间的一个重要差别。

一般来说,高强度钢疲劳试验数据的离散性比软钢大,光滑试样的离散性比缺口试样大,小试样的离散性比大试样大。而疲劳寿命的离散性又远比疲劳强度的离散性大,例如,应力水平有 3% 的误差,可使得疲劳寿命有 60% 的误差。而对于疲劳寿命来说,则应力水平越高,离散性越小;应力水平越接近疲劳极限,离散性越大。

疲劳性能的离散,可以用概率密度函数表示。根据许多学者的研究,一般认为,当寿命恒定时,材料疲劳极限服从正态分布和对数正态分布。当应力恒定时,在 $N \leqslant 10^6$ 周次循环下,疲劳寿命服从对数正态分布和威布尔分布;在 $N > 10^6$ 周次时,服从威布尔分布。

正态分布的概率密度函数为

$$f(x) = \frac{1}{\sigma \sqrt{2\pi}} \exp\left[-\frac{(x-\mu)^2}{2\sigma^2} \right] \tag{2-23}$$

式中 σ——母体标准差;

     μ——母体平均值。

其图形见图 2-66。对数正态分布当对随机变量取对数后,其概率密度函数与正态分布相同。

威布尔分布的概率密度函数为

$$f(x) = \frac{b}{x-x_0} \left(\frac{x-x_0}{x_a-x_0} \right)^{b-1} \exp\left[-\left(\frac{x-x_0}{x_a-x_0} \right)^b \right] \tag{2-24}$$

式中 b——形状参数;

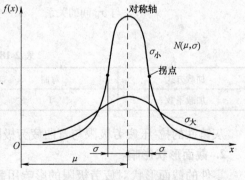

图 2-66 正态频率曲线

x_0——最小参数；

x_a——特征参数。

其图形见图 2-67。

检查疲劳试验数据符合什么分布，可以使用直方图和概率纸上的绘图法。例如，将同一应力水平下进行疲劳试验试样的疲劳寿命数据按大小顺序排列，并以等间距分组，统计各组的试样数即可画出图 2-68a 所示的直方图。可以设想，如果试验数据不断增加，组距不断减小，直方图的轮廓将逐渐趋于一条光滑的曲线，如图中的虚线，这条曲线称为试验频率曲线或简称频率曲线。随着试验数据的增加，频率曲线的形式变化越来越小，最后保持一个稳定的形式，

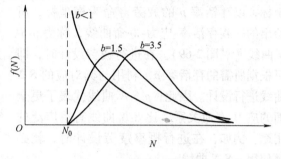

图 2-67　威布尔频率曲线

即为理论频率曲线或概率密度曲线。图 2-68a 中的频率曲线是偏态的，这说明它不是正态分布曲线。如将寿命取对数绘制直方图，则频率曲线变为正态（见图 2-68b），这说明该组试验数据服从对数正态分布。

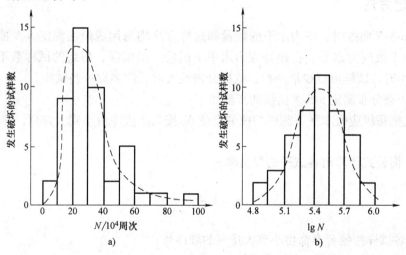

图 2-68　直方图示例

2.4　*p-S-N* 曲线

2.4.1　概述

由于疲劳试验数据的离散性，试样的疲劳寿命与应力水平间的关系，并不是一一对应的单值关系，而是与存活率 p 有密切联系。用常规方法绘出的 *S-N* 曲线，只能代表中值疲劳寿命与应力水平间的关系。要想全面表达各种存活率下的疲劳寿命与应力水平间的关系，必须使用 *p-S-N* 曲线。

　　在利用对数正态分布或威布尔分布求出不同应力水平下的 p-N 曲线以后，将不同存活率下的数据点分别相连，即可得出一族 S-N 曲线，其中的每一条曲线，分别代表某一不同存活率下的应力-寿命关系。这种以应力为纵坐标，以存活率 p 的疲劳寿命为横坐标，所绘出的一族存活率-应力-寿命曲线，称为 p-S-N 曲线（见图 2-69）。在进行疲劳设计时，即可根据所需的存活率 p，利用与其对应的 S-N 曲线进行设计。因此，p-S-N 曲线代表了更全面的应力-寿命关系，比 S-N 曲线有更广泛的用途。例如，在进行概率疲劳设计时，就必须使用 p-S-N 曲线。

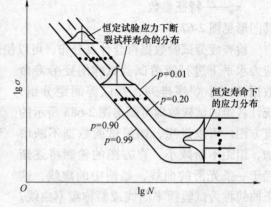

图 2-69　p-S-N 曲线示例

　　绘制 p-S-N 曲线时，与 S-N 曲线一样，既可使用单对数坐标，即仅将疲劳寿命取对数，也可使用双对数坐标，即将应力和疲劳寿命都取对数。使用双对数坐标时，p-S-N 曲线的左段一般是一条直线。

2.4.2　测定方法

　　在测定 p-S-N 曲线时，应力水平的数量和选择方法均与用成组法测定 S-N 曲线时相同，一般也取 4 ~ 5 级应力水平。在每种应力水平下试验一组试样，每组的试样数不少于 6 个。数据分散性小时，试样可以少取一些，数据分散性大时，应多取一些试样。

　　按对数正态分布测定 p-S-N 曲线的步骤如下：

　　1）首先把每级应力水平下测得的疲劳寿命 N_i 按大小次序由小到大排列，并取相应的对数值列表。

　　2）用下面公式计算出各试样的存活率 p_i：

$$p_i = 1 - \frac{i}{n+1} \tag{2-25}$$

式中　i——各试样按疲劳寿命由小到大排列的顺序号；

　　　　n——第 j 级应力水平下的试样数。

并由 p_i 用表 2-21 查出相应的标准正态偏量 u_{p_i}。

表 2-21　标准正态偏量表

u_p	x_p	$p = P\ (\xi > x_p)$	u_p	x_p	$p = P\ (\xi > x_p)$
-3.0	$\mu - 3.0\sigma$	0.9987	-2.3	$\mu - 2.3\sigma$	0.9893
-2.9	$\mu - 2.9\sigma$	0.9981	-2.2	$\mu - 2.2\sigma$	0.9861
-2.8	$\mu - 2.8\sigma$	0.9974	-2.1	$\mu - 2.1\sigma$	0.9821
-2.7	$\mu - 2.7\sigma$	0.9965	-2.0	$\mu - 2.0\sigma$	0.9772
-2.6	$\mu - 2.6\sigma$	0.9953	-1.9	$\mu - 1.9\sigma$	0.9713
-2.5	$\mu - 2.5\sigma$	0.9938	-1.8	$\mu - 1.8\sigma$	0.9641
-2.4	$\mu - 2.4\sigma$	0.9918	-1.7	$\mu - 1.7\sigma$	0.9554

（续）

u_p	x_p	$p = P\ (\xi > x_p)$	u_p	x_p	$p = P\ (\xi > x_p)$
-1.6	$\mu - 1.6\sigma$	0.9452	0.7	$\mu + 0.7\sigma$	0.2420
-1.5	$\mu - 1.5\sigma$	0.9332	0.8	$\mu + 0.8\sigma$	0.2119
-1.4	$\mu - 1.4\sigma$	0.9192	0.9	$\mu + 0.9\sigma$	0.1841
-1.3	$\mu - 1.3\sigma$	0.9032	1.0	$\mu + 1.0\sigma$	0.1587
-1.2	$\mu - 1.2\sigma$	0.8849	1.1	$\mu + 1.1\sigma$	0.1357
-1.1	$\mu - 1.1\sigma$	0.8643	1.2	$\mu + 1.2\sigma$	0.1151
-1.0	$\mu - 1.0\sigma$	0.8413	1.3	$\mu + 1.3\sigma$	0.0968
-0.9	$\mu - 0.9\sigma$	0.8159	1.4	$\mu + 1.4\sigma$	0.0808
-0.8	$\mu - 0.8\sigma$	0.7881	1.5	$\mu + 1.5\sigma$	0.0668
-0.7	$\mu - 0.7\sigma$	0.7580	1.6	$\mu + 1.6\sigma$	0.0548
-0.6	$\mu - 0.6\sigma$	0.7257	1.7	$\mu + 1.7\sigma$	0.0446
-0.5	$\mu - 0.5\sigma$	0.6915	1.8	$\mu + 1.8\sigma$	0.0359
-0.4	$\mu - 0.4\sigma$	0.6554	1.9	$\mu + 1.9\sigma$	0.0287
-0.3	$\mu - 0.3\sigma$	0.6179	2.0	$\mu + 2.0\sigma$	0.0228
-0.2	$\mu - 0.2\sigma$	0.5793	2.1	$\mu + 2.1\sigma$	0.0179
-0.1	$\mu - 0.1\sigma$	0.5398	2.2	$\mu + 2.2\sigma$	0.0139
0	μ	0.5000	2.3	$\mu + 2.3\sigma$	0.0107
0.1	$\mu + 0.1\sigma$	0.4602	2.4	$\mu + 2.4\sigma$	0.0082
0.2	$\mu + 0.2\sigma$	0.4207	2.5	$\mu + 2.5\sigma$	0.0062
0.3	$\mu + 0.3\sigma$	0.3821	2.6	$\mu + 2.6\sigma$	0.0047
-1.645	$\mu - 1.645\sigma$	0.950	2.7	$\mu + 2.7\sigma$	0.0035
-1.282	$\mu - 1.282\sigma$	0.900	2.8	$\mu + 2.8\sigma$	0.0026
-1.036	$\mu - 1.036\sigma$	0.850	2.9	$\mu + 2.9\sigma$	0.0019
-0.842	$\mu - 0.842\sigma$	0.800	3.0	$\mu + 3.0\sigma$	0.0013
-0.674	$\mu - 0.674\sigma$	0.750	-4.753	$\mu - 4.753\sigma$	0.999999
-0.524	$\mu - 0.524\sigma$	0.700	-4.265	$\mu - 4.265\sigma$	0.99999
-0.385	$\mu - 0.385\sigma$	0.650	-3.719	$\mu - 3.719\sigma$	0.9999
-0.253	$\mu - 0.253\sigma$	0.600	-3.090	$\mu - 3.090\sigma$	0.999
-0.126	$\mu - 0.126\sigma$	0.550	-2.576	$\mu - 2.576\sigma$	0.995
0	μ	0.500	-2.326	$\mu - 2.326\sigma$	0.990
0.126	$\mu + 0.126\sigma$	0.450	-1.960	$\mu - 1.960\sigma$	0.975
0.253	$\mu + 0.253\sigma$	0.400	0.524	$\mu + 0.524\sigma$	0.300
0.385	$\mu + 0.385\sigma$	0.350	0.674	$\mu + 0.674\sigma$	0.250
0.4	$\mu + 0.4\sigma$	0.3446	0.842	$\mu + 0.842\sigma$	0.200
0.5	$\mu + 0.5\sigma$	0.3085	1.036	$\mu + 1.036\sigma$	0.150
0.6	$\mu + 0.6\sigma$	0.2743	1.282	$\mu + 1.282\sigma$	0.100

（续）

u_p	x_p	$p = P\ (\xi > x_p)$	u_p	x_p	$p = P\ (\xi > x_p)$
1.645	$\mu + 1.645\sigma$	0.050	3.090	$\mu + 3.090\sigma$	0.001
1.960	$\mu + 1.960\sigma$	0.025	3.719	$\mu + 3.719\sigma$	0.0001
2.326	$\mu + 2.326\sigma$	0.010	4.265	$\mu + 4.265\sigma$	0.00001
2.576	$\mu + 2.576\sigma$	0.005			

3）用式（2-4）、式（2-5）和式（2-6）求出各级应力水平下对数疲劳寿命的均值、标准差和变异系数：

均值

$$\overline{x}_j = \frac{1}{n}\sum_{i=1}^{n} x_i$$

标准差

$$s_{x_j} = \sqrt{\frac{\sum\limits_{i=1}^{n} x_i^2 - \frac{1}{n}\left(\sum\limits_{i=1}^{n} x_i\right)^2}{n-1}}$$

变异系数

$$\nu_{x_j} = \frac{s_{x_j}}{\overline{x}_j}$$

式中　　x_i——第 i 个试样的对数疲劳寿命。

4）可疑观测值的取舍：计算 $\left|\dfrac{x_i - \overline{x}_j}{s_{x_j}}\right|$，并由表 2-22 查出其起码值，当计算值大于起码值时，此数据应舍弃，并应重新计算 $\overline{x}_j$、s_{x_j} 及 ν_{x_j}。

表 2-22　$\left|\dfrac{x_m - \overline{x}}{s}\right|$ 的起码值

子样大小 n	$\left\|\dfrac{x_m - \overline{x}}{s}\right\|$	子样大小 n	$\left\|\dfrac{x_m - \overline{x}}{s}\right\|$	子样大小 n	$\left\|\dfrac{x_m - \overline{x}}{s}\right\|$
4	1.53	10	1.96	18	2.20
5	1.64	11	2.00	20	2.24
6	1.73	12	2.04	25	2.33
7	1.80	13	2.07	30	2.39
8	1.86	14	2.10	40	2.50
9	1.91	16	2.15	50	2.58

5）最少试样数的确定：对 p-S-N 曲线，每级应力水平所需的最少试样个数可由下式确定：

$$\frac{\delta_{\max}}{t_\gamma \sqrt{\frac{1}{n} + u_p^2(\hat{k}^2 - 1)} - \delta_{\max} u_p \hat{k}} \geq \frac{s_x}{\overline{x}} \tag{2-26}$$

式中　δ_{max}——误差限度，一般取为 5%；

　　　　n——所需的最少试样数；

　　　　$\hat{k}$——标准差修正系数，可由表 2-23 查出；

　　　　t_γ——t 分布值，可根据显著度 α（$\alpha = 1 - \gamma$，γ 为置信度）及试样个数 n 由表 2-24
　　　　　　查出；

　　　　s_x——对数疲劳寿命的标准差；

　　　　$\bar{x}$——对数疲劳寿命的平均值；

　　　　u_p——与存活率相关的标准正态偏量，可由表 2-21 查出。

表 2-23　标准差修正系数 $\hat{k}$

n	5	6	7	8	9	10	11	12	13	14
$\hat{k}$	1.063	1.051	1.042	1.036	1.031	1.028	1.025	1.023	1.021	1.020
n	15	16	17	18	19	20	30	40	50	60
$\hat{k}$	1.018	1.017	1.016	1.015	1.014	1.014	1.009	1.006	1.005	1.005

表 2-24　t 分布数值表

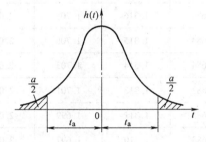

ν ＼ α	0.90	0.50	0.20	0.10	0.05	0.02	0.01
2	0.142	0.816	1.886	2.920	4.303	6.965	9.925
3	0.137	0.765	1.638	2.353	3.182	4.541	5.841
4	0.134	0.741	1.533	2.132	2.776	3.747	4.604
5	0.132	0.727	1.476	2.015	2.571	3.365	4.032
6	0.131	0.718	1.440	1.943	2.447	3.143	3.707
7	0.130	0.711	1.415	1.895	2.365	2.998	3.499
8	0.130	0.706	1.397	1.860	2.306	2.896	3.355
9	0.129	0.703	1.383	1.833	2.262	2.821	3.250
10	0.129	0.700	1.372	1.812	2.228	2.764	3.169
11	0.129	0.697	1.363	1.796	2.201	2.718	3.106
12	0.128	0.695	1.356	1.782	2.179	2.681	3.055
13	0.128	0.694	1.350	1.771	2.160	2.650	3.012

（续）

ν \ α	0.90	0.50	0.20	0.10	0.05	0.02	0.01
14	0.128	0.692	1.345	1.761	2.145	2.624	2.977
15	0.128	0.691	1.341	1.753	2.131	2.602	2.947
16	0.128	0.690	1.337	1.746	2.120	2.583	2.921
17	0.128	0.689	1.333	1.740	2.110	2.567	2.898
18	0.127	0.688	1.330	1.734	2.101	2.552	2.878
19	0.127	0.688	1.328	1.729	2.093	2.539	2.861
20	0.127	0.687	1.325	1.725	2.086	2.528	2.845
21	0.127	0.686	1.323	1.721	2.080	2.518	2.831
22	0.127	0.686	1.321	1.717	2.074	2.508	2.819
23	0.127	0.685	1.319	1.714	2.069	2.500	2.807
24	0.127	0.685	1.318	1.711	2.064	2.492	2.797
25	0.127	0.684	1.316	1.708	2.060	2.485	2.787
26	0.127	0.684	1.315	1.706	2.056	2.479	2.779
27	0.127	0.684	1.314	1.703	2.052	2.473	2.771
28	0.127	0.683	1.313	1.701	2.048	2.467	2.763
29	0.127	0.683	1.311	1.699	2.045	2.462	2.756
30	0.127	0.683	1.310	1.697	2.042	2.457	2.750

当试样数满足上式要求时，表示试验精度足够；当试样个数不满足上式要求时，表示试样数不足，应增加试样数量。

6）相关性检验：检验 p_i 和对数疲劳寿命 x_i 在正态概率纸上是否为线性关系，以确定 x_i 是否服从正态分布。用下式计算相关系数 r_j：

$$r_j = \frac{(L_{ux})_j}{\sqrt{(L_{uu})_j(L_{xx})_j}} \qquad (2\text{-}27)$$

$$(L_{uu})_j = \sum_{i=1}^{n} u_{pi}^2 - \frac{1}{n}\left(\sum_{i=1}^{n} u_{pi}\right)^2$$

$$(L_{xx})_j = \sum_{i=1}^{n} x_i^2 - \frac{1}{n}\left(\sum_{i=1}^{n} x_i\right)^2$$

$$(L_{ux})_j = \sum_{i=1}^{n} u_{pi}x_i - \frac{1}{n}\left(\sum_{i=1}^{n} u_{pi}\right)\left(\sum_{i=1}^{n} x_i\right)$$

并由表2-1查出起码值 $r_{\min}$，当 $|r_j| > r_{\min}$ 时，疲劳寿命服从对数正态分布。

7）由 $\bar{x}_j$ 和 s_{x_j} 计算具有指定存活率 p 时的对数疲劳寿命：

$$\lg N_j = \bar{x}_j + u_p s_j \tag{2-28}$$

8）求 $\lg\sigma$-$\lg N_p$ 直线方程。用相关系数 r_p 检查 p-S-N 曲线在双对数坐标上是否为线性关系：

$$r_p = \frac{(L_{SN})_p}{\sqrt{(L_{SS})_p (L_{NN})_p}} \tag{2-29}$$

$$(L_{SS})_p = \sum_{j=1}^{l}(\lg\sigma_j)^2 - \frac{1}{l}\left(\sum_{j=1}^{l}\lg\sigma_j\right)^2$$

$$(L_{NN})_p = \sum_{j=1}^{l}(\lg N_j)^2 - \frac{1}{l}\left(\sum_{j=1}^{l}\lg N_j\right)^2$$

$$(L_{SN})_p = \sum_{j=1}^{l}\lg\sigma_j\lg N_j - \frac{1}{l}\left(\sum_{j=1}^{l}\lg\sigma_j\right)\left(\sum_{j=1}^{l}\lg N_j\right)$$

并由表 2-1 查出 $(r_{\min})_p$，当 $|r_p| > (r_{\min})_p$ 时，p-S-N 曲线在双对数坐标上为直线关系，可用下式表达：

$$\lg N_p = a_p + b_p\lg\sigma \tag{2-30}$$

$$a_p = \frac{1}{l}\sum_{j=1}^{l}\lg N_j - \frac{b_p}{l}\sum_{j=1}^{l}\lg\sigma_j$$

$$b_p = \frac{\displaystyle\sum_{j=1}^{l}\lg\sigma_j\lg N_j - \frac{1}{l}\left(\sum_{j=1}^{l}\lg\sigma_j\right)\left(\sum_{j=1}^{l}\lg N_j\right)}{\displaystyle\sum_{j=1}^{l}(\lg\sigma_j)^2 - \frac{1}{l}\left(\sum_{j=1}^{l}\lg\sigma_j\right)^2} = \frac{(L_{SN})_p}{(L_{SS})_p}$$

9）由 $\lg\sigma$-$\lg N$ 直线方程求出疲劳寿命 N_p，并用 N_p 绘出 p-S-N 曲线。

由于对数疲劳寿命在 $N > 10^6$ 周次循环时不服从对数正态分布，而威布尔分布的数据处理较为复杂，因此，测定 p-S-N 曲线时，在 $N < 10^6$ 周次循环的高应力区用成组法进行试验，而在 10^6 周次或以上循环用升降法进行试验，这样就都可以使用正态分布进行数据处理。

2.4.3　金属材料的 p-S-N 曲线

表 2-25 ~ 表 2-29 中给出了常用国产机械工程材料的 p-S-N 曲线表达式（2-30）中的 a_p 和 b_p 值。表 2-25 为常用国产机械工程材料旋转弯曲 p-S-N 曲线的 a_p 和 b_p 值，表 2-26 为常用国产机械工程材料轴向 p-S-N 曲线的 a_p 和 b_p 值，表 2-27 为常用国产机械工程材料缺口试样旋转弯曲 p-S-N 曲线的 a_p 和 b_p 值，表 2-28 为不同锐度缺口试样 p-S-N 曲线的 a_p 和 b_p 值，表 2-29 为不同终加工方法试样 p-S-N 曲线的 a_p 和 b_p 值。上面所提供的常用国产机械工程材料的 p-S-N 曲线都是使用 2.4.2 节中所述的方法测出的。读者在测定所需材料的 p-S-N 曲线时，建议按 GB/T 24176—2009《金属材料　疲劳试验　数据统计方案与分析方法》进行。

表 2-25　常用国产机械工程材料旋转弯曲 p-S-N 曲线的 a_p 和 b_p 值

材料	热处理	试样形式	σ_b/MPa	不同存活率下的 a_p 和 b_p				
				p（%）	50	90	95	99	99.9
Q235A	热轧	漏斗形	455	a_p	41.1782	39.1860	38.6199	37.5599	36.3713
				b_p	-14.6745	-13.8996	-13.6793	-13.2668	-12.8046
Q235AF	热轧	漏斗形	428	a_p	28.7394	24.7209	25.7500	27.3606	28.4015
				b_p	-9.8604	-8.3074	-8.7467	-9.4333	-9.8769
Q235B	热轧	漏斗形	441	a_p	41.0522	39.0712	38.0594	37.4571	36.2751
				b_p	-14.3620	-13.6045	-13.3896	-12.9873	-12.5352
20	热轧	漏斗形	463	a_p	53.6613	47.3995	45.6260	42.2997	38.5679
				b_p	-19.6687	-17.1916	-16.4920	-15.1749	-13.6989
30	调质	圆柱形	808	a_p	31.8890	32.7910	33.0460	33.5340	34.0710
				b_p	-9.9650	-10.3700	-10.4850	-10.7040	-10.9450
35	正火	圆柱形	593	a_p	52.0450	—	—	—	—
				b_p	-18.5856	—	—	—	—
35	正火	漏斗形	593	a_p	56.9006	53.2324	52.1971	50.2495	48.0622
				b_p	-20.4774	-19.0738	-18.6785	-17.9348	-17.0995
45	正火	漏斗形	624	a_p	35.4779	32.6340	31.7081	29.5794	26.3380
				b_p	-12.0804	-10.9915	-9.8094	-8.5479	-7.0415
45	调质	漏斗形	735	a_p	35.4779	32.6340	31.7081	29.5794	26.3380
				b_p	-12.0804	-10.9915	-9.8094	-8.5479	-7.0415
45	电渣熔铸	圆柱形	934	a_p	33.3671	36.4163	—	—	—
				b_p	-10.4673	-11.7514	—	—	—
55	调质	圆柱形	834	a_p	36.5930	35.2565	34.8781	34.1671	—
				b_p	-11.8010	-11.3857	-11.2681	-11.0471	—
70	淬火后中温回火	圆柱形	1138	a_p	44.3289	38.2217	36.0849	31.9029	—
				b_p	-14.1907	-12.0299	-11.2708	-9.7833	—
Q345	热轧	漏斗形	586	a_p	37.7963	33.2235	31.9285	29.5020	26.7791
				b_p	-12.7395	-11.0021	-10.5100	-9.5881	-8.5536
20SiMnVB	渗碳	圆柱形	1166	a_p	44.1504	40.8853	39.9594	38.2273	36.2792
				b_p	-13.6757	-12.6583	-12.3698	-11.8301	-11.2230
40MnB	调质	圆柱形	970	a_p	26.1130	25.2717	25.8889	28.5391	34.0529
				b_p	-7.6879	-7.4421	-7.6893	-8.7042	-10.7820
40MnVB	调质	圆柱形	1111	a_p	31.1946	26.2481	24.8606	22.2390	19.2985
				b_p	-9.2267	-7.5146	-7.0346	-6.1273	-5.1097
45Mn2	调质	圆柱形	952	a_p	44.0622	35.6726	33.4206	28.5217	23.4502
				b_p	-14.1310	-11.1414	-10.3394	-8.5904	-6.7825

（续）

材料	热处理	试样形式	σ_b/MPa	不同存活率下的 a_p 和 b_p					
				p（%）	50	90	95	99	99.9
YF45MnV	热轧	圆柱形	886	a_p	45.9550	—	—	—	—
				b_p	−15.4506	—	—	—	—
18Cr2Ni4W	调质	圆柱形	1039	a_p	28.4098	22.8319	21.2529	18.2666	14.9428
				b_p	−8.3649	−6.4387	−5.8934	−4.8617	−3.7138
20Cr2Ni4A	淬火后低温回火	圆柱形	1483	a_p	39.9331	38.3800	37.9418	37.1179	36.1915
				b_p	−12.1225	−11.6373	−11.5004	−11.2431	−10.9536
20CrMnSi	调质	圆柱形	788	a_p	24.4237	23.6921	23.3243	22.6368	21.8642
				b_p	−7.4130	−6.9978	−6.8800	−6.6599	−6.4126
35CrMo	调质	圆柱形	924	a_p	29.2322	23.5444	21.9335	18.9136	15.5248
				b_p	−8.8072	−6.7974	−6.2282	−5.1612	−3.9638
40Cr	调质	圆柱形	940	a_p	23.9454	23.7437	23.6894	23.5835	23.4627
				b_p	−6.8775	−6.8610	−6.8573	−6.8490	−6.8389
40CrMnMo	调质	圆柱形	977	a_p	35.4168	28.5007	26.5396	22.8667	18.7446
				b_p	−10.9989	−8.5465	−7.8511	−6.5487	−5.0870
40CrNiMo	调质	圆柱形	972	a_p	32.6376	27.3871	25.9005	23.1116	19.9826
				b_p	−9.8424	−8.0125	−7.4946	−6.5217	−5.4319
42CrMo	调质	圆柱形	1134	a_p	32.6376	27.3871	25.9005	23.1116	19.9826
				b_p	−9.8424	−8.0125	−7.4946	−6.5219	−5.4319
50CrV	淬火后中温回火	圆柱形	1586	a_p	44.0733	33.6861	30.7457	—	—
				b_p	−13.3295	−9.7860	−8.8075	—	—
55Si2Mn	淬火后中温回火	漏斗形	1866	a_p	38.2510	34.3906	33.2957	31.2405	28.9378
				b_p	−11.2363	−9.9750	−9.6178	−8.9473	−8.1961
60Si2Mn	淬火后中温回火	圆柱形	1625	a_p	32.6269	22.6451	19.8172	14.5221	8.5745
				b_p	−9.7953	−6.3067	−5.3184	−3.4678	−1.3892
65Mn	淬火后中温回火	圆柱形	1687	a_p	51.0018	31.4859	31.4034	—	—
				b_p	−15.6356	−9.0650	−9.0501	—	—
16MnCr5	淬火后低温回火	圆柱形	1373	a_p	36.9299	35.7568	35.4242	34.8021	34.1011
				b_p	−11.0910	−10.7594	−10.6654	−10.4896	−10.2913
20MnCr5	淬火后低温回火	圆柱形	1482	a_p	34.8925	31.3347	30.3272	28.4357	26.3165
				b_p	−10.2650	−9.0800	−8.7444	−8.1144	−7.4085
25MnCr5	淬火后低温回火	圆柱形	1587	a_p	31.8315	—	—	—	—
				b_p	−9.6726	—	—	—	—
28MnCr5	淬火后低温回火	漏斗形	1307	a_p	32.1009	29.7783	—	—	—
				b_p	−9.7598	−9.0391	—	—	—

（续）

材料	热处理	试样形式	σ_b/MPa	不同存活率下的 a_p 和 b_p					
				p（%）	50	90	95	99	99.9
12Cr13	调质	圆柱形	721	a_p	36.5348	32.7814	31.7185	29.7247	—
				b_p	−11.7659	−10.4010	−10.0146	−9.2905	—
20Cr13	调质	圆柱形	687.5	a_p	34.5941	—	—	—	—
				b_p	−11.0939	—	—	—	—
68Cr7Mo2V2Si	调质	圆柱形	2353	a_p	51.7115	—	—	—	—
				b_p	−16.4469	—	—	—	—
Cr12	淬火后低温回火	圆柱形	2272	a_p	47.1510	44.3510	43.5624	42.0713	40.4045
				b_p	−14.3456	−13.6581	−13.4650	−13.0985	−12.6894
ZG15Cr13	退火后正火	圆柱形	789	a_p	31.5038	29.3699	28.7665	27.6328	26.3601
				b_p	−9.9387	−9.2097	−9.0035	−8.6162	−8.1813
ZG20SiMn	正火	漏斗形	515	a_p	33.2386	31.3444	30.8091	29.8020	28.6738
				b_p	−11.2759	−10.6174	−10.4313	−10.0811	−9.6890
ZG230-450	正火	漏斗形	543	a_p	29.7802	28.1739	27.7191	26.8656	25.9088
				b_p	−9.9618	−9.3850	−9.2217	−8.9152	−8.5717
ZG270-500	调质	圆柱形	823	a_p	28.0098	26.9080	26.6191	25.9726	29.3958
				b_p	−8.7627	−8.4102	−8.3193	−8.1078	−7.9288
ZG40Cr	调质	圆柱形	977	a_p	23.9294	22.6104	22.0649	21.5339	20.6580
				b_p	−7.0297	−6.6576	−6.4857	−6.3536	−6.0971
ZG340-640	调质	圆柱形	1044	a_p	23.2293	25.2008	25.7354	26.8610	28.0286
				b_p	−6.7889	−7.6504	−7.8852	−8.3731	−8.8837
QT400-15	退火	圆柱形	484	a_p	35.3963	34.0203	33.6302	32.8974	32.0780
				b_p	−11.9209	−11.4576	−11.3264	−11.0800	−10.8045
QT400-18（梅花试样）	退火	圆柱形	472	a_p	27.5206	27.3979	27.3630	27.2978	27.2247
				b_p	−8.6880	−8.9148	−8.9276	−8.9530	−8.9808
QT400-18（楔形试块）	退火	圆柱形	433	a_p	25.9914	23.9378	23.3566	22.2654	21.0417
				b_p	−8.4445	−7.7063	−7.4974	−7.1051	−6.6652
QT500-7	退火	圆柱形	625	a_p	34.4756	31.6459	30.7782	29.2479	27.5186
				b_p	−11.7662	−10.7431	−10.4262	−9.8715	−9.2445
QT600-3（梅花试样）	正火	圆柱形	759	a_p	28.8515	23.5167	22.5736	21.7921	21.6921
				b_p	−9.4106	−7.3826	−7.0266	−6.7376	−6.7072
QT600-3（楔形试块）	正火	圆柱形	858	a_p	23.8971	21.2394	21.5825	22.5275	23.3589
				b_p	−7.3724	−6.4266	−6.5776	−6.9688	−7.3069
QT700-2	正火	圆柱形	754	a_p	27.9323	27.1736	26.9608	26.5604	26.1116
				b_p	−9.0415	−8.8510	−8.7979	−8.6977	−8.5855

（续）

材料	热处理	试样形式	σ_b/MPa		不同存活率下的 a_p 和 b_p				
				p（%）	50	90	95	99	99.9
QT800-2	正火	圆柱形	842	a_p	52.7012	45.3333	44.0561	42.9166	—
				b_p	−18.1373	−15.4472	−14.9795	−14.5589	—

表 2-26　常用国产机械工程材料轴向 p-S-N 曲线的 a_p 和 b_p 值

材料	热处理	试样形式	σ_b/MPa		不同存活率下的 a_p 和 b_p				
				p（%）	50	90	95	99	99.9
20	正火	漏斗形圆试样	464	a_p	26.1556	24.5209	24.0577	—	—
				b_p	−8.4577	−7.8438	−7.6698	—	—
45	调质	漏斗形圆试样	735	a_p	26.5903	20.4066	—	—	—
				b_p	−8.1317	−5.8752	—	—	—
12CrNi3	调质	漏斗形圆试样	833	a_p	21.7148	13.5936	11.2919	—	—
				b_p	−6.1825	−3.2419	−2.4085	—	—
Q345	热轧	漏斗形圆试样	586	a_p	47.6271	32.3933	—	—	—
				b_p	−16.3996	−10.5598	—	—	—
35VB	热轧	圆锥试样	741	a_p	25.7552	20.9072	19.5206	16.9297	—
				b_p	−7.7115	−5.9401	−5.4335	−4.4868	—
40CrNiMo	调质	圆柱试样	972	a_p	39.2019	39.5536	39.6553	39.8413	40.0482
				b_p	−12.6492	−12.8964	−12.9672	−13.0983	−13.2446
45CrNiMoV	淬火后中温回火	漏斗形圆试样	1553	a_p	32.3665	27.3582	25.9253	23.2497	20.2774
				b_p	−9.5907	−7.9259	−7.4496	−6.5603	−5.5723
55SiMnVB	淬火后中温回火	漏斗形板试样	1536	a_p	28.7580	22.3037	20.6135	17.5107	14.0368
				b_p	−8.3224	−6.1711	−5.6093	−4.5785	−3.4241
HT200	去应力退火	圆柱试样	250	a_p	30.3489	—	—	—	—
				b_p	−12.1962	—	—	—	—
HT300	去应力退火	圆柱试样	353	a_p	37.1141	—	—	—	—
				b_p	−14.5775	—	—	—	—
ZG310-570	调质	圆柱试样	1012	a_p	24.9323	—	—	—	—
				b_p	−7.5094	—	—	—	—

表 2-27　常用国产机械工程材料缺口试样（缺口半径 $R = 0.75$mm）
旋转弯曲 p-S-N 曲线的 a_p 和 b_p 值

材料	热处理	σ_b/MPa	K_t		不同存活率下的 a_p 和 b_p				
				p（%）	50	90	95	99	99.9
Q235A	热轧	439	2.0	a_p	22.6342	21.4857	21.1602	20.5505	19.8662
				b_p	−7.4382	−6.9652	−6.8311	−6.5800	−6.2982

（续）

材料	热处理	σ_b/MPa	K_t	不同存活率下的 a_p 和 b_p					
				p（%）	50	90	95	99	99.9
Q235AF	热轧	428	2.0	a_p	20.1179	19.4030	19.2005	18.8206	18.3918
				b_p	−6.3651	−6.1311	−6.0649	−5.9406	−5.8000
Q235B	热轧	441	2.0	a_p	22.0100	21.0900	20.8300	20.3600	19.7900
				b_p	−6.9970	−6.6500	−6.5590	−6.3890	−6.1770
20	正火	463	2.0	a_p	21.7179	21.1580	20.9272	20.4437	19.9285
				b_p	−6.9947	−6.7951	−6.7060	−6.5140	−6.3050
35	正火	593	2.0	a_p	21.7192	19.9807	20.0532	20.6044	21.5711
				b_p	−6.9755	−6.2757	−6.3147	−6.5635	−6.9915
45	正火	624	2.0	a_p	21.9613	19.9807	20.0532	20.6044	21.5711
				b_p	−6.9755	−6.2757	−6.3147	−6.5635	−6.9915
45	调质	735	2.0	a_p	21.9655	19.0476	18.2225	—	—
				b_p	−6.8622	−5.7259	−5.4046	—	—
45	电渣熔铸	934	2.0	a_p	22.2483	21.4464	21.2194	20.7935	20.3158
				b_p	−6.6953	−6.4245	−6.3479	−6.2042	−6.0427
50	正火	661	2.0	a_p	21.7608	19.6916	19.2883	18.5291	17.6782
				b_p	−6.7497	−5.9828	−5.8388	−5.5677	−5.2640
55	调质	834	2.0	a_p	22.9095	20.5455	20.1084	19.6624	19.5636
				b_p	−7.1262	−6.2402	−6.0760	−5.9129	−5.8812
Q345	热轧	586	2.0	a_p	24.0589	21.7070	21.0411	19.7921	18.3904
				b_p	−7.8056	−6.8701	−6.6052	−6.1084	−5.5508
40MnB	调质	970	2.0	a_p	24.2924	22.3902	21.9595	21.5391	21.3448
				b_p	−7.4986	−6.7748	−6.6433	−6.5068	−6.4678
18Cr2Ni4W	调质	1039	2.0	a_p	27.4174	25.2014	24.5739	23.3958	22.0746
				b_p	−8.5824	−7.7674	−7.5368	−7.1036	−6.6178
20Cr2Ni4A	淬火后低温回火	1483	1.89	a_p	24.9890	23.6921	23.3243	22.6368	21.8642
				b_p	−7.4130	−6.9978	−6.8800	−6.6599	−6.4126
20CrMnSi	调质	788	2.0	a_p	31.3928	30.9739	30.8540	30.6312	29.0707
				b_p	−10.2412	−10.1507	−10.1246	−10.0764	−9.4976
35CrMo	调质	924	2.0	a_p	18.8759	16.3897	14.9160	—	—
				b_p	−5.4657	−4.5378	−3.9648	—	—
40Cr	调质	940	2.0	a_p	23.8399	19.9848	19.9021	20.5717	—
				b_p	−7.3301	−5.9220	−5.9238	−6.2543	—

（续）

材料	热处理	σ_b/MPa	K_t	不同存活率下的 a_p 和 b_p					
				p（%）	50	90	95	99	99.9
40CrMnMo	调质	977	2.0	a_p	22.3333	18.9279	17.9639	16.1632	14.1080
				b_p	−6.7964	−5.5385	−5.1824	−4.5177	−3.7577
40CrNiMo	调质	972	2.0	a_p	24.4941	20.8809	20.3812	18.8271	17.3918
				b_p	−7.3853	−6.0584	−5.7816	−5.3022	−4.7731
42CrMo	调质	1134	2.0	a_p	25.5155	22.3251	21.9970	21.8787	22.1552
				b_p	−7.8989	−6.7029	−6.5814	−6.5417	−6.6521
50CrV	淬火后中温回火	1586	2.0	a_p	35.6905	33.9430	33.4481	32.5198	31.4781
				b_p	−11.6069	−10.9504	−10.7636	−10.4150	−10.0235
55Si2Mn	淬火后中温回火	1866	1.89	a_p	34.8106	31.7982	30.9444	29.3430	—
				b_p	−10.7339	−9.7156	−9.4269	−8.8855	—
60Si2Mn	淬火后中温回火	1625	1.89	a_p	38.3265	—	—	—	—
				b_p	−12.5501	—	—	—	—
65Mn	淬火后中温回火	1687	2.0	a_p	34.9623	31.3483	30.3250	28.4052	26.2516
				b_p	−10.9421	−9.6725	−9.3126	−8.6374	−7.8797
16MnCr5	淬火后低温回火	1373	1.89	a_p	25.2408	23.9648	23.6046	22.9274	22.1661
				b_p	−7.5962	−7.1731	−7.0537	−6.8292	−6.5767
20MnCr5	淬火后低温回火	1482	1.89	a_p	23.3315	20.8643	20.1655	18.8471	17.3829
				b_p	−6.8030	−5.9492	−5.7074	−5.2452	−4.7443
12Cr13	调质	721	2.0	a_p	21.1863	19.9575	19.6065	18.9568	18.2244
				b_p	−6.4830	−6.0205	−5.8893	−5.6437	−5.3677
20Cr13	调质	687.5	2.0	a_p	24.7427	19.3938	—	—	—
				b_p	−7.9129	−5.8206	—	—	—
ZG15Cr13	退火后正火	789	2.0	a_p	21.4794	19.8246	19.3550	18.4757	17.4893
				b_p	−6.5322	−5.9426	−5.7751	−5.4619	−5.1105
ZG20SiMn	正火	515	2.0	a_p	22.1144	21.6379	21.5022	21.2491	20.9661
				b_p	−7.1378	−6.9588	−6.9078	−6.8128	−6.7065
ZG230-450	正火	543	2.0	a_p	19.1400	18.3200	−18.0900	17.6600	—
				b_p	−5.8400	−5.5600	−5.4800	−5.3400	—
ZG40Cr	调质	977	2.0	a_p	33.1460	30.8377	30.1677	28.9926	27.5794
				b_p	−10.9713	−10.1611	−9.9252	−9.5152	−9.0174
QT400-18（梅花试样）	退火	472	2.0	a_p	29.1913	28.0190	27.6871	27.0644	26.3657
				b_p	−10.0481	−9.6066	−9.4817	−9.2471	−8.9841

（续）

材料	热处理	σ_b/MPa	K_t	不同存活率下的 a_p 和 b_p					
				p（%）	50	90	95	99	99.9
QT400-18 （楔形试块）	退火	432	2.0	a_p	26.5304	23.3493	22.4507	20.7622	18.8677
				b_p	-8.9732	-7.7067	-7.3480	-6.6754	-5.9207
QT600-3 （梅花试块）	正火	760	2.0	a_p	21.7317	19.2280	19.1067	19.0527	19.0774
				b_p	-6.9693	-5.9658	-5.9252	-5.9186	-5.9420
QT600-3 （楔形试块）	正火	858	2.0	a_p	22.6750	18.8598	18.2743	17.7857	17.7081
				b_p	-7.2665	-5.7648	-5.5331	-5.3413	-5.3128
QT700-2	正火	754	2.0	a_p	19.4801	19.1196	19.0170	18.8255	18.6111
				b_p	-6.1108	-6.0413	-6.0214	-5.9845	-5.9432
QT800-2	正火	842	2.0	a_p	22.5876	21.8004	21.6700	—	—
				b_p	-7.2043	-6.9513	-6.9173		

表 2-28　不同锐度缺口试样 p-S-N 曲线的 a_p 和 b_p 值

材料	热处理	缺口半径 r/mm	K_t	不同存活率 p 下的 a_p 和 b_p					
				p（%）	50	90	95	99	99.9
Q235A	轧态	0.25	3.26	a_p	18.4450	16.3828	15.7987	14.7033	13.4741
				b_p	-5.7455	-4.8835	-4.6393	-4.1815	-3.6676
		0.50	2.47	a_p	21.0986	20.0322	19.7307	19.1643	18.5288
				b_p	-6.7899	-6.3642	-6.2438	-6.0177	-5.7640
		0.75	2.06	a_p	23.0308	22.8013	22.7365	22.6141	22.4772
				b_p	-7.5544	-7.5030	-7.4885	-7.4610	-7.4303
		1.5	1.65	a_p	22.6949	21.2827	20.8827	20.1326	19.2908
				b_p	-7.3473	-6.8112	-6.6593	-6.3745	-6.0549
		3.0	1.38	a_p	24.4431	23.6427	23.4157	22.9901	22.5143
				b_p	-7.8904	-7.5868	-7.5007	-7.3392	-7.1588
		6.0	1.19	a_p	29.9104	27.3374	26.6091	25.2426	23.7083
				b_p	-10.0140	-9.0181	-8.7362	-8.2073	-7.6134
Q345	轧态	0.25	3.26	a_p	17.6285	17.0394	16.8725	16.5594	16.2085
				b_p	-5.2392	-5.0151	-4.9516	-4.8325	-4.6990
		0.50	2.47	a_p	20.3358	19.5571	19.3365	18.9228	18.4587
				b_p	-6.3378	-6.0373	-5.9521	-5.7924	-5.6133
		0.75	2.06	a_p	21.9033	20.4426	20.0297	19.2537	18.3833
				b_p	-6.9271	-6.3597	-6.1994	-5.8980	-5.5599

（续）

材料	热处理	缺口半径 r/mm	K_t	不同存活率 p 下的 a_p 和 b_p				
				p（%）	50	90	95	99	99.9
Q345	轧态	1.5	1.65	a_p	27.5702	24.5679	23.7178	22.1237	20.3342
				b_p	−9.0742	−7.8881	−7.5522	−6.9225	−6.2155
		3.0	1.38	a_p	27.8037	24.8026	23.9525	22.3584	20.5704
				b_p	−8.9181	−7.7736	−7.4494	−6.8415	−6.1596
		6.0	1.19	a_p	33.3041	31.1584	30.5508	29.4110	28.1332
				b_p	−10.9568	−10.1930	−9.9767	−9.5710	−9.1162
35	正火	0.25	3.26	a_p	18.6809	17.7367	17.4691	16.9679	16.4050
				b_p	−5.7654	−5.3950	−5.2901	−5.0935	−4.8727
		0.50	2.47	a_p	20.9983	21.0921	21.1192	21.1692	21.2255
				b_p	−6.6716	−6.7436	−6.7642	−6.8025	−6.8456
		0.75	2.06	a_p	23.1374	22.6691	22.5371	22.2884	22.0096
				b_p	−7.5597	−7.4154	−7.3748	−7.2982	−7.2124
		1.5	1.65	a_p	25.8784	25.8152	25.7967	25.7631	25.7249
				b_p	−8.5325	−8.5569	−8.5635	−8.5764	−8.5907
		3.0	1.38	a_p	29.2033	25.8247	24.8665	23.0718	21.0581
				b_p	−9.6571	−8.3300	−7.9536	−7.2487	−6.4577
		6.0	1.19	a_p	35.7366	33.2312	32.5210	31.1911	29.6971
				b_p	−12.1018	−11.1496	−10.8797	−10.3743	−9.8065
45	正火	0.25	3.26	a_p	20.6550	19.9113	19.7006	19.3061	18.8628
				b_p	−6.5491	−6.2834	−6.2081	−6.0672	−5.9088
		0.50	2.47	a_p	21.3155	21.0160	20.9315	20.7720	20.5937
				b_p	−6.8377	−6.7399	−6.7124	−6.6604	−6.6022
		0.75	2.06	a_p	23.3672	21.8458	21.4152	20.6068	19.7001
				b_p	−7.6253	−7.0247	−6.8547	−6.5356	−6.1777
		1.5	1.65	a_p	29.2133	27.8890	27.5141	26.8113	26.0230
				b_p	−9.7232	−9.2249	−9.0838	−8.8194	−8.5229
		3.0	1.38	a_p	27.2008	24.2668	23.4349	21.8772	20.1267
				b_p	−8.8125	−7.6865	−7.3672	−6.7694	−6.0975
		6.0	1.19	a_p	36.8602	34.4737	33.7975	32.5291	31.1041
				a_p	12.5143	−11.6120	−11.3564	−10.8768	−10.3380
45	调质	0.25	3.26	a_p	15.2404	14.6379	14.4673	14.1473	13.7882
				b_p	−4.1920	−3.9647	−3.9003	−3.7796	−3.6441
		0.50	2.47	a_p	22.1054	19.9646	19.3584	18.2212	16.9454
				b_p	−6.8279	−6.0275	−5.8009	−5.3757	−4.8987

（续）

材料	热处理	缺口半径 r/mm	K_t	p（%）	50	90	95	99	99.9
45	调质	1.0	1.87	a_p	24.9599	23.4801	23.0611	22.2751	21.3932
				b_p	-7.7933	-7.2570	-7.1051	-6.8202	-6.5006
		3.0	1.38	a_p	30.2166	25.4395	24.0869	21.5492	18.7023
				b_p	-9.4872	-7.7616	-7.2730	-6.3563	-5.3279
		15	1.08	a_p	24.3964	22.7607	22.2976	21.4287	20.4539
				b_p	-7.1712	-6.6277	-6.4738	-6.1851	-5.8612
		75	1.02	a_p	29.8414	28.7410	28.4294	27.8449	27.1891
				b_p	-9.1193	-8.6770	-8.6711	-8.4856	-8.2775
		光滑试样	1	a_p	37.7109	37.4616	37.3904	37.2584	37.1088
				b_p	-12.1893	-12.1143	-12.0929	-12.0536	-12.0107
40Cr	调质	0.25	3.26	a_p	19.8748	18.6435	18.2949	17.6407	16.9072
				b_p	-5.9228	-5.4583	-5.3268	-5.0800	-4.8032
		0.50	2.47	a_p	22.1636	20.6232	20.1870	19.3683	18.4504
				b_p	-6.7872	-6.2052	-6.0404	-5.7311	-5.3843
		0.75	2.06	a_p	26.8369	24.8517	24.2896	23.2354	22.0524
				b_p	-8.4733	-7.7400	-7.5323	-7.1429	-6.7059
		1.5	1.65	a_p	24.9880	23.6906	23.3260	22.6374	21.8615
				b_p	-7.4921	-7.0539	-6.9308	-6.6981	-6.4358
		3.0	1.38	a_p	28.2218	24.4516	23.3876	21.3843	19.1384
				b_p	-8.5165	-7.1695	-6.7894	-6.0736	-5.2712
		6.0	1.19	a_p	25.9321	22.5207	21.5556	19.7426	17.7143
				b_p	-7.6021	-6.4214	-6.0874	-5.4599	-4.7580
60Si2Mn	淬火后中温回火	0.25	2.97	a_p	20.9156	16.0606	14.6840	12.1070	9.2135
				b_p	-6.2517	-4.4009	-3.8761	-2.8937	-1.7907
		0.50	2.20	a_p	27.6398	25.1304	24.4187	23.0839	21.5886
				a_p	-8.5161	-7.6431	-7.3955	-6.9311	-6.4109
		0.75	1.90	a_p	26.6219	19.9035	18.0016	14.4286	10.4231
				b_p	-8.1280	-5.6994	-5.0119	-3.7202	-2.2723
		1.50	1.55	a_p	21.4143	20.7761	20.5942	20.2587	19.8787
				a_p	-5.9064	-5.7318	-5.6819	-5.5904	-5.4865
		3.0	1.31	a_p	29.1645	18.3053	15.2365	9.4572	—
				b_p	-8.4859	-4.7570	-3.7033	-1.7187	—
		6.0	1.6	a_p	28.8797	24.1991	22.8615	20.3780	17.5801
				b_p	-8.3062	-6.7656	-6.3251	-5.5077	-4.5866

（续）

材料	热处理	缺口半径 r/mm	K_{t}		不同存活率 p 下的 a_p 和 b_p				
				p（%）	50	90	95	99	99.9
40CrNiMo	调质	0.25	2.97	a_p	16.5261	13.8366	13.0751	11.6464	10.0436
				b_p	-4.6079	-3.5944	-3.3075	-2.7691	-2.1651
		0.50	2.20	a_p	26.6880	24.7957	24.2599	23.2548	22.1271
				b_p	-8.2255	-7.5673	-7.3810	-7.0313	-6.6391
		1.0	1.75	a_p	21.6746	20.2095	19.7946	19.0164	18.1432
				b_p	-6.2370	-5.7323	-5.5895	-5.3214	-5.0207
		3.0	1.31	a_p	25.5566	24.4240	24.1033	23.5017	22.8268
				b_p	-7.4905	-7.1248	-7.0213	-6.8270	-6.6091
		15	1.07	a_p	28.9776	24.0035	22.5951	19.9528	16.9885
				b_p	-8.5589	-6.8364	-6.3486	-5.4336	-4.4070
		75	1.02	a_p	21.4516	15.8070	14.2087	11.2103	7.8465
				b_p	-5.8861	-3.9263	-3.3714	-2.3303	-1.1624
		光滑试样	1	a_p	16.7671	15.7907	15.5142	14.9955	14.4135
				b_p	-4.7507	-4.3952	-4.2945	-4.1507	-3.8986

表 2-29　不同终加工方法试样 p-S-N 曲线的 a_p 和 b_p 值

材料	热处理	σ_{b}/MPa	终加工方法		不同存活率 p 下的 a_p 和 b_p				
				p（%）	50	90	95	99	99.9
Q235A	轧态	463	抛光	a_p	25.3502	23.6317	23.1451	22.2322	21.2081
				b_p	-7.9651	-7.3153	-7.1313	-6.7862	-6.3989
			磨光	a_p	24.0398	20.5410	19.5503	17.6917	15.6066
				b_p	-7.4449	-6.0926	-5.7097	-4.9913	-4.1854
			精车	a_p	27.2788	20.6063	18.7169	15.1724	11.1960
				b_p	-8.9187	-6.3051	-5.5650	-4.1767	-2.6191
			粗车	a_p	30.1992	31.1552	31.4259	31.9336	32.5033
				b_p	-10.1702	-10.6338	-10.7650	-11.0113	-11.2875
			锻造	a_p	24.9788	23.2997	22.8243	21.9323	20.9317
				b_p	-8.1255	-7.5348	-7.3675	-7.0537	-6.7016
Q345	轧态	562	锻造	a_p	20.656	22.001	22.382	23.096	23.898
				b_p	-6.277	-6.967	-7.163	-7.529	-7.940
			粗车	a_p	36.0200	28.8756	27.3733	25.1192	26.1219
				b_p	-12.5577	-9.7788	-9.2019	-8.3365	-8.8077

（续）

材料	热处理	σ_b/MPa	终加工方法	不同存活率 p 下的 a_p 和 b_p				
			p（%）	50	90	95	99	99.9
Q345	轧态	562	精车	a_p 44.110	21.433	—	—	—
				b_p −15.540	−6.536	—	—	—
35	正火	584	粗车	a_p 43.790	38.825	—	—	—
				b_p −15.489	−13.578	—	—	—
			精车	a_p 45.359	38.432	36.472	32.792	—
				b_p −16.018	−13.321	−12.558	−11.125	—
			磨光	a_p 53.932	—	—	—	—
				b_p −19.347	—	—	—	—
			抛光	a_p 58.518	54.631	56.501	64.215	75.422
				b_p −21.168	19.826	−20.643	−23.787	−28.348
45	正火	612	粗车	a_p 46.6756	41.4103	41.2942	41.2495	41.4711
				b_p −16.7818	−14.7091	−14.6727	−14.6727	−14.7818
			精车	a_p 48.059	46.564	47.320	49.182	51.452
				b_p −17.121	−16.593	−16.991	−17.684	−18.623
			磨光	a_p 58.8290	48.3036	46.7396	46.4238	48.2885
				b_p −21.4389	−17.3354	−16.7371	−16.6569	−17.4501
			抛光	a_p 65.7472	49.6993	46.9868	45.4380	47.0001
				b_p −23.9206	−17.6587	−16.6084	−16.0348	−16.6934
45	调质	783	抛光	a_p 40.6817	38.6145	38.0291	36.9310	35.6991
				b_p −13.2884	−12.6024	−12.4082	−12.0438	−11.6351
			磨光	a_p 41.0124	34.2656	32.3553	28.7714	24.7507
				b_p −13.4212	−10.9926	−10.3049	−9.0148	−7.5675
			精车	a_p 31.5692	28.2384	27.2953	25.5259	23.5410
				b_p −9.9521	−8.8232	−8.5036	−7.9030	−7.2312
			粗车	a_p 31.5009	35.0310	36.0306	37.9058	40.0095
				b_p −10.0404	−11.4305	−11.8241	−12.5626	−13.3910
			锻造	a_p 16.4848	14.8641	14.4052	13.5442	12.5784
				b_p −4.5246	−3.9439	−3.7795	−3.4711	−3.1251
40CrNiMo	调质	940	抛光	a_p 32.0953	33.4544	33.8393	34.5613	35.3713
				b_p −9.8521	−10.3973	−10.5517	−10.8413	−11.1662
			磨光	a_p 30.3863	28.7810	28.3286	27.4754	26.5185
				b_p −9.1848	−8.6468	−8.4952	−8.2091	−7.8884
			精车	a_p 31.5114	29.4840	28.9099	27.8328	26.6246
				b_p −9.6649	−8.9634	−8.7647	−8.3921	−7.9740

（续）

材料	热处理	σ_b/MPa	终加工方法		不同存活率 p 下的 a_p 和 b_p				
				p（%）	50	90	95	99	99.9
40CrNiMo	调质	940	粗车	a_p	30.9637	35.4967	36.7802	39.1879	41.8893
				b_p	−9.5743	−11.3151	−11.8080	−12.7326	−13.7700
			锻造	a_p	20.9349	18.2883	17.5389	16.1330	14.5557
				b_p	−6.0572	−5.0991	−4.8278	−4.3189	−3.7479
40Cr	调质	858	锻造	a_p	—	15.3077	15.1689	—	—
				b_p	—	−3.9880	−3.957	—	—
			粗车	a_p	—	—	26.805	29.720	32.992
				b_p	—	—	−8.287	−9.456	−10.768
			磨光	a_p	—	35.927	39.079	45.665	—
				b_p	—	−11.374	−12.575	−15.068	—
60Si2Mn	淬火后中温回火	1370	锻造	a_p	15.318	15.428	15.654	—	—
				b_p	−3.781	−3.992	−4.095	—	—
			粗车	a_p	19.872	—	—	—	—
				b_p	−5.386	—	—	—	—
			精车	a_p	26.999	25.219	24.965	24.894	25.255
				b_p	−7.816	−7.278	−7.211	−7.224	−7.390
			磨光	a_p	31.786	16.523	—	—	—
				b_p	−9.295	−4.056	—	—	—
			抛光	a_p	35.592	28.110	26.556	24.992	—
				b_p	−10.687	−8.145	−7.620	−7.101	—

2.5　疲劳极限线图

决定机器零件疲劳强度的主要应力参数是应力幅，平均应力对疲劳强度的影响是第二位的，但是其影响也不容忽视。一般来说，平均拉应力使极限应力幅减小，平均压应力使极限应力幅增大。平均应力对正应力的影响比对切应力的影响大。

平均应力对疲劳极限的影响一般用疲劳极限线图表示，在疲劳设计中则常常使用平均应力影响系数将平均应力折算为等效的应力幅。常用的疲劳极限线图有两种：Smith（史密斯）图和 Haigh（海夫）图。

2.5.1　Smith 图

以最大应力 σ_{max} 和最小应力 σ_{min} 为横坐标，以平均应力 σ_m 为横坐标的疲劳极限线图称为 Smith 图，如图 2-70 所示，也称 σ_{max}（σ_{min}）-σ_m 图。图中的 ADC 线为最大应力线，BEC 线为最小应力线。ADC 线与 BEC 线间所包围的面积，表示不产生破坏的应力水平。图中的 A 点表示对称疲劳极限 σ_{-1}，D 点表示脉动疲劳极限 σ_0，C 点表示强度极限 σ_b。

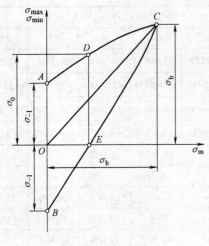

图 2-70　Smith 图

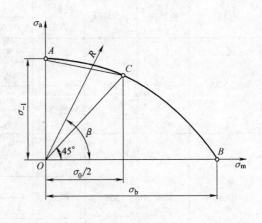

图 2-71　Haigh 图

2.5.2　Haigh 图

以应力振幅 σ_a 为纵坐标，以平均应力 σ_m 为横坐标的疲劳极限线图称为 Haigh 图，如图 2-71 所示，也称为 σ_a-σ_m 图。图中 A 点的纵坐标为对称疲劳极限 σ_{-1}，B 点的横坐标为强度极限 σ_b，C 点的纵坐标为脉动疲劳极限 σ_0 的一半。Haigh 图中 AC 连线斜率的绝对值即为 $\sigma_a \leqslant \sigma_m$ 时的平均应力影响系数 ψ_σ。自原点 O 引出的任意射线上的各点具有相同的应力比 R，这是因为：

$$\tan\beta = \frac{\sigma_a}{\sigma_m} = \frac{0.5\,(\sigma_{max} - \sigma_{min})}{0.5\,(\sigma_{max} + \sigma_{min})} = \frac{1-R}{1+R}$$

这种线图比 Smith 图醒目，因此使用更为广泛。

图 2-72 ~ 图 2-74 所示为 3 种国产钢的 σ_a-σ_m 图，图 2-75 ~ 图 2-86 所示为 4 种国产钢的 p-σ_a-σ_m 图。图 2-87 所示为 45 钢的 τ_a-τ_m 图，图 2-88 所示为 40Cr 的 τ_a-τ_m 图。

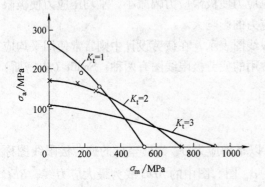

图 2-72　Q345（热轧）的 σ_a-σ_m 图

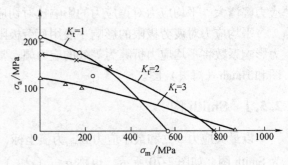

图 2-73　45 钢（正火）的 σ_a-σ_m 图

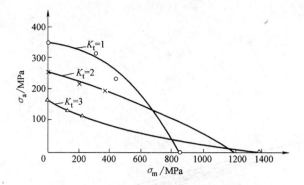

图 2-74　40Cr（调质）的 σ_a-σ_m 图

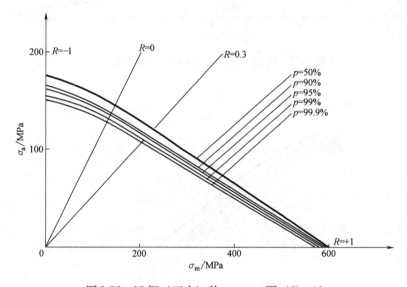

图 2-75　35 钢（正火）的 p-σ_a-σ_m 图（$K_t = 1$）

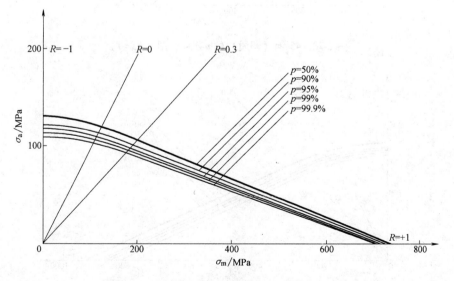

图 2-76　35 钢（正火）的 p-σ_a-σ_m 图（$K_t = 2$）

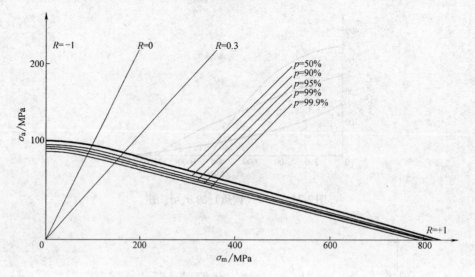

图 2-77　35 钢（正火）的 p-σ_a-σ_m 图（$K_t = 3$）

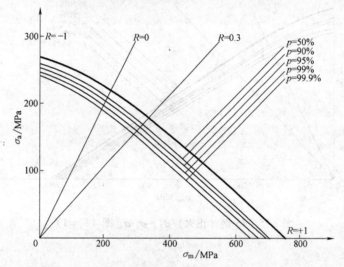

图 2-78　45 钢（调质）的 p-σ_a-σ_m 图（$K_t = 1$）

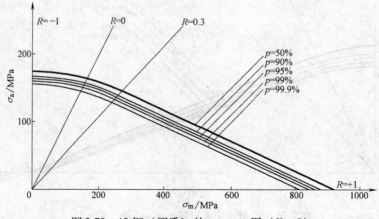

图 2-79　45 钢（调质）的 p-σ_a-σ_m 图（$K_t = 2$）

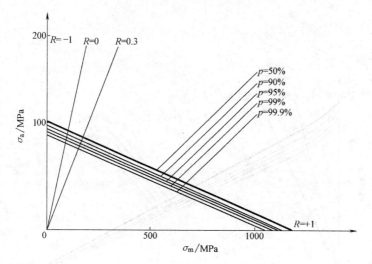

图 2-80 45 钢（调质）的 p-σ_a-σ_m 图（$K_t = 3$）

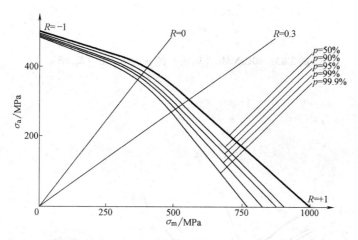

图 2-81 40CrNiMo（调质）的 p-σ_a-σ_m 图（$K_t = 1$）

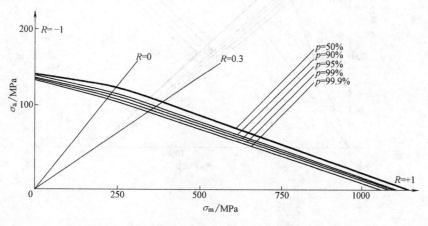

图 2-82 40CrNiMo（调质）的 p-σ_a-σ_m 图（$K_t = 2$）

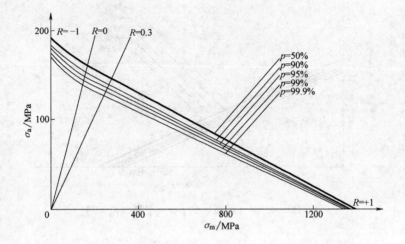

图 2-83　40CrNiMo（调质）的 p-σ_a-σ_m 图（$K_t = 3$）

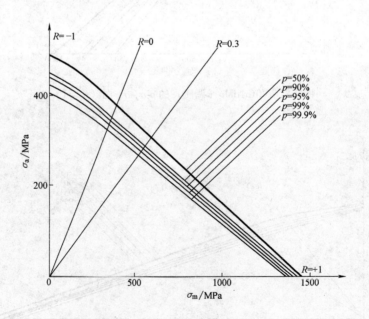

图 2-84　60Si2Mn（淬火后中温回火）的 p-σ_a-σ_m 图（$K_t = 1$）

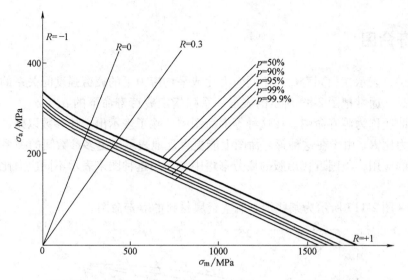

图 2-85　60Si2Mn（淬火后中温回火）的 p-σ_a-σ_m 图（$K_t = 2$）

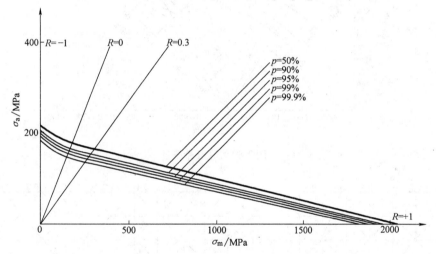

图 2-86　60Si2Mn（淬火后中温回火）的 p-σ_a-σ_m 图（$K_t = 3$）

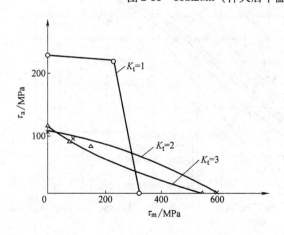

图 2-87　45 钢（正火）的 τ_a-τ_m 图

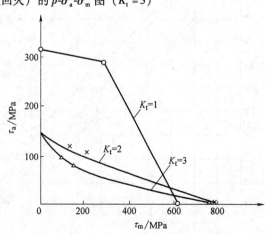

图 2-88　40Cr（调质）的 τ_a-τ_m 图

2.6　等寿命图

严格地讲，表示在相同寿命时不同应力比或平均应力下的疲劳强度间关系的线图都是等寿命图。但是，通常把图 2-89 所示的表示一系列指定疲劳寿命下的 σ_a、σ_{max}、σ_{min} 和 σ_m 间关系的一族曲线称为等寿命图。在这种等寿命图中，除了表示出上述参数以外，还同时用射线表示出应力比 R。由于在这种等寿命图上能更直观地表示出更多参数间的关系，因此越来越得到更多的应用，美国近代出版的疲劳书籍中，多用这种图来表示不同应力比下疲劳强度间的关系。

图 2-90 ~ 图 2-117 所示为某些国产航空金属材料的等寿命图。

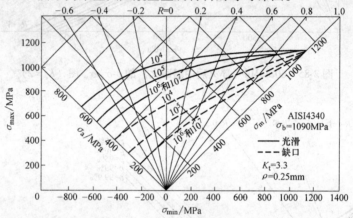

图 2-89　等寿命图

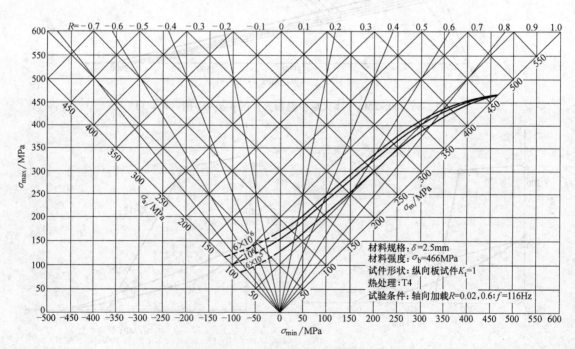

图 2-90　2A12 铝合金板材光滑试件的等寿命图

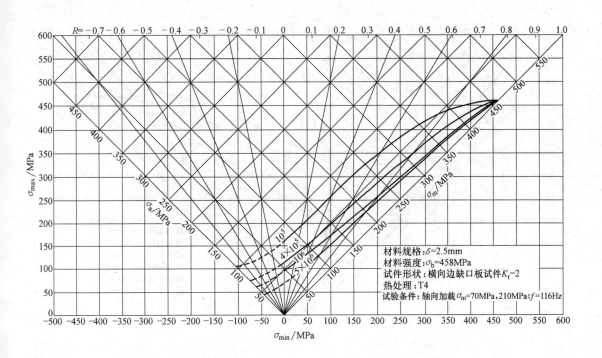

图 2-91　2A12 铝合金板材缺口试件（$K_t = 2$）的等寿命图

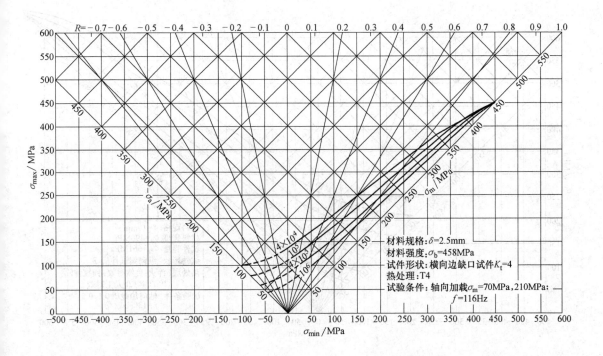

图 2-92　2A12 铝合金板材缺口试件（$K_t = 4$）的等寿命图

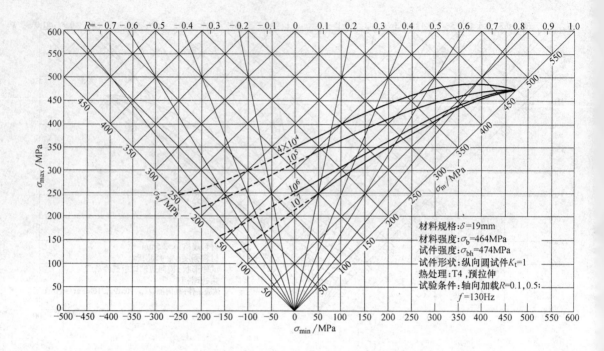

图 2-93　2A12 铝合金预拉伸厚板光滑试件的等寿命图

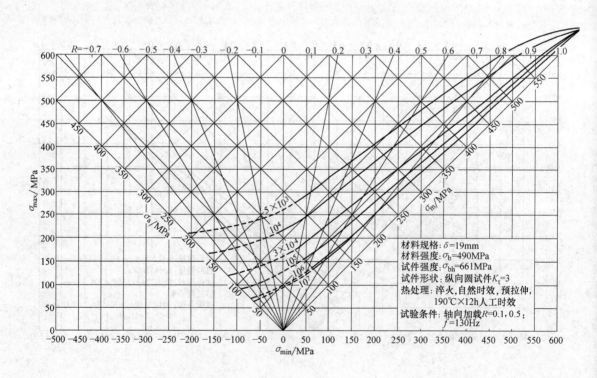

图 2-94　2A12 铝合金预拉伸厚板缺口试件（$K_t = 3$）的等寿命图

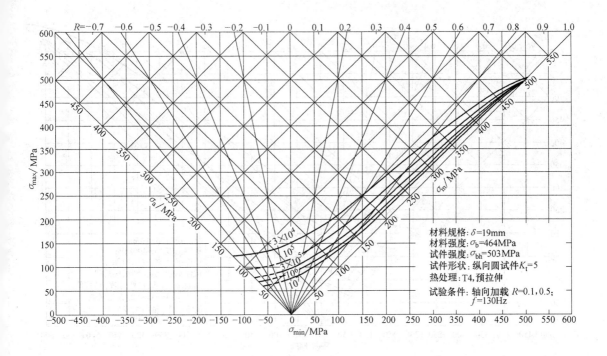

图 2-95　2A12 铝合金预拉伸厚板缺口试件（$K_t = 5$）的等寿命图

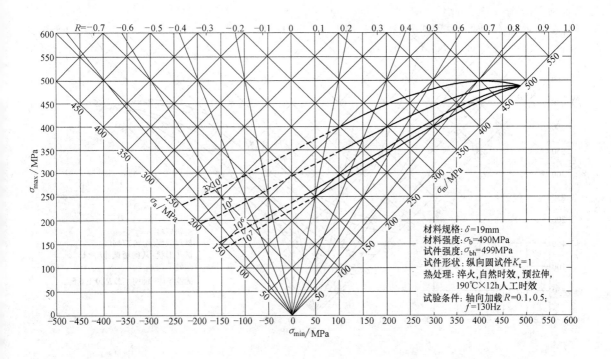

图 2-96　2A12 铝合金预拉伸厚板光滑试件的等寿命图

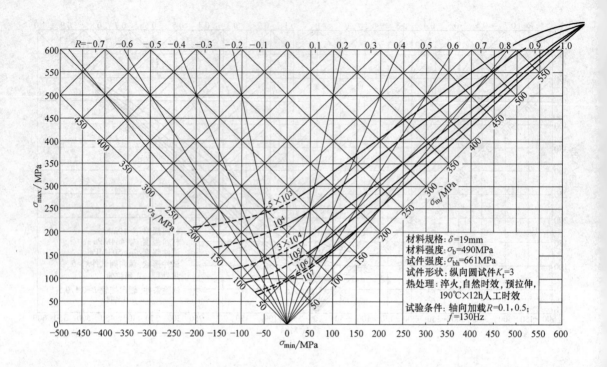

图 2-97　2A12 铝合金预拉伸厚板缺口试件（$K_t = 3$）的等寿命图

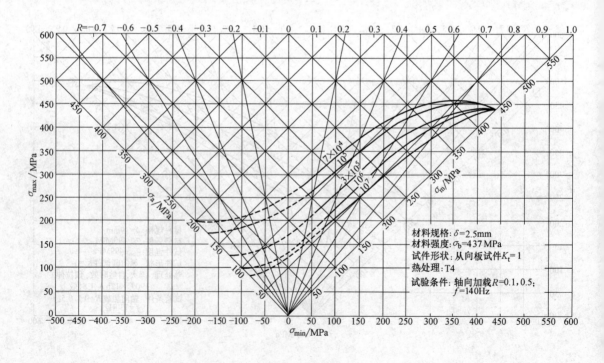

图 2-98　2A12 铝合金板材光滑试件的等寿命图

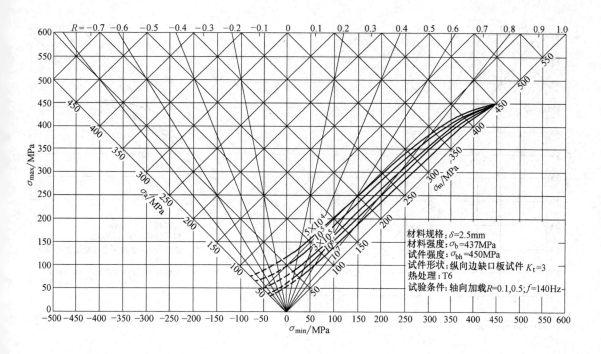

图 2-99 2A12 铝合金板材缺口试件（$K_t = 3$）的等寿命图

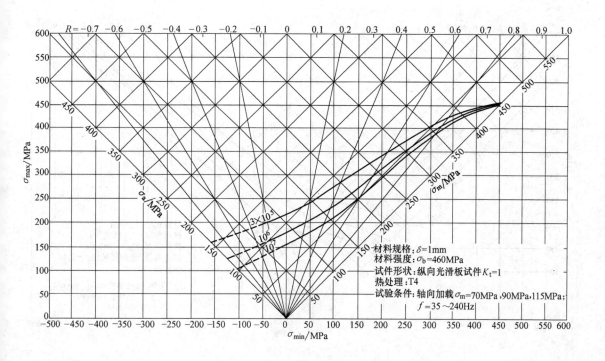

图 2-100 2A12 铝合金板材光滑试件的等寿命图

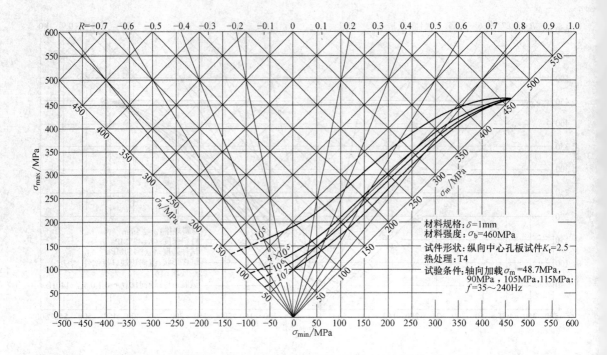

图 2-101　2A12 铝合金板材缺口试件（$K_t = 2.5$）的等寿命图

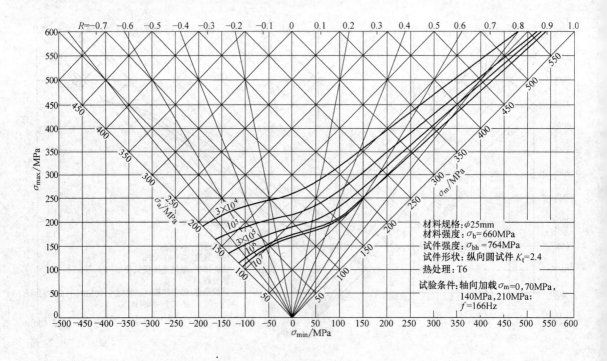

图 2-102　7A09 高强度铝合金棒材缺口试件（$K_t = 2.4$）的等寿命图

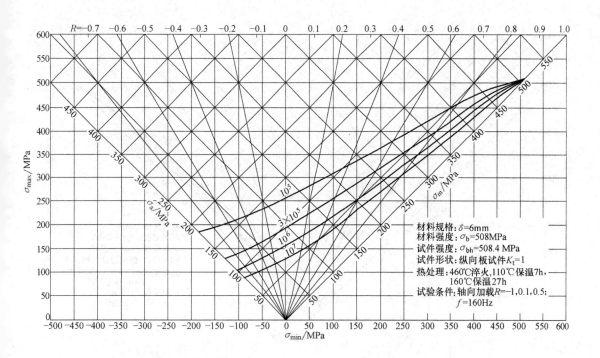

图 2-103　7A09 高强度铝合金过时效板材光滑试件的等寿命图

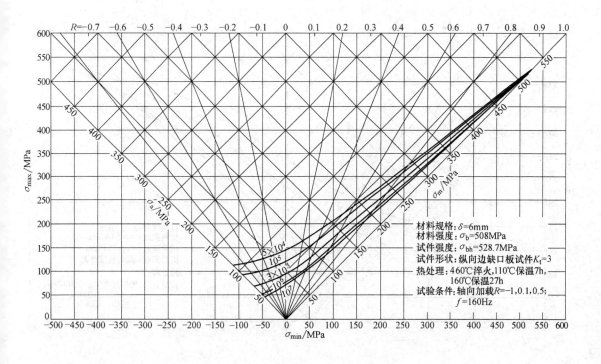

图 2-104　7A09 高强度铝合金过时效板材缺口试件（$K_t = 3$）的等寿命图

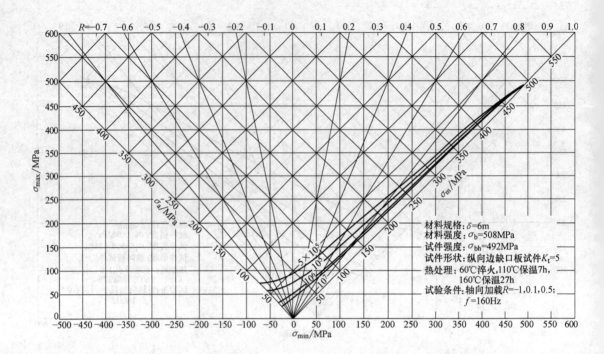

图 2-105　7A09 高强度铝合金过时效板材缺口试件（$K_t = 5$）的等寿命图

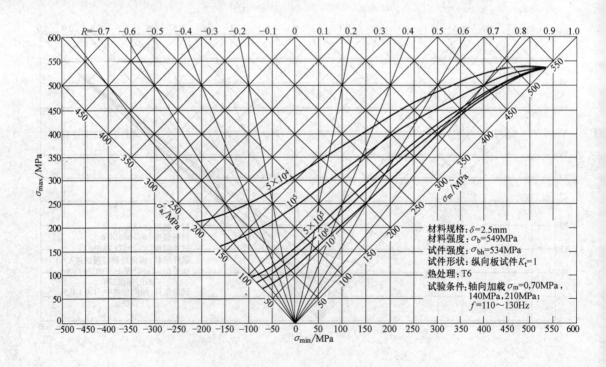

图 2-106　7A04 高强度铝合金板材光滑试件的等寿命图

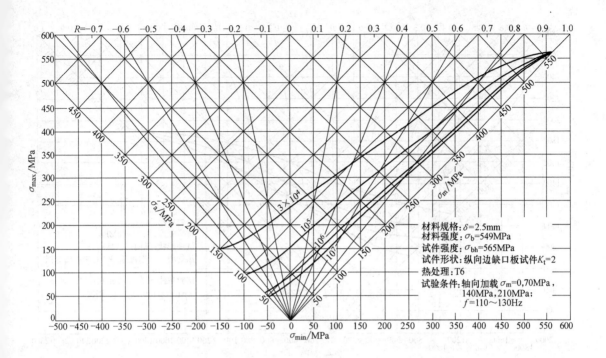

图 2-107   7A04 高强度铝合金板材缺口试件（$K_t = 2$）的等寿命图

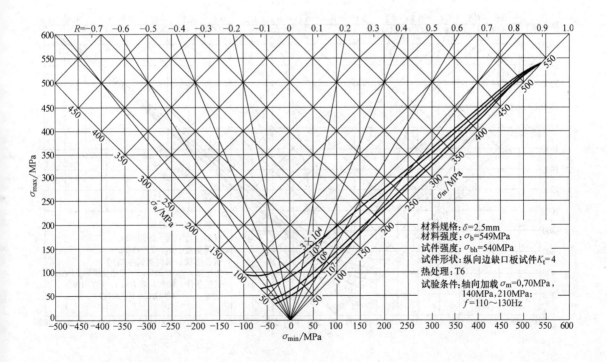

图 2-108   7A04 高强度铝合金板材缺口试件（$K_t = 4$）的等寿命图

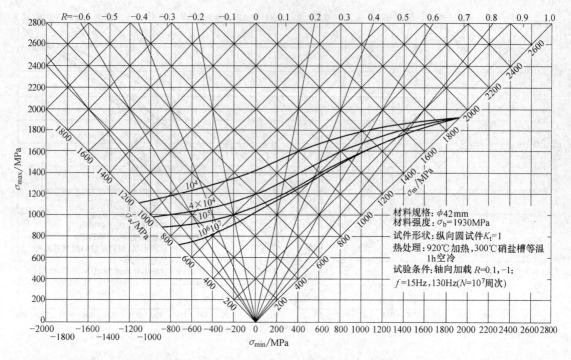

图 2-109 GC-4（40CrMnSiMoVA）钢棒材光滑试件的等寿命图

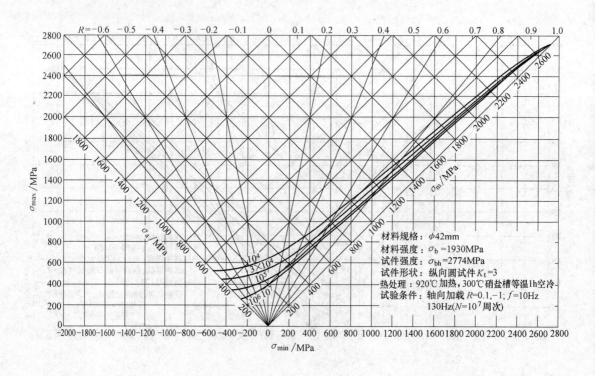

图 2-110 GC-4（40CrMnSiMoVA）钢棒材缺口试件（$K_t = 3$）的等寿命图

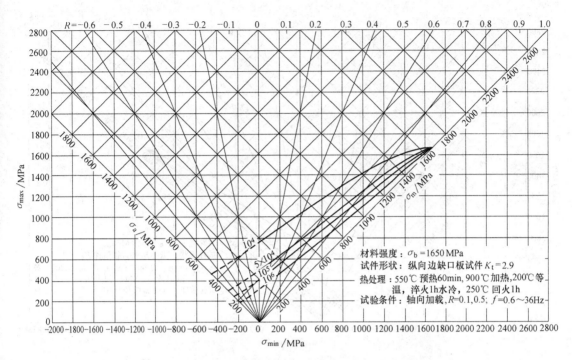

图 2-111　30CrMnSiNi2A 钢锻压板缺口试件（$K_t = 2.9$）的等寿命图

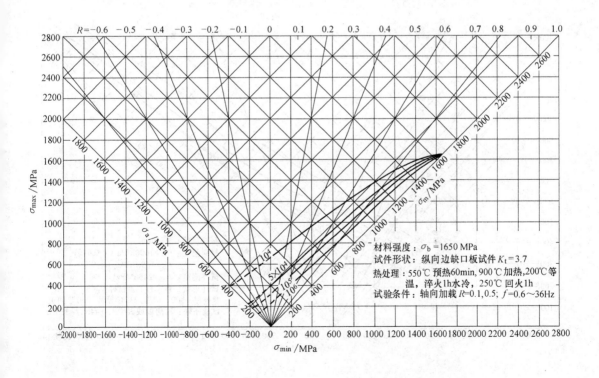

图 2-112　30CrMnSiNi2A 钢锻压板缺口试件（$K_t = 3.7$）的等寿命图

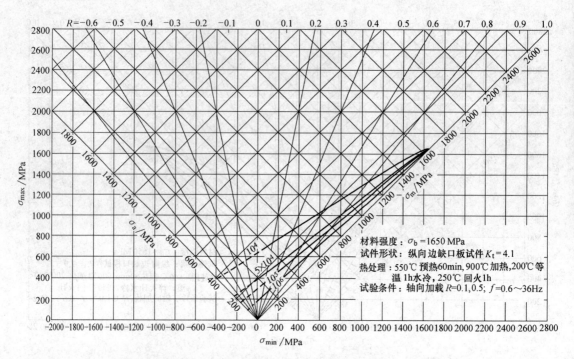

图 2-113　30CrMnSiNi2A 钢锻压板缺口试件（$K_t = 4.1$）的等寿命图

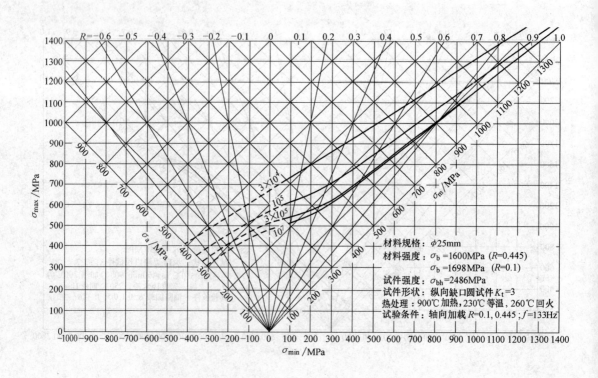

图 2-114　30CrMnSiNi2A 钢棒材缺口试件（$K_t = 3$）的等寿命图

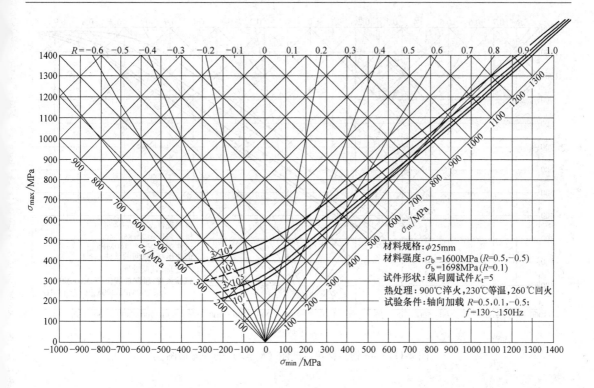

图 2-115　30CrMnSiNi2A 钢棒材缺口试件（$K_t = 5$）的等寿命图

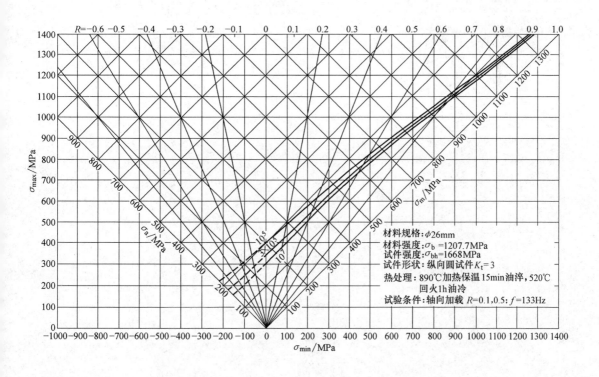

图 2-116　30CrMnSiA 钢棒材缺口试件（$K_t = 3$）的等寿命图

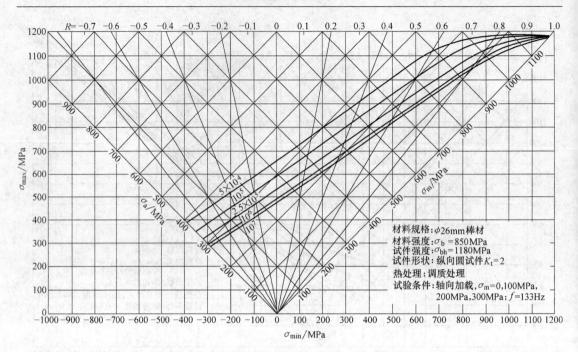

图 2-117　45 钢棒材缺口试件（$K_t = 2$）的等寿命图

第3章 影响疲劳强度的因素

材料的 S-N 曲线和疲劳极限，只能代表标准光滑试样的疲劳性能。实际零件的尺寸、形状和表面情况是各式各样的，与标准试样有很大差别。影响机械零件疲劳强度的因素很多，其中主要的有：尺寸、形状，表面状况，平均应力，复合应力，腐蚀介质，温度等。本章仅介绍形状、尺寸、表面加工方法和平均应力等常规因素对疲劳极限的影响，而腐蚀介质、温度和复合应力等特殊因素的影响，则在以后的章节中专门介绍。

3.1 缺口效应

在机械零件中，由于结构上的要求，一般都存在有槽沟、轴肩、孔、拐角、切口等截面变化。为方便起见，这些截面变化我们统称之为缺口。在这些缺口处，不可避免地要产生应力集中，而应力集中又必然使零件的局部应力提高。当零件承受静载荷时，由于常用的结构材料都是延性材料，有一定的塑性，在破坏以前有一个宏观塑性变形过程，使零件上的应力重新分配，自动趋于均匀化。因此，缺口对零件的静强度一般没有多大影响。而对疲劳破坏则情形完全不同，这时截面上的名义应力尚未达到材料的屈服强度，因此破坏以前不产生明显的宏观塑性变形，没有像静载荷破坏前那样的载荷重新分配过程。这样便使得应力集中处的疲劳强度比光滑部分为低，常常成为零件的薄弱环节。因此，抗疲劳设计时必须考虑缺口效应。

表 3-1 给出了常用国产机械工程材料缺口试样（缺口曲率半径 $R = 0.75$mm）的旋转弯曲疲劳极限。表 3-2 给出了 8 种常用国产机械工程材料缺口试样的旋转弯曲疲劳极限。表 3-3 给出了 45 钢缺口试样的平面弯曲疲劳极限。表 3-4 给出了两种钢缺口试样的拉-压疲劳极限。表 3-5 给出了 3 种铝合金板缺口试样的拉-压和脉动拉伸疲劳极限。

表 3-1 常用国产机械工程材料缺口试样（缺口曲率半径 $R = 0.75$mm）的旋转弯曲疲劳极限

序号	材料	热处理	抗拉强度 σ_b/MPa	理论应力集中系数 K_t	疲劳极限（$N = 10^7$ 周次）			疲劳缺口系数 K_f	疲劳极限 $\sigma_{-1\infty}$/MPa
					平均值 σ_{-1K}/MPa	标准差 $s_{\sigma_{-1K}}$/MPa	变异系数 $\nu_{\sigma_{-1K}}$		
1	Q235A	热轧	439	2	132	3.9	0.030	1.61	86.4
2	Q235AF	热轧	428	2	129	4.7	0.036	1.53	—
3	Q235B	热轧	441	2	155	3.9	0.025	1.61	—
4	20	正火	464	2	147	5.5	0.037	1.70	121.7
5	20G	热轧	432	2	138	3.7	0.027	1.51	—
6	20R	—	386	2	138	—	—	1.51	—
7	35	正火	592	2	162	9.0	0.055	1.61	156.9
8	45	正火	624	2	161	7.8	0.048	1.66	142.7
9	45	调质	735	2	212	9.4	0.044	1.83	208.5
10	45	电渣重熔	934	2	282	9.4	0.035	1.52	279.7
11	50	正火	661	2	187	7.2	0.038	1.48	—

（续）

序号	材料	热处理	抗拉强度 σ_b/MPa	理论应力集中系数 K_t	疲劳极限（$N=10^7$ 周次）			疲劳缺口系数 K_f	疲劳极限 $\sigma_{-1\infty}$/MPa
					平均值 σ_{-1K}/MPa	标准差 $s_{\sigma_{-1K}}$/MPa	变异系数 $\nu_{\sigma_{-1K}}$		
12	55	调质	834	2	195	13.3	0.068	1.98	—
13	Q345	热轧	586	2	170	3.9	0.023	1.65	145.5
14	Q345g	热轧	507	2	163	—	—	1.66	—
15	35Mn2	调质	937	2	302	—	—	1.72	—
16	40MnB	调质	970	2	280	10.9	0.039	1.56	277.1
17	45Mn2	调质	952	2	256	6.1	0.024	1.90	—
18	12Cr2Ni4	调质	793	2	223	10.9	0.049	1.98	—
19	18CrNiW	调质	1039	2	323	8.7	0.027	1.52	—
20	20SiMnVB	渗碳	577	2	169	3.1	0.018	1.62	—
21	20CrMnSi	调质	788	2	263	11.2	0.043	1.14	—
22	20Cr2Ni4A	淬火后低温回火	1483	1.89	602	14.0	0.023	1.15	—
23	30CrMnSiA	调质	1110	2	358	14.0	0.039	1.79	—
24	35CrMo	调质	924	2	248	10.1	0.041	1.74	247.7
25	40Cr	调质	940	2	239	11.7	0.049	1.77	233.3
26	40CrNiMo	调质	972	2	336	7.0	0.021	1.48	—
27	42CrMo	调质	1134	2	313	7.0	0.022	1.61	311.8
28	16MnCr5	淬火后低温回火	1373	1.89	320	9.4	0.029	1.85	—
29	20MnCr5	淬火后低温回火	1482	1.89	348	8.6	0.025	1.82	—
30	50CrV	淬火后中温回火	1586	2	478	16.5	0.035	1.56	474.9
31	55Si2Mn	淬火后中温回火	1866	1.89	466	7.5	0.016	1.41	—
32	60Si2Mn	淬火后中温回火	1391	1.89	389	7.8	0.020	1.45	388.2
33	65Mn	淬火后中温回火	1687	2	483	16.4	0.034	1.47	480.0
34	06Cr17Ni4Cu4Nb	固溶时效	740	1.86	225	—	—	1.78	—
35	12Cr13	调质	721	2	222	10.1	0.046	1.68	217.3
36	20Cr13	调质	687.5	2	209	10.9	0.052	1.79	202.6
37	4Cr5MoSiV	调质	1496	2	670	—	—	1.09	—
38	Cr12	淬火后低温回火	2272	1.55①	548	19.9	0.036	1.29	—
39	ZG20SiMn	正火	515	2	149	3.1	0.021	1.52	—
40	ZG230-450	正火	543	2	146	7.0	0.048	1.42	—
41	ZG270-500	调质	823	1.89	230	6.2	0.027	1.18	—
42	ZG40Cr	调质	977	2	278	8.3	0.030	1.06	—
43	ZG15Cr13	退火后正火	789	2	180	13.2	0.073	1.83	—
44	QT400-15	退火	484	2	153	8.6	0.056	1.59	—
45	QT400-18	退火	433	2	159	4.7	0.029	1.28	—
46	QT500-7	退火	625	2	112	12.5	0.011	1.84	—
47	QT600-3	正火	859	2	170	9.4	0.055	1.71	—
48	QT700-2	正火	754	2	125	4.6	0.037	1.75	—
49	QT800-2	正火	842	2	181	3.9	0.021	1.94	—

① 缺口半径为 $R=1.12$mm。

表3-2　8种常用国产机械工程材料缺口试样的旋转弯曲疲劳极限

材料	Q235A		Q345		35		45		45		40Cr		40CrNiMo		60Si2Mn	
热处理	热轧		热轧		正火		正火		调质		调质		调质		淬火后中温回火	
抗拉强度 σ_b/MPa	455		571		569		618		821		1020		1002		1545	
平均值或标准差	均值	标准差	均值	标准差	均值	标准差	均值	标准差	均值	标准差	均值	标准差	均值	标准差	均值	标准差
光滑试样	224.9	—	—	—	—	—	—	—	425.3	4.3	—	—	470.0	15.4	—	—
漏斗形试样	118.3	7.2	298.1	7.1	262.8	2.8	285.1	8.6	443.9	11.4	—	—	510.0	15.7	—	—
缺口试样 r=0.25mm	144.5	3.3	138.0	2.8	133.9	3.0	145.3	3.0	162.8	6.7	201.5	2.9	203.3	8.7	277.0	8.4
缺口试样 r=0.50mm	141.1	4.4	150.1	3.5	145.8	2.8	138.3	3.2	208.7	15.7	235.4	2.9	220.7	12.0	372.7	11.5
缺口试样 r=0.75mm	155.4	4.7	169.7	2.6	153.9	3.5	160.1	3.6	—	—	273.3	4.2	—	—	401.3	6.5
缺口试样 r=1.0mm	—	—	—	—	—	—	—	—	273.9	10.1	—	—	331.0	8.4	—	—
缺口试样 r=1.5mm	207.4	4.8	202.9	3.9	187.7	3.3	209.0	3.5	—	—	365.9	5.4	—	—	486.8	16.2
缺口试样 r=3.0mm	214.3	8.1	252.0	5.5	218.0	5.2	236.7	6.7	381.2	17.5	428.3	3.2	377.2	16.9	586.9	14.9
缺口试样 r=6.0mm	—	6.8	283.6	7.7	257.9	5.9	262.9	6.0	—	—	468.9	3.8	—	—	666.4	21.1
缺口试样 r=15mm	—	—	—	—	—	—	—	—	435.4	4.2	—	—	488.4	17.5	—	—

注：
1. 加载方式均为旋转弯曲。
2. 试样根部直径除40CrNiMo 60Si2Mn 试样为 $\phi7.52$mm 外，其余均为 $\phi9.48$mm。
3. 缺口深度除60Si2Mn和40CrNiMo 试样为 $\phi1.49$mm 以外，其余均为 $\phi1.51$mm。
4. $\phi9.48$mm 缺口试样的 K_t，依次为：3.26,2.47,2.06,1.87,1.65,1.38,1.19,1.08；$\phi7.52$mm 缺口试样的 K_t，依次为：2.97,2.20,1.90,1.75,1.55,1.31,1.16,1.07。

表 3-3　45 钢缺口试样的平面弯曲疲劳极限

缺口半径 r/mm	缺口深度 t/mm	试样尺寸 ($b \times h$)/mm	疲劳极限的平均值 σ_{-1K}/MPa	备 注
0.25	1.5	10×10	120	
0.50	1.5	10×10	128	1）试样经过正火处理
0.75	1.5	10×10	134	2）抗拉强度的平均值 $\sigma_b =$
1.5	1.5	10×10	212	618MPa
3.0	1.5	10×10	233	
6.0	1.5	10×10	253	
0.75	0.25	10×10	195	
0.75	0.75	10×10	115	
0.75	3.0	10×10	144	

表 3-4　两种钢缺口试样的拉-压疲劳极限

材料	热处理	试样净截 面尺寸/mm	侧面圆弧 半径/mm	理论应力集中 系数 K_t	抗拉强度的平 均值 σ_b/MPa	疲劳极限的 平均值 σ_{-1z}/MPa
45 钢	正火	10×10	13.23	1.24	634	211
			27.23	1.13	634	221
			55.78	1.06	634	221
			113.68	1.03	634	221
			∞	1	634	219
40Cr	调质	10×10	13.23	1.24	805	329
			27.23	1.13	805	309
			55.78	1.06	805	337
			113.68	1.03	805	359
			∞	1	805	314

表 3-5　3 种铝合金板缺口试样的拉-压和脉动拉伸疲劳极限（$N = 10^7$ 周次）

缺口类型	缺口半径/mm	理论应力集中系数 K_t	轴向载荷下的疲劳极限/MPa	
			拉-压　$R = -1$	脉动拉伸　$R = 0$
6061-T4 试样				
光滑	—	1	104	130
两个孔	3	2	67.5	105
中心孔	12.5	2.07	60	97.5
中心孔	4	2.52	56.5	94
中心孔	0.5	2.88	56.5	113
椭圆	2	3.6	40	69
狭长切口	1	4.6	35	52.5
2024-T3 包铝试样				
光滑	—	1	100	142
两个孔	3	2	69	95
中心孔	12.5	2.07	59	90
中心孔	4	2.52	60.5	92.5
中心孔	0.5	2.88	53.5	113.5
椭圆	2	3.6	41	60
狭长切口	1	4.6	31	51
7075-T6 包铝试样				
光滑	—	1	115	170
两个孔	3	2	80.5	121
中心孔	12.5	2.07	55	85
中心孔	4	2.52	60	80
中心孔	0.5	2.88	80	128
椭圆	2	3.6	59	83
狭长切口	1	4.6	38	46

3.1.1　理论应力集中系数

应力集中提高零件局部应力的作用可以用理论应力集中系数表征。如图 3-1 所示，缺口处的最大局部应力 σ_{max} 与名义应力 σ_n 的比值称为理论应力集中系数，一般用 K_t 表示，即

$$K_t = \frac{\sigma_{max}}{\sigma_n} \qquad (3\text{-}1)$$

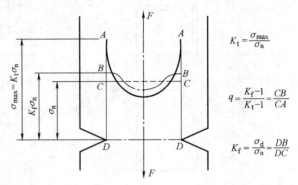

$$K_t = \frac{\sigma_{max}}{\sigma_n}$$

$$q = \frac{K_f - 1}{K_t - 1} = \frac{CB}{CA}$$

$$K_f = \frac{\sigma_d}{\sigma_n} = \frac{DB}{DC}$$

图 3-1　双边缺口试样的 K_t、K_f 和 q

由于它只与零件的几何形状有关，不受材料影响，因此也称为形状系数。理论应力集中系数可以用弹性力学的解析方法求出，也可以用光测弹性力学等试验应力分析方法求出。解析方法只能求出某些简单形状零件的理论应力集中系数，对于形状复杂的零件，往往需要使用试验方法或有限元法。

1. 某些常见几何形状零件的理论应力集中系数计算公式和线图

到现在为止，许多学者已经对理论应力集中系数进行了大量的分析计算和试验研究，得出了许多种几何形状零件的理论应力集中系数表达式或线图，并将它们汇编成应力集中手册，在需要确定理论应力集中系数时，只需根据零件的形状、尺寸和受力方式，利用相应的公式计算，或在相应的图表中查找即可。下面给出一些典型零件的理论应力集中系数计算公式或线图。

（1）带沟槽零件的理论应力集中系数

1）带沟槽的板形零件的理论应力集中系数可以使用以下公式计算：

弯曲时

$$K_t = 1 + \left[\frac{B/b - 1}{2(4.27B/b - 4)} \times \frac{b}{r} \right]^{0.83} \qquad (3\text{-}2)$$

拉-压时

$$K_t = 1 + \left[\frac{1}{1.55B/b - 1.3} \times \frac{t}{\rho} \right]^n \qquad (3\text{-}3)$$

$$n = \frac{(B/b - 1) + 0.5\sqrt{t/r}}{(B/b - 1) + \sqrt{t/r}}$$

式中符号的意义见图 3-2。

带沟槽的板形零件的理论应力集中系数也可通过查图 3-3 ~ 图 3-9 得到。

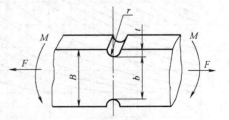

图 3-2　带沟槽的板形零件

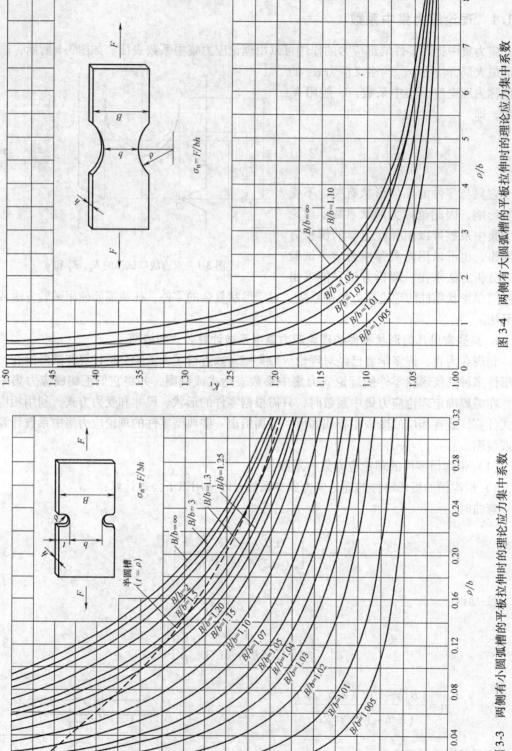

图 3-4 两侧有大圆弧槽的平板拉伸时的理论应力集中系数

图 3-3 两侧有小圆弧槽的平板拉伸时的理论应力集中系数

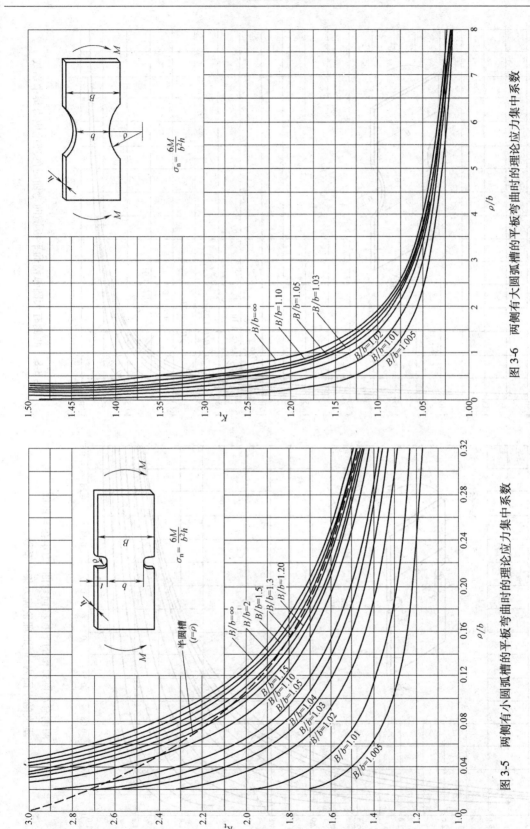

图 3-6　两侧有大圆弧槽的平板弯曲时的理论应力集中系数

图 3-5　两侧有小圆弧槽的平板弯曲时的理论应力集中系数

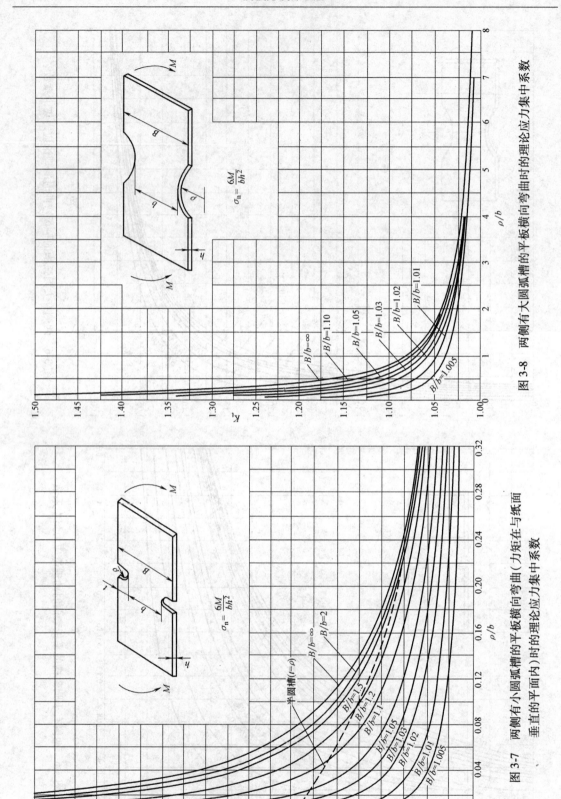

图 3-8 两侧有大圆弧槽的平板横向弯曲时的理论应力集中系数

$$\sigma_n = \frac{6M}{bh^2}$$

图 3-7 两侧有小圆弧槽的平板横向弯曲（力矩在与纸面垂直的平面内）时的理论应力集中系数

$$\sigma_n = \frac{6M}{bh^2}$$

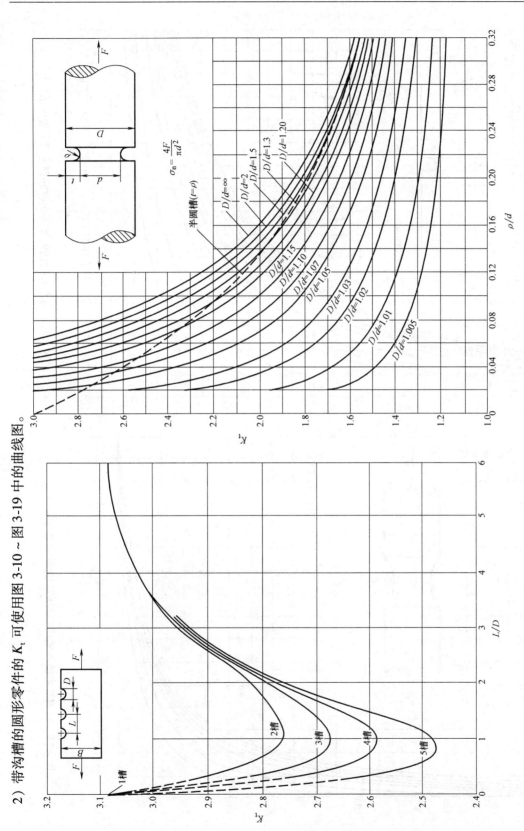

2）带沟槽的圆形零件的 K_t 可使用图 3-10 ~ 图 3-19 中的曲线图。

图 3-9　单侧有半圆弧槽的板拉伸时的理论应力集中系数

图 3-10　有小环形槽的轴拉伸时的理论应力集中系数

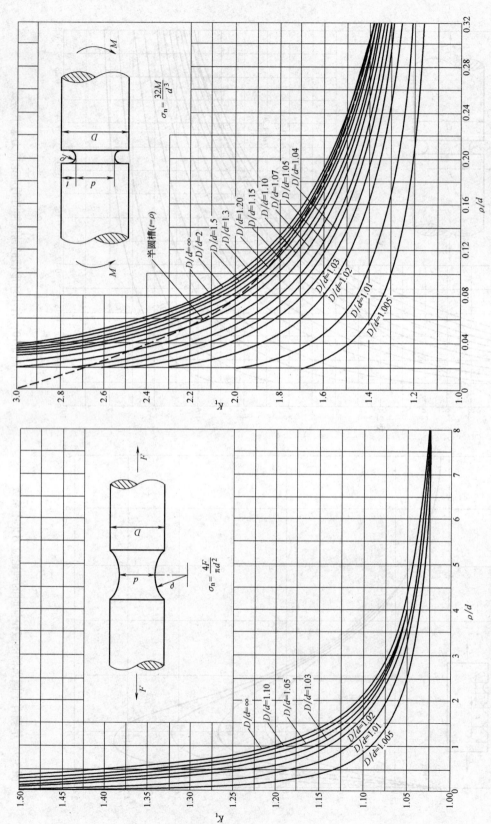

图 3-12 有小环形槽的轴弯曲时的理论应力集中系数

图 3-11 有大环形槽的轴拉伸时的理论应力集中系数

$$\sigma_n = \frac{32M}{d^3}$$

$$\sigma_n = \frac{4F}{\pi d^2}$$

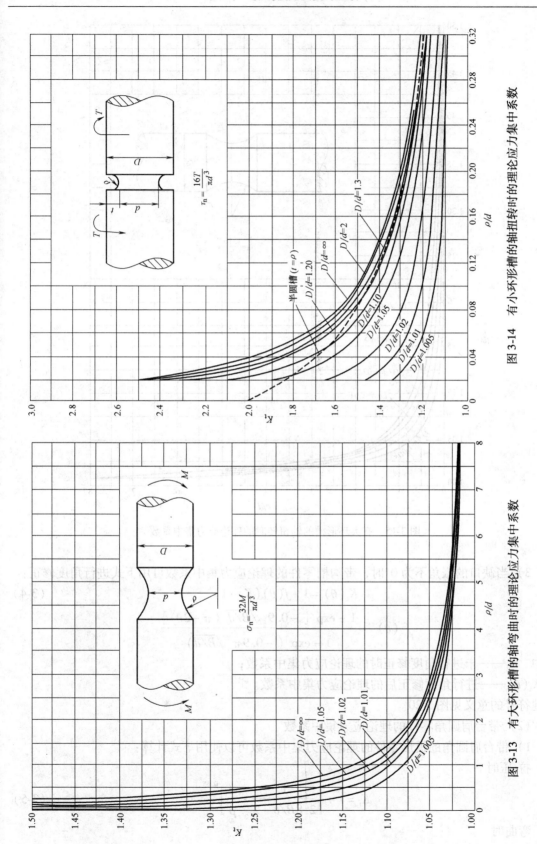

图 3-14　有小环形槽的轴扭转时的理论应力集中系数

图 3-13　有大环形槽的轴弯曲时的理论应力集中系数

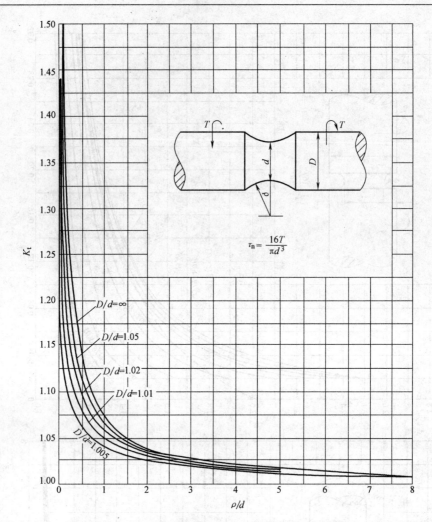

图 3-15 有大环形槽的轴扭转时的理论应力集中系数

3) 当缺口的张角不为 0° 时, 带沟槽零件的理论应力集中系数可用下式进行角度修正:

$$K_t(\theta) = 1 + f(\theta)(K_t - 1) \tag{3-4}$$

$$f(\theta) = \frac{1 - \exp\left[-0.9\sqrt{B/d}\,(\pi - 2\theta)\right]}{1 - \exp\left(-0.9\pi\sqrt{B/d}\right)}$$

式中 K_t——未进行角度修正时的理论应力集中系数;

$K_t(\theta)$——进行角度修正后的理论应力集中系数。

其他符号的意义见图 3-20。

(2) 带台肩圆角零件的理论应力集中系数

1) 带台肩圆角的板形零件的理论应力集中系数可以使用下式计算:

拉-压时

$$K_t = 1 + \left[\frac{1}{2.8B/b - 2} \times \frac{h}{\rho}\right]^{0.65} \tag{3-5}$$

弯曲时

$$K_t = 1 + \left[\frac{1}{5.37B/b - 4.8} \times \frac{h}{\rho} \right]^{0.85} \tag{3-6}$$

式中符号的意义见图 3-21。

带台肩圆角的板形零件的理论应力集中系数也可通过查图 3-22 ~ 图 3-25 得到。

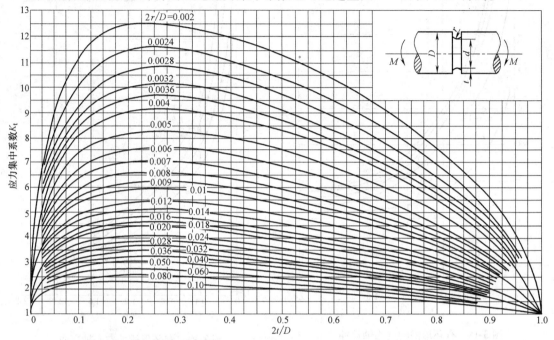

图 3-16 有小环形槽的轴弯曲时的理论应力集中系数

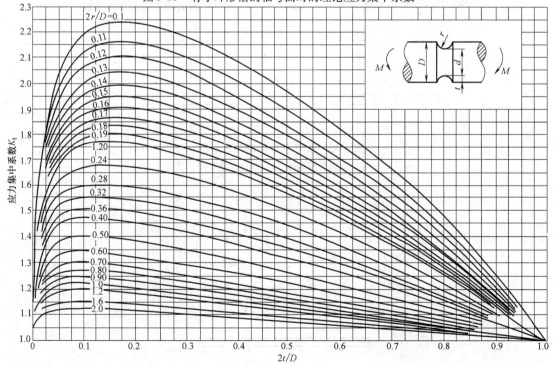

图 3-17 有大环形槽的轴弯曲时的理论应力集中系数

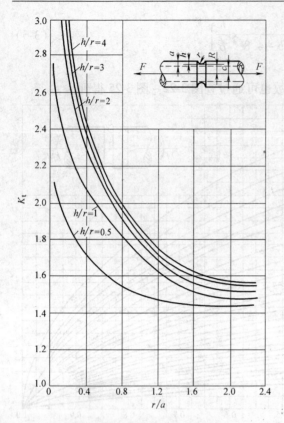

图 3-18　有环形槽的空心轴拉伸
时的理论应力集中系数

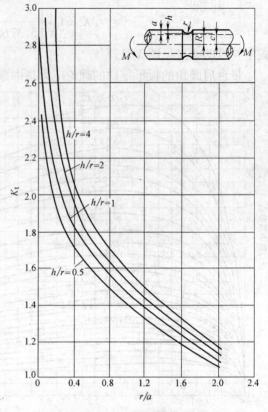

图 3-19　有环形槽的空心轴弯曲
时的理论应力集中系数

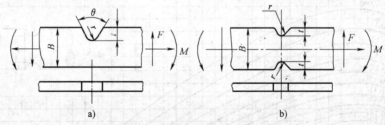

图 3-20　张角不为 0° 的沟槽零件
a) 单边沟槽零件　　b) 双边沟槽零件

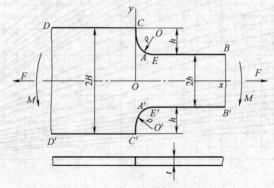

图 3-21　带台肩圆角的板形零件

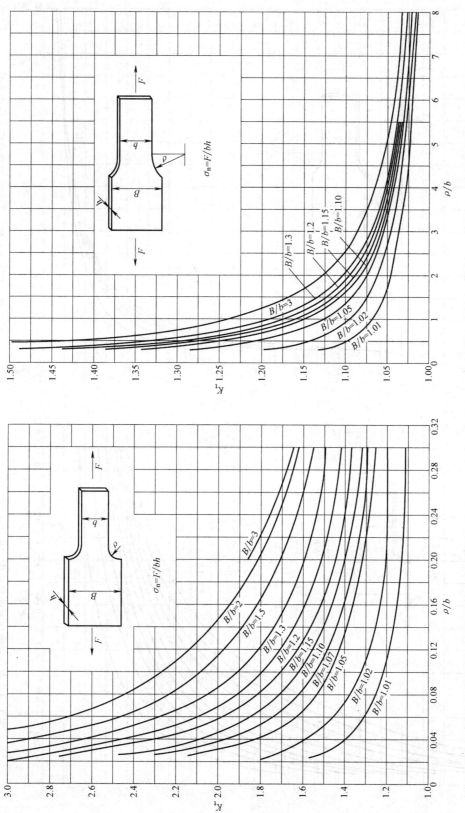

图 3-23　有肩板拉伸时的理论应力集中系数

图 3-22　有肩板拉伸时的理论应力集中系数

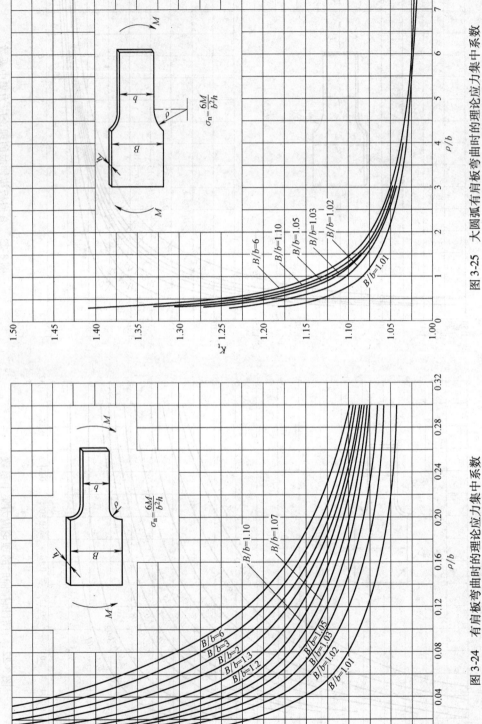

$$\sigma_n = \frac{6M}{b^2 h}$$

图 3-25　大圆弧有肩板弯曲时的理论应力集中系数

B/b=6
B/b=1.10
B/b=1.05
B/b=1.03
B/b=1.02
B/b=1.01

$$\sigma_n = \frac{6M}{b^2 h}$$

图 3-24　有肩板弯曲时的理论应力集中系数

B/b=1.10
B/b=1.07
B/b=6
B/b=3
B/b=2
B/b=1.3
B/b=1.2
B/b=1.05
B/b=1.03
B/b=1.02
B/b=1.01

2）带台肩圆角的圆柱形零件的理论应力集中系数可查图 3-26 ~ 图 3-33。

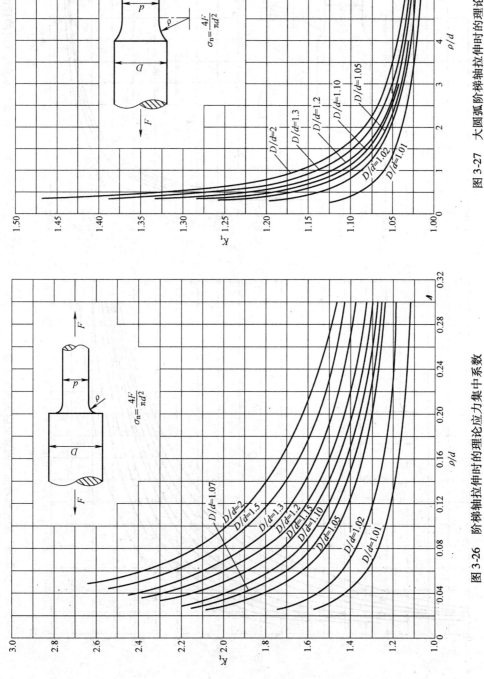

图 3-26　阶梯轴拉伸时的理论应力集中系数

图 3-27　大圆弧阶梯轴拉伸时的理论应力集中系数

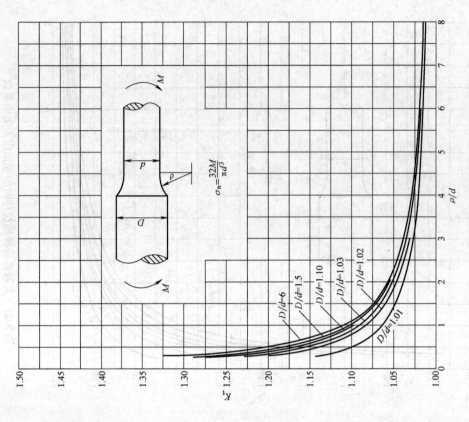

图 3-29 大圆弧阶梯轴弯曲时的理论应力集中系数

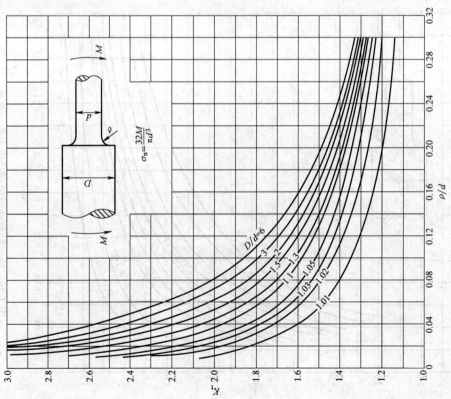

图 3-28 阶梯轴弯曲时的理论应力集中系数

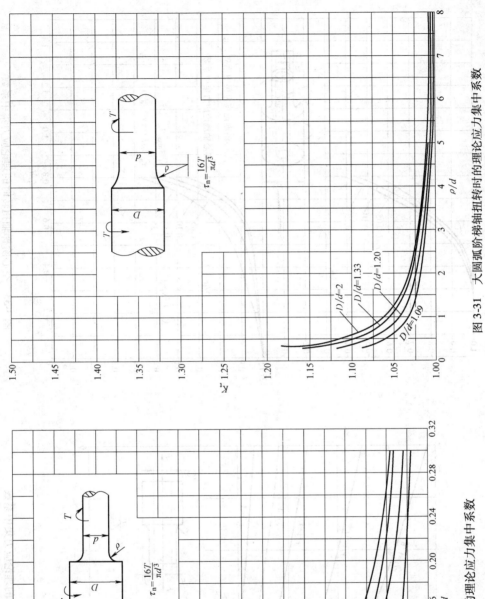

图 3-31 大圆弧阶梯轴扭转时的理论应力集中系数

图 3-30 阶梯轴扭转时的理论应力集中系数

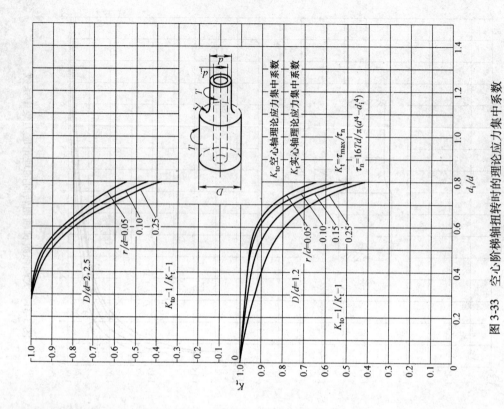

图 3-33 空心阶梯轴扭转时的理论应力集中系数

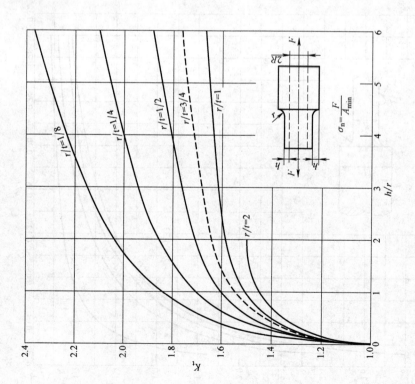

图 3-32 空心阶梯轴拉伸时的理论应力集中系数

3）当台肩的张角不为 90°时,带台肩圆角零件的理论应力集中系数可用下式进行角度修正:

$$K_t(\theta) = 1 + f(\theta)(K_t - 1) \qquad (3-7)$$

$$f(\theta) = \frac{1 - \exp[-0.9\sqrt{B/h}(\pi - \theta)]}{1 - \exp[-0.9\pi\sqrt{B/h/2}]}$$

式中　$K_t(\theta)$——进行角度修正后的理论应力集中系数;

　　　　K_t——未进行角度修正时的理论应力集中系数。

式中其他符号的意义见图 3-34。

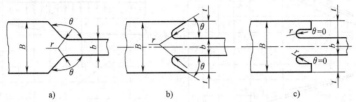

a)　　　　　　　　　　b)　　　　　　　　　　c)

图 3-34　张角不为 90°的带台肩圆角零件

（3）开孔零件的理论应力集中系数

1）有一个圆孔的无限宽受拉（压）板,当受如图 3-35 所示的均布载荷时,Y 轴上的应力 σ_x 的分布可由下式求出:

$$\sigma_x = \frac{\sigma_0}{2}\left(2 + \frac{\rho^2}{r^2} + 3\frac{\rho^4}{r^4}\right) \qquad (3-8)$$

其理论应力集中系数 $K_t = 3$。

2）有一个椭圆孔的无限宽受拉（压）板:

$$K_t = 1 + 2\frac{b}{a} \qquad (3-9)$$

式中　a——椭圆孔沿受力方向的半轴长度（mm）;

　　　　b——椭圆孔垂直于受力方向的半轴长度（mm）。

图 3-35　有一圆孔的无限宽受拉（压）板

3）有限宽的受拉（压）板,中部带有孔径为 d 的圆孔:

$$K_t = \frac{\sigma_{max}}{\sigma_n} = 2 + \left(1 - \frac{d}{2B}\right)^3 \qquad (3-10)$$

式中　$2B$——板宽;

　　　　σ_n——通过圆孔中心垂直于受力方向的净截面上的名义应力。

4）容器开孔的应力集中系数如下:

球壳平齐接管

$$K_t = 3.3\left[\rho^{0.56}\left(\frac{T}{t}\right)^{0.14}\right] \qquad (3-11)$$

$$\rho = \frac{r}{R}\sqrt{\frac{R}{T}}$$

筒壳平齐接管

$$\lg K_t = 0.2042\lg\left(\frac{r}{t}\right)^2\left(\frac{T}{R}\right) + 0.3979 \qquad (3-12)$$

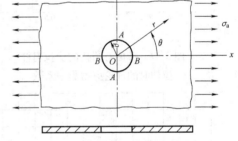

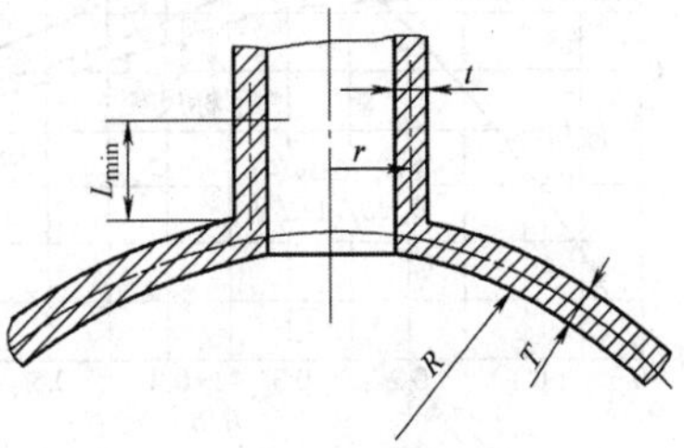

图 3-36　压力容器的
平齐接管示意图

式中符号的意义见图 3-36。

5）其他开孔情况的理论应力集中系数可查图3-37 ~ 图3-48。

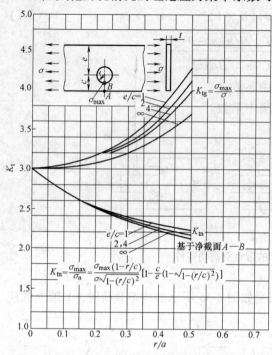

图 3-37　带偏心圆孔的受拉扁杆
拉伸时的理论应力集中系数

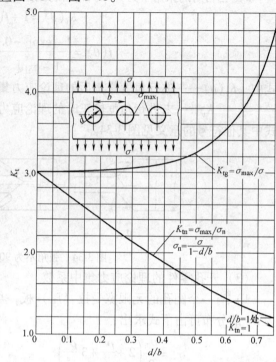

图 3-38　应力方向与孔的轴线垂直的
多孔受拉板的理论应力集中系数

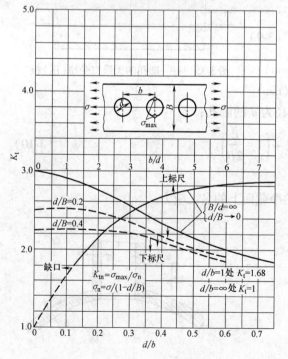

图 3-39　应力方向与孔的轴线平行的
多孔受拉板的理论应力集中系数

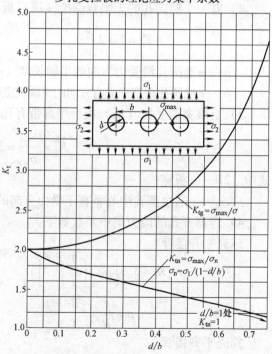

图 3-40　受双向拉伸的单排多孔
板的理论应力集中系数

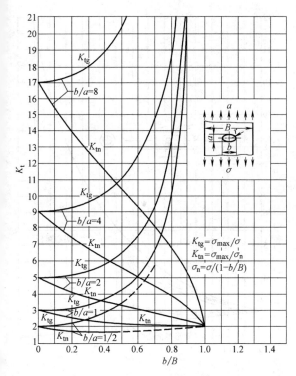

图 3-41　带椭圆孔的有限宽受拉板
的理论应力集中系数

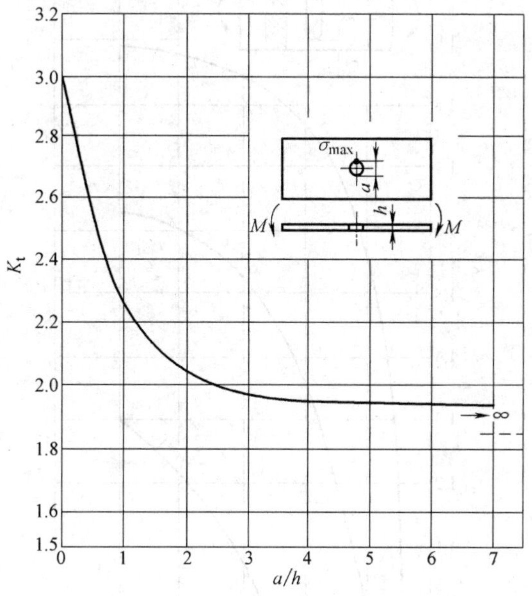

图 3-42　有圆孔的板弯曲时的
理论应力集中系数

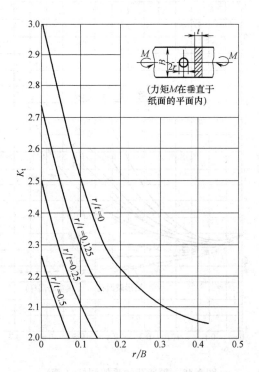

图 3-43　中央有孔的板横向弯曲时
的理论应力集中系数

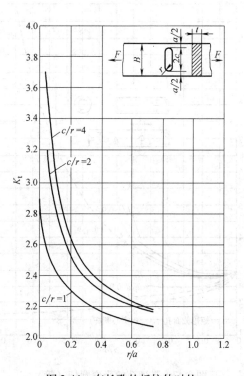

图 3-44　有长孔的板拉伸时的
理论应力集中系数

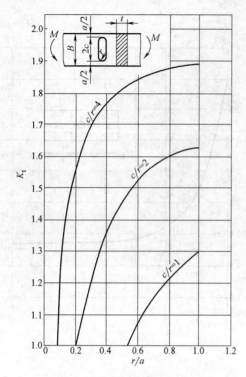

图 3-45　有长孔的板弯曲时的
理论应力集中系数

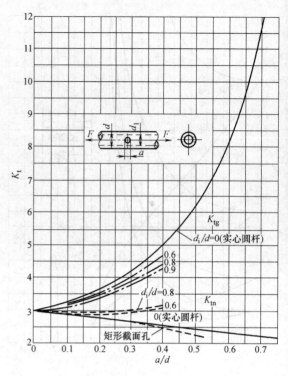

图 3-46　有通孔的受拉圆杆（管）
的理论应力集中系数

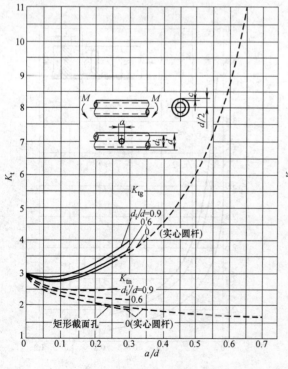

图 3-47　带通孔的受弯圆杆（管）
的理论应力集中系数

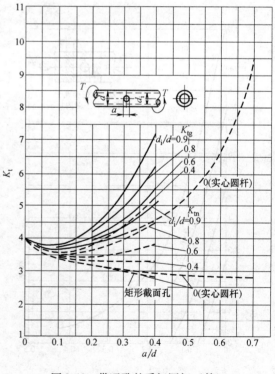

图 3-48　带通孔的受扭圆杆（管）
的理论应力集中系数

（4）几种常用零件的理论应力集中系数

1）齿轮齿根受拉边圆角处的理论应力集中系数如下：

压力角为 20°时

$$K_t = 0.18 + \frac{1}{\left(\dfrac{\rho}{2b}\right)^{0.15}\left(\dfrac{h}{2b}\right)^{0.45}} \tag{3-13}$$

压力角为 14.5°时

$$K_t = 0.22 + \frac{1}{\left(\dfrac{\rho}{2b}\right)^{0.2}\left(\dfrac{h}{2b}\right)^{0.4}} \tag{3-14}$$

式中符号的意义见图 3-49，h 为 C 点到 L 点的距离，C 点为载荷作用线与轮齿中心线的交点，L 点为 M、N 连线与轮齿中心线的交点，M、N 为 Lewis 抛物线与齿根圆弧的切点。

2）在螺旋弹簧设计中，常用瓦尔系数 C_W 表示其理论应力集中系数，瓦尔系数的计算公式如下：

圆弹簧钢丝（见图 3-50a）

$$C_W = \frac{\tau_{max}}{\tau} = \frac{4C-1}{4C-4} + \frac{0.615}{C} \tag{3-15}$$

$$\tau = 8FC/\pi d^2, \quad C = D/d$$

式中　τ_{max}——最大切应力（MPa）；

　　　τ——计算切应力（MPa）；

　　　F——轴向载荷（N）；

　　　D——弹簧的平均直径（mm）；

　　　d——弹簧钢丝直径（mm）。

方弹簧钢丝（见图 3-50b）

$$C_W = \frac{\tau_{max}}{\tau} = 1 + \frac{1.2}{C} + \frac{0.56}{C^2} + \frac{0.5}{C^3} \tag{3-16}$$

$$\tau = 2.404FC/b^2$$

式中　b——方弹簧钢丝的宽度（mm）。

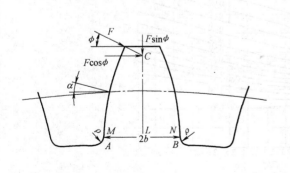

图 3-49　轮齿的几何参数及受力示意图

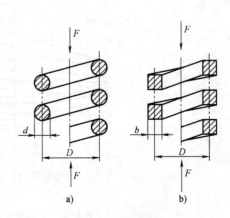

图 3-50　螺旋弹簧

3）其他常见几何形状零件及常用零件的理论应力集中系数查图 3-51 ~ 图 3-65。

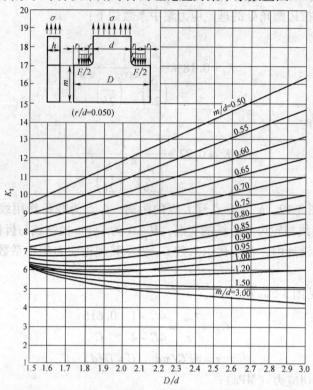

图 3-51　有肩板受均布力的理论应力集中系数

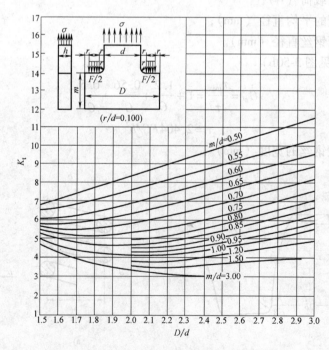

图 3-52　有肩板受均布力的理论应力集中系数

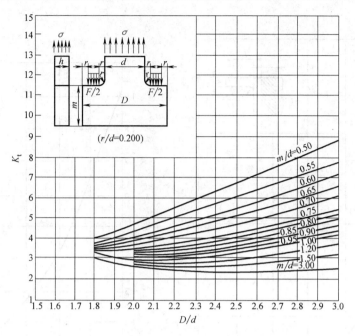

图 3-53 有肩板受均布力的理论应力集中系数

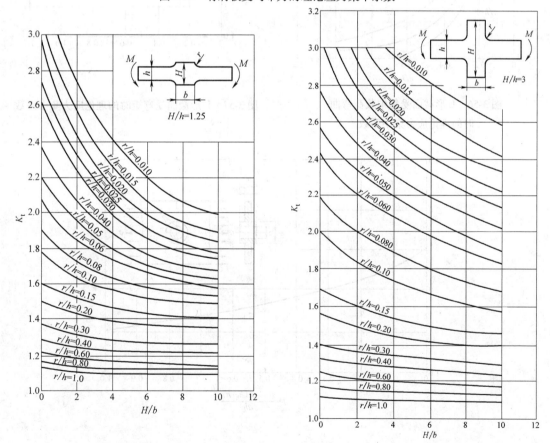

图 3-54 有凸台的板弯曲时的理论应力集中系数　　图 3-55 有凸台的板弯曲时的理论应力集中系数

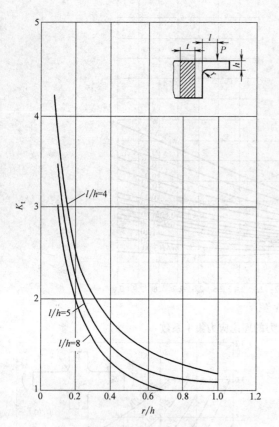

图 3-56　L形截面受集中载荷弯曲
　　　　时的理论应力集中系数

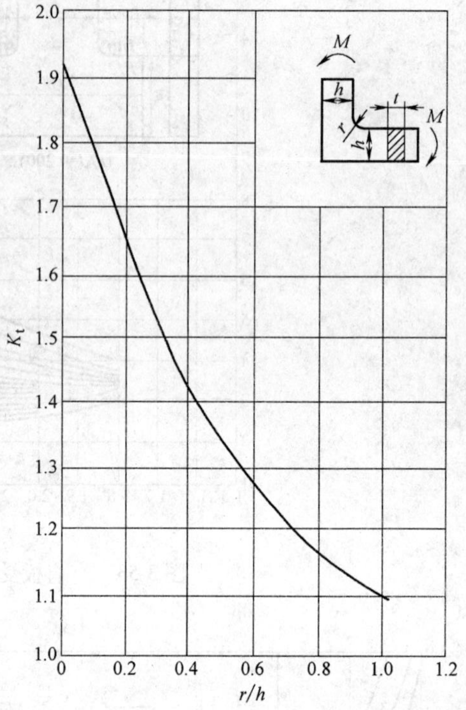

图 3-57　L形截面受弯矩时的理论应力集中系数

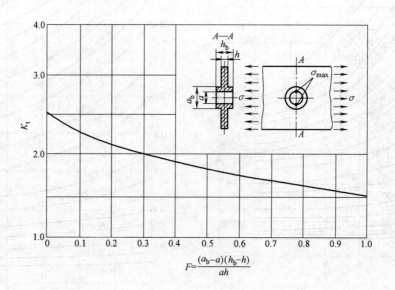

$$F=\frac{(a_b-a)(h_b-h)}{ah}$$

图 3-58　有凸台的板拉伸时的理论应力集中系数

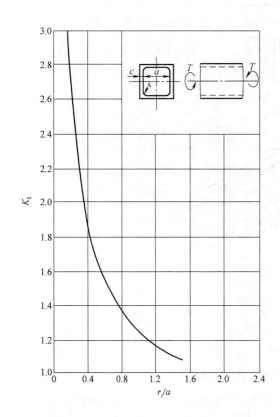

图 3-59　箱形截面杆扭转时的理论应力集中系数

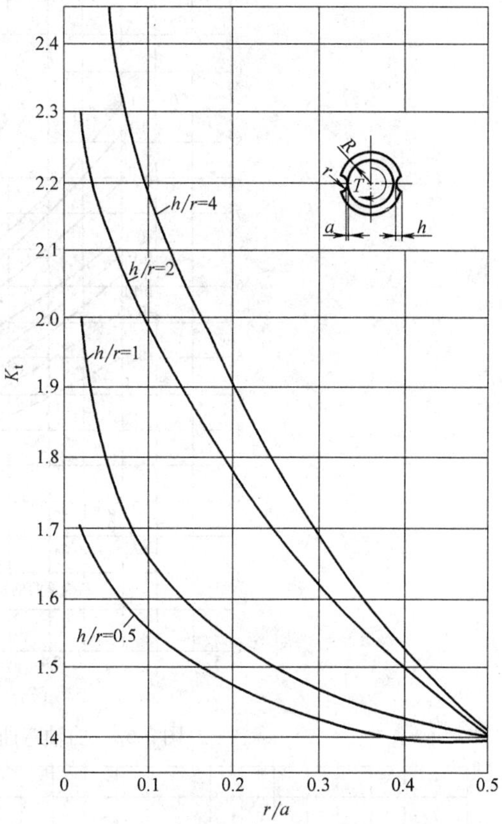

图 3-60　有两纵向圆槽的空心轴
扭转时的理论应力集中系数

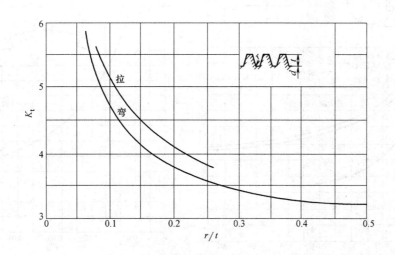

图 3-61　螺纹受拉伸或弯曲时的理论应力集中系数

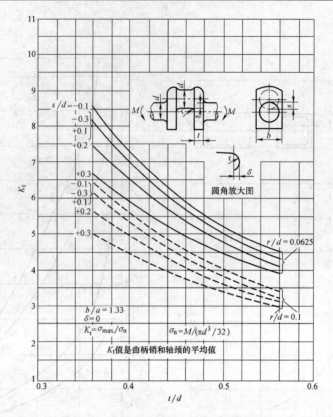

图 3-62 曲轴弯曲时的理论应力集中系数

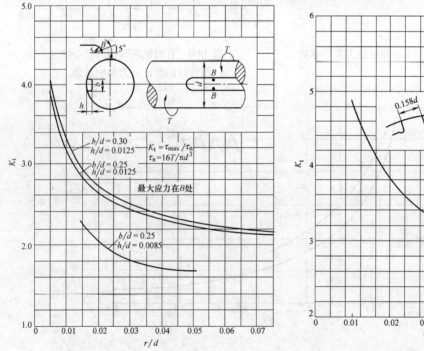

图 3-63 带半圆形端键槽的受扭轴
的理论应力集中系数

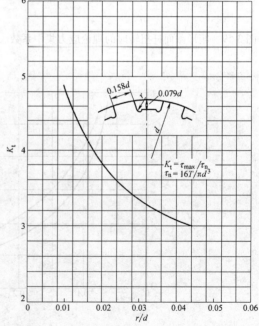

图 3-64 受扭的花键轴的理论应力集中系数

2. Neuber 图解法

在确定理论应力集中系数时，除了经常使用查手册的方法以外，还经常使用 Neuber 图解法。这种方法有一个最大的优点，就是只需使用一两张统一的图表，就可以计算出许多种应力集中情况下的理论应力集中系数，有很大的通用性。这种方法是在 Neuber 对双曲线缺口的理论分析基础上得出的，但也可以近似地用于圆弧形缺口。

使用 Neuber 图解法求理论应力集中系数的过程如下：

首先根据试样的形状和加载方式，由表 3-6 查出所需的曲线号码和比例尺，然后对于 I ~ IV、VII 和 VIII 6 种缺口类型，计算出 $\sqrt{a/\rho}$ 和 $\sqrt{t/\rho}$，a、t 和 ρ 的意义见表 3-6 中的插图。之后，根据计算出的 $\sqrt{a/\rho}$ 值，在图 3-66 的右侧横坐标上找出与此值对应的点（例如，图中的"。"），再由此点向上做垂线，与查出的曲线号所对应的曲线相交，再由此垂线与曲线的交点向左做水平线，求得此水平线

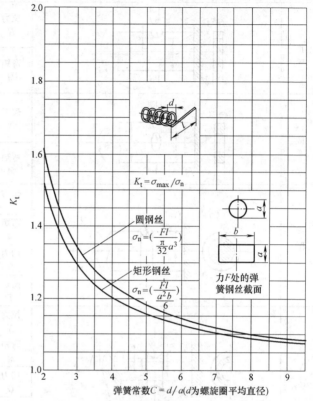

$$K_t = \sigma_{max}/\sigma_n$$

圆钢丝
$$\sigma_n = \left(\frac{Fl}{\frac{\pi}{32} a^3}\right)$$

矩形钢丝
$$\sigma_n = \left(\frac{Fl}{\frac{a^2 b}{6}}\right)$$

力 F 处的弹簧钢丝截面

弹簧常数 $C = d/a$（d 为螺旋圈平均直径）

图 3-65　受扭的螺旋弹簧的理论应力集中系数

与纵坐标轴的交点。然后再根据计算出的 $\sqrt{t/\rho}$ 和在表 3-6 中查出的比例尺（a 或 b），在图 3-66 左侧的横坐标上找出与此值相对应的点。最后，将此点与上述纵坐标上求出的交点直线相连。当所连直线与图 3-66 左侧的某一 1/4 圆弧相切时，所切圆弧对应的 K_t 值即为其理论应力集中系数；当所连直线不与任一 1/4 圆弧相切时，则由原点向所连直线做垂线，用内插法求出 K_t 值。对于表 3-6 中的 V 和 VI 类型的缺口，则先用上述方法用图 3-66 求出相应板形零件（$r = \infty$）的 K_t 值。然后再用图 3-67 求出圆形零件的 K_t 值。用图 3-67 求空心圆形零件的 K_t 时，先计算出 $\sqrt{r/\rho}$ 值（r 的意义见表 3-6 中的插图），然后再根据计算出的 $\sqrt{r/\rho}$ 值，用图 3-66 求出的 $(K_t)_{r=\infty}$ 值，再用与前面相似的方法求出圆形零件的 K_t 值。

表 3-6　按图 3-66 及图 3-67 求应力集中系数时，缺口类型、名义
应力公式及所用曲线号码

缺口类型		载荷	名义应力公式	比尺及曲线号码[①]	
I		拉力 N	$\dfrac{N}{2sa}$	b	1
		弯矩 M	$\dfrac{3M}{2sa^2}$	b	2

（续）

缺口类型		载荷	名义应力公式	比尺及曲线号码[1]	
II		拉力 N	$\dfrac{N}{sa}$	b	3
		弯矩 M	$\dfrac{6M}{sa^2}$	b	4
III		拉力 N	$\dfrac{N}{2sa}$	b	5
		弯矩 M	$\dfrac{3Mt}{2s\,(b^3-t^3)}$	a	5
IV		拉力 N	$\dfrac{N}{\pi a^2}$	b	6
		弯矩 M	$\dfrac{4M}{\pi a^3}$	b	7
		切力 Q	$\dfrac{1.23Q}{\pi a^2}$	a	8
		扭矩 T	$\dfrac{2T}{\pi a^3}$	a	9
V		拉力 N	$\dfrac{N}{\pi\,(r^2-c^2)}$	b	5（1）
		弯矩 M	$\dfrac{4Mr}{\pi\,(r^4-c^4)}$	b	5（2）
		切力 Q	$\dfrac{(1.23r^2+2.77c^2)\,Q}{\pi\,(r^4-c^4)}$	a	10（3）
		扭矩 T	$\dfrac{2Tr}{\pi\,(r^4-c^4)}$	a	10（4）
VI		拉力 N	$\dfrac{N}{\pi\,(b^2-r^2)}$	b	5（5）
		弯矩 M	$\dfrac{4Mr}{\pi\,(b^4-r^4)}$	b	5（6）
		切力 Q	$\dfrac{(2.77b^2+1.23r^2)\,Q}{\pi\,(b^4-r^4)}$	a	10（7）
		扭矩 T	$\dfrac{2Tr}{\pi\,(b^4-r^4)}$	a	10（8）
VII		切力 Q	$\dfrac{Q}{\pi\alpha r}$	a	10
		扭矩 T	$\dfrac{T}{2\pi\alpha r^2}$	a	10
VIII		切力 Q	$\dfrac{QS^{②}}{2AI^{②}}$	a	10
		扭矩 T	$\dfrac{T}{2\alpha A^{③}}$	a	10

① 比尺 a、b 为图 3-66 中横坐标 $\sqrt{t/\rho}$ 的比尺。括号外数字为图 3-66 右侧的曲线号，括号内数字为图 3-67 右侧的曲线号。

② S—上部截面对中性线的静力矩；I—整个截面对中性线的惯性矩。

③ A—壁壳中线所包围的面积。

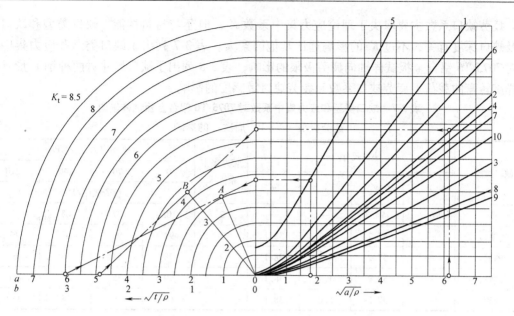

图 3-66　求双曲线缺口及椭圆孔理论应力集中系数的线图

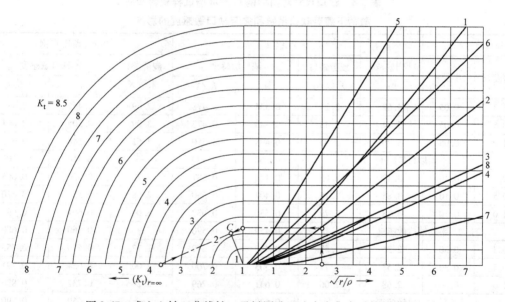

图 3-67　求空心轴双曲线缺口及椭圆孔理论应力集中系数的线图

3.1.2　疲劳缺口系数

应力集中降低疲劳强度的作用与它提高零件局部应力的作用并不相同。应力集中降低零件疲劳强度的作用可以用疲劳缺口系数来表征。疲劳缺口系数 K_f 为光滑试样的疲劳极限 σ_{-1} 与净截面尺寸及终加工方法相同的缺口试样疲劳极限 σ_{-1K} 之比，即

$$K_f = \frac{\sigma_{-1}}{\sigma_{-1K}} \tag{3-17}$$

疲劳缺口系数主要取决于理论应力集中系数 K_t，但还与材料性能、缺口类型和缺口半径及缺口深度有关，不过 K_t 的影响远比其他因素大。表 3-7 列出了缺口类型和应力集中系数对 7075-T6 铝合金板试样轴向疲劳极限的影响，表 3-8 列出了缺口尺寸对两种钢 U 形环槽试样旋转弯曲载荷下疲劳缺口系数和疲劳缺口敏感度的影响。

表 3-7　缺口类型和应力集中系数对 7075-T6 铝合金板试样轴向
疲劳极限（$N = 10^7$ 周次）的影响

缺口类型	缺口尺寸/mm				应力集中系数 K_t	平均应力 σ_m/MPa			
						0	70	140	210
	d	W	r	w		疲劳极限/MPa			
孔	76.2	114.3	—	—	2	105	77	63	56
边缺口	—	57.2	8.1	38.1	2	91	91	63	63
轴肩	—	57.2	4.4	38.1	2	98	84	63	63
边缺口	—	57.2	1.4	38.1	4	49	35	21	21
轴肩	—	57.2	5.0	38.1	4	67	49	28	35[①]

① 此数据有问题。

表 3-8　缺口尺寸对两种钢 U 形环槽试样旋转弯曲
载荷下疲劳缺口系数和疲劳缺口敏感度的影响

缺口尺寸/mm		理论应力集中系数 K_t	45 钢（正火）				40Cr（调质）钢			
深度 t	半径 r		疲劳缺口系数 K_f	缺口敏感度			疲劳缺口系数 K_f	缺口敏感度		
				q	K_f/K_t			q	K_f/K_t	
0.3	0.05	4.62	2.21	0.334	0.478		2.69	0.467	0.582	
0.5	0.05	5.14	2.43	0.345	0.473		3.09	0.505	0.601	
1.0	0.05	5.76	2.94	0.408	0.510		3.61	0.548	0.627	
平均缺口敏感度				0.360	0.490		—	0.510	0.600	
0.3	0.10	3.49	2.05	0.422	0.587		2.32	0.530	0.665	
0.5	0.10	3.85	2.15	0.404	0.550		2.58	0.555	0.670	
1.0	0.10	4.38	2.79	0.530	0.637		3.04	0.604	0.694	
平均缺口敏感度				0.450	0.590		—	0.560	0.680	
0.3	0.30	2.35	1.58	0.430	0.672		1.77	0.570	0.753	
0.5	0.30	2.53	1.77	0.503	0.700		2.00	0.654	0.791	
1.0	0.30	2.68	2.06	0.631	0.769		2.24	0.732	0.836	
平均缺口敏感度				0.520	0.700		—	0.650	0.790	
0.3	0.76	1.78	1.36	0.462	0.764		1.46	0.590	0.820	
0.5	0.76	1.84	1.44	0.524	0.783		1.55	0.655	0.842	
1.0	0.76	1.92	1.54	0.587	0.802		1.65	0.707	0.859	
平均缺口敏感度				0.520	0.780		—	0.650	0.840	
0.3	2.50	1.34	1.11	0.324	0.828		1.18	0.441	0.858	
0.5	2.50	1.35	1.15	0.429	0.858		1.15	0.429	0.851	
1.0	2.50	1.36	1.15	0.417	0.846		1.17	0.472	0.860	
平均缺口敏感度				0.390	0.840		—	0.450	0.856	

注：1. 45 钢（正火），$d = 7.52$mm，$\sigma_b = 660$MPa，$\sigma_{-1} = 318$MPa。

2. 40Cr 钢（调质），$\sigma_b = 1945$MPa，$\sigma_{-1} = 865$MPa。

疲劳缺口系数一般小于理论应力集中系数。二者不相等的原因是，应力集中提高局部应力的同时，也使最大应力处的应力梯度增大，并且将裂纹萌生位置限制在最大应力点附近的较小范围，而后面两种因素都使其疲劳强度提高。

我国和俄罗斯的文献中，常将疲劳缺口系数称为有效应力集中系数，正应力下的疲劳缺口系数常以 K_σ 表示，切应力下的疲劳缺口系数常以 K_τ 表示。

以前常使用查图法和敏感度法确定疲劳缺口系数。查图法只适用于特定的材料和零件，不能通用。另外，根据一些学者的研究，疲劳缺口敏感度 q 并不是衡量材料缺口敏感性的好参量，应当代之以新的参量 K_f/K_t。因此，一些学者又提出了一些新方法，诸如：应力梯度法、$L/\overline{G}$ 法、双参数法等。下面分别叙述以上各种方法。

1. 查图表法

根据试验数据，直接做出疲劳缺口系数的试验曲线或数据表。进行疲劳设计时，可根据零件的材料和形状，直接由试验曲线或数据表查出疲劳缺口系数 K_f。

表 3-9 列出了钢轴环槽处的疲劳缺口系数。表 3-10 列出了阶梯钢轴过渡圆角处的疲劳缺口系数。表 3-11 列出了钢零件上螺纹、键槽、花键、横孔处及配合的边缘处的疲劳缺口系数。表 3-12 列出了有键槽钢轴的疲劳缺口系数。

表 3-9　钢轴环槽处的疲劳缺口系数

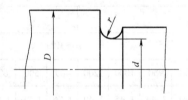

系数	$\dfrac{D-d}{r}$	$\dfrac{r}{d}$	σ_b/MPa							
			400	500	600	700	800	900	1000	1200
K_σ	1	0.01	1.88	1.93	1.98	2.04	2.09	2.15	2.20	2.31
		0.02	1.79	1.84	1.89	1.95	2.00	2.06	2.11	2.22
		0.03	1.72	1.77	1.82	1.87	1.92	1.97	2.02	2.12
		0.05	1.61	1.66	1.71	1.77	1.82	1.88	1.93	2.04
		0.10	1.44	1.48	1.52	1.55	1.59	1.62	1.66	1.73
	2	0.01	2.09	2.15	2.21	2.27	2.37	2.39	2.45	2.57
		0.02	1.99	2.05	2.11	2.17	2.23	2.28	2.35	2.49
		0.03	1.91	1.97	2.03	2.08	2.14	2.19	2.25	2.36
		0.05	1.79	1.85	1.91	1.97	2.03	2.09	2.15	2.27
	4	0.01	2.29	2.36	2.43	2.50	2.56	2.63	2.70	2.84
		0.02	2.18	2.25	2.32	2.38	2.45	2.51	2.58	2.71
		0.03	2.10	2.16	2.22	2.28	2.35	2.41	2.47	2.59
	6	0.01	2.38	2.47	2.56	2.64	2.73	2.81	2.90	3.07
		0.02	2.28	2.35	2.42	2.49	2.56	2.63	2.70	2.84

（续）

系数	$\dfrac{D-d}{r}$	$\dfrac{r}{d}$	σ_b/MPa							
			400	500	600	700	800	900	1000	1200
K_τ	任何比值	0.01	1.60	1.70	1.80	1.90	2.00	2.10	2.20	2.40
		0.02	1.51	1.60	1.69	1.77	1.86	1.94	2.03	2.20
		0.03	1.44	1.52	1.60	1.67	1.75	1.82	1.90	2.05
		0.05	1.34	1.40	1.46	1.52	1.57	1.63	1.69	1.81
		0.10	1.17	1.20	1.23	1.26	1.28	1.31	1.34	1.40

表 3-10　阶梯钢轴过渡圆角处的疲劳缺口系数

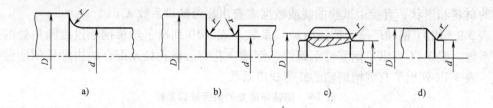

a)　　　　　　　b)　　　　　　　c)　　　　　　　d)

$\dfrac{D-d}{r}$	$\dfrac{r}{d}$	K_σ								K_τ							
		σ_b/MPa								σ_b/MPa							
		400	500	600	700	800	900	1000	1200	400	500	600	700	800	900	1000	1200
2	0.01	1.34	1.36	1.38	1.40	1.41	1.43	1.45	1.49	1.26	1.28	1.29	1.29	1.30	1.30	1.31	1.32
	0.02	1.41	1.44	1.47	1.49	1.52	1.54	1.57	1.62	1.33	1.35	1.36	1.37	1.37	1.38	1.39	1.42
	0.03	1.59	1.63	1.67	1.71	1.76	1.80	1.84	1.92	1.39	1.40	1.42	1.44	1.45	1.47	1.48	1.52
	0.05	1.54	1.59	1.64	1.69	1.73	1.78	1.83	1.93	1.42	1.43	1.44	1.46	1.47	1.50	1.51	1.54
	0.10	1.38	1.44	1.50	1.55	1.61	1.66	1.72	1.83	1.37	1.38	1.39	1.42	1.43	1.45	1.46	1.50
4	0.01	1.51	1.54	1.57	1.59	1.62	1.64	1.67	1.72	1.37	1.39	1.40	1.42	1.43	1.44	1.46	1.47
	0.02	1.76	1.81	1.86	1.91	1.96	2.01	2.06	2.16	1.53	1.55	1.58	1.59	1.61	1.62	1.65	1.68
	0.03	1.76	1.82	1.88	1.94	1.99	2.05	2.11	2.23	1.52	1.54	1.57	1.59	1.61	1.64	1.66	1.71
	0.05	1.70	1.76	1.82	1.88	1.95	2.01	2.07	2.19	1.50	1.53	1.57	1.59	1.62	1.65	1.68	1.74
6	0.01	1.86	1.90	1.94	1.99	2.03	2.08	2.12	2.21	1.54	1.57	1.59	1.61	1.64	1.66	1.68	1.73
	0.02	1.90	1.96	2.02	2.08	2.13	2.19	2.25	2.37	1.59	1.62	1.66	1.69	1.72	1.75	1.79	1.86
	0.03	1.89	1.96	2.03	2.10	2.16	2.23	2.30	2.44	1.61	1.65	1.68	1.72	1.74	1.77	1.81	1.88
10	0.01	2.07	2.12	2.17	2.23	2.28	2.34	2.39	2.50	2.12	2.18	2.24	2.30	2.37	2.42	2.48	2.60
	0.02	2.09	2.16	2.23	2.30	2.38	2.45	2.52	2.66	2.03	2.08	2.12	2.17	2.22	2.26	2.31	2.40

表 3-11　钢零件上螺纹、键、花键、横孔处及配合的边缘处的疲劳缺口系数

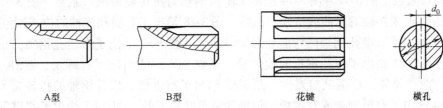

A型　　　　　　B型　　　　　　花键　　　　　　横孔

σ_b /MPa	螺纹 (K_τ =1) K_σ	键槽 K_σ A型	键槽 K_σ B型	键槽 K_τ A,B型	花键 K_σ	花键 K_τ 矩形	花键 K_τ 渐开线形	横孔 K_σ $\frac{d_0}{d}$=0.05~0.15	横孔 K_σ $\frac{d_0}{d}$=0.15~0.25	横孔 K_τ $\frac{d_0}{d}$=0.05~0.25	配合 H7/r6 K_σ	H7/r6 K_τ	H7/k6 K_σ	H7/k6 K_τ	H7/h6 K_σ	H7/h6 K_τ
400	1.45	1.51	1.30	1.20	1.35	2.10	1.40	1.90	1.70	1.70	2.05	1.55	1.55	1.25	1.33	1.14
500	1.78	1.64	1.38	1.37	1.45	2.25	1.43	1.95	1.75	1.75	2.30	1.69	1.72	1.36	1.49	1.23
600	1.96	1.76	1.46	1.54	1.55	2.35	1.46	2.00	1.80	1.80	2.52	1.82	1.89	1.46	1.64	1.31
700	2.20	1.89	1.54	1.71	1.60	2.45	1.49	2.05	1.85	1.80	2.73	1.96	2.05	1.56	1.77	1.40
800	2.32	2.01	1.62	1.88	1.65	2.55	1.52	2.10	1.90	1.85	2.96	2.09	2.22	1.65	1.92	1.49
900	2.47	2.14	1.69	2.05	1.70	2.65	1.55	2.15	1.95	1.90	3.18	2.22	2.39	1.76	2.08	1.57
1000	2.61	2.26	1.77	2.22	1.72	2.70	1.59	2.20	2.00	1.90	3.41	2.36	2.56	1.86	2.22	1.66
1200	2.90	2.50	1.92	2.39	1.75	2.80	1.60	2.30	2.10	2.00	3.87	2.62	2.90	2.05	2.5	1.83

注：1. 滚动轴承与轴的配合按 H7/r6 配合选择系数。

　　2. 蜗杆螺旋根部的疲劳缺口系数可取 K_σ = 2.3 ~ 2.5, K_τ = 1.7 ~ 1.9。

表 3-12　有键槽钢轴的疲劳缺口系数

钢轴形式	钢　种	力学性能 σ_b/MPa	力学性能 σ_{-1}/MPa	疲劳缺口系数 K_f 弯曲 K_σ	疲劳缺口系数 K_f 扭转 K_τ
3 个键槽 4.5×10mm d = 30mm	碳钢	430	190	1.75	—
	碳钢	590	240	1.85	—
	镍钢（3.5Ni）	820	370	2.50	—
2 个键槽 4.5×10mm d = 30mm	碳钢	430	190	—	2.40①
	碳钢	590	240	—	3.20①
	镍钢（3.5Ni）	820	370	—	4.35①
2 个键槽 5×12mm d = 30mm	碳钢	430	190	—	1.55
	碳钢	560	240	—	1.75
	碳钢	650	—	—	1.85
	碳钢	880	—	—	2.25
	45 钢	562	260	1.32	—
	镍钢（1.25Ni）	725	406	1.61	—

① 在装有配合件情况下试验。

图 3-68 给出了阶梯钢轴的对称拉-压疲劳缺口系数。图 3-69 ~ 图 3-71 给出了阶梯钢轴的弯曲疲劳缺口系数。图 3-72 ~ 图 3-74 给出了阶梯钢轴的扭转疲劳缺口系数。图 3-75 ~ 图 3-77 给出了有环形槽钢轴的弯曲疲劳缺口系数。图 3-78 给出了有横孔钢轴的拉-压疲劳缺口系数。图 3-79 给出了有横孔钢轴的弯曲疲劳缺口系数。图 3-80 给出了有横孔钢轴的扭转疲劳缺口系数。图 3-81 给出了有孔钢板的疲劳缺口系数。图 3-82 给出了有螺纹、键槽、横孔的钢零件的弯曲（拉伸）疲劳缺口系数。图 3-83 给出了有键槽、横孔钢轴的扭转疲劳缺口系数。图 3-84 给出了有单键槽或双键槽的钢轴的疲劳缺口系数。图 3-85 给出了花键钢轴的疲劳缺口系数。

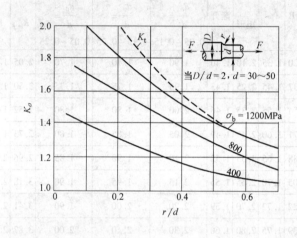

图 3-68　阶梯钢轴的对称拉-压疲劳缺口系数（实线）

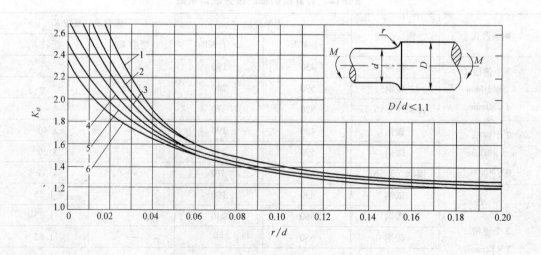

图 3-69　阶梯钢轴的弯曲疲劳缺口系数 I

1—$\sigma_b \geq 1000$MPa　2—$\sigma_b = 900$MPa　3—$\sigma_b = 800$MPa　4—$\sigma_b = 700$MPa

5—$\sigma_b = 600$MPa　6—$\sigma_b \leq 500$MPa

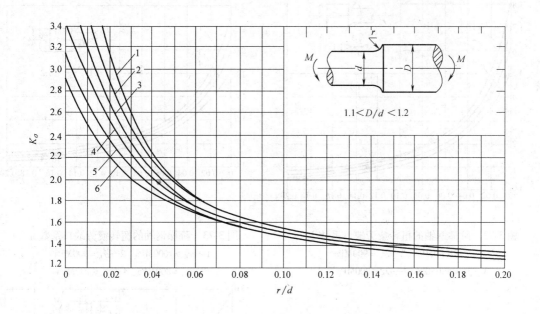

图 3-70 阶梯钢轴的弯曲疲劳缺口系数 II

1—$\sigma_b \geqslant 1000\mathrm{MPa}$ 2—$\sigma_b = 900\mathrm{MPa}$ 3—$\sigma_b = 800\mathrm{MPa}$ 4—$\sigma_b = 700\mathrm{MPa}$

5—$\sigma_b = 600\mathrm{MPa}$ 6—$\sigma_b \leqslant 500\mathrm{MPa}$

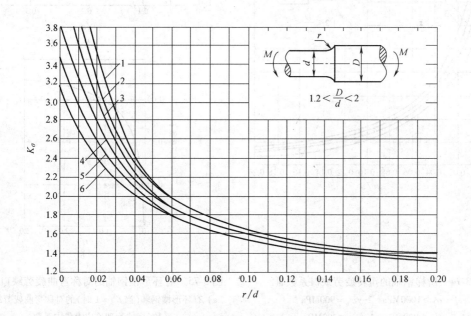

图 3-71 阶梯钢轴的弯曲疲劳缺口系数 III

1—$\sigma_b \geqslant 1000\mathrm{MPa}$ 2—$\sigma_b = 900\mathrm{MPa}$ 3—$\sigma_b = 800\mathrm{MPa}$ 4—$\sigma_b = 700\mathrm{MPa}$

5—$\sigma_b = 600\mathrm{MPa}$ 6—$\sigma_b \leqslant 500\mathrm{MPa}$

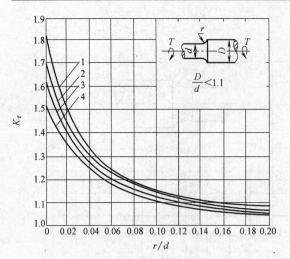

图 3-72　阶梯钢轴的扭转疲劳缺口系数 Ⅰ

1—$\sigma_b \geqslant 1000$MPa　　2—$\sigma_b = 900$MPa

3—$\sigma_b = 800$MPa　　4—$\sigma_b \leqslant 700$MPa

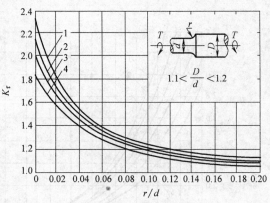

图 3-73　阶梯钢轴的扭转疲劳缺口系数 Ⅱ

1—$\sigma_b \geqslant 1000$MPa　　2—$\sigma_b = 900$MPa

3—$\sigma_b = 800$MPa　　4—$\sigma_b \leqslant 700$MPa

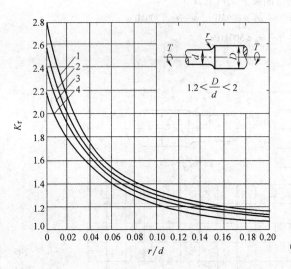

图 3-74　阶梯钢轴的扭转疲劳缺口系数 Ⅲ

1—$\sigma_b \geqslant 1000$MPa　　2—$\sigma_b = 900$MPa

3—$\sigma_b = 800$MPa　　4—$\sigma_b \leqslant 700$MPa

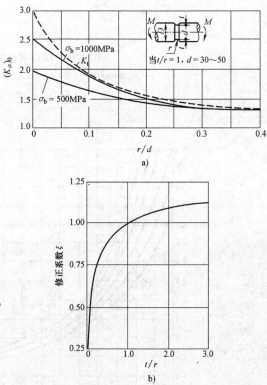

图 3-75　有环形槽钢轴的对称弯曲疲劳缺口系数

a) 有环形槽钢轴 (当 $t/r = 1$ 时) 的对称弯曲疲劳缺口

系数 (虚线为理论应力集中系数)

b) 有环形槽钢轴当 $D/d < 2$ 时的疲劳缺口系数修正系数 ζ

注：当 $t/r \neq 1$ 时的疲劳缺口系数计算公式为

$$K_\sigma = 1 + \zeta [(K_\sigma)_0 - 1] 。$$

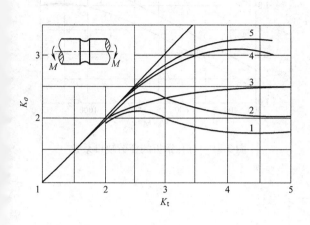

图 3-76　有环形槽钢轴的旋转弯
曲疲劳缺口系数

1—$w(C) = 0.22\%$　2—$w(C) = 0.25\%$　3—$w(C) = 0.38\%$
4—$w(C) = 0.76\%$　5—$w(Ni) = 2.8\%$，$w(Cr) = 0.7\%$ 钢

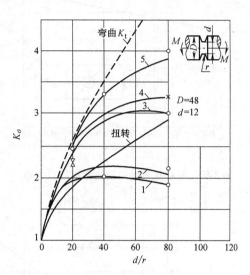

图 3-77　有环形深槽钢轴的旋转弯曲疲劳
缺口系数 (虚线为理论应力集中系数)

1—$w(C) = 0.25\%$　2—$w(C) = 0.38\%$　3—$w(C) = 0.75\%$
4—Ni-Cr 钢　5—Ni-Cr 钢

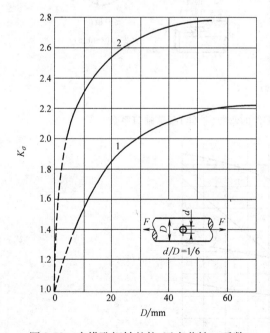

图 3-78　有横孔钢轴的拉-压疲劳缺口系数

1—$w(C) = 0.07\%$ 的低碳钢，$\sigma_b = 330MPa$　2—NiCrMo 钢
[$w(C) = 0.43\%$，$w(Ni) = 2.64\%$，$w(Cr) = 0.75\%$，
$w(Mn) = 0.65\%$，$w(Mo) = 0.85\%$，$w(V) = 0.05\%$]

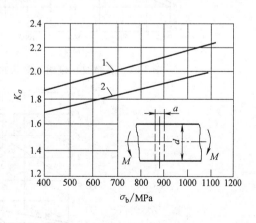

图 3-79　有横孔钢轴的
弯曲疲劳缺口系数

1—$\dfrac{a}{d} = 0.05 \sim 0.1$

2—$\dfrac{a}{d} = 0.15 \sim 0.25$ ($d = 30 \sim 50mm$)

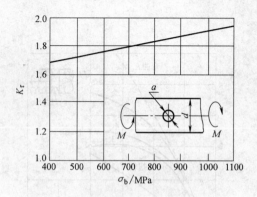

图 3-80　有横孔钢轴的扭转疲劳缺口系数
$$\left(\frac{a}{d}=0.25\sim0.50,\ d=30\sim50\text{mm}\right)$$

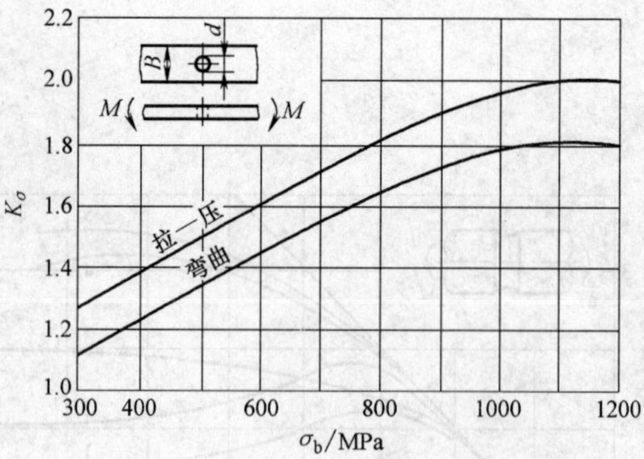

图 3-81　有孔钢板的疲劳缺口系数

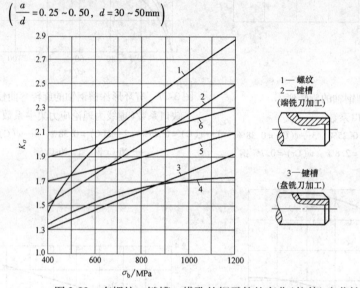

图 3-82　有螺纹、键槽、横孔的钢零件的弯曲(拉伸)疲劳缺口系数

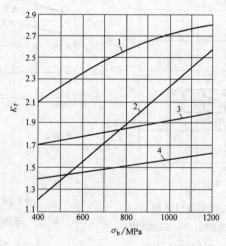

图 3-83　有键槽、横孔的钢轴的扭转疲劳缺口系数

1—矩形花键　2—渐开线花键　3—键槽　4—横孔 $\dfrac{d}{D}=0.05\sim0.25$

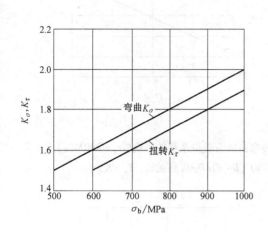

图 3-84　有单键槽或双键槽的钢轴
的疲劳缺口系数

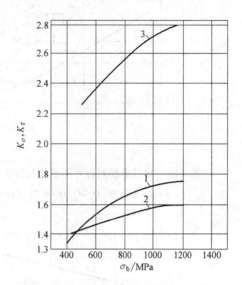

图 3-85　花键钢轴的疲劳缺口系数
1—渐开线花键轴，弯曲　2—渐开线花键
轴，扭转　3—矩形花键轴，扭转

　　表 3-13 列出了球墨铸铁与可锻铸铁的疲劳缺口系数。图 3-86 给出了缺口半径对有环形槽的灰铸铁轴旋转弯曲疲劳缺口系数的影响。图 3-87 给出了试样尺寸对带孔的灰铸铁轴疲劳缺口系数的影响。图 3-88 给出了试样尺寸对有横孔的灰铸铁轴对称扭转疲劳缺口系数的影响。图 3-89 给出了有横孔的空心铸铁圆棒的旋转弯曲疲劳缺口系数。

表 3-13　疲劳缺口系数

材　料	加工表面平均 疲劳极限/MPa	缺口表面平均 疲劳极限/MPa	疲劳缺口系数[1] K_f	理论应力集中系数 K_t	疲劳缺口敏 感度[2] q
$R = -1$					
铸态球墨铸铁	203	141	1.44	2.29	0.34
热处理球墨铸铁	207	155	1.33	2.29	0.26
珠光体可锻铸铁	172	141	1.22	2.29	0.17
铁素体可锻铸铁	138	107	1.29	2.29	0.22
$R = 0$					
铸态球墨铸铁	328	265	1.23	2.29	0.18
热处理球墨铸铁	314	283	1.11	2.29	0.09
珠光体可锻铸铁	245	262	—	2.29	—
铁素体可锻铸铁	197	172	1.14	2.29	0.11

①　疲劳缺口系数是同等周次数下无应力集中试件的疲劳强度与有应力集中试件的疲劳强度之比。
②　疲劳缺口敏感度是对于某一给定尺寸及材料、含有给定尺寸和形状的应力集中因子的具体试件或零件，K_f 及 K_t
　　两因数互相符合程度的一个尺度；用下列公式计算：$q = (K_f - 1)/(K_t - 1)$。

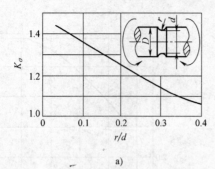

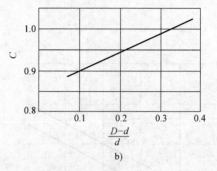

图 3-86　缺口半径对有环形槽的灰铸铁轴旋转弯曲疲劳缺口系数的影响($\sigma_b = 290\mathrm{MPa}$)

a) $d = 8\mathrm{mm}$ 和 $(D-d)/D = 0.33$ 试样的 $K_{\sigma 0}$　b) $(D-d)/D \neq 0.33$ 的轴，$K_\sigma = K_{\sigma 0} C$

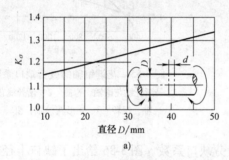

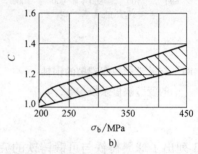

图 3-87　试样尺寸对带孔的灰铸铁轴疲劳缺口系数的影响($d/D = 0.1 \sim 0.15$)

a) 灰铸铁，$\sigma_b = 200\mathrm{MPa}$，$K_{\sigma 0}$　b) 合金铸铁，$K_\sigma = K_{\sigma 0} C$

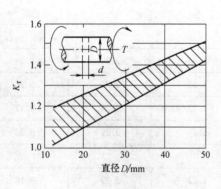

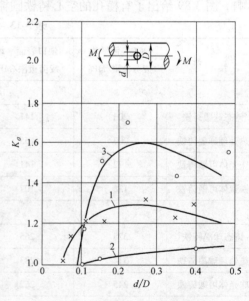

图 3-88　试样尺寸对有横孔的灰铸
铁轴对称扭转疲劳缺口系数的
影响($d/D = 0.1$)

图 3-89　有横孔的空心铸铁圆棒的
旋转弯曲疲劳缺口系数

1—球墨铸铁，$D = 23\mathrm{mm}$　2—孕育铸铁，$D = 12\mathrm{mm}$

3—孕育铸铁，$D = 23\mathrm{mm}$

2. 敏感度法

利用理论应力集中系数 K_t 和疲劳缺口敏感度 q 用下式计算 K_f:

$$K_f = 1 + q(K_t - 1) \qquad (3\text{-}18)$$

这种方法是国内外最通用的方法，现在仍在广泛使用中。

疲劳缺口敏感度 q 是材料在循环载荷下对应力集中敏感性的一种度量，q 的定义为

$$q = \frac{K_f - 1}{K_t - 1} \qquad (3\text{-}19)$$

计算得到 K_t 和 q 之后，即可用式（3-18）计算出疲劳缺口系数 K_f。

疲劳缺口敏感度 q 首先取决于材料性能。一般来说，材料的抗拉强度 σ_b 提高时 q 增大，而晶粒度和材料性质的不均匀度增大时 q 减小。不均匀度增大使 q 减小，是因为材质的不均匀相当于内在的应力集中，在没有外加的应力集中时它已经在起作用，因此减小了对外加应力集中的敏感性。

疲劳缺口敏感度除了取决于材料性能以外，还与应力梯度或缺口半径等因素有关，因此 q 不是材料常数。许多学者对疲劳缺口敏感度进行了试验研究，给出了疲劳缺口敏感度 q 与缺口半径间的关系式或曲线图，但用不同的缺口敏感度公式或曲线图得出的 q 值往往有较大出入。

最常使用的疲劳缺口敏感度公式为 Neuber 公式和 Peterson 公式。Neuber 公式为

$$q = \frac{1}{1 + (\rho' + \rho)^{\frac{1}{2}}} \qquad (3\text{-}20)$$

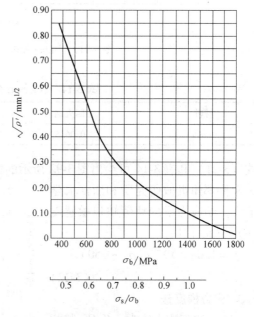

图 3-90　Neuber 参数图

式中　ρ——缺口半径（mm）；

　　　ρ'——Neuber 参数，可由 Kuhn 和 Hardraht 给出的 Neuber 参数图查出（见图 3-90）。

图 3-91 为根据 Neuber 公式和 Neuber 参数图绘出的 Neuber-Kuhn 疲劳缺口敏感度曲线图，图中的 HBW 值乘以 3.5，即可转换为以 σ_b 为参量的疲劳缺口敏感度曲线图（σ_b 的单位为 MPa）。

Peterson 认为，在不同的应力梯度下，某一特征厚度 a 的表面层内的应力都必须超过疲劳极限，材料才能发生疲劳破坏。因此，他推导出了以下的计算式：

$$q = \frac{1}{1 + a/\rho} \qquad (3\text{-}21)$$

式中　a——材料常数（mm），可由表 3-14 查出。

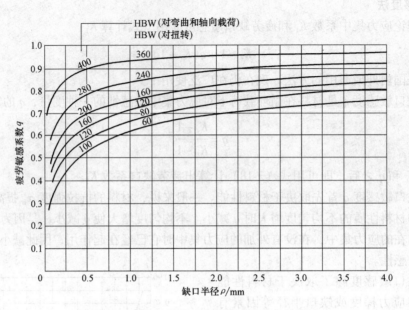

图 3-91　Neuber-Kuhn 疲劳缺口敏感度曲线图

表 3-14　Peterson 公式中的材料常数 a

材料	回火钢	正火钢	铝合金
a/mm	0.0635	0.254	0.635

由式（3-21）和表 3-14 可绘出图 3-92 所示的疲劳缺口敏感度曲线图。

根据郑州机械研究所和浙江大学的研究，切应力下的疲劳缺口敏感度 q_τ 可用下式计算：

$$q_\tau = 1.08 \times 10^{-3} q(\sigma_\text{b} - 350)$$

$$(3-22)$$

3. 应力梯度法

Stieler 和 Siebel 认为，K_f/K_t 与相对应力梯度 χ 的相关性比与缺口曲率半径的相关性更好，并据此提出了应力梯度法，其计算式为

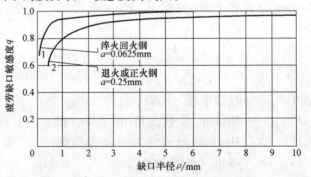

图 3-92　Peterson 疲劳缺口敏感度曲线图

$$\frac{K_\text{t}}{K_\text{f}} = 1 + (S_q \chi)^{\frac{1}{2}}$$

$$(3-23)$$

式中　S_q——材料常数；

　　　χ——相对应力梯度（mm^{-1}）。

德国标准中即采用此法。但 Stieler 的材料常数 S_q 取决于屈服强度 σ_s，该假设与试验结果并不符合。

作者曾使用 Q235A、Q345、35 钢（正火）、45 钢（正火）、45 钢（调质）、40Cr（调

质）、40CrNiMo（调质）、60Si2Mn（淬火后中温回火）8 种钢材，分别做出 7 种不同缺口半径的试样，对疲劳缺口系数进行了系统的试验研究，在测定疲劳极限时均采用精度较高的小子样升降法。作者通过对大量试验数据的回归分析，发现各种缺口试样的 $\lg(K_t/K_f - C)$ 值与 $\lg Q$ 之间有着良好的线性关系，并且当材料的热处理方式相同时，其相关关系也相同。从而在此基础上得出了一种新的疲劳缺口系数计算公式，其表达式为

$$\frac{K_t}{K_f} = 0.88 + AQ^b \tag{3-24}$$

式中　Q——相对应力梯度（mm^{-1}），对于常见的几何形状零件，可使用表 3-15 中的公式计算；

　　　b、A——与热处理方式有关的常数，结构钢的数值见表 3-16。

表 3-15　某些常见应力集中情况的相对应力梯度 Q 值

零　件		弯　曲	拉　压
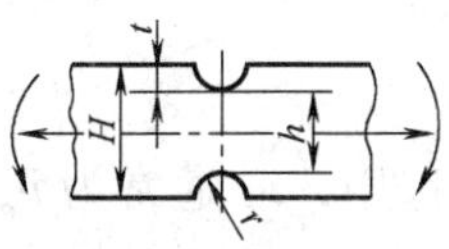	$\dfrac{H}{h} \geq 1.5$	$Q = \dfrac{2}{r} + \dfrac{2}{h}$	$Q = \dfrac{2}{r}$
	$\dfrac{H}{h} < 1.5$	$Q = \dfrac{2(1+\varphi)}{r} + \dfrac{2}{h}$	$Q = \dfrac{2(1+\varphi)}{r}$
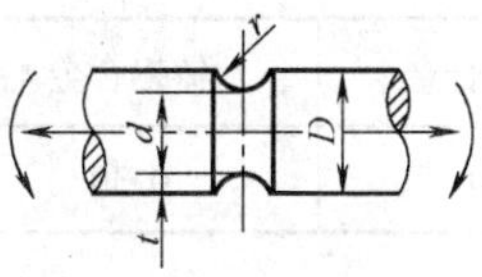	$\dfrac{D}{d} \geq 1.5$	$Q = \dfrac{2}{r} + \dfrac{2}{d}$	$Q = \dfrac{2}{r}$
	$\dfrac{D}{d} < 1.5$	$Q = \dfrac{2(1+\varphi)}{r} + \dfrac{2}{d}$	$Q = \dfrac{2(1+\varphi)}{r}$
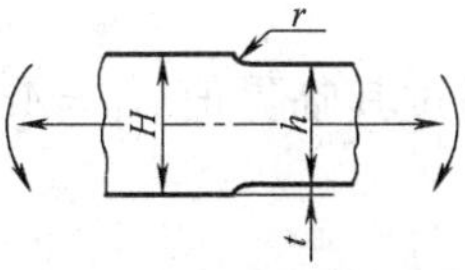	$\dfrac{H}{h} \geq 1.5$	$Q = \dfrac{2.3}{r} + \dfrac{2}{h}$	$Q = \dfrac{2.3}{r}$
	$\dfrac{H}{h} < 1.5$	$Q = \dfrac{2.3(1+\varphi)}{r} + \dfrac{2}{h}$	$Q = \dfrac{2.3(1+\varphi)}{r}$
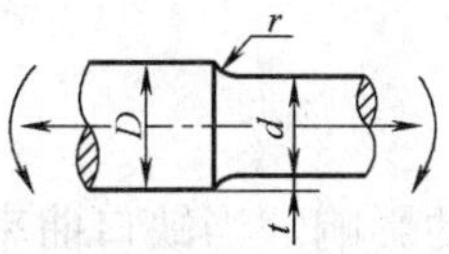	$\dfrac{D}{d} \geq 1.5$	$Q = \dfrac{2.3}{r} + \dfrac{2}{d}$	$Q = \dfrac{2.3}{r}$
	$\dfrac{D}{d} < 1.5$	$Q = \dfrac{2.3(1+\varphi)}{r} + \dfrac{2}{d}$	$Q = \dfrac{2.3(1+\varphi)}{r}$
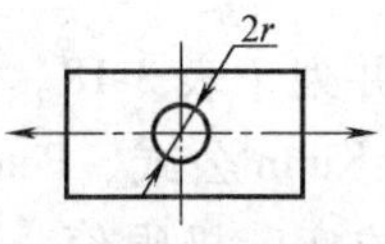			$Q = \dfrac{2.3}{r}$

注：$\varphi = \dfrac{1}{4\sqrt{\dfrac{t}{r}} + 2}$。

表 3-16　结构钢的 A、b 值

热处理方式	A	b
正火	0.423	0.279
热轧（未热处理）	0.336	0.345
淬火后回火	0.290	0.152

4. $L/\overline{G}$ 法

原苏联的 Караев 根据 Weibull 的最薄弱环节强度统计理论，提出了 $L/\overline{G}$ 法。其计算公式为

$$\frac{K_t\varepsilon}{K_f} = 0.5\left[1 + \left(\frac{1}{88.1}\times\frac{L}{\overline{G}}\right)^{-\nu_\sigma}\right] \tag{3-25}$$

式中　ε——尺寸系数；

L——零件处在最大应力下的长度（mm）；

$\overline{G}$——相对应力梯度（mm^{-1}）；

ν_σ——正应力下的材料常数，切应力下为 ν_τ，ν_σ 值可按表 3-17 选用，ν_τ 通常为 ν_σ 的 1.5～2.0 倍。

表 3-17　常用材料的 ν_σ 值

材料	碳钢	合金钢	变形铝合金	变形镁合金	铸铝合金
ν_σ	0.1～0.18	0.04～0.12	0.08～0.09	0.10	0.30

该法的特点是可以直接求出 K_f/ε。

5. 双参数法

Buch 和 Switek 假定，只有在深度为 h 的表面层内，应力达到或超过其临界值 $\sigma_k = A\sigma_{-1}$ 时，才能产生疲劳开裂，并由此推导出了如下公式：

$$\frac{K_f}{K_t} = \frac{1 - 2.1h/(\rho + \rho_0)}{A} \tag{3-26}$$

$$\rho_0 = 6.3h/(3 - A)$$

该公式通过两个材料常数 h 和 A，分别考虑应力梯度和循环应变硬化的影响。当缺口曲率半径 ρ 远大于 h 时，$K_f = K_t/A$。因此，A 可以由缺口半径很大时的 K_f 和 K_t 值求出。

6. 各种方法的对比

为便于对比起见，将不同研究者提出的疲劳缺口系数计算公式一并列于表 3-18。由表 3-18 可以看出，用不同方法计算出的 K_f 的含义是不同的。使用 Neuber-Kuhn 公式、Peterson 公式和 Buch-Switek 公式时，材料疲劳极限值应取为相应加载方式下的疲劳极限值；使用 Stieler-Siebel 公式时，材料疲劳极限为拉-压疲劳极限 σ_{-1z}。这些数据往往难于直接查到，因此使用起来都不太方便。而作者提出的公式和 Караев 公式中的材料疲劳极限值则均为旋转弯曲疲劳极限 σ_{-1}，σ_{-1} 值最易查到，因此比其他公式便于使用。

表 3-18 疲劳缺口系数计算公式一览表

计算公式	材料常数	提出者	K_f 的定义
$q = \dfrac{1}{1 + (\rho'/\rho)^{1/2}}$	$\rho' = f(b)$ 钢	Neuber-Kuhn	$K_f = \dfrac{\sigma_{-1L}}{\sigma_{-1K}}$
$q = \dfrac{1}{1 + a/\rho}$	$a = 0.0625\,\text{mm}$(回火钢) $a = 0.25\,\text{mm}$(正火钢) $a = 0.625\,\text{mm}$(铝合金)	Peterson	$K_f = \dfrac{\sigma_{-1L}}{\sigma_{-1K}}$
$\dfrac{K_t}{K_f} = 1 + (S_q\chi)^{\frac{1}{2}}$	$S_q = f(\sigma_{0.2})$	Stieler-Siebel	$K_f = \dfrac{\sigma_{-1L}}{\sigma_{-1K}}$
$\dfrac{K_f}{K_t} = \dfrac{1}{0.88 + AQ^b}$	$A = 0.423$，$b = 0.279$(正火钢) $A = 0.336$，$b = 0.345$(热轧态) $A = 0.290$，$b = 0.152$(回火钢)	本书作者	$K_f = \dfrac{\sigma_{-1}}{\sigma_{-1K}}$
$\dfrac{K_t \varepsilon}{K_f} = 0.5\left[1 + \dfrac{1}{88.1} \times \dfrac{L}{G}\right]^{-\nu_\sigma}$	ν_σ 对各种材料需分别测定	Караев	$K_f = \dfrac{\sigma_{-1}}{\sigma_{-1K}}$
$\dfrac{K_f}{K_t} = \dfrac{1 - 2.1h/(\rho + \rho_0)}{A}$ $\rho_0 = \dfrac{6.3h}{3 - A}$	对各种材料，h 和 A 都 需分别测定	Buch-Switek	$K_f = \dfrac{\sigma_{-1L}}{\sigma_{-1K}}$

注：1. χ、$\overline{G}$、Q 均为相对应力梯度，为保持原作者所用符号，表中未将此符号统一。

2. σ_{-1L} 为光滑试样在与 σ_{-1K} 相同的加载方式下的对称疲劳极限。

从表 3-18 中 6 种公式的计算精度来看，前面三种公式的计算精度较差，后面三种公式都有较充分的试验依据，精度较好。但后面的三种公式中，Караев 公式和 Buch 公式中的材料常数都需针对所用钢种分别测定，使用起来不太方便。而作者提出的公式则已给出所需的材料常数值，使用起来比另外两种方法方便。

3.2 尺寸效应

试样和零件的尺寸对其疲劳强度影响很大。一般来说，零件和试样的尺寸增大时疲劳强度降低。这种疲劳强度随零件尺寸增大而降低的现象称为尺寸效应。

尺寸效应的大小用尺寸系数 ε 来表征。ε 的定义为：当应力集中和终加工方法相同时，尺寸为 d 的试样或零件的疲劳极限 σ_{-1d} 与几何相似的标准尺寸试样的疲劳极限 σ_{-1} 之比，即

$$\varepsilon = \frac{\sigma_{-1d}}{\sigma_{-1}} \tag{3-27}$$

对于中低强度钢，标准尺寸试样的直径 d_0 常取为 9.5mm 或 10mm，对于高强度钢，d_0 常取为 7.5mm 或 6mm。

引起尺寸效应的因素很多，归纳起来，可以分为两大类：工艺因素和比例因素。由于冶炼、锻造、热处理与机械加工过程引起的尺寸效应属于工艺因素。大型零件的铸造质量一般都比小零件差，锻造比也比小零件为小。大型零件热处理的冷却速度比小零件慢，相对淬透

深度比小零件浅。机械加工时的发热情况也与小零件不同。上述种种情况都使得大型零件的材质比小零件差，疲劳强度比小零件低，这就是工艺因素导致尺寸效应的原因。工艺因素造成的尺寸效应，可以根据疲劳极限 σ_{-1} 与抗拉强度 $\sigma_{\rm b}$ 近似成正比的关系，按下式估算：

$$\varepsilon_{\rm m} = \frac{\sigma_{\rm b}'}{\sigma_{\rm b}} \tag{3-28}$$

式中　$\varepsilon_{\rm m}$——工艺因素引起的尺寸系数；

　　　$\sigma_{\rm b}'$——大尺寸零件材料的抗拉强度；

　　　$\sigma_{\rm b}$——标准试样材料的抗拉强度。

当缺乏抗拉强度数据时，也可用布氏硬度比代替强度比。

当大小零件的坯料大小和制造工艺相同，即材质情况相同时，其疲劳强度也不相同。这种排除了材质差别的尺寸效应称为绝对尺寸效应或比例因素。较多的人认为绝对尺寸效应是统计因素造成的。统计因素的成因，是由于金属为多晶体，由许多强弱不等、位向不同的小晶粒组成，而且金属内必然存在有大小不同的缺陷，零件的尺寸越大，出现薄弱晶粒与大缺陷的概率越大，由于疲劳强度的局部性，从而使其疲劳强度越低。

尺寸系数 ε 一般用试验曲线确定。对于承受拉-压载荷的光滑试样，当尺寸 $d > 30{\rm mm}$ 时，取 $\varepsilon = 0.9$；对于其他情况，ε 均可由图 3-93 查出。

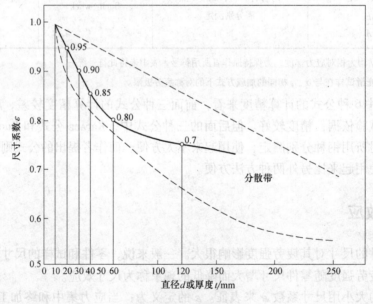

图 3-93　尺寸系数曲线

尺寸系数也可使用下面的经验公式计算：

$$\varepsilon = \left(\frac{V}{V_0}\right)^{-0.034} \tag{3-29}$$

式中　V——零件承受 95% 以上最大应力的材料容积；

　　　V_0——与零件几何相似的标准尺寸试样承受 95% 以上最大应力的材料容积。

当大小零件几何相似时，其处于 95% 以上最大应力的材料容积与其直径的立方成正比，因此，尺寸系数 ε 又可用下式计算：

$$\varepsilon = \left(\frac{d}{d_0}\right)^{-0.102} \tag{3-30}$$

式中　d——大尺寸零件的直径或截面特征尺寸（mm）；

$\quad\quad d_0$——与零件几何相似的标准尺寸试样的直径或截面特征尺寸（mm）。

表 3-19 列出了不同尺寸的平面弯曲试样的疲劳极限。表 3-20 列出了由 140mm × 160mm 截面的锻坯上取样的平面弯曲试样的疲劳极限。表 3-21 列出了不同尺寸的光滑钢轴和阶梯钢轴对称循环下的弯曲疲劳极限和尺寸系数。表 3-22 列出了试样尺寸对 37Cr4 回火钢 $[w(\text{C}) = 0.37\%, w(\text{Cr}) = 1.05\%]$ 疲劳极限的影响。表 3-23 列出了钢的弯曲尺寸系数和扭转尺寸系数。表 3-24 列出了 ZG270-500 170mm × 180mm 截面试样的弯曲疲劳试验结果。表 3-25 列出了锻钢和铸钢的尺寸系数比较。表 3-26 列出了不同直径高强铸铁试样的疲劳极限。表 3-27 给出了不同尺寸的光滑钛合金试样的疲劳试验结果。

表 3-19　不同尺寸的平面弯曲试样的疲劳极限

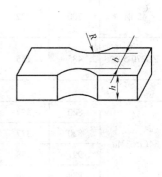

材料	热处理	试样截面尺寸 $(b \times h)/\text{mm}$	侧面圆弧尺寸 R/mm	理论应力集中系数 K_t	抗拉强度的平均值 σ_b/MPa	疲劳极限的平均值 σ_{-1D}/MPa
45 钢	正火	10 × 10	20	1.04	618	273
		20 × 20	40	1.04	636	274
		40 × 40	80	1.04	634	249
		80 × 80	160	1.04	628	248
40Cr	调质	10 × 10	20	1.04	1020	377
		20 × 20	40	1.04	872	357
		40 × 40	80	1.04	874	348
		80 × 80	160	1.04	805	338

表 3-20　由 140mm × 160mm 截面的锻坯上取样的平面弯曲试样的疲劳极限

材料	热处理	抗拉强度的平均值 σ_b/MPa	试样截面尺寸（宽×高）/mm	侧面圆弧半径 /mm	侧面理论应力集中系数 K_t	上下面圆弧半径/mm	上下面理论应力集中系数 $/K_t$	疲劳极限平均值 σ_{-1D} /MPa
45 钢	正火	634	10 × 10	20	1.04	—		240
			20 × 20	40	1.04	—		249
			40 × 40	80	1.04	—		251
			80 × 80	160	1.04	—		248
			20 × 20	40	1.04	27.23	1.13	246
			40 × 40	80	1.04	17.3	1.28	210
			80 × 80	160	1.04	14.2	1.53	179
40Cr	调质	805	10 × 10	20	1.04	—		362
			20 × 20	40	1.04	—		347
			40 × 40	80	1.04	—		309
			80 × 80	160	1.04	—		338

表 3-21　不同尺寸的光滑钢轴和阶梯钢轴对称循环下的弯曲疲劳极限和尺寸系数

钢			d /mm	σ_{-1d} /MPa	σ_{-1Kd} /MPa	K_t	K_σ	q	ε_σ	加载条件
牌号	σ_b/MPa	$\sigma_{-1(10)}$ /MPa								
碳钢										
Q235A	402	185	190	125	—	—	—	—	0.68	平面弯曲
22G	445	205	20	185	—	—	—	—	—	弯曲，试样静止
			200	165	—	—	—	—	—	
			150	137	—	—	—	—	0.67	
45 钢	580	267	75	195	115	2.0	1.7	0.7	0.59	平面弯曲
45 钢	584	269	42	245	120	2.4	—	—	0.91	弯曲，试样静止
			180	200	130	2.4	1.5	0.4	0.74	
40 钢	711	327	135	200	106	2.2	1.9	0.7	0.61	平面弯曲
			135	—	87	3.4	2.3	0.5	—	
45 钢	700	322	135	191	110	2.2	1.7	0.6	0.59	平面弯曲
			135	—	76	3.4	2.5	0.6	—	
ZG270-500	485	155	200	75	—	—	—	—	0.48	弯曲、试样静止
合金钢										
34CrNi3Mo	820	377	20	355	215	1.6	1.6	1.0	0.94	悬臂旋转弯曲
	820	377	170	—	145	1.6	1.6	1.0	0.94	平面弯曲
	997	558	160	245	190	1.6	1.3	0.5	0.51	
15MnNi4Mo	888	440	20	440	295	1.6	1.5	0.8	1.00	
	888	440	170	255	185	1.6	1.4	0.7	0.63	
40Cr	910	311	65	345	235	1.8	1.5	0.6	0.86	平面弯曲
40CrNi	838	385	65	305	185	1.8	1.6	0.7	0.79	
40Cr	805	390	20[①]	365	195	2.3	1.9	0.7	0.94	悬臂旋转弯曲
	805	390	160[①]	330	175	2.4	1.9	0.6	0.85	弯曲，试样静止
40CrNi	821	390	20[①]	390	195	2.3	2.0	0.8	1.00	悬臂旋转弯曲
	821	390	160[①]	335	165	2.4	2.0	0.7	0.88	弯曲，试样静止
34CrNiMo	810	373	135	290	152	2.2	1.9	0.8	0.73	平面弯曲
	810	373	135	—	88	3.4	3.3	1.0	—	
34CrNiMo	850	391	160	300	—	—	—	—	0.77	平面弯曲
25CrMoV	912	420	20	410	175	2.6	2.3	0.8	0.97	悬臂旋转弯曲
	912	420	160	310	125	2.6	2.2	0.8	0.74	平面弯曲
25CrNi3MoVA	817	376	280	—	77	3.1	—	—	—	平面弯曲
	823	379	18	305	—	—	—	—	0.81	悬臂旋转弯曲

①　$N = 10^6$ 周次。

表 3-22 试样尺寸对 37Cr4 回火钢 $[w(C)=0.37\%，w(Cr)=1.05\%]$ 疲劳极限的影响

试样直径 d/mm	疲劳极限 σ_{-1d}/MPa	计算疲劳极限 σ'_{-1d}/MPa	相对误差(%)
5.66	451	463	+2.66
6.89	441	435	-1.36
10.00	425	400	-5.88
20.00	388	368	-5.15
28.30	273	359	-3.57
35.00	258	355	-0.84
41.33	350	353	+0.86
100.00	—	340	—

注：1. 37Cr4 钢的硬度为 265HV，$\sigma_b=830MPa$，$\sigma_{-1z}=340MPa$。

2. 计算疲劳极限的计算公式为

$$\sigma'_{-1d}=\sigma_{-1z}[1-(h/R)]$$

式中 h——与试样尺寸无关的常数(mm)；

     σ_{-1z}——拉-压疲劳极限(MPa)；

     R——试样半径(mm)。

表 3-23 钢的弯曲尺寸系数 (ε_σ) 和扭转尺寸系数 (ε_τ)

直径 d/mm		>20 ~30	>30 ~40	>40 ~50	>50 ~60	>60 ~70	>70 ~80	>80 ~100	>100 ~120	>120 ~150	>150 ~500
ε_σ	碳钢	0.91	0.88	0.84	0.81	0.78	0.75	0.73	0.70	0.68	0.60
	合金钢	0.83	0.77	0.73	0.70	0.68	0.66	0.64	0.62	0.60	0.54
ε_τ	各种钢	0.89	0.81	0.78	0.76	0.74	0.73	0.72	0.70	0.68	0.60

表 3-24 ZG270-500 170mm × 180mm 截面试样的弯曲疲劳试验结果

组号	试样类型	试验条件	疲劳极限 $\sigma_{max}(\sigma_{min})/MPa$
1	光滑	脉动压缩	(-320)
2	光滑	脉动拉伸(内表面)	163
3	光滑	对称循环	95
4	光滑	不对称循环($R=-4$)	(-215)
5	光滑	脉动拉伸(外表面)	145
6	带应力集中	脉动压缩	205
7	带应力集中	脉动拉伸(内表面)	145

表 3-25 锻钢和铸钢的尺寸系数比较

材 料	疲劳极限/MPa		$\varepsilon_\sigma=\dfrac{\sigma_{-1(135)}}{\sigma_{-1(10)}}$
	$\sigma_{-1(10)}$	$\sigma_{-1(135)}$	
锻钢	327	200	0.61
铸钢(电渣铸造)	239	136	0.57

表 3-26　不同直径高强铸铁试样的疲劳极限

铸铁炉号	σ_{-1}/MPa					
	直径(光滑试样)/mm			直径(缺口试样)/mm		
	5	10	50	5	10	50
炉号 1(铁素体基体)	225	215	165	—	—	—
炉号 2(珠光体-铁素体基体)	215	210	165	—	—	—
炉号 3(珠光体基体)	—	—	—	165	175	175

表 3-27　不同尺寸的光滑钛合金试样的疲劳试验结果

试样直径/mm	σ_{-1}/MPa		$\dfrac{\sigma_{-1}}{\sigma_b}$	$\varepsilon = \dfrac{\sigma_{-1}(d)}{\sigma_{-1}(d_{12})}$
	未滚压	滚　压		
12	220	220	0.28	1.0
20	200	160	0.26	0.91
40	160	160	0.20	0.73
180	145	145	0.18	0.66

　　图 3-94 给出了光滑轴的弯曲尺寸系数。图 3-95 给出了不同横截面尺寸的 22G 轧钢机加工试样的疲劳试验结果。图 3-96 给出了光滑试样的疲劳极限与试样直径的关系。图 3-97 给出了光滑钢试样直径与旋转弯曲疲劳极限的关系。图 3-98 给出了旋转弯曲尺寸系数与相对试样尺寸的关系。图 3-99 给出了钢试样尺寸对对称扭转疲劳极限的影响。图 3-100 给出了试样尺寸对铸铁旋转弯曲和对称扭转疲劳极限的影响，图 3-101 给出了钛合金疲劳极限与试样直径的关系。

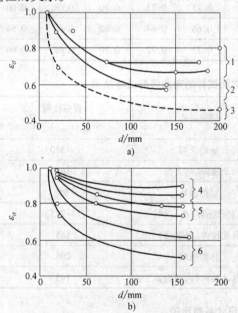

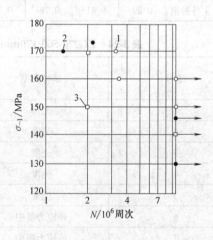

图 3-94　光滑轴的弯曲尺寸系数
a)碳钢　b)合金钢
1—$\sigma_b = 400 \sim 580MPa$　2—$\sigma_b = 700 \sim 710MPa$　3—铸钢
4—$\sigma_b = 820 \sim 860MPa$　5—$\sigma_b = 850 \sim 910MPa$
6—$\sigma_b = 890 \sim 1000MPa$

图 3-95　不同横截面尺寸的 22G 轧钢机加
工试样的疲劳试验结果
1—$\phi200mm$　2—$\phi150mm$(旋转弯曲)
3—$200mm \times 200mm$(对称平面弯曲)

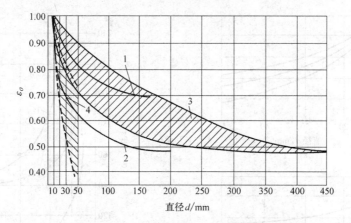

图 3-96　光滑试样的疲劳极限与试样直径的关系

1—22g 厚钢板　2—ZG270-500　3—相关资料上的试验结果分散带(上限—大多数碳钢，下限—合金钢)

4—铸铁试验结果的分散带(上限—高强铸铁，下限—灰铸铁)

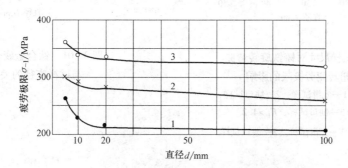

图 3-97　光滑钢试样直径与旋转弯曲疲劳极限的关系

1—$w(C)=0.18\%$ 钢，130HV，$\sigma_b=465MPa$，$h=0.50mm$　2—$w(C)=0.35\%$ 钢，180HV，$\sigma_b=642MPa$，

$h=0.35mm$　3—NiCrMo 钢，220HV，$\sigma_b=700MPa$，$h=0.25mm$

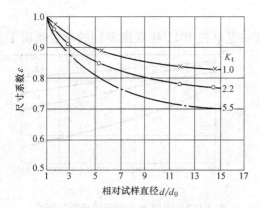

图 3-98　旋转弯曲尺寸系数与

相对试样尺寸的关系

注：30CrNiMo 钢，$\sigma_b=910MPa$，$N=10^7$ 周次，

$d_0=7mm$。

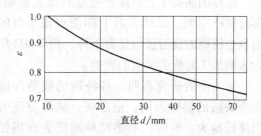

图 3-99　钢试样尺寸对对称

扭转疲劳极限的影响

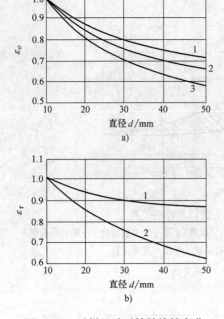

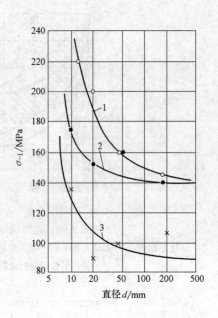

图 3-100 试样尺寸对铸铁旋转弯曲
和对称扭转疲劳极限的影响

a) 旋转弯曲 1—光滑试样 2—缺口试样，
$K_f \le 1.2$ 3—缺口试样，$K_f > 1.2$

b) 对称扭转 1—光滑试样 2—缺口试样

图 3-101 钛合金疲劳极限
与试样直径的关系

3.3 表面加工方法的影响

3.3.1 影响机理

试样的制备工艺对疲劳强度有很大影响，这一点早在 1911 年就由不同的学者阐明了。那时就已明确，试样表面上即使出现细微的伤痕也会使钢的疲劳极限显著下降。图 3-102 所示为表面加工对疲劳极限的影响。

进一步的研究表明，各种钢的疲劳性能受表面缺陷的影响不同。钢越强，缺陷使疲劳极限降低越大。这时，不能简单地把表面粗糙度看作应力集中来解释粗糙加工表面疲劳强度的降低，问题要复杂得多。许多试验证明，除了几何因素之外，金属切削还使得工件表面层的性能有重大改变。例如，Ruttman（鲁特曼）曾指

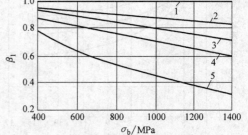

图 3-102 表面加工对疲劳极限的影响
1—抛光 2—磨削 3—精车
4—粗车 5—存在氧化皮

出，车削加工时，工件内引起的残余应力，其数值和符号都可能在很大程度内改变。机械加工之后，表面层内有加工硬化存在，这一点曾由 Одинг 用磁性测定法证明。Сергеев 也曾用

X 射线分析法证明了这一点。

这些研究说明，金属切削加工不仅是一个使工件得到一定尺寸和形状的过程，而且与热处理一样，对于金属的性能(更确切地说，是对于工件表面层的性能)也有重要影响。工件的疲劳强度多由表面层的性能决定，因此，切削用量、切削工具的几何形状等与切削加工有关的因素，显然都对疲劳强度发生影响。

切削加工对金属的作用是复杂的。切削过程中，在表面层上至少可以观察到 3 种现象，这些现象综合起来至少形成 8 个因素影响金属的疲劳强度。这些现象为：表面层的塑性变形、表面层温度的提高、表面层的表面粗糙度。下面分别研究这些现象。

1. 表面层的塑性变形

表面层的塑性变形通过以下 3 个因素影响疲劳强度：

1) A_1——加工硬化程度。

2) B_1——加工硬化层的厚度。

3) C_1——残余应力的大小。

许多研究结果表明，疲劳强度随加工硬化程度的增加而提高。当加工硬化层的厚度没有超过循环应力所引起的弹塑性变形区的厚度时，增加加工硬化层的厚度必然会提高弯曲疲劳极限和扭转疲劳极限，但在超过弹塑性变形区的厚度以后，硬化层厚度的进一步增加就不再对疲劳强度有影响。

表面加工硬化所引起的残余应力，在表面为压应力，在试样中部为拉应力。表面上有残余压应力，可提高弯曲疲劳强度和应力集中试样的拉伸疲劳强度。但由于试样中部有残余拉应力，将降低光滑试样的拉伸疲劳强度。

2. 表面层温度

加工时表面层温度提高，它通过以下 3 种因素影响疲劳强度：

1) A_2——软化程度。

2) B_2——时效程度。

3) C_2——残余应力大小。

由于表面层温度过高而引起的残余应力，在试样表面为拉应力，在试样中部为压应力。这种残余应力使原为对称循环的情况变为具有拉伸平均应力的非对称循环，这当然使其拉-压、弯曲及扭转疲劳强度均有所降低。

表面硬化层在中温下发生时效，它使疲劳强度提高。但温度过高反而使表面硬化层软化，从而使疲劳强度降低。

3. 加工表面的表面粗糙度

加工后表面上的凹凸不平使疲劳强度降低,表面越粗糙降低幅度越大。它取决于两个因素：

1) A_3——切削刀痕的深度。

2) B_3——切削刀痕的锐度。

综上所述，可见切削加工引起多种因素，这些因素有的提高疲劳强度，有的降低疲劳强度。各种因素对疲劳强度的影响如表 3-28 所示。

3.3.2　切削用量的影响

根据 Кравченко（克拉甫琴柯）等人的研究，可以认为：增加切削速度使工件的冷作硬化层厚度减小，而增大进给量和切削深度则使厚度增大。它们对应变硬化程度 A_1 及残余应力大小 C_1 的影响趋势也大致相同。

表 3-28　对疲劳强度有影响的因素

切削时发生的现象	影响因素	疲劳强度		
		拉　压	弯　曲	扭　转
表面层的塑性变形	A_1（加工硬化程度）	↑	↑	↑
	B_1（硬化层厚度）	↑	↑	↑
	C_1（残余应力大小）	↓	↓	↓
表面层受热	A_2（软化程度）	↓	↓	↓
	B_2（时效程度）	↑	↑	↑
	C_2（残余应力大小）	↓	↓	↓
表面粗糙度	A_3（刀痕深度）	↓	↓	↓
	B_3（刀痕锐度）	↓	↓	↓

关于表面层温度的增加与切削用量之间的关系，Одинг 曾得出很有意义的试验数据，即增大切削速度与进给量，使工件表面温度降低，而增大切削深度则提高表面温度。由这些结果可以得出结论：增加切削速度及进给量使工件表面温度降低，而增加切削深度则提高表面温度。因而增加切削速度和进给量将减小残余应力的数值、时效程度及软化程度，而增加切削深度则使它们增加。

最后，表面粗糙度将因切削速度的增加而改善，因切削深度和进给量的增加而增大。

总结以上分析，切削用量与影响疲劳强度的各因素之间的关系可归纳为表 3-29。由此表可以看出，试样的制备工艺对疲劳强度影响很大。而许多人考虑此问题时，往往只考虑表面粗糙度的影响。而从上面的分析可知，切削加工工序不但改变工件的尺寸形状，也同时改变着工件性能。因此，在制订工件的加工工艺时，也需要考虑材质方面的要求。

表 3-29　切削用量对影响疲劳强度各因素的作用

切削用量	塑性变形			温度增加			凹凸不平	
	A_1	B_1	C_1	A_2	B_2	C_2	A_3	B_3
提高切削速度	↓	↓	↓	↓	↓	↓	↓	↓
提高进给量	↑	↑	↑	↓	↓	↓	↑	↑
增加切削深度	↑	↑	↑	↑	↑	↑	↑	↑

3.3.3　表面加工系数线图

在抗疲劳设计中，零件的表面状况和环境介质对疲劳强度的影响用表面系数 β 表示。表面系数又分为表面加工系数 β_1、腐蚀系数 β_2 和表面强化系数 β_3。本节仅介绍表面加工系数 β_1，腐蚀系数 β_2 在 11.1 节中介绍，表面强化系数 β_3 在 14.3 节中介绍。

具有某种加工表面的标准光滑试样与磨光（国外为抛光）的标准光滑试样疲劳极限之比称为表面加工系数，即

$$\beta_1 = \frac{\sigma_{-1S}}{\sigma_{-1}} \tag{3-31}$$

式中　σ_{-1S}——具有某种加工表面的标准光滑试样的疲劳极限（MPa）；

σ_{-1}——磨光的标准光滑试样的疲劳极限（MPa）。

由于加工方法对疲劳强度的影响是三种因素共同作用的结果，这些因素难以分割开来，因此，只能对各种因素的影响进行定性分析，而很难定量计算或测定各种因素的单独影响。在抗疲劳设计中解决工程问题时，一般都是使用通过试验得出的表面加工系数曲线图。

1980—1984 年期间，东北工学院（现为东北大学）使用 Q345、35 钢（正火）、45 钢（正火）、40Cr（调质）和 60Si2Mn（淬火后中温回火）5 种常用国产钢材，对弯曲交变应力下的表面加工系数进行了试验研究，得出了一个国产钢材的表面加工系数曲线图（见图 3-103）。1986—1987 年期间，郑州机械研究所又用 Q235A、45 钢（调质）和 40CrNiMo（调质）对表面加工系数进行了进一步的试验研究，并将上述 8 种材料的试验数据一起处理，得出了一个有更多支持数据的表面加工系数曲线图（见图 3-104）。8 种材料 5 种不同终加工方法试样疲劳极限的均值和标准差列于表 3-30。郑州机械研究所的研究表明，表面加工系数与 σ_b 近似呈线性关系。我们在研究中还发现，表面加工系数与材料的屈强比也有较好的相关性，因此也给出了以 σ_s/σ_b 为横坐标的表面加工系数曲线图（见图 3-105）。除了使用以表面加工方法为中间参量的表面加工系数线图以外，还可以使用以表面粗糙度为中间参量的表面加工系数曲线图。图 3-106 所示为一种国外文献上给出的表面加工系数曲线图。图 3-107 给出了以表面加工粗糙度为中间参量的表面加工系数曲线图。表 3-31 给出了不同表面粗糙度的表面加工系数。

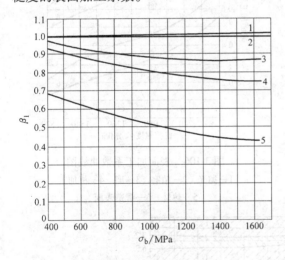

图 3-103　由 5 种材料得出的 β_1-σ_b
表面加工系数曲线图

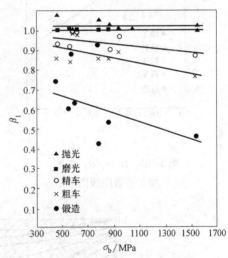

图 3-104　由 8 种材料得出的 β_1-σ_b
表面加工系数曲线图

表 3-30　8 种材料 5 种不同终加工方法试样疲劳极限的均值和标准差

材料	热处理	抗拉强度 σ_b/MPa	疲劳极限/MPa									
			抛光		磨光		精车		粗车		锻造	
			均值	标准差	均值	标准差	均值	标准差	均值	标准差	均值	标准差
Q235A	轧态	463.0	265.5	4.4	246.7	5.8	227.8	7.1	211.4	5.2	183.1	2.9
Q345	轧态	562.1	277.0	4.3	276.8	3.8	252.0	3.7	231.6	4.3	167.8	3.5
35 钢	正火	583.8	247.6	4.9	244.9	3.0	241.6	5.7	239.8	2.8	215.4	6.9

（续）

材料	热处理	抗拉强度 σ_b/MPa	疲劳极限/MPa									
			抛光		磨光		精车		粗车		锻造	
			均值	标准差	均值	标准差	均值	标准差	均值	标准差	均值	标准差
45 钢	正火	611.6	250.0	4.6	243.0	4.0	246.6	3.7	240.4	3.7	158.4	3.2
	调质	782.8	433.5	5.8	411.5	6.8	381.1	5.1	351.6	5.4	173.8	2.1
40Cr	调质	857.9	476.6	8.4	466.8	16.9	420.6	7.5	395.8	19.5	249.9	4.2
40CrNiMo	调质	940.3	464.2	8.0	459.3	13.1	447.4	9.4	406.0	10.4	261.5	6.7
60Si2Mn	淬火后中温回火	1537	640.5	13.9	631.5	16.1	550.0	15.6	481.3	15.6	287.9	8.5

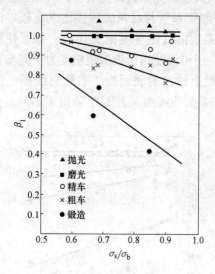

图 3-105　β_1-σ_s/σ_b 表面
加工系数曲线图

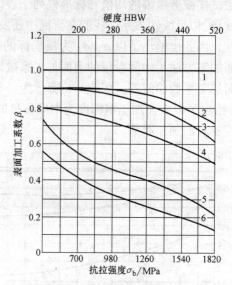

图 3-106　表面加工系数曲线图
1—抛光　2—精磨　3—磨　4—机加工
5—热轧　6—锻造表面

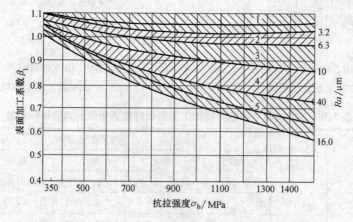

图 3-107　以表面粗糙度为中间参量的表面加工系数曲线图
1—抛光　2—精磨　3—磨　4—机加工　5—车

表 3-31　不同表面粗糙度的表面加工系数

加工方法	轴表面粗糙度 $Ra/\mu m$	σ_b/MPa		
		400	800	1200
磨削	0.2~0.4	1	1	1
车削	0.8~3.2	0.95	0.90	0.80
粗车	6.3~25	0.85	0.80	0.65
未加工的表面	—	0.75	0.65	0.45

切应力下的表面加工系数 $\beta_{1\tau}$ 用下式计算:

$$\beta_{1\tau} = 0.575\beta_1 + 0.425 \tag{3-32}$$

铸造表面的表面加工系数 β_1 可取为 $\beta_1 = 0.7$。表 3-32、表 3-33 给出了不同表面状态铸铁的疲劳极限。表 3-34 给出了球铁和可锻铸铁的疲劳比和表面加工系数。

表 3-32　对称循环（$R = -1$）下不同表面状态铸铁的疲劳极限

材料表面		疲劳极限/MPa			真平均疲劳极限的估计95%置信极限/MPa	
		估计均值	估计标准差	估计均值的估计标准差	低　限	高　限
球墨铸铁铸态	铸面	182	11.9	5.6	170.8	193.2
	加工	206.5	20.3	10.0	186.9	224
	缺口	143.5	4.2	2.1	138.6	148.4
热处理球墨铸铁	铸面	192.5	7.7	4.9	183.4	201.6
	加工	210	36.4	17.5	176.4	243.6
	缺口	157.5	7.7	4.9	148.4	166.6
珠光体可锻铸铁	铸面	161	20.3	9.8	141.4	180.6
	加工	175	7.7	4.9	165.9	184.1
	缺口	143.5	6.3	3.5	135.8	151.2
铁素体可锻铸铁	铸面	154	16.8	7.7	132.3	168.7
	加工	140	7.7	6.3	127.4	152.6
	缺口	108.5	7.0	3.5	100.8	116.2

表 3-33　脉动循环（$R = 0$）下不同表面状态铸铁的疲劳极限

材料表面		疲劳极限/MPa			真平均疲劳极限的估计95%置信极限/MPa	
		估计均值	估计标准差	估计均值的估计标准差	低　限	高　限
球墨铸铁铸态	铸面	252	23.8	9.8	232.4	266
	加工	332.5	28.7	16.1	301	364
	缺口	269.5	—	—	—	—

（续）

材料表面		疲劳极限/MPa			真平均疲劳极限的估计95%置信极限/MPa	
		估计均值	估计标准差	估计均值的估计标准差	低　限	高　限
热处理球墨铸铁	铸面	280	51.8	23.4	233.1	326.9
	加工	318.5	30.1	12.6	294	343
	缺口	287	—	—	—	—
珠光体可锻铸铁	铸面	266	39.2	16.1	232.4	299.6
	加工	248.5	36.4	16.8	214.9	282.1
	缺口	266	11.2	4.9	256.2	275.8
铁素体可锻铸铁	铸面	238	15.4	6.7	224.7	251.3
	加工	199.5	15.0	7.7	184.1	214.9
	缺口	175	—	—	—	—

表 3-34　球墨铸铁和可锻铸铁的疲劳比和表面加工系数 （$R = -1$）

材　　料	抗拉强度/MPa	加工表面的平均疲劳极限/MPa	疲劳比 f	铸造表面的平均疲劳极限/MPa	表面加工系数 β_1
球墨铸铁铸态	623	206.5	0.33	182	0.88
热处理球墨铸铁	728	210	0.29	192.5	0.92
珠光体可锻铸铁	581	175	0.30	161	0.92
铁素体可锻铸铁	357	140	0.39	154	—

为了能确定出有限寿命下的表面加工系数，郑州机械研究所还通过试验得出了有限寿命下的表面加工系数计算公式，其表达式为

$$\beta_{1N} = a + b\sigma_b \qquad (3\text{-}33)$$

式中　a、b——取决于终加工方法的系数。

a、b 值的表达式如下：

精车：
$$a = 1.073 - 8.9223 \times 10^{-3} \lg N \qquad (3\text{-}34a)$$
$$b = 3.9401 \times 10^{-7} - 1.9387 \times 10^{-5} \lg N \qquad (3\text{-}34b)$$

粗车：
$$a = 0.7715 - 0.0433 \lg N \qquad (3\text{-}34c)$$
$$b = 4.137 \times 10^{-4} - 1.0994 \times 10^{-4} \lg N \qquad (3\text{-}34d)$$

锻造：
$$a = 1.2485 - 0.0667 \lg N \qquad (3\text{-}34e)$$
$$b = 3.8083 \times 10^{-4} - 1.081 \times 10^{-4} \lg N \qquad (3\text{-}34f)$$

以上表达式适用于 5×10^4 周次 $< N < 10^6$ 周次。抛光试样在各种寿命下的表面加工系数基本上不随 σ_b 和 σ_s/σ_b 变化，推荐值为 1.02。

3.3.4　表面加工对疲劳缺口系数的影响

表面加工对缺口试样的影响比对光滑试样的影响小，从而使粗糙表面的疲劳缺口系数降低。粗糙加工表面的疲劳缺口系数 K_{fs} 用下式计算：

$$K_{fs} = 1 + (K_t - 1)q\beta_1 \qquad (3\text{-}35)$$

也可仍使用原来的疲劳缺口系数 K_f，而用下式计算出的 K 值来表示应力集中和表面加工的综合影响：

$$K = K_f + \frac{1}{\beta_1} - 1 \tag{3-36}$$

由式（3-36）可以推导出式（3-35），因而二式完全相当。

非机加工表面（如锻造、轧制、铸造）的疲劳缺口系数仍为 K_f。

3.4　平均应力的影响

如图 3-108 所示，平均拉应力使疲劳强度和寿命降低，平均压应力使疲劳强度和寿命增加。

3.4.1　平均拉应力的影响

对于平均拉应力的影响，许多学者提出了不同的极限应力线，其中主要的有如下几种：

（1）Gerber 抛物线（图 3-109 中的曲线 1）

$$\sigma_a = \sigma_{-1} \left[1 - \left(\frac{\sigma_m}{\sigma_b} \right)^2 \right] \tag{3-37}$$

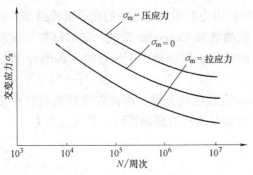

图 3-108　平均应力对疲劳
强度和寿命的影响

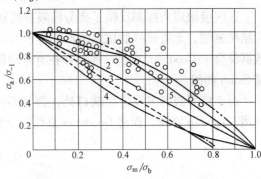

图 3-109　疲劳极限曲线图
1—Gerber 抛物线　2—Goodman 直线　3—Soderberg 直线
4—Smith 曲线　5—Серенсен 折线

（2）Goodman 直线（图 3-109 中的直线 2）

$$\sigma_a = \sigma_{-1} \left(1 - \frac{\sigma_m}{\sigma_b} \right) \tag{3-38}$$

（3）Soderberg 直线（图 3-109 中的直线 3）

$$\sigma_a = \sigma_{-1} \left(1 - \frac{\sigma_m}{\sigma_s} \right) \tag{3-39}$$

（4）Smith 曲线（图 3-109 中的曲线 4）

$$\sigma_a = \sigma_{-1} \left(\frac{1 - \sigma_m/\sigma_b}{1 + \sigma_m/\sigma_b} \right) \tag{3-40}$$

（5）Серенсен 折线（图 3-109 中的折线 5）

$-1 < R < 0$ 时：

$$\sigma_a = \sigma_{-1} - \psi_\sigma \sigma_m \tag{3-41a}$$

$R > 0$ 时：

$$\sigma_a = \frac{\sigma_0(1 + \psi_\sigma')}{2} - \psi_\sigma' \sigma_m \tag{3-41b}$$

式中 σ_a——疲劳极限振幅（MPa）；

σ_m——平均应力（MPa）；

σ_{-1}——对称循环下的疲劳极限（MPa）；

σ_b——抗拉强度（MPa）；

σ_s——屈服强度（MPa）；

σ_0——脉动循环下的疲劳极限（MPa）；

ψ_σ——平均应力影响系数；

ψ_σ'——应力比 $R > 0$ 部分的平均应力影响系数。

Серенсен 折线中的平均应力影响系数计算公式为

$$\psi_\sigma = \frac{2\sigma_{-1} - \sigma_0}{\sigma_0}, \quad \psi_\sigma' = \frac{\sigma_0}{2\sigma_b - \sigma_0}$$

这些极限应力线都反映了疲劳极限振幅随平均拉应力的增加而减小的疲劳试验结果。研究结果表明，光滑试样的试验数据符合于 Gerber 抛物线和 Серенсен 折线，缺口试样的试验数据符合于 Goodman 直线，而对存在有微动磨损的接头，则应使用更保守的 Soderberg 直线或 Smith 曲线。

由于疲劳破坏多发生在缺口处，而且 Goodman 直线使用方便，因此在抗疲劳设计中多使用 Goodman 直线，而将 Goodman 直线的负斜率称为平均应力影响系数，其表达式为

$$\psi_\sigma = \frac{\sigma_{-1}}{\sigma_b} \tag{3-42}$$

这里需要注意的是，抗疲劳设计中所用的平均应力影响系数为用上式计算出的光滑试样的平均应力影响系数 ψ_σ，而非缺口试样的平均应力影响系数 $\psi_{\sigma K}$，$\psi_{\sigma K}$ 的计算公式为

$$\psi_{\sigma K} = \frac{\sigma_{-1K}}{\sigma_b} \tag{3-43}$$

只有在利用下式进行抗疲劳设计时才需要使用 $\psi_{\sigma K}$：

$$n = \frac{\sigma_{-1D}}{\sigma_a + \psi_{\sigma K} \sigma_m} \geq [n] \tag{3-44}$$

由于结构中都不允许产生宏观屈服，因此，对上述极限应力线还需附加以如下的屈服条件：

$$\sigma_{max} = \sigma_m + \sigma_a \leq \sigma_s \tag{3-45}$$

这时，使用 Goodman 直线时的疲劳极限线图如图 3-110 所示。

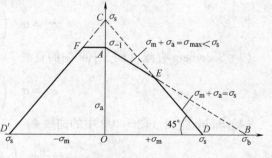

图 3-110 考虑屈服条件后的 Goodman 图

表 3-35 给出了 7 种国产钢不同应力比下的拉-压疲劳极限，表 3-36 中给出其平均应力影响系数。

表 3-35　7 种国产钢不同应力比下的拉-压疲劳极限　　　　（单位：MPa）

材　料	K_t	应力比 $R=-1$		应力比 $R=0$		应力比 $R=0.3$		应力比 $R=1$	
		均值	标准差	均值	标准差	均值	标准差	均值	标准差
Q345 （热轧）	1	269	9.4	377	23.1	431	17.5	533	6.7
	2	169	5.7	327	7.6	421	11.4	734	15.3
	3	109	3.2	218	8.5	257	12.2	875	7.2
35 （正火）	1	177	9.4	291	11.2	388	7.5	606	10.0
	2	131	6.6	243	10.6	313	16.3	730	7.8
	3	96	4.8	192	5.9	252	12.7	839	15.5
45 （调质）	1	269	8.6	436	13.4	517	22.5	762	36.7
	2	173	7.1	334	12.3	418	19.7	922	32.8
	3	103	4.4	187	8.5	277	13.9	1178	43.7
45 （正火）	1	219	8.9	346	9.2	346	23.3	577	24.8
	2	165	5.7	313	12.2	399	18.6	782	14.8
	3	121	4.1	208	8.2	274	5.0	871	10.3
40Cr （调质）	1	345	17.3	629	44.7	671	25.3	855	21.4
	2	257	8.5	431	18.0	555	21.2	1209	34.6
	3	163	1.6	257	6.0	337	8.3	1358	38.3
40CrNiMo （调质）	1	499	4.5	805	18.7	856	31.0	1001	74.6
	2	276	4.8	490	20.7	599	14.6	1139	26.4
	3	188	5.9	322	14.3	439	17.2	1383	18.9
60Si2Mn （淬火后中 温回火）	1	487	26.3	749	33.8	1118	29.0	1442	31.4
	2	338	14.8	527	21.0	701	24.3	1777	71.5
	3	215	10.4	356	20.7	468	33.0	2041	70.5

表 3-36　7 种国产钢的平均应力影响系数

材　料	K_t	平均应力影响系数 ψ_σ 或 $\psi_{\sigma K}$		
		$R=0$	$R=0.3$	$R=1$
Q345 （热轧）	1	0.43	0.42	0.50
	2	0.04	0.08	0.23
	3	0.003	0.12	0.12
35 （正火）	1	0.22	0.17	0.29
	2	0.08	0.11	0.18
	3	0.014	0.048	0.11

（续）

材　料	K_t	平均应力影响系数 ψ_σ 或 $\psi_{\sigma K}$		
		$R=0$	$R=0.3$	$R=1$
45 （正火）	1	0.26	0.43	0.38
	2	0.06	0.10	0.21
	3	0.17	0.14	0.14
45 （调质）	1	0.23	0.26	0.35
	2	0.034	0.10	0.19
	3	0.10	0.034	0.09
40Cr （调质）	1	0.10	0.25	0.40
	2	0.20	0.17	0.21
	3	0.27	0.21	0.12
40CrNiMo （调质）	1	0.24	0.36	0.50
	2	0.12	0.17	0.24
	3	0.16	0.12	0.14
60Si2Mn （淬火后中 温回火）	1	0.23	0.13	0.34
	2	0.28	0.20	0.19
	3	0.21	0.17	0.11

3.4.2　平均压应力的影响

　　平均压应力使极限应力幅增大。上面所述的 5 种疲劳极限曲线图都不能反映极限应力幅随压缩平均应力的增大而增大的现象。

　　对于平均压应力的影响，可使用图 3-111 所示的方法。对于中碳钢、铸铁和硬铝，先将相当于 σ_{-1} 的点 A 和相当于真断裂强度 σ_f 的 T 点相连，得出平均拉应力下的疲劳极限线图；然后将此直线放大 m_0 倍，m_0 = 抗压强度/抗拉强度，在压应力侧画出直线 $A'T'$ 与 45°线 OU'；假如 AT 线先与 45°线相交，交点为 U'，$A'T'$ 直线与 45°线的交点为 F，则反映压缩平均应力影响的曲线为折线 AU'FT'（见图 3-111a、b）。假如 AT 的延长线先与 $A'T'$ 线相交，交点 C'，则反映压缩平均应力影响的曲线为折线 $AC'T'$（见图 3-111d）。对于低碳钢，则先由代表对称疲劳极限的 A 点与代表脉动拉伸疲劳极限的 U 点相连，得出平均拉应力影响的曲线图，然后再用与上面相同的方法得出平均压应力的疲劳极限曲线图（见图 3-111c）。

　　对于压缩平均应力的影响，Кудрявцев（库德里亚弗采夫）还提出了以下条件：

$$\sigma_a = \sigma_{-1}\left(\frac{\sqrt{2}}{\sqrt{2} + \eta\,\dfrac{\sigma_m}{\sigma_{-1}}}\right) \tag{3-46}$$

$$\eta = \frac{|\sigma_{-s}| - \sigma_s}{|\sigma_{-s}| + \sigma_s}$$

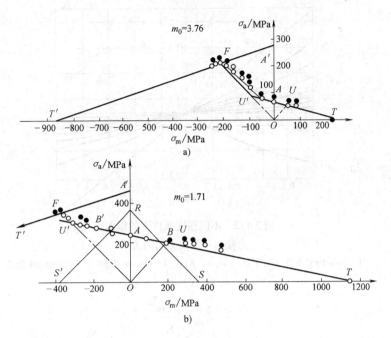

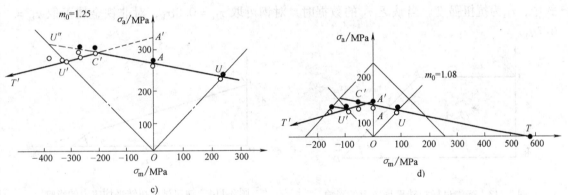

图 3-111 压缩平均应力的影响

a) 铸铁 b) $w(C) = 0.41\%$ 钢 c) $w(C) = 0.07\%$ 钢

d) 高强度铝合金($N = 10^7$ 周次)

式中 σ_{-s}、σ_s——材料的压缩屈服强度和拉伸屈服强度（MPa）；

η——材料的不等强系数。

Кудрявцев 条件用一族曲线表示（见图 3-112），它表示了平均拉应力，平均压应力对极限应力幅的影响，而且可以用不同的不等强系数来反映平均应力对不同材料的影响。

3.4.3　扭转平均应力的影响

光滑试样扭转平均应力的影响如图 3-113 所示，τ_m 增加时，τ_a 并不降低。而缺口试样扭转平均应力线的影响如图 3-114 所示，符合于 Goodman 直线。因此缺口试样的 $\psi_{\tau K}$ 可用下式计算：

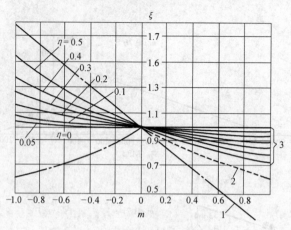

图 3-112　不同强度条件下的极限应
力幅与平均应力间的关系

1—Soderberg 条件（对于 $\sigma_{-1}/\sigma_s = 0.8$）　2—Одинг 条件　3—Кудрявцев 条件

$$\psi_{\tau K} = \frac{\tau_{-1K}}{\tau_{bt}} \tag{3-47}$$

式中，τ_{bt} 为抗扭强度。当缺乏 τ_{bt} 的数据时，对钢可取 $\tau_{bt} = 0.8\sigma_b$，对非铁金属可取 $\tau_{bt} = 0.7\sigma_b$。

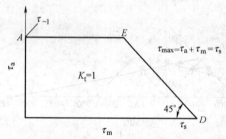

图 3-113　光滑试样扭转平均应力的影响

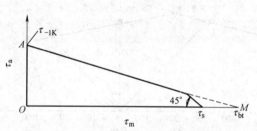

图 3-114　缺口试样扭转平均应力的影响

表 3-37 给出了两种国产钢不同应力比下的扭转疲劳极限。

表 3-37　两种国产钢不同应力比下的扭转疲劳极限　（单位：MPa）

材料	K_t	应力比 $R = -1$		应力比 $R = 0$		应力比 $R = 0.3$		应力比 $R = 1$	
		均值	标准差	均值	标准差	均值	标准差	均值	标准差
45 （正火）	1	233	5.6	450	18.7	—	—	317	7.1
	2	101	5.9	189	12.1	264	5.3	603	18.5
	3	119	5.1	177	6.9	239	6.7	556	10.7
40Cr （调质）	1	314	15.5	574	9.5	—	—	609	48.0
	2	141	3.4	235	6.9	319	10.0	794	42.0
	3	145	4.6	199	8.0	243	7.3	782	30.9

3.5 其他因素的影响

3.5.1 加载频率的影响

将钢、铜、铝及其他高熔点的金属试样在不同的频率下进行试验，其结果说明，室温下的加载频率在相当大的范围内变化时，对疲劳极限没有明显影响。

美国材料与试验协会（ASTM）根据他们的试验结果得出，至少在 200~7000 周次/min 的范围内，频率变化对疲劳强度不产生任何影响。他们发现，高频试验时试样发热，试样越大发热程度越大。但这种发热只是在足以引起材料发生蠕变时才起有害作用。

另外的试验结果说明，频率在 6~500Hz 范围内变化时，对疲劳极限影响很小。频率从 8Hz 提高到 500~1000Hz，仅使钢和铸铁的疲劳极限有不大的提高（5%~10%）。图 3-115 的试验结果也说明，当加载频率小于 1000Hz 时，频率变化对疲劳极限影响不大。频率高于 1000Hz 以后，疲劳极限才稍有增加，至 10000Hz 时达到极大值，之后又逐渐降低。

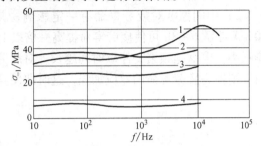

图 3-115　试验频率对疲劳
极限的影响曲线

1—w（C）=0.86% 碳钢　2—w（C）=0.11% 碳钢
3—铜　4—铝

总结现有的试验数据，可以把加载频率分为以下三种范围：

1）正常频率（5~300Hz）。

2）低频（0.1~0.5Hz）。

3）高频（300~10000Hz）。

可以认为，在大气条件下，当试验温度小于 50℃ 时，频率在正常频率范围内变化对于大多数金属（除了易熔合金及其他熔点低的金属）的疲劳极限没有影响。而低频使疲劳极限降低，高频使疲劳极限升高。

对于易熔合金及其他力学性能在 50℃ 范围内就有变化的合金，在室温下频率对疲劳极限有一定影响。

频率对疲劳强度的影响与试样处在最大载荷下的时间有关。这是因为塑性变形落后于应力，最大应力作用的时间越长，强化越强烈。另外，提高频率相当于提高加载速率，加载速率高于裂纹扩展速率时使裂纹来不及扩展，从而使其疲劳强度与寿命提高。

疲劳极限与频率的关系曲线上之所以出现极值，与试样发热引起的软化有关。在没有专门的冷却措施的情况下进行高频疲劳试验时，试样急剧发热，从而使疲劳极限与频率的关系曲线上出现极值。根据不同学者所得数据，此极值出现在（1~3）×10³Hz 的范围或更高（约 10⁴Hz）的频率（弯曲疲劳试验时）下。在采取有效的冷却措施时，此曲线变为单调增曲线。

加载频率对疲劳强度的影响与外加应力水平有关。应力水平越高，频率的影响越大。加载频率对寿命的影响比对疲劳极限的影响为大。例如，在大大超过疲劳极限的过载区内，当加载频率由 1Hz 增加到 33~50Hz 时，寿命增加数倍。

3.5.2　应力波形的影响

循环的波形（正弦、三角形、梯形、矩形等）确定了在最大应力下的停留时间。在高温与腐蚀介质条件下循环波形有较大影响。滞后回线特性与循环波形密切相关，因此，在应变幅较大的情况下，循环波形对裂纹形成寿命有很大影响，而对裂纹扩展寿命影响很小。在焊接试样的疲劳试验时，由三角波变为方波，使寿命明显降低。

3.5.3　中间停歇的影响

通过 Bollenrath（博伦拉思）和其他人的试验，可以得出如下结果：

1）中间停歇对疲劳极限没有明显影响。

2）中间停歇对疲劳寿命有一定影响，其影响随材料而异。对低碳钢影响较大，每隔 10% N 停歇 $6 \sim 8h$ 可使疲劳寿命提高一倍以上；而对合金钢、铝合金、镁、铜等金属，则影响很小。停歇越频繁，停歇时间越长，对疲劳寿命的影响越大。停歇时若对试样进行中间加热，则提高疲劳寿命的效应加强，这时即使停歇时间很短也有明显影响。

第4章 疲劳累积损伤理论

4.1 概述

大多数零件所受循环载荷的幅值都是变化的，也就是说，大多数零件都是在变幅载荷下工作的。变幅载荷下的疲劳破坏，是不同频率和幅值的载荷所造成的损伤逐渐积累的结果。因此，疲劳累积损伤是有限寿命设计的核心问题。

在疲劳研究过程中，人们早就提出了损伤这一概念。所谓损伤，是指在疲劳过程中初期材料内的细微结构变化和后期裂纹的形成和扩展。当材料承受高于疲劳极限的应力时，每一个循环都使材料产生一定的损伤，每一个循环所造成的平均损伤为 $1/N$。这种损伤是可以积累的，n 次恒幅载荷所造成的损伤等于其循环比 $C = n/N$。变幅载荷的损伤 D 等于其循环比之和，即 $D = \sum\limits_{i=1}^{l} n_i/N_i$，$l$ 为变幅载荷的应力水平级数，n_i 为第 i 级载荷的循环次数，N_i 为第 i 级载荷下的疲劳寿命。当损伤积累到了临界值 D_f 时，即 $D = \sum\limits_{i=1}^{l} n_i/N_i = D_f$ 时，就发生疲劳破坏。D_f 为临界损伤和，简称损伤和。

不同研究者根据他们对损伤累积方式的不同假设，提出了不同的疲劳累积损伤理论。到现在为止，已提出的疲劳累积损伤理论不下几十种。这些疲劳累积损伤理论归纳起来可以分为以下四大类：

（1）线性疲劳累积损伤理论　这种理论假定，材料在各个应力水平下的疲劳损伤是独立进行的，总损伤可以线性叠加。其中最有代表性的是 Miner 法则，以及将其稍加改变的修正 Miner 法则和相对 Miner 法则。

（2）双线性累积损伤理论　这种理论认为，材料在疲劳过程初期和后期分别按两种不同的线性规律积累。其中最具代表性的是 Manson 的双线性累积损伤理论。

（3）非线性累积损伤理论　这种理论假定，载荷历程与损伤之间存在着相互干涉作用，即各个载荷所造成的疲劳损伤与其以前的载荷历史有关。其中最有代表性的是损伤曲线法和 Corten-Dolan 理论。

（4）其他累积损伤理论。这些理论大多是从试验、观测和分析归纳出来的经验或半经验公式，如 Levy 理论、Kozin 理论等。

本章仅介绍工程中广泛应用的 Palmgren-Miner 法则、相对 Miner 法则以及在工程中得到一定应用的 Corten-Dolan 理论、Manson 的双线性理论和损伤曲线法。

4.2 线性累积损伤理论

4.2.1 Miner 法则

最早进行疲劳累积损伤研究的研究者是 Palmgren，他于 1924 年在估算滚动轴承的寿命时，假想损伤积累与转动次数呈线性关系，首先提出了疲劳损伤积累是线性的假设。其后 Miner 于 1945 所又将此理论公式化，形成了著名的 Palmgren-Miner 线性累积损伤法则，简称 Miner 法则。由于此理论形式简单，使用方便，因此在工程中得到了广泛应用。

Miner 做了如下假设：试样所吸收的能量达到极限值时产生疲劳破坏。从这一假设出发，如破坏前可吸收的能量极限值为 W，试样破坏前的总循环数为 N，在某一循环数 n_1 时试样吸收的能量为 W_1，则由于试样吸收的能量与其循环数间存在着正比关系，因此有

$$\frac{W_1}{W} = \frac{n_1}{N}$$

这样，若试样的加载历史由 σ_1、σ_2、$\cdots$、σ_l 这样的 l 个不同的应力水平构成，各应力水平下的疲劳寿命依次为 N_1、N_2、$\cdots$、N_l，各应力水平下的循环数依次为 n_1、n_2、$\cdots$、n_l，则损伤

$$D = \sum_{i=1}^{l} \frac{n_i}{N_i} = 1 \tag{4-1}$$

时试样吸收的能量达到极限值 W，试样发生疲劳破坏。上式即为 Miner 法则的数学表达式。

当临界损伤和改为一个不等于 1 的其他常数时，称为修正 Miner 法则。修正 Miner 法则的数学表达式为

$$D = \sum_{i=1}^{l} \frac{n_i}{N_i} = a \tag{4-2}$$

式中 a——常数。

根据作者的研究，建议将 a 值取为 0.7。当 a 取为 0.7 时，其寿命估算结果比 Miner 法则安全，寿命估算精度也从总体上比 Miner 法则有所提高。

4.2.2 相对 Miner 法则

根据许多研究者对临界损伤和 D_f 的进一步研究，发现它与加载顺序及零件形状等因素有较大关系，其值可能在 0.1 到 10 的很大范围内变化。但是，对于同类零件，在类似的载荷谱下，则具有类似的数值。因此，使用同类零件，用类似载荷谱下的试验值进行寿命估算，就可以大大提高其寿命估算精度。这种方法称为相对 Miner 法则，其表达式为

$$D = \sum_{i=1}^{l} \frac{n_i}{N_i} = D_f \tag{4-3}$$

式中 D_f——同类零件在类似载荷谱下的损伤和试验值。

为了能够使用相对 Miner 法则进行寿命估算，必须积累各类零件在其典型服役载荷谱下的 D_f 试验值。并且，由于应力水平、截断水平、舍弃水平对 D_f 值也有较大影响，因此所得

出的 D_f 值只能在相同的应力水平、截断水平和舍弃水平下应用。

表 4-1 给出了铝合金试样在阵风载荷谱和机动载荷谱下的损伤和 D_f 值。表 4-2 给出了 2024-T3 铝合金板试样在运输机机翼谱下的损伤和 D_f 值。表 4-3 给出了各种铝合金和钢试样在不同载荷谱下的最小损伤和 D_{min} 值。表 4-4 给出了增加 σ_{max} 和 σ_m 值对带中心孔的 2024-T3 铝合金板试样在二级程序载荷下的损伤和的影响数据。

表 4-1 铝合金试样在阵风载荷谱和机动载荷谱下的损伤和 D_f 值

试样形式	D_f = 试验寿命/计算寿命	
	阵风谱	机动谱
光滑试样 2024-T、7075-T 包铝	0.8 ~ 1.3	1.4 ~ 1.6
铆接接头和有孔试样 2024-T、7075-T 包铝	0.6 ~ 3.0	1.4 ~ 2.5

表 4-2 2024-T3 铝合金板试样在运输机机翼谱下的损伤和 D_f 值

试样形式	名义飞行应力 σ_{mF}/MPa	扭转		扭转(截断)	
		$\sigma_{amax} = 1.6\sigma_{mF}$		$\sigma_{amax} = 1.15\sigma_{mF}$	
		飞行次数	D_f	飞行次数	D_f
内缺口	110	11700	0.57	6100	0.300
	80	108000	0.59	36300	0.200
孔	130	11700	0.55	6100	0.285
	110	133000	1.23	29700	0.275
螺栓接头	150	24000	2.45	23100	0.319
	100	120400	0.64	12700	0.068

表 4-3 铝合金和钢试样在不同载荷谱下的最小损伤和 D_{min} 值

材 料	试 样	载荷谱		D_{min}
钢、铝合金		各种		1
铝合金	铆接接头	脉动拉伸 无压缩载荷		0.6
2024-T3	螺栓双 剪接头	机翼下蒙皮 扭转(截断) $\sigma_{mF} \geqslant 100$MPa		0.6
2024-T3	孔, $K_t = 2.5$	扭转(截断) $\sigma_{mF} \geqslant 100$MPa		0.27
2024-T3	切口, $K_t = 3.6$	扭转(截断) $\sigma_{mF} \geqslant 110$MPa		0.30
铝合金	孔, $K_t = 2.5$	机翼上蒙皮 $\sigma_{mF} = -120$MPa	阵风谱	0.12
			机动谱	0.25

表 4-4　增加 σ_{max} 和 σ_m 值对带中心孔的 2024-T3 铝合金板试样在二级程序载荷
下的损伤和影响数据（$K_t = 2.1$）

程序号	σ_{max}/MPa	程序块中的应力/MPa	疲劳寿命/10^3 周次	在块中的循环数	平均块数	损伤和 D_f
I	180	$\sigma_H = \pm 180$	11.4	100	36	0.661
		$\sigma_L = 90 \pm 90$	103.4	1000		
II	270	$\sigma_H = 90 \pm 180$	7.2	100	25	0.920
		$\sigma_L = 180 \pm 90$	44.2	1000		
III	300	$\sigma_H = 90 \pm 180$	—	100	24	1.073
		$\sigma_L = 210 \pm 90$	—	—		
IV	360	$\sigma_H = 90 \pm 180$	7.2	100	27	1.119
		$\sigma_L = 180 \pm 90$	44.2	1000		
		$\sigma_{VH} = 180 \pm 180$	4.9	20		

4.3　双线性累积损伤理论

Manson 经过近 20 年的研究工作，在 1881 年提出了把疲劳过程划分为两个阶段的双线性累积损伤理论。他认为，疲劳过程可以划分为两个不同的阶段，在这两个阶段中，损伤分别按两种不同的线性规律（见图 4-1）。他通过试验及分析，提出第 I 阶段的寿命 N_{Ii} 和第 II 阶段的寿命 N_{IIi} 的计算公式如下：

$$N_{Ii} = N_{fi}\exp(ZN_{fi}^{\phi}) \tag{4-4}$$

$$\phi = \frac{1}{\ln\left(\dfrac{N_1}{N_2}\right)}\ln\left\{\frac{\ln\left[0.35\left(\dfrac{N_1}{N_2}\right)^{0.25}\right]}{\ln\left[1 - 0.65\left(\dfrac{N_1}{N_2}\right)^{0.25}\right]}\right\}$$

$$Z = \frac{\ln\left[0.35\left(\dfrac{N_1}{N_2}\right)^{0.25}\right]}{N_1^{\phi}}$$

$$N_{IIi} = N_{fi} - N_{Ii} \tag{4-5}$$

式中　N_{fi}——第 i 级载荷下的等幅疲劳寿命；

N_1——该载荷谱中最高应力水平下的疲劳寿命；

N_2——该载荷谱中损伤最大的应力水平下的疲劳寿命。

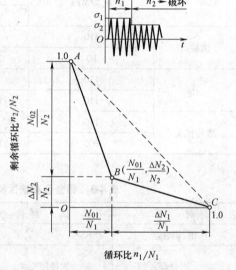

图 4-1　双线性疲劳累积损伤概念示意图

4.4　非线性累积损伤理论

4.4.1　损伤曲线法

根据很多学者的研究，发现加载顺序和应力比对疲劳寿命有很大影响。旋转弯曲和拉-

压疲劳试验时，在低-高顺序下，由于低应力的锻炼作用，损伤和 D_f 常大于 1；在高-低顺序下，由于已萌生的疲劳裂纹在低应力下也能扩展，损伤和 D_f 常小于 1。在缺口试样进行脉动拉伸疲劳试验时，由于高载荷下遗留的局部残余应压力的作用，常使高-低顺序下的损伤和 D_f 大于 1。线性累积损伤理论由于没有考虑到载荷间的干涉效应，不能解释这一现象。而 Marco 和 Starkey 于 1954 年提出的损伤曲线法（DC 法），对此现象做了定性的合理解释。

他们假定，损伤 D 与循环比成以下的指数关系：

$$D \propto \left(\frac{n}{N}\right)^a$$

式中，a 为大于 1 的常数。应力水平越低，a 值越大；应力水平越高，a 值越接近于 1。这样，低应力和高应力下的损伤曲线则如图 4-2 中的曲线 OBP 和曲线 OAP 所示。于是，便可得出，低-高顺序下的损伤和为

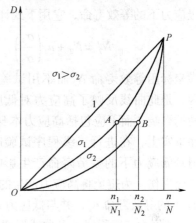

图 4-2　损伤与循环比的幂
　　　指数律关系图

$$\sum_{i=1}^{l} \frac{n_i}{N_i} = \frac{n_2}{N_2} + \left(1 - \frac{n_1}{N_1}\right) = 1 + \left(\frac{n_2}{N_2} - \frac{n_1}{N_1}\right) > 1$$

高-低顺序下的损伤和为

$$\sum_{i=1}^{l} \frac{n_i}{N_i} = \frac{n_1}{N_1} + \left(1 - \frac{n_2}{N_2}\right) = 1 - \left(\frac{n_2}{N_2} - \frac{n_1}{N_1}\right) < 1$$

4.4.2　Corten-Dolan 理论

Corten 和 Dolan 在 1956 年提出了一个比较实用的非线性损伤理论。他们认为，在试样表面的许多地方可能出现损伤，损伤核的数目 m 由材料所承受的应力水平决定。在给定的应力水平作用下所产生的疲劳损伤 D 可用下式表示：

$$D = mrn^a$$

式中　a——常数；

　　　m——损伤核的数目；

　　　r——损伤系数；

　　　n——应力循环数。

对于不同的载荷历程，疲劳破坏的总损伤 D 为一常数，并由此出发，提出了下面的疲劳寿命估算公式：

$$N = \frac{N_1}{\sum_{i=1}^{l} \alpha_i \left(\frac{\sigma_i}{\sigma_1}\right)^d} \tag{4-6}$$

式中　N——总疲劳寿命；

　　　σ_1——最高应力水平的应力幅值（MPa）；

　　　N_1——应力 σ_1 下的疲劳寿命；

　　　α_i——应力水平 σ_i 下的应力循环数占总循环数的比例；

　　　d——材料常数；

　　　l——应力水平级数。

他们认为，d 值应当用二级程序试验求出。试验时第一级应力幅等于服役载荷谱中的最高应力幅，各试样的第二级应力幅逐级降低，每个程序块中的第一级应力与第二级应力的周次比等于服役载荷频率曲线上的相应频率比。将试样结果在 $\lg\sigma_2 - \lg N_2'$ 坐标上进行线性拟合，即可绘出图 4-3 中直线 1 所示的二级程序 S-N 曲线。这里，σ_2 为第二级应力幅，N_2' 为第二级应力下的等效寿命，它用下式计算：

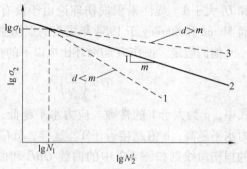

图 4-3　二级程序 S-N 曲线

$$N_2' = N_2 + n_1\left(\frac{\sigma_1}{\sigma_2}\right)^d \qquad (4\text{-}7)$$

横坐标用等效寿命 N_2' 而不用试验寿命 N_2 的原因，是此曲线反映了高应力对低应力下疲劳寿命的影响，而不应包括高应力本身造成的损伤。而事实上，在进行二级程序试验时，高应力不但对低应力下的疲劳寿命产生影响，它本身也造成损伤。为避免将高应力产生的损伤重复计算，应将高应力 σ_1 下的循环数折合为低应力 σ_2 下的等效寿命 n_1'，并与低应力 σ_2 下的等效寿命相加得出 σ_2 下的等效寿命 N_2。

d 值为二级程序 S-N 曲线斜率的负倒数，它用下式计算：

$$d = \frac{\lg(\alpha_2 N) - \lg(N_1 - \alpha_1 N)}{\lg\left(\dfrac{\sigma_1}{\sigma_2}\right)} \qquad (4\text{-}8)$$

式中　N——二级程序载荷下的总寿命；

　　　N_1——第一级应力下的等幅疲劳寿命；

　　　α_1——第一级应力下的循环数占总循环数之比；

　　　α_2——第二级应力下的循环数占总循环数之比。

由式（4-6）和图 4-3 可以看出，Corten-Dolan 理论与 Miner 法则的区别，只是将 S-N 曲线的斜率参数由等幅载荷下的 m 改为二级程序载荷下的 d。d/m 反映了前级高载荷对 S-N 曲线的影响。周期施加高载荷，一般使后续低载荷下的疲劳寿命降低，因此 d/m 值一般小于 1，其变化范围大概为 $0.7 \sim 1$，前级应力水平越高，d/m 值越小。当缺乏试验数据时，可近似取为 $d/m = 0.85$。

本书作者还通过研究发现，使用二级程序载荷确定出的 d 值进行随机载荷下的疲劳寿命估算仍有较大误差，这主要是因为谱载荷下的损伤与二级程序载荷下的损伤仍有较大差别所致。因此，最好在服役载荷谱下进行谱载荷试验来确定 d 值。

4.5　损伤极限

在变幅载荷下，低于疲劳极限的应力也能产生疲劳损伤。但如果应力继续降低，低于损伤极限时，就不再造成损伤。损伤极限为有无疲劳损伤的界限应力。根据本书作者的初步研究，损伤极限 σ_D 可保守地取为

低强度钢　$\sigma_D = 0.8\sigma_{-1}$（或 σ_{-1K}）

中、高强度钢　$\sigma_D = 0.5\sigma_{-1}$（或 σ_{-1K}）

在低于疲劳极限 σ_{-1}（对缺口试样为 σ_{-1K}），但高于损伤极限的应力下，其疲劳寿命可以用将 p-S-N 曲线的斜线部分外推的方法得出。

损伤极限的测定方法为：取一种高于疲劳极限的应力 σ_3，和一种低于疲劳极限的应力 σ_4，进行 2 级周期疲劳试验。若 σ_4 对 σ_3 的疲劳寿命有影响，则将下一个试样的 σ_4 降低一个级差；反之，将下一个试样的 σ_4 升高一个级差。用这种升降法得出的对高应力 σ_3 寿命无影响的 σ_4 最高值即为损伤极限，它是低应力 σ_4 对高应力 σ_3 的疲劳寿命有无影响的分界线。用这种方法求出的损伤极限显然与高应力 σ_3 的数值和低应力 σ_4 的循环次数有关。

表 4-5 中给出了 4 种钢的损伤极限值。

表 4-5　4 种钢的损伤极限值

材料	试样	疲劳极限 σ_{-1}/MPa	高应力 σ_3/MPa	σ_3 下的寿命 N_3/周次	试验基数（循环块数）	每个循环块中的循环次数		损伤极限 σ_D/MPa	$\dfrac{\sigma_D}{\sigma_{-1}}$
						n_3	n_4		
45 钢	漏斗形试样	262.82	284.39	5×10^5	12	$\dfrac{N_3}{12}$	$\dfrac{2\times10^6}{12}$	254.0	0.966
						$\dfrac{N_3}{12}$	$\dfrac{5\times10^5}{12}$	250.73	0.954
	缺口试样	121.60	163.77	5×10^5	12	$\dfrac{N_3}{12}$	$\dfrac{2\times10^6}{24}$	101.75	0.837
						$\dfrac{N_3}{12}$	$\dfrac{2\times10^6}{36}$	112.78	0.927
20 钢	漏斗形试样	223.10	243.50	1×10^6	12	$\dfrac{N_3}{12}$	$\dfrac{2\times10^6}{12}$	204.3	0.92
						$\dfrac{N_3}{12}$	$\dfrac{5\times10^5}{12}$	197.7	0.89
	缺口试样	115.23	147.59	1×10^6	12	$\dfrac{N_3}{12}$	$\dfrac{2\times10^6}{12}$	130.29	1.13
						$\dfrac{N_3}{12}$	$\dfrac{5\times10^5}{12}$	126.67	1.10
60Si2Mn	漏斗形试样	919.65	980.66	1.25×10^5	12	$\dfrac{N_3}{12}$	$\dfrac{2\times10^6}{12}$	571.24	0.62
						$\dfrac{N_3}{12}$	$\dfrac{5\times10^5}{12}$	482.98	0.53
	缺口试样	277.53	306.95	2×10^5	12	$\dfrac{N_3}{12}$	$\dfrac{2\times10^6}{12}$	188.29	0.68
						$\dfrac{N_3}{12}$	$\dfrac{5\times10^5}{12}$	176.52	0.64
Q345	漏头形试样	332.12	372.65	2×10^5	8.4	$\dfrac{N_3}{12}$	2×10^6	295.18	0.89

第 5 章　常规疲劳设计

以名义应力为基本设计参数的抗疲劳设计方法称为常规疲劳设计，也称为名义应力法，是最早使用的抗疲劳设计方法。

5.1　无限寿命设计

无限寿命设计法由 Серенсен（谢联先）于 20 世纪 40 年代提出，是最早使用的抗疲劳设计方法，现在仍在广泛使用。

无限寿命设计法的出发点是，零件在设计应力下能够长期安全使用。它的强度条件是，对于应力幅 σ_a 和平均应力 σ_m 不随时间变化的稳定交变压力状态（等幅应力），零件的工作应力小于其疲劳极限；对于应力幅 σ_a 和平均应力 σ_m 随时间变化的不稳定交变应力状态（变幅应力），当交变应力中超过疲劳极限的过载应力数值不大、作用次数很少时，可将这些应力忽略，而按其余次数较多的交变应力中的最大者小于或等于零件疲劳极限的强度条件进行设计。由于零件在疲劳极限的应力下具有无限寿命，因此，当零件的设计应力小于或于疲劳极限时，零件能够长期安全使用。

对于很多安装在地面上不常搬动的民用机械，对它们的主要要求是使用可靠和寿命长，而对机器的自重常常没有严格限制。对于这些机器往往使用无限寿命设计法。这时，机器的重量虽然比使用有限寿命设计法为重，但由于使用寿命比有限寿命设计法大大增加，从经济上看还是比用有限寿命设计法合算。特别是那些只生产一台或几台的重型机械，机器成本很高，不允许制造备品，而一旦出了事故，就要长时间停产，造成的损失很大。对于这些机器，为了确保能够长期安全使用，更加应当使用无限寿命设计法。

使用无限寿命设计法时，常常是先用静强度设计确定出零件尺寸，再用这种方法进行疲劳强度校核。因此，本章仅介绍疲劳强度校核的方法。

5.1.1　单轴应力下的无限寿命设计

1. 设计计算公式

（1）对称循环（$R = -1$）

1）正应力下的强度条件为

$$n_\sigma = \frac{\sigma_{-1D}}{\sigma_a} = \frac{\sigma_{-1}}{K_{\sigma D}\sigma_a} \geq [n] \tag{5-1a}$$

$$K_{\sigma D} = \frac{K_{\sigma s}}{\varepsilon \beta_1}$$

$$K_{\sigma s} = 1 + (K_\sigma - 1)\beta_1$$

2）切应力下的强度条件为

$$n_{\tau} = \frac{\tau_{-1D}}{\tau_a} = \frac{\tau_{-1}}{K_{\tau D}\tau_a} \geqslant [n] \tag{5-1b}$$

$$K_{\tau D} = \frac{K_{\tau s}}{\varepsilon \beta_{1\tau}}$$

$$K_{\tau s} = 1 + (K_{\tau} - 1)\beta_{1\tau}$$

式中　n_{σ}、n_{τ}——正应力和切应力下的工作安全系数；

σ_{-1D}、τ_{-1D}——对称循环下的零件弯曲和扭转疲劳极限（MPa）；

σ_a、τ_a——正应力幅和切应力幅（MPa）；

σ_{-1}、τ_{-1}——材料的弯曲和扭转疲劳极限（MPa）；

$K_{\sigma D}$、$K_{\tau D}$——正应力和切应力下的疲劳强度降低系数；

$[n]$——许用安全系数；

$K_{\sigma s}$、$K_{\tau s}$——粗糙表面的疲劳缺口系数；

ε——尺寸系数；

β_1、$\beta_{1\tau}$——正应力和切应力下的表面加工系数；

K_{σ}、K_{τ}——正应力和切应力下的疲劳缺口系数。

（2）非对称循环

1）应力比保持不变（R = 常数）。当极限应力线用直线形式时，使用以下强度条件：

$$n_{\sigma} = \frac{\sigma_{-1}}{K_{\sigma D}\sigma_a + \psi_{\sigma}\sigma_m} \geqslant [n] \tag{5-2a}$$

$$n_{\tau} = \frac{\tau_{-1}}{K_{\tau D}\tau_a + \psi_{\tau}\tau_m} \geqslant [n] \tag{5-2b}$$

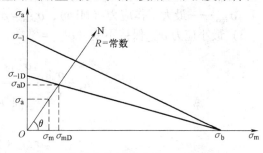

图 5-1　简单载荷（应力比 R = 常数）下的安全系数确定

式中　σ_m、τ_m——正应力和切应力下的平均应力（MPa）；

ψ_{σ}、ψ_{τ}——正应力和切应力下的平均应力影响系数。

公式的推导（见图 5-1）如下：

因为

$$\tan\theta = \frac{\sigma_a}{\sigma_m} = \frac{1-R}{1+R}$$

所以在射线 ON 上，R 保持不变

$$n = \frac{\sigma_{aD}}{\sigma_a} = \frac{\sigma_{mD}}{\sigma_m} = \frac{\sigma_{aD} + \psi_{\sigma D}\sigma_{mD}}{\sigma_a + \psi_{\sigma D}\sigma_m} = \frac{\sigma_{-1D}}{\sigma_a + \psi_{\sigma D}\sigma_m}$$

$$= \frac{\sigma_{-1}/K_{\sigma D}}{\sigma_a + (\psi_{\sigma}/K_{\sigma D})\sigma_m} = \frac{\sigma_{-1}}{K_{\sigma D}\sigma_a + \psi_{\sigma}\sigma_m}$$

式中　σ_{aD}——零件的疲劳极限振幅（MPa）；

σ_{mD}——与零件疲劳极限相应的平均应力（MPa）；

$\psi_{\sigma D}$——零件的平均应力影响系数，$\psi_{\sigma D} = \psi_{\sigma}/K_{\sigma D}$。

2）平均应力 σ_m 保持不变（σ_m = 常数）。这时应检查两个安全系数：

$$n_a = \frac{\sigma_{-1D} - \dfrac{\psi_\sigma}{K_{\sigma D}}\sigma_m}{\sigma_a} \geqslant [n] \tag{5-3a}$$

$$n_\sigma = \frac{\sigma_{-1D} + \sigma_m\left(1 - \dfrac{\psi_\sigma}{K_{\sigma D}}\right)}{\sigma_m + \sigma_a} \geqslant [n] \tag{5-3b}$$

式中 n_a——按应力幅确定的工作安全系数；

n_σ——按最大应力确定的工作安全系数。

公式的推导（见图5-2）：

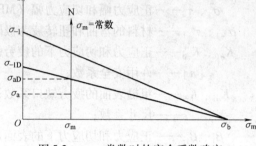

图 5-2 σ_m = 常数时的安全系数确定

$$n_a = \frac{\sigma_{aD}}{\sigma_a} = \frac{\sigma_{-1D} - \psi_{\sigma D}\sigma_m}{\sigma_a} = \frac{\sigma_{-1D} - \dfrac{\psi_\sigma}{K_{\sigma D}}\sigma_m}{\sigma_a}$$

$$n_\sigma = \frac{\sigma_{rD}}{\sigma_{max}} = \frac{\sigma_m + \sigma_{aD}}{\sigma_{max}} = \frac{\sigma_{-1D} - \psi_{\sigma D}\sigma_m + \sigma_m}{\sigma_{max}}$$

$$= \frac{\sigma_{-1D} + (1 - \psi_{\sigma D})\sigma_m}{\sigma_{max}} = \frac{\sigma_{-1D} + \left(1 - \dfrac{\psi_\sigma}{K_{\sigma D}}\right)\sigma_m}{\sigma_m + \sigma_a}$$

式中 σ_{aD}——平均应力为 σ_m 时的零件疲劳极限振幅（MPa）；

σ_{rD}——平均应力为 σ_m 时的零件疲劳极限（MPa），$\sigma_{rD} = \sigma_{aD} + \sigma_m$；

σ_{max}——最大工作应力（MPa），$\sigma_{max} = \sigma_m + \sigma_a$。

3）最小应力 σ_{min} 保持不变（σ_{min} = 常数）。这时也应检查两个安全系数：

$$n_a = \frac{\sigma_{aD}}{\sigma_a} = \frac{\sigma_{-1D} - \dfrac{\psi_\sigma}{K_{\sigma D}}\sigma_{min}}{\left(1 + \dfrac{\psi_\sigma}{K_{\sigma D}}\right)\sigma_a} \geqslant [n] \tag{5-4a}$$

$$n_\sigma = \frac{\sigma_{rD}}{\sigma_{max}} = \frac{2\sigma_{-1D} + \left(1 - \dfrac{\psi_\sigma}{K_{\sigma D}}\right)\sigma_{min}}{\left(1 + \dfrac{\psi_\sigma}{K_{\sigma D}}\right)(2\sigma_a + \sigma_{min})} \geqslant [n] \tag{5-4b}$$

式中 σ_{aD}——最小应力为 σ_{min} 时的零件疲劳极限振幅（MPa）；

σ_{rD}——最小应力为 σ_{min} 时的零件疲劳极限，$\sigma_{rD} = \sigma_{min} + 2\sigma_{aD}$；

σ_{min}——最小应力（MPa）。

公式的推导（见图5-3）：

$$\sigma_{-1D} - \sigma_{aD} = (\sigma_{min} + \sigma_{aD})\psi_{\sigma D}$$

$$\sigma_{-1D} - \psi_{\sigma D}\sigma_{min} = (1 + \psi_{\sigma D})\sigma_{aD}$$

$$\sigma_{aD} = \frac{\sigma_{-1D} - \psi_{\sigma D}\sigma_{min}}{1 + \psi_{\sigma D}}$$

$$n_a = \frac{\sigma_{-1D} - \dfrac{\psi_\sigma}{K_{\sigma D}}\sigma_{min}}{\left(1 + \dfrac{\psi_\sigma}{K_{\sigma D}}\right)\sigma_a} \geqslant [n]$$

$$n_{\sigma} = \frac{\sigma_{rD}}{\sigma_{max}} = \frac{\sigma_{aD} + \sigma_{mD}}{\sigma_{max}} = \frac{2\sigma_{aD} + \sigma_{min}}{\sigma_{max}}$$

$$= \frac{2\sigma_{-1D} - 2\psi_{\sigma D}\sigma_{min} + (1 + \psi_{\sigma D})\sigma_{min}}{(1 + \psi_{\sigma D})\sigma_{max}}$$

$$= \frac{2\sigma_{-1D} + (1 - \psi_{\sigma D})\sigma_{min}}{(1 + \psi_{\sigma D})\sigma_{max}}$$

$$= \frac{2\sigma_{-1D} + \left(1 - \dfrac{\psi_{\sigma}}{K_{\sigma D}}\right)\sigma_{min}}{(1 + \psi_{\sigma D})(2\sigma_a + \sigma_{min})} \geqslant [n]$$

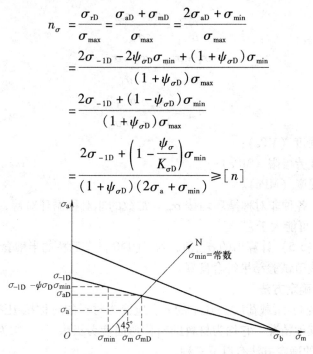

图 5-3　最小应力 σ_{min} = 常数时的安全系数确定

（3）平均应力的滑移　当平均应力过高时，在疲劳失效之前有可能产生屈服，造成平均应力滑移，这时的平均应力 σ_m 应当用最大可能平均应力 σ_{m0} 取代。

由于名义应力设计法设计计算公式的推导是建立在平均应力 σ_m 不受应力集中等影响因素的影响，而应力幅 σ_a 放大 $K_{\sigma D}$ 倍之后即相当于光滑试样的思路推导出来的，因而 σ_{m0} 的推导也应根据这同一思路。因此，在推导 σ_{m0} 时应使用光滑试样的疲劳极限 σ_{-1}，而不应使用零件的疲劳极限 σ_{-1D}。

图 5-4 中，AB 为疲劳失效线，CD 为屈服线。当平均应力 σ_m 小于最大可能平均应力 σ_{m0} 时，屈服线高于疲劳失效线，因此在疲劳失效前不会发生屈服，从而平均应力不会滑移。当平均应力 σ_m 高于最大可能平均应力 σ_{m0} 时，屈服线低于疲劳失效线，因此，试样受载后很快就会发生屈服，也就是平均应力发生滑移，直至 σ_m 值等于 σ_{m0} 时，屈服线与疲劳失效线相交，才不再发生平均应力滑移。因此，σ_{m0} 为试样中的最

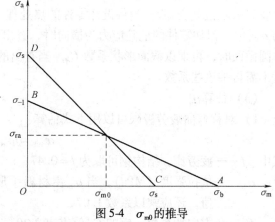

图 5-4　σ_{m0} 的推导

大可能平均应力，而与其对应的 σ_{ra} 值，即为在最大可能平均应力 σ_{m0} 下的材料疲劳极限振幅，σ_{ra} 为非对称循环下试样的疲劳极限振幅的最低值。对于实际零构件，由于其疲劳极限振幅 σ_{aD} 比试样的 σ_{ra} 缩小了 $K_{\sigma D}$ 倍，因此 $K_{\sigma D}\sigma_{aD} = \sigma_{ra}$。$K_{\sigma D}$ 为疲劳强度降低系数。最大可能平均应力 σ_{m0} 值可由图 5-4 的几何关系推导出来：

$$\frac{\sigma_{ra}}{\sigma_{-1}} = \frac{\sigma_b - \sigma_{m0}}{\sigma_b}$$

$$\frac{\sigma_s - \sigma_{m0}}{\sigma_{-1}} = \frac{\sigma_b - \sigma_{m0}}{\sigma_b}$$

$$\sigma_{m0} = \frac{\sigma_s - \sigma_{-1}}{1 - \sigma_{-1}/\sigma_b} \tag{5-5}$$

式中　σ_s——屈服强度（MPa）；

　　σ_{-1}——材料疲劳极限（MPa）；

　　σ_b——抗拉强度（MPa）。

当 $\sigma_m > \sigma_{m0}$ 时，各种非对称循环均按 $\sigma_m =$ 常数的非对称循环对待，因为这时其实际平均应力都为 σ_{m0}，不可能大于它。

我们曾根据式（5-5）计算出的 σ_{m0} 值，对 EQ140 汽车后桥的半轴套管进行抗疲劳设计，计算结果与零件的疲劳试验结果符合良好。

2. σ_{-1} 与 τ_{-1} 的确定方法

除了光滑试样受拉-压载荷时公式中的 σ_{-1} 应取为材料的对称拉-压疲劳极限 σ_{-1z} 之外，对于承受正应力的其他情况，它均为材料的对称弯曲疲劳极限。τ_{-1} 均为材料的对称扭转疲劳极限。σ_{-1} 与 τ_{-1} 的确定方法有以下三种。

（1）试验法　对称弯曲疲劳极限 σ_{-1} 一般用标准光滑试样由旋转弯曲疲劳试验得出。对称拉-压疲劳极限 σ_{-1z} 用标准光滑拉-压疲劳试样由对称拉-压疲劳试验得出；对称扭转疲劳极限 τ_{-1} 用标准光滑扭转疲劳试样由对称扭转疲劳试验得出。疲劳极限的测定方法参看 2.2.2 节。需要注意的是，试样的取样方向应当与零件的危险应力方向一致。当试样为旋转弯曲试样，而零件为非圆截面时，测得的疲劳极限还应乘以截面形状系数 C_q。

（2）查表法　对称弯曲疲劳极限 σ_{-1} 可从材料手册或机械设计手册中查出。这些手册中给出的材料疲劳极限一般都是对称弯曲疲劳极限 σ_{-1}。一些常用国产机械工程材料的对称弯曲疲劳极限值见表 2-2。当待设计零件的热处理工艺与表中相同时，可以使用从手册中查出的 σ_{-1} 值。但如零件的危险应力为横向时，查出的 σ_{-1} 值还需乘以方向性系数 C_a；当零件为非圆截面时，再乘以截面形状系数 C_q。当查出的疲劳极限数据中已包含这些因素的影响时，就不需再乘这些系数。

（3）估算法

1）对称弯曲疲劳极限可以用下式估算：

$$\sigma_{-1} = f\sigma_b C_a C_q \tag{5-6}$$

式中　f——疲劳比，结构钢可取为 $f = 0.47$；

　　σ_b——抗拉强度（MPa），当 σ_b 由材料手册查出时，该值一般为下限值，为求出其均值，还应乘以系数 1.07；

　　C_a——方向性系数，钢的 C_a 值查表 2-20；

　　C_q——截面形状系数，查表 2-19。

2）拉-压疲劳极限用下式计算：

$$\sigma_{-1z} = C_L \sigma_{-1} C_a C_q \tag{5-7}$$

式中　C_L——加载系数，可取为 $C_L = 0.8$；

σ_{-1}——未包括方向性和截面形状影响的疲劳极限（MPa）。

3）扭转疲劳极限用下式计算：

$$\tau_{-1} = C'_{L}\sigma_{-1}C_{a}C_{q} \tag{5-8}$$

式中　C'_{L}——加载系数，可取为 $C'_{L} = 0.58$；

σ_{-1}——未包括方向性和截面形状影响的对称弯曲疲劳极限（MPa）。

3. 影响系数

（1）尺寸系数　可由图 3-93 查出，或用式（3-29）、式（3-30）计算，即

$$\varepsilon = \left(\frac{V}{V_0}\right)^{-0.034}$$

或

$$\varepsilon = \left(\frac{d}{d_0}\right)^{-0.102}$$

对承受拉-压载荷的光滑试样，当 $d > 30\text{mm}$ 时，取 $\varepsilon = 0.9$。

（2）表面加工系数　可根据表面终加工方法及抗拉强度 σ_{b} 由图 3-104 查出。铸造表面的表面加工系数 β_1 可取为 0.7。切应力下的表面加工系数可用式（3-32）计算。

（3）疲劳缺口系数

1）正应力下的疲劳缺口系数用式（5-9）计算，即

$$K_{\sigma} = \frac{K_{t}}{0.88 + AQ^{b}} \tag{5-9}$$

2）切应力下的疲劳缺口系数用式（5-10）或式（3-22）和式（3-19）计算，即

$$K_{\tau} = 1 + q_{\tau}(K_{t} - 1) \tag{5-10}$$

$$q_{\tau} = 1.08 \times 10^{-3} q(\sigma_{b} - 350)$$

$$q = \frac{K_{\sigma} - 1}{K_{t} - 1}$$

上式中的 K_{σ} 仍用式（5-9）求出。

3）当表面系机加工面时，粗糙表面的疲劳缺口系数用下式计算：

$$K_{\sigma s} = K_{\sigma} + (K_{t} - 1)\beta_1 \tag{5-11a}$$

$$K_{\tau s} = K_{\tau} + (K_{t} - 1)\beta_{1\tau} \tag{5-11b}$$

当表面为锻造、铸造或轧制等非机加工面时，取 $K_{\sigma s} = K_{\sigma}$，$K_{\tau s} = K_{\tau}$，即非机加工面的疲劳缺口系数与磨光表面相同。

（4）平均应力影响系数

1）正应力下的平均应力影响系数 ψ_{σ}：

①平均应力为拉应力时查表 3-36 或用式（3-42）计算，即

$$\psi_{\sigma} = \frac{\sigma_{-1}}{\sigma_{b}}$$

②平均应力为压应力时，可以保守地取 $\psi_{\sigma} = 0$。对于结构钢（当 σ_{m} 的绝对值较小时）和铸铁，也可取为 $\psi_{\sigma} = -\sigma_{-1}/\sigma_{b}$。

2）切应力下的平均应力影响系数 ψ_{τ}：

①光滑试样可取为 $\psi_{\tau} = 0$。

②缺口试样可用式（3-47）计算，即

$$\psi_{\tau K} = \frac{\tau_{-1K}}{\tau_{bt}}$$

当缺乏 τ_{bt} 数据时，钢可近似取为 $\tau_{bt} = 0.8\sigma_b$，非铁金属可近似取为 $\tau_{bt} = 0.7\sigma_b$。

4. 许用安全系数的确定

（1）经验法　抗疲劳设计中的许用安全系数值，取决于力和应力的计算可靠性、材料的均匀性、零件的制造工艺水平和其他因素。当广泛采用试验数据来确定载荷、应力和疲劳强度特性，因而计算精度较高，且材料均匀和工艺质量高时，取 $[n] = 1.3 \sim 1.5$。当载荷和强度的试验资料不完整，实际疲劳试验数据不多，生产技术水平和探伤水平中等时，取 $[n] = 1.5 \sim 2$。当载荷和强度的试验资料很少或全无，生产技术水平不高，材料不均匀（如大尺寸的铸造或焊接零件）时，取 $[n] = 2 \sim 3$。

当该产品已有足够的使用经验，许用安全系数可由该产品的使用经验确定。一些常用机械零部件的许用安全系数见表 5-1。

表 5-1　常用机械零部件的许用安全系数

机械种类	零部件名称	加载方式	材　料	安全系数
起重机械	主梁[①]	弯曲疲劳	Q235A，Q345	$[n]_0 = 1.4 \sim 1.6$
	卷筒轴	弯曲疲劳	45	$[n]_{-1} = 1.8$
	减速机低速轴	弯扭疲劳	45	$[n]_{-1} = 1.8$
	小车轮轴	弯扭疲劳	45	$[n]_{-1} = 1.6$
	大车轮轴	弯扭疲劳	45	$[n]_{-1} = 1.6$
矿山机械	矿井提升机主轴	弯扭疲劳	45	$[n]_{-1} = 1.2 \sim 1.5$
	颚式破碎机机架	弯曲疲劳	ZG270-500	$[n]_0 = 1.5$
	颚式破碎机传动轴	弯扭疲劳	45	$[n]_{-1} = 1.5$
	颚式破碎机主轴	弯扭疲劳	45	$[n]_{-1} = 1.4$
	圆锥破碎机传动轴	弯扭疲劳	45	$[n]_{-1} = 1.4$
	圆锥破碎机主轴	弯扭疲劳	24CrMoV	$[n]_{-1} = 2$
冶金机械	轧钢机机架（初轧机）	拉伸疲劳	ZG270-500	$[n]_0 = 1.6$
	轧钢机机架（板热轧机）	拉伸疲劳	ZG270-500	$[n]_0 = 1.7$（厚板）
	轧钢机轧辊（初轧机辊身）	弯扭疲劳	60CrMnMo，60CrMo，55CrMo	$[n]_{-1} = 1.8$
	轧钢机轧辊（热轧板工作辊）	弯扭疲劳	HT250，球墨铸铁	$[n]_{-1} = 1.5 \sim 2.5$
	冷轧薄板工作辊	弯扭疲劳	9Cr2	$[n]_{-1} = 1.1$
	热轧板支承辊	弯曲疲劳	37SiMn2MoV，8CrMoV，55CrMo	$[n]_{-1} = 1.2 \sim 2$
	冷轧板支承辊	弯曲疲劳	9Cr2，9Cr2Mo	$[n]_{-1} = 1.2$
	轧钢机的机架辊	弯扭疲劳	45	$[n]_{-1} = 1.8$
	轧钢机万向接轴	弯扭疲劳	45CrV	$[n]_{-1} = 2.0$
	轧钢机万向接轴叉头	弯扭疲劳	45CrV	$[n]_{-1} = 1.8$
	六连杆式热剪机的上剪股	弯曲疲劳	ZG35CrMo，32SiMn2MoV	$[n]_0 = 1.5$
	六连杆式热剪机的下剪股	弯曲疲劳	ZG35CrMo，32SiMn2MoV	$[n]_0 = 1.6$

（续）

机械种类	零部件名称	加载方式	材　料	安 全 系 数
冶金机械	六连杆式热剪机的偏心轴	弯扭疲劳	40	$[n]_{-1} = 2.0$
	六连杆式热剪机的传动轴	弯扭疲劳	35CrMo, 35SiMn2MoV	$[n]_{-1} = 2.5$
	摆式飞剪机曲轴	弯扭疲劳	35SiMn2MoV	$[n]_{-1} = 2$
	辊式校直机万向接轴	弯扭疲劳	35SiMn	$[n]_{-1} = 1.6$
	盛钢桶桶体	内压	Q235A	$[n]_{-1} = 2$
	铁液车减速器轴	弯扭疲劳	—	$[n]_{-1} = 2.3$
锻压机械	水压机立柱（螺纹部分）	拉伸疲劳	10, 45, 20MnV, 20SiMnMo	$[n]_{-1} = 1.5$
	水压机上横梁	弯曲疲劳	Q235A, ZG270-500	$[n]_{-1} = 1.5$
	挤压机柱子（螺纹部分）	拉伸疲劳	18MnMoNb	$[n]_{-1} = 1.9$
	精压机传动轴	弯扭疲劳	35SiMn2MoV	$[n]_{-1} = 2$
	锻锤机架	拉伸疲劳	ZG270-500	$[n]_0 = 1.6$
	热模锤曲轴	弯扭疲劳	40CrNi, 35SiMn2MoV	$[n]_{-1} = 1.6 \sim 2$
橡胶塑料机械	橡胶塑料辊机辊筒	弯扭疲劳	HT200	$[n]_{-1} = 2.5 \sim 3$
	橡胶塑料辊机机架	弯曲疲劳	HT250, HT300	$[n]_0 = 5$
	橡胶塑料辊机机架盖	弯曲疲劳	HT250	$[n]_0 = 4.5$
内燃机	汽车发动机曲轴主轴颈	扭转疲劳		$[n]^\tau_{-1} = 3 \sim 4$
	拖拉机发动机曲轴主轴颈	扭转疲劳		$[n]^\tau_{-1} = 4 \sim 5$
	高增压柴油机曲轴主轴颈	扭转疲劳		$[n]^\tau_{-1} = 2 \sim 3$
	汽车发动机曲轴,曲柄销	弯扭疲劳	QT600-2, 45, 40MnB, 40Cr, 40, 45Mn2, 30MnMoW, 30Mn2MoTiB40Mn2SiV, 15SiMn3MoWVA, 37SiMnMoWV	$[n]_{-1} = 1.3 \sim 1.5$
	拖拉机发动机曲轴曲柄销	弯扭疲劳		$[n]_{-1} = 1.5 \sim 2$
	高增压柴油机曲轴曲柄销	弯扭疲劳		$[n]_{-1} = 1.2 \sim 1.4$
	汽车发动机曲轴曲柄臂	弯扭疲劳		$[n]_{-1} = 2 \sim 3$
	拖拉机发动机曲轴曲柄臂	弯扭疲劳		$[n]_{-1} = 3 \sim 3.5$
	高增压柴油机曲轴曲柄臂	弯扭疲劳		$[n]_{-1} = 1.3 \sim 2$
	汽车发动机连杆小头	弯压疲劳	45, 40Cr, 35CrMo, 40MnVB	$[n]_{-1} = 2.5 \sim 5$
	拖拉机发动机连杆杆身	弯压疲劳		$[n]_{-1} = 2 \sim 2.5$
	船用中、高速柴油机连杆杆身	弯压疲劳		$[n]_{-1} = 2.5 \sim 3$
	高速强载柴油机连杆杆身	弯压疲劳		$[n]_{-1} = 2 \sim 3$
	汽车、拖拉机发动机连杆大头	弯压疲劳		$[n]_{-1} = 2.0$
	高速强载柴油机连杆大头	弯压疲劳		$[n]_{-1} = 1.5$
	内燃机连杆螺栓	拉伸疲劳	45, 40Cr, 35CrMo, 40MnVB	$[n]_{-1} = 1.5 \sim 2$
	气缸体紧螺栓	拉伸疲劳	40Cr, 40MnB, 35CrMo, 40CrMo	$[n]_{-1} = 1.3 \sim 2$
气体压缩机	气体压缩机曲轴	弯扭疲劳	45	$[n]_{-1} = 2 \sim 2.5$
	气体压缩机曲柄臂	弯扭疲劳	45	$[n]_{-1} = 1.5$
	气体压缩机高压缸阀腔	内压	40	$[n]_{-1} = 1.4 \sim 2$
	汽车变速器轴	弯扭疲劳	40Cr, 40MnB, 18CrMnTi	$[n]_{-1} = 1.3$

（续）

机械种类	零部件名称	加载方式	材　料	安全系数
汽车拖拉机	汽车后桥半轴	弯扭疲劳	40MnB,35CrMnSiA	$[n]_{-1}=2$
	拖拉机变速器轴	弯扭疲劳	40,18CrMnTi	$[n]_{-1}=2$
	拖拉机传动轴	弯扭疲劳	40	$[n]_{-1}=1.3$
	拖拉机履带驱动轮轴	弯扭疲劳	40Cr	$[n]_{-1}=1.1$
水轮机②	水轮机转轮叶片	拉弯疲劳	ZG20SiMn,ZG06Cr13Ni4Mo	$[n]_{-1}=2$

① 运送液态金属的起重机用 1.6。
② 混流式水轮机 $[n]_{-1}$ 的数值随使用年限而定,对于使用年限较短的,可取 $[n]_{-1}=1.5\sim1.8$。

（2）分解法　使用下式计算：

$$[n]=n_1 n_s \tag{5-12}$$

式中　n_1——应力安全系数；

　　　n_s——强度安全系数。

当载荷稳定,能够保证工作应力不超过设计应力时,取 $n_1=1.1\sim1.2$；当载荷不稳定或有冲击时,取 $n_1=1.5\sim2.0$。

当用试验数据确定材料疲劳性能,材料均匀,工艺质量高,且设计系数可以精确确定时,取 $n_s=1.1\sim1.2$；当材质不均匀,工艺质量不高,实际试验数据不多时,取 $n_s=1.5$。

（3）用可靠性理论计算　参看第 10 章 10.3.1 节第 3 条。

5.1.2　多轴应力下的无限寿命设计

1. 弯扭复合应力

弯扭复合应力是多轴应力的一种最常见情况,转轴为承受弯扭复合应力的典型零件。

（1）对称循环　对称循环下的弯扭复合疲劳研究得较多。对于结构钢,可使用第三或第四强度理论计算等效应力,并按等效应力进行疲劳强度校核。其等效应力表达式依次为

第三强度理论　$\sigma_q=\sqrt{\sigma_a^2+4\tau_a^2}$　　（5-13a）

第四强度理论　$\sigma_q=\sqrt{\sigma_a^2+3\tau_a^2}$　　（5-13b）

式中　σ_a——弯曲应力幅（MPa）；

　　　τ_a——扭转应力幅（MPa）。

图 5-5 示出了试验数据与第三强度理论和第四强度理论相符合的情况。

试验得出,弯扭复合应力下结构钢和铸铁的疲劳强度依次符合以下方程：

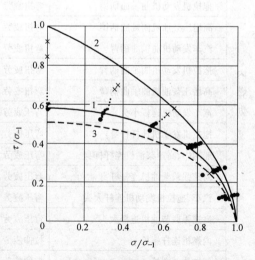

图 5-5　光滑试样弯扭复合疲劳试验数据与第三和第四强度理论相符合的情况
1—第四强度理论　2—式（5-15）
3—第三强度理论
·—钢　×—铸铁

$$\left(\frac{\sigma_{a}}{\sigma_{-1}}\right)^{2}+\left(\frac{\tau_{a}}{\tau_{-1}}\right)^{2}=1 \tag{5-14}$$

$$\left(\frac{\sigma_{a}}{\sigma_{-1}}\right)^{2}\left(\frac{\sigma_{-1}}{\tau_{-1}}-1\right)+\frac{\sigma_{a}}{\sigma_{-1}}\left(2-\frac{\sigma_{-1}}{\tau_{-1}}\right)+\left(\frac{\tau_{a}}{\tau_{-1}}\right)^{2}=1 \tag{5-15}$$

式（5-14）由 Gough（高夫）首先提出，一般称为 Gough 椭圆方程，它可以改写为

$$\sigma_{a}^{2}+4(K\tau_{a})^{2}=\sigma_{-1}^{2} \tag{5-16}$$

$$K=\frac{\sigma_{-1}}{2\tau_{-1}}$$

因而，式（5-14）也可以认为是修正的第三强度理论。实际上，当 $\sigma_{-1}/\tau_{-1}=2$（即 $K=1$）时，式（5-14）与式（5-13a）相同，相当于第三强度理论，当 $\sigma_{-1}/\tau_{-1}=\sqrt{3}$ 时（即 $K=\sqrt{3}/2$），式（5-14）与式（5-13b）相同，相当于第四强度理论。

图 5-5 所示为铸铁的弯扭复合疲劳试验数据与式（5-15）相符合的情况。

缺口试样仍符合式（5-14）或式（5-15），这时，只需将公式中的 σ_{-1} 和 τ_{-1} 改为相应的缺口疲劳极限 σ_{-1K} 和 τ_{-1K} 即可。图 5-6 和图 5-7 所示为缺口试样的弯扭复合疲劳试验数据与式（5-14）相符合的情况。

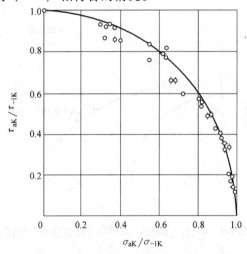

图 5-6 有应力集中试件同时承受对称循环弯曲和扭转时的疲劳强度

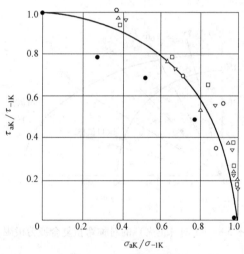

图 5-7 有横孔试件同时承受对称循环弯曲和扭转时的疲劳强度

由此也可推出，对于实际零件，仍可使用式（5-14）或式（5-15），这时，只需将式中的 σ_{-1} 和 τ_{-1} 代之以零件疲劳极限 σ_{-1D} 和 τ_{-1D}。

根据以上分析，在弯扭复合应力下，可以使用以下公式计算结构钢的等效应力 σ_{q}：

$$\sigma_{q}=\sqrt{\sigma_{a}^{2}+\left(\frac{\sigma_{-1D}}{\tau_{-1D}}\right)^{2}\tau_{a}^{2}} \tag{5-17}$$

弯扭复合应力下的强度条件为

$$n=\frac{\sigma_{-1D}}{\sigma_{q}}\geqslant[n] \tag{5-18}$$

对于弯扭复合应力疲劳，在实际的抗疲劳设计中经常使用复合安全系数法。使用这种方法

时，先根据弯曲应力幅 σ_a 和扭转应力幅 τ_a，用单轴应力下的安全系数计算公式（5-1a）和式（5-1b）分别计算出弯曲安全系数 n_σ 和扭转安全系数 n_τ，再用下式计算出复合安全系数 n：

$$n = \frac{n_\sigma n_\tau}{\sqrt{n_\sigma^2 + n_\tau^2}} \tag{5-19}$$

这时的强度条件仍为 $n \geq [n]$。式（5-19）仅适合于结构钢等延性材料。

郑州机械研究所和浙江大学用 45 钢（正火）、45 钢（调质）、40Cr（调质）、40CrNiMo（调质）4 种钢进行了弯扭复合疲劳试验研究。试验得出，对于这些材料，无论是光滑试样还是缺口试样，其疲劳强度均符合椭圆方程，光滑试样和缺口试样的试验点与椭圆曲线的最大偏差不超过 6.3%。试验得出的光滑试样的 τ_{-1}/σ_{-1} 比值见表 5-2。试验得出的 τ_a—σ_a 图见图 5-8 ~ 图 5-11。

表 5-2 光滑试样的 τ_{-1}/σ_{-1} 值

材　　料	τ_{-1}/MPa	σ_{-1}/MPa	τ_{-1}/σ_{-1}
45 钢（正火）	167.9	289.9	0.578
45 钢（调质）	200.3	360.7	0.555
40Cr（调质）	296.9	450.3	0.659
40CrNiMo（调质）	407.9	633.7	0.643

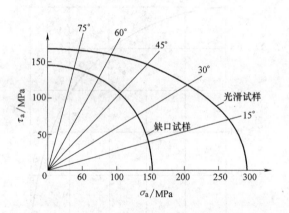

图 5-8 45 钢（正火）的对称弯扭复合疲劳极限

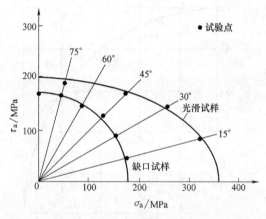

图 5-9 45 钢（调质）的对称弯扭复合疲劳极限

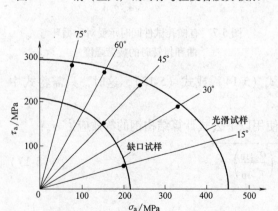

图 5-10 40Cr 钢（调质）的对称弯扭
复合疲劳极限

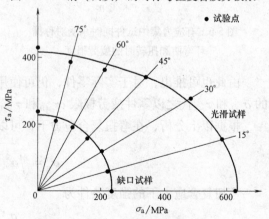

图 5-11 40CrNiMo 钢（调质）的对称
弯扭复合疲劳极限

对于 $K_t = 3$ 的应力集中试样，试验得出 4 种钢的 τ_{-1K}/σ_{-1K} 值依次为 0.948、0.977、0.968、0.976。也就是说，对于 $K_t = 3$ 的缺口试样，4 种钢的 τ_{-1K}/σ_{-1K} 值都接近于 1。缺口试样的扭、弯疲劳极限比值比光滑试样高的原因，是由于切应力对应力集中没有正应力敏感，切应力下的理论应力集中系数和疲劳缺口敏感度都比正应力下的低，从而使其疲劳缺口系数也比正应力下为低所致。

（2）非对称循环　浙江大学和郑州机械研究所用 45 钢（正火）和 40Cr 钢（调质）试样对非对称循环下的弯扭复合疲劳强度也进行了试验研究，结果得出，这两种材料在非对称循环下也符合以下的椭圆方程：

$$\left(\frac{\sigma}{\sigma_r}\right)^2 + \left(\frac{\tau}{\tau_r}\right)^2 = 1 \tag{5-20}$$

式中　σ、τ——最大弯曲应力和最大扭转应力（均为名义应力）；

σ_r、τ_r——非对称循环下的弯曲疲劳极限和扭转疲劳极限。

在非对称循环下，比值 τ_r/σ_r 有比对称循环下增高的趋势。试验得出的 $\sigma_a - \sigma_m$ 图如图 5-12 和图 5-13 所示。

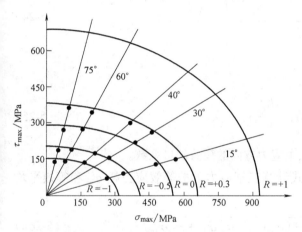

图 5-12　45 钢（正火）的非对称弯扭
复合疲劳极限

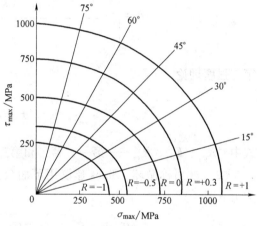

图 5-13　40Cr 钢（调质）的非对称弯扭
复合疲劳极限

非对称循环下的弯扭复合疲劳强度可用等效应力法或复合安全系数法求得。在使用等效应力法时，先用下面公式计算出等效应力幅 σ_{qa} 和 τ_{qa}：

$$\sigma_{qa} = \sigma_a + \frac{\psi_\sigma}{K_{\sigma D}}\sigma_m \tag{5-21a}$$

$$\tau_{qa} = \tau_a + \frac{\psi_\tau}{K_{\tau D}}\tau_m \tag{5-21b}$$

再将 σ_{qa} 和 τ_{qa} 当作对称循环下的 σ_a 和 τ_a，代入相应的公式中进行计算即可。

当使用复合安全系数法时，只需在计算安全系数 n_σ 和 n_τ 时改用非对称循环下的相应公式即可（参看 5.1.1 节）。

2. 三轴应力

（1）对称循环　对于结构钢等延性材料，三轴应力下的疲劳强度也服从第三强度理论

或第四强度理论。当应力以普遍形式表示时，其表达式依次为

$$\sigma_q = \sqrt{(\sigma_x - \sigma_y)^2 + 4\tau_{xy}^2} \tag{5-22a}$$

$$\sigma_q = \sqrt{\frac{(\sigma_x - \sigma_y)^2 + (\sigma_y - \sigma_z)^2 + (\sigma_z - \sigma_x)^2 + 6(\tau_{xy}^2 + \tau_{yz}^2 + \tau_{zx}^2)}{2}} \tag{5-22b}$$

当应力以主应力表示时，等效应力的表达式依次为

$$\sigma_q = \sigma_1 - \sigma_3 \tag{5-23a}$$

$$\sigma_q = \sqrt{\sigma_1^2 + \sigma_2^2 + \sigma_3^2 - (\sigma_1\sigma_2 + \sigma_2\sigma_3 + \sigma_3\sigma_1)} \tag{5-23b}$$

其强度条件仍为式（5-18）。

当三个主应力方向的应力集中系数相差过大时，应当用以下公式取代式（5-23b）和式（5-23a）：

第四强度理论

$$\sigma_q = \left[\frac{\left(\sigma_1 - \dfrac{K_{\sigma_2}}{K_{\sigma_1}}\sigma_2\right)^2 + \left(\dfrac{K_{\sigma_2}}{K_{\sigma_1}}\sigma_2 - \dfrac{K_{\sigma_3}}{K_{\sigma_1}}\sigma_3\right)^2 - \left(\dfrac{K_{\sigma_3}}{K_{\sigma_1}} - \sigma_1\right)^2}{2} \right]^{\frac{1}{2}} \tag{5-24}$$

第三强度理论

$$\sigma_q = \sigma_1 - \frac{K_{\sigma_3}}{K_{\sigma_1}}\sigma_3 \tag{5-25}$$

式中　K_{σ_1}、K_{σ_2}、K_{σ_3}——第一、第二和第三主应力方向的疲劳缺口系数。

（2）非对称循环　Sines 建议用下面公式计算三轴应力下的等效应力幅 σ_{qa} 和等效平均应力 σ_{qm}：

$$\sigma_{qa} = \sqrt{\sigma_{1a}^2 + \sigma_{2a}^2 + \sigma_{3a}^2 - (\sigma_{1a}\sigma_{2a} + \sigma_{2a}\sigma_{3a} + \sigma_{3a}\sigma_{1a})} \tag{5-26a}$$

$$\sigma_{qm} = \sigma_{xm} + \sigma_{ym} + \sigma_{zm} \tag{5-26b}$$

式中　σ_{1a}、σ_{2a}、σ_{3a}——主应力幅（MPa）；

　　　σ_{xm}、σ_{ym}、σ_{zm}——沿任意三个互相垂直方向上的平均应力（MPa）。

计算出等效应力幅 σ_{qa} 和等效平均应力 σ_{qm} 之后，就可使用与单轴应力相同的方法进行疲劳强度校核，这时只需用 σ_{qa} 和 σ_{qm} 分别代替单轴应力计算公式中的 σ_a 和 σ_m 即可。

同样，当三个主应力方向的应力集中系数相差过大时，也应当以下式代替式（5-26a）：

$$\sigma_{qa} = \left[\frac{\left(\sigma_{1a} - \dfrac{K_{\sigma_2}}{K_{\sigma_1}}\sigma_{2a}\right)^2 + \left(\dfrac{K_{\sigma_2}}{K_{\sigma_1}}\sigma_{2a} - \dfrac{K_{\sigma_3}}{K_{\sigma_1}}\sigma_{3a}\right)^2 + \left(\dfrac{K_{\sigma_3}}{K_{\sigma_1}}\sigma_{3a} - \sigma_{1a}\right)^2}{2} \right]^{\frac{1}{2}} \tag{5-27}$$

式中　σ_{1a}、σ_{2a}、σ_{3a}——第一、第二和第三主应力幅（MPa）；

　　　K_{σ_1}、K_{σ_2}、K_{σ_3}——第一、第二和第三主应力方向的疲劳缺口系数。

而式（5-26b）不变。

5.2 有限寿命设计

有限寿命设计法只保证机器在一定的使用期限内安全使用，因此，它允许零件的工作应力超过疲劳极限，机器的重量比无限寿命设计法为轻，是当前许多机械产品的主导设计思想。如飞机、汽车等对自重有较高要求的产品，都使用这种设计方法进行抗疲劳设计。

名义应力有限寿命设计法是一种使用较早的有限寿命设计法，已经使用多年，使用经验比较丰富。这种设计法常称为安全寿命设计，它是无限寿命设计法的直接发展，二者的基本设计参数都是名义应力。其设计思想也大体相似，都是从材料的 *S-N* 曲线出发，再考虑各种影响因素，得出零件的 *S-N* 曲线，并根据零件的 *S-N* 曲线进行抗疲劳设计。所不同的是，无限寿命设计法使用的是 *S-N* 曲线的右段——水平部分，即疲劳极限，而有限寿命设计法使用的是 *S-N* 曲线的左段—斜线部分，即有限寿命部分。另外，由于斜线部分的疲劳寿命各不相同，因此在对材料 *S-N* 曲线进行修正时，要考虑循环数对各影响系数的影响。此外，无限寿命设计的设计应力低于疲劳极限，因此，比设计应力低的低应力，对零件的疲劳强度和寿命无影响，设计计算时不管实际的工作应力如何变化，只需按照最高应力进行强度校核即可。如果在最高应力下不会发生疲劳破坏，再加以比最高应力为低的其他应力也不会发生问题。而有限寿命设计的设计应力一般都高于疲劳极限，这时就不能只考虑最高应力，而需要按照一定的累积损伤理论估算总的疲劳损伤。

5.2.1 单轴应力下的有限寿命设计

1. 等幅应力

（1）对称循环 零件 *S-N* 曲线是名义应力有限寿命设计法的基础。当然，用全尺寸零件进行疲劳试验是得出零件 *S-N* 曲线的最好方法。但是，在设计阶段零件还没有设计制造出来，往往没有条件这样做。这时，常用的方法是利用材料 *S-N* 曲线估算出零件 *S-N* 曲线。使用这种方法进行疲劳设计的步骤如下：

1）做出对称循环下的材料 *S-N* 曲线，可以使用以下三种方法：

①从手册或文献上查出所用材料的 *S-N* 曲线。

②对所用材料进行疲劳试验，得出其材料 *S-N* 曲线。

③在没有现成的 *S-N* 曲线可资利用，也没有条件进行疲劳试验时，可使用图 2-51 所示的理想化 *S-N* 曲线。

2）做出对称循环下的零件 *S-N* 曲线：

①由试验做出的材料 *S-N* 曲线得出零件 *S-N* 曲线时，对于弯曲疲劳，其 10^3 周次循环时的疲劳极限 σ_{-1N}（$N = 10^3$ 周次）不变，而转折点 N_0 次循环时的疲劳极限则由 σ_{-1} 变为 σ_{-1D}，两者在双对数坐标上直线相连，即可由材料 *S-N* 曲线得出零件 *S-N* 曲线。扭转疲劳时的处理方法与弯曲疲劳相同。拉-压疲劳时的零件 *S-N* 曲线如图 5-14 所示。

由此得出的弯曲疲劳零件 *S-N* 曲线表达式为

$$\lg N = \lg N_0 - m'(\lg \sigma - \lg \sigma_{-1D})$$

$$(5-28)$$

$$m' = \frac{\lg N_0 - 3}{\lg\left(\dfrac{\sigma_{-1N}}{\sigma_{-1D}}\right)}$$

扭转疲劳的零件 S-N 曲线表达式为

$$\lg N = \lg N_0 - m'\left(\lg\tau - \lg\tau_{-1D}\right) \tag{5-29}$$

$$m' = \frac{\lg N_0 - 3}{\lg\left(\dfrac{\tau_{-1N}}{\tau_{-1D}}\right)}$$

②当查不到材料的 S-N 曲线时，就必须由材料的理想化 S-N 曲线推导出零件的理想化 S-N 曲线，图 5-14 为 Buch 给出的理想化 S-N 曲线。我们对 Buch 提出的理想化 S-N 曲线与试验曲线进行了对比，发现它们与试验曲线不能很好符合，必须加以改进。需要改进之点有三：a. 弯曲载荷和扭转载荷下有无应力集中试样的理想化 S-N 曲线不应互相平行；b. 拉伸载荷下的材料理想化 S-N 曲线在 $N = 1$ 周次时均应为疲劳强度系数 σ_f'，而不应为抗拉强度 σ_b；c. 与疲劳极限对应的 N 值应为转折点寿命 N_0，而不应一律采用 10^6 周次。我们通过试验研究，推荐使用图 5-15 所示的材料理想化 S-N 曲线和零件理想化 S-N 曲线。图 5-15 所示的零件理想化 S-N 曲线的表达式为

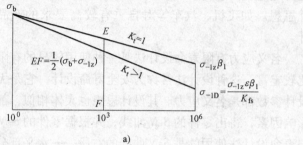

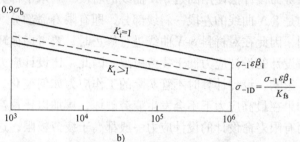

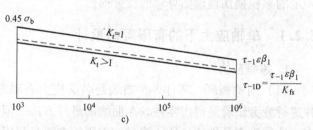

图 5-14　Buch 提出的理想化 S-N 曲线
a) 拉-压　b) 弯曲　c) 扭转

拉压

$$\lg N = \lg N_0 - m_1\left(\lg\sigma - \lg\sigma_{-1D}\right) \tag{5-30a}$$

$$m_1 = \frac{\lg N_0}{\lg\left(\dfrac{\sigma_f'}{\sigma_{-1D}}\right)}$$

弯曲

$$\lg N = \lg N_0 - m_2\left(\lg\sigma - \lg\sigma_{-1D}\right) \tag{5-30b}$$

$$m_2 = \frac{\lg N_0 - 3}{\lg\left(\dfrac{0.9\sigma_b}{\sigma_{-1D}}\right)}$$

扭转

$$\lg N = \lg N_0 - m_3\left(\lg\tau - \lg\tau_{-1D}\right) \tag{5-30c}$$

$$m_3 = \frac{\lg N_0 - 3}{\lg\left(\dfrac{0.45\sigma_b}{\tau_{-1D}}\right)}$$

式中　N_0——转折点寿命，调质钢可取为 $\lg N_0 = 6$，正火碳钢可取为 $\lg N_0 = 6.5$，铸钢和铸铁可取为 $\lg N_0 = 6.6$；

　　　　σ_f'——疲劳强度系数，当查不到该材料的数据时，可近似取为 $\sigma_f' \approx \sigma_f \approx \sigma_b + 350\text{MPa}$；

　　　　σ_b——抗拉强度（MPa）；

　　　　σ_{-1D}——零件弯曲疲劳极限（MPa）；

　　　　τ_{-1D}——零件扭转疲劳极限（MPa）。

图 5-15 所示的材料与零件理想化 S-N 曲线，比图 5-14 更为合理，也与试验曲线更为符合。

3）疲劳强度校核。在给定使用寿命 N 和工作应力 σ_a 时，可根据给定的使用寿命 N，在零件 S-N 曲线上找出相应的条件疲劳极限 σ_{-1DN}，用下式求出工作安全系数 n：

$$n = \frac{\sigma_{-1DN}}{\sigma_a} \qquad (5\text{-}31)$$

当 $n \geq [n]$ 时，零件在规定的寿命期 N 内能够安全使用。许用安全系数的选用参见 5.1.1 节第 4 条。

4）疲劳寿命估算。当给定零件尺寸和工作应力时，估算安全寿命的方法为：先确定出许用安全系数 $[n]$，再用下式求出与工作应力 σ 相应的计算应力 σ_g：

$$\sigma_g = [n]\sigma \qquad (5\text{-}32)$$

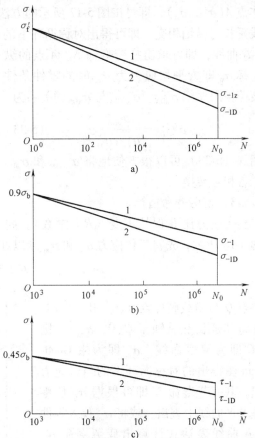

图 5-15　作者推荐的理想化 S-N 曲线

a）拉压　b）弯曲　c）扭转

1—材料的理想化 S-N 曲线　2—零件的理想化 S-N 曲线

在零件 S-N 曲线上与 σ_g 相应的循环数 N 即为零件的安全寿命。

（2）非对称循环　在非对称循环下，不但需要零件 S-N 曲线，还需要零件的 Goodman 图。下面介绍利用零件的 S-N 曲线和 Goodman 图进行疲劳设计的步骤。

1）做出材料的 Goodman 图。如图 5-16 所示，在 σ_a-σ_m 坐标上，纵轴上的 σ_{-1N} 与横轴上的 σ_b 相连，即可得出疲劳寿命为 N 时的材料 Goodman 图。

利用 Goodman 图，即可从 σ_a、σ_m 和 N 中的任两者求出第三者。例如，知道了工作点 $A(\sigma_m, \sigma_a)$，即可按图 5-16 所示的方法，将此点与 $B(\sigma_b, 0)$ 点直线相连，并将此直线延长，与纵轴相交，即可得出对称循环下的 σ_{-1N}，然后再根据 σ_{-1N} 的数值，从 S-N 曲线上确定出破坏循环数 N。

2）做出零件的 Goodman 图。将图 5-16 中的 σ_{-1N} 换为 σ_{-1DN} 即可得出图 5-17 所示的零件 Goodman 图。

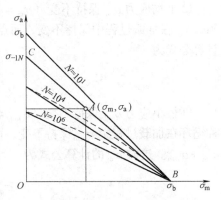

图 5-16　材料的 Goodman 图

　　利用零件的 Goodman 图，即可由 N、σ_a、σ_m 中的任两者求出第三者。例如，知道了工作点 $A(\sigma_m, \sigma_a)$，即可按图 5-17 所示的方法，将此点与点 $B(\sigma_b, 0)$ 直线相连，并将此直线延长与纵轴相交，即可得出对称循环下的条件疲劳极限 σ_{-1DN}，然后将 σ_{-1DN} 值代入零件 S-N 曲线，即可求出疲劳寿命 N。A 点的纵坐标 σ_a 即为平均应力为 σ_m 时的零件条件疲劳极限振幅 σ_{aDN}。σ_{-1DN} 与 σ_{aDN} 的关系为

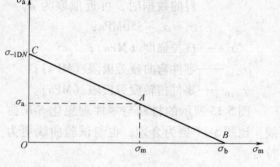

$$\sigma_{-1DN} = \frac{\sigma_{aDN}}{\sigma_b - \sigma_m}\sigma_b \qquad (5\text{-}33)$$

用式（5-33）可以很方便地将 σ_{-1DN} 和 σ_{aDN} 二者相互转换。

图 5-17　零件的 Goodman 图

　　3）疲劳寿命估算。

　　①应力比 R 保持不变（R = 常数）。如图 5-18 所示，先将工作应力 σ_a 和 σ_m 乘以许用安全系数 $[n]$，得出计算应力 σ_{ag} 和 σ_{mg}：

$$\sigma_{ag} = [n]\sigma_a \qquad (5\text{-}34a)$$

$$\sigma_{mg} = [n]\sigma_m \qquad (5\text{-}34b)$$

将点 Q 与静载破坏点（σ_b, 0）相连，并将其延长交纵轴于 $C(0, \sigma_{ag})$，则 BC 即为等寿命线，σ_{ag} 即为用 Goodman 图得出的对称循环下的当量应力幅，其疲劳寿命 N 即可根据 σ_{qg} 从零件 S-N 曲线上查出，或将 σ_{qg} 代入零件 S-N 曲线表达式计算出疲劳寿命 N，而 σ_{qg} 即为疲劳寿命为 N 时的零件条件疲劳极限 σ_{-1DN}。

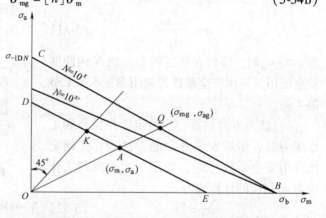

图 5-18　R = 常数的非对称循环安全系数的确定

　　由几何关系，σ_{qg} 可以用下式计算：

$$\sigma_{qg} = \frac{\sigma_{aq}\sigma_b}{\sigma_b - \sigma_{mg}} \qquad (5\text{-}35)$$

　　②平均应力 σ_m 保持不变（σ_m = 常数）。与 R = 常数的非对称循环不同的是，这种情况下，σ_m 在加载过程中保持不变，而点 Q 的横坐标不需再乘以 $[n]$，因而其当量应力 σ_{qg} 的计算公式为

$$\sigma_{qg} = \frac{\sigma_{ag}\sigma_b}{\sigma_b - \sigma_m} \qquad (5\text{-}36)$$

　　③最小应力 σ_{min} 保持不变（σ_{min} = 常数）。与前面两种非对称循环不同的是，这种非对称循环在加载过程中 σ_{min} 保持不变，而 $\sigma_m = \sigma_{min} + \sigma_a$，因而式（5-35）中的 σ_{mg} 应当更换为 $\sigma_{ag} + \sigma_{min}$。这时 σ_{qg} 的计算公式为

$$\sigma_{qg} = \frac{\sigma_{ag}\sigma_b}{\sigma_b - (\sigma_{ag} + \sigma_{min})} \qquad (5\text{-}37)$$

得出 σ_{qg} 以后，即可用与前面相同的方法计算出疲劳寿命 N。

4）疲劳强度计算。应力比保持不变（R＝常数）时，用如下方法确定出工作安全系数 n，并如图 5-18 所示，在零件的 Goodman 图上，做出与寿命 N 相应的等寿命线，并由原点 O 向工作点 $A(\sigma_m, \sigma_a)$ 连直线，交等寿命线于 Q，则安全系数 $n = QO/AO$。

由几何关系可以得出：

$$n = \frac{\sigma_b \sigma_{-1DN}}{\sigma_b \sigma_a + \sigma_{-1DN} \sigma_m} \tag{5-38}$$

当工作安全系数 $n \geqslant [n]$ 时，零件在指定的寿命期内能够安全使用，故 R＝常数时的强度条件为

$$n = \frac{\sigma_b \sigma_{-1DN}}{\sigma_b \sigma_a + \sigma_{-1DN} \sigma_m} \geqslant [n] \tag{5-39}$$

同样可以推导出平均应力保持不变（σ_m＝常数）时的强度条件为

$$n = \frac{\sigma_{-1DN}(\sigma_b - \sigma_m)}{\sigma_a \sigma_b} \geqslant [n] \tag{5-40}$$

最小应力保持不变（σ_{min}＝常数）时的强度条件为

$$n = \frac{\sigma_b - \sigma_{min}}{\sigma_a \left(1 + \dfrac{\sigma_b}{\sigma_{-1DN}}\right)} \geqslant [n] \tag{5-41}$$

5）求等效循环。如图 5-18 所示，过工作点 $A(\sigma_m, \sigma_a)$ 做等寿命线 BC 的平行线 DE，则 DE 上各点在指定寿命 N 下有相同的安全系数，可以互相代替。即 DE 上的各点均为等效循环，DE 为等效应力线。这样，在疲劳试验时，就可以用对称循环点 D、脉动循环点 K 或 DE 线上的其他点来代替工作点 $A(\sigma_m, \sigma_a)$。

6）平均应力的滑移。与无限寿命设计时相同，在非对称循环下，若平均应力 σ_m 过高，则也将发生平均应力滑移。这时其平均应力 σ_m 也应代之以应力滑移后的最大可能平均应力 σ_{m0}。按与无限寿命设计相同的方法，可以推导出有限寿命设计时的最大可能平均应力 σ_{m0} 的计算公式为

$$\sigma_{m0} = \frac{\sigma_s - \sigma_{-1N}}{1 - \dfrac{\sigma_{-1N}}{\sigma_b}} \tag{5-42}$$

应注意的是，式（5-42）中使用的是材料的条件疲劳极限 σ_{-1N}，而非零件疲劳极限 σ_{-1DN}。

我们在进行 EQ140 汽车后桥半轴套管的等幅疲劳试验时，使用了两种平均应力，$\sigma_{m1} = 447.7\text{MPa}$ 和 $\sigma_{m2} = 289.3\text{MPa}$，试验结果发现，两种平均应力下的疲劳极限振幅可以用一条共同的 S-N 曲线表达。我们用式（5-42）对其最大可能平均应力 σ_{m0} 进行了计算，发现其 σ_{m0} 值均小于 σ_{m1} 和 σ_{m2}，这就为上面的疲劳试验结果做出了合理解释。设计计算结果还表明，使用 σ_{m0} 代替 σ_{m1} 和 σ_{m2} 进行抗疲劳设计，与半轴套管的疲劳试验结果很符合；而使用 σ_{m1} 和 σ_{m2} 进行设计计算，则计算结果与疲劳试验结果不相符合。这也进一步证明了使用 σ_{m0} 代替 σ_m 的正确性和必要性。

（3）试验验证　我们使用 4 种汽车拖拉机零构件对本书提出的抗疲劳设计方法进行了试验验证。我们首先在不同的平均应力 σ_m（或 τ_m）和应力幅 σ_a（或 τ_a）下进行了等幅疲劳试验，对每种零构件在每级应力水平下都试验一组试样，得出每个试样的疲劳寿命 N_i，

并由每个试样的疲劳寿命 N_i，求出各组试样的平均寿命 N，将此平均寿命作为该零构件在该应力水平下的疲劳寿命。则 σ_a 即为该零构件在该平均应力下的疲劳寿命为 N 时的试验疲劳极限振幅 σ_{aDNt}。将试验寿命 N 代入零件 S-N 曲线，即可求出该零构件在该寿命下的零件条件疲劳极限 σ_{-1DN}，然后再用式（5-33），即可由 σ_{-1DN} 计算出平均应力为 σ_m 时的零件计算疲劳极限振幅 σ_{aDNc}。将 σ_{aDNc} 与 σ_{aDNt} 相对比，即可确定出所用的有限寿命设计方法的计算精度，二者相符合的程度可用相对误差 δ 表示：

$$\delta = \frac{\sigma_{aDNt} - \sigma_{aDNc}}{\sigma_{aDNt}} \tag{5-43}$$

δ 的绝对值越小，说明二者相符合的程度越好，计算精度越高。

这时的计算安全系数为

$$n_c = \frac{\sigma_{aDNt}}{\sigma_{aDNc}}[n] \tag{5-44}$$

当计算安全系数 $n_c \geqslant 1$ 时，所用的设计计算方法能保证零构件使用安全。n_c 值越大，所用的设计计算方法越安全。

4 种零构件的试验验证结果列于表 5-3，表 5-3 中的计算安全系数 n_c 值，为取许用安全系数为其最小值 $[n] = 1.3$ 时的计算值。

4 种零构件的验证结果表明，计算安全系数 n_c 一般都在 1.22 以上，n_c 的最低值为 1.13，这说明在所有的情况下，n_c 均比 1 高出许多，因而所用的抗疲劳设计方法能确保零构件在寿命期内安全使用。验证结果还表明，计算疲劳极限与试验疲劳极限的相对误差一般都在 ±10% 以内，最大相对误差不超过 15%，这说明本书推荐的抗疲劳设计方法具有较高的计算精度。

表 5-3　4 种零构件的试验验证结果

零构件名称	加载方式	平均应力 /MPa	疲劳极限/MPa		疲劳寿命 N/周次	δ (%)	n_c
			σ_{aDNt}	σ_{aDNc}			
SN-25 拖拉机半轴	扭转	163.34	161.73	161.66	4.95×10^4	0	1.3
			101.75	95.14	6.65×10^5	6.5	1.39
		254.92	155.31	142.72	4.26×10^4	8.1	1.41
			92.11	81.76	6.53×10^5	11.2	1.46
SN-25 拖拉机转向节	弯曲	150	489	487	3.15×10^4	0.4	1.31
			370	351	1.45×10^5	5.1	1.37
		105	489	562	2.04×10^4	-15	1.13
		90	489	498	3.89×10^4	-1.8	1.28
			343	356	1.86×10^5	-3.7	1.25
		76	297	324	3.12×10^5	-9.1	1.19
EQ140 汽车后桥半轴套管	弯曲	447.7	149.2	148.8	4.56×10^5	0.3	1.30
			112.0	119.6	8.84×10^5	-6.8	1.22
		289.3	261.8	254.1	9.27×10^4	2.9	1.34
			151.5	144.4	4.99×10^5	4.7	1.36

（续）

零构件名称	加载方式	平均应力 /MPa	疲劳极限/MPa		疲劳寿命 N/周次	δ （%）	n_c
			σ_{aDNt}	σ_{aDNc}			
EQ140 汽车车架 模拟试件	拉压	0	253.7	251.9	1.93×10^4	0.7	1.31
			217.0	218.2	6.52×10^4	-0.6	1.29
			180.4	177.4	3.76×10^5	1.7	1.32
		36.3	202.3	193.2	1.013×10^5	4.5	1.36
			158.1	150.2	8.61×10^5	5.0	1.37

2. 变幅应力

变幅应力下有限寿命设计的一般步骤如下：

1）分析确定零件的载荷谱。

2）测定或估算零件 S-N 曲线和疲劳极限线图。

3）按一定的累积损伤理论进行疲劳强度校核。

4）按一定的累积损伤理论估算零件的疲劳寿命。

5）进行验证性疲劳试验。

零件的 S-N 曲线和疲劳极限线图的确定方法已在前面叙述，进行验证性疲劳试验的方法也已在 1.6.3 节中谈过，本节仅介绍步骤 1）、3）、4）。

（1）分析确定零件的载荷谱　对承受随机载荷的零件进行寿命估算时，必须先进行载荷谱分析。对于正在设计中的机器，虽然不能确切知道它将来如何使用，但可以根据过去对这类机器载荷情况的调查，再加上对新的使用条件的估计，制订出其设计载荷谱。

如果不考虑循环过程中的强化和弱化作用，也不考虑过载效应等，认为疲劳损伤与加载次序无关，也不考虑每次循环的路径和持续时间的不同，只认为峰值和谷值起作用，这样就可以把载荷谱简化为图 5-19a 的形式。

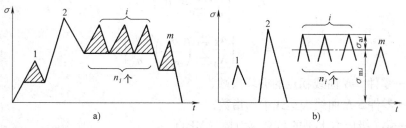

图 5-19　载荷谱的简化和分解
a）载荷谱的简化　b）载荷谱的分解

这时，可以把不稳定的非对称循环看成是若干个非对称循环的组合。可以这样分解它：如图 5-19b 所示，先把一个从最低谷值单调上升到最高峰值，再单调下降到最低谷值的主循环分离出来；然后再分解出较小的一般循环，这样就可以把图 5-19a 的载荷谱分解为图 5-19b 的形式。每一种循环是由 σ_{ai} 和 σ_{mi} 及在这种循环下的循环数 n_i 确定的。由图可以看出，这种分解方法与雨流法的计数方式完全相同，用雨流计数法可以直接得出这种载荷谱（雨流计数法见第 6 章 6.2 节）。当分解载荷谱时，如果载荷谱不是从最低谷值或最高峰值起始，可以把载荷谱从最低谷值或最高峰值处截断，然后把前面的一半移到后面，即可得出由最高峰值或最低谷值起始的载荷谱，这时即可按照上述处理方法进行处理。

得出零件危险截面的载荷谱以后，就可以使用材料力学公式计算出名义应力谱。

（2）疲劳强度校核　在不稳定的变幅应力下进行疲劳强度校核或进行寿命估算时，都必须使用一定的累积损伤理论。进行疲劳强度校核时，可使用 Miner 法则或修正 Miner 法则。

进行变幅应力下的疲劳强度校核，一般均使用等效应力法。它利用 S-N 曲线的幂函数方程，根据疲劳损伤相等的原则，将各种应力都转化为失效循环数 N_0 为循环基数时的当量应力，然后再按当量应力 σ_e 进行疲劳强度校核。循环基数 N_0 相当于 S-N 曲线上的拐点。

1）按 Miner 法则进行疲劳强度校核。

①使用二参数 S-N 曲线时零件 S-N 曲线的方程为

$$N\sigma^m = C \tag{5-45}$$

由此得

$$N_i\sigma_i^m = N_0\sigma_{-1D}^m \tag{5-46}$$

将 Miner 法则的表达式 $\sum\limits_{i=1}^{l} \dfrac{n_i}{N_i} = 1$ 中的分子分母同乘以 σ_i^m，可得

$$\sum_{i=1}^{l} \frac{n_i}{N_i} = \sum_{i=1}^{l} \frac{\sigma_i^m n_i}{\sigma_i^m N_i} = 1 \tag{5-47}$$

将式（5-46）代入式（5-47）可得

$$\left(\frac{1}{N_0}\sum_{i=1}^{l} \sigma_i^m n_i\right)^{\frac{1}{m}} = \sigma_{-1D}$$

而在等幅应力下不考虑安全系数的强度条件为

$$\sigma \leqslant \sigma_{-1D}$$

由此可得变幅应力下的当量应力 σ_e 的表达式为

$$\sigma_e = \left(\frac{1}{N_0}\sum_{i=1}^{l} \sigma_i^m n_i\right)^{\frac{1}{m}} \tag{5-48a}$$

或

$$\sigma_e = \sigma_{max}\left[\frac{n_{\Sigma}}{N_0}\sum_{i=1}^{l} \left(\frac{\sigma_i}{\sigma_{max}}\right)^m \frac{n_i}{n_{\Sigma}}\right]^{\frac{1}{m}} \tag{5-48b}$$

式中　N_0——零件 S-N 曲线拐点的循环次数；

　　　m——零件 S-N 曲线表达式中的指数；

　　　σ_i——第 i 级应力水平的名义应力幅（MPa）；

　　　n_i——第 i 级应力水平下的循环次数；

　　　σ_{max}——最高应力水平的名义应力幅（MPa）；

　　　n_{Σ}——零件的总工作循环次数；

　　　l——应力水平级数。

由以上的当量应力表达式可得变幅应力下的强度条件为

$$n = \frac{\sigma_{-1D}}{\sigma_e} = \frac{\sigma_{-1}}{K_{\sigma D}\left(\dfrac{1}{N_0}\sum\limits_{i=1}^{l} n_i\sigma_i^m\right)^{\frac{1}{m}}} \geqslant [n] \tag{5-49a}$$

或

$$n = \frac{\sigma_{-1}}{K_{\sigma D}\sigma_{\max}\left[\dfrac{n_{\Sigma}}{N_0}\displaystyle\sum_{i=1}^{l}\left(\dfrac{\sigma_i}{\sigma_{\max}}\right)^m\dfrac{n_i}{n_{\Sigma}}\right]^{\frac{1}{m}}} \geqslant [n] \tag{5-49b}$$

式中的 N_0 和 m 值可以用下面方法确定：

对于弯曲加载，当具有其材料 S-N 曲线时，N_0 可取为与材料 S-N 曲线的 N_0 相同。m 值用下式计算：

$$m = \frac{\lg\sigma_{-1} - \dfrac{3-a}{b}}{\dfrac{3-a}{b} - \lg\sigma_{-1D}}b \tag{5-50}$$

式中　a，b——材料 S-N 曲线表达式中的系数。

当缺乏材料 S-N 曲线及 N_0 的试验数据时，N_0 值可近似取为：正火碳钢 $N_0 = 3.16 \times 10^6$ 周次，调质钢 $N_0 = 10^6$ 周次，铸钢和铸铁 $N_0 = 4 \times 10^6$ 周次。m 可由零件的理想化 S-N 曲线得出，其表达式为

拉压

$$m = \frac{\lg N_0}{\lg\left(\dfrac{\sigma'_f}{\sigma_{-1D}}\right)} \tag{5-51}$$

弯曲

$$m = \frac{\lg N_0 - 3}{\lg\left(\dfrac{0.9\sigma_b}{\sigma_{-1D}}\right)} \tag{5-52}$$

扭转

$$m = \frac{\lg N_0 - 3}{\lg\left(\dfrac{0.45\sigma_b}{\tau_{-1D}}\right)} \tag{5-53}$$

式中：σ'_f——疲劳强度系数，当缺乏试验数据时，可近似取为 $\sigma'_f \approx \sigma_f \approx \sigma_b + 350\text{MPa}$。

在非对称循环下，仍使用式（5-49a）进行疲劳强度计算，但式中的 σ_i 应代之以非对称循环下的等效应力 σ_{qi}，σ_{qi} 的计算公式为

应力比 R = 常数时：

$$\sigma_{qi} = \frac{\sigma_{agi}\sigma_b}{(\sigma_b - \sigma_{mgi})[n]} \tag{5-54}$$

平均应力 σ_m = 常数时：

$$\sigma_{qi} = \frac{\sigma_{agi}\sigma_b}{(\sigma_b - \sigma_{mi})[n]} \tag{5-55}$$

最小应力 $\sigma_{\min}$ = 常数时：

$$\sigma_{qi} = \frac{\sigma_{agi}\sigma_b}{[\sigma_b - (\sigma_{\min} + \sigma_{agi})][n]} \tag{5-56}$$

式中　σ_{agi}——计算应力幅，$\sigma_{agi} = [n]\sigma_{ai}$；

σ_{mgi}——计算平均应力，$\sigma_{mgi} = [n]\sigma_{mi}$。

切应力下的表达式与正应力下相同，只需将式中的 σ（包括变量及下标）改为 τ 即可。

②使用三参数 $S\text{-}N$ 曲线方程时，可以用与二参数 $S\text{-}N$ 曲线方程相似的方法，得出其当量应力表达式为

$$\sigma_e = \left[\frac{1}{N_0}\sum_{i=1}^{l}(\sigma_i - A)^{m'}n_i\right]^{\frac{1}{m'}} + A \tag{5-57a}$$

或

$$\sigma_e = (\sigma_{max} - A)\left[\frac{n_\Sigma}{N_0}\sum_{i=1}^{l}\left(\frac{\sigma_i - A}{\sigma_{max} - A}\right)^{m'}\frac{n_i}{n_\Sigma}\right]^{\frac{1}{m'}} + A \tag{5-57b}$$

式中　N_0——某一选定的疲劳寿命，一般可取为 $N_0 = 10^6$ 次循环；

　　　A——无限寿命下的零件对称弯曲疲劳极限（与 σ_{-1D} 有区别，σ_{-1D} 为 10^7 次循环下的零件对称弯曲疲劳极限）（MPa）；

　　　m'——三参数 $S\text{-}N$ 曲线表达式中的指数。

这时的强度条件为：

$$n = \frac{(\sigma_{-1D})_{N_0}}{\sigma_e} = \frac{(\sigma_{-1})_{N_0}}{K_{\sigma D}\left\{\left[\frac{1}{N_0}\sum_{i=1}^{l}n_i(\sigma_i - A)^{m'}\right]^{\frac{1}{m'}} + A\right\}} \tag{5-58a}$$

或

$$n = \frac{(\sigma_{-1})_{N_0}}{K_{\sigma D}\left\{(\sigma_{max} - A)\left[\frac{n_\Sigma}{N_0}\sum_{i=1}^{l}\left(\frac{\sigma_i - A}{\sigma_{max} - A}\right)^{m'}\frac{n_i}{n_\Sigma}\right]^{\frac{1}{m'}} + A\right\}} \tag{5-58b}$$

2）按修正 Miner 法则进行疲劳强度校核。修正 Miner 法则的表达式为

$$\sum_{i=1}^{l}\frac{n_i}{N_i} = a$$

根据我们的研究，a 可取为 0.7。

按修正 Miner 法则的强度条件为

$$n = \frac{\sigma_{-1D}}{\left(\frac{1}{aN_0}\sum_{i=1}^{l}n_i\sigma_i^m\right)^{\frac{1}{m}}} \geqslant [n] \tag{5-59}$$

当 a 值取为该零件在其服役载荷谱下累积损伤和的试验值 D_f 时，称为相对 Miner 法则，相对 Miner 法则的疲劳强度计算精度比其他累积损伤理论大为提高，但这时必须具有该零件在其服役载荷谱下的 D_f 试验数据。

3）按 Corten-Dolan 损伤理论进行疲劳强度校核。按 Corten-Dolan 损伤理论进行疲劳强度校核时，应将各级应力都向最高应力水平 σ_1 折合，其当量应力 σ_e 的计算公式为：

$$\sigma_e = \left(\frac{1}{N_1}\sum_{i=1}^{l}\sigma_i^d n_i\right)^{\frac{1}{d}} \tag{5-60}$$

其强度条件为：

$$n = \frac{\sigma_1}{\sigma_e} = \frac{\sigma_1}{\left(\frac{1}{N_1}\sum_{i=1}^{l}\sigma_i^d n_i\right)^{\frac{1}{d}}} \tag{5-61}$$

式中 σ_1——最高应力（MPa）；

N_1——最高应力 σ_1 下的疲劳寿命（周次）；

d——Corten-Dolan 公式的指数，应由第一级应力与 σ_1 相同的两级程序疲劳试验得出。当缺乏试验数据时，可近似取为 $d = 0.85m$，m 为零件 S-N 曲线的指数。

（3）疲劳寿命估算 使用本节所述的载荷谱分析方法，将载荷谱分解为图 5-19b 所示的形式以后，再使用等幅应力下所用的方法，分别对每种循环进行损伤计算，然后再按一定的累积损伤理论估算疲劳寿命。

1）按 Miner 法则时，若每次运行的损伤为

$$D = \sum_{i=1}^{l} \frac{n_{0i}}{N_i} \tag{5-62}$$

式中 n_{0i}——每次运行中某种循环的循环次数；

N_i——根据该循环的应力值，由零件 S-N 曲线和 Goodman 图确定出的该种循环下的疲劳寿命；

l——分解出的循环种类数。

则零件可以承受的总周期数为

$$\lambda = \frac{1}{D} = \frac{1}{\displaystyle\sum_{i=1}^{l} \frac{n_{0i}}{N_i}} \tag{5-63}$$

零件的疲劳寿命为

$$N = \lambda n_0 \tag{5-64}$$

$$n_0 = \sum_{i=1}^{l} n_{0i}$$

式中 n_0——每次运行的循环数。

2）按修正 Miner 法则时：

$$\lambda = \frac{a}{\displaystyle\sum_{i=1}^{l} \frac{n_{0i}}{N_i}} \tag{5-65}$$

N 值仍用式（5-64）计算。

3）按相对 Miner 法则时：

$$\lambda = \frac{D_f}{\displaystyle\sum_{i=1}^{l} \frac{n_{0i}}{N_i}} \tag{5-66}$$

N 值仍用式（5-64）计算。

4）按 Corten-Dolan 理论时：

$$N = \frac{N_1}{\displaystyle\sum_{i=1}^{l} \alpha_i \left(\frac{\sigma_i}{\sigma_i}\right)^d} \tag{5-67}$$

5）按双线性理论时，用式（4-4）、式（4-5）计算出 ϕ、Z、Z_{Ii}、N_{IIi}，再按第 4 章

4.3 节中所述的方法计算出以载荷块计的寿命 λ 或以周次计的寿命 N。

（4）试验验证　我们用 4 种汽车拖拉机零构件对本书提供的变幅应力下的疲劳强度计算方法和疲劳寿命估算方法进行了试验验证。验证时，先根据随机载荷下的试验寿命 N，计算出各种应力水平下的循环数 n_i，再使用本书所述的方法计算出变幅应力下的当量应力 σ_e，并将 σ_e 与参考应力 σ_{-1D}（对 Miner 法则和修正 Miner 法则）相对比，或与载荷谱中之最高应力 σ_1（对 Corten-Dolan 理论）相对比，得出其相对误差 δ。$\delta = (\sigma_e - \sigma_{-1D})/\sigma_{-1D}$（对 Miner 法则和修正 Miner 法则）和 $\delta = (\sigma_e - \sigma_1)/\sigma_1$（对 Corten-Dolan 理论）。$\delta$ 的绝对值越小，计算精度越高。δ 的正负则表明其安全性。δ 为正，计算结果偏于安全；δ 为负，计算结果偏于危险。

表 5-4 中列出了其相对误差 δ 的计算结果。表 5-5 中列出了试验寿命 N_t 与计算寿命 N_c 的比值。

表 5-4　相对误差 δ 的计算结果

零构件名称	加载方式	加载水平	$\delta(\%)$		
			Miner 法则	修正 Miner 法则	Corten-Dolan 理论
SN-25 拖拉机半轴	扭转	低	3	10.8	4.6
		中	−9.6	−2.8	−6.1
		高	−11.6	−5.3	−6.6
EQ140 汽车后桥半轴	弯曲	低	4.9	14.3	14.5
		次低	−11.3	−3.4	−5.4
		中	−9.1	−1.1	−4.7
		高	−2.2	6.5	6.8
EQ140 汽车车架模拟试件	拉压	低	−4.7	−0.6	−4.2
		中	−5.6	−1.5	−3.9
		高	−2.9	1.3	0.6
EQ140 汽车 T 形局部车架	弯曲	低	−9.9	−6.0	−11.2
		中	2.4	6.7	4.1
		高	8.1	12.6	12.1

表 5-5　试验寿命与计算寿命的对比

零构件名称	加载方式	加载水平	N_t/N_c		
			Miner 法则	修正 Miner 法则	Corten-Dolan 理论
SN-25 拖拉机半轴	扭转	低	1.16	1.65	1.24
		中	0.61	0.87	0.77
		高	0.54	0.77	0.76
EQ140 汽车后桥半轴套管	弯曲	低	1.22	1.74	1.70
		次低	0.61	0.87	0.84
		中	0.64	1.09	0.93
		高	0.80	1.15	1.28

（续）

零构件名称	加载方式	加载水平	N_t/N_c		
			Miner 法则	修正 Miner 法则	Corten-Dolan 理论
EQ140 汽车车架模拟试件	拉压	低	0.66	0.95	0.65
		中	0.59	0.90	0.66
		高	0.78	1.11	0.94
EQ140 汽车 T 形局部车架	弯曲	低	0.46	0.66	0.61
		中	1.26	1.79	1.67
		高	1.14	1.63	2.52

由表 5-4 可见，三种累积损伤理论的 δ 值一般均在 $\pm 10\%$ 以内，最高不超过 $\pm 15\%$，这说明本书所用的累积损伤理论和强度计算方法精度都是比较高的，而其中以修正 Miner 法则的精度最高。从表 5-4 还可看出，三种累积损伤理论中，Miner 法则的计算结果偏于危险，Corten-Dolan 理论居中，而修正 Miner 法则则较为安全。

从表 5-5 的数据可以看出，三种累积损伤理论的 N_t/N_c 比值都在 $0.46 \sim 2.52$ 的范围内，这说明它们都有比较满意的寿命估算精度，Miner 法则的计算结果偏于危险，而修正 Miner 法则的计算结果则比较安全。

综上所述可见，三种累积损伤理论的计算结果都是比较满意的。而三种累积损伤理论中，无论从计算精度或安全性考虑，都是以修正 Miner 法则最好。因此，作者推荐在进行有限寿命设计时使用修正 Miner 法则。

5.2.2　多轴应力下的有限寿命设计

1. 弯扭复合应力

（1）疲劳强度校核　疲劳强度校核可使用等效应力法或复合安全系数法。

1）等效应力法的计算步骤如下：

①先按 5.2.1 节的方法，得出单轴应力下的材料 S-N 曲线和零件 S-N 曲线，并由后者确定出设计寿命 N 下的零件条件疲劳极限 σ_{-1DN} 和 τ_{-1DN}。

②用等效应力计算公式（5-13）或式（5-17）计算出等效应力 σ_q，计算时用零件条件疲劳极限 σ_{-1DN}、τ_{-1DN} 代替相应公式中的零件疲劳极限 σ_{-1D}、τ_{-1D}。

③用 σ_q 代替单轴应力计算公式中的 σ_a，即可按与单轴应力相同的方法进行疲劳强度校核。

2）复合安全系数法的计算步骤如下：

①使用单轴应力下的疲劳强度校核方法，分别计算出弯曲安全系数 n_σ 和扭转安全系数 n_τ。

②用式（5-19）计算出复合安全系数 n。

③按 $n \geqslant [n]$ 的强度条件进行疲劳强度校核。

此法仅适合于结构钢等延性材料。

（2）疲劳寿命估算　计算步骤如下：

1）先假定一个疲劳寿命 N，并按前述方法确定出 σ_{-1DN} 和 τ_{-1DN}，并计算出 $\varphi_{DN} = \tau_{-1DN}/\sigma_{-1DN}$ 和 σ_q。

2）用 σ_q 代替单轴应力中的 σ_a，并使用与单轴应力相同的方法计算出计算应力 σ_g 或 σ_{-1DN}，再按与单轴应力相同的方法确定出疲劳寿命 N。

3）当计算出的疲劳寿命与假定的疲劳寿命不相同，从而使由计算寿命计算出的 φ_{DN} 与由假定寿命计算出的 φ_{DN} 也不相同时，须再假定一个疲劳寿命重新计算，直至由计算出的疲劳寿命计算出的 φ_{DN} 与由假定寿命计算出的 φ_{DN} 值小数点后的第二位数字相同时为止。这时，最终的计算寿命即为零件的疲劳寿命。

2. 三轴应力

计算步骤如下：

1）用等效应力计算公式［式（5-22）、式（5-23）、式（5-26）］计算出等效应力 σ_q 或 σ_{qa} 和 σ_{qm}。

2）用 σ_q 代替 σ，σ_{qa} 代替 σ_a，σ_{qm} 代替 σ_m，并按与单轴应力相同的方法进行疲劳强度校核和寿命估算。

第6章 随机疲劳

6.1 概述

载荷分为静载荷和动载荷两大类。动载荷又可分为周期载荷、非周期载荷和冲击载荷。周期载荷和非周期载荷统称为疲劳载荷。疲劳载荷中所有峰值载荷均相等且所有谷值均相等的载荷称为恒幅载荷；所有峰值载荷不等，或所有谷值载荷不等，或两者均不相等的载荷称为谱载荷（或变幅载荷）；而峰值和谷值载荷及其序列是随机出现的谱载荷则称为随机载荷。

对周期载荷可进行谐波分析，得出其基频 ω_1。基频是周期载荷的最低谐振频率，常遇到的周期载荷总是基频的幅值最大。因此，在设计机器时，必须使其固有频率避开工作载荷的基频。

由于随机载荷的幅值和频率都是随时间变化的，而且是不确定的，所以它不能用一个简单的数学表达式来描述。一般要从幅域、时域和频域三个方面来描述和分析其统计特性。

随机过程可分为平稳的和非平稳的两大类。如果随机过程的统计信息不随自变量的变化而改变，则这种随机过程就称为平稳随机过程。一般来说，对于一个要研究的随机过程，如果前后环境与条件保持不变，则可以认为它是平稳的。对于平稳随机过程，如果从一个子样函数 $x(t)$ 求得的统计信息与由母体 $X(t)$ 求得的统计信息相同，则称该平稳随机过程为各态历经的。在研究实际问题时，为使问题简化，一般均假定为各态历经的。

承受随机载荷的零件，在进行疲劳强度计算、寿命估算和疲劳试验之前，必须先确定其载荷谱。在机器工作时直接测得的载荷-时间历程称为工作谱或使用谱，由于随机载荷的不确定性，这种谱无法使用，必须对它进行统计处理。处理后的载荷-时间历程称为载荷谱，载荷谱是具有统计特性的图形，它能本质地反映零件的载荷变化情况。将实测的载荷-时间历程处理成具有代表性的典型载荷谱的过程称为编谱。编谱的重要一环，是用统计理论来处理所获得的实测子样。

对于随机载荷，统计分析方法主要有两类：计数法和功率谱法。计数法是从载荷-时间历程确定出不同载荷变量值及其出现次数的方法。功率谱法是借助傅里叶变换，将连续变化的随机载荷分解为无限多个具有各种频率的简单变化，得出其功率谱密度函数。在抗疲劳设计中广泛使用计数法，因此本章仅介绍这种方法。

6.2 计数法

将载荷-时间历程处理为一系列的全循环或半循环的过程叫作计数法。国外提出的计数法已有十几种。计数法可以分为两大类：单参数计数法和双参数计数法。单参数计数法只记录载荷谱中的一个参量，如峰值或范围，不能给出循环的全部信息，有较大的缺陷。属于这种计数法的有：峰值计数法、范围计数法、穿级计数法等。双参数计数法可以记录载荷循环中的两个参量。由于载荷循环中只有两个独立变量，因此双参数计数法可以记录载荷循环的全部信息，是比较好的计数法。属于双参数计数法的有：范围对计数法、雨流计数法、跑道计数法等。

凡是好的计数法都必须计入一个从最高峰值到最低谷值的范围最大的循环，在计入其他循环时，也总是力求使计入的范围达到最大。另外，凡是好的计数法都是将载荷历程的各部分只计入一次。范围对法、雨流法和跑道法均能满足上述要求。现在使用得最多的是雨流计数法。

1. 范围对法

如图 6-1a 所示，先计入一些小循环，并将其相应的反向点略去。图 6-1a 有 20 个反向

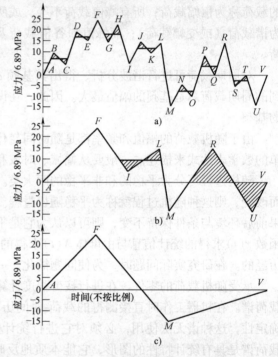

点，计入以阴影线表示的 7 个范围对并略去与其相应的 14 个反向点以后，便剩下图 6-1b 中的 6 个反向点。再将图 6-1b 用同样的方法处理，计入以阴影线表示的 2 个范围对并略去与其相应的 4 个反向点，最后只剩下图 6-1c 所示的一个范围最大的循环。范围对法的计数结果与雨流法相同。

2. 雨流法

雨流法由 Matsuishi（马特修施）和 Endo（恩多）提出。雨流法取一垂直向下的坐标表示时间，横坐标表示载荷。这时的应力-时间历程与雨点从宝塔向下流动的情况相同，因而得名。

雨流法的计数规则如下：

1）重新安排载荷历程，以最高峰值或最低谷值为起点（视二者的绝对值哪一个更大而定）。

2）雨流依次从每个峰（谷）的内侧向

图 6-1 范围对计数法示意图

下流，在下一个谷（峰）处落下，直到对面有一个比其起点更高的峰值（或更低的谷值）停止。

3）当雨流遇到自上面屋顶流下的雨流时即行停止。

4）取出所有的全循环，并记录下各自的范围和均值。

例如，一个如图 6-2a 所示的载荷-时间历程，在进行雨流法计数时，由于载荷-时间历程的起点不是最高峰值或最低谷值，因此需要将载荷-时间历程重新安排。在重新安排载荷-时间历程时，由于最高峰值点 A 为新载荷-时间历程的起点，将 A 点以后的载荷-时间历程移到 C 点的前面，使 C' 点与 C 点重合。这样便变成图 6-2b。然后，再把图 6-2b 的载荷-时间历程顺时针旋转 90°，便变成图 6-2c 所示的情况。在图 6-2c 中，雨流从最高峰值点 A 起始，向下流动，到 B 点后落到 B' 点，再从 B' 点到 D 点，然后下落。第 2 个雨流从 B 点的内侧起始，向下流至 C 点，到 C 点后落下，由于 D 的谷值比 B 为低，故雨流停止于 D 点的对应处。

第 3 个雨流自 C 点的内侧起始，流到 B' 后遇到来自上面的雨流 $ABB'D$，故停止在 B' 点。BC 与 CB' 构成一个全循环 BCB'，取出全循环 BCB'。第 4 个雨流自 D 点的内侧起始，向下流到 E 点后下落到 E' 点，再流到 I 点下落。第 5 个雨流自 E 点起始，向下流到 F 点以后，下落到 F' 点，再向下流到 H 点下落。第 6 个雨流自 F 点的内侧起始，向下流到 G 点后下落，由于 H 点的谷值比 F 点为低，因此停止于 H 点对侧的对应处。第 7 个雨流自 G 点的内侧起始，向下流到 F' 处，遇到雨流 $EFF'H$，故停止于 F' 点，取出全循环 FGF'。第 8 个雨流自 H 点的内侧起始，向下流到 E' 点后，遇到雨流 $DEE'I$，停止于 E' 点，取出全循环 $EFF'HE'$。而 $ABB'D$ 与 $DEE'I$ 又组成全循环 $ABB'DEE'I$，取出 $ABB'DEE'I$。至此，已将全部载荷-时间历程计数，形成如图 6-2d 所示的 4 个全循环。雨流法的计数过程，可以用计算程序在计算机或专用的计数仪器上自动完成。

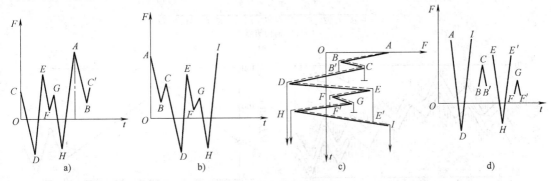

图 6-2　雨流计数法示意图

雨流法的计数结果以矩阵表示时最为方便和清楚，表 6-1 所示为一组雨流法的计数结果。在组限一栏内只标明了下限，方阵内的数字为该级载荷出现的频次。

表 6-1　载荷的峰谷值矩阵示例

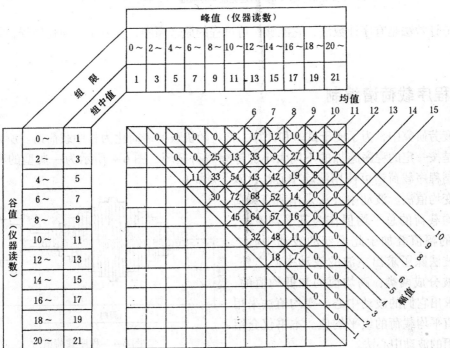

3. 跑道计数法

跑道计数原理如图 6-3 所示。原来的载荷-时间历程如图 6-3a 所示，先规定一个"跑道"或宽度 s，以围墙为界，围墙的外形与原始历程相同（见图 6-3b）。假想有一辆赛车跑过这条跑道，记录其由上行改为下行和由下行改为上行的反向点（图中的 F、M、N、O），即可得出如图 6-3c 所示的简化历程。跑道的宽度 s 决定了要计入的反复点数。

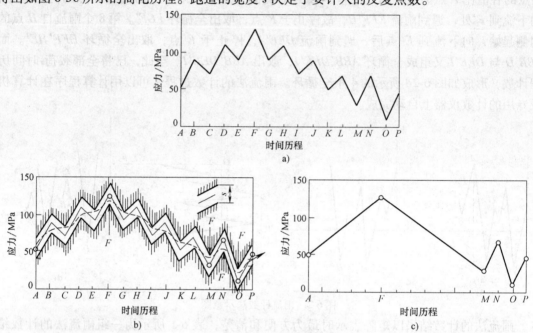

图 6-3　跑道计数法示意图
a）不规则的历程　b）通过宽度 s 的筛选　c）得出的简化历程

跑道计数法是有序计数法，它能够保持过程的原来顺序，主要用于简化历程，加速试验和计算。

6.3　程序载荷谱编制

在疲劳研究中，为了便于试验和计算，常将随机载荷谱简化为程序载荷谱。所谓程序载荷谱就是按一定的程序施加的不同大小的等幅载荷循环。图 6-4 所示为一典型的程序载荷谱。编制程序载荷谱可使用波动中心法、双波法和变均值法。波动中心法采用所有载荷循环平均载荷的总平均值作为其平均载荷，将变化的幅值叠加于此不变的波动中心之上。双波法除了求出主波的波动中心之外，将二级波分成两类：高均值的和低均值的，并分别求出它们的波动中心。变均值法采用各级幅值平均载荷的组平均值。本书仅介绍最常使用的波动中心法。

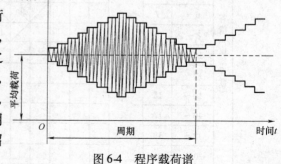

图 6-4　程序载荷谱

1. 累积概率分布图的编制

累积概率分布图的编制步骤如下：

1）记录典型的载荷-时间历程，并用一定的计数法计数。

2）计算出载荷的总平均值。当用雨流法计数时，可直接给出每种载荷循环的平均载荷，这时，所有载荷循环的平均载荷的平均值即为总平均值。当用峰值计数法计数时，可分别求出载荷峰值的平均值和载荷谷值的平均值，峰值平均值与谷值平均值的总平均值即为所需的载荷总平均值。

3）找出载荷幅值遵循何种频率分布。常用的理论频率分布有正态分布和威布尔分布。使用雨流计数法时可直接给出幅值，对其进行检验，即可得出它服从何种分布及它的分布参数。当用峰值计数法时，可将峰值减去总平均值作为幅值。这时，由于小载荷对疲劳强度影响小，可将小于总平均值的峰值载荷略去不计。

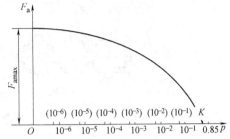

图 6-5　载荷幅值的累积概率分布图

4）得出载荷幅值服从何种分布，并得出其分布参数以后，即可给出如图 6-5 所示的载荷幅值累积概率分布图。

5）忽略较小的幅值以后，载荷幅值为零时的累积概率仍应为1，为使其仍等于1，需将所有的载荷幅值均除以 K 点的累积概率，在本例中为 0.85。这相当于将整个横坐标向左平移一段距离，即应当使用括号中的数字作为横坐标的尺度。

2. 累积频次图的编制

根据 Conver（康维尔）的建议，以概率为 10^{-6} 的载荷为最大载荷，即最大载荷是 10^6 周次循环之中只发生一次的载荷。而载荷幅值大于"0"时的累积频次为 10^6。这样就可绘出如图 6-6 所示的累积频次图。

当零件的工况比较复杂，不能用一种典型工况表示时，需要分别求出各种单独典型工况单位时间的累积频次，再将各种典型工况的累积频次相加，得出单位时间内的总累积频次，并将其扩充为 10^6 周次出现一次最大载荷的累积频次图。

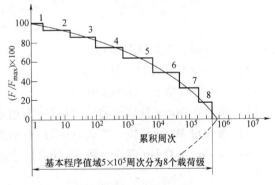

图 6-6　累积频次图

3. 程序加载制度的确定

程序加载制度按以下方法确定：

1）最大载荷幅值取为 10^6 周次循环中出现一次的幅值。

2）载荷幅值一般分为 8 级，各级幅值与最大幅值之比依次为：1、0.95、0.85、0.725、0.575、0.425、0.275、0.125（见图 6-6）。

3）一般应使程序块重复 10~20 次。若程序块的重复次数为 λ，总寿命为 N，则每个程序块的循环次数 n_0 应取为

$$n_0 = \frac{N}{\lambda} \tag{6-1}$$

4）常用的加载顺序为：低-高，高-低，低-高-低，高-低-高（见图6-7）。后两种加载顺序比较接近于随机加载。

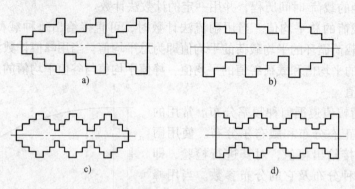

图6-7　4种加载顺序

6.4　随机疲劳强度计算

1. 按程序谱进行疲劳强度计算

先按6.3节的方法将随机谱简化为程序谱，再对程序谱进行疲劳强度计算。

程序谱的疲劳强度校核与寿命估算的方法与一般的变幅载荷相同，参见第5章5.2.1节。

2. 按连续载荷谱进行寿命估算

（1）按 Miner 法则　设应力幅的概率密度函数为 $f(\sigma)$，N 为零件寿命，则：

$$N = \frac{1}{\displaystyle\int_{\sigma_D}^{\sigma_{max}} \frac{f(\sigma)}{C} \sigma^m \mathrm{d}\sigma} \qquad (6\text{-}2)$$

式中　σ_D——损伤极限（MPa）；

　　　σ_{max}——最大应力幅（MPa）；

　　m、C——零件常数，由试验确定。

（2）按修正 Miner 法则　将式（6-2）右边乘以修正 Miner 法则的损伤和常数 a。

（3）按相对 Miner 法则　将式（6-2）右边乘以损伤和试验值 D_f。

（4）按 Corten-Dolan 理论　将式（6-2）中的指数 m 换为 Corten-Dolan 理论的指数 d。

6.5　随机疲劳试验方法

进行随机疲劳试验，可使用的试验方法有：程序疲劳试验、使用复现试验、伪随机疲劳试验、随机加载试验。

1. 程序疲劳试验

为了简化试验，降低费用，常将随机谱简化为程序载荷谱，进行程序疲劳试验。

按程序谱加载进行的疲劳试验称为程序疲劳试验。程序谱的编制方法见6.3节。在进行程序疲劳试验时，为了节约试验时间，常将高频数小载荷折算为低频数大载荷。折算时一般利用 Miner 法则和 S-N 曲线的幂函数方程。折算时一般应向损伤最大的载荷等级折算。当载

荷以程序谱形式给出时，折算公式为

$$n_{eq} = \sum_{i=1}^{k} \left(\frac{A_i}{A_{eq}}\right)^m n_i \tag{6-3}$$

式中　n_{eq}——折算后的等效循环次数；

n_i——在第 i 级载荷下的循环数；

A_i——第 i 级载荷谱的振幅值；

A_{eq}——向其折算的载荷等级的等效振幅值；

m——S-N 曲线（$\sigma^m N = C$）中的幂数，对于结构钢，一般为 5~10；

k——进行折算的载荷级数。

为了缩短试验时间，加速程序疲劳试验的进行，可将试验谱加以强化。所谓载荷谱的强化，就是将各级载荷均乘以同一个强化倍数。在强化谱下进行程序疲劳试验，得出强化谱下的疲劳寿命以后，再利用程序谱下的 S-N 曲线，计算出原谱的疲劳寿命。程序 S-N 曲线的表达式为

$$N\sigma^k = C \tag{6-4}$$

式中　N——疲劳寿命（循环数）；

k——指数，对结构钢为 6.5~7；

C——常数，可由强化谱下的试验结果计算出来。

2. 使用复现试验

将现场的使用载荷-时间历程用磁带记录，试验时将它反输到试验机中，用它来控制试验机的载荷，从而准确复现全部载荷历程。这种试验真实性较大，并且，载荷-时间历程采集到以后，不需要进行复杂费时的数据处理工作，比较简便。但这种试验费时很长，而且实测得的工作谱未经统计处理，带有很大的偶然性，并不能反映零件在各种工况下载荷随时间变化的本质情况。仅仅使用一段有限的磁带做循环重放时更是如此。

3. 伪随机疲劳试验

利用雨流法得出的载荷矩阵（见表6-1）加载。试验时将矩阵中的数据按新的随机顺序重新排列，并且每一新周期都另按新的随机顺序再重新编排一次（如美国 MTS 公司的 P-V-P 法）。

4. 随机过程试验

利用平稳的随机载荷功率谱密度函数作为加载的依据。将它的整个频带宽度划分为若干个连续的窄带频段，进行疲劳试验时，根据各段中心频率处幅值的均方值大小调节载荷幅值。试验中对试样载荷进行监测，利用微机快速傅里叶变换得到其功率谱密度函数，将它与预置的功率谱密度函数相比，给出反馈信号，进行闭环控制，使得试样载荷的功率谱密度函数与零件服役载荷的功率谱密度函数相同。

第7章 低周疲劳

低周疲劳与高周疲劳的主要区别见表7-1。

表7-1　低周疲劳与高周疲劳的差别

疲劳类别	高周疲劳	低周疲劳
定义	失效循环数大于 $10^4 \sim 10^5$ 周次的疲劳	失效循环数小于 $10^4 \sim 10^5$ 周次的疲劳
应力	低于弹性极限	高于弹性极限
塑性变形	无明显的宏观塑性变形	有明显的宏观塑性变形
应力-应变关系	线性关系	非线性关系
设计参量	应力	应变

7.1 材料的应力-应变响应

7.1.1 单调应力-应变曲线

材料在单调加载下的应力-应变响应用单调应力-应变曲线表示。单调应力-应变曲线是用静力拉伸试验测定的，它又可分为工程应力-应变（S-e）曲线和真实应力-应变（σ-ε）曲线（见图7-1）。

1. 工程应力-应变曲线

工程应力-应变曲线即通常的拉伸曲线，它表示单调轴向加力时工程应力与工程应变之间的函数关系。按照试样原始截面尺寸计算出的应力称为工程应力 S（MPa），即

$$S = \frac{F}{A_0} \tag{7-1}$$

式中　F——轴向力（N）；

　　　A_0——试样原始截面积（mm^2）。

在轴向加力试验中，试样的瞬间标距和原始标距之差与原始标距之比称为工程应变 e，即

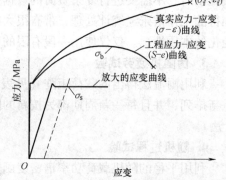

图7-1　工程应力-应变曲线和真实应力-应变曲线

$$e = \frac{\Delta L}{L_0} \tag{7-2}$$

式中　L_0——试样的初始基长（mm）；

　　　ΔL——L_0 的增量（mm）。

工程应力-应变曲线之所以在应力达到极值 σ_b 以后有一段下降，是由于试样中产生了颈缩，其实际面积减小，而在计算应力时仍用初始截面积 A_0 所致，并非试样中的应力真正有所降低。

2. 真实应力-应变曲线

真实应力-应变曲线用于表示试样在单调轴向加载时的真应力与真应变间的关系。在轴向加载试验中，根据瞬时真实横截面积 A 计算的轴向应力称为真应力 σ（MPa），即

$$\sigma = \frac{F}{A} \tag{7-3}$$

在轴向加力试验中瞬间标距 L 与原始标距 L_0 之比的自然对数称为真应变，即

$$\varepsilon = \int_{L_0}^{L} \frac{\mathrm{d}L}{L} = \ln \frac{L}{L_0} \tag{7-4}$$

当塑性变形很大时，可忽略弹性体积变化，假设体积不变，因而有：

$$A_0 L_0 = AL$$

从而在发生颈缩以前，σ 和 ε 可以用以下公式计算：

$$\sigma = \frac{F}{A_0} \times \frac{A_0}{A} = S\left(\frac{L}{L_0}\right) = S(1 + e) \tag{7-5}$$

$$\varepsilon = \ln \frac{L}{L_0} = \ln (1 + e) \tag{7-6}$$

真断裂强度 σ_f 为试样断裂时的真实拉伸应力，即

$$\sigma_f = \frac{F_f}{A_f} \tag{7-7}$$

式中 F_f——试样断裂时的力（N）；

A_f——试样断裂后的实际截面积（mm^2）。

真断裂延性 ε_f 为试样断裂时的真塑性应变，即

$$\varepsilon_f = \ln \frac{A_0}{A_f} = \ln\left(\frac{1}{1 - \psi}\right) \tag{7-8}$$

式中 ψ——断面收缩率。

真塑性应变 ε_p 与真应力 σ 在双对数坐标上呈线性关系，即

$$\sigma = K(\varepsilon_p)^n \tag{7-9}$$

式中 n——应变硬化指数；

K——强度系数（MPa）。

由上式可得出真应力-应变曲线的表达式为

$$\varepsilon = \varepsilon_e + \varepsilon_p = \frac{\sigma}{E} + \left(\frac{\sigma}{K}\right)^{\frac{1}{n}} \tag{7-10}$$

式中 ε——真应变（总应变）；

ε_e——真弹性应变；

ε_p——真塑性应变。

7.1.2 循环应力-应变曲线与迟滞回线

如图7-2所示，如果拉伸载荷加到 A 点后卸载至零，再加绝对值相等的压缩载荷，则曲线从 A 点先以斜率为弹性模量 E 的斜线下行，然后变向屈服直到 B 点。如到 B 点后又重新

加载，则以斜率 E 上升然后屈服，返回到 A 点。加载与卸载的应力-应变迹线 ABA 形成一个闭环，称为迟滞回线。

　　材料在循环加载下，由于要产生循环硬化或循环软化，因此在开始阶段所得的迟滞回线并不闭合，但经过一定次数的循环以后，迟滞回线接近于封闭环，即可得到稳定的迟滞回线。将应变幅控制在不同的水平上，可以得到一系列大小不同的稳定迟滞回线，将它们的顶点连接起来，便得到该金属材料的循环应力-应变曲线 OC（见图 7-3）。由此可见，循环应力-应变曲线是稳态迟滞回线顶点的轨迹，材料的稳态应力-应变行为，可以方便地用它表示出来。

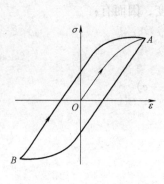

图 7-2　应力-应变迟滞回线

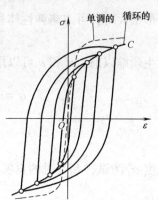

图 7-3　循环应力-应变曲线

　　根据许多学者的研究，循环应力-应变曲线也可用与单调应力-应变曲线相似的公式表达，即

$$\sigma = K'(\varepsilon_{\mathrm{p}})^{n'} \tag{7-11}$$

$$\varepsilon = \frac{\sigma}{E} + \left(\frac{\sigma}{K'}\right)^{\frac{1}{n'}} \tag{7-12}$$

式中　　σ——真应力（MPa）；

　　　　K'——循环强度系数（MPa）；

　　　　ε_{p}——真塑性应变；

　　　　n'——循环应变硬化指数，$n' = 0.10 \sim 0.20$，平均值接近于 0.15，$n' = b/c$，b 为疲劳强度指数，c 为疲劳延性指数；

　　　　ε——真应变（总应变）；

　　　　E——弹性模量（MPa）。

　　材料的单调应力-应变曲线与循环应力-应变曲线的对比示于图 7-4，图 7-4a 为循环硬化材料，图 7-4b 为循环软化材料。可以用以下方法判断材料为循环硬化或循环软化。

　　1）根据应变硬化指数 n 判断：$n > 0.15$，循环硬化；$n < 0.15$，循环软化。

　　2）根据强屈比 $\sigma_{\mathrm{b}}/\sigma_{\mathrm{s}}$ 判断：$\sigma_{\mathrm{b}}/\sigma_{\mathrm{s}} > 1.4$，循环硬化；$\sigma_{\mathrm{b}}/\sigma_{\mathrm{s}} < 1.2$ 循环变化；$\sigma_{\mathrm{b}}/\sigma_{\mathrm{s}} = 1.2 \sim 1.4$，可能硬化，也可能软化。

　　已有的大量试验数据表明，对大多数工程材料（灰铸铁除外），稳定的迟滞回线与循环应力-应变曲线之间有着简单的近似关系，即稳定的迟滞回线与放大一倍的单轴循环应力-应

变曲线形状相似。因此，稳定的迟滞回线的方程可以表示为

$$\frac{\Delta\varepsilon}{2}=\frac{\Delta\sigma}{2E}+\left(\frac{\Delta\sigma}{2K'}\right)^{\frac{1}{n'}} \tag{7-13}$$

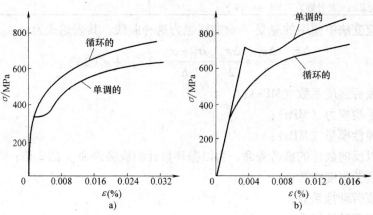

图7-4 循环硬化与循环软化

a) 循环硬化 b) 循环软化

7.2 应变-寿命曲线

进行低周疲劳寿命估算时，可使用以下几种形式的应变-寿命曲线：$\Delta\varepsilon_p$-N 曲线、$\Delta\varepsilon_t$-N 曲线、σ_a-N 曲线。

1. $\Delta\varepsilon_p$-N 曲线

该曲线表达式也称为 Manson-Coffin 关系式，其表达式为

$$\Delta\varepsilon_p N^z=C \tag{7-14}$$

式中 $\Delta\varepsilon_p$——塑性应变范围；

    N——疲劳寿命（周次）；

    C、z——材料常数。

上式适用于 $\Delta\varepsilon_p>0.010$，$z$ 的变化范围不大，一般为 $0.5\sim0.7$。常数 C 与断裂延性 ε_f 有关，一般为 $0.5\varepsilon_f\sim\varepsilon_f$，而 $\varepsilon_f=\ln[1/(1-\psi)]$，$\psi$ 为断面收缩率。Coffin 对多种材料进行试验后，建议取 $z=0.5$，$C=0.5\varepsilon_f$。Manson 对 13 种材料进行试验后，建议取 $z=0.6$，$C=\varepsilon_f$。

2. $\Delta\varepsilon_t$-N 曲线

一些学者用软钢、合金钢和铝合金试样进行平面弯曲疲劳试验，在应变幅介于 $\pm0.4\%$ 与 $\pm0.5\%$ 之间得出了如下关系式：

$$\Delta\varepsilon_t N^m=C \tag{7-15}$$

式中 $\Delta\varepsilon_t$——总应变范围；

    m、C——材料常数，$m=0.41$，$C=0.30$。

Stout 对 16 种钢进行了对称平面弯曲试验，得出的 $10^3\sim10^5$ 周次循环范围内的 m 和 C 值列于表7-2。

表 7-2　m 和 C 值

钢　　种	m	C
碳钢和锰钢（锰的质量分数可达 1.5%）	0.42	0.44
低合金钢（合金总的质量分数为 1.5% ~ 2.0%）	0.27	0.10
多元合金钢（合金总的质量分数为 2.5% ~ 4.0%）	0.21	0.06

局部应力应变法中使用的应变-寿命曲线也为这种曲线，其表达式为

$$\frac{\Delta\varepsilon_t}{2} = \frac{\Delta\varepsilon_e}{2} + \frac{\Delta\varepsilon_p}{2} = \frac{\sigma_f' - \sigma_m}{E}(2N)^b + \varepsilon_f'(2N)^c \qquad (7\text{-}16)$$

式中　σ_f'——疲劳强度系数（MPa）；

　　　σ_m——平均应力（MPa）；

　　　E——弹性模量（MPa）；

　　　$2N$——以反向数计的疲劳寿命，为以循环数计的疲劳寿命 N 的 2 倍；

　　　b——疲劳强度指数；

　　　ε_f'——疲劳延性系数；

　　　c——疲劳延性指数。

上式是在 Manson-Coffin 关系式中加以弹性项得出的，其图形见图 7-5 中的曲线 2。图中的曲线 1 为平均应力 $\sigma_m = 0$ 时的总应变-寿命曲线。总应变-寿命曲线由弹性线与塑性线叠加而成。弹性线受平均应力影响，弹性线一般为直线。图 7-5 中的曲线 3 为平均应力 $\sigma_m = 0$ 时的弹性线，曲线 4 为平均应力 σ_m 为拉应力时的弹性线。曲线 5 为塑性线，它不受平均应力影响，塑性线的前面部分为直线，尾部不为直线。

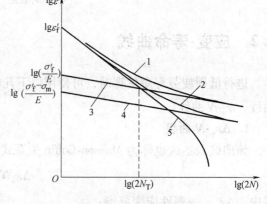

图 7-5　应变-寿命曲线

平均应力 $\sigma_m = 0$ 时的弹性线方程为

$$\frac{\Delta\sigma}{2} = \sigma_f'(2N)^b \qquad (7\text{-}17a)$$

平均应力 $\sigma_m \neq 0$ 时的弹性线方程为

$$\frac{\Delta\sigma}{2} = (\sigma_f' - \sigma_m)(2N)^b \qquad (7\text{-}17b)$$

式（7-17）也称为 Basquin 方程。

塑性线的方程为

$$\frac{\Delta\varepsilon_p}{2} = \varepsilon_f'(2N)^c \qquad (7\text{-}18)$$

上式为 Manson-Coffin 关系式的另一形式。

弹性线与塑性线的交点为 N_T，称为过渡寿命，常以它作为高、低周疲劳的分界点。当疲劳寿命 $N > N_T$ 时称为高周疲劳，$N < N_T$ 时称为低周疲劳。

如图 7-6 所示，当总应变幅为 0.01 时，许多材料的疲劳寿命大致相同，约为 2×10^3 次反向。应变幅大于 0.01 时，延性材料寿命较长；应变幅小于 0.01 时，高强材料寿命较长。

根据 Manson 的研究，总应变-寿命曲线还可以使用四点法和通用斜率法近似得出。

如图 7-7 所示，四点法的做法如下：$\Delta\varepsilon_e$-N 曲线可由 $N=1/4$、$\Delta\varepsilon_e=2.5\sigma_f/E$ 的点 A 与 $N=10^5$ 周次、$\Delta\varepsilon_e=0.9\sigma_b/E$ 的点 B 直线相连得出。当缺乏 σ_f 的试验数据时，可近似取 $\sigma_f=\sigma_b+350\text{MPa}$。$\Delta\varepsilon_p$-$N$ 曲线可由 $N=10$、$\Delta\varepsilon_p=\frac{1}{4}\varepsilon_f^{\frac{3}{4}}$ 的点 C 与 $N=10^4$ 周次、$\Delta\varepsilon_p=(\Delta\varepsilon_p)_{10^4}$ 的点 D 相连得出，而

$$(\Delta\varepsilon_p)_{10^4}=(0.0132-\Delta\varepsilon_e^*)/1.91 \tag{7-19}$$

式中 $\Delta\varepsilon_e^*$——$\Delta\varepsilon_e$-N 曲线上 $N=10^4$ 点的应变范围。

通用斜率法认为各种材料应变-寿命曲线中的指数均相同，其表达式为

$$\Delta\varepsilon_t=3.5\frac{\sigma_b}{E}N^{-0.12}+\varepsilon_f^{0.6}N^{-0.6} \tag{7-20}$$

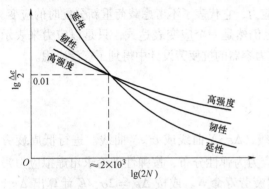

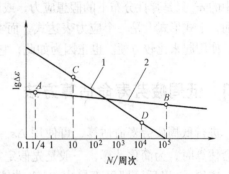

图 7-6　不同材料的应变-寿命　　　　　图 7-7　四点法求应变-寿命曲线
曲线示意图　　　　　　　　　　1—$\Delta\varepsilon_p$-N 曲线　2—$\Delta\varepsilon_e$-N 曲线

图 7-8 所示为通用斜率法和四点法预测出的疲劳寿命与试验结果的比较。

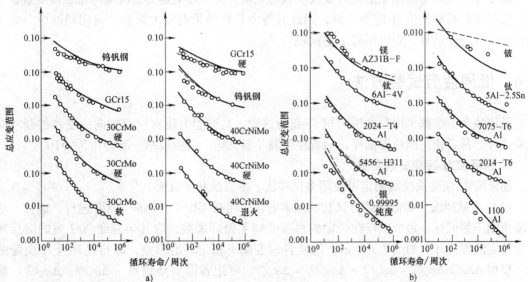

图 7-8　通用斜率法的预测寿命与试验结果的比较
a）钢　b）非铁金属
○试验结果　------四点法的预测结果　——通用斜率法的预测结果

注：每个坐标图都是由 5 个小图叠加而成的。由下而上，纵坐标的每个刻度值只适用于箭头所指的一条曲线。

3. σ_a-N 曲线

Langer 将 Manson-Coffin 方程中的应变范围用虚拟应力幅 σ_a 来表示，并取用 Coffin 建议的系数 $C = \varepsilon_f/2$，$\alpha = 0.5$，提出了以下的 σ_a-N 曲线表达式：

$$N = \left[\frac{E\varepsilon_f}{4(\sigma_a - \sigma_{ra})}\right]^2 \qquad (7\text{-}21)$$

$$\sigma_a = \frac{E\Delta\varepsilon_t}{2}$$

式中 σ_a——虚拟应力幅（MPa）；

$\quad\quad\Delta\varepsilon_t$——局部应变范围；

$\quad\quad\sigma_{ra}$——疲劳极限振幅（MPa）。

式中的 σ_a 只是弹性分布下的假想应力，或虚拟应力，它代表了不考虑载荷重新分配时的应变。因而，上式形式上是一个应力表达式，而实质上仍然是一个应变表达式，只是以应力来表示时，使用起来比较方便。也正因为如此，它在压力容器的抗疲劳设计中得到了广泛应用。

7.3 低周疲劳寿命估算方法

进行低周疲劳寿命估算，可使用 $\Delta\varepsilon_p$-N 曲线、$\Delta\varepsilon_t$-N 曲线或 σ_a-N 曲线。进行低周疲劳寿命估算时，为简化计算，一般是先假定零件应力为弹性分布，按弹性理论求出虚拟应力幅 σ_a。求得 σ_a 以后，即可直接由 σ_a-N 曲线求出疲劳寿命 N。或按 $\Delta\varepsilon_t = 2\sigma_a/E$ 计算出 $\Delta\varepsilon_t$，按 $\Delta\varepsilon_t$-N 曲线求出 N。再将 $\Delta\varepsilon_t$ 减去相当于其实际应力范围的弹性应变范围 $\Delta\varepsilon_e$，得出 $\Delta\varepsilon_p$，即可按 $\Delta\varepsilon_p$-N 曲线进行寿命估算。

由于零件中产生塑性变形以后要发生载荷重新分配，而上述方法既未考虑载荷的重新分配，也未进行精确的应力-应变分析，因此其寿命估算结果有较大误差。而用局部应力应变法进行低周寿命估算，则可消除上述误差。

7.4 低周疲劳试验方法

低周疲劳试验都采用对称轴向拉-压疲劳试验。其试验方法有控制轴向应变和控制径向应变之分，前者使用圆柱形试样，后者使用漏斗形试样。试验频率一般为 0.5 ~ 5Hz。

1. 循环应力-应变曲线测定

循环应力-应变曲线的测定可使用多试样法、多级法和增级法。

（1）多试样法 为低周疲劳试验的基本方法，可按 GB/T 15248—2008 进行。这种方法需要使用一组试样，每个试样在一定的总应变幅下循环加载，取其半寿命 $N/2$ 时的滞后环作为稳定的滞后环。如图 7-3 所示，连接各应变幅下稳定环的顶点，即得循环应力-应变曲线。根据 $\Delta\varepsilon_t/2 - \Delta\varepsilon_e/2 = \Delta\varepsilon_t/2 - \Delta\sigma/2E = \Delta\varepsilon_p/2$，可把各滞后环顶点（$\Delta\sigma_i/2$，$\Delta\varepsilon_{ti}/2$）数据处理成相应的（$\Delta\sigma_i/2$，$\Delta\varepsilon_{pi}/2$）数据点，然后按式（7-11）进行回归，即可得出循环应力-应变曲线及其相应的参数 K' 和 n'。

（2）多级法 仅用一根试样，先在较低的幅值下加载达到稳定，得出一条稳定的闭合回线；然后逐级增加幅值，得出一系列的闭合回线；再用与上相同的方法得出循环应力-应变曲线。

（3）增级法　也用一根试样，其应变幅先逐级减小，再逐级加大，构成一个循环块，并按此循环块进行程序加载，直到达到循环稳定。循环稳定时各迟滞回线顶点的连线即为循环应力-应变曲线。由于第一次加载是从最大应变幅值开始，因此第一次加载得出的就是单调应力-应变曲线。

2. 应变-寿命曲线测定

应变-寿命曲线的测定可按 GB/T 15248—2008 进行，包括测定 $\Delta\varepsilon_t/2\text{-}2N_f$ 曲线、$\Delta\varepsilon_p/2\text{-}2N_f$ 曲线和 $\Delta\varepsilon_e\text{-}2N_f$ 曲线。试验时选用一组相同的试样，在 6～10 级总应变幅下，每级取 2～4 根试样进行恒幅加载疲劳试验，得出各级应变水平的一组疲劳寿命 $2N_f$，这样便可得出 6～10 个试验点（$\Delta\varepsilon_{ti}/2$，$2\overline{N}_{fi}$）。按照与循环应力-应变曲线相同的方法，把各应变幅下的稳定环中的 $\Delta\varepsilon_{ti}/2$ 分别处理成 $\Delta\varepsilon_{ei}/2$ 和 $\Delta\varepsilon_{pi}/2$，然后用式（7-17）、式（7-18）和式（7-16）进行回归，得出如图 7-5 所示的应变-寿命曲线及其参数 σ_f'、b、ε_f'、c。

7.5　低周应变疲劳数据

某些国产机械工程材料的单调与循环应变特性见表 7-3。某些国产航空材料的单调与循环应变疲劳特性见表 7-4。某些美国工程合金的单调与循环应变特性见表 7-5。某些国外航空材料的单调与循环应变特性列于表 7-6。

表 7-3　某些国产机械工程材料的单调与循环应变特性

材料	热处理	σ_b /MPa	σ_s /σ_b	(K/MPa) /(K'/MPa)	n/n'	$\varepsilon_f/\varepsilon_f'$	(σ_f/MPa) /(σ_f'/MPa)	b	c	E/MPa	循环硬化（软化）特性
Q235A	轧态	470.4	0.69	928.2/ 969.6	0.2590/ 0.1824	1.0217/ 0.2747	976.4/ 658.8	-0.0709	-0.4907	198753.4	循环硬化
Q345	轧态	572.5	0.63	856.1/ 1164.8	0.1813/ 0.1871	1.0729/ 0.4644	1118.3/ 947.1	-0.0943	-0.5395	200741	循环硬化
45	调质	897.7	0.91	928.7/ 1112.5	0.0369/ 0.1158	0.8393/ 1.5048	1511.7/ 1041.4	-0.0704	-0.7338	193500	循环软化
40Cr	调质	1084.9	0.94	1285.1/ 1228.9	0.0512/ 0.0903	0.7319/ 0.3809	1264.7/ 1385.1	-0.0789	-0.5765	202860	循环软化
60Si2Mn	淬火后中温回火	1504.8	0.91	1721.2/ 1925.0	0.0350/ 0.0906	0.4557/ 0.3203	2172.4/ 2690.6	-0.1130	-0.5826	203395	循环软化
ZG270-500	正火	572.3	0.64	1218.1/ 1267.5	0.2850/ 0.2220	0.2383/ 0.1813	809.4/ 781.5	-0.0988	-0.5063	204555.4	循环硬化
QT450-10[1]	铸态	498.1	0.79	—/ 1127.9	—/ 0.1405	—/ 0.1461	856.9	-0.1027	-0.7237	166108.5	循环硬化
QT600-2[2]	正火	748.4	0.61	1439.9/ 1039.8	0.1996/ 0.1165	0.0760/ 0.3725	856.5/ 885.2	-0.0777	-0.7104	154000	循环硬化
QT600-2[1]	正火	677.0	0.77	1621.5/ 979.3	0.1834/ 0.0876	0.0377/ 0.0271	888.8/ 1109.8	-0.1056	-0.3393	150376.5	循环硬化
QT800-2[2]	正火	913.0	0.64	1777.3/ 1437.7	0.2034/ 0.1470	0.0455/ 0.1684	946.8/ 1067.4	-0.0830	-0.5792	160500	循环硬化

①　φ30mm 棒料。

②　Y 形试块。

表 7-4 某些国产航空材料的单调与循环应变特性

材　料	热处理	σ_b/MPa	$\sigma_{0.2}$/MPa	$(K/\text{MPa})/$ (K'/MPa)	n/n'	$\varepsilon_f(\%)/\varepsilon_f'$ $(\%)$	$(\sigma_f/\text{MPa})/$ (σ_f'/MPa)	b	c	E/MPa
30CrMnSiA	调质	1177.0	1104.5	1475.76/ 1771.93	0.063/ 0.127	77.27/ 161.15	1795.07/ 1755.94	-0.0859	-0.7712	203004.9
30CrMnSiNi2A	等温淬 火后回火	1655.4	1308.3	2355.35/ 2647.69	0.091/ 0.13	74/ 120.71	2600.52/ 2773.22	-0.1026	-0.7816	200062.8
40CrMnSiMoVA (GC-4)	等温淬 火后回火	1875.3	1513.2	3150.20/ 3411.36	0.1468/ 0.14	63.32/ 96.86	3511.55/ 3254.35	-0.1054	-0.7850	200455.1
2A12-T4 (棒材)	固溶处理 + 自然时效	545.1	399.5	870.47/ 849.78	0.097/ 0.158	13.67/ 18	723.76/ 643.44	-0.0627	-0.6539	73160.2
2A12-T4 (板材)	固溶处理 + 自然时效	475.6	331.5	545.17/ 645.79	0.0889/ 0.0669	30.19/ 16.50	618.04/ 670.21	-0.1027	-0.5114	71022.3
7A04-T6	固溶处理 + 人工时效	613.9	570.8	775.05/ 949.61	0.063/ 0.08	18.00/ 24.52	710.62/ 884.69	-0.0727	-0.7761	72571.8
7A09-IT74	中级过时 效状态	560.2	518.2	724.64/ 905.87	0.071/ 0.101	28.34/ 77.08	748.47/ 807.80	-0.0743	-0.9351	72179.5

表7-5　某些美国工程合金的单调与循环应变特性

	材料①	加工说明	σ_b/MPa	$(\sigma_s/\text{MPa})/(\sigma_s'/\text{MPa})$	$(K/\text{MPa})/(K'/\text{MPa})$	n/n'	$\varepsilon_f/\varepsilon_f'$	$(\sigma_f/\text{MPa})/(\sigma_f'/\text{MPa})$	b	c	σ_{-1} ($2N=10^7$ 周次)/MPa	$\dfrac{\sigma_{-1}}{\sigma_b}$
钢	1005~1009 (05~10)	热轧薄板	345	262/228	531/462	0.16/0.12	1.6/0.10	848/641	-0.109	-0.39	148	0.43
	1005~1009 (05~10)	冷拉薄板	414	400/248	524/290	0.049/0.11	1.02/0.11	841/538	-0.073	-0.41	195	0.47
	1020(20)	热轧薄板	441	262/241	738/772	0.19/0.18	0.96/0.41	710/896	-0.12	-0.51	152	0.34
	1030(30)	铸造	496	303/317	—/—	0.30/0.13	0.62/0.28	750/653	-0.082	-0.51	190	0.38
	低合金高强度钢	热轧薄板	510	393/372	—/786	0.20/0.11	1.02/0.86	814/807	-0.071	-0.65	262	0.51
	1040(40)	锻造	621	345/386	—/—	0.22/0.18	0.93/0.61	1050/1540	-0.14	-0.57	173	0.28
	4142(42CrMo)	回火轧制	1062	1048/745	—/—	—/0.18	0.35/0.22	1115/1450	-0.10	-0.51	310	0.28
	4142(42CrMo)	淬火并回火	1413	1379/827	—/—	0.051/0.17	0.66/0.45	1825/1825	-0.08	-0.75	503	0.36
	4142(42CrMo)	淬火并回火	1931	1724/1344	—/—	0.048/0.13	0.43/0.09	2170/2170	-0.081	-0.61	589	0.31
	4340(40CrNiMoA)	热轧并退火	827	634/455	—/—	—/0.18	0.57/0.45	1090/1200	-0.095	-0.54	274	0.33
	4340(40CrNiMoA)	淬火并回火	1241	1172/758	1579/—	0.066/0.14	0.84/0.73	1655/1655	-0.076	-0.62	492	0.40
	4340(40CrNiMoA)	淬火并回火	1469	1372/827	—/—	—/0.15	0.48/0.48	1560/2000	-0.091	-0.60	467	0.32
	9262(60Si2Mn)	退火	924	455/524	1744/1379	0.22/0.15	0.16/0.16	1046/1046	-0.071	-0.47	348	0.38
	9262(60Si2Mn)	淬火并回火	1000	786/648	—/1358	0.14/0.12	0.41/0.41	1220/1220	-0.073	-0.60	381	0.338
铝	1100-0	验收状态	110	97/92	—/—	—/0.15	2.09/1.8	—/193	-0.106	-0.69	37	0.33
	2024-T3	—	469	379/427	455/655	0.032/0.065	0.28/0.22	558/1100	-0.124	-0.59	151	0.32
	2024-T4	—	476	303/441	807/—	0.20/0.08	0.43/0.21	634/1015	-0.11	-0.52	175	0.37
	5456-H3	—	400	234/359	—/—	—/0.16	0.42/0.46	524/725	-0.11	-0.67	124	0.34
	7075-T6	—	579	469/521	827/—	0.11/0.146	0.41/0.19	745/1315	-0.126	-0.52	176	0.30

① 括号内为对应的我国牌号。

表 7-6　某些国外航空材料的单调与循环应变疲劳特性[27]

材　料	热处理	σ_b /MPa	$\sigma_{0.2}$ /MPa	$(K/MPa)/$ (K'/MPa)	n/n'	$\varepsilon_f/\varepsilon_f'$	(σ_f/MPa) (σ_f'/MPa)	b	c	E /MPa
AISI4340[①]	淬火 + 回火	1241	1179	1579/—	0.066/0.14	84/73	1655/1655	−0.076	−0.62	193060
2014-T6	固溶处理 后人工时效	510	462	—/—	—/0.16	29/42	627/848	−0.106	−0.65	68950
2024-T351	固溶处理 后自然时效	469	379	455/655	0.032/0.065	28/22	558/1103	−0.124	−0.59	73087
2024-T4	固溶处理 后自然时效	476	303	807/—	0.200/0.08	43/21	634/1014	−0.110	−0.52	70329
7075-T6	固溶处理 后人工时效	579	469	827/—	0.113/0.146	41/19	745/1317	−0.520	−0.52	71018
Ti-6Al-4V	固溶处 理 + 时效	1234	1186	—/—	—/—	53/—	1717/—	—	—	117215
Ti-8Al-1Mo-1V	双重退火	1020	1007	—/—	0.078/0.14	66/—	1565/—	—	—	117215

①　对应的我国牌号为 40CrNiMo。

　　常用国产机械工程材料的循环应力-应变曲线和应变-寿命曲线见图 7-9 ~ 图 7-28。常用国产航空材料的循环应力-应变曲线和应变-寿命曲线见图 7-29 ~ 图 7-42。某些国外航空材料的循环应力-应变曲线和应变-寿命曲线见图 7-43 ~ 图 7-55。

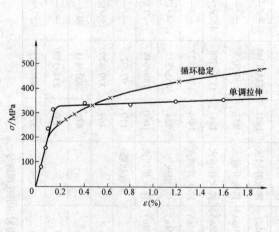

图 7-9　Q235A 钢的循环稳定与单调
拉伸应力-应变曲线

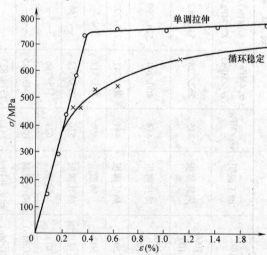

图 7-10　45 钢的循环稳定与单调
拉伸应力-应变曲线

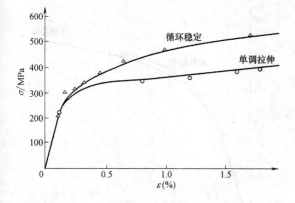

图 7-11 Q345 钢的循环稳定与单调
拉伸应力-应变曲线

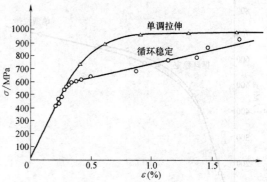

图 7-12 40Cr 的循环稳定与单调
拉伸应力-应变曲线

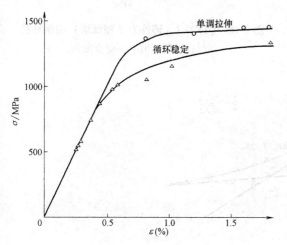

图 7-13 60Si2Mn 的循环稳定与单调
拉伸应力-应变曲线

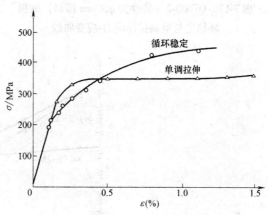

图 7-14 ZG270-500 铸钢的循环稳定与单调
拉伸应力-应变曲线

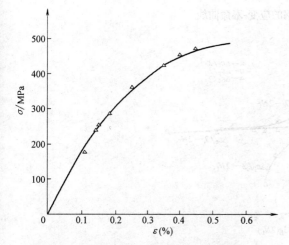

图 7-15 QT450-10（铸件为 ϕ30mm 棒料）的
循环稳定应力-应变曲线

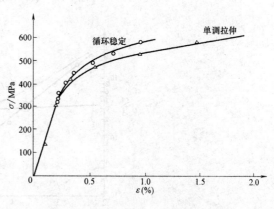

图 7-16 QT600-3（铸件为 Y 型试块）的循环
稳定与单调拉伸应力-应变曲线

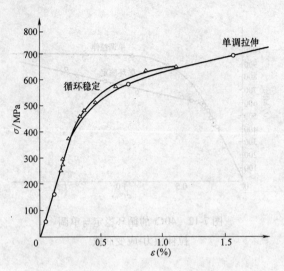

图 7-17　QT600-2（铸件为 φ30mm 棒料）的循
　　　环稳定与单调拉伸应力-应变曲线

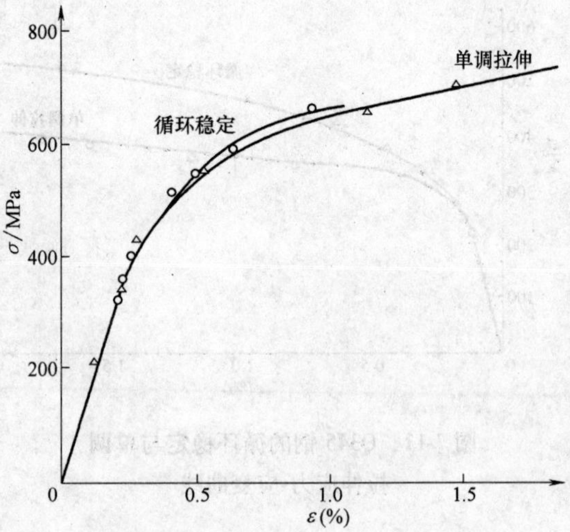

图 7-18　QT800-2（铸件为 Y 型试块）的循环稳
　　　定与单调拉伸应力-应变曲线

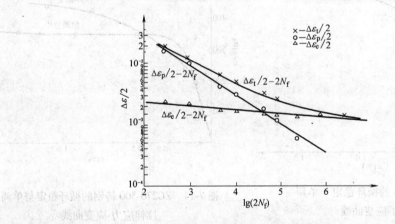

图 7-19　Q235A 钢的应变-寿命曲线

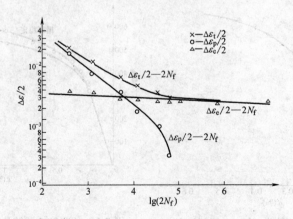

图 7-20　45 钢的应变-寿命曲线

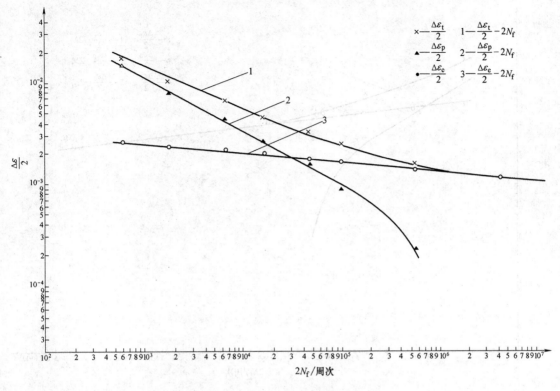

图 7-21 Q345 的应变-寿命曲线

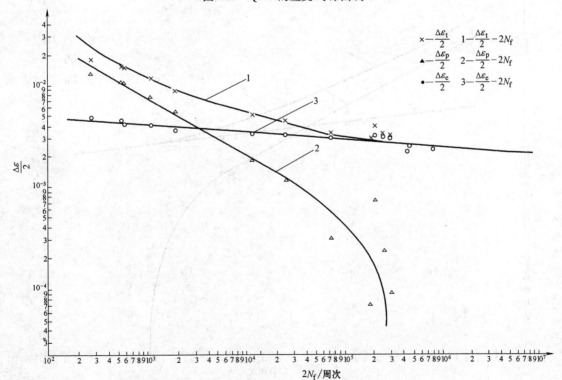

图 7-22 40Cr 的应变-寿命曲线

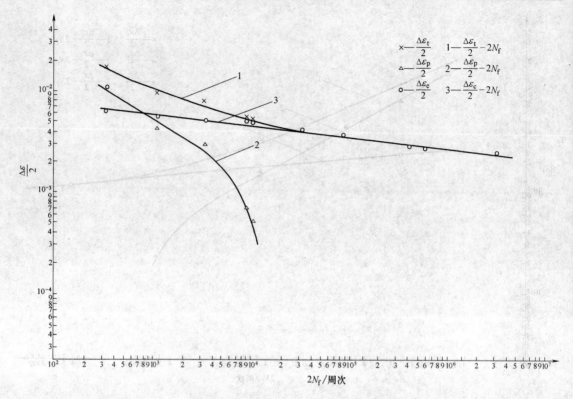

图 7-23　60Si2Mn 的应变-寿命曲线

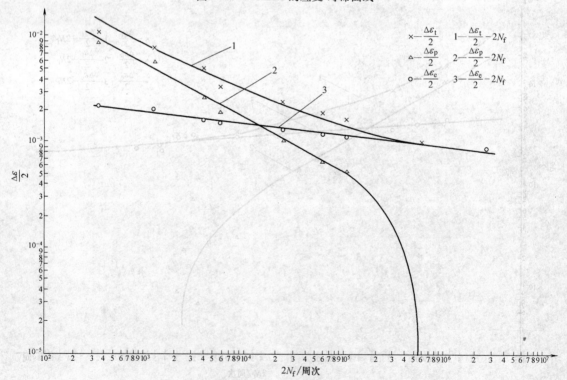

图 7-24　ZG270-500 铸钢的应变-寿命曲线

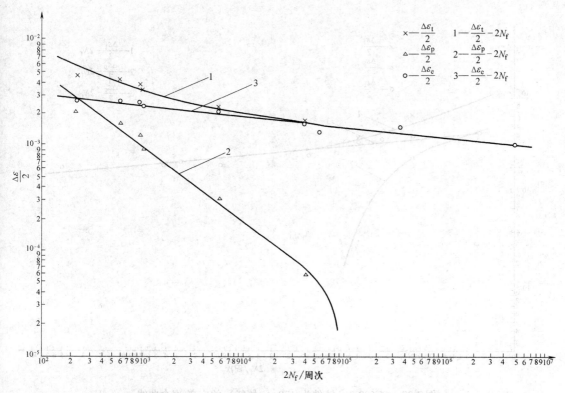

图 7-25　QT450-10（铸件为 φ30mm 棒料）的应变-寿命曲线

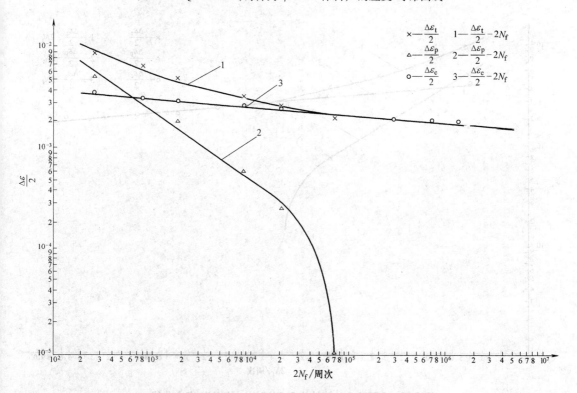

图 7-26　QT600-3（铸件为 Y 型试块）的应变-寿命曲线

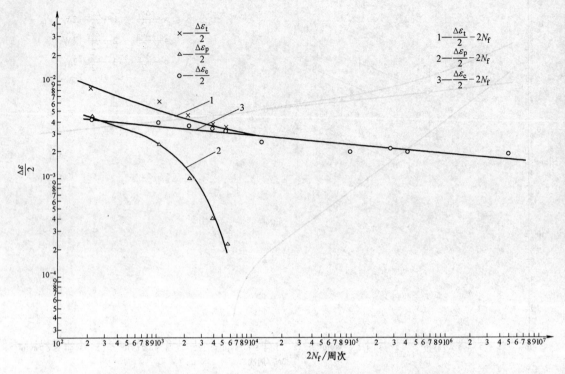

图 7-27　QT600-2（铸件为 φ30mm 棒料）的应变-寿命曲线

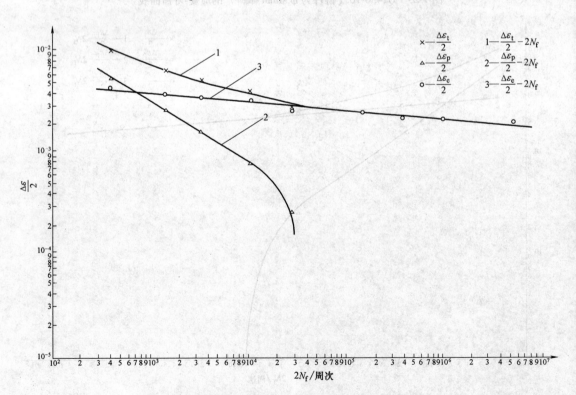

图 7-28　QT800-2（铸件为 Y 型试块）的应为-寿命曲线

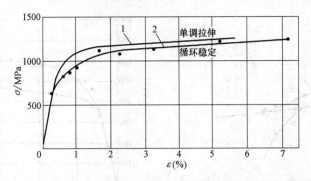

图 7-29　30CrMnSiA 钢的循环稳定与单调拉伸应力-应为曲线

1—各数据点取 5 个试样数据的平均值　2—各数据点取 3～5 个试样数据的平均值

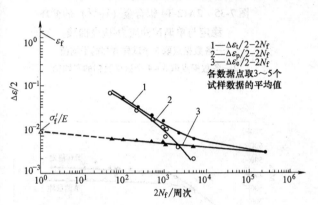

图 7-30　30CrMnSiA 钢的应变-寿命曲线

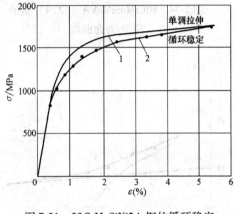

图 7-31　30CrMnSiNi2A 钢的循环稳定
与单调拉伸应力-应变曲线

1—各数据点取 5 个试样数据的平均值

2—各数据点取 3～4 个试样数据的平均值

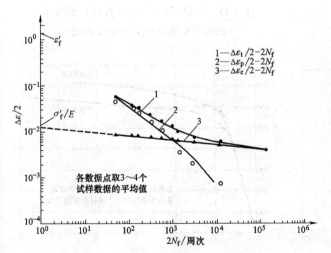

图 7-32　30CrMnSiNi2A 钢的应变-寿命曲线

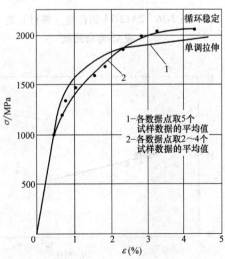

图 7-33　40CrMnSiMoVA（GC-4）钢的循环
稳定与单调拉伸应力-应变曲线

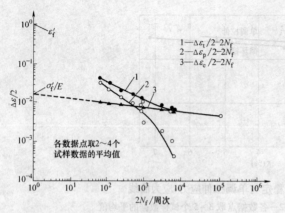

图 7-34　40CrMnSiMoVA（GC-4）钢的
应变-寿命曲线

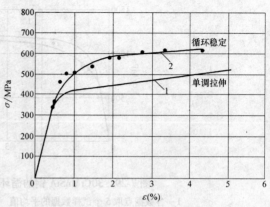

图 7-35　2A12-T4 铝合金（棒材）的循环
稳定与单调拉伸应力-应变曲线
1—各数据点取 5 个试样数据的平均值
2—各数据点取 3～4 个试样数据的平均值

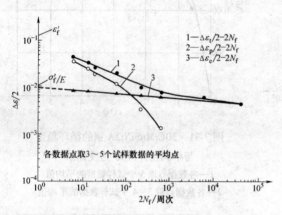

图 7-36　2A12-T4 铝合金（棒材）的
应变-寿命曲线

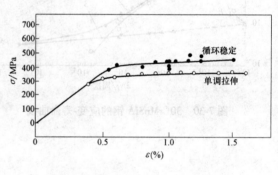

图 7-37　2A12-T4 铝合金（板材）的循环
稳定与单调拉伸应力-应变曲线

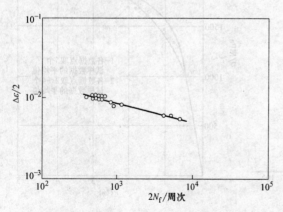

图 7-38　2A12-T4 铝合金（板材）的
应变-寿命曲线

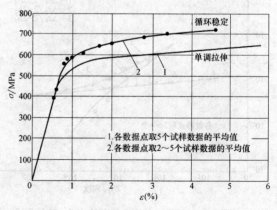

图 7-39　7A04-T6 铝合金的循环稳定与
单调拉伸应力-应变曲线

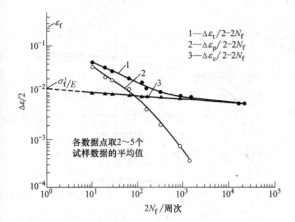

图 7-40 7A04-T4 铝合金的应变-寿命曲线

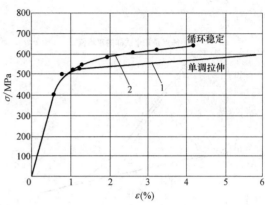

图 7-41 7A09-T74 铝合金的循环稳定与
单调拉伸应力-应变曲线
1—各数据点取 5 个试样数据的平均值
2—各数据点取 3~5 个试样数据的平均值

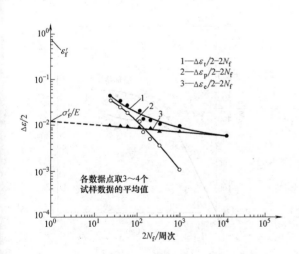

图 7-42 7A09-T74 铝合金的应变-寿命曲线

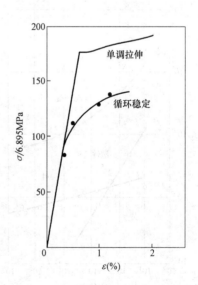

图 7-43 AISI4340 钢（相当于我国 40CrNiMoA 钢）
的循环稳定与单调拉伸应力-应变曲线

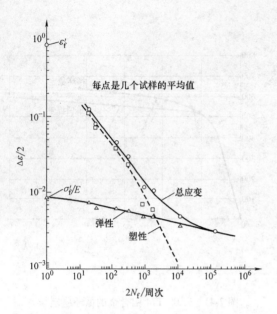

图 7-44　AISI4340 钢（相当于我国 40CrNiMoA 钢）
的应变-寿命曲线

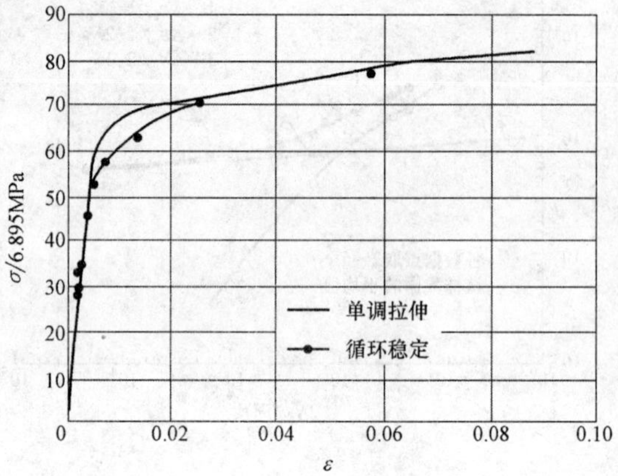

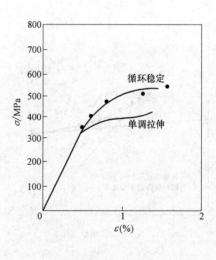

图 7-45　2014-T6 铝合金的循环稳定与
单调拉伸应力-应变曲线

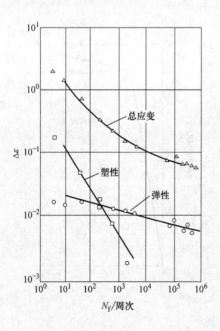

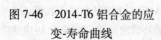

图 7-46　2014-T6 铝合金的应
变-寿命曲线

图 7-47　2024-T4 铝合金的循环稳定
与单调拉伸应力-应变曲线

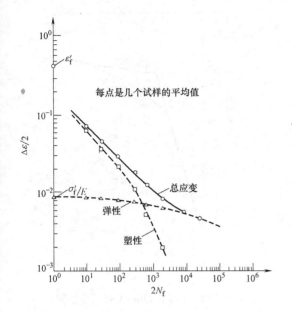

图 7-48　2024-T4 铝合金的应
变-寿命曲线

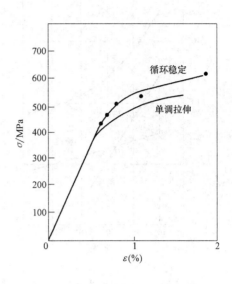

图 7-49　7075-T6 铝合金的循环稳定
与单调拉伸应力-应变曲线

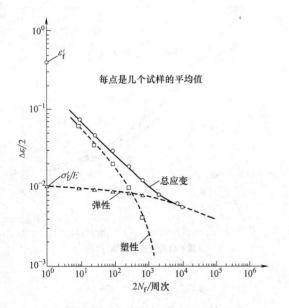

图 7-50　7075-T6 铝合金的应
变-寿命曲线

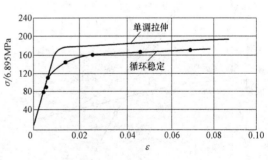

图 7-51　Ti-6Al-4V 钛合金的循环稳定与单
调拉伸应力-应变曲线

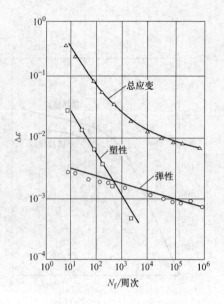

图 7-52　Ti-6Al-4V 钛合金的应
变-寿命曲线

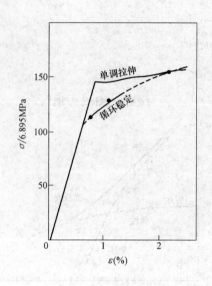

图 7-53　Ti-8Al-1Mo-1V 钛合金的循
环稳定与单调拉伸应力-应变曲线

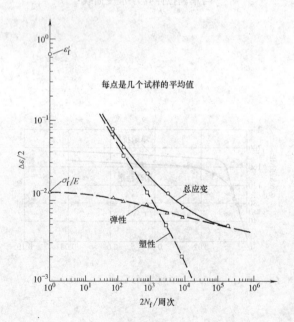

图 7-54　Ti-8Al-1Mo-1V 钛合金的应
变-寿命曲线

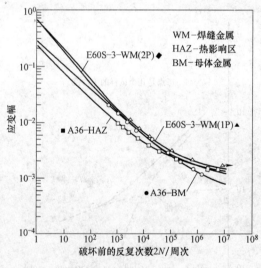

图 7-55　A36 钢（相当于我国 Q235 钢）
焊件材料的应变-寿命曲线

　　韧性金属的疲劳特性与其他材料特性的近似关系见表 7-7。某些均匀加工方法对钢疲劳
特性的定量影响见表 7-8。

表 7-7　韧性金属的疲劳特性及其与其他材料特性的近似关系

疲劳特性	定 义	备 注
疲劳延性系数 ε_f'	第一次反复产生失效所需的真应变,是 lg $(\Delta\varepsilon_p/2)$ - lg$(2N_f)$ 线与 $2N_f = 1$ 的交点	与真断裂韧度 ε_f 成正比(ε_f 可从 ψ 值算出),ε_f' 数值在 $\varepsilon_f \sim \varepsilon_f/2$,对钢的值为近于 $0 \sim 1$
疲劳延性指数 c	使疲劳寿命中值产生 10 倍增长的塑性应变幅值的对数,等于 lg $(\Delta\varepsilon_p/2)$ - lg$(2N_f)$ 线的斜率	对金属接近为常数,在 $-0.70 \sim -0.50$,以 -0.60 为代表值。此值与成分、硬度、试验温度等基本无关
疲劳强度系数 σ_f'(MPa)	第一次反复产生失效所需的真应力,是 lgσ_a - lg$(2N_f)$ 线与 $2N_f = 1$ 的交点	与真断裂强度成正比。在实际应用中 $\sigma_f' = \sigma_f$。对于经热处理的钢,此值在 $700 \sim 3500$MPa
疲劳强度指数 (也名 Basquin 巴斯昆指数)b	使疲劳寿命中值产生 10 倍增长的真应力幅值的对数,等于 lgσ_a - lg$(2N_f)$ 线的斜率	对软化的金属最小值约为 -0.1;当硬度增加时,其值约增加至 -0.05;对热处理过的钢,如硬度再增加,其值可能降低
疲劳极限 S_f(MPa)	当 N 成为极大时,平均疲劳强度的极限值	通常略小于极限强度的一半。有屈服强度的金属一般有疲劳极限,对于钢在 $140 \sim 1400$MPa

表 7-8　某些均匀加工方法[①]对钢低周应变特性的影响

钢的疲劳特性及可能的数值范围	加工方法名称及其对疲劳特性的影响				
	冷挤、冷拔、预应变等	对冷作硬化件退火	淬火、时效等热硬化	对淬火件回火	热机械加工
疲劳延性系数 ε_f'($0 \sim 1$)	随冷作增加而减少	随温度增加而增加	减少	随温度增加而增加	少变化或轻微减少[②]
疲劳延性指数 c($-0.7 \sim -0.5$)	少变化,冷作很强时 $c \rightarrow -0.7$	少变化全退火钢 $c \rightarrow -0.5$	在淬火状态无数据	在高温 $c \rightarrow -0.5$	无数据
疲劳强度系数 σ_f'($700 \sim 3500$MPa)	少变化或轻微增加	少变化或轻微减少	增加	最大值 2450MPa,温度增加时减少	增加至约 3500MPa(最大值)
疲劳强度指数 b($-0.12 \sim -0.05$)	b 值减少	b 值增加	b 之绝对值减少,然后随回火温度的增加而增加		数值相当小
疲劳极限 σ_{-1z}($140 \sim 1400$MPa)	与 HBW[③] 成正比增加	与 HBW 成反比减少	增加[③]	温度增加时可能出现一个最大值,然后减少	增加至最大值

① 不均匀加热及变形的效应忽略不计。
② 如表 7-7 的控制性缺陷消失或重新定向,则可能增加。
③ 强烈的冷作及淬火使疲劳极限消失,但长寿命疲劳强度可能改善。

第8章 局部应力应变法

8.1 概述

1. 设计思想与适用范围

常规疲劳设计法是以名义应力为基本设计参数，按名义应力进行抗疲劳设计。而实际上，决定零件疲劳强度和寿命的是应变集中（或应力集中）处的最大局部应力和应变。因此，近代在应变分析和低周疲劳的基础上提出了一种新的疲劳寿命估算方法——局部应力应变法。它的设计思路是，零构件的疲劳破坏都是从应变集中部位的最大应变处起始，并且在裂纹萌生以前都要产生一定的局部塑性变形，局部塑性变形是疲劳裂纹萌生和扩展的先决条件。因此，决定零构件疲劳强度和寿命的是应变集中处的最大局部应力应变，只要最大局部应力应变相同，疲劳寿命就相同。因而有应力集中零构件的疲劳寿命，可以使用局部应力应变相同的光滑试样的应变-寿命曲线进行计算，也可使用局部应力应变相同的光滑试样进行疲劳试验来模拟。

Wetzel（韦策尔）于1971年首先建立了用局部应力应变分析法估算零件在复杂载荷历史作用下的裂纹形成寿命的程序，之后这种方法就很快发展起来，并首先在美国的航空和汽车工业部门使用。现在这种方法已经在许多部门广泛应用。这种方法很快得到广泛应用的原因如下：

1）应变是可以测量的，而且已被证明是一个与低周疲劳相关的极好参数，根据应变分析的方法，就可以将高低周疲劳寿命的估算方法统一起来。

2）使用这种方法时，只需知道应变集中部位的局部应力应变和基本的材料疲劳性能数据，就可以估算零件的裂纹形成寿命，避免了大量的结构疲劳试验。

3）这种方法可以考虑载荷顺序对应力应变的影响，特别适用于随机载荷下的寿命估算。

4）这种方法易于与计数法结合起来，可以利用计算机进行复杂的计算。

用名义应力有限寿命设计法估算出的是总寿命，而局部应力应变法估算出的是裂纹形成寿命。这种方法常常与断裂力学方法联合使用，用这种方法估算出裂纹形成寿命以后，再用断裂力学方法估算出裂纹扩展寿命，两阶段寿命之和即为零件的总寿命。

局部应力应变法虽然有很多优点，但它并不能取代名义应力法，其原因如下：

1）这种方法只能用于有限寿命下的寿命估算，而不能用于无限寿命，当然也无法代替常规的无限寿命设计法。

2）这种方法目前还不够完善，还未考虑尺寸因素和表面情况的影响，因此对高周疲劳有较大误差。

3）这种方法目前仍主要限于对单个零件进行分析，对于复杂的连接件，由于难于进行精确的应力应变分析，目前尚难于使用。

2. 预备知识

（1）玛辛（Masing）特性　　如图 8-1 所示，将不同应力幅下的应力-应变迟滞回线平移，使其坐标原点重合时，若迟滞回线的上行段迹线相吻合，则该材料具有玛辛特性，称为玛辛材料。反之，若迟滞回线最高点与其上行迹线有明显的差异时，则该材料不具有玛辛特性，称为非玛辛材料。玛辛特性的物理意义是，材料循环应力-应变曲线的弹性部分不随应变幅值的变化而变化，或者说材料循环加载时屈服强度是不变的。

（2）材料的记忆特性　　指材料在循环加载下，当后级载荷的绝对值大于前级时，材料仍按前级迹线的变化规律继续变化。例如，对于图 8-2 所示的情况，第一次加载时，按循环应力-应变曲线由点 O 升载到 A。然后按迟滞回线降载至 B，并升载至 C。当由 C 点降载至 D 时，在达到 B 点之前按以 C 点为原点的迟滞回线降载；在降至 B 点以后，则似乎记得原来的变化规律，仍按以 A 点为起点的迟滞回线变化。由 D 点升载时，在达到 A 点以前，按以 D 点为起点的迟滞回线变化；在达到 A 点之后，则似乎记得 OA 原来的变化特性，仍按循环应力-应变曲线变化。

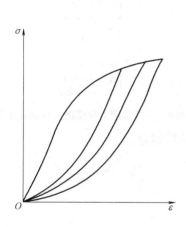
图 8-1　材料的玛辛特性

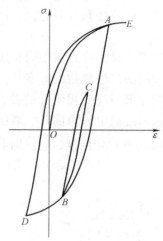
图 8-2　材料的记忆特性

（3）载荷顺序效应　　缺口零件的应力集中处，在拉伸载荷作用下发生局部屈服。卸载后处于弹性状态的材料要恢复原来的状态，而已发生塑性变形的材料则阻止这种恢复，从而使缺口根部产生残余压应力，未发生塑性变形的区域产生残余拉应力。如大载荷后接着出现小载荷，则此小载荷引起的应力将叠加在残余应力之上，因此，后面的小载荷循环造成的损伤受到前面大载荷循环的影响，这就是载荷的顺序效应。例如图 8-3 中的两种载荷历程，所加的载荷循环完全相同，只是图 8-3a 先加拉伸载荷，图 8-3b 先加压缩载荷，而图 8-3a 的应力集中处产生残余拉应力，图 8-3b 则产生残余压应力，二者的迟滞回线形状是不同的。由此

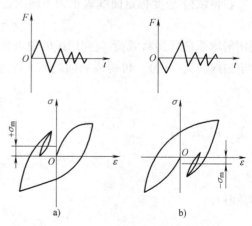
图 8-3　载荷顺序对迟滞回线的影响

可见，载荷顺序对其局部应力应变是有影响的。

8.2　疲劳寿命估算方法

　　用局部应力应变法估算谱载荷下的疲劳寿命，可使用载荷-应变标定曲线法、修正 Neu-
ber 法和能量密度法等方法，本章仅介绍载荷-应
变标定曲线法和修正 Neuber 法。

　　局部应力-应变法的寿命估算流程见图 8-4。

8.2.1　载荷-应变标定曲线法

　　寿命估算步骤如下：

　　（1）根据载荷-应变标定曲线将载荷-时间历
程转化为局部应变-时间历程　得出载荷-应变标
定曲线可使用试验法和有限元法，这里仅介绍试
验法。

　　使用试验法时，首先在相同材质的几何相似
模拟试样上的缺口根部贴以应变片，测出循环稳
定后的载荷幅值与应变幅值间的关系。这时，载
荷和应变也形成稳定的滞回环。滞回环顶点的连
线即为载荷-应变标定曲线，它常用下面形式的数学式进行拟合：

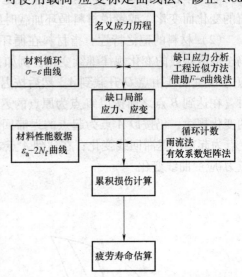

图 8-4　局部应力应变法寿命估算流程

$$\varepsilon = \frac{F}{C_1} + \left(\frac{F}{C_2}\right)^{\frac{1}{d}} \tag{8-1}$$

式中　　ε——局部应变；
　　　　F——载荷（N）；
C_1、C_2、d——拟合常数。

　　得出载荷-应变标定曲线以后，就可以根据它将载荷-时间历程转化为应变-时间历程。

　　若将载荷-应变标定曲线表示为下面的普遍形式：

$$\varepsilon = G(F) \tag{8-2}$$

利用倍增原理（即将载荷-应变回线的顶点放在原点以后，滞后回线的坐标恰好比载荷-应变
标定曲线放大一倍），可得滞后回线的方程为

$$\frac{\Delta\varepsilon}{2} = G\left(\frac{\Delta F}{2}\right) \tag{8-3}$$

于是，加载时有：

$$\frac{\varepsilon - \varepsilon_r}{2} = G\left(\frac{F - F_r}{2}\right) \tag{8-4a}$$

卸载时有：

$$\frac{\varepsilon_r - \varepsilon}{2} = G\left(\frac{F_r - F}{2}\right) \tag{8-4b}$$

式中 F_r、ε_r——载荷-应变回线上前一次反向的终点的载荷和应变值；

$\quad\quad F$、ε——载荷-应变回线上本次反向的终点的载荷和局部应变值。

开始加载时，使用载荷-应变标定曲线，以后，再反复使用式（8-4a）和式（8-4b），即可由载荷-时间历程得出局部-应变时间历程。在计算过程中应注意材料的记忆特性。

（2）根据循环应力-应变曲线由局部应变-时间历程得出局部应力-时间历程 已知循环应力-应变曲线的方程为

$$\varepsilon = \frac{\sigma}{E} + \left(\frac{\sigma}{K'}\right)^{\frac{1}{n'}} \tag{8-5}$$

利用倍增原理，可得应力-应变回线的方程为

$$\frac{\Delta\varepsilon}{2} = \frac{\Delta\sigma}{2E} + \left(\frac{\Delta\sigma}{2K'}\right)^{\frac{1}{n'}} \tag{8-6}$$

与载荷-应变回线的情况相似，加载时有：

$$\frac{\varepsilon - \varepsilon_r}{2} = \frac{\sigma - \sigma_r}{2E} + \left(\frac{\sigma - \sigma_r}{2K'}\right)^{\frac{1}{n'}} \tag{8-7a}$$

卸载时有：

$$\frac{\varepsilon_r - \varepsilon}{2} = \frac{\sigma_r - \sigma}{2E} + \left(\frac{\sigma_r - \sigma}{2K'}\right)^{\frac{1}{n'}} \tag{8-7b}$$

式中 ε_r、σ_r——前一次反向的终点的局部应变和局部应力；

$\quad\quad \varepsilon$、σ——本次反向的终点的局部应变和局部应力。

第一次加载时使用循环应力-应变曲线，以后再反复使用式（8-7a）和式（8-7b），就可以从局部应变-时间历程得出局部应力-时间历程。在计算过程中也必须注意材料的记忆特性。

（3）绘出局部应力-应变响应图 有了局部应力-时间历程和对应的局部应变-时间历程以后，就可绘出图 8-5 所示的局部应力-应变响应图。这时，局部应力应变形成若干个封闭的滞回环。

在计算机或专用的计数仪器中输入局部应变-时间历程和循环应力-应变曲线以后，利用雨流法程序或有效系数法程序，可以直接鉴别出封闭的滞回环。即以上（2）、（3）两步工作，可由雨流法程序或有效系数法程序完成。

（4）利用一定的损伤式计算损伤 判别出封闭的滞回环以后，就可以滞回环为对象计算每种滞回环的损伤。

若某种滞回环的寿命为 N_i，则每个这种滞回环的损伤为 $1/N_i$。可以直接用应变-寿命关系式（7-16）计算损伤，但该式对疲劳寿命 N 为隐式，必须用迭代法求解，计算工作量较大。为了简化计算，Dowling（道林）、Landgraf（兰德格拉夫）和 Smith（史密斯）分别提出了以下的计算式。

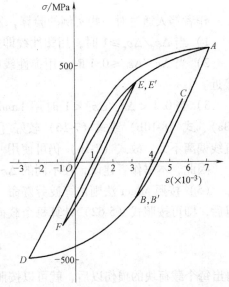

图 8-5 局部应力-应变响应图

Dowling 等人提出，当 $\Delta\varepsilon_p > \Delta\varepsilon_e$ 时，塑性应变占主导，忽略掉弹性应变的影响，使用式（7-18）计算损伤，这时的损伤计算式为

$$\frac{1}{N_p} = 2\left(\frac{\Delta\varepsilon_p}{2\varepsilon_f'}\right)^{-\frac{1}{c}} \tag{8-8}$$

当 $\Delta\varepsilon_e > \Delta\varepsilon_p$ 时，弹性应变占主导，忽略掉塑性应变的影响，使用式（7-17a）或式（7-17b）的弹性线计算损伤，这时的损伤计算式为

$$\frac{1}{N_e} = 2\left(\frac{\Delta\varepsilon_e E}{2\sigma_f'}\right)^{-\frac{1}{b}} \tag{8-9a}$$

或

$$\frac{1}{N_e} = 2\left[\frac{\Delta\varepsilon_e E}{2(\sigma_f' - \sigma_m)}\right]^{-\frac{1}{b}} \tag{8-9b}$$

Landgraf 等人将式（7-17）与式（7-18）相除：

$$\frac{\Delta\varepsilon_p}{\Delta\varepsilon_e} = \frac{\varepsilon_f' E}{\sigma_f'}(2N)^{c-b}$$

得出了如下的损伤计算式：

$$\frac{1}{N} = 2\left(\frac{\sigma_f'}{\varepsilon_f' E} \times \frac{\Delta\varepsilon_p}{\Delta\varepsilon_e}\right)^{\frac{1}{b-c}} \tag{8-10a}$$

当 $\Delta\varepsilon_e > \Delta\varepsilon_p$ 时，需要考虑平均应力的影响，修正后的 Landgraf 损伤计算式为

$$\frac{1}{N} = 2\left[\frac{\sigma_f'}{\varepsilon_f' E} \times \frac{\Delta\varepsilon_p}{\Delta\varepsilon_e} \times \frac{\sigma_f'}{(\sigma_f' - \sigma_m)}\right]^{\frac{1}{b-c}} \tag{8-10b}$$

Smith 等人为了反映平均应力的影响，对试验结果进行了分析，提出用 $\sigma_{max}\Delta\varepsilon$ 来计算损伤，并推导出了以下的损伤计算式：

$$\sigma_{max}\Delta\varepsilon = \frac{2\sigma_f'^2}{E}(2N)^{2b} + 2\sigma_f'\varepsilon_f'(2N)^{b+c} \tag{8-11}$$

作者等人通过对一些实例的验算，发现：

1）当 $\Delta\varepsilon_p/\Delta\varepsilon_e \geq 1$ 时，用塑性线即式（8-8）计算损伤与试验值符合较好。

2）当 $\Delta\varepsilon_p/\Delta\varepsilon_e \leq 0.1$ 时，用弹性线即式（8-9a）或式（8-9b）计算损伤与试验值较为接近。

3）当 $0.1 < \Delta\varepsilon_p/\Delta\varepsilon_e < 1$ 时用 Landgraf 公式或 Morrow 公式计算损伤，即使用式（8-10a）、式（8-10b）或式（7-16）较好 [当 $0.1 < \Delta\varepsilon_p/\Delta\varepsilon_e < 0.35$ 时，塑性线虽下弯，但与直线偏离不大，故式（7-16）仍可使用]。

因此，本书作者建议，在不同的 $\Delta\varepsilon_p/\Delta\varepsilon_e$ 比值下，应选用不同的损伤计算式。

（5）按照 Miner 法则估算疲劳寿命 由以上的损伤计算式计算出各种循环的损伤 n_{0i}/N_i 以后，即可按照式（5-62）计算每个载荷块的损伤：

$$D = \sum_{i=1}^{l} \frac{n_{0i}}{N_i}$$

得出每个载荷块的损伤以后，就可以按照 Miner 法则用式（5-63）计算以载荷块数计的疲劳寿命，或用式（5-64）计算以循环数计的疲劳寿命。

　　计算出的疲劳寿命应除以寿命安全系数 n_N。疲劳寿命的分散性远较疲劳强度的分散性为大，因此 $n_N > [n]$。n_N 的取值范围为 $4 \sim 20$。

8.2.2　修正 Neuber 法

　　修正 Neuber（诺埃伯）法是一种近似方法，其精度较载荷-应变标定曲线法为低，但使用起来比较方便，因此得到了广泛应用。

　　修正 Neuber 法的出发点是：在中、低寿命范围，当缺口处发生局部屈服时，应当考虑两个集中系数，即应变集中系数 K_ε' 和应力集中系数 K_σ'，二者之间的关系为

$$K_t = (K_\sigma' K_\varepsilon')^{\frac{1}{2}} \tag{8-12}$$

而

$$K_\sigma' = \frac{\Delta\sigma}{\Delta S} \tag{8-13}$$

$$K_\varepsilon' = \frac{\Delta\varepsilon}{\Delta e} \tag{8-14}$$

式中　ΔS、Δe——名义应力范围和名义应变范围；

　　　　$\Delta\sigma$、$\Delta\varepsilon$——局部应力范围和局部应变范围；

　　　　K_t——理论应力集中系数。

　　将 K_σ 和 K_ε 的表达式代入式（8-12）可得

$$K_t (\Delta S \Delta e E)^{\frac{1}{2}} = (\Delta\sigma \Delta\varepsilon E)^{\frac{1}{2}}$$

而

$$\Delta S = E \Delta e$$

所以

$$K_t \Delta S = (\Delta\sigma \Delta\varepsilon E)^{\frac{1}{2}} \tag{8-15}$$

有了上式以后，就可以把局部应力应变与名义应力联系起来，而名义应力与载荷成正比，从而可以把载荷与局部应力应变联系起来。使用中发现，用上式计算出的局部应力应变过大。因此，在寿命估算中常用疲劳缺口系数 K_f 来代替理论应力集中系数 K_t。这时，上式变为

$$K_f \Delta S = (\Delta\sigma \Delta\varepsilon E)^{\frac{1}{2}}$$

为了方便起见，上式改写为

$$\Delta\sigma \Delta\varepsilon = \frac{(K_f \Delta S)^2}{E} \tag{8-16}$$

上式称为修正 Neuber 公式，它相当于 $XY =$ 常数的双曲线。上式中的 K_f 仍用 K_t 时称为 Neuber 公式。

　　利用修正 Neuber 公式进行寿命估算的步骤是：

　　1）用材料力学公式将载荷-时间历程转化为名义应力-时间历程。

　　2）用修正 Neuber 公式和材料的循环应力-应变曲线将名义应力-时间历程转化为局部应力-时间历程。

　　3）利用循环应力-应变曲线由局部应力-时间历程得出缺口根部的局部应力-应变响应，得出封闭的应力-应变滞回环。

　　4）利用一定的损伤计算式计算每种循环的损伤。

　　5）利用 Miner 法则进行寿命估算。

　　具体的估算方法如下：

名义应力 S 与载荷 P 呈线性关系，其关系式为

$$S = \left(\frac{1}{A} + \frac{c}{Z}\right)P = CP \tag{8-17}$$

式中 A——缺口处的净截面积（mm^2）；

Z——缺口截面的净抗弯截面系数（mm^3）；

c——力作用点到缺口截面的距离（mm）；

C——比例系数。

利用式（8-17）很容易将载荷-时间历程转化为名义应力-时间历程。

修正 Neuber 公式（8-16）与应力-应变迟滞回线的方程联立，可以得出局部应力与名义应力之间的关系为

$$\frac{\Delta\sigma^2}{E} + 2\Delta\sigma\left(\frac{\Delta\sigma}{2K'}\right)^{\frac{1}{n'}} = \frac{(K_f\Delta S)^2}{E} \tag{8-18}$$

如果将式（8-17）代入式（8-18），则可以直接得出局部应力与载荷间的关系为

$$\frac{\Delta\sigma^2}{E} + 2\Delta\sigma\left(\frac{\Delta\sigma}{2K'}\right)^{\frac{1}{n'}} = \frac{K_f^2 C^2 \Delta P^2}{E} \tag{8-19}$$

于是，加载时有：

$$\frac{(\sigma-\sigma_r)^2}{E} + 2(\sigma-\sigma_r)\left(\frac{\sigma-\sigma_r}{2K'}\right)^{\frac{1}{n'}} = \frac{K_f^2 C^2 \Delta F^2}{E} \tag{8-20a}$$

卸载时有：

$$\frac{(\sigma_r-\sigma)^2}{E} + 2(\sigma_r-\sigma)\left(\frac{\sigma_r-\sigma}{2K'}\right)^{\frac{1}{n'}} = \frac{K_f^2 C^2 \Delta F^2}{E} \tag{8-20b}$$

式中 σ_r——前一次反向终了时的局部应力（MPa）；

σ——本次反向终了时的局部应力（MPa）；

E——弹性模量（MPa）；

K'——循环强度系数（MPa）；

n'——循环应变硬化指数；

K_f——疲劳缺口系数；

C——比例系数；

ΔF——载荷变化范围（N）。

反复使用以上二式，即可直接由载荷-时间历程得出局部应力-时间历程。

需要注意的是，第一次加载时，使用循环应力-应变曲线。这时，循环应力-应变曲线与修正 Neuber 公式联立后，可以得出局部应力与载荷间的关系为

$$\frac{\sigma^2}{E} + \sigma\left(\frac{\sigma}{K'}\right)^{\frac{1}{n'}} = \frac{(K_f S)^2}{E} \tag{8-21}$$

或

$$\frac{\sigma^2}{E} + \sigma\left(\frac{\sigma}{K'}\right)^{\frac{1}{n'}} = \frac{K_f^2 C^2 \Delta F^2}{E} \tag{8-22}$$

另外，计算时还应注意材料的记忆效应，即当后一次的载荷超过前一次的载荷以后，应力应变间的关系仍服从前一次载荷的应力-应变曲线。

得出局部应力-时间历程以后，利用应力-应变回线，反复使用式（8-7a）和式（8-7b），即可由局部应力-时间历程得出局部应变-时间历程。这时，也必须注意材料的记忆效应和在第一次加载时使用循环应力-应变曲线。

得出局部应力-时间历程和局部应变-时间历程以后，就可以使用与载荷-应变标定曲线法相同的方法，把局部应力-应变响应画成若干个封闭的滞回环，并使用与它相同的方法估算疲劳寿命。

同样，将载荷-时间历程、修正 Neuber 公式、局部应力与载荷间的关系和循环应力-应变曲线输入计算机以后，即可利用雨流法程序自动判别出封闭的滞回环。将这些滞回环的参量取出以后，可以进行损伤和寿命估算。计算出的疲劳寿命也应除以寿命安全系数。

8.3 推广应用于高周疲劳

局部应力应变分析法是在应变分析和低周疲劳基础上发展起来的一种疲劳寿命估算方法，因此它特别适用于低周疲劳。推广应用于高周疲劳时，由于它没有考虑表面加工和尺寸因素等的影响（而这些因素对高周疲劳有着不可忽略的影响），就存在一些明显的不足。为了改进局部应力应变法的这一缺点，作者建议用下面方法对弹性线加以修正。

如图 8-6 所示，若不考虑尺寸及表面加工影响的弹性线为直线 1，考虑表面加工及尺寸影响后疲劳极限由 B 点下降到 C 点，B 点的纵坐标为 $\lg\sigma_{-1}$，C 点的纵坐标为 $\lg\sigma_{-1}\varepsilon\beta_1$。$2N = 1$ 时为单调加载，表面加工和尺寸对它没有影响，仍为 A 点，A 点与 C 点直线相连得出的直线 2，即为考虑表面加工和尺寸影响后的弹性线，其斜率为

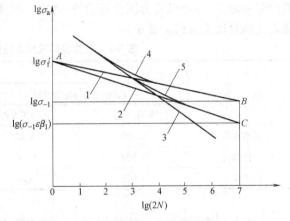

图 8-6 考虑尺寸和表面加工影响时的
弹性线修正方法

$$b' = \frac{\lg(\sigma_{-1}\varepsilon\beta_1) - \lg\sigma'_f}{\lg(2N_0)}$$

而不考虑表面加工及尺寸影响的弹性线斜率为

$$b = \frac{\lg\sigma_{-1} - \lg\sigma'_f}{\lg(2N_0)}$$

由以上二式可得

$$b' = \frac{\lg(\sigma_{-1}\varepsilon\beta_1) - \lg\sigma'_f}{\lg\sigma_{-1} - \lg\sigma'_f}b \tag{8-23a}$$

当具有平均应力 σ_m 时，用类似的方法可得

$$b' = \frac{\lg(\sigma_{-1}\varepsilon\beta_1) - \lg(\sigma'_f - \sigma_m)}{\lg\sigma_{-1} - \lg(\sigma'_f - \sigma_m)}b \tag{8-23b}$$

式中　σ_{-1}——材料疲劳极限（MPa）；

　　　ε——尺寸系数；

β_1——表面加工系数；

σ_f'——疲劳强度系数（MPa）；

σ_m——平均应力（MPa）；

b——疲劳强度指数；

$2N_0$——与疲劳极限相应的循环基数（反向数）。

也就是说，将弹性线、Morrow 公式及其他损伤式中的疲劳强度指数 b 换为 b'，即可得出考虑表面加工及尺寸影响后的相应计算式。而表面加工及尺寸对低周疲劳无影响，因此塑性线 3 不需修正。对弹性线进行修正以后，总应变-寿命曲线由原来的曲线 4 变为曲线 5。

另外，也可利用相对 Miner 法则，由试验得出的损伤和 D_f 值来综合考虑各种影响因素的影响。使用相对 Miner 法则时，由于计算公式带来的误差已由试验得出的损伤和 D_f 值加以考虑，因此，在寿命估算中就可以不考虑表面加工、尺寸乃至平均应力的影响。这样，就可以对载荷-时间历程或名义应力-时间历程直接进行雨流法计数，而不再按每个反向逐次进行繁杂的计算。但这时必须积累各种零构件的损伤和 D_f 值，并且，寿命估算时所用的计算方法必须与计算出 D_f 值时所用的计算方法一致。

我们在疲劳累积损伤规律研究课题中，用本书所述的 b 值修正法对车架模拟试样进行了疲劳寿命估算，大大提高了其高周疲劳寿命的估算精度。使用本书所述的 b 值修正法计算出的疲劳寿命 N_c 与随机疲劳试验寿命 N_t 之比，与使用通常的局部应力应变法估算出的疲劳寿命之比的对比关系列于表 8-1。

表 8-1 车架模拟试样 b 值修正与否的 N_c/N_t

载 荷	N_c/N_t			
	载荷-应变标定曲线法		修正 Neuber 法	
	修正 b 值	不修正 b 值	修正 b 值	不修正 b 值
高谱载荷	0.490	3.33	0.478	3.30
中谱载荷	0.500	8.50	0.459	7.73
低谱载荷	0.595	38.60	0.481	28.21

由表 8-1 可以看出，b 值修正与否，对疲劳寿命估算精度有很大影响。b 值不做修正，寿命估算精度很差。载荷水平越低，失效周次越高，其估算精度越差。而对 b 值进行表面加工等因素的影响的修正以后，则寿命估算精度 T 为提高。对其他高周疲劳零件，也都有类似情况。

8.4 多轴应变下的局部应力应变分析法

8.4.1 对称循环

对于结构钢，可使用单轴载荷下的方法，分别得出第一主应力方向、第二主应力方向和第三主应力方向的局部应变-时间历程和局部应力-时间历程，并对最大主应力用雨流法或有效系数法进行循环计数，判别出一系列的滞回环。再根据每个滞回环的三个主应变范围值，按第四强度理论或第三强度理论进行等效应变范围计算及寿命估算。

1. 按第四强度理论计算

等效应变 ε_q 的表达式为

$$\varepsilon_q = \frac{\left[(\varepsilon_1 - \varepsilon_2)^2 + (\varepsilon_2 - \varepsilon_3)^2 + (\varepsilon_3 - \varepsilon_1)^2 \right]^{\frac{1}{2}}}{(1+\nu)\sqrt{2}} \tag{8-24}$$

式中　ε_1、ε_2、ε_3——第一、第二和第三主应变；

　　　　ν——泊松比。

将上式改写为应变范围的形式，可得

$$\Delta\varepsilon_q = \frac{\left[(\Delta\varepsilon_1 - \Delta\varepsilon_2)^2 + (\Delta\varepsilon_2 - \Delta\varepsilon_3)^2 + (\Delta\varepsilon_3 - \Delta\varepsilon_1)^2 \right]^{\frac{1}{2}}}{(1+\nu)(\sqrt{2})} \tag{8-25}$$

令

$$\Delta\varepsilon_q = \frac{\Delta\varepsilon_q'}{1+\nu} \tag{8-26}$$

则得

$$\Delta\varepsilon_q' = \frac{\left[(\Delta\varepsilon_1 - \Delta\varepsilon_2)^2 + (\Delta\varepsilon_2 - \Delta\varepsilon_3)^2 + (\Delta\varepsilon_3 - \Delta\varepsilon_1)^2 \right]^{\frac{1}{2}}}{\sqrt{2}} \tag{8-27}$$

再将单轴载荷下的应变-寿命曲线中的 $\Delta\varepsilon$ 用等效应变范围 $\Delta\varepsilon_q$ 取代，并与式（8-26）联立可得

$$\frac{\Delta\varepsilon_q'}{2} = \frac{(1+\nu)\sigma_f'}{E}(2N)^b + (1+\nu)\varepsilon_f'(2N)^c \tag{8-28}$$

上式右侧第一项为弹性分量，其 ν 值等于 0.3；而第二项为塑性分量，其 ν 值等于 0.5。这样便可以将第一项的 ν 值以 0.3 代入，第二项的 ν 值以 0.5 代入。于是上式可以变为

$$\frac{\Delta\varepsilon_q'}{2} = 1.3\frac{\sigma_f'}{E}(2N)^b + 1.5\varepsilon_f'(2N)^c \tag{8-29}$$

由式（8-29）可见，$\Delta\varepsilon_q'$ 与 ν 值无关，因此就可以很方便地利用式（8-29）进行寿命估算，式（8-29）便是第四强度理论的多轴疲劳应变-寿命曲线。

在进行损伤计算时，需要使用 $\Delta\varepsilon_{qp}/\Delta\varepsilon_{qe}$ 值，$\Delta\varepsilon_{qp}$ 为等效塑性应变范围，$\Delta\varepsilon_{qe}$ 为等效弹性应变范围，它们用下面方法算出：

对峰谷点分别用下式计算等效应力范围 $\Delta\sigma_q$：

$$\Delta\sigma_q = \frac{1}{\sqrt{2}}\left[(\Delta\sigma_1 - \Delta\sigma_2)^2 + (\Delta\sigma_2 - \Delta\sigma_3)^2 + (\Delta\sigma_3 - \Delta\sigma_1)^2 \right]^{\frac{1}{2}} \tag{8-30}$$

则

$$\Delta\varepsilon_{qe} = \frac{\Delta\sigma_q}{E} \tag{8-31}$$

对于 $\Delta\varepsilon_{qp}$，可以先由式（8-26）得

$$\Delta\varepsilon_q' = (1+\nu)\Delta\varepsilon_q = 1.3\Delta\varepsilon_{qe} + 1.5\Delta\varepsilon_{qp}$$

从而可得

$$\Delta\varepsilon_{qp} = \frac{\Delta\varepsilon_q' - 1.3\Delta\varepsilon_{qe}}{1.5} \tag{8-32}$$

进行损伤计算的方法和所采用的公式均与单轴应变相同，只需在计算时以 $\Delta\varepsilon_{qe}$ 代替 $\Delta\varepsilon_e$，以

$\Delta\varepsilon_{qp}$ 代替 $\Delta\varepsilon_p$，并以式（8-29）代替单轴载荷下的应变-寿命曲线。进行累积损伤计算与寿命估算的方法与单轴载荷相同。

2. 按第三强度理论计算

这时，等效正应变范围 $\Delta\varepsilon_q$ 与等效切应变范围 $\Delta\gamma_q$ 间存在如下关系：

$$\frac{\Delta\varepsilon_q}{2} = \frac{\Delta\gamma_q}{2(1+\nu)} \tag{8-33}$$

用 $\Delta\varepsilon_q$ 代替单轴载荷的应变-寿命曲线中的 $\Delta\varepsilon$，并与式（8-33）联立，并使用与第四强度理论相同的方法可得

$$\frac{\Delta\gamma_q}{2} = 1.3\frac{\sigma_f'}{E}(2N)^b + 1.5(2N)^c \tag{8-34}$$

上式便是第三强度理论的多轴应变-寿命曲线。式（8-34）中的 $\Delta\gamma_q$ 可按循环的峰谷两个瞬间来计算，取下列各式中的绝对值最大者为 $\Delta\gamma_q$。

$$\left.\begin{aligned}\Delta\gamma_1 &= 第一瞬间的 \gamma_{12} - 第二瞬间的 \gamma_{12}\\\Delta\gamma_2 &= 第一瞬间的 \gamma_{23} - 第二瞬间的 \gamma_{23}\\\Delta\gamma_3 &= 第一瞬间的 \gamma_{31} - 第二瞬间的 \gamma_{31}\end{aligned}\right\} \tag{8-35}$$

而 γ_{12}、γ_{23}、γ_{31} 用下式计算：

$$\left.\begin{aligned}\gamma_{12} &= \varepsilon_1 - \varepsilon_2\\\gamma_{23} &= \varepsilon_2 - \varepsilon_3\\\gamma_{31} &= \varepsilon_3 - \varepsilon_1\end{aligned}\right\} \tag{8-36}$$

其损伤计算、累积损伤计算和寿命估算的方法均与第四强度理论相同。在进行损伤计算时，也需使用 $\Delta\varepsilon_{qp}/\Delta\varepsilon_{qe}$ 比值，它们可以用下面方法计算出：

先算出与最大主剪应变范围对应的主剪应力范围 $\Delta\tau_q$，则等效主应力范围 $\Delta\sigma_q = 2\Delta\tau_q$，$\Delta\varepsilon_{qe}$ 可以用下式计算：

$$\Delta\varepsilon_{qe} = \frac{\Delta\sigma_q}{E} = \frac{2\Delta\tau_q}{E} \tag{8-37}$$

对于 $\Delta\varepsilon_{qp}$，由式（8-33）得

$$\Delta\gamma_q = (1+\nu)\Delta\varepsilon_q = 1.3\Delta\varepsilon_{qe} + 1.5\Delta\varepsilon_{qp}$$

从而可得

$$\Delta\varepsilon_{qp} = \frac{\Delta\gamma_q - 1.3\Delta\varepsilon_{qp}}{1.5} \tag{8-38}$$

8.4.2 非对称循环

1. 按第四强度理论计算

在非对称循环下，使用第四强度理论进行等效应力应变计算时，将式（8-29）改写为如下形式：

$$\frac{\Delta\varepsilon_q'}{2} = 1.3\frac{\sigma_f' - \sigma_{qm}}{E}(2N)^b + 1.5\varepsilon_f'(2N)^c \tag{8-39}$$

式中的 σ_{qm} 可用下式算出：

$$\sigma_{qm} = \sigma_{1m} + \sigma_{2m} + \sigma_{3m} \tag{8-40}$$

式中　　　　σ_{qm}——等效平均应力（MPa）；

σ_{1m}、σ_{2m}、σ_{3m}——三个主应力方向上的平均应力（MPa）。

　　在进行损伤计算时，以式（8-39）代替单轴载荷下的应变-寿命曲线，以 σ_{qm} 代替 σ_m，$\Delta\varepsilon_{qe}$ 代替 $\Delta\varepsilon_e$，$\Delta\varepsilon_{qp}$ 代替 $\Delta\varepsilon_p$，即可按单轴载荷下的方法进行寿命估算。

2. 按第三强度理论计算

　　这时，式（8-34）改写为如下形式：

$$\frac{\Delta\gamma_q}{2} = 1.3\,\frac{\sigma_f' - \sigma_{qm}}{E}\,(2N)^b + 1.5\varepsilon_f'\,(2N)^c \tag{8-41}$$

式中的等效平均应力 σ_{qm} 可用以下公式计算：

$$\left.\begin{aligned}
\sigma_{qm} &= \sigma_{1m} - \sigma_{2m}\,(\Delta\gamma_q = \Delta\gamma_1 \text{ 时})\\
\sigma_{qm} &= \sigma_{2m} - \sigma_{3m}\,(\Delta\gamma_q = \Delta\gamma_2 \text{ 时})\\
\sigma_{qm} &= \sigma_{3m} - \sigma_{1m}\,(\Delta\gamma_q = \Delta\gamma_3 \text{ 时})
\end{aligned}\right\} \tag{8-42}$$

σ_{qm} 的正负号与用来计算 σ_{qm} 的两个平均应力中的绝对值最大者相同。

　　以上所述的对称循环和非对称循环下的多轴应变疲劳寿命估算方法均仅适用于加载过程中主交变应力方向不变的简单多轴应力。

第9章 损伤容限设计

9.1 概述

常规疲劳设计法和局部应力应变法都是以材料内没有缺陷和裂纹为前提的。但是，实际零件在加工制造过程中，由于种种原因，往往已经存在着这样或那样的缺陷。另一方面，随着高强材料或高强结构的广泛应用，零件所受的动应力越来越高，裂纹也往往很快萌生。对于这种有缺陷和有裂纹的零件，仅仅用分散系数来考虑，仍有可能发生事故。为了考虑这些初始缺陷或裂纹的影响，便在断裂力学理论和破损-安全设计原理的基础上，提出了一种新的抗疲劳设计方法——损伤容限设计。

简单说来，损伤容限设计就是以断裂力学为理论基础，以无损检测技术和断裂韧度的测定技术为手段，以有初始缺陷或裂纹零件的剩余寿命估算为中心，以断裂控制为保证，确保零件在使用期内能够安全使用的一种抗疲劳设计方法。

损伤容限设计，允许零件有初始缺陷，或在使用寿命中出现裂纹，发生破损，但在下次检修前要保证一定的剩余强度，能正常使用，直至下次检修时能够发现，予以修复或更换。

损伤容限设计的关键问题是正确估算裂纹扩展寿命。断裂力学对解决裂纹扩展问题、从而对合理的裂纹扩展寿命估算提供了一条有效的途径，推动了损伤容限设计的发展。

进行损伤容限设计时，必须在结构上采取安全措施，并要有一定的检修制度，确保使用安全，即必须对结构进行断裂控制。

现在美国已经在飞机设计中使用损伤容限设计，并且也在压力容器和焊接结构等的抗疲劳设计中开始使用，使用范围越来越广，是断裂力学工程应用的一个重要方面。

9.2 线弹性断裂力学

1. 应力强度因子

第二次世界大战期间，由于新工艺、新材料的研制及其在新环境中的大量使用，世界上接连发生了许多次低应力脆断的灾难性事故。其中著名的有：1942—1948 年间，美国近五千艘焊接的"自由轮"和"T-2"油船在使用中发生了一千多次低应力脆断事故，其中 238 艘完全报废，21 艘折为两段；1950 年美国"北极星"导弹的 260in（1in = 25.4mm）固体火箭发动机壳体发生意外爆炸，破坏应力不足屈服强度的一半；1954 年"世界协和号"巨轮在北大西洋折成两半，美国"彗星号"飞机在空中发生脆断事故；1954—1956 年美国有多起大型电站转子断裂；20 世纪 60 年代美、英、日等国均发生多起压力容器爆炸事故。于是引起了人们对低应力断裂问题进行研究。发现发生低应力断裂的原因是材料内有初始缺陷或裂纹。这就使人们回忆起 20 世纪 20 年代 Griffith 的工作。Irwin（欧文）在 Griffith 理论的基础上，提出了应力强度因子的概念，奠定了线弹性断裂力学的基础。

Irwin 认为，当物体内存在裂纹时，裂纹尖的应力理论上为无穷大，因此不能用理论应力集中系数 K_t 来表达，而必须用应力场强度因子 K 来表达。K 的大小反映了裂纹尖附近区域内弹性应力场的强弱程度，可以用来作为判断裂纹是否发生失稳扩展的指标。

应力强度因子可以分为 K_I、K_{II} 和 K_{III}，它们分别代表 I 型、II 型和 III 型变形情况下的裂纹尖的应力强度（见图9-1）。I 型又称为张开型，II 型又称为滑开型或平面内剪切型，III 型又称为撕开型或出平面剪切型。其中使用最多的是 K_I。无限大平板中有一贯穿裂纹，承受垂直于裂纹方向的均匀拉伸（见图9-2）为其最简单情况，其应力强度因子表达式为

$$K_I = \sigma \sqrt{\pi a} \tag{9-1}$$

式中　σ——外加的均匀拉应力（MPa）；

　　　a——裂纹长度的一半（mm）。

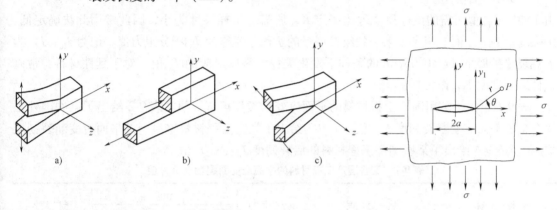

图 9-1　三种变形型式　　　　　　　　　　图 9-2　无限板受均匀拉伸
a）I 型—张开型　b）II 型—滑开型　c）III 型—撕开型

对于一般情况，其应力强度因子表达式的普遍形式为

$$K = \alpha\sigma \sqrt{\pi a} \tag{9-2}$$

式中　α——决定于裂纹体形状、裂纹形状、裂纹位置和加载方式的系数，它可能是常数，也可能是 a 的函数；

　　　a——裂纹尺寸（mm），对内部裂纹和贯穿裂纹而言为裂纹的半长度，对表面裂纹而言为裂纹深度。

一些常见裂纹形状的应力强度因子表达式可参阅有关应力强度因子手册。查不到相近的表达式时，可以用有限元法或光弹性等试验方法测定。

2. 断裂韧度

应力强度因子的临界值，即发生脆断时的应力强度因子，称为断裂韧度，用 K_C 表示。由此可得断裂力学中的断裂判据为

$$K = K_C \tag{9-3a}$$

I 型裂纹在平面应变条件下的应力强度因子称为平面应变断裂韧度，用 K_{IC} 表示。由于在平面应变条件下三向受拉，材料最容易脆断，因此 K_{IC} 代表材料断裂韧度的最低值，是反映材料韧度的一个最主要的指标。在平面应变条件下的断裂判据为

$$K_I = K_{IC} \tag{9-3b}$$

平面应变断裂韧度 K_{IC} 可以用 GB/T 4161—2007《金属材料　平面应变断裂韧度 K_{IC} 试

验方法》进行测定。

但是，在测定 K_{IC} 时，为了保证平面应变条件，试样尺寸往往需要很大，对于低、中强度钢更是如此。为了减小试样尺寸，常常使用 J 积分试样测定出材料的 J_{IC}，再使用下式计算出 K_{IC}（$N/mm^{\frac{3}{2}}$）：

$$K_{IC} = \left(\frac{EJ_{IC}}{1 - \nu^2} \right)^{\frac{1}{2}} \qquad (9\text{-}4)$$

式中　E——弹性模量（MPa）；

　　　J_{IC}——平面应变启裂韧度（N/mm）；

　　　ν——泊松比。

由于测定 J_{IC} 值所需的试样尺寸远比测定 K_{IC} 所需的试样尺寸为小，因此常用此法确定低、中强度钢的 K_{IC} 值。相应于某一裂纹扩展量的 J 积分值称为 J_R 积分阻力值，记为 J_R。J_{IC} 为表观裂纹扩展量 $da < 0.05mm$ 的条件下发生失稳断裂所对应的 J_R 值。对于延性材料，常以条件启裂韧度 $J_{0.05}$ 作为其 J_{IC} 值。

表 9-1 给出了常用国产工程材料的平面应变断裂韧度 K_{IC} 值。表 9-2 给出了某些国外工程合金的平面应变断裂韧度 K_{IC} 值。表 9-3 给出了某些工程材料室温下的平面应变断裂韧度 K_{IC} 值。表 9-4 给出了某些国产工程材料的启裂韧度 J_R（J_{IC}）值。

表 9-1　某些国产工程材料的平面应变断裂韧度 K_{IC} 值

材　料	热　处　理	试验温度/°C	$K_{IC}/MPa \cdot m^{\frac{1}{2}}$ 取值范围	平均值	子样大小
18MnMoNb	正火后回火	25	133.3	133.3	1
20MnCr5	淬火后低温回火	25	100.4	100.4	1
25Cr2Ni3MoV	调质	28	167.1	167.1	1
30Cr1Mo1V	调质	24	55.1	55.1	1
30Cr1Mo1V	调质	70	83.4	83.4	1
40CrMnSiMoVA	淬火后低温回火	25	71.2	71.2	1
40CrMnSiMoVA	等温淬火后回火	−60	50.9 ~ 58.9	55.0	3
40CrMnSiMoVA	等温淬火后回火	−40	54.5 ~ 65.8	61.2	3
40CrMnSiMoVA	等温淬火后回火	−20	59.4 ~ 73.6	67.5	3
40CrMnSiMoVA	等温淬火后回火	20	66.4 ~ 75.4	72.3	4
40CrMnSiMoVA	等温淬火后回火	25	72.6	72.6	1
40CrMnSiMoVA	等温淬火	−60	42.2 ~ 46.7	45.0	3
40CrMnSiMoVA	等温淬火	−40	45.6 ~ 53.2	49.8	3
40CrMnSiMoVA	等温淬火	−20	54.1 ~ 60.5	57.2	3
40CrMnSiMoVA	等温淬火	20	62.5 ~ 65.7	67.5	3
40CrMnSiMoVA	等温淬火	25	65.7	65.7	1
45CrNiMoV	淬火后中温回火	25	102.8	102.8	1
4Cr3Mo2MnSiVNbB	调质	25	43.5 ~ 60.0	51.8	2
4Cr3Mo2MnVB	调质	25	37.1 ~ 44.2	40.6	2

（续）

材　料	热　处　理	试验温度/°C	K_{IC}/MPa·m$^{\frac{1}{2}}$		子样大小
			取值范围	平均值	
4Cr5MoSiV	调质	25	58.4	58.4	1
4Cr5W2SiV	调质	25	27.3 ~ 45.3	33.2	6
50CrV①	淬火后中温回火	25	57.3	57.3	1
55Si2Mn②	淬火后中温回火	25	34.4	34.4	1
55SiMnVB	淬火后中温回火	25	62.8	62.8	1
5CrNiMo	油淬	25	125.9	125.9	1
65Mn	淬火后中温回火	25	53.9	53.9	1
7Cr7Mo3V2Si	调质	25	19.7	19.7	1
95Cr18	淬火	25	22.0	22.0	1
Cr12	淬火后低温回火	25	27.3	27.3	1
Cr12MoV	淬火后低温回火	25	19.6 ~ 30.2	23.9	8
GCr15	淬火后低温回火	25	20.5	20.5	1
GCr15SiMn	淬火后低温回火	25	19.8	19.8	1
ZG06Cr13Ni6Mo	正火后两次回火	25	131.1	131.1	1
ZG15Cr2Mo	正火后回火	25	53.4	53.4	1
ZGCr15	回火 2h	25	22.1	22.1	1
ZGCr15SiMn	回火 3h	25	114.0	114.0	1
QT800-2	正火	25	47.6	47.6	1

注：裂纹长度除特殊注明者外，均为 0mm。

① 裂纹长度为 8.9480mm。

② 裂纹长度为 20mm。

表 9-2　某些国外工程合金的平面应变断裂韧度 K_{IC}（板材，纵向—横向）

	材　料	加工说明	σ_s/MPa	K_{IC}/MPa·m$^{\frac{1}{2}}$
钢	4340①	260°C 回火	1495 ~ 1640	50 ~ 63
铝	2014-T651		435 ~ 470	23 ~ 27
	2020-T651		525 ~ 540	22 ~ 27
	2024-T351		370 ~ 385	31 ~ 44
	2024-T851		450	23 ~ 28
	2124-T851		440 ~ 460	27 ~ 36
	2219-T851		345 ~ 360	36 ~ 41
	7050-T73651		460 ~ 510	33 ~ 41
	7075-T651		515 ~ 560	27 ~ 31
	7075-T7351		400 ~ 455	31 ~ 35
	7079-T651		525 ~ 540	29 ~ 33
	7178-T651		560	26 ~ 30
钛	Ti-6Al-4V	热轧退火	875	123
	Ti-6Al-4V	再结晶退火	815 ~ 835	85 ~ 107

① 相当于我国 40CrNiMoA。

表 9-3　某些工程材料室温下的平面应变断裂韧度 K_{IC} 值

材　　料	热　处　理	σ_s/MPa	σ_b/MPa	K_{IC}/MPa·m$^{\frac{1}{2}}$	主要用途
40 钢	860°C 正火	294	549	70.7~71.9	轴、辊子、曲柄销、活塞杆、连杆
	900°C 淬火,330°C 回火	—	—	66.7	
	1100°C 淬火,330°C 回火	—	—	83.7	
45 钢	840°C 淬火,550°C 回火	513	803	96.8	轴、齿轮、链轮、键、销
35CrMo	860°C 淬火,350°C 回火	1373	1520	41.6	大截面齿轮、重载传动轴
30Cr2MoV	940°C 空冷,680°C 回火	549	686	140~155	大型汽轮机转子
34CrNi3Mo	860°C 加热,780°C 淬火,650°C 回火	539	716	121~138	大型发电机转子
	扩氢处理,860°C 淬火,630°C 回火	780	961	149	
28CrNi3MoV	850°C 淬火,650°C 回火	966	1098	140.9	大型发电机转子
37SiMn2MoV	640~660°C 退火,870°C 淬火,680°C 回火	588	736	137.4	精压机曲轴,重要轴类
14MnMoNbB	920°C 淬火,620°C 回火	834	883	152~166	压力容器
14SiMnCrNiMoV	930°C 淬火,610°C 回火	834	873	82.8~88.1	高压空气瓶
12CrNiMoV	930°C 正火,930°C 淬火,610°C 回火	834	873	115.4	高压空气瓶
18MnMoNiCr	880°C×3b,空冷,660°C×8h,空冷	490	—	276	厚壁压力容器
20SiMn2MoVA	900°C 淬火,250°C 回火	1216	1481	113	石油钻机吊头
30SiMnCrMo	930°C 淬火,520°C 回火	1138~1167	1265~1314	163~164	舰艇用钢板
30SiMnCrNiMo	860°C 淬火,400°C 回火	1402	—	93.0	舰艇用钢板
30CrMnSiA	880°C 淬火,500°C 回火	1079	1152	98.9	高强度钢管
30CrMnSiMo	热轧态	1177	1373	148.8	高强度厚钢板
45Si2Mn	900°C 淬火,480°C 回火	1412	1493	96.2	预应力钢筋
45MnSiV	900°C 淬火,440°C 回火	1471	1648	83.7	预应力钢筋
30CrMnSiNi	900°C 淬火,280°C 回火	1412	1677	83.7	超高强度钢,主要用作薄壁结构、飞行壳体、飞机起落架部件、紧固件、高压容器、扭力杆、装甲板、高强度螺栓、弹簧、冲头、模具等
30CrMnSiNi2	870°C 淬火,200°C 回火	1373~1530	1569~1765	66.1	
	890°C 淬火,280°C 回火	1510	—	71.9	
	890°C 淬火,400°C 回火	1383	—	85.3	
30SiMnWMoV	调质	1608	1814	84.7~96.1	
30Si2Mn2MoWV	950°C 淬火,250°C 回火	≥1470	≥1860	≥110	
32SiMnMoV	920°C 淬火,250°C 回火	1608	1922	75.7	
32Si2Mn2MoV	920°C 淬火,320°C 回火	1530~1706	1765~1922	77.5~86.8	
33CrNi2MoV	870°C 淬火,550°C 回火	1324	1471	139.5	
37Si2MnCrNiMoV	920°C 淬火,280°C 回火	1550~1706	1844~1991	80.0	
37SiMnCrNiMoV (236 钢)	930°C 淬火,300°C 回火	1672	1961	70.9	超高强度钢,主要用作薄壁结构、飞行壳体、飞机起落架部件、紧固件、高压容器、扭力杆、装甲板、高强度螺栓、弹簧、冲头、模具等
	930°C 淬火,400°C 回火	1599	1834	49.9	
	930°C 淬火,550°C 回火	1383	1437	59.2	
40CrNiMoA	860°C 淬火,200°C 回火	1579	1942	42.2	
	860°C 淬火,380°C 回火	1383	1491	63.3	
	860°C 淬火,430°C 回火	1334	1393	90.0	

（续）

材　料	热　处　理	σ_s/MPa	σ_b/MPa	$K_{\rm IC}$/MPa·m$^{\frac{1}{2}}$	主要用途
40CrNiMoA	860°C 淬火,500°C 回火	1147	1187	126.2	超高强度钢,主要用作薄壁结构、飞行壳体、飞机起落架部件、紧固件、高压容器、扭力杆、装甲板、高强度螺栓、弹簧、冲头、模具等
	860°C 淬火,560°C 回火	916	1010	142.6	
40CrNi2Mo	850°C 淬火,220°C 回火	1550~1608	1883~2020	54.9~71.9	
40SiMnCrMoV	920°C 淬火,200~300°C 回火	1422~1510	1893~1922	63.0~71.3	
40SiMnCrNiMoV	890°C 淬火,260°C 回火	1630	1910	80.6	
	890°C 淬火,600°C 回火	1402	1515	94.0	
40SiMnCrNi2MoV	930°C 淬火,280°C 回火	1530~1716	1844~2000	73.8~82.8	
45CrNiMoV	860°C 淬火,300°C 回火	1510~1726	1903~2059	73.8~82.8	
4Cr5MoVSi	1000~1050°C 淬火,520~560°C 回火三次	1550~1618	1765~1961	33.8	
6Cr4Mo3Ni2WV	1120°C 淬火,560°C 回火二次	—	2452~2648	25.4~40.3	
00Ni18Co8Mo5TiAl	815°C 固溶处理 1h,空冷 480°C 时效 3h,空冷	1755	1863	110~118	
GCr15	退火态	347	—	105	滚动轴承
15MnMoVCu	铸钢	520	677	38.5~74.4	水轮机叶片
重轨钢	—	510~628	853~1040	37.2~48.4	50kg/m 重轨
稀土镁球墨铸铁	920°C 淬火,380°C 回火	—	1304	35.6~38.8	轴类

表 9-4　某些国产工程材料的启裂韧度 $J_R(J_{\rm IC})$ 值

材　料	热　处　理	试验温度/°C	启裂韧度 J_R/(N/mm)			子样大小
			J_i	$J_{0.05}$	$J_{0.2}$	
10Cr2Mo1	调质	25	—	4.46	8.15	1
10Ti	热轧	25	—	—	255.279	2
12Cr2Ni4	调质	25	95.1	114.7	174.4	1
13MnNiMoNb	调质	25	117.6,239.1	149.0,252.8	235.2,295.0	2
14MnMoVBRE	调质	25	28.6	—	—	1
15MnV	正火	25	66.7	89.3	157.9	1
Q345	热轧	25	36.3	44.1	68.6	1
Q345R	热轧	25	35.3~51.9 均值44.8	44.1~57.8 均值52.3	72.5~78.4 均值76.4	3
Q345g	热轧	25	62.7,66.2	70.9,75.9	84.8,95.5	2
18Cr2Ni4WA	调质	25	112.9	131.8	188.5	1
19Mn5	正火	25	39.5,79.4	66.6,104.9	146.0,181.3	2
12Cr18Ni9	淬火后时效	25	58.3	73.0	115.0	1
20 钢	正火	25	32.5	65.0	167.5	1
20Cr	渗碳	15	94.2	118.7	192.3	1
20Cr2Ni4A	淬火后低温回火	25	39.0	39.9	43.4	1
20CrMnSi	调质	25	96.0	114.7	171.5	1
20R		20	133.3,153.9	154.8,178.4	216.6,251.9	2

（续）

材　料	热　处　理	试验温度 /°C	启裂韧度 J_R /（N/mm）			子样大小
			J_i	$J_{0.05}$	$J_{0.2}$	
25Cr2Ni3MoV	调质	28	117.6	123.5	162.7	1
25MnCr5	淬火的低温回火	25	76.0	89.0	127.0	1
20Cr13	调质	25	147.5	164.8	217.2	1
40Cr	调质	25	110.0	117.5	139.9	1
40CrMnMo	调质	25	74.5	79.0	90.0	1
40CrNiMo	调质	25	113.7	145.0	239.1	1
40MnVB	调质	25	74.4	82.1	105.3	1
42CrMo	调质	25	58.5	62.3	73.9	1
45 钢	调质	25	77.3	100.1	168.3	1
55 钢	调质	25	62.0	78.4	127.5	1
Q235A	热轧	25	45.1 ~ 76.4 均值57.2	62.7 ~ 95.1 均值76.9	85.3 ~ 178.4 均值134.0	6
Q235AF	热轧	25	174.5	203.6	291.8	1
Q235B	热轧	25	2.04	53.9	181.4	1
ZG06Cr13Ni6Mo	正火后两次回火	25	154.0	164.0	194.2	1
ZG20SiMn	正火	25	102.6	108.3	125.4	1
ZG310-570	调质	25	58.4	61.7	79.9	1

9.3　疲劳裂纹扩展速率

1. da/dN-ΔK 曲线

疲劳裂纹扩展速率 da/dN 是应力强度因子范围 ΔK 的函数。da/dN 与 ΔK 的关系在双对数坐标上是一条 S 形曲线。如图 9-3 所示。这条（da/dN)-ΔK 曲线可以划分为三个区域：Ⅰ区、Ⅱ区和Ⅲ区。

Ⅰ区为不扩展区，这时 ΔK < ΔK_{th}，ΔK_{th} 称为界限应力强度因子或门槛值。在空气介质中满足平面应变条件的情况下，当 da/dN = 10^{-8} ~ 10^{-7} mm/周次时，即认为其 ΔK 值接近于 ΔK_{th}。

Ⅱ区为条纹扩展区，其扩展机制为条纹机制，是决定疲劳裂纹扩展寿命的主要区域。在此区域，da/dN 与 ΔK 在双对数坐标上呈线性关系。此区的裂纹扩展速率可以用著名的 Paris（帕里斯）公式表示：

$$\frac{\mathrm{d}a}{\mathrm{d}N} = C(\Delta K)^m \qquad (9-5)$$

式中　ΔK——应力强度因子范围，ΔK = K_{max} - K_{min}；

　　　C、m——材料常数，m 为直线部分的斜率。

Ⅲ区的快速扩展区，由于其扩展速率很高，因此Ⅲ区的裂纹扩展寿命很短，在计算疲劳裂纹扩展寿命时可以将其忽

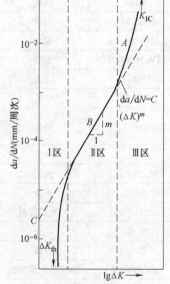

图 9-3　用对数表示的 da/dN 对 ΔK 的关系

略。

常规的 S-N 曲线和 ε-N 曲线都是以对称循环为基础，而疲劳裂纹扩展速率则均以 $R=0$ 的脉动循环为基础。这是由于压应力使裂纹闭合，对其扩展不起作用所致。但在变幅载荷下，压缩循环对裂纹扩展也有重要作用，其影响不可忽略。

Paris 公式中的 C 和 m 值，需要由试验确定。当缺乏试验数据时，可以使用表 9-5 中的数据，表 9-5 中均为中值数据。

表 9-5　某些金属材料的 C、m 值

材　　料	消除应力处理	σ_b/MPa	应力比 R	m	C
软钢	在 650°C 下 1h	430	$-1,0.13,0.35,0.49,0.64$	3.3	2.72×10^{-14}
低合金钢	在 570°C 下 1h	835	$-1,0,0.33,0.50$	3.3	2.72×10^{-14}
	在 680°C 下 1h	680	$0.64,0.75$	3.3	5.19×10^{-14}
马氏体时效钢	在 820°C 下 1h 并在 480°C 下 3h 空冷	2010	0.67	3	7.38×10^{-13}
18/8 奥氏体型不锈钢	在 600°C 下 1h	685	$-1,0,0.33,0.62,0.74$	3.1	7.45×10^{-14}
	在 600°C 下 4h	665			
铝	在 320°C 下 1h	77	$-1,0,0.33,0.53$	2.9	5.98×10^{-12}
铜	在 600°C 下 1h	225	$-1,0,0.33,0.56,0.69,0.80$	3.9	4.78×10^{-15}
	在 700°C 下 1h	215			
钛	在 700°C 下 1h	540	0.60	4.4	8.96×10^{-16}

注：此表适用于 ΔK 的单位为 $N/mm^{\frac{3}{2}}$，da/dN 的单位为 mm/周次。

表 9-6 ~ 表 9-8 列出了各种工程材料的疲劳裂纹扩展门槛值 ΔK_{th}。表 9-9 列出了某些国产工程材料的疲劳裂纹扩展速率参数。表 9-10 列出了各种材料裂纹扩展速率公式 $[da/dN = C(\Delta K)^m]$ 中的参数值。

表 9-6　某些国产工程材料的疲劳裂纹扩展门槛值 ΔK_{th}

材　　料	热　处　理	试验温度/°C	试验频率/Hz	ΔK_{th}/MPa·$m^{\frac{1}{2}}$ 取值范围	平均值	应力比
022Cr17Ni12Mo2	油淬	25	110	8.67	8.67	0.2
06Cr19Ni10	固溶处理	25	104	9.94	9.94	
10Ti	热轧	25	40	0.82	0.82	0.1
15Mn	—	25	140	8.67	8.67	
Q345	热轧	25	150	10.66	10.66	0.1
Q345L	热轧	25	95	7.34 ~ 10.42	8.61	0.2
Q345R	热轧	25	35	6.82	6.82	0.2
Q345g	热轧	25	145	9.51	9.51	0.2
18Cr2Ni4WA	调质	25	150	4.22	4.22	0.2
20	正火	25	150	11.04	11.04	0.1
20R	—	25	160	6.68	6.68	
20Ni2Mo	调质	25	83	8.22	8.22	0.1

（续）

材　料	热　处　理	试验温度/°C	试验频率/Hz	ΔK_{th}/MPa·m$^{\frac{1}{2}}$ 取值范围	ΔK_{th}/MPa·m$^{\frac{1}{2}}$ 平均值	应力比
25Cr2MoV	调质	25	92	8.62	8.62	0.1
25Cr2Ni3MoV	调质	28	120	7.47	7.47	0.1
28CrNiMoV	调质	25	180	8.07	8.07	0.2
20Cr13	调质	25	150	6.62	6.62	0.2
35CrMo	调质	25	200	5.64	5.64	0.2
35Mn2	调质	25	83～92	8.37	8.37	0.1
40Cr	调质	25	160	6.92	6.92	0.2
40CrMnSiMoVA	等温淬火后回火	25	110	4.0	4.0	0.1
40CrMnSiMoVA	等温淬火	25	110	5.9	5.9	0.1
40CrNiMo	调质	25	150	5.54	5.54	0.2
40MnB	调质（500°C回火）	25	67	6.95	6.95	0.2
40MnB	调质（600°C回火）	25	67	9.94	9.94	0.2
45	正火	25	150	10.26	10.26	0.2
45	调质	25	102	3.98	3.98	0.1
60Si2Mn	淬火后中温回火	25	110	6.14	6.14	0.2
Q235A	热轧	25	150	4.19	4.19	0.1
Q235AF	热轧	25	150	7.30	7.30	0.1
Q235B	热轧	25	175	6.35	6.35	0.1
QT600-3	正火	25	100	8.00	8.00	0.2

表 9-7　某些国外工程合金的疲劳裂纹扩展门槛值 ΔK_{th}

材　料	σ_b/MPa	$R = K_{min}/K_{max}$	ΔK_{th}/MPa·m$^{\frac{1}{2}}$	材　料	σ_b/MPa	$R = K_{min}/K_{max}$	ΔK_{th}/MPa·m$^{\frac{1}{2}}$
软钢	430	0.13	6.6	18/8 奥氏体型不锈钢	665	0	6.0
		0.35	5.2			0.33	5.9
		0.49	4.3			0.62	4.6
		0.64	3.2			0.74	4.1
		0.75	3.8	D6AC（相当于45CrNiMoVA）	1970	0.03	3.4
A533B（一种压力容器用钢）	—	0.1	8.0				
		0.3	5.7	7050-T7	497	0.04	2.5
		0.5	4.8	2219-T8	—	0.1	2.7
		0.7	3.1			0.5	1.4
		0.8	3.1			0.8	1.3
A508（一种核容器用钢）	606	0.1	6.7	钛	540	0.6	2.2
		0.5	5.6	Ti-6Al-4V	1035	0.15	6.6
		0.7	3.1			0.33	4.4

（续）

材料	σ_b/MPa	$R = K_{min}/K_{max}$	ΔK_{th}/MPa·m$^{\frac{1}{2}}$	材料	σ_b/MPa	$R = K_{min}/K_{max}$	ΔK_{th}/MPa·m$^{\frac{1}{2}}$
铜	215	0	2.5	60/40 黄铜	325	0.51	2.6
		0.33	1.8			0.72	2.6
		0.56	1.5	镍	430	0	7.9
		0.69	1.4			0.33	6.5
		0.80	1.3			0.57	5.2
60/40 黄铜	325	0	3.5			0.71	3.6
		0.33	3.1				

表 9-8 各种工程材料的疲劳裂纹扩展门槛值 ΔK_{th} 值

材料（质量分数）	σ_b/MPa	应力强度因子比 R	ΔK_{th}（裂纹长度为 0.5~5mm）/MPa·m$^{\frac{1}{2}}$	材料（质量分数）	σ_b/MPa	应力强度因子比 R	ΔK_{th}（裂纹长度为 0.5~5mm）/MPa·m$^{\frac{1}{2}}$
低碳钢	430	−1	6.36	低合金结构钢	830	−1	6.26
		0.13	6.61			0	6.57
		0.35	5.15			0.33	5.05
		0.49	4.28			0.50	4.40
		0.64	3.19			0.64	3.29
		0.75	3.85			0.75	2.20
镍铬钢	919	−1	6.36	铜	215	−1	2.67
马氏体时效钢	1990	0.67	2.70			0	2.53
镍铬高强度钢	1686	−1	1.76			0.33	1.76
18/8 奥氏体型不锈钢	—	−1	6.05			0.56	1.54
		0	6.05			0.80	1.32
		0.33	5.92	磷青铜	323	−1	3.75
		0.62	4.62			0.33	4.06
		0.74	4.06			0.50	3.19
铝	76	−1	1.02		362	0.74	2.42
		0	1.65	黄铜（60/40）	323	−1	3.08
		0.33	1.43			0	3.50
		0.53	1.21			0.33	3.08
铬镍铁合金（80% Ni，14% Cr，6% Fe）	415	−1	6.39			0.51	2.64
		0	7.13			0.72	2.64
		0.57	4.71	钛（工业纯）	539	0.62	2.20
		0.71	3.94				

（续）

材料 （质量分数）	σ_b /MPa	应力强度 因子比 R	ΔK_{th} （裂纹长度 为 0.5~5mm） /MPa·m$^{\frac{1}{2}}$	材料 （质量分数）	σ_b /MPa	应力强度 因子比 R	ΔK_{th} （裂纹长度 为 0.5~5mm） /MPa·m$^{\frac{1}{2}}$
4.5% Cu-Al 合金	446	−1	2.09	镍	431	−1	5.92
		0	2.09			0	7.91
		0.33	1.65			0.33	6.48
		0.50	1.54			0.57	5.15
		0.67	1.21			0.71	3.63

注：应力强度因子比 $R = K_{min}/K_{max}$，当不计裂纹闭合效应时，它等于应力比。

表 9-9　某些国产工程材料的疲劳裂纹扩展速率参数

材　料	热 处 理	应力比	试验频率 /Hz	最大载荷 /kN	Paris 公式中的参数	
					$C(\times 10^{-10})$	m
022Cr17Ni12Mo2	油淬	0.2	110	9.26	1.0138	4.1694
06Cr19Ni10	固溶处理	0.2	104	9.26	46.104	3.0456
10Cr2Mo1	调质	0.1	100	11.30	0.7240	2.9200
10Ti	热轧	0.15	40	—	3170.0	1.3600
12Cr2Ni4	调质	0.25	67	13.33	814.14	2.2413
13MnNiMoNb	调质	0.1	6.0	13.00	1.3850	4.1700
Q390	正火	0.1	140	8.41	0.54165	4.6900
Q345	热轧	0.1	150	10.42	0.00106	4.6631
16MnCr5	淬火后低温回火	0.16	170	9.81	0.11537	3.4737
Q345L	热轧	0.20	92	2.45	9.8000	3.5220
Q345L	热轧	0.20	95	2.45	0.02020	4.0430
Q345L	热轧	0.20	95	2.45	4.6200	3.7650
Q345R	热轧	0.20	50	10.78	1.7400	3.9900
Q345R	热轧	0.20	50	10.78	3.9000	3.8900
Q345R	热轧	0.20	50	10.78	1.2600	4.1600
Q345g	热轧	0.20	145	7.60	2.1449	3.8492
18Cr2Ni4WA	调质	0.20	150	6.57	41.100	3.2108
19Mn5[①]	正火	0.10	6.0	12.0	14.900	3.5000
19Mn5[①]	正火	0.10	6.0	12.0	16.000	3.5400
10Cr17Ni2	调质	0.20	115	5.93	1793.7	2.0559
12Cr18Ni9Ti	淬火后时效	0.10	175	7.46	6.4535	4.0300
20	正火	0.10	0.00	6.80	0.21160	3.4576
20Cr2Ni4A	淬火后低温回火	0.10	170	5.40	44.771	2.0639
20CrMnSi	调质	0.25	67	3.92	148.92	2.7999
20CrMnCr5	淬火后低温回火	0.10	170	11.77	24.806	2.9047
20Ni2Mo	调质	0.10	83	4.91	0.01100	2.8500

（续）

材　料	热　处　理	应力比	试验频率 /Hz	最大载荷 /kN	Paris 公式中的参数	
					$C(\times 10^{-10})$	m
20R	—	0.20	160	11.77	256.10	2.3966
20R	—	0.20	150	11.77	525.10	2.1849
20R	—	0.20	160	11.77	677.10	2.0852
25Cr2MoV	调质	0.10	92	4.91	3017.9	1.2203
25Cr2Ni3MoV	调质	0.10	120	6.70	0.36300	3.2600
20Cr13	调质	0.20	180	10.87	5.5600	2.7878
28CrNiMoV	调质	0.20	150	6.87	173.90	2.7903
30Cr1Mo1V	调质	0.10	60	—	0.04200	2.9800
35CrMo	调质	0.20	200	6.84	35.700	2.7800
35Mn2	调质	0.10	83 ~ 92	4.42	176.04	2.3912
30Cr13	调质	0.10	140	6.84	0.35193	4.9400
40Cr	调质	0.20	160	12.00	1.7200	4.4341
40CrMnMo	调质	0.25	74	5.59	10.000	3.5070
40CrNiMo	调质	0.20	150	9.88	290.00	2.8615
40MnB	调质	0.20	67	7.84	1305.9	2.4092
40MnB	调质	0.20	67	6.86	407.73	2.5800
40MnVB	调质	0.10	104	10.00	97.627	2.8282
42CrMo	调质	0.10	104	10.00	176.36	2.6793
45	正火	0.20	150	14.30	1.040	4.3900
45	调质	0.10	80	8.50	45.500	3.3600
55	调质	0.20	117	7.88	49.399	3.0921
55Si2Mn	淬火后中温回火	0.11	60	9.00	23.811	3.4221
55SiMnVB	淬火后中温回火	0.20	107	3.83	2481.5	1.7760
60Si2Mn	淬火后中温回火	0.20	110	3.92	3.2200	4.2700
95Cr18	淬火	0.10	120	4.95	0.00003	6.1400
GCr15	淬火后低温回火	0.10	120	4.95	9140.0	4.4100
GCr15SiMn	淬火后低温回火	0.10	120	4.95	0.1460	3.4000
Q235A	热轧	0.10	30	21.56	7.5124	3.5167
Q235A	热轧	0.10	30	19.60	95.800	2.7330
Q235A	热轧	0.10	30	19.60	2.6800	3.7800
Q235AF	热轧	0.10	150	8.35	4.8586	3.6400
Q235B	热轧	0.10	175	11.58	315.03	2.8300
QT600-3	正火	0.20	100	4.90	20.400	3.7300
QT800-2	正火	0.10	150	10.41	1150.0	2.2860
ZG06Cr13Ni6Mo	正火后两次回火	0.6	130	5.88	20.000	3.5257
ZG15Cr2Mo	正火后回火	0.10	—	—	0.2930	3.1000
ZG15Cr13	退火后正火	0.25	72	6.00	3.3100	4.0300
ZG20SiMn	正火	0	73	13.48	2.2550	3.9917
ZG310-570	调质	0.40	120	9.80	0.00007	3.4900

（续）

材　料	热　处　理	应力比	试验频率 /Hz	最大载荷 /kN	Paris 公式中的参数	
					$C(\times 10^{-10})$	m
ZG340-640	调质	0	110	—	65.460	2.2832
ZGCr15	回火 2h	0.10	120	4.95	3.4600	2.3600
ZGCr15SiMn[②]	回火 3h	0.20	110	10.85	3210.2	1.6002

注：1. 除特殊注明者外，试验温度均为 25°C，载荷波形均为正弦波，试验环境均为大气。

2. 此表适用于 ΔK 的单位为 $MPa \cdot m^{\frac{1}{2}}$，$da/dN$ 的单位为 mm/周次。

① 波形三角形。

② 试验温度为 28°C。

表 9-10　各种材料裂纹扩展速率公式 $\left[da/dN = C\,(\Delta K)^m \right]$ 中的参数值

材　料	C	m	备　注
软钢	2.96×10^{-9}	3.3	
25 钢	6.49×10^{-10}	3.6	
30 钢	9.30×10^{-11}	4.6	
40 钢	1.04×10^{-9}	3.0	
40A 钢	1.15×10^{-9}	3.58	
45 钢	9.59×10^{-9}	2.75	
15MnMoVCu	1.12×10^{-9}	3.6	
22K	4.11×10^{-10}	4.05	
20G	1.25×10^{-8}	2.58	
铁素体珠光体钢	7.04×10^{-9}	3.0	
奥氏体钢	5.84×10^{-9}	3.25	
12Cr13	1.14×10^{-7}	2.14	
17CrMo1V	1.18×10^{-8}	2.58	
34CrMo1A	5.67×10^{-9}	2.97	公式 $\dfrac{da}{dN} = C(\Delta K)^m$ 中，ΔK 以 MPa $\cdot m^{\frac{1}{2}}$ 计，$\dfrac{da}{dN}$，mm/周次计，如 $\dfrac{da}{dN}$ 以 m/周次计时，C 值当乘上 10^{-3}
30Cr2MoV	5.69×10^{-10}	3.68	
34CrNi3Mo	2.47×10^{-8}	2.5	
34CrNi3MoV	2.10×10^{-9}	3.18	
14MnMoNbB	2.61×10^{-8}	2.5	
14MnMoVB	6.71×10^{-9}	3.0	
18MnMoNb	1.82×10^{-10}	3.8	
20SiMn2MoV	2.92×10^{-8}	2.4	
30CrNiMoA	$(1.51 \sim 2.65) \times 10^{-8}$	2.5	
14SiMnCrNiMoA	5.95×10^{-8}	2.44	
30CrMnSiNi2MoA	1.74×10^{-8}	2.44	
50Mn18Cr4WN	3.51×10^{-10}	3.7	
GH2036	1.78×10^{-8}	2.63	
马氏体钢	1.39×10^{-7}	2.25	
铝合金 7A09	2.16×10^{-8}	3.96	
铝合金 2A14	2.35×10^{-7}	3.44	

2. 平均应力的影响

为了考虑平均应力的影响，Forman（福尔曼）提出了如下的修正式：

$$\frac{\mathrm{d}a}{\mathrm{d}N} = \frac{C(\Delta K)^m}{(1-R)K_{\mathrm{C}} - \Delta K} \tag{9-6}$$

式中　K_{C}——相应厚度下的断裂韧度；

　　C、m——由试验确定的常数。

上式称为 Forman 公式，此式中的 C、m 值与 Paris 公式中的 C、m 值不同，应引起注意。

3. 影响疲劳裂纹扩展速率的其他因素

一般来说，变幅应力下的疲劳裂纹扩展速率不仅取决于当时的应力强度因子，还取决于以前的应力历程。当以前的应力历程不同时，虽然当前的应力强度因子范围相同，但裂纹尖端前缘线的形状、位向、钝化情况和残余应力并不相同，因此其裂纹扩展速率也不相同。也就是说，以前的载荷历程对以后循环的裂纹扩展有干涉效应。例如，有过载峰时，将使以后若干循环的疲劳裂纹扩展速率减小，周期性的过载将加强这一效应。随机载荷下的疲劳裂纹扩展速率比程序载荷下为高。

影响疲劳裂纹扩展速率的因素，除载荷历史与平均应力之外，还有许多其他因素。当温度不太高时，温度对 $\mathrm{d}a/\mathrm{d}N$ 影响不大；但温度较高时，将加速裂纹扩展。在空气中，加载频率对 $\mathrm{d}a/\mathrm{d}N$ 影响不大，但在腐蚀介质中加载频率有较大影响。试验研究得出，腐蚀介质对 $\mathrm{d}a/\mathrm{d}N$ 的影响，与 K 值高于或低于应力腐蚀界限应力强度因子 $K_{\mathrm{I\,scc}}$ 有关。当 $K_{\mathrm{I\,max}} > K_{\mathrm{I\,scc}}$ 时，应力腐蚀裂纹扩展速率 $\mathrm{d}a/\mathrm{d}t$ 起主要作用，这时的疲劳裂纹扩展速率可以认为近似地等于空气中的疲劳裂纹扩展速率，而将腐蚀介质的作用，完全归于 $\mathrm{d}a/\mathrm{d}t$ 中。当 $K_{\mathrm{I\,max}} \leqslant K_{\mathrm{I\,scc}}$ 时，腐蚀介质对 $\mathrm{d}a/\mathrm{d}N$ 的影响，取决于拉应力的增加速率。频率、波形和厚度对等幅载荷下 $\mathrm{d}a/\mathrm{d}N$ 的影响，与腐蚀和温度等环境影响相比是次要的。这些因素的影响往往小于材料的炉次和制造厂家不同所带来的影响。

4. $\mathrm{d}a/\mathrm{d}N$ 的测定方法

一般使用预制裂纹试样测定 $\mathrm{d}a/\mathrm{d}N$。测定裂纹扩展量可使用多种方法，如读数显微镜法、直流电位法、交流电位法、声发射法、断裂片法等。我国现在多使用读数显微镜法，用读数显微镜定时观察，记下各个时间的裂纹长度，画出 $a\text{-}N$ 曲线，$a\text{-}N$ 曲线的斜率即为 $\mathrm{d}a/\mathrm{d}N$。但这种方法精度低，而其他方法则尚未过关，往往需要几种方法配合使用。

测定 $\mathrm{d}a/\mathrm{d}N$ 可以使用紧凑拉伸试样（CT）和中心裂纹拉伸试样（CCT），其数据处理可使用七点递增多项式或割线法。CT 试样的厚度 B 就满足 $\dfrac{W}{20} \leqslant B \leqslant \dfrac{W}{4}$，$W$ 为试样宽度，其应力强度因子表达式 $\left(\alpha = \dfrac{a}{W} \geqslant 0.2 \text{ 时} \right)$ 为

$$\Delta K = \frac{\Delta F}{B\sqrt{W}} \times \frac{2+\alpha}{(1-\alpha)^{3/2}} (0.886 + 4.64\alpha + 13.32\alpha^2 + 14.72\alpha^3 - 5.6\alpha^4) \tag{9-7}$$

CCT 试样的厚度应满足 $B \leqslant \dfrac{W}{8}$，W 为试样宽度，其应力强度因子表达式 $\left(\alpha = \dfrac{2a}{W} \leqslant 0.95 \right)$ 为

$$\Delta K = \frac{\Delta F}{B} \sqrt{\frac{\pi a}{2W} \sec \frac{\pi \alpha}{2}} \tag{9-8}$$

$$\Delta F = F_{\max} - F_{\min} \quad (R > 0 \text{ 时})$$
$$\Delta F = F_{\max} \quad (R < 0 \text{ 时})$$

式中　$F_{\max}$——最大载荷（N）；

　　　$F_{\min}$——最小载荷（N）。

测定材料的疲劳裂纹扩展速率可按 GB/T 6398—2000《金属材料疲劳裂纹扩展速率试验方法》进行。

9.4　剩余寿命估算

1. 初始裂纹尺寸 a_0

初始裂纹尺寸 a_0 是指开始计算寿命时的最大原始裂纹尺寸，可以用无损检测方法检测出来。零件中的缺陷种类很多，形状各异，有表面的，也有深埋于内部的。有单个的，也有密集的。进行寿命估算时，须对它们进行当量化处理，转化成规则化裂纹。应重点分析最大应力区的缺陷。一般假定裂纹面垂直于最大拉应力方向。裂纹形状应当这样假定：使其应力强度因子值在整个裂纹扩展阶段为最大。上述处理方法是偏于安全的。

初始裂纹尺寸的大小，与无损检测技术的发展及无损检测人员的技术水平有关。在有条件进行破坏试验或从零构件缺陷处取样进行试验时，一般采用对疲劳断口进行金相分析，并使用概率统计方法来确定初始裂纹尺寸。在工程应用上，目前通过各种测试手段确定出的初始裂纹深度为 0.05 ~ 0.5mm。

初始裂纹尺寸对零件的裂纹扩展寿命有重要影响，因此应谨慎地确定 a_0 值。

给定零件的尺寸和寿命以后，也可以反过来推算容许的初始裂纹尺寸。当容许的初始裂纹尺寸小于所有检测方法的灵敏度时，必须更换无损检测方法或加大零件尺寸。

2. 临界裂纹尺寸 a_c

临界裂纹尺寸是指在给定的受力情况下，不发生脆断所容许的最大裂纹尺寸，一般用 a_c 表示。临界裂纹尺寸 a_c 可以根据以下原则确定：零件的应力强度因子范围 ΔK 小于快速扩展区（Ⅲ区）起点的 ΔK。由于 a_c 对疲劳寿命影响较小，当缺乏这一数据时，也可使用 K_{IC} 的下限值代替Ⅲ区起点的应力强度因子，由此可得

$$a_c = \frac{1}{\pi} \left(\frac{K_{IC}}{\alpha \sigma} \right)^2 \tag{9-9}$$

式中　K_{IC}——材料的断裂韧度（N/mm$^{\frac{3}{2}}$）；

　　　α——形状因子；

　　　σ——循环应力的最大值（MPa）。

在工程上，临界裂纹尺寸是根据结构的受力情况和使用安全来确定的，不同的结构和使用工况有不同的计算公式。

3. 疲劳裂纹扩展寿命计算公式

（1）等幅应力

1）将 Paris 公式积分，可得疲劳裂纹扩展寿命为

$$N_P = \int_{N_0}^{N_f} \mathrm{d}N = \int_{a_0}^{a_c} \frac{\mathrm{d}a}{C(\Delta K)^m} = \int_{a_0}^{a_c} \frac{\mathrm{d}a}{C(\alpha \Delta \sigma \sqrt{\pi a})^m} \tag{9-10}$$

若形状因子 α 与裂纹尺寸 a 无关，则将式（9-5）积分可得

当 $m \neq 2$ 时

$$N_P = \frac{a_c^{\left(1-\frac{m}{2}\right)} - a_0^{\left(1-\frac{m}{2}\right)}}{\left(1 - \frac{m}{2}\right) C \pi^{\frac{m}{2}} \alpha^m (\Delta\sigma)^m} \tag{9-11a}$$

当 $m = 2$ 时

$$N_P = \frac{1}{\pi C \alpha^2 (\Delta\sigma)^2} \ln \frac{a_c}{a_0} \tag{9-11b}$$

上式适用于 $\frac{da}{dN}$ 和 ΔK 的单位分别为 mm/周次和 $\text{N/mm}^{\frac{3}{2}}$，或 m/周次和 $\text{MPa} \cdot \text{m}^{\frac{1}{2}}$。当 $\frac{da}{dN}$ 的单位为 mm/周次，而 ΔK 的单位为 $\text{MPa} \cdot \text{m}^{\frac{1}{2}}$ 时，式（9-11a）的右边应乘以 $10^{3m/2}$，式（9-11b）的右边应乘以 10^3。

若 α 值为裂纹尺寸 a 的函数，则可以把 $(a_c - a_0)$ 分为若干段，用每段中 a 的平均值计算 α 和 N_{Pi}，各段寿命之和即为从 a_0 到 a_c 的疲劳裂纹扩展寿命。

Paris 公式适用于脉动循环，也适用于应力比 R 或平均应力 σ_m 保持不变的其他循环，但对后面几种情况，需要使用其相应的 da/dN 表达式，这时，C 和 m 随 R 和 σ_m 而变，与脉动循环时的 C、m 值不同。

2）需要考虑平均应力的影响时，可使用 Forman 公式。这时，可使用一个统一的公式计算不同应力比下的疲劳裂纹扩展寿命。而使用 Paris 公式时，则对于不同的应力比 R 要使用不同的计算公式。

将 Forman 公式积分可得

当 $m \neq 2$、3 时

$$N = \frac{2}{\pi C (\Delta\sigma)^2} \left\{ \frac{(\Delta K)_c}{m-2} \left[\frac{1}{(\Delta K)_0^{m-2}} - \frac{1}{(\Delta K)_c^{m-2}} \right] - \frac{1}{m-3} \left[\frac{1}{(\Delta K)_0^{m-3}} - \frac{1}{(\Delta K)_c^{m-3}} \right] \right\} \tag{9-12a}$$

当 $m = 2$ 时

$$N = \frac{1}{\pi C (\Delta\sigma)^2} \left[(\Delta K)_c \ln \frac{(\Delta K)_c}{(\Delta K)_0} + (\Delta K)_0 - (\Delta K)_c \right] \tag{9-12b}$$

当 $m = 3$ 时

$$N = \frac{1}{\pi C (\Delta\sigma)^2} \left\{ 2(\Delta K)_c \left[\frac{1}{(\Delta K)_0} - \frac{1}{(\Delta K)_c} \right] + \ln \frac{(\Delta K)_0}{(\Delta K)_c} \right\} \tag{9-12c}$$

$$\Delta K = \alpha \Delta\sigma \sqrt{\pi a}$$

$$(\Delta K)_0 = \alpha \Delta\sigma \sqrt{\pi a_0}$$

$$(\Delta K)_c = \alpha \Delta\sigma \sqrt{\pi a_c} = (1 - R) K_c$$

上式适用于 $\frac{da}{dN}$ 和 ΔK 的单位分别为 mm/周次和 $\text{N/mm}^{\frac{3}{2}}$，或 m/周次和 $\text{MPa} \cdot \text{m}^{\frac{1}{2}}$。当 $\frac{da}{dN}$ 的单位为 mm/周次，而 ΔK 的单位为 $\text{MPa} \cdot \text{m}^{\frac{1}{2}}$ 时，上式等号的右边乘以 $10^{3m/2}$。

（2）变幅应力

若每个载荷块的扩展量为

$$\frac{\mathrm{d}a}{\mathrm{d}\lambda} = \sum_{i=1}^{l} \left[n_i \left(\frac{\mathrm{d}a}{\mathrm{d}N} \right)_i \right] \tag{9-13}$$

则以载荷块计的疲劳裂纹扩展寿命为

$$\lambda = \int_{a_0}^{a_c} \frac{\mathrm{d}a}{\sum\limits_{i=1}^{l} \left[n_i \left(\frac{\mathrm{d}a}{\mathrm{d}N} \right)_i \right]} \tag{9-14}$$

$$\left(\frac{\mathrm{d}a}{\mathrm{d}N_i} \right)_i = C(U_i \Delta K_i)^m \tag{9-15}$$

$$U_i = 0.5 + 0.1R_i + 0.4R_i^2$$

式中 R_i——第 i 级应力的应力比；

$\left(\dfrac{\mathrm{d}a}{\mathrm{d}N} \right)_i$——第 i 级载荷的扩展速率（mm/周次）；

$\quad l$——载荷水平数；

$\quad n_i$——每个载荷块中第 i 级载荷出现的次数。

4. 剩余寿命的确定

按上述公式计算出的疲劳裂纹扩展寿命除以寿命安全系数 n_N 即为剩余寿命。寿命安全系数可取为 $n_N = 2 \sim 4$。

9.5 裂纹体的无限寿命疲劳强度计算

强度条件如下：

长裂纹（$a \geqslant 1.0\mathrm{mm}$）

$$\frac{\Delta K_{\mathrm{th}}}{\Delta K} \geqslant [n] \tag{9-16a}$$

短裂纹（$a < 1.0\mathrm{mm}$）

$$\frac{\Delta K_{\mathrm{ths}}}{\Delta K} \geqslant [n] \tag{9-16b}$$

式中 ΔK——应力强度因子范围；

$\quad \Delta K_{\mathrm{th}}$——长裂纹的疲劳裂纹扩展门槛值；

$\quad \Delta K_{\mathrm{ths}}$——短裂纹的疲劳裂纹扩展门槛值。

上海材料研究所等单位试验得出的国产工程材料的 ΔK_{th} 值列于表9-6。短裂纹的 ΔK_{ths} 值数据还很少。许用安全系数 $[n]$ 可参照常规疲劳设计方法选取。

上面所提供的常用国产工程材料的 $p\text{-}S\text{-}N$ 曲线，都是使用2.4.2节的测定方法测出的。读者在从新测定所需材料的 $p\text{-}S\text{-}N$ 曲线时，建议按 GB/T 24176—2009《金属材料 疲劳试验 数据统计方案与分析方法》进行。

9.6 断裂控制

采用损伤容限设计时，必须对结构采取合理的断裂控制。断裂控制的主要内容是：精心选材，结构合理布局，制订适当的检验程序，控制安全工作应力。

1. 精心选材

采用损伤容限设计是以允许零件内存在一定的临界尺寸缺陷为前提的，因此，应选用 K_{IC}/σ_s 和韧脆转变温度 FATT 高的材料。常用的中、低强度钢的 K_{IC}/σ_s 高，具有允许较大缺陷的能力，高强钢次之，超高强度钢最差。

初始缺陷尺寸对剩余寿命影响很大，因此进行损伤容限设计应选择初始缺陷尺寸小的材料，应采用先进的工艺技术，提高材料纯度，减小结构缺陷，并设法消除残余应力。

疲劳裂纹扩展速率直接决定着剩余寿命，因此应选择疲劳裂纹扩展速率低的材料。

2. 结构合理布局

为了将疲劳裂纹扩展速率有效地控制在容许范围内，不致在规定的检修期内发生意外的断裂，必须采取破损-安全结构，并要求结构便于检修。破损-安全结构可以采用以下方法：

（1）采用多通道载荷结构　其设计思路是，当结构中有一个构件断裂，完全丧失承载能力时，其载荷可以由其他构件承受，而不致产生事故。多梁式飞机机翼即为一例。

（2）采取止裂措施

1）一个构件由若干个元件组成，如其中一个元件出现裂纹，不致扩展到其他元件上。

2）在零件的预期扩展途径上钻一小孔，或设止裂缝，当裂纹扩展到孔或缝时，尖端变钝，使其扩展减缓。

3）在裂纹的扩展途径上设加强件，也称为止裂件。

（3）采用断裂前自动报警的安全措施　如压力容器的断裂前渗漏等。

3. 制订合理的检验程序

检验程序是断裂控制的主要环节之一，它主要包括裂纹长度检测和检验周期的确定。

测定裂纹尺寸必须采用适当的检验方法。按照损伤容限设计的零件都必须易于检测。当要求的初始裂纹尺寸小于质量控制方法的检测能力时，必须改变材料，或降低应力水平，以求得到较大的初始缺陷容许量。对于单载荷通道设计，则要求有较大的临界裂纹尺寸，以便于现场检测。

按照损伤容限设计，零件的剩余寿命必须大于其检验周期。为确保零件在检修期内的安全使用，一般取检修周期小于或等于其剩余寿命之半，这样便可保证检验人员在零件发生破坏之前至少有两次发现裂纹的机会。

4. 控制安全工作应力

在损伤容限设计中，允许使用的最高载荷称为破坏-安全载荷，它应小于与临界裂纹尺寸 a_c 相应的临界载荷。与破损-安全载荷相应的应力称为破损-安全应力。在使用期内，必须允许操作者使用破损-安全载荷。另一方面，为确保结构安全使用，在整个使用期内，都必须控制零件的工作应力小于或等于其破损-安全应力。

第10章 概率疲劳设计

10.1 概述

1. 概率疲劳设计概念及意义

概率设计是可靠性设计的主要组成部分,是应用概率统计理论进行零构件设计的方法。概率设计引进了定量的可靠性指标——可靠度,因此也称为可靠性设计。但它只是可靠性设计的一种方法,可靠性设计还包括以实现产品可靠性为目的的各种设计技术。

概率疲劳设计也称为疲劳可靠性设计,是应用概率统计理论进行机械零构件抗疲劳设计的方法,是概率设计方法在抗疲劳设计中的应用。

以前各章所述的抗疲劳设计方法,都是根据应力和疲劳强度的平均值进行设计的。而实际上,应力和疲劳强度数据都有一定的离散性,因而,仅仅按照平均值进行设计是不安全的。这时,必须根据以往的使用经验,引用较大的安全系数。只有当工作安全系数大于许用安全系数时,零件才能安全使用。由于安全系数的选取纯粹是经验性的,没有反映问题的实质,因而这些方法不能做出合理的设计。而概率疲劳设计由于考虑了工作应力和疲劳强度的分布,能够给出可靠度指标,因而可以克服上述缺点,做出既安全可靠又重量轻的合理设计。

2. 可靠性概念

可靠性的经典定义是:产品在规定条件下和规定时间内完成规定功能的能力。可靠性有广义的和狭义的两种概念。广义可靠性是指产品在整个寿命周期内完成规定功能的能力。狭义可靠性是指产品在某一规定时间内发生失效的难易程度。维修性是指产品失效后在某一规定时期内修复的难易程度。对不可修复产品(包括不值得修复)只要求在使用过程中不易失效,即要求耐久性;对可修复产品,不仅要求在使用过程中不易发生故障,即无故障性,而且要求易于维修,即维修性。

3. 可靠性特征量

度量可靠性的各种量称为可靠性特征量。常用的可靠性特征量有可靠度、累积失效概率、平均寿命、可靠寿命、失效率等。对可修复产品还有可维修性特征量和有效性特征量。

(1) 可靠度 可靠度是产品在规定条件下和规定时间内完成规定功能的概率,一般记为 R。它是时间的函数,故也记为 $R(t)$,称为可靠度函数。

在概率疲劳设计中,在规定的寿命期内,零件疲劳强度超过工作应力的概率定义为可靠度。

(2) 累积失效概率 这是产品在规定条件下和规定时间内未完成规定功能(即发生失效)的概率,记为 F 或 $F(t)$。

在概率疲劳设计中,在规定的寿命期内,零件疲劳强度低于工作应力的概率定义为累积失效概率。

因为完成规定功能与未完成规定功能是对立事物,按概率互补定律可得

$$F(t) = 1 - R(t) \tag{10-1}$$

(3) 平均寿命　平均寿命是寿命的平均值,对不可修复产品用失效前平均时间,一般记为 MTTF;对可修复产品则常用平均无故障工作时间,一般记为 MTBF。

在概率疲劳设计中,平均寿命用平均失效循环数 $\overline{N}$ 或对数平均失效循环数 $\overline{X} = \overline{\lg N}$ 表示。

(4) 可靠寿命和中位寿命　可靠寿命是给定的可靠度所对应的时间,一般记为 $t(R)$。当 $R = 0.5$ 时称为中位寿命,记为 $t_{0.5}$。

在概率疲劳设计中,可靠寿命是给定的可靠度所对应的失效循环数,即 p 存活率下的疲劳寿命,记为 N_p,当 $p = 50\%$ 时称中值寿命,记为 N_{50}。

(5) 失效率和失效率曲线　失效率是工作到某时刻尚未失效的产品,在该时刻后单位时间内发生失效的概率,一般记为 λ。它也是时间 t 的函数,故也记为 $\lambda(t)$,称为失效率函数,有时也称为故障率函数或风险函数。

失效率曲线反映产品总体在整个寿命期内失效率的变化情况,此曲线如图 10-1 所示,由于其形状像浴盆,常形象地称为浴盆曲线。

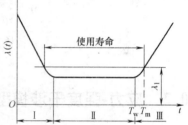

图 10-1　典型失效率曲线
T_w—开始老化时间　T_m—耗损寿命

4. 系统的可靠性

下面仅介绍不可修复系统的可靠性,可修复系统的可靠性参见相关技术资料。

(1) 串联系统　串联系统是组成系统的所有单元中任一单元失效就会导致整个系统失效的系统。图 10-2 所示为串联系统的可靠性框图。假定各个单元是统计独立的,系统的可靠度等于各个单元可靠度的乘积,即

$$R = \prod_{i=1}^{n} R_i = R_1 R_2 \cdots R_n \tag{10-2}$$

多数机械系统都是串联系统。串联系统的可靠度随着单元可靠度的减小及单元数的增多而迅速下降。

(2) 并联系统　并联系统是组成系统的所有单元都失效时才失效的系统。图 10-3 所示为并联系统的可靠性框图。假定各单元是统计独立的,则系统的可靠度为

$$R = 1 - \prod_{i=1}^{n} (1 - R_i) = 1 - (1 - R_1)(1 - R_2) \cdots (1 - R_n) \tag{10-3}$$

图 10-2　串联系统

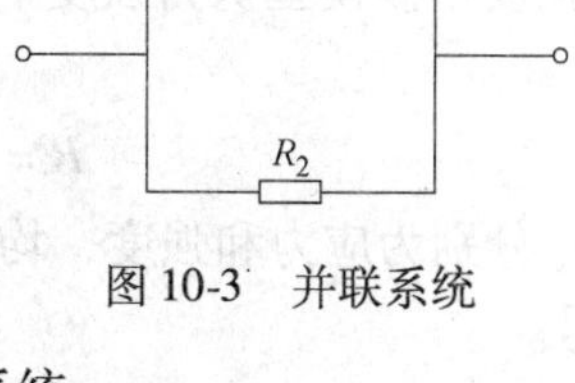

图 10-3　并联系统

(3) 混联系统　其典型情况为串并联系统和并串联系统。

对于图 10-4a 所示的串并联系统,系统的可靠度为

$$R = \prod_{j=1}^{n} \left[1 - \prod_{i=1}^{m_j} (1 - R_{ij}) \right] \tag{10-4a}$$

对于图 10-4b 所示的并串联系统，系统的可靠度为

$$R = 1 - \prod_{i=1}^{m} \left(1 - \prod_{j=1}^{n_i} R_{ij} \right) \tag{10-4b}$$

此外，尚有表决系统和复杂系统，其可靠性框图和系统可靠性的计算公式可参阅相关技术资料。

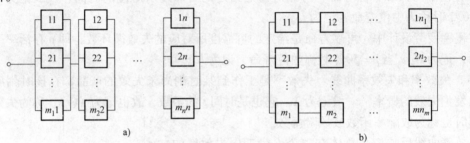

a)   b)

图 10-4   串并联系统和并串联系统

a) 串并联系统   b) 并串联系统

10.2   应力-强度干涉模型求可靠度

1. 应力-强度干涉模型

应力-强度干涉模型是进行机械零构件概率设计的基础，也是进行机械零构件概率疲劳设计的基础。

如图 10-5 所示，以横坐标 x 表示应力或强度，以纵坐标 $f(x)$ 表示应力或强度的概率密度。$f_l(x_l)$ 表示应力概率密度，$f_s(x_s)$ 表示强度概率密度。由于应力和强度量纲相同，为说明问题方便起见，将它们绘在同一坐标纸上。若零件工作应力的分布曲线在左侧，零件强度的分布曲线在右侧，则如图 10-5 所示，当二分布曲线相交时，零件以一定的概率失效。图 10-5 中的阴影部分为应力与强度分布图形干涉，表示其强度可能小于应力。上述根据应力与强度的干涉情况计算可靠度的模型称为应力-强度干涉模型。

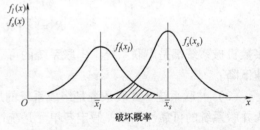

图 10-5   应力和强度分布的数学模型

应力-强度干涉模型认为强度 x_s 大于应力 x_l 就不失效，可靠度为不失效的概率，故可靠度为

$$R = P(x_s > x_l) = P(x_s - x_l > 0) \tag{10-5}$$

x_l 和 x_s 分别为应力和强度，均为随机变量，下面为了方便，将随机变量及其取值均使用同一符号。

2. 求可靠度的一般公式

为了计算出可靠度，将应力和强度分布曲线的相交部分放大，如图 10-6 所示。取 x_1 为

任一工作应力，则工作应力在 $(x_1 - \mathrm{d}x/2)$ 至 $(x_1 + \mathrm{d}x/2)$ 区间的概率以面积 A_1 表示，即

$$A_1 = P(x_1 - \mathrm{d}x/2 \leqslant x_l \leqslant x_1 - \mathrm{d}x/2) = f_l(x_l)\,\mathrm{d}x_l$$

强度超过 x_l 的概率用图中的阴影线面积 A_2 表示，即

$$A_2 = P(x_s \geqslant x_l) = \int_{x_l}^{\infty} f_s(x_s)\,\mathrm{d}x_s$$

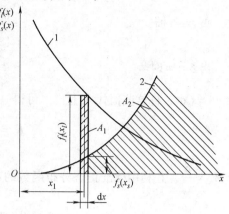

因为 $P(x_1 - \mathrm{d}x/2 < x_l < x_1 + \mathrm{d}x/2)$ 与 $P(x_s \geqslant x_l)$ 为两个独立事件，如果要零件不发生破坏，则这两个独立事件都要发生。根据概率乘法定律可知，两个独立事件同时发生的概率，等于两个事件单独发生的概率的乘积。这个概率就是当应力在区间 $[x_1 - \mathrm{d}x/2,\ x_1 + \mathrm{d}x/2]$ 内的可靠度 $\mathrm{d}R$：

$$\mathrm{d}R = f_l(x_l)\,\mathrm{d}x_l \int_{x_l}^{\infty} f_s(x_s)\,\mathrm{d}x_s$$

图 10-6　应力及强度概率的图示法
1—应力分布的右尾　2—强度分布的左尾

于是零件的可靠度 R 为

$$
\begin{aligned}
R &= \int \mathrm{d}R = \int_{-\infty}^{\infty} f_l(x_l) \left[\int_{x_l}^{\infty} f_s(x_s)\,\mathrm{d}x_s \right] \mathrm{d}x_l \\
&= \int_{-\infty}^{\infty} F_s(x) f_l(x)\,\mathrm{d}x
\end{aligned}
\tag{10-6}
$$

用同样方法也可推导出：

$$
\begin{aligned}
R &= \int \mathrm{d}R = \int_{-\infty}^{\infty} f_s(x_s) \left[\int_{-\infty}^{x_s} f_l(x_l)\,\mathrm{d}x_l \right] \mathrm{d}x_s \\
&= \int_{-\infty}^{\infty} F_l(x) f_s(x)\,\mathrm{d}x
\end{aligned}
\tag{10-7}
$$

根据计算方便与否，可选择以上二式中任一式计算可靠度。用以上公式求可靠度时，可使用解析法、数值积分法或图解法。

3. 解析法求可靠度

（1）应力和强度均为正态分布　　这时有：

$$f_l(x_l) = \frac{1}{s_{x_l}\sqrt{2\pi}} \exp\left[-\frac{(x_l - \bar{x}_l)^2}{2s_{x_l}^2} \right]$$

$$f_s(x_s) = \frac{1}{s_{x_s}\sqrt{2\pi}} \exp\left[-\frac{(x_s - \bar{x}_s)^2}{2s_{x_s}^2} \right]$$

如令 $\delta = x_s - x_l$，则 δ 也为正态分布，并且根据正态函数的代数运算法则，有

$$\bar{\delta} = \bar{x}_s - \bar{x}_l$$

和

$$s_{\delta} = \sqrt{s_{x_s}^2 + s_{x_l}^2}$$

这时，可靠度 R 为 $\delta > 0$ 的概率，即

$$R = \frac{1}{s_{\delta}\sqrt{2\pi}} \int_{0}^{\infty} \mathrm{e}^{-\frac{1}{2}[\delta - \bar{\delta}]^2/s_{\delta}^2}\,\mathrm{d}\delta$$

如令 $t = \dfrac{\delta - \bar{\delta}}{s_\delta}$，则上式可以化为标准正态分布函数，这时积分上下限变为

当 $\delta = 0$ 时 $\qquad\qquad\qquad t = \dfrac{\delta - \bar{\delta}}{s_\delta} = \dfrac{0 - \bar{\delta}}{s_\delta} = \dfrac{-\bar{\delta}}{s_\delta}$

当 $\delta = \infty$ 时 $\qquad\qquad\qquad t = \dfrac{\infty - \bar{\delta}}{s_\delta} = \infty$

而 $\mathrm{d}\delta = s_\delta \mathrm{d}t$，将这些值代入上式，可得

$$R = \frac{1}{\sqrt{2\pi}} \int_{-\frac{\bar{\delta}}{s_\delta}}^{\infty} \mathrm{e}^{-\frac{t^2}{2}} \mathrm{d}t$$

令 $Z_R = \dfrac{\bar{\delta}}{s_\delta}$，并利用标准正态分布函数的对称性，上式可写为

$$R = \phi(Z_R) = \frac{1}{\sqrt{2\pi}} \int_{-\infty}^{Z_R} \mathrm{e}^{-\frac{t^2}{2}} \mathrm{d}t \qquad (10\text{-}8)$$

$$Z_R = \frac{\bar{\delta}}{s_\delta} = \frac{\bar{x}_s - \bar{x}_l}{\sqrt{s_{x_s}^2 + s_{x_l}^2}} \qquad (10\text{-}9)$$

上式称为联结方程，Z_R 称为可靠度系数或联结系数。由工作应力和零件强度的平均值和标准差计算出可靠度系数 Z_R 以后，即可由表 10-1 查出可靠度 R。反之，给定可靠度 R，即可由表 10-2 或表 10-3 查出可靠度系数 Z_R。

表 10-1　由联结系数 Z_R 求可靠度 R

Z_R	0.00	0.01	0.02	0.03	0.04	0.05	0.06	0.07	0.08	0.09
0.0	0.50000	0.50399	0.50798	0.51197	0.51595	0.51994	0.52392	0.52790	0.53188	0.53586
0.1	0.53983	0.54380	0.54776	0.55172	0.55567	0.55962	0.56356	0.56749	0.57142	0.57535
0.2	0.57926	0.58317	0.58706	0.59095	0.59483	0.59871	0.60257	0.50642	0.61026	0.61409
0.3	0.61791	0.62172	0.62552	0.62930	0.63307	0.63683	0.64058	0.64431	0.64803	0.65173
0.4	0.65542	0.65910	0.66276	0.66640	0.67003	0.67364	0.67724	0.68082	0.68439	0.68793
0.5	0.69146	0.69497	0.69847	0.70194	0.70540	0.70884	0.71226	0.71566	0.71904	0.72240
0.6	0.72575	0.72907	0.73237	0.73565	0.73891	0.74215	0.74537	0.74857	0.75175	0.75490
0.7	0.75804	0.76115	0.76424	0.76730	0.77035	0.77337	0.77637	0.77935	0.78230	0.78524
0.8	0.78814	0.79103	0.79389	0.79673	0.79955	0.80234	0.80511	0.80785	0.81057	0.81327
0.9	0.81594	0.81859	0.82121	0.82381	0.82639	0.82894	0.83147	0.83398	0.83646	0.83891
1.0	0.84134	0.84375	0.84614	0.84850	0.85083	0.85314	0.85543	0.85769	0.85993	0.86214
1.1	0.86433	0.86650	0.86864	0.87076	0.87286	0.87493	0.87698	0.87900	0.88100	0.88298
1.2	0.88493	0.88686	0.88877	0.89065	0.89251	0.89435	0.89617	0.89796	0.89973	0.90147
1.3	0.90320	0.90490	0.90658	0.90824	0.90988	0.91149	0.91309	0.91466	0.91621	0.91774
1.4	0.91924	0.92073	0.9220	0.92364	0.92507	0.92647	0.92786	0.92922	0.93056	0.93189
1.5	0.93319	0.93448	0.93574	0.93699	0.93822	0.93943	0.94062	0.94179	0.94295	0.94408
1.6	0.94520	0.94630	0.94738	0.94845	0.94950	0.95053	0.95154	0.95254	0.95352	0.95449

（续）

Z_R	0.00	0.01	0.02	0.03	0.04	0.05	0.06	0.07	0.08	0.09
1.7	0.95543	0.95637	0.95728	0.95818	0.95970	0.95994	0.96080	0.96164	0.96246	0.96327
1.8	0.96407	0.96485	0.96562	0.96638	0.96712	0.96784	0.96856	0.96926	0.96995	0.97062
1.9	0.97128	0.97193	0.97257	0.97320	0.97381	0.97441	0.97500	0.97558	0.97615	0.97670
2.0	0.97725	0.97778	0.97831	0.97882	0.97932	0.97982	0.98030	0.98071	0.98124	0.98169
2.1	0.98214	0.98257	0.98300	0.98341	0.98382	0.98422	0.98461	0.98500	0.98537	0.98574
2.2	0.98610	0.98645	0.98679	0.98713	0.98745	0.98778	0.98809	0.98840	0.98870	0.98899
2.3	0.98928	0.98956	0.98983	0.99010	0.99036	0.99001	0.99086	0.99111	0.99134	0.99158
2.4	0.99180	0.99202	0.99224	0.99245	0.99266	0.99286	0.99305	0.99324	0.99343	0.99361
2.5	0.99379	0.99396	0.99413	0.99430	0.99446	0.99461	0.99477	0.99492	0.99506	0.99520
2.6	0.99534	0.99547	0.99560	0.99570	0.99585	0.99598	0.99609	0.99621	0.99632	0.99643
2.7	0.99653	0.99664	0.99674	0.99683	0.99693	0.99702	0.99711	0.99720	0.99728	0.99736
2.8	0.99744	0.99754	0.99760	0.99767	0.99774	0.99781	0.99788	0.99795	0.99801	0.99807
2.9	0.99813	0.99819	0.99825	0.99831	0.99836	0.99841	0.99846	0.99851	0.99856	0.99861
Z_R	0.0	0.1	0.2	0.3	0.4	0.5	0.6	0.7	0.8	0.9
3	0.9^2865	0.9^3032	0.9^3313	0.9^3617	0.9^3663	0.9^3767	0.9^3841	0.9^3892	0.9^4277	0.9^4519
4	0.9^4683	0.9^4793	0.9^4867	0.9^5146	0.9^5459	0.9^5660	0.9^5789	0.9^5870	0.9^6207	0.9^6521
5	0.9^6713	0.9^6830	0.9^7004	0.9^7421	0.9^7667	0.9^7810	0.9^7893	0.9^8401	0.9^8668	0.9^8818
6	0.9^9013	0.9^9470	0.9^9718	0.9^9851	$0.9^{10}223$	$0.9^{10}598$	$0.9^{10}794$	$0.9^{10}896$	$0.9^{11}477$	$0.9^{11}740$

注：表中9字的上角标数字表示9字重复出现的次数。

表 10-2　由可靠度 R（0.5~0.99）求联结系数 Z_R

R	0	1	2	3	4	5	6	7	8	9
0.99	2.32625	2.36562	2.40892	2.45726	2.51214	2.57583	2.65207	2.74778	2.87816	3.09023
0.9	1.28155	1.34076	1.40507	1.47579	1.55477	1.64485	1.75069	1.88079	2.05375	2.32635
0.8	0.84162	0.87790	0.91537	0.95417	0.99446	1.03643	1.08032	1.12639	1.17499	1.226353
0.7	0.52440	0.55338	0.58284	0.61281	0.64335	0.67449	0.70630	0.73885	0.77219	0.80642
0.6	0.25335	0.27932	0.30548	0.33185	0.35846	0.38532	0.41246	0.43991	0.46770	0.49585
0.5	0.00000	0.02507	0.05015	0.07527	0.10043	0.12566	0.15097	0.17637	0.20189	0.22754

表 10-3　由可靠度 R（0.5~0.999999999）求联结系数 Z_R

R	Z_R	R	Z_R	R	Z_R
0.5	0	0.995	2.576	0.999999	4.753
0.9	1.288	0.999	3.091	0.9999999	5.199
0.95	1.645	0.9999	3.719	0.99999999	5.612
0.99	2.326	0.99999	4.265	0.999999999	5.997

图 10-7 所示为标准正态分布函数的图形，图中阴影部分面积表示失效概率，曲线下的其余面积表示可靠度 R。

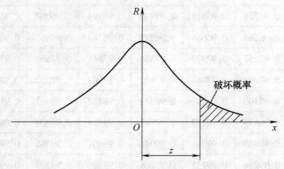

图 10-7　标准正态分布函数

（2）应力和强度为其他分布　几种典型分布的应力-强度干涉模型求可靠度的公式列于表 10-4。

表 10-4　几种典型分布的应力-强度干涉模型求可靠度的公式

序号	应　力	强　度	可　靠　度　公　式
1	正态 $N(\bar{x}_l, s_l^2)$	正态 $N(\bar{x}_s, s_s^2)$	$R = \int_{Z_R}^{\infty} \frac{1}{\sqrt{2\pi}} e^{-\frac{u^2}{2}} du = 1 - \phi(Z_p) = \phi(Z_R)$ $Z_R = \dfrac{\bar{x}_s - \bar{x}_l}{(s_l^2 + s_s^2)^{\frac{1}{2}}}$ 正态变量 Z_R 称为联结系数
2	对数正态 $\ln(\mu_l, \sigma_l^2)$ 或 $\lg(\mu_l, \sigma_l^2)$	对数正态 $\ln(\mu_s, \sigma_s^2)$ 或 $\lg(\mu_s, \sigma_s^2)$	$Z_R = \dfrac{\mu_s - \mu_l}{(\sigma_s^2 + \sigma_l^2)^{\frac{1}{2}}} \approx \dfrac{\ln \bar{x}_s - \ln \bar{x}_l}{(\nu_{x_s}^2 + \nu_{x_l}^2)^{\frac{1}{2}}}, \nu_x = \dfrac{S_x}{\bar{x}},$ $\sigma^2 = \ln(\nu_x^2 + 1), \mu = \ln \bar{x} - \dfrac{\sigma^2}{2}$ 或 $Z_R = \dfrac{\mu_s - \mu_l}{(\sigma_s^2 + \sigma_l^2)^{\frac{1}{2}}} \approx \dfrac{2.303(\lg \bar{x}_s - \lg \bar{x}_l)}{(\nu_{x_s}^2 + \nu_{x_l}^2)^{\frac{1}{2}}};$ $\sigma^2 = 0.4343 \lg(\nu_x^2 + 1), \mu = \lg \bar{x} - 1.151 \sigma^2$
3	指数 $e(\lambda_l)$	指数 $e(\lambda_s)$	$R = \dfrac{\lambda_l}{\lambda_l + \lambda_s}$
4	正态 $N(\bar{x}_l, s_l^2)$	指数 $e(\lambda_s)$	$R = e^{-\frac{1}{2}(2\bar{x}_l \lambda_s - \lambda_s^2 s_l^2)}$
5	指数 $e(\lambda_l)$	正态 $N(\bar{x}_s, s_s^2)$	$R = 1 - e^{-\frac{1}{2}(2\bar{x}_s \lambda_l - \lambda_l^2 s_s^2)}$
6	指数 $e(\lambda_l)$	Γ $\Gamma(\alpha_s, \beta_s)$	$R = 1 - \left(\dfrac{\beta_s}{\beta_s + \lambda_l}\right)^{\alpha_s}$
7	Γ $\Gamma(\alpha_l, \beta_l)$	指数 $e(\lambda_s)$	$R = \left(\dfrac{\beta_l}{\beta_l + \lambda_s}\right)^{\alpha_l}$

（续）

序号	应 力	强 度	可 靠 度 公 式
8	Γ $\Gamma(\alpha_l,\beta_l)$	正态 $N(\bar{x}_s,s_s^2)$	$R = 1 - (1 + \bar{x}_s\beta_l - s_s^2\beta_l^2)\,\mathrm{e}^{\frac{1}{2}(s_s^2\beta_l^2 - 2\bar{x}_s\beta_l)}$
9	瑞利 $R(\mu_l)$	正态 $N(\bar{x}_s,s_s^2)$	$R = 1 - \dfrac{\mu_l}{(\mu_l^2 + \mu_s^2)^{\frac{1}{2}}}\mathrm{e}^{-\frac{1}{2}\left(\frac{\bar{x}_s^2}{\mu_l^2 + s_s^2}\right)}$

注：$\phi(x)$ 为标准正态分布函数。

4. 数值积分法求可靠度

有些应力和强度的分布用式（10-6）和式（10-7）难以积分，这时可用数值积分，例如用梯形公式或辛普森公式等，并可利用计算机进行运算。这时可推导出以下近似式：

$$R \approx \frac{1}{2}\sum_{i=0}^{m-1}\left[F_l(x_{i+1}) + F_l(x_i)\right]\left[F_s(x_{i+1}) - F_s(x_i)\right] \tag{10-10}$$

或

$$R = 1 - \frac{1}{2}\sum_{i=0}^{m-1}\left[F_s(x_{i+1}) + F_s(x_i)\right]\left[F_l(x_{i+1}) - F_l(x_i)\right] \tag{10-11}$$

式中符号的意义见图10-8。x_i 为 $F_s(x)$ 和 $F_l(x)$ 接近于"0"。中较大的 x 值，x_{m-1} 为 $F_s(x)$ 和 $F_l(x)$ 接近于"1"中较小的 x 值。区间范围越大，区间内划分越细，结果越精确。

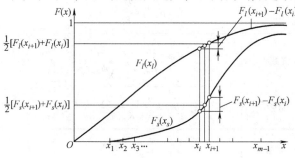

图 10-8 数值积分 x 轴的划分

5. 图解法求可靠度

当式（10-6）、式（10-7）难以积分时，可以写成下列近似式：

$$R \approx \sum_{i=0}^{m-1}F_l\left(\frac{x_{i+1} + x_i}{2}\right)\left[F_s(x_{i+1}) - F_s(x_i)\right] \tag{10-12}$$

或

$$R \approx 1 - \sum_{i=0}^{m-1}F_s\left(\frac{x_{i+1} + x_i}{2}\right)\left[F_l(x_{i+1}) - F_l(x_i)\right] \tag{10-13}$$

式中符号的意见见图10-9：

图解步骤如下（见图10-9）：

1）根据分布函数的解析式或经验分布函数列表计算 $F_l(x_i)$ 和 $F_s(x_i)$。

2）用算得的分布函数数据在坐标纸上描点，并用平滑曲线绘成分布函数曲线。

3）将纵轴由 $0 \sim 1$ 分成 m 份，可以等分，也可以不等分，得各分点

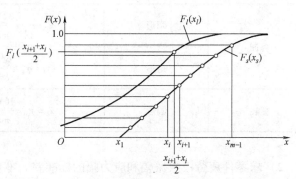

图 10-9 图解法求可靠度

$F(x_i)$。

4）用式（10-12）时，由分点和 $F_s(x)$ 曲线定出各 x_i；用式（10-13）时，由分点和 $F_l(x)$ 曲线定出各 x_i。

5）直接在图上量取所需值，代入式（10-12）或式（10-13）求可靠度。

10.3 无限寿命下的概率疲劳设计

10.3.1 正态分布下的概率疲劳设计

1. 振幅法

根据零件的疲劳极限振幅和应力幅进行概率疲劳设计，此法假定零件的极限应力线服从 Goodman 直线，适用于对称循环和非对称循环。其设计计算步骤如下：

1）用表 10-5 和表 10-6 中的计算公式求零件疲劳极限振幅的平均值和应力幅的平均值。

表 10-5 零件疲劳极限振幅平均值的计算公式

应力循环		计算公式	备 注
对称循环		$\bar{x}_s = \sigma_{-1D} = \dfrac{\sigma_{-1}}{K_{\sigma D}}$	
非对称循环	$R =$ 常数	$\bar{x}_s = \sigma_{aD} = \dfrac{\sigma_{-1}}{K_{\sigma D} + \dfrac{1+R}{1-R}\psi_\sigma}$	$K_{\sigma D} = \dfrac{K_{\sigma s}}{\varepsilon \beta_1}$
	$\sigma_m =$ 常数	$\bar{x}_s = \sigma_{aD} = \dfrac{\sigma_{-1} - \psi_\sigma \sigma_m}{K_{\sigma D}}$	$K_{\sigma s} = K_\sigma + (K_\sigma - 1)\beta_1$
	$\sigma_{min} =$ 常数	$\bar{x}_s = \sigma_{aD} = \dfrac{\sigma_{-1} - \psi_\sigma \sigma_{min}}{K_{\sigma D} + \psi_\sigma}$	

表 10-6 应力幅平均值的计算式

载 荷	截面形状	$\bar{x}_l$ 的计算公式	备 注
拉-压	圆形	$\bar{x}_l = \sigma_a = \dfrac{4F_a}{\pi d^2}$	F_a——作用力
	矩形	$\bar{x}_l = \sigma_a = \dfrac{F_a}{bh}$	d——直径
弯曲	圆形	$\bar{x}_l = \sigma_a = \dfrac{32M_a}{\pi d^3}$	b——宽度 h——高度
	矩形	$\bar{x}_l = \sigma_a = \dfrac{6M_a}{bh^2}$	M_a——弯矩
扭转	圆形	$\bar{x}_l = \sigma_a = \dfrac{16M_{ta}}{\pi d^3}$	M_{ta}——扭矩

2）求零件疲劳极限振幅和应力幅的标准差。零件的疲劳极限振幅和应力幅均为随机变量的函数，计算其标准差需要使用随机变量函数的标准差公差。当各随机变量互相独立时，

其普遍公式为

$$s_y = \Big[\sum_{i=1}^{n} \Big(\frac{\partial y}{\partial x_i} \Big)^2 s_{x_i}^2 \Big]^{\frac{1}{2}} \tag{10-14}$$

由此公式得出零件疲劳极限振幅标准差 s_{x_s} 的计算公式和应力幅标准差 s_{x_1} 的计算公式，分别列于表 10-7 和表 10-8。

表 10-7　零件疲劳极限振幅的标准差 s_{x_s} 计算公式

应 力 循 环		s_{x_s} 的计算公式
对称循环		$s_{x_s} = \dfrac{1}{K_{\sigma D}} \big[s_{\sigma-1}^2 + (\sigma_{-1D} s_{K_{\sigma D}})^2 \big]^{\frac{1}{2}}$
非对称循环	$R = $ 常数	$s_{x_s} = \dfrac{\sigma_{aD}}{\sigma_{-1}} \Big[s_{\sigma-1}^2 + (\sigma_{aD} s_{K_{\sigma D}})^2 + \Big(\dfrac{1+R}{1-R} \sigma_{aD} s_{\psi_\sigma} \Big)^2 \Big]^{\frac{1}{2}}$
	$\sigma_m = $ 常数	$s_{x_s} = \dfrac{1}{K_{\sigma D}} \big[s_{\sigma-1}^2 + (\sigma_{aD} s_{K_{\sigma D}})^2 + (\psi_\sigma s_{\sigma_m})^2 + (\sigma_m s_{\psi_\sigma})^2 \big]^{\frac{1}{2}}$
	$\sigma_{min} = $ 常数	$s_{x_s} = \dfrac{1}{K_{\sigma D} + \psi_\sigma} \big[s_{\sigma-1}^2 + (\sigma_{aD} s_{K_{\sigma D}})^2 + (\psi_\sigma s_{\sigma_{min}})^2 + (\sigma_{aD} + \sigma_{min})^2 s_{\psi_\sigma}^2 \big]^{\frac{1}{2}}$

注：$s_{K_{\sigma D}} = K_{\sigma D} (\nu_{K_{\sigma s}}^2 + \nu_{\beta_1}^2 + \nu_\varepsilon^2)^{\frac{1}{2}}$，$\nu_{K_{\sigma s}} = \dfrac{s_{K_{\sigma s}}}{K_{\sigma s}}$，$s_{K_{\sigma s}} = \big[(1+\beta_1)^2 s_{K_\sigma}^2 + (K_\sigma - 1)^2 s_{\beta_1}^2 \big]^{\frac{1}{2}}$，$K_{\sigma s} = K_\sigma + \dfrac{1}{\beta_1} - 1$。

表 10-8　应力幅标准差的计算公式

载　荷	应力幅标准差 s_{x_1} 的计算公式	载　荷	应力幅标准差 s_{x_1} 的计算公式
拉-压	$s_{x_1} = \dfrac{4F_a}{\pi d^2} (\nu_{F_a}^2 + 4\nu_d^2)^{\frac{1}{2}}$	弯曲	$s_{x_1} = \dfrac{32M_a}{\pi d^3} (\nu_{M_a}^2 + 9\nu_d^2)^{\frac{1}{2}}$
	$s_{x_1} = \dfrac{F_a}{bh} (\nu_{F_a}^2 + \nu_b^2 + \nu_h^2)^{\frac{1}{2}}$		$s_{x_1} = \dfrac{6M_a}{bh^2} (\nu_{M_a}^2 + \nu_b^2 + 4\nu_h^2)^{\frac{1}{2}}$
		扭转	$s_{x_1} = \dfrac{16M_{ta}}{\pi d^3} (\nu_{M_a}^2 + 9\nu_d^2)^{\frac{1}{2}}$

在计算零件疲劳极限振幅和应力振幅的标准差时，也可使用基本函数的标准差计算公式。一些基本函数的平均值和标准差计算公式列于表 10-9。

表 10-9　一些基本函数的标准差计算公式

函数形式	平均值计算公式	标准差计算公式	函数形式	平均值计算公式	标准差计算公式
$y = a$	$\bar{y} = a$	$s_y = 0$	$y = x^2$	$\bar{y} = \overline{x^2}$	$s_y = 2\bar{x} s_x$
$y = ax$	$\bar{y} = a\bar{x}$	$s_y = a s_x$	$y = x^3$	$\bar{y} = \overline{x^3}$	$s_y = 3\overline{x^2} s_x$
$y = x_1 + x_2$	$\bar{y} = \bar{x}_1 + \bar{x}_2$	$s_y = (s_{x_1}^2 + s_{x_2}^2)^{\frac{1}{2}}$	$y = x^{\frac{1}{2}}$	$\bar{y} = \bar{x}^{\frac{1}{2}}$	$s_y = \dfrac{1}{2} (\bar{x})^{-\frac{1}{2}} s_x$
$y = x_1 - x_2$	$\bar{y} = \bar{x}_1 - \bar{x}_2$	$s_y = (s_{x_1}^2 + s_{x_2}^2)^{\frac{1}{2}}$			
$y = x_1 x_2$	$\bar{y} = \bar{x}_1 \bar{x}_2$	$s_y = \bar{x}_1 \bar{x}_2 (\nu_{x_1}^2 + \nu_{x_2}^2)^{\frac{1}{2}}$	$y = (x_1^2 + x_2^2)^{\frac{1}{2}}$	$\bar{y} = (\overline{x_1^2} + \overline{x_2^2})^{\frac{1}{2}}$	$s_y = \Big(\dfrac{\overline{x_1^2} s_{x_1}^2 - \overline{x_2^2} s_{x_2}^2}{\overline{x_1^2} + \overline{x_2^2}} \Big)^{\frac{1}{2}}$
$y = x_1 / x_2$	$\bar{y} = \bar{x}_1 / \bar{x}_2$	$s_y = \dfrac{\bar{x}_1}{\bar{x}_2} (\nu_{x_1}^2 + \nu_{x_2}^2)^{\frac{1}{2}}$			

3）用式（10-9）计算可靠度系数 Z_R。

4）根据可靠度系数 Z_R，由表 10-1 查出可靠度 R。

2. 半径向量法

此法适用于非对称循环，可用于极限应力线不为直线的情况。这时，可根据应力半径向量 σ_R 和疲劳极限的半径向量 σ_{rR} 进行疲劳设计（见图 10-10）。σ_R 和 σ_{rR} 的表达式为

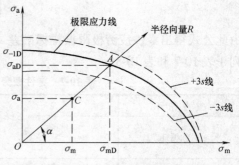

图 10-10 半径向量示意图

$$\sigma_R = \sqrt{\sigma_a^2 + \sigma_m^2} \qquad (10\text{-}15a)$$

$$\sigma_{rR} = \sqrt{\sigma_{aD}^2 + \sigma_{mD}^2} \qquad (10\text{-}15b)$$

式中　σ_a、σ_m——工作应力的振幅和平均应力（MPa）；

σ_{aD}、σ_{mD}——应力比为 R 时零件的疲劳极限振幅和极限平均应力（MPa）。

σ_R 和 σ_{rR} 的平均值和标准差计算公式列于表 10-10。

表 10-10　σ_R 和 σ_{rR} 的平均值和标准差计算公式

半径向量	平 均 值	标 准 差
σ_R	$\overline{\sigma}_R = \sqrt{\overline{\sigma_a^2} + \overline{\sigma_m^2}}$	$s_{\sigma_R} = \sqrt{\dfrac{\overline{\sigma_a^2}s_{\sigma_a}^2 + \overline{\sigma_m^2}s_{\sigma_m}^2}{\overline{\sigma_a^2} + \overline{\sigma_m^2}}}$
σ_{rR}	$\overline{\sigma}_{rR} = \sqrt{\overline{\sigma_{aD}^2} + \overline{\sigma_{mD}^2}}$	$s_{\sigma_R} = \sqrt{\dfrac{\overline{\sigma_{aD}^2}s_{\sigma_{aD}}^2 + \overline{\sigma_{mD}^2}s_{\sigma_{mD}}^2}{\overline{\sigma_{aD}^2} + \overline{\sigma_{mD}^2}}}$

$\overline{\sigma}_{rR}$ 和 $s_{\sigma_{rR}}$ 可以用下面方法求出：

若零件的极限应力线服从 Gerber 方程（见图 10-10），即

$$\frac{\overline{\sigma}_{aD}}{\overline{\sigma}_{-1D}} + \left(\frac{\overline{\sigma}_{mD}}{\overline{\sigma}_b}\right)^2 = 1 \qquad (10\text{-}16)$$

式中　$\overline{\sigma}_{-1D}$、$\overline{\sigma}_b$——零件在对称循环下疲劳极限 $\overline{\sigma}_{-1D}$ 的平均值和抗拉强度 $\overline{\sigma}_b$ 的平均值（MPa）。

根据几何关系有：

$$\frac{\overline{\sigma}_{aD}}{\overline{\sigma}_{mD}} = \frac{\overline{\sigma}_a}{\overline{\sigma}_m} = \tan\alpha \qquad (10\text{-}17)$$

由式（10-17）和式（10-18）可以解出 $\overline{\sigma}_{aD}$ 和 $\overline{\sigma}_{mD}$，再用表 10-10 中的相应公式即可求出 $\overline{\sigma}_{rR}$。

可靠度（即存活率 $p\%$）为 99.7% 的 $-3s$ 线（图中极限应力线下面的虚线）服从以下的抛物线方程：

$$\frac{\overline{\sigma}_{aD} - 3s_{\sigma_{aD}}}{\overline{\sigma}_{-1D} - 3s_{\sigma_{-1D}}} + \left(\frac{\overline{\sigma}_{mD} - 3s_{\sigma_{mD}}}{\overline{\sigma}_b - 3s_{\sigma_b}}\right)^2 = 1 \qquad (10\text{-}18)$$

式中　$s_{\sigma_{-1D}}$、s_{σ_b}——零件对称弯曲疲劳极限 σ_{-1D} 和抗拉强度 σ_b 的标准差（MPa）。

根据几何关系还可得出：

$$\frac{\overline{\sigma}_{aD} - 3s_{\sigma_{aD}}}{\overline{\sigma}_{mD} - 3s_{\sigma_{mD}}} = \frac{\overline{\sigma}_a}{\overline{\sigma}_m} = \tan\alpha \qquad (10\text{-}19)$$

由式（10-18）和式（10-19）可以解出 $\overline{\sigma}_{aD} - 3s_{\sigma_{aD}}$ 和 $\overline{\sigma}_{mD} - 3s_{\sigma_{mD}}$，从而可以求出 $s_{\sigma_{mD}}$ 和 $s_{\sigma_{aD}}$，

然后即可用表 10-10 中相应的公式求出 $s_{\sigma_{rR}}$。

用上面的方法求出 $\overline{\sigma}_{rR}$ 和 $s_{\sigma_{rR}}$，并用表 10-10 中相应的公式求出 $\overline{\sigma}_R$ 和 s_{σ_R} 以后，即可按照式（10-9）求出可靠度系数 Z_R。Z_R 的计算公式为

$$Z_R = \frac{\overline{\sigma}_{rR} - \overline{\sigma}_R}{\sqrt{s_{\sigma_{rR}}^2 + s_{\sigma_R}^2}} \tag{10-20}$$

计算出可靠度系数 Z_R 以后，就可由表 10-1 查出可靠度 R。

3. 可靠性安全系数法

如果仅需验算其可靠度是否满足预定要求，而不需求出其可靠度的确切值，可使用可靠性安全系数法。此法适用于对称循环和非对称循环。

可靠性安全系数 n_R 的定义为

$$n_R = \frac{\overline{x}_s}{\overline{x}_l} \tag{10-21}$$

在应力和强度均为正态分布时，将式（10-9）代入上式可得

$$n_R = \frac{\overline{x}_s}{\overline{x}_s - Z_R\sqrt{s_{x_s}^2 + s_{x_l}^2}} \tag{10-22}$$

上式还可写为：

$$n_R = \frac{1 + Z_R\sqrt{\nu_{x_l}^2 + \nu_{x_s}^2 - Z_R^2\nu_{x_l}^2\nu_{x_s}^2}}{1 - Z^2\nu_{x_s}^2} \tag{10-23}$$

当可靠度给定，只需验算其工作安全系数 n 是否大于 n_R。当 $n > n_R$ 时，其可靠度 R 大于规定值；反之，当 $n < n_R$ 时，其可靠度也不满足要求。

为安全起见，还可取许用安全系数为

$$[n] = n_1 n_R \tag{10-24}$$

其强度条件仍为通常的强度条件：

$$n > [n]$$

n_1 为附加安全系数，它是为了弥补各影响系数和其他计算参数的不准确度和离散性，以及考虑给定置信水平时的可靠度下限等因素而引入的，可取为 $n_1 = 1.0 \sim 1.2$。当计算中已考虑各影响因素的分散性及计算精度高时 n_1 取较小值；反之，n_1 取较大值。

10.3.2　非正态分布下的概率疲劳设计

已知计算应力 x_l 和计算强度 x_s 的累积概率分布函数，可使用数值积分法或图解法。仅知 x_l 和 x_s 的计算参数的分布，可使用等效正态分布法或蒙特卡洛法。

10.4　有限寿命下的概率疲劳设计

10.4.1　等幅应力下的概率疲劳设计

1. 应力和抗疲劳设计系数均为确定量

当应力和抗疲劳设计系数均为确定量，或其离散性不大，都假定为确定量时，在对称循

环下可使用零件的 p-S-N 曲线进行抗疲劳设计，在非对称循环下可使用带存活率的零件 Goodman 图进行抗疲劳设计。

在对称循环下，当要求的可靠度为 R 时，则取存活率 p% 等于 R，使用相应的零件 p-S-N 曲线进行抗疲劳设计即可，其抗疲劳设计方法与常规的有限寿命设计法完全相同。当使用理想化的 S-N 曲线进行抗疲劳设计时，可以分别求出 σ_b 和 σ_{-1D} 的平均值和标准差，按以下公式计算出相应存活率 p% 下的抗拉强度 σ_{bp} 和零件疲劳极限 σ_{-1Dp}：

$$\sigma_{bp} = \sigma_b + u_p s_{\sigma_b} \tag{10-25}$$

$$\sigma_{-1Dp} = \sigma_{-1} + u_p s_{\sigma_{-1D}} \tag{10-26}$$

式中 u_p——标准正态偏量，可以由表 2-21 查出；

s_{σ_b}——σ_b 的标准差（MPa）；

$s_{\sigma_{-1D}}$——σ_{-1D} 的标准差（MPa）。

计算出 σ_{bp} 和 σ_{-1Dp} 以后，以 σ_{bp} 代替 σ_b，σ_{-1Dp} 代替 σ_{-1D}，即可使用常规有限寿命设计方法进行概率疲劳设计。

在非对称循环下，用 σ_{bp} 代替 σ_b，σ_{-1Dp} 代替 σ_{-1D} 以后，也可使用与常规有限寿命设计相同的方法进行概率疲劳设计。

2. 应力和疲劳强度均为正态分布

当应力和疲劳强度均为正态分布时，有限寿命下的概率疲劳设计方法与无限寿命下的概率疲劳设计方法相同，只需将无限寿命下的疲劳极限 σ_{-1} 换为有限寿命下的条件疲劳极限 σ_{-1N}，将无限寿命下的疲劳设计系数换为有限寿命下的疲劳设计系数即可。对于弯曲和扭转载荷，可以认为有限寿命下的疲劳设计系数及其标准差与无限寿命下的相同；对于拉-压载荷，可以认为 $1 \sim N_0$（S-N 曲线转折点的循环数），其疲劳设计系数的平均值在双对数坐标上线性变化，而变异系数与无限寿命下相同。

10.4.2 变幅应力下的概率疲劳设计

进行变幅应力下的概率疲劳设计，可使用当量应力法、递推法和可靠度验算法。这时，与常规疲劳设计法相同，小于损伤极限的应力也应略去不计。

1. 当量应力法

用式（5-48）求出 N_0 下的当量应力 σ_e，即可按照无限寿命下的概率疲劳设计方法，根据当量应力 σ_e 进行可靠性计算。这时，式（5-48b）可改写成：

$$\sigma_e = \frac{\sigma_1}{K_N} \tag{10-27}$$

而

$$K_N = \left(\frac{n_\Sigma}{a N_0} J_m \right)^{-\frac{1}{m}} \tag{10-28}$$

式中 K_N——寿命系数；

n_Σ——变幅应力的总循环数；

a——损伤和的下限值，可取为 0.3；

N_0——零件 S-N 曲线转折点的循环数；

J_m——循环等效折算系数；

　　m——零件 S-N 曲线的指数。

　　在进行计算时，K_N 可视为确定量。程序载荷下，J_m 可用下式计算：

$$J_m = \sum_{i=1}^{l} \left(\frac{\sigma_i}{\sigma_1} \right)^m \frac{n_i}{n_\Sigma} \tag{10-29}$$

式中　l——应力水平级数；

　　　σ_i——第 i 级应力值（MPa）；

　　　σ_1——最高应力值（MPa）；

　　　m——零件 S-N 曲线的指数；

　　　n_i——第 i 级应力水平的循环数；

　　　n_Σ——总循环次数。

在随机载荷下，J_m 可用下式计算：

$$J_m = \int_0^{\sigma_1} \left(\frac{\sigma}{\sigma_1} \right)^m p(\sigma) \mathrm{d}\sigma \tag{10-30}$$

式中　$p(\sigma)$——应力的概率密度函数。

几种典型应力-时间历程分布下的 J_m 值列于表 10-11。

表 10-11　几种典型应力-时间历程分布的 J_m 值

工况类型	分　布	J_m				应用举例
		J_3	J_6	J_9	J_{12}	
重型	$\beta(6.8,2)$	0.501	0.300	0.200	0.142	矿山机械、挖掘机破碎机、钻机
中型	$u(0,1)$ 或 $\beta(1,1)$	0.250	0.143	0.100	0.077	应用繁重的机械、井下铲运机械，轮式装载机、交通运输机械、自卸汽车、各种车辆等
中轻型	$N(0.5,0.19^2)$ 或 $\beta(3,3)$	0.179	0.060	0.027	0.147	多数通用机械
轻型	$\beta(2.2,3)$	0.127	0.038	0.017	0.0085	金属切削机床
特轻型	$\beta(1.8,4)$	0.0627	0.0122	0.0046	0.0017	经常在欠载下工作的机械

注：J_m 的下标 m 为 S-N 曲线表达式中的指数。

2. 递推法

　　若零件的应力谱可以简化为 l 级应力。其应力幅依次为 σ_1、σ_2、$\cdots$、σ_l，在每种应力水平下的总循环数依次为 n_1、n_2、$\cdots$、n_l。在计算零件的可靠度时，可以先由零件的 p-S-N 曲线，计算出零件在每种应力水平下的对数疲劳寿命均值 $\bar{x}_1$、$\bar{x}_2$、$\cdots$、$\bar{x}_l$，对数疲劳寿命标准差 s_{x_1}、s_{x_2}、$\cdots$、s_{x_l}，这时，在应力水平 σ_1 下循环 n_1 次以后所对应的标准正态偏量为

$$u_{p_1} = (\lg n_1 - \bar{x}_1)/s_{x_1}$$

利用 Miner 法则，折合为下一级应力 σ_2 下的等效循环数为

$$n_{1e} = \lg^{-1}(\bar{x}_2 + u_{p_1}s_{x_2})$$

将 n_{1e} 并入到第二级应力 σ_2 的循环数 n_2 中去，求得经过两级应力 σ_1 和 σ_2 以后的标准正态偏量为

$$u_{p_2} = [\lg(n_{1e} + n_2) - \bar{x}_2]/s_{x_2}$$

利用 Miner 法则，折合为下一级应力 σ_3 下的等效循环数为

$$n_{1,2e} = \lg^{-1}(\bar{x}_3 + u_{p_2} s_{x_3})$$

再将 $n_{1,2e}$ 并入到第 3 级应力 σ_3 的循环数 n_3 中去，求得经过三级应力 σ_1、σ_2、σ_3 以后的标准态偏量为

$$u_{p_3} = [\lg(n_{1,2e} + n_3) - \bar{x}]/s_{x_3}$$

如此继续下去，直至计算出与第 l 级应力水平对应的标准正态偏量 u_{p_l}，则与 u_{p_l} 所对应的存活率 p（查表 2-21）即为零件疲劳寿命的可靠度。由于标准正态偏量 u_p 与可靠度系数 Z_R 只差一个负号，因此由 u_p 值确定可靠度时，也可令 $Z_R = -u_p$，之后即可利用表 10-1，由 Z_R 查出零件疲劳寿命的可靠度。

3. 损伤度验算法

若只需验算其可靠度是否满足要求，而不需求出其可靠度的确切值，则可按下式进行可靠度验算：

$$D_p = \sum_{i=1}^{l} \frac{n_i}{N_{p_i}} \leqslant D_f \tag{10-31}$$

式中　D_p——存活率 $p\%$ 下的损伤；

　　　n_i——第 i 级应力水平下的循环次数；

　　　N_{p_i}——由 $p\% = R$ 时的零件 S-N 曲线确定出的第 i 级应力水平下的疲劳寿命；

　　　D_f——临界损伤和。

当使用 Miner 法则时，$D_f = 1$；当使用修正 Miner 法则时，$D_f = 0.3$；当使用相对 Miner 法则时，D_f 为其相应存活率下的试验值。

使用这种方法时，小于损伤极限 σ_D 的应力也应略去不计。

10.4.3　疲劳寿命的可靠性估算

1. 等幅应力

（1）应力为确定量　在对称循环下，可直接使用零件的 p-S-N 曲线确定疲劳寿命。这时，取存活率 $p\%$ 等于可靠度 R。

在非对称循环下，估算疲劳寿命的方法与常规疲劳寿命的估算方法相同，先使用下式求出对称循环下的等效应力 σ_{qp}：

$$\sigma_{qp} = \frac{\sigma_a \sigma_{bp}}{\sigma_{bp} - \sigma_m} \tag{10-32}$$

然后，即可利用零件的 p-S-N 曲线求出疲劳寿命。

为安全起见，在进行计算时，还可将 σ_a 和 σ_m 乘以附加安全系数 n_1，得出计算应力 σ_{ag} 和 σ_{mg}，按 σ_{ag} 和 σ_{mg} 进行计算。

（2）应力也有一定的离散性　将应力乘以可靠性安全系数 n_R，得出计算应力 σ_g，再根据计算应力按常规疲劳寿命估算方法，利用零件的中值 S-N 曲线进行寿命估算。n_R 可由式（10-21）或式（10-22）计算。

为安全起见，在计算 σ_g 时，还可再乘以附加安全系数 n_1，n_1 可取为 $1.0 \sim 1.2$。

2. 变幅应力

（1）等效应力法　计算公式为

$$N_R = \frac{aN_0}{J_m}\left(\frac{\sigma_{-1D}}{n_R\sigma_1}\right)^m \tag{10-33}$$

这时，a、N_0 和 m 均视为确定量，离散性的影响均包括在 n_R 中。为安全起见，n_R 可再乘以附加安全系数 n_1。

（2）泰勒展开法　使用此法时，N_0、m 和 a 均可视为随机变量。这时的寿命估算公式为

$$n_R = 10^{\overline{L} - Z_R S_L} \tag{10-34}$$

$$\overline{L} \approx \lg\frac{\overline{a}\ \overline{N_0}}{\sum_{i=1}^{l}\left(b_i^{\overline{m}}\ \dfrac{n_i}{n_\Sigma}\right)}$$

$$s_L = 0.4343\overline{m}\left[\nu_{\sigma_{-1D}}^2 + \nu_{\sigma_1}^2 + \frac{\nu_a^2}{\overline{m}^2} + \frac{\nu_{N_0}^2}{\overline{m}^2} + 5.3\nu_m^2\left(\frac{\sum_{i=1}^{l} b_i^{\overline{m}}\ \dfrac{n_i}{n_\Sigma}\lg b_i}{\sum_{i=1}^{l} b_i^{\overline{m}}\ \dfrac{n_i}{n_\Sigma}}\right)^2\right]^{\frac{1}{2}}$$

式中，n_Σ 为变幅应力的总循环次数；$b_i = \sigma_i/\overline{\sigma}_{-1D}$，$\sum_{i=1}^{l}$ 规定只对 $b_i > 1$ 的各级求和。

现在，N_0、m、a 的分布数据尚不多，建议暂取 $\nu_{N_0} = 0.1 \sim 0.3$；$\nu_m = 0.02 \sim 0.1$；$\nu_a = 0.06 \sim 0.25$。

若假定 N_0、m、a 为确定量，则

$$s_L \approx 0.4343m(\nu_{\sigma_{-1D}}^2 + \nu_{\sigma_1}^2)^{\frac{1}{2}} \tag{10-35}$$

10.5　可靠度的置信水平

可靠度的可信程度用置信度来衡量。用以上方法求出的可靠度，其置信度为 50%。为求出具有高置信度的可靠度，须用以下公式求出其置信下限。

在疲劳寿命为对数正态分布时，指定可靠度 R 的对数可靠寿命置信下限 x_{RL} 为

$$x_{RL} = \overline{x} - Z_{R\gamma}s_x \tag{10-36}$$

$$Z_{R\gamma} = \frac{Z_R + Z_\gamma\left[\dfrac{1}{n}\left(1 - \dfrac{Z_\gamma^2}{2n-2}\right) + \dfrac{Z_R^2}{2n-2}\right]^{\frac{1}{2}}}{1 - \dfrac{Z_\gamma}{2n-2}} \tag{10-37}$$

式中　$Z_{R\gamma}$——单侧置信限系数；

　　　Z_R——可靠度系数；

　　　Z_γ——按指定置信水平查表 10-12；

　　　n——子样容量，本式适用于 $n \geqslant 5$。

$Z_{R\gamma}$ 也可直接由表 10-13 查出。

指定寿命 x_L 的可靠度置信下限 R_L，可用下式求出的可靠度系数 Z_{RL} 查表 10-1。

$$Z_{RL} = Z_{R\gamma} - Z_\gamma \left(\frac{1}{n} + \frac{Z_{R\gamma}^2}{2n-2} \right)^{\frac{1}{2}} \tag{10-38}$$

$$Z_{R\gamma} = \frac{\bar{x} - x_L}{s_x}$$

式中　Z_γ——按指定置信水平查表 10-12；

　　　n——子样容量，本式适用于 $n \geqslant 5$。

表 10-12　不同置信水平 γ 的 Z_γ

γ	0.50	0.60	0.70	0.80	0.90	0.95	0.99	0.995	0.999
Z_γ	0.00	0.2534	0.5244	0.8416	1.282	1.645	2.326	2.576	3.090

表 10-13　单侧置信限系数 $Z_{R\gamma}$（正态分布完全样本）

n \ R_L	置信水平 $\gamma = 90\%$				置信水平 $\gamma = 95\%$			
	0.900	0.950	0.990	0.999	0.900	0.950	0.990	0.999
2	10.25271	13.08974	18.50008	24.58159	20.58147	26.25967	37.09358	49.27562
3	4.25816	5.31148	7.34044	9.65117	6.15528	7.65590	10.55273	13.85707
4	3.18784	3.95657	5.43823	7.12931	4.16193	5.14387	7.04236	9.21418
5	2.74235	3.39983	4.66598	6.11130	3.40663	4.20268	5.74108	7.50189
6	2.49369	3.09188	4.24253	5.55551	3.00626	3.70768	5.06199	6.61178
7	2.33265	2.89380	3.97202	5.20171	2.75543	3.39947	4.64172	6.06266
8	2.21859	2.75428	3.78255	4.95460	2.58191	3.18729	4.35386	5.68753
9	2.13287	2.64990	3.64144	4.77103	2.45376	3.03124	4.14302	5.41340
10	2.06567	2.56837	3.53166	4.62850	2.35464	2.91096	3.98112	5.20330
11	2.01129	2.50262	3.44342	4.51415	2.27531	2.81499	3.85234	5.03646
12	1.96620	2.44825	3.37067	4.42003	2.21013	2.73634	3.74708	4.90031
13	1.92808	2.40240	3.30948	4.34098	2.15544	2.67050	3.65920	4.78678
14	1.89534	2.36311	3.25716	4.27347	2.10877	2.61443	3.58451	4.69041
15	1.86684	2.32898	3.21182	4.21502	2.06837	2.56600	3.52013	4.60743
16	1.84177	2.29900	3.17206	4.16383	2.03300	2.52366	3.46394	4.53509
17	1.81949	2.27240	3.13685	4.11855	2.00171	2.48626	3.41440	4.47136
18	1.79954	2.24862	3.10542	4.07815	1.97380	2.45295	3.37033	4.41471
19	1.78154	2.22720	3.07714	4.04184	1.94870	2.42304	3.33082	4.36396
20	1.76521	2.20778	3.05154	4.00899	1.92599	2.39600	3.29516	4.31819
21	1.75029	2.19007	3.02823	3.97909	1.90532	2.37142	3.26277	4.27665
22	1.73662	2.17385	3.00639	3.95175	1.88641	2.34896	3.23320	4.23875
23	1.72401	2.15891	2.98727	3.92662	1.86902	2.32832	3.20607	4.20400
24	1.71235	2.14510	2.96915	3.90343	1.85297	2.30929	3.18108	4.17199
25	1.70152	2.13229	2.95236	3.88194	1.83810	2.29167	3.15796	4.14240
26	1.69144	2.12037	2.93675	3.86197	1.82427	2.27530	3.13649	4.11495

（续）

R_L	置信水平 $\gamma = 90\%$				置信水平 $\gamma = 95\%$			
n	0.900	0.950	0.990	0.999	0.900	0.950	0.990	0.999
27	1.68201	2.10924	2.92218	3.84335	1.81137	2.26005	3.11650	4.08939
28	1.67318	2.09881	2.90854	3.82593	1.79930	2.24578	3.09782	4.06552
29	1.66488	2.08903	2.89575	3.80960	1.78798	2.23241	3.08033	4.04318
30	1.65706	2.07982	2.88372	3.79425	1.77733	2.21984	3.06390	4.02220
31	1.64969	2.07113	2.87239	3.77978	1.76729	2.20800	3.04844	4.00246
32	1.64271	2.06292	2.86168	3.76612	1.75781	2.19682	3.03384	3.98384
33	1.63610	2.05514	2.85154	3.75319	1.74884	2.18625	3.02005	3.96624
34	1.62983	2.04776	2.84193	3.74094	1.74033	2.17623	3.00699	3.94959
35	1.62386	2.04075	2.83280	3.72931	1.73225	2.16672	2.99459	3.93378
36	1.61818	2.03407	2.82412	3.71824	1.72456	2.15768	2.98281	3.91877
37	1.61276	2.02771	2.81584	3.70770	1.71724	2.14906	2.97160	3.90448
38	1.60758	2.02164	2.80794	3.69765	1.71025	2.14085	2.96090	3.89087
39	1.60263	2.01583	2.80040	3.68805	1.70357	2.13300	2.95070	3.87787
40	1.59789	2.01027	2.79318	3.67886	1.69718	2.12549	2.94094	3.86545
41	1.59335	2.00494	2.78627	3.67006	1.69106	2.11831	2.93160	3.85357
42	1.58899	1.99983	2.77964	3.66163	1.68519	2.11142	2.92266	3.84218
43	1.58480	1.99493	2.77327	3.65354	1.67955	2.10481	2.91407	3.83126
44	1.58077	1.99021	2.76716	3.64576	1.67414	2.09846	2.90583	3.82078
45	1.57689	1.98567	2.76127	3.63828	1.66893	2.09235	2.89791	3.81071
46	1.57316	1.98130	2.75561	3.63108	1.66391	2.08648	2.89029	3.80101
47	1.56955	1.97708	2.75015	3.62415	1.65908	2.08081	2.88294	3.79168
48	1.56607	1.97302	2.74488	3.61746	1.65441	2.07535	2.87587	3.78269
49	1.56271	1.96909	2.73980	3.61100	1.64991	2.07008	2.86904	3.77401
50	1.55947	1.96529	2.73489	3.60477	1.64556	2.06499	2.86245	3.76564
60	1.53203	1.93327	2.69352	3.55228	1.60891	2.02216	2.80705	3.69533
80	1.49474	1.88988	2.63765	3.48152	1.55937	1.96444	2.73265	3.60106
120	1.45222	1.84059	2.57445	3.40166	1.50324	1.89929	2.64903	3.49537
240	1.39933	1.77956	2.49658	3.30355	1.43394	1.81924	2.54682	3.36655
∞	1.28155	1.64485	2.32635	3.09023	1.28155	1.64485	2.32635	3.09023

10.6　概率疲劳设计数据

1. 尺寸和载荷的平均值及标准差

尺寸的均值和标准差可根据其极限偏差上下限确定，可以认为：尺寸极限偏差的上下限相当于 $\pm 3s$ 线。由此可得

$$\bar{L} = \frac{L_{\max} + L_{\min}}{2} \qquad (10\text{-}39)$$

$$s_L = \frac{L_{\max} - L_{\min}}{6} \qquad (10\text{-}40)$$

若载荷比较稳定，已给出其上下限，则其均值和标准差也可以使用与尺寸均值和标准差相同的方法确定。

2. 疲劳极限 σ_{-1} 的均值、标准差和变异系数

某些常用国产机械工程材料疲劳极限 σ_{-1} 的平均值、标准差和变异系数可以查表2-2。由表2-2还可得出 σ_{-1} 变异系数的平均值为 $\nu'_{\sigma_{-1}} = 0.033$。但该表中的数据都是用同一炉材料做出的试样得出的，因此由该表得出的 $\nu'_{\sigma_{-1}} = 0.033$ 为同一炉材料 σ_{-1} 变异系数的平均值。要想得出不同厂家生产的不同炉次材料 σ_{-1} 的变异系数的平均值数据，还需考虑不同炉次材料疲劳极限的变异系数，若近似地取此变异系数等于不同炉次材料抗拉强度 σ_b 的变异系数 ν_{σ_b}，则不同炉次材料 σ_{-1} 的变异系数 $\nu_{\sigma_{-1}}$ 可以用下式计算：

$$\nu_{\sigma_{-1}} = \sqrt{\nu'^2_{\sigma_{-1}} + \nu^2_{\sigma_b}} \qquad (10\text{-}41)$$

若近似地取 $\nu_{\sigma_b} = 0.05$，$\nu'_{\sigma_{-1}} = 0.033$，则 $\nu_{\sigma_{-1}} = 0.06$。

而

$$s_{\sigma_{-1}} = \nu_{\sigma_{-1}}\bar{\sigma}_{-1} = 0.06\bar{\sigma}_{-1} \qquad (10\text{-}42)$$

因此，当用查表法确定 σ_{-1} 时，可以用式（10-42）计算出其标准差 $s_{\sigma_{-1}}$。

当查不出该种材料的疲劳极限，而用估算法确定 σ_{-1} 时，结构钢疲劳比的平均值为 $f = 0.47$，标准差为 $s_f = 0.073$，故得疲劳比 f 的变异系数 $\nu_f = s_f/f = 0.155$。若近似地取 σ_b 的变异系数 $\nu_{\sigma_b} = 0.05$，则 $\nu_{\sigma_{-1}}$ 用下式计算：

$$\nu_{\sigma_{-1}} = \sqrt{\nu_f^2 + \nu^2_{\sigma_b}} \qquad (10\text{-}43)$$

将 $\nu_f = 0.155$，$\nu_{\sigma_b} = 0.05$ 代入上式可得 $\nu_{\sigma_{-1}} = 0.16$。

国外某些钢的疲劳强度变异系数见表10-14。国外某些钢的疲劳强度变异系数和疲劳寿命的对数标准差 s 列于表10-15。

表 10-14   钢的疲劳强度变异系数

材料种类 （N 表示有缺口）	σ_b/MPa	对数寿命 （E 表示疲劳极限）	$\nu_{\sigma_{-1}}$（%）	
			现　有	来　源
工业纯铁	290	E	7.8	4
薄钢板	520	5	1.9	6
1050	630	7	2.5	4
4340	720	5	2.4	4
4340	720	5	5	4
4340	720	E	4	4
4340	870	E	3	4
4340	870	E	11.3	4
4340	958	7	6.3	7
4340N	999	7	5	8
4340	999	7	6.4	8
4340 有镀层	1110	5	2.4	9

（续）

材料种类 （N 表示有缺口）	σ_b/MPa	对数寿命 （E 表示疲劳极限）	$\nu_{\sigma_{-1}}$（%）	
			现　有	来　源
4340	1110	5	7.7	9
4340N	1110	5	11.9	9
4340N 有镀层	1110	5	3	9
4340	1150	5	4	4
4340	1150	E	7.3	4
4340	1305	7	5.5	10
4340N	1305	11	7	10
4340	1320	7	5.4	7
4340	1352	7	7.9	8
4340N	1332	7	4.9	8
4340	1375	E	6.1	11
4340	1390	E	8.4	9
4340	1400	E	8.8	11
薄钢板	1480	5	2.4	7
4340	1530	E	5.1	11
4340	1600	E	9.7	11
4340	1650	7	6.4	10
4340N	1650	7	4	10
4340	1800	5	5.7	7
4340N	1800	5	5.3	7
4340	1800	7	6.4	7
4340N	1800	7	13.3	7
4340	1860	7	8.9	8
4340N	1860	7	13.2	8
4340	2070	E	4.3	10

注：1050 相当于我国 50 钢；4340 相当于我国 40CrNiMoA。

表 10-15　疲劳寿命的对数标准偏差 s 和疲劳强度的变异系数 $\nu_{\sigma_{-1}}$

材　　料		缺　　口		无　缺　口	
		s	$\nu_{\sigma_{-1}}$（%）	s	$\nu_{\sigma_{-1}}$（%）
铝合金	2024-T3 薄板	0.27	7	0.21	9
	2024-T4 条和棒	0.306	10	0.166	5
	7075-T6 薄板	0.197	6	0.207	8
	7075-T6 包层薄板			0.124	6.5
	7075-T6 条	0.30	12	0.383	19
钢，坯料和锻件，300M		0.134	10	0.143	14
钛合金，薄板，铸件，板，Ti-6Al-4V-STA		0.56	18	0.30	23

3. 疲劳缺口系数的平均值、变异系数和标准差

疲劳缺口系数的平均值可使用式（3-24）计算。郑州机械研究所对 8 种材料用升降法进行疲劳试验，得出的疲劳缺口变异系数数据见表 10-16。由此表可见，疲劳缺口系数的变异系数 ν_{K_σ} 主要与材料有关，与缺口半径关系不大。对于所试验的 8 种材料，其 ν_{K_σ} 值可使用表 10-16 中各自材料的平均值数据。

表 10-16 疲劳缺口系数的变异系数 ν_{K_σ}

缺口半径 r/mm	Q235A	Q345	35（正火）	45（正火）	45（调质）	40Cr（调质）	40CrNiMo（调质）	60Si2Mn（淬火后中温回火）
0.25	0.047	0.036	0.025	0.030	0.043	0.027	0.054	0.049
0.5	0.049	0.038	0.021	0.032	0.076	0.026	0.063	0.049
0.75	0.051	0.034	0.024	0.031	—	0.027	—	0.042
1	—	—	—	—	0.038	—	0.041	—
1.5	0.049	0.036	0.020	0.027	—	0.027	—	0.051
3	0.053	0.038	0.026	0.035	0.047	0.023	0.055	0.046
6	0.049	0.040	0.025	0.031	—	0.023	—	0.050
15	—	—	—	—	0.014	—	0.048	—
75	—	—	—	0.037	0.028	—	0.045	—
80	0.050	0.037	0.013	—	—	—	—	—
平均值	0.050	0.037	0.022	0.032	0.041	0.026	0.051	0.048

从表 10-16 中的数据，还可求出这 8 种材料 ν_{K_σ} 的平均值为 0.038。对于其他钢种，当缺乏试验数据时，可以使用此值作为其 ν_{K_σ} 的近似值。其标准差可用标准差与变异系数和均值间的下述关系求出：

$$s_x = \nu_x \bar{x} \tag{10-44}$$

式中 s_x——随机变量 x 的标准差；

ν_x——随机变量 x 的变异系数；

$\bar{x}$——随机变量 x 的平均值。

4. 尺寸系数的平均值、变异系数和标准差数据

尺寸系数的平均值可以由图 3-93 查出，或用式（3-29）、式（3-30）计算。结构钢尺寸系数的变异系数 ν_ε 可由表 10-17 查出，在该表中也一并给出了其平均值数据。

表 10-17 钢材疲劳极限的尺寸系数

钢 种	尺寸/mm	样本容量 n	均值 ε	变异系数 ν_ε
碳钢（正火，退火）	30 ~ 150	8	0.856	0.086 ~ 0.117
	150 ~ 250	8	0.803	0.055 ~ 0.065
	250 ~ 350	9	0.791	0.041 ~ 0.045
	>350	14	0.73	0.051 ~ 0.062
合金钢（调质）	30 ~ 150	11	0.790	0.078 ~ 0.102
	150 ~ 250	12	0.767	0.118 ~ 0.119
	250 ~ 350	5	0.678	0.088 ~ 0.112
	>350	22	0.672	0.092 ~ 0.126

由表 10-17 可以得出以下的 ν_ε 近似值：

碳钢　　　$d = 30 \sim 150\text{mm}$　　　$\nu_\varepsilon = 0.1$

　　　　　$d > 150\text{mm}$　　　　$\nu_\varepsilon = 0.05$

合金钢　　　　　　　　　　　$\nu_\varepsilon = 0.1$

尺寸系数的标准差 s_ε 可用式（10-44）计算。

5. 表面加工系数的平均值、变异系数和标准差

表面加工系数的平均值可查图 3-96 或图 3-97。郑州机械研究所和东北工学院（现为东北大学）用 8 种材料进行疲劳试验，得出的表面加工系数的变异系数 ν_{β_1} 列于表 10-18。从表 10-18 可以看出，同一种材料不同加工方法下的 ν_{β_1} 值变化不大。表中所列 8 种材料 ν_{β_1} 的平均值为 0.031，当缺乏某种钢材某一加工方法的 ν_{β_1} 数据时，可使用此数据作为其近似值。

表 10-18　表面加工系数的变异系数 ν_{β_1}

钢　　　种	抛光	精车	粗车	锻造	不同加工的平均值
Q235A	0.0288	0.0391	0.0341	0.0283	0.0326
Q345	0.0208	0.0203	0.0232	0.0251	0.0224
35 钢（正火）	0.0232	0.0266	0.0169	0.0342	0.0252
45 钢（正火）	0.0245	0.0219	0.0223	0.0256	0.0236
45 钢（调质）	0.0212	0.0211	0.0225	0.0204	0.0213
40Cr（调质）	0.0403	0.0404	0.0611	0.0400	0.0455
40CrNiMo（调质）	0.0334	0.0354	0.0383	0.0384	0.0364
60Si2Mn（淬火后中温回火）	0.0335	0.0384	0.0414	0.0390	0.0380
不同钢种平均	0.0282	0.0304	0.0325	0.0314	0.0306
标准差					0.0018

表面加工系数标准差 s_{β_1} 用式（10-44）计算。

6. 平均应力影响系数的平均值、变异系数和标准差

平均应力影响系数的平均值可用式（3-42）和式（3-47）计算。郑州机械研究所和东北工学院（现为东北大学）用 7 种材料进行了拉-压载荷下的平均应力影响试验，用两种材料进行了扭转载荷下的平均应力影响试验，得出的平均应力影响系数的变异系数 ν_{ψ_σ} 和 ν_{φ_τ} 值列于表 10-19。由表 10-19 可得 ν_{ψ_σ} 的平均值为 0.047，ν_{ψ_τ} 的平均值为 0.058。平均应力影响系数的标准差可以用式（10-44）计算。

表 10-19　平均应力影响系数的变异系数 ν_{ψ_σ} 和 ν_{ψ_τ}

加载方式	材　料	热　处　理	平均应力影响系数 $\nu_{\psi_\sigma}(\nu_{\psi_\tau})$		
			$K_t = 1$	$K_t = 2$	$K_t = 3$
拉-压	Q345	不处理	0.037	0.039	0.030
	35 钢	正火	0.052	0.051	0.054
	45 钢	正火	0.059	0.039	0.036
	45 钢	调质	0.058	0.054	0.057
	40Cr	调质	0.056	0.044	0.030
	40CrNiMo	调质	0.075	0.029	0.019
	60Si2Mn	淬火后中温回火	0.058	0.059	0.059
扭转	45 钢	正火	0.033	0.066	0.047
	40Cr	调质	0.093	0.058	0.051

第11章 环境疲劳

11.1 腐蚀疲劳

11.1.1 概述

腐蚀介质与循环应力交互作用，能大大降低材料和零件的疲劳强度。腐蚀介质和静应力共同作用产生的腐蚀破坏称为应力腐蚀；腐蚀介质与循环应力先后作用产生的疲劳破坏称为预腐蚀疲劳；腐蚀介质与循环应力同时作用产生的腐蚀-机械破坏现象称为腐蚀疲劳。应力腐蚀也是一种由缓慢的裂纹扩展而导致的破坏过程，它与疲劳破坏过程很相似，但这时只有静应力，而无循环应力，所以又称为静疲劳。预腐蚀疲劳时腐蚀介质与循环应力未同时作用，它只是两种过程的机械组合。而腐蚀疲劳则是一种腐蚀介质和循环应力联合作用、互相促进的破坏过程。在腐蚀疲劳时，循环应力增强介质的腐蚀作用，而腐蚀介质又加快了循环应力下的疲劳破坏，因而二者共同作用比分别作用更加有害。

与空气疲劳相比，腐蚀疲劳有以下特点：

1）腐蚀疲劳时，由于腐蚀介质的作用，裂纹往往很快萌生，疲劳裂纹扩展寿命占总寿命的大部分。由于疲劳裂纹扩展的离散性较小，因而腐蚀疲劳的离散性较空气中为小。

2）由于腐蚀介质的附加作用，腐蚀疲劳中形成的裂纹数较常规疲劳为多，具有很多从腐蚀损伤区段发展成的初始裂纹。

3）腐蚀疲劳的 S-N 曲线比空气中为低，且没有水平区段（见图 11-1）。因此，腐蚀疲劳不存在真正的疲劳极限，一般以 10^7 周次循环时的条件疲劳极限作为腐蚀疲劳极限，以 σ_{-1cor} 表示。也可使用其他周次作为循环基数，如 10^8 周次等，但这时需要同时注明其循环基数。

4）腐蚀疲劳强度与加载频率关系极大，频率越低，疲劳强度降低越大。而在空气疲劳时，频率在相当大范围内变化对疲劳强度影响不大。

5）拉伸时的疲劳强度比压缩时小得多。在有腐蚀介质的情况下，延性金属对正压力敏感，平均压应力使腐蚀疲劳强度有较大提高。

6）经常发生晶间断裂，这是由于晶界上杂质较多，腐蚀损伤往往沿晶界优先扩展所致。

7）整体强化提高疲劳强度的效果较差，而表面强化效果较好。

对于腐蚀疲劳，按照腐蚀介质的状态和性质，又可分为气相疲劳和水介质疲劳。严格讲来，只

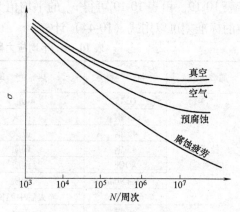

图 11-1　在 4 种不同环境条件下的
相对疲劳特性

有在真空中的疲劳才是纯疲劳，空气本身就是腐蚀介质，材料在空气中疲劳强度比真空中为低。材料在真空疲劳、空气疲劳、预腐蚀疲劳和腐蚀疲劳时 S-N 曲线的定性关系如图 11-1 所示。由图 11-1 可以看出，腐蚀介质对疲劳强度的影响与循环数 N 有关。在短寿命时，上述 4 种情况的疲劳强度相差很小，而长寿命时则有很大差别，这时按疲劳强度由高到低的顺序为：真空疲劳、空气疲劳、预腐蚀疲劳、腐蚀疲劳。长寿命时的腐蚀疲劳强度随试样材料和腐蚀介质的不同，可以是空气疲劳强度的 10% ~ 100%。碳钢和中低合金钢在腐蚀介质中疲劳极限降低 1/3 ~ 8/9，而不锈钢仅降低 10%。

11.1.2　应力腐蚀

应力腐蚀只是在特定条件下才能发生，这些条件可以归纳为：

1）一般只有合金才产生应力腐蚀，纯金属不会发生。

2）必须具有一定数值的拉应力才会发生应力腐蚀，拉应力可以是外加应力，也可以是内应力。

3）产生应力腐蚀的介质都是特定的，即某种材料对某些介质敏感，而其他介质对它没有明显作用。

应力腐蚀也分为裂纹形成、裂纹扩展和最终断裂三个阶段。裂纹形成寿命约占总寿命的90%，裂纹扩展寿命仅占 10%，而最终断裂是在一瞬间完成的。应力腐蚀断裂可以是晶间断裂，也可以是穿晶断裂。低碳钢、低合金钢和铝合金一般是晶间断裂。应力腐蚀断口属脆性断口，由于介质的腐蚀作用，裂纹源及扩展区常呈黑色或灰黑色，脆断区断口常有放射花样或人字纹。

根据用断裂力学方法对应力腐蚀的研究，产生应力腐蚀的条件为

$$K_1 \geqslant K_{1\text{scc}} \tag{11-1}$$

式中　K_1——裂纹尖应力强度因子（N/mm$^{\frac{3}{2}}$）；

$K_{1\text{scc}}$——应力腐蚀界限应力强度因子（N/mm$^{\frac{3}{2}}$）。

当应力强度因子 K_1 小于 $K_{1\text{scc}}$ 时，不会发生应力腐蚀。

11.1.3　预腐蚀疲劳

预腐蚀疲劳是在疲劳试验以前，预先将试样泡在腐蚀介质中，进行试验时将试样从腐蚀介质中取出，仍在空气中进行疲劳试验。因此，预腐蚀疲劳时腐蚀介质与循环应力是分别作用，它只是两种过程的机械组合。预腐蚀使疲劳强度降低的原因，是预腐蚀时在试样表面上产生了许多腐蚀坑，这些腐蚀坑在疲劳试验时起着应力集中的作用，从而使试样的疲劳强度降低。

预腐蚀对疲劳强度的影响程度取决于试样材料和腐蚀介质的性质，也取决于试样在腐蚀介质中浸泡时间的长短。材料的抗拉强度越高，在腐蚀介质中浸泡的时间越长，预腐蚀降低疲劳强度的作用也越强。

由于预腐蚀疲劳时，腐蚀介质的作用只是在试样表面上产生了起应力集中作用的腐蚀坑，真正进行疲劳试验时并无腐蚀介质作用，因此预腐蚀疲劳的 S-N 曲线与缺口试样的 S-N 曲线相似，对于空气疲劳中有水平地段的结构钢等材料，预腐蚀疲劳的 S-N 曲线仍存在有水平地段。也就是说，这些材料在预腐蚀疲劳时仍存在有真正的疲劳极限。

预腐蚀对疲劳极限的影响可以用预腐蚀系数 β_2 表示，预腐蚀系数 β_2 的定义为

$$\beta_2 = \frac{\sigma_{-1cor}}{\sigma_{-1}}$$

式中 σ_{-1}——空气中的对称弯曲疲劳极限（MPa）；

σ_{-1cor}——预腐蚀时的对称弯曲疲劳极限（MPa）。

钢的预腐蚀系数 β_2 可查图 11-2，铝合金的预腐蚀系数 β_2 可查图 11-3。

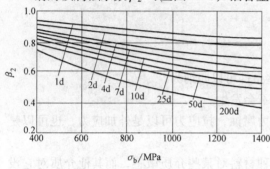

图 11-2 钢的预腐蚀系数 β_2 图 11-3 铝合金的预腐蚀系数 β_2

预腐蚀疲劳时的抗疲劳设计方法与空气疲劳相同，仍使用通常的设计计算公式，只是公式中的表面系数不再使用表面加工系数 β_1，而改用预腐蚀系数 β_2。

11.1.4 气相疲劳

大气疲劳是最常遇到的气相疲劳。真空度对疲劳寿命的影响如图 11-4 所示。一般来说，自 1.01325×10^5 Pa（1atm）至 13.3Pa（10^{-1} Torr）左右的真空度对疲劳寿命无影响，真空度高于 0.133Pa（10^{-3} Torr）以后，疲劳寿命增加。

大气对疲劳强度的影响随材料而异。对于铜和碳钢等韧性材料，起腐蚀作用的主要是氧。对于高强铝合金和高强钢等对应力腐蚀敏感的材料，蒸汽对其裂纹扩展速率有重大影响。湿度对疲劳寿命的影响规律如图 11-5 所示，湿度较低时，增大湿度降低疲劳寿命的作用比较强烈；当湿度继续增大时，降低速度变慢，最后趋于饱和。蒸汽的腐蚀机制还不太清楚，可能是它与金属表面反应产生了金属氧化物和氢，而氢又扩散到裂纹尖端产生氢脆所致。空气中含有 H_2S 使疲劳裂纹扩展显著加速就是这个原因。

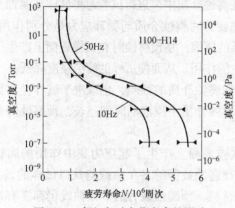 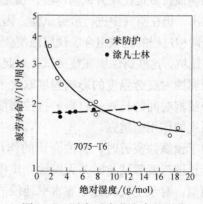

图 11-4 真空度对疲劳寿命的影响   图 11-5 湿度对疲劳寿命的影响

表 11-1 给出了蒸汽对钢试样疲劳强度的影响数据。图 11-6 所示为空气、氧和氩对低碳钢 S-N 曲线的影响。图 11-7 所示为 Cr13 型不锈钢在蒸汽中的腐蚀疲劳 S-N 曲线。

表 11-1 蒸汽对钢试样腐蚀疲劳的影响

材料(质量分数)	σ_b/MPa	疲劳极限/MPa				
		在空气中 σ_{-1}	在空气中喷蒸汽 σ_{-1cor}	已知温度及蒸汽压力		
				100℃ 0MPa	149℃ 0.41MPa	371℃ 1.51MPa
3.5% Ni 钢	725	316	161	—	246	239
3.5% Ni 钢	814	401	161	402	369	362
3.5% Ni 钢,镀铬	—		285		315	
12.5% Cr 不锈钢	696	416	223	369	377	369
0.36% C、1.5% Cr、1.2% Al 渗氮钢	853	510	—	—	439	345
0.36% C、1.5% Cr、1.2% Al 渗氮钢,经渗氮	—	625	500		478	402

注:试验循环次数为 5×10^7 周次,旋转弯曲,应力频率 f 为 37Hz。

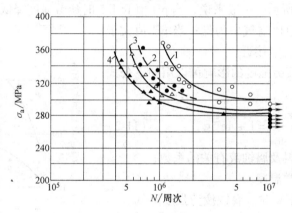

图 11-6 空气、氧和氩对低碳钢 S-N 曲线的影响
1—干氩 2—湿氩 3—湿氧 4—干氧、空气

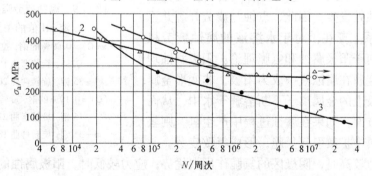

图 11-7 Cr13 型不锈钢在蒸汽中的腐蚀疲劳 S-N 曲线
1—空气 2—蒸汽 3—蒸汽加3%(质量分数)NaCl 的腐蚀环境

11.1.5 水介质疲劳

水介质疲劳是最典型的腐蚀疲劳,最常遇到的水介质疲劳是淡水、海水或盐水中的疲劳。水溶液的腐蚀作用往往比气相疲劳更为严重。McAdam(麦克阿达姆)于 1920 年用碳

钢、低合金钢和铬钢进行了大量的水介质疲劳试验，试验方法为喷射淡水，试验基数为 $N = 2 \times 10^7$ 周次，其试验结果如图 11-8 所示。由该图可以看出，碳钢和低合金钢在淡水中的疲劳强度几乎与材料的抗拉强度无关，不但不随抗拉强度的增加而增加，在抗拉强度大于一定的数值以后，反而有逐渐下降的趋势。铬的质量分数大于 5%，可以大大改进其疲劳强度，但这时的腐蚀疲劳强度仍比空气中为低。上述试验是在 24Hz 的频率下进行的。当频率降低时，由于腐蚀时间增长，其腐蚀疲劳强度显然还要进一步降低。

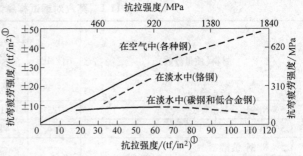

图 11-8　抗拉强度对淡水中腐蚀疲劳极限的影响
① 1tf/in² = 1.54443 × 10⁷Pa。

水溶液的 pH 值（酸碱度）对金属的腐蚀疲劳性能有较大影响。pH 值对金属腐蚀疲劳性能的影响如图 11-9 所示。一般来说，当 pH 值低于 5 时疲劳强度降低较大；pH 值为 5～10 疲劳强度无大变化，但比空气中为低；当 pH 值大于 12 时，疲劳强度与空气中接近。

腐蚀液的温度对疲劳强度的影响可以用如下公式表示：

$$K = \frac{\sigma_{-1}}{\sigma_{-1cor}} = 1 + Ae^{-\frac{B}{T}} \qquad (11-2)$$

式中　A、B——与材料及腐蚀液有关的系数；
　　　T——热力学温度。

由上式可见，当液温增高时，腐蚀疲劳强度降低。

对于水溶液的腐蚀疲劳机制，以往都倾向于应力集中-点蚀理论。现在，一些试验结果表明，疲劳裂纹并不都在点蚀处发生。因此，点蚀与疲劳开裂并不一定有必然联系。现在，对于水溶液的腐蚀疲劳机制，一般都倾向于阳极腐蚀和氢脆理论。阳极腐蚀理论认为，变形金属在腐蚀液中成为阳极，非变形金属成为阴极，阳极上的金属离子不断溶解于水中，从而被腐蚀。另一方面，如果在腐蚀过程中产生氢，则氢就很容易在金属中扩散引起氢脆，形成氢致疲劳。一般认为，当应力较高时，阴极区的氢脆作用占优势；应力较低时，阳极腐蚀的电化学作用占主导。

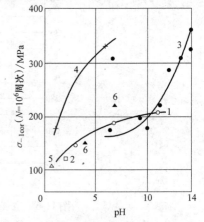

图 11-9　腐蚀疲劳强度与腐蚀
液 pH 值的关系
1—$w(C) = 0.09\%$ 的钢，拉-压 2000r/min
2—Q235，旋转弯曲 1500r/min
3—35 钢，旋转弯曲 2000r/min
4—$w(C) = 0.19\%$ 的钢，旋转弯曲 6000r/min
5—15 钢，旋转弯曲 2200r/min
6—35 钢，旋转弯曲 1800r/min

表 11-2 给出了某些钢的腐蚀疲劳极限。表 11-3 给出了某些钢的腐蚀疲劳试验数据。表 11-4 给出了 $w(C) = 0.22\%$ 低碳钢的旋转弯曲腐蚀疲劳强度。表 11-5 给出了非铁金属的腐蚀疲劳试验数据。表 11-6 中给出了钛合金试样在 3%（质量分数）NaCl 水溶液中的疲劳试验结果。表 11-7 给出了某些工程合金在超过 10⁷ 周次循环寿命下的腐蚀疲劳特性。

表 11-2　某些钢的腐蚀疲劳极限 σ_{-1cor}

材料	抗拉强度 σ_b/MPa	试验频率 f/(1/min)	腐蚀环境		试验循环次数 N/周次	腐蚀疲劳极限 σ_{-1cor}/MPa
40Cr	1170	3000	3%(质量分数)NaCl水溶液		10^7	130
			自来水		10^7	155
20CrMo	954	3000	海水		10^7	110
			自来水		10^7	150
ZG20SiMn	510	5000	自来水	滴水	10^7	175
				浸水	10^7	178
ZG06Cr13Ni4Mo	784	5000	自来水	滴水	10^7	200
				浸水	10^7	218

表 11-3　某些钢的腐蚀疲劳试验数据

材料 (质量分数)	热处理	抗拉强度 σ_b/MPa	试验方式	应力频率 /(1/min)	腐蚀环境	试验循环次数/周次	在空气中的疲劳极限 σ_{-1}/MPa	腐蚀疲劳极限 σ_{-1cor}/MPa	$\beta_2 = \dfrac{\sigma_{-1cor}}{\sigma_{-1}}$
软钢 18/8Cr-Ni-W 钢	正火		旋转弯曲		淡水滴注	10^8	268	32	0.12
	退火						277	175	0.63
0.21%C 钢	退火	500	旋转弯曲	1300	海水	10^8	225	30	0.13
			拉伸	1500			142	39	0.27
12.5%Cr 钢		1020			淡水	2.5×10^7	257	126	0.49
18/8 不锈钢		1320					194	83	0.43
18.5%Cr 钢	退火	790	拉伸	360			246	194	0.79
0.48%碳钢 镀镉		1040					203	52	0.26
0.35%C 钢		610	旋转弯曲	1750	盐水①	10^7	285	173	0.61
					盐水②			74	0.26
0.50%C 钢		660	旋转弯曲	1750	盐水①	10^7	222	140	0.63
					盐水②			77	0.35
0.50%C 钢	调质	910	旋转弯曲	1750	盐水①	10^7	424	178	0.42
					盐水②			97	0.23
合金钢(0.8%~1.1%Cr,0.15%~0.25%Mo)	调质	900	旋转弯曲	1750	盐水①	10^7	493	189	0.38
					盐水②			99	0.20
合金钢(0.55%~0.65%C,1.8%~2.2%Si)	正火	1010	旋转弯曲	1750	盐水①	10^7	507	175	0.35
					盐水②			104	0.20
5%Cr 钢	调质	910	旋转弯曲	1750	盐水①	10^7	520	371	0.71
					盐水②			109	0.21

（续）

材料 （质量分数）	热处理	抗拉强度 σ_b/MPa	试验方式	应力频率 /(1/min)	腐蚀环境	试验循环 次数/周次	在空气中的 疲劳极限 σ_{-1}/MPa	腐蚀疲劳极 限 σ_{-1cor} /MPa	$\beta_2 =$ $\dfrac{\sigma_{-1cor}}{\sigma_{-1}}$
纯铁		330	旋转 弯曲	1750	盐水①	10^7	215	137	0.64
					盐水②			115	0.54

① 6.8%（质量分数）盐水溶液，试样整体浸入。
② 6.8%（质量分数）盐水与饱和 H_2S，试样整体浸入。

表 11-4　$w(C) = 0.22\%$ 低碳钢试样的旋转弯曲腐蚀疲劳强度

试样直径/mm	在空气中的疲劳强度 σ_{-1}/MPa	浸在盐水中的腐蚀疲劳极限（$N = 6 \times 10^7$ 周次）σ_{-1cor}/MPa
10	205	49
130	191	112

表 11-5　非铁金属的腐蚀疲劳试验数据

材料 （质量分数）	热处理	抗拉强度 σ_b/MPa	试验方式	应力频率 f/(1/min)	腐蚀环境 （质量分数）	试验循环 次数/周次	在空气中的 疲劳极限 σ_{-1}/MPa	腐蚀疲劳极 限 σ_{-1cor} /MPa	$\beta_2 =$ $\dfrac{\sigma_{-1cor}}{\sigma_{-1}}$
铝	退火	75					37	—①	—
								15②	0.41
	半硬化	96			淡水；含 盐量为海 水的 1/3 的河水		44	—①	—
								22②	0.50
	硬化	124	旋转弯曲	1450		2×10^7	64	37①	0.58
								30②	0.47
硬铝 （铝铜镁合金）	退火	206					107	52①	0.49
								45②	0.42
	已热 处理	427					110	62①	0.56
								52②	0.47
电解铜,热轧	退火	193					62	—①	—
								64②	1.03
电解铜,冷轧	回火	289			淡水；含 盐量为海 水的 1/3 的河水		104	107①	1.03
								107②	1.03
78% Cu,21% Ni, 冷轧	退火	289	旋转弯曲	1450		2×10^7	110	117①	1.06
								117②	1.06
	回火	379					160	147①	0.92
								160②	1.00
48% Cu,48% Ni, 冷轧		475					234	179①	0.76
								202②	0.86

（续）

材料（质量分数）	热处理	抗拉强度 σ_b/MPa	试验方式	应力频率 f/(1/min)	腐蚀环境（质量分数）	试验循环次数/周次	在空气中的疲劳极限 σ_{-1}/MPa	腐蚀疲劳极限 σ_{-1cor}/MPa	$\beta_2 = \dfrac{\sigma_{-1cor}}{\sigma_{-1}}$
铜镍合金（67%Ni，30%Cu），冷轧	退火	503	旋转弯曲		淡水；含盐量为海水的1/3的河水	2×10^7	222	165①	0.74
								179②	0.81
	回火	779					325	190①	0.58
								215②	0.66
镍，冷轧	退火	475					209	154①	0.74
								142②	0.68
	回火	806					319	184①	0.58
								165②	0.52
62%Cu，37%Zn，冷拔	退火	324					137	—①	—
								117②	0.85
	回火	517					147	110①	0.75
								110②	0.75
硬铝（2.5%Mg）	轧制	386	旋转弯曲		3%盐雾	5×10^7	126	46	0.37
			轴向加载				110	35	0.32
		227	旋转弯曲			10^7	89	13	0.15
			轴向加载	1450			75	13	0.17
磷青铜（4.2%Sn）	轧和拉拔，正火	379					137	163	1.19
铝青铜（9.8%Al，1.4%Zn）	挤压和拉拔	489					200	135	0.68
耐蚀高强度铜合金③	挤压和拉锻	572			淡水；含盐量为海水的1/3的河水	5×10^7	227	246	1.08
9.7%Al，5.0%Ni，5.4Fe		710					310	201	0.65
铝青铜，9.3%Al	淬火	203	旋转弯曲				157	120	0.76
铍青铜，2.2%Be	固溶处理	441					246	187	0.76
	热处理	1117					274	219	0.80
铝-锌-镁合金 DTD683（7075）④	固溶处理	255			3%盐溶液，液体薄膜	10^7	124	62	0.50
	热处理	427					172	69	0.40
	时效	379					151	69	0.46
纯铝					38%硫酸滴流	4×10^7	2.6	—	—
碲铅，0.05%Te，0.06%Cu			旋转弯曲	1450	38%硫酸滴流	4×10^7	3.7	2.4	0.65

（续）

材料 （质量分数）	热处理	抗拉强度 σ_b/MPa	试验方式	应力频率 f/(1/min)	腐蚀环境 （质量分数）	试验循环 次数/周次	在空气中的 疲劳极限 σ_{-1}/MPa	腐蚀疲劳极 限 σ_{-1cor} /MPa	$\beta_2 =$ $\frac{\sigma_{-1cor}}{\sigma_{-1}}$
锑铅，1% Sb			旋转弯曲	1450	38% 硫 酸滴流	4×10^7	5.2	4.5	0.87
蓄电池铅							12	11	0.92
镁铝锌合金					自来水	2×10^7	70	34	0.49
镁铝锰合金							70	44	0.63
AZ855⑤镁铝锌							131	48	0.37
AM503⑥镁铝锰					3% 盐水		49	17	0.35
AZM⑦镁铝锰							136	11	0.08

① 淡水。

② 含盐量为海水的 1/3 的河水。

③ 耐蚀高强度铜合金的化学成分，8.5%～10.5% Al，4%～6% Fe，4%～6% Ni，其余铜。

④ DTD683（7075），相当于我国的 7A09。

⑤ AZ855 的化学成分（质量分数）：8.0% Al，0.4% Zn，0.3% Mn，是镁合金。

⑥ AM503 的化学成分（质量分数）：1.5% Mn，是镁合金。

⑦ AZM 的化学成分（质量分数）：6.0% Al，1.0% Zn，0.3% Mn，是镁合金。

表 11-6 钛合金试样在 3%（质量分数）NaCl 水溶液中的疲劳试验结果

试样直径/mm	试 样 种 类	σ_{-1}/MPa
12	光滑	210
12		170
20	带压合轴套	165
180		150

表 11-7 某些工程合金在超过 10^7 周次循环寿命下的腐蚀疲劳特性

材 料	加工说明	σ_b /MPa	频率 /Hz	腐蚀性介质	在空气中的 疲劳极限 σ_{-1}/MPa	腐蚀疲劳 极限 σ_{-1cor} /MPa	$\sigma_{-1cor}/\sigma_{-1}$
软钢	正火			河水	260	32	0.12
$w(C) = 0.21\%$ 钢	退火	490	22	海水	220	30	0.13
35 钢		600			280	170	0.61
50 钢		650			220	140	0.63
50 钢	淬火并回火	880			480	190	0.38
ML30CrMo 钢	淬火并回火	900	29	6.8% 盐水；完 全浸没	415	170	0.42
硅锰钢	正火	985			500	170	0.35
5Cr 钢	淬火并回火	990			510	365	0.71
纯铁		325			210	130	0.64

（续）

材　　料	加工说明	σ_b /MPa	频率 /Hz	腐蚀性介质	在空气中的疲劳极限 σ_{-1}/MPa	腐蚀疲劳极限 σ_{-1cor} /MPa	$\sigma_{-1cor}/\sigma_{-1}$
12.5Cr 钢	退火	1000			225	125	0.49
18/8 不锈钢	退火	1300	6	淡水、受扭	195	85	0.44
18.5Cr 钢	退火	770			240	195	0.79
铝	退火	90			19	7.6	0.41
铜	退火	215		河水与海水大约各占一半的盐溶液	69	70	1.04
蒙乃尔合金	退火	565	24		250	200	0.81
60/40 黄铜	退火	365			150	130	0.85
镍	退火	530			235	160	0.68
磷青铜	正火	430	37	3% 盐水喷洒	150	180	1.20
Al-3Mo	热处理	—	83	3% 盐水喷洒	125	48	0.38
Al-7Mg	热处理	—	83	3% 盐水喷洒	110	48	0.45
Al-CuMg		—	83	3% 盐水喷洒	180	85	0.47
Mg-Al-Zn		—	—	自来水	75	40	0.49
Mg-Al-Mn	热处理	—	—	自来水	75	55	0.68
Mg-Al-Mn（AM503）		—	—	3% 盐水	55	20	0.36
Mg-Al-Mn（AZM）		—	—	3% 盐水	150	14	0.08

注：除另有规定外，试件均为旋转弯曲试件。这些试验结果来自不同来源，仅用于说明腐蚀疲劳效应，而不能用作
设计数值。

图 11-10 所示为钢在不同腐蚀环境中的疲劳极限与抗拉强度的关系，图 11-11 ~ 图 11-13 所示分别为几种钢的腐蚀疲劳极限与抗拉强度的关系。

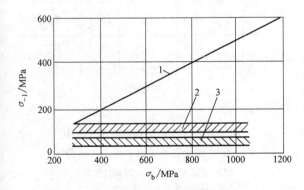

图 11-10　钢在不同腐蚀环境中的疲劳极限与
抗拉强度的关系
1—空气　2—淡水　3—海水

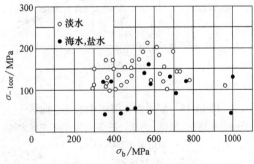

图 11-11　碳钢的腐蚀疲劳极限（$N = 10^7$ 周次）
与抗拉强度的关系

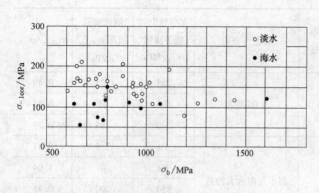

图 11-12　特殊钢的腐蚀疲劳极限（$N = 10^7$ 周次）
与抗拉强度的关系

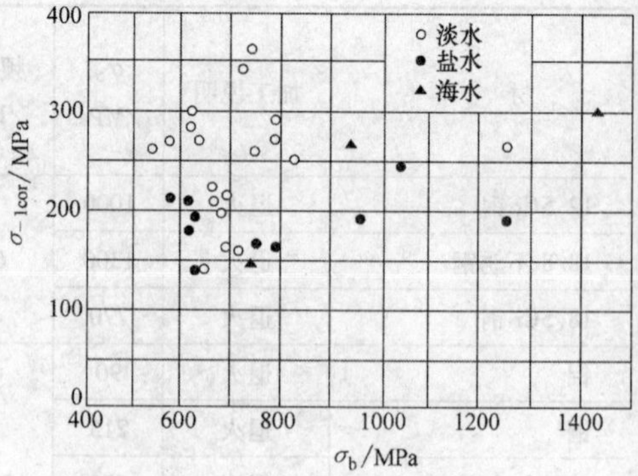

图 11-13　不锈钢的腐蚀疲劳极限
（$N = 10^7$ 周次）与抗拉强度的关系

11.1.6　腐蚀疲劳 S-N 曲线

各种钢的腐蚀疲劳 S-N 曲线如图 11-14 ~ 图 11-30 所示。

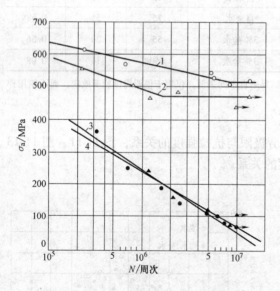

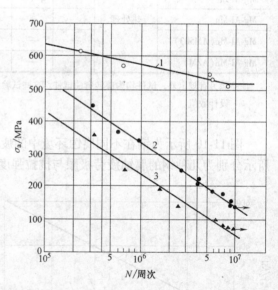

图 11-14　船用钢在海水中的 S-N 曲线

1—402 船用钢在室温大气下　2—20CrMo 钢在室温大气下
3—402 船用钢在 24°C 天然海水中
4—20CrMo 钢在 24°C 天然海水中

注：1. 402 船用钢 $\sigma_b = 936$MPa，20CrMo 钢 $\sigma_b = 986$MPa。
　　2. 热处理：880°C 水淬，500°C 水冷。
　　3. 光滑试样，旋转弯曲试验（$R = -1$），应力频率 $f = $
　　　50Hz。

图 11-15　402 船用钢在室温大气中、
24°C 海水和自来水中的 S-N 曲线

1—室温大气下　2—流动自来水中
3—天然海水（葫芦岛）中

注：1. 402 船用钢 $\sigma_b = 936$MPa。
　　2. 热处理：860°C 油淬，600°C 油冷。
　　3. 光滑试样（$K_t = 1$），旋转弯曲试验（$R = -1$），应
　　　力频率 $f = 50$Hz。

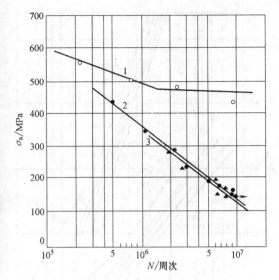

图 11-16 20CrMo 钢在淡水中的 S-N 曲线

1—在室温大气中 2—热处理 I，淡水中

3—热处理 II，淡水中 20CrMo 钢的力学性能

注：1. 热处理 I（500°C 回火）$\sigma_b = 986$MPa，热处理 II（580°C 回火）$\sigma_b = 934$MPa。

2. 光滑试样（$K_t = 1$），旋转弯曲试验（$R = -1$），应力频率 $f = 50$Hz。

3. 腐蚀介质：流动自来水，17°C。

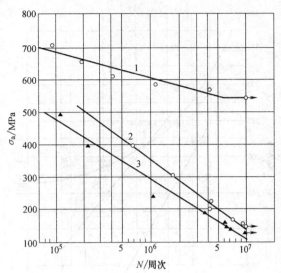

图 11-17 40Cr 钢的腐蚀疲劳 S-N 曲线

1—在室温大气中 2—流动自来水，17°C

3—3% NaCl 水溶液（17°C）中

注：1. 40Cr 钢热处理：840°C 油淬，500°C 保温，油冷，$\sigma_b = 1147$MPa。

2. 光滑试样（$K_t = 1$），旋转弯曲试验（$R = -1$），应力频率 $f = 50$Hz。

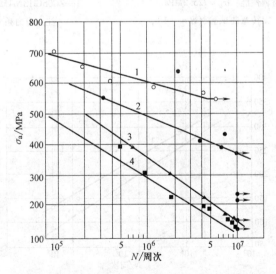

图 11-18 40Cr 钢在不同温度淡水中的 S-N 曲线

1—在室温大气中 2—4°C 流动自来水中

3—17°C 流动自来水中 4—24°C 流动自来水中

注：1. 40Cr 钢热处理：840°C 油淬，500°C 保温，油冷，$\sigma_b = 1147$MPa。

2. 光滑试样（$K_t = 1$），旋转弯曲试验（$R = -1$），应力频率 $f = 50$Hz。

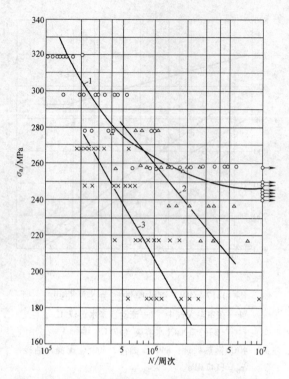

图 11-19　12CrNiMo 钢腐蚀疲劳的 S-N 曲线

1—空气中　2—自来水中　3—人造海水中

注：1. 材料规格：$\delta = 25\text{mm}$，材料性能：$\sigma_b = 725.2\text{MPa}$。

　　2. 缺口试样（$K_t = 2.05$），旋转弯曲试验（$R = -1$），
应力频率 $f = 50\text{Hz}$。

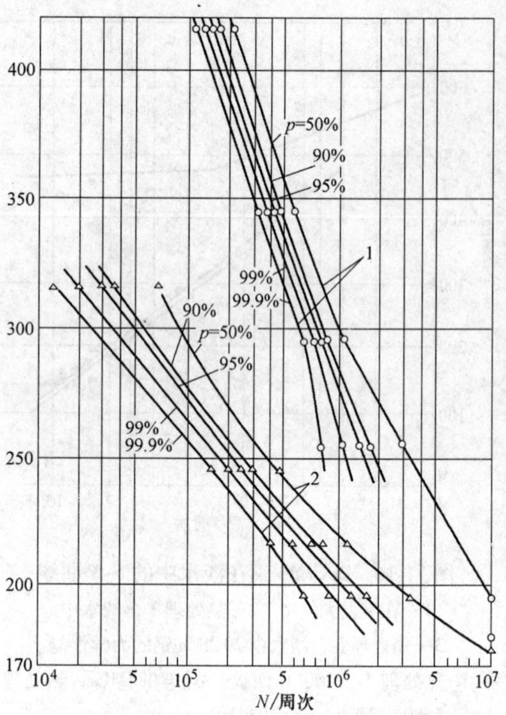

图 11-20　ZG20SiMn 和 ZG06Cr13Ni4Mo 铸钢在
淡水中的 p-S-N 曲线

1—ZG06Cr13Ni4Mo　2—ZG20MnSi

注：应力频率 $f = 50\text{Hz}$。

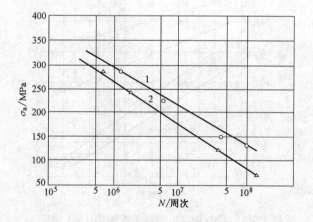

图 11-21　40Cr 钢在天然海水中的 S-N 曲线

1—应力频率　$f = 50\text{Hz}$　2—应力频率　$f = 16.7\text{Hz}$

注：$\sigma_b = 1147\text{MPa}$ 光滑试样，旋转弯曲疲劳试验，室温，试样直径为 $\phi 7.0\text{mm}$。

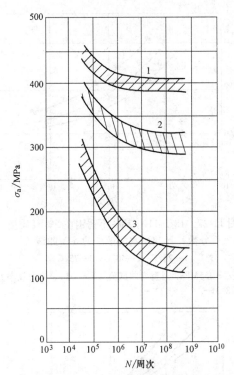

图 11-22 13Cr 不锈钢光滑试样的 *S-N* 曲线
1—空气中   2—蒸馏水中
3—1%（质量分数）NaCl 水溶液中

注：1. 13Cr 钢化学成分（质量分数）为 13% Cr, 0.20% C, $\sigma_b = 760 \sim 830$MPa, $\sigma_s = 610 \sim 650$MPa。
2. 旋转弯曲试验（$R = -1$）, $f = 50$Hz, 温度 23°C。

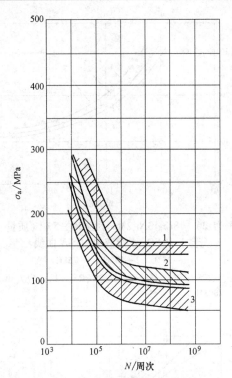

图 11-23   13Cr 不锈钢缺口试样
的 *S-N* 曲线
1—空气中   2—蒸馏水中
3—1%（质量分数）NaCl 水溶液中
注：试样条件同图 11-22。

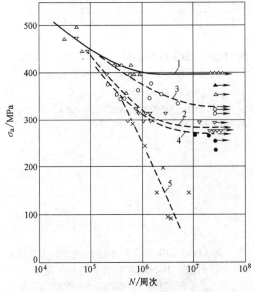

图 11-24   21/7 镍铬不锈钢的 *S-N* 曲线
1—空气中   2—电路切断
3—相对于溶液加工电位 0mV
4—加上 50mV   5—加上 200mV
注：2 ~ 5 都在 3%（质量分数）NaCl 水溶液中。

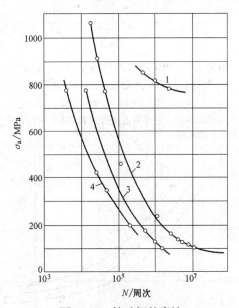

图 11-25   镍硅钢的腐蚀
疲劳 *S-N* 曲线
1—在空气中   2—淡水中, $f = 24.2$Hz
3—淡水中, $f = 0.8$Hz   4—淡水中, $f = 0.08 \sim 0.13$Hz

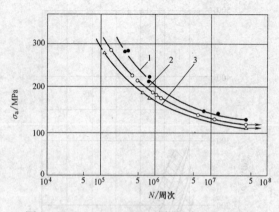

图 11-26　18Cr-13Ni-2Mo 不锈钢在 5%（质量
分数）H_2SO_4 水溶液中的 S-N 曲线
1—25℃　2—50℃　3—75℃

注：σ_s =225.6MPa，悬臂弯曲试验（R = -1），应力频率 f
= 28.3Hz。

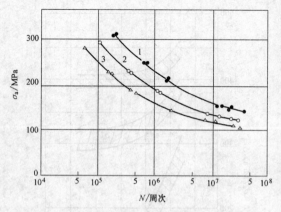

图 11-27　18Cr-11Ni-2Mo 不锈钢在 5%（质量
分数）H_2SO_4 水溶液中的 S-N 曲线
1—25℃　2—50℃　3—75℃

注：σ_s =255MPa，悬臂弯曲试验（R = -1），应力频率 f =
28.3Hz。

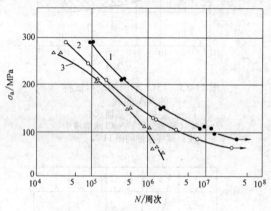

图 11-28　19Cr-12Ni 不锈钢在 5%（质量
分数）H_2SO_4 水溶液中的 S-N 曲线
1—25℃　2—50℃　3—75℃

注：σ_s =220.7MPa，悬臂弯曲疲劳试验（R = -1），应力
频率 f = 28.3Hz。

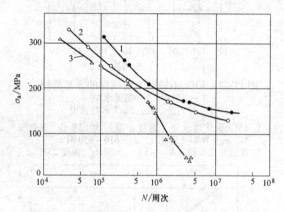

图 11-29　18Cr-11Ni-1Mo 不锈钢在 5%（质量
分数）H_2SO_4 水溶液中的 S-N 曲线
1—25℃　2—50℃　3—75℃

注：σ_s =240.3MPa，悬臂弯曲疲劳试验（R = -1），应力
频率 f = 28.3Hz。

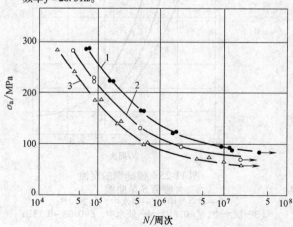

图 11-30　19Cr-12Ni 不锈钢在 5%（质量
分数）H_2SO_4 水溶液中的 S-N 曲线
1—25℃　2—50℃　3—75℃

注：σ_s = 216MPa，悬臂弯曲疲劳试验（R = -1），
应力频率 f = 28.3Hz。

11.1.7 各种影响因素对腐蚀疲劳强度的影响

1. 加载频率和应力波形的影响

与空气疲劳不同，加载频率对疲劳寿命有很大影响。条件疲劳极限或对数疲劳寿命 N 与加载频率（周次/min）的对数间的关系如图 11-31 所示。在通常的高周疲劳范围，大体上呈线性关系。而在低于每分钟几个循环的低频下，频率的影响减小，应力波形的影响成为主要。

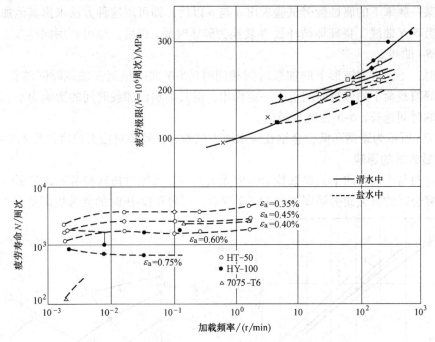

图 11-31　加载频率对腐蚀疲劳强度和寿命的影响

高周疲劳的 $S\text{-}N$ 曲线和 $S\text{-}t$ 曲线可以用图 11-32 的方法得出。若在任意应力 σ_c 下进行腐蚀疲劳试验，则随着试验的进行，试样上的应力由于腐蚀开裂引起的应力集中而增大，至这一应力曲线与空气中的 $S\text{-}N$ 曲线相交时即发生疲劳破坏。破坏时的实际应力为

$$\sigma = \kappa\sigma_c \tag{11-3}$$

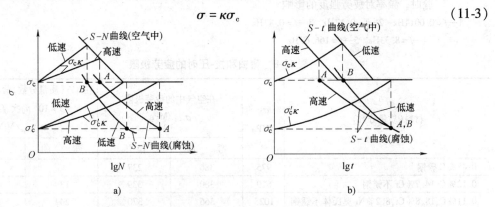

图 11-32　加载频率对腐蚀疲劳强度影响的图解

a) $S\text{-}N$ 曲线　b) $S\text{-}t$ 曲线

根据试验研究，κ 可以用下式计算：

$$\kappa = 1 + a\lg(bt + 1) \qquad (11\text{-}4)$$

式中　t——时间（min），可由循环数除以加载频率（1/min）得出，即 $t = N/f$；

　　a、b——常数，需要由腐蚀疲劳试验确定；

　　σ_c——腐蚀介质中的条件疲劳极限（MPa）；

　　σ——空气中的条件疲劳极限或疲劳极限（MPa）。

通过某一频率下的腐蚀疲劳试验求出 a 与 b 以后，即可用这种方法求出其他加载频率下的腐蚀疲劳 S-N 曲线。将破坏循环数 N 转换为破坏时间 t 以后，也可利用同样方法求出腐蚀疲劳时的 S-t 曲线。

低频时，不同应力波形下的加载时间相同时，S-N 曲线接近。加载时间越长，S-t 曲线越低。在峰值载荷下的保持时间也起一定作用，但其影响比加载时间的影响为小。在峰值载荷下保持的时间越长，S-N 曲线也越低。

图 11-33 所示为碳钢和低合金钢在淡水流中试验时，频率对疲劳强度的影响曲线。

2. 加载方式的影响

旋转弯曲与平面弯曲下的腐蚀疲劳强度无大差别。腐蚀对扭转疲劳强度的影响比弯曲为小，弯扭复合时的腐蚀疲劳强度如图 11-34 所示。弯曲和拉-压时的疲劳极限见表 11-8。

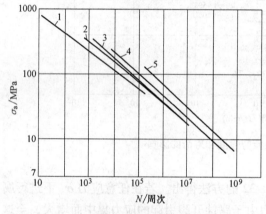

图 11-33　碳钢及低合金钢在淡水流中试
验时，频率对疲劳强度的影响

1—$f = 0.0014\,\text{Hz}$　2—$f = 0.17\,\text{Hz}$　3—$f = 0.83\,\text{Hz}$

4—$f = 8.33\,\text{Hz}$　5—$f = 166.\dot{6}7\,\text{Hz}$

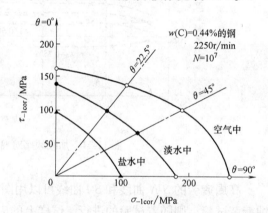

图 11-34　弯扭复合时的腐蚀疲劳强度

表 11-8　弯曲和拉-压时的疲劳极限

材料（质量分数）	σ_b /MPa	在空气中的疲劳极限 σ_{-1}/MPa		在3%（质量分数）盐溶液喷雾中 （$N = 5 \times 10^7$ 周次,$f = 36.67\,\text{Hz}$）σ_{-1cor}/MPa	
		弯　曲	拉-压	弯　曲	拉-压
0.48% C 碳钢	975	386	237	43	37
0.12% C,14.7% Cr 不锈钢	619	380	339	139	169
0.11% C,18.8% Cr,8.2% Ni 奥氏体不锈钢	1023	366	370	244	228
0.25% C,17% Cr,1.16% Ni 不锈钢	843	505	439	190	240
硬　　铝	435	139	123	53	40

由表 11-8 可以看出，不锈钢的拉-压腐蚀疲劳极限反而高于弯曲腐蚀疲劳极限。而硬铝的拉-压腐蚀疲劳极限与弯曲腐蚀疲劳极限之比则大致与空气中相同。

3. 平均应力的影响

平均应力对腐蚀疲劳强度的影响比空气中大，其影响规律与空气中相似，平均拉应力使极限应力幅线性降低，平均压应力则使极限应力幅大大增加。当平均压应力大于一定的数值以后，可使其极限应力幅达到空气中的数值。

4. 应力集中的影响

缺口较钝时，缺口试样在淡水中的腐蚀疲劳强度比空气中低；缺口尖锐时，腐蚀的影响减小。也就是说，缺口对疲劳强度的影响比空气中小。

表 11-9 中给出了各种材料在腐蚀环境和应力集中同时作用下的疲劳极限。

表 11-9　各种材料在腐蚀环境和应力集中同时作用下的疲劳极限

材料及试验方式	试样 d/mm	疲劳极限/MPa		有效应力集中系数		腐蚀系数 β_2
		在空气中 σ_{-1} 或 τ_{-1}	腐蚀环境中 $\sigma_{-1\text{cor}}$ 或 $\tau_{-1\text{cor}}$	空气中 K_σ 或 K_τ	腐蚀环境中 $K_{\sigma\text{cor}}$ 或 $K_{\tau\text{cor}}$	
20Cr 钢 弯曲	光滑试样, $d=8$	318	210	2.11	2.11	0.66
	缺口试样, $d=14$	151	151			
20Cr 钢 弯曲	光滑试样, $d=20$	285	166	2.07	2.25	0.61
	缺口试样, $d=20$	133	122			
40Cr 钢(正火) 弯曲	光滑试样, $d=8$	426	364	1.6	1.72	0.85
	缺口试样, $d=8$	266	248			
铸铁 弯曲	光滑试样, $d=20$	117	107	1.11	1.32	0.92
	缺口试样, $d=20$	105	89			
镍铬钢 $\sigma_b=784.6\text{MPa}$ 扭转	光滑试样	302	223	—	—	0.74
	有肩试样	196	188	1.54	1.60	—
	有肩试样	192	205	1.57	1.47	—
	有孔试样	151	93	2.00	3.25	—
镍铬钢[1] $\sigma_b=1108\text{MPa}$ 扭转	光滑试样	384	223			0.58
	有肩试样	254	137	1.51	2.8	—
	有孔试样	205	137	1.87	2.8	—
镍铬钢[1] $\sigma_b=872.8\text{MPa}$ 弯曲	光滑试样	384	223			0.58
	有肩试样	247	130	1.78	3.37	—
	有孔试样	212	109	2.07	4.0	—
镍铬钢 $\sigma_b=1079\text{MPa}$ 弯曲	光滑试样	617	89			0.145
	有肩试样	247	75	2.5	8.18	—
	有孔试样	212	61	2.9	10.0	—
灰铸铁 $\sigma_b=274.6\text{MPa}$	光滑试样	120	97	—	—	0.8
	缺口试样	103	89	1.17	1.35	—

（续）

材料及试验方式	试样 d/mm	疲劳极限/MPa		有效应力集中系数		腐蚀系数 β_2
		在空气中 σ_{-1} 或 τ_{-1}	腐蚀环境中 σ_{-1cor} 或 τ_{-1cor}	空气中 K_σ 或 K_τ	腐蚀环境中 $K_{\sigma_{cor}}$ 或 $K_{\tau cor}$	
钢 $\sigma_b = 539.4$MPa 弯曲	光滑试样	370	190	—	—	0.54
	有肩试样	168	89	2.2	4.15	—
	有孔试样	171	123	2.16	3.0	—
钢 $\sigma_b = 485.4$MPa 弯曲	光滑试样	343	164	—	—	0.48
	有肩试样	164	96	2.08	3.57	—
	有孔试样	162	116	2.11	2.94	—
钢 $\sigma_b = 627.6$MPa 弯曲	光滑试样	374	130	—	—	0.35
	有肩试样	178	103	2.1	3.64	—
	有孔试样	182	109	2.05	3.41	—
钢 $\sigma_b = 858.1$MPa 弯曲	光滑试样	436	96	—	—	0.22
	有肩试样	205	75	2.12	5.77	—
	有孔试样	171	89	2.54	4.88	—

① 镍铬钢成分的化学成分（质量分数）：0.4% C，0.75% Mn，1.0% ~ 1.5% Ni，0.45% ~ 0.75% Cr。

5. 试样尺寸的影响

尺寸因素对腐蚀疲劳强度的影响，由于现有的数据往往互相矛盾，因此在设计中只能粗略地认为尺寸因素对腐蚀疲劳强度的影响不比空气中小，虽然这可能有些保守。

表 11-10 中给出了 20Cr 钢试样尺寸对腐蚀疲劳极限的影响。

表 11-10　20Cr 钢试样尺寸对腐蚀疲劳极限的影响

环　　境	材料性能	$d = 16$mm	$d = 32$mm	$d = 40$mm
空气 ($N = 5 \times 10^6$ 周次)	σ_{-1}/MPa	264	248	240
	β_2	1.0	1.0	1.0
	ε	1.0	0.937	0.907
全损耗系统用油 ($N = 10^7$ 周次)	σ_{-1cor}/MPa	243	235	230
	β_2	0.92	0.95	0.96
	ε	1.0	0.964	0.945
淡水 ($N = 2 \times 10^7$ 周次)	σ_{-1cor}/MPa	122	140	154
	β_2	0.462	0.565	0.64
	ε	1.0	1.14	1.26

注：悬臂式旋转弯曲试验，频率 $f = 33.33$Hz。

6. 表面状况的影响

表面加工情况对腐蚀疲劳强度影响较小，锻压和铸造氧化皮反而使腐蚀疲劳强度增加。

但是，当氧化皮局部破裂时危害很大。高频感应淬火及其他能在试样表面建立残余压应力的表面强化方法对提高腐蚀疲劳强度非常有效。

表 11-11 中给出了表面处理对钢腐蚀疲劳强度的影响。表 11-12 中给出了表面处理对 45 钢腐蚀疲劳极限的影响。图 11-35 所示为喷丸对钢腐蚀疲劳 S-N 曲线的影响。

表 11-11　表面处理对钢腐蚀疲劳强度的影响（全部是旋转弯曲疲劳试验）

材料（质量分数）		抗拉强度/MPa	表面处理	保护层的近似厚度/mm	加载频率/Hz	腐蚀介质	根据疲劳强度的寿命/周次	疲劳强度/MPa		腐蚀疲劳强度/MPa	
								未处理	处理	未处理	处理
0.5%C 冷拉钢	拉	1961	涂磁漆		36.67	3%盐雾	2×10^7	336	316	48	144
	正火	702						227	233	55	151
	拉	1961	电镀锌	0.048				336	343	48	316
	正火	702						227	206	55	227
	拉	1961	表面锌化	0.13				336	309	48	336
	正火	702						227	199	55	206
	拉	1961	电解镀锌	0.014				336	336	48	288
	正火	702						227	220	55	206
	拉	1961	电解镀镉	0.013				336	316	48	233
	正火	702						227	206	55	185
	拉	1961	电解镀镉涂磁漆	0.013				336	316	48	240
	正火	702						227	220	55	185
	拉	1961	电解镀锌油	0.013				336	288	48	206
	正火	702						227	213	55	178
	拉	1961	磷酸盐水处理涂磁漆					336	309	48	144
	正火	702						227	247	55	178
	拉	1961	铝雾涂磁漆	0.051		新鲜水		336	350	48	330
中碳钢		760	热浸低焊料	0.010	36.67	滴流	10^8	192	227	96	810
			热浸敷镉层	0.020					199		151
			电镀镍	0.20					137		137
中碳钢		760	电镀铬	0.20	36.67	滴流	10^8		199		199
中碳钢		806	表面滚压		36.67	新鲜水	10^8	227	254	89	130
中碳钢			表面滚压	0.51	36.67	新鲜水	2×10^8	254	316	<137	261
1.6%Cr,0.9%Al 0.3%Mo 钢			渗氮		36.67	河水滴流	10^8	453	508	<67	343
0.9%Cr,0.1%V 钢		1672	渗氮		24.17	自来水喷出	10^8		645		522
0.47% 钢		1429	电镀锌		24.17	新鲜水	2×10^7	371		124	268
			表面锌化								268
			镀锌								302
			镀镉								281

（续）

材料（质量分数）	抗拉强度/MPa	表面处理	保护层的近似厚度/mm	加载频率/Hz	腐蚀介质	根据疲劳强度的寿命/周次	疲劳强度/MPa 未处理	疲劳强度/MPa 处理	腐蚀疲劳强度/MPa 未处理	腐蚀疲劳强度/MPa 处理
0.38%C 钢	343	抛光镀锌	0.013	24.17	完全浸在油池中	10^7	343		74	124
			0.025							137
		韧性镀锌	0.013		盐水					117
			0.025		以液态碳化物浸湿					124
1.65% ~2%Ni,0.2% ~0.3%Mo 钢		镀镍	0.13	24.17			323	247	137	213
0.4%C,0.2%Cu 钢		镀锌	0.058	24.17			247		67	153

表 11-12　表面处理对 45 钢腐蚀疲劳极限的影响

试件处理方式	在 10^7 周次的试验基数下的疲劳极限			
	MPa		%	
	在大气中	在 3%（质量分数）NaCl 溶液中	在大气中	在 3%（质量分数）NaCl 溶液中
磨削	250	98	100	100
喷丸强化	291	198	116	202
用滚子滚压	277	247	111	252
表面高频感应淬火	466	351	187	358

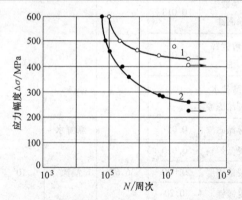

图 11-35　喷丸对钢腐蚀疲劳 S-N 曲线的影响
1—经喷丸　2—电抛光

　　电解镀铬降低钢的腐蚀疲劳强度，但试样先经过高频感应淬火、渗氮、喷丸或滚压处理后再电解镀铬，其腐蚀疲劳强度将大大提高。表 11-13 中给出了镀铬前预先表面高频感应淬火和未经表面高频感应淬火的 40Cr 钢的腐蚀疲劳试验结果。

表 11-13　表面高频感应淬火对 45Cr 钢疲劳极限的影响

试样处理方法	疲劳极限（$N = 10^7$ 周次）			
	在大气中		在 3%（质量分数）HCl 溶液中	
	MPa	%	MPa	%
正火（原始状态）	252	100	98	100
电解镀铬	199	79	85	87
电解镀铬,预先经过高频感应淬火	339	134	294	300

阳极镀层特别是镀锌，与镀铬、镍或铜不同，几乎不降低大气中的疲劳极限。当镀层厚度相当大（至 $30\mu m$）时，腐蚀疲劳极限比大气中降低不多。表 11-14 中列出了镀层对试件腐蚀疲劳强度的影响。这些数据表明，镀锌可以防止腐蚀对疲劳强度的不利作用。

表 11-14　镀层对试件腐蚀疲劳强度的影响

材料（质量分数）	腐蚀性介质；试件；试验基数 N/周次；n/(r/min)；d/mm	镀层金属	镀层厚度 /mm	腐蚀系数
钢（0.36% C，0.28% Si，0.73% Mn）；在 840～860°C 下正火	淡水；光滑试件；$N = 10^7$；$n = 1450$；$d = 10$	Zn	0.030	0.94
钢（0.37% C，0.74% Mn，0.61% Cr，0.21% Si，1.4% Ni）；淬火并回火（$\sigma_b = 853$MPa）	淡水；光滑试件；$N = 10^8$；$n = 1450$；$d = 9$	Zn	0.0040	0.41
		Cd	0.0025	0.25
			0.0125	0.45
		Pb	0.0125	0.33
50 钢，冷拉（$\sigma_b = 981$MPa）	3%（质量分数）NaCl 溶液；光滑试件；$N = 2 \times 10^7$；$n = 2200$；$d = 7$	Zn	0.014	0.87
		Cd	0.013	0.77
50 钢，正火（$\sigma_b = 637$MPa）		Zn	0.014	0.90
		Cd	0.013	0.84
硬铝（4%～4.5% Cu，0.64% Mn，0.63% Mg，0.84% Fe，0.22% Si；$\sigma_b = 382$MPa）	3%（质量分数）NaCl 溶液；光滑试件；$N = 5 \times 10^7$；$n = 2000$；$d = 8$	Zn	—	0.71
		Zn + 合成橡胶清漆	—	0.65
		Cd	—	<0.5

7. NaCl 含量的影响

水溶液中的 NaCl 含量越高，腐蚀疲劳强度和寿命越低。图 11-36 所示为蒸馏水中 NaCl 含量对 13Cr 不锈钢在 6×10^6 周次循环下疲劳极限的影响。图 11-37 所示为蒸馏水中 NaCl 含量对 13Cr 不锈钢在 340MPa 旋转弯曲应力下疲劳寿命的影响。

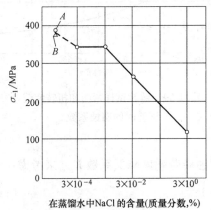

在蒸馏水中NaCl的含量(质量分数,%)

图 11-36　蒸馏水中 NaCl 含量对 13Cr 不锈钢在 6×10^6 周次循环下疲劳极限的影响

A—在空气中　B—在蒸馏水中

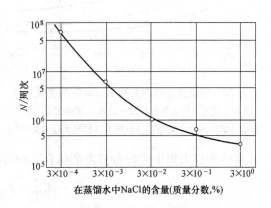

在蒸馏水中NaCl的含量(质量分数,%)

图 11-37　蒸馏水中 NaCl 含量对 13Cr 不锈钢在 340MPa 旋转弯曲应力下疲劳寿命的影响

11.1.8　腐蚀疲劳设计方法

腐蚀介质对疲劳强度的影响可以用腐蚀系数 β_{2N} 表示，其定义为

$$\beta_{2N} = \frac{\sigma_{-1\text{cor}N}}{\sigma_{-1N}} = \frac{1}{\kappa} \tag{11-5}$$

式中　σ_{-1N}——疲劳寿命为 N 时，在空气介质中的对称弯曲条件疲劳极限（MPa）；

　　　　$\sigma_{-1\text{cor}N}$——疲劳寿命为 N 时，在腐蚀介质中的对称弯曲条件疲劳极限（MPa）；

　　　　κ——疲劳破坏时的实际应力提高倍数，见式（11-3）。

当疲劳寿命 $N = 10^7$ 周次循环时，可将下角标中的 N 省去，以 β_2 表示，这时的符号与预腐蚀系数相同，而意义则为 $N = 10^7$ 周次循环时的腐蚀系数。表 11-15 中给出了各种腐蚀情况的腐蚀系数 β_2。

表 11-15　各种腐蚀情况的腐蚀系数 β_2

工 作 条 件	抗拉强度 σ_b/MPa										
	400	500	600	700	800	900	1000	1100	1200	1300	1400
淡水中，有应力集中	0.7	0.63	0.56	0.52	0.46	0.43	0.40	0.38	0.36	0.35	0.33
淡水中，无应力集中 海水中，有应力集中	0.58	0.50	0.44	0.37	0.33	0.28	0.25	0.23	0.21	0.20	0.19
海水中，无应力集中	0.37	0.30	0.26	0.23	0.21	0.18	0.16	0.14	0.13	0.12	0.12

需要注意的是，腐蚀系数与加载频率关系很大。钢试样在 33~50Hz 的加载频率下，进行旋转弯曲疲劳试验，得出的腐蚀系数 β_2 见图 11-38；铸铁在 33~50Hz 的加载频率下，进行弯曲和扭转疲劳试验，得出的腐蚀系数 β_2 见图 11-39。对于轻合金，加载频率为 33~50Hz，试验基数 $N_0 = 5 \times 10^7$ 周次循环时的腐蚀系数 $\beta_{2N} = 0.3~0.5$。

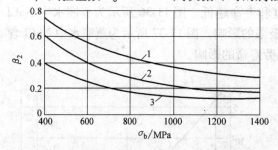 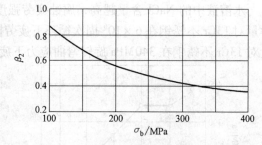

图 11-38　钢试样旋转弯曲疲劳试验时的腐蚀系数

1—淡水（试样有应力集中）　2—淡水（试样无应力集中）
海水（试样有应力集中）　3—海水（试样无应力集中）

图 11-39　铸铁试样弯曲和扭转疲劳
试验时的腐蚀系数

腐蚀和应力集中对疲劳强度的综合影响可以用腐蚀疲劳强度降低系数 $K_{\sigma\text{cor}}$ 来考虑：

$$K_{\sigma\text{cor}} = K_\sigma + \frac{1}{\beta_2} - 1 \tag{11-6}$$

腐蚀疲劳时的设计计算公式为

$$n = \frac{\sigma_{-1}}{\dfrac{K_{\sigma\text{cor}}}{\varepsilon}\sigma_a + \psi_\sigma \sigma_m} \geqslant [n] \tag{11-7}$$

腐蚀疲劳时, 尺寸系数 ε 可以保守地取为与空气中相同。平均应力影响系数一般较空气中为高, 在缺乏腐蚀介质中的平均应力影响系数数据时, 可取为与空气中相同, 但偏于不安全。

11.1.9 腐蚀疲劳试验方法及试验装置

由于腐蚀疲劳时的疲劳强度与试验条件关系极大, 一般很难查到与所需工作条件完全相同的疲劳数据。因此, 为了取得所需的腐蚀疲劳数据, 往往需要在尽可能接近服役条件的情况下进行腐蚀疲劳试验。试验所需的腐蚀介质应当与服役时的腐蚀介质相同, 不要为了加速试验而选用腐蚀性强的其他介质, 因为这样做可能会改变腐蚀过程的机制。

腐蚀疲劳的试验装置一般由普通疲劳试验装置, 加上模拟腐蚀条件的环境装置组成。例如英国皇家航空研究院的铝合金疲劳试验, 就是在试样的工作部分附加上一个有机玻璃制成的密封环境室, 再装上一个喷嘴喷射 3% (质量分数) 的 NaCl 溶液, 另一个喷嘴则充以压缩空气, 促使腐蚀液在喷射至试样工作表面时呈雾状。喷射间隙为每分钟一次, 每次保持 20s (用时间继电器控制)。同时该室有两个泄漏口, 使腐蚀液可以循环使用。他们认为这样的腐蚀条件更能模拟海边环境。郑州机械研究所和东北大学在进行水轮机叶轮材料的腐蚀疲劳试验时, 也是在旋转弯曲试样的工作部分, 套上一个由有机玻璃制成的小密封室, 通以循环水进行疲劳试验。在进行腐蚀疲劳试验时, 介质必须循环流动, 因为使用不流动的死水时, 介质的性质会随着时间的增加而逐渐变化, 这样就不能代表原来的介质情况。

11.1.10 腐蚀疲劳裂纹扩展

由于腐蚀介质与循环应力的交互作用, 腐蚀疲劳的裂纹扩展速率一般比空气中高; 并且频率越低, 应力比越高, 腐蚀介质的影响越大。目前, 对于腐蚀疲劳的裂纹扩展, 提出了两种模型: 叠加模型和求积模型。

1. 叠加模型

这种模型假定, 腐蚀疲劳裂纹扩展是常规疲劳裂纹扩展与应力腐蚀裂纹扩展两个独立过程的机械组合。因此, 腐蚀疲劳裂纹扩展速率 $(\mathrm{d}a/\mathrm{d}N)_{\mathrm{cor}}$ 等于应力腐蚀裂纹扩展速率 $(\mathrm{d}a/\mathrm{d}N)_{\mathrm{SCC}}$ 与空气中的疲劳裂纹扩展速率 $\mathrm{d}a/\mathrm{d}N$ 的线性叠加, 即

$$\left(\frac{\mathrm{d}a}{\mathrm{d}N}\right)_{\mathrm{cor}} = \left(\frac{\mathrm{d}a}{\mathrm{d}N}\right)_{\mathrm{SCC}} + \frac{\mathrm{d}a}{\mathrm{d}N} \tag{11-8}$$

上式还可写成以时间 t 为基准的裂纹扩展速率公式:

$$\left(\frac{\mathrm{d}a}{\mathrm{d}t}\right)_{\mathrm{cor}} = \left(\frac{\mathrm{d}a}{\mathrm{d}t}\right)_{\mathrm{SCC}} + f\frac{\mathrm{d}a}{\mathrm{d}N} \tag{11-9}$$

式中 f——加载频率。

由上式可以看出, 低频时应力腐蚀对裂纹扩展起主导作用, 高频时常规疲劳裂纹扩展起主导作用。

2. 求积模型

这种模型假定, 腐蚀疲劳是循环应力与腐蚀介质交互作用的结果, 因而腐蚀疲劳裂纹扩展速率可以写成:

$$\left(\frac{\mathrm{d}a}{\mathrm{d}N}\right)_{\mathrm{cor}} = D(t)(\Delta K)^m \tag{11-10}$$

可以看出，上式只是将 Paris 公式中的常数 C 换为时间 t 的函数 $D(t)$，用 $D(t)$ 来反映腐蚀介质的作用。$D(t)$ 与试样材料、腐蚀介质、加载频率、载荷波形等因素有关，可用腐蚀疲劳裂纹扩展试验测定。

对式（11-10）积分，可得腐蚀疲劳裂纹扩展寿命为

$$N = \int_{a_0}^{a_c} \frac{\mathrm{d}t}{D(t)(\Delta K)^m} \tag{11-11}$$

11.2　低温疲劳

金属在低温下，强度提高而塑性降低。因此，低温下光滑试样的高周疲劳强度比室温下提高，而低周疲劳强度则比室温下降低。低温下金属疲劳极限的提高倍数见表 11-16。温度对钢静强度和疲劳强度的影响见表 11-17。各种材料的低温疲劳极限见表 11-18。温度对铝合金及钢疲劳极限的影响见图 11-40，温度对金属低温疲劳的影响见图 11-41。

表 11-16　低温下金属疲劳极限的提高倍数

材料	低温下的疲劳极限 / 室温下的疲劳极限 （平均值）			缺口试样低温下的 σ_{-1} / 缺口试样室温下的 σ_{-1} （平均值）		光滑试样的疲劳极限 / 光滑试样的强度极限 （平均值）			
	$-40^\circ\mathrm{C}$	$-78^\circ\mathrm{C}$	$-186 \sim -196^\circ\mathrm{C}$	$-78^\circ\mathrm{C}$	$-186 \sim -196^\circ\mathrm{C}$	室温	$-40^\circ\mathrm{C}$	$-78^\circ\mathrm{C}$	$-186 \sim -196^\circ\mathrm{C}$
碳钢	1.20	1.30	2.57	1.10	1.47	0.43	0.47	0.45	0.67
合金钢	1.06	1.13	1.61	1.06	1.23	0.48	0.51	0.48	0.58
合金铸铁	—	1.22	—	1.05	—	0.27	—	0.27	—
不锈钢	1.15	1.21	1.54	—	—	0.52	0.50	0.57	0.59
铝合金	1.14	1.16	1.69	—	1.35	0.42	—	0.46	0.59
钛合金	—	1.11	1.40	1.22	1.41	0.70	—	0.63	0.54

表 11-17　温度对钢静强度和疲劳强度的影响

钢种	材料情况	试样	+20°C			-75°C			-183°C		
			σ_b /MPa	σ_s /MPa	σ_{-1} /MPa	σ_b /MPa	σ_s /MPa	σ_{-1} /MPa	σ_b /MPa	σ_s /MPa	σ_{-1} /MPa
$w(\mathrm{C}) = 0.15\%$ 钢	正火	光滑试样	430	315	221	543	437	—	778	718	495
		缺口试样	589	374	166	698	542	210	749	749	294
	粗晶粒	光滑试样	357	155	166	435	277	—	666	647	—
		缺口试样	469	221	140	506	357	191	605	605	240
Cr4Ni 钢	商品	光滑试样	761	585	388	888	680	416	1106	944	549
		缺口试样	1022	773	241	1161	1011	248	1106	1106	274
GCr15 钢	淬火并回火	光滑试样	—	—	828	—	—	818	—	—	—

表 11-18　各种材料的低温疲劳极限

材　料		试验循环数 N/周次	疲劳极限 σ_{-1}/MPa					
			20°C	−40°C	−78°C	−188°C	−253°C	−269°C
铜		10^6	98	—	142		235	255
黄铜		5×10^7	171	181	—	—	—	—
铸铁		5×10^7	58	73	—	—	—	—
软钢		10^7	181	—	250	559		
碳钢		10^7	225	—	284	612	—	
镍铬钢		10^7	529	—	568	750		
铝合金	2A14	10^7	98	—	—	166	304	
	2A11	10^7	122	—	—	152	274	
	7A09	10^7	83	—	—	137	235	

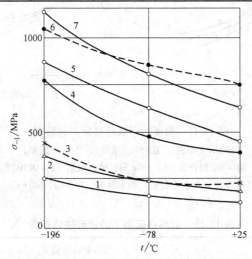

图 11-40　温度对铝合金及钢的疲劳极限的影响（$N = 10^6$ 周次）

1—铝合金[化学成分(质量分数)为 1.0% Mg, 0.25% Cu, 0.6% Si, 0.25% Cr]　2—铝合金[化学成分(质量分数)为 0.6% Mn, 1.5% Mg, 4.5% Cu]　3—铝合金[化学成分(质量分数)为 2.5% Mg, 1.6% Cu, 0.3% Cr, 5.6% Zn]　4—合金钢[化学成分(质量分数)为 0.30% C, 0.7% Mn, 3.5% Ni]　5—合金钢[化学成分(质量分数)为 0.30% C, 0.8% Mn, 0.3% Si, 0.6% Ni, 0.53% Cr, 0.18% Mo]　6—合金钢[化学成分(质量分数)为 0.07% C, 17% Cr, 6.5% Ni, 0.37% Ti, 0.12% Al]　7—18/8 奥氏体型不锈钢[化学成分(质量分数)为 18% Cr, 8% Ni]

　　低温下缺口试样的疲劳缺口系数比室温下提高，但其疲劳极限值一般也比室温下高。表 11-19 给出了某些材料在低温下的疲劳缺口系数。图 11-42 所示为碳钢在低温下的疲劳缺口系数。图 11-43 所示为无缺口试样和缺口钢试样在低温下的疲劳极限与室温下疲劳极限的平均比值。

　　对于疲劳裂纹扩展性能，当 ΔK 较小时，$\mathrm{d}a/\mathrm{d}N$ 随温度的降低而降低；当 ΔK 较高时，$\mathrm{d}a/\mathrm{d}N$ 随温度的降低而增大。低温下 ΔK_{th} 比室温下提高，而 K_{IC} 值则比室温下降低。

　　低温下的抗疲劳设计方法与室温下相同，当缺乏试验数据时，其高周疲劳设计也可保守地使用室温下的抗疲劳设计数据。

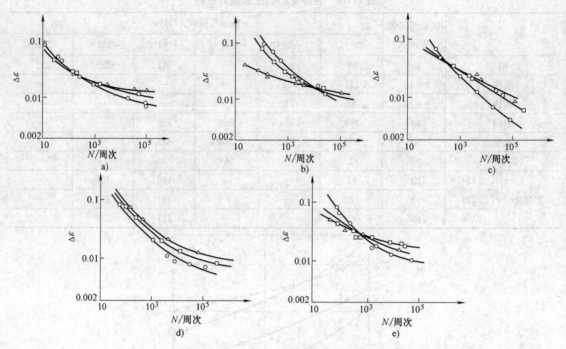

图 11-41　温度对金属低温疲劳的影响

○300K（室温）　□78K（液氮）　△4K（液氦）

a）2014-T6 铝合金　b）18Ni 马氏体时效钢　c）OFHC 铜

d）镍合金 718 ［化学成分（质量分数）为 80% Ni，14% Cr，6% Fe］　e）Ti-6Al-4V

表 11-19　材料在低温下的疲劳缺口系数

| 材　　料 | 疲劳缺口系数 K_σ | | | | | |
| | 试验循环数 $N = 10^4$ 周次 | | 试验循环数 $N = 10^5$ 周次 | | 试验循环数 $N = 10^7$ 周次 | |
	20°C	−196°C	20°C	−196°C	20°C	−196°C
镍钢（500°C 回火）	1.16	2.04	1.59	3.42	4.26	3.12
低合金钢	1.09	2.27	1.36	2.46	2.33	3.58
18/8 不锈钢	1.64	2.31	2.61	3.62	4.77	3.86
镍铬钢（650°C 回火）	1.09	1.93	1.55	3.0	3.68	5.76
镍铬钢（440°C 回火）	1.63	3.4	2.44	3.7	1.82	3.35
钛合金	1.51	1.73	1.55	1.7	2.68	2.5
铝合金 2A12	1.32	1.74	1.42	1.9	2.28	2.24
铝合金 7A09	1.55	2.0	1.51	2.17	2.0	2.78
镁合金	1.31	1.75	1.7	1.95	2.41	2.5

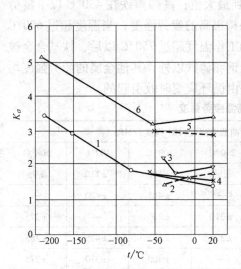

图 11-42　碳钢在低温下的疲劳缺口系数

1—低碳钢$[w(C)=0.08\%]$的拉压疲劳

2—低碳钢$[w(C)=0.08\%]$的旋转弯曲疲劳

3—中碳钢$[w(C)=0.6\%]$的旋转弯曲疲劳

4—焊接结构轧材，$\sigma_b=402MPa$，$K_t=2$，拉压疲劳

5—同4，$K_t=4$　6—同4，$K_t=5.6$

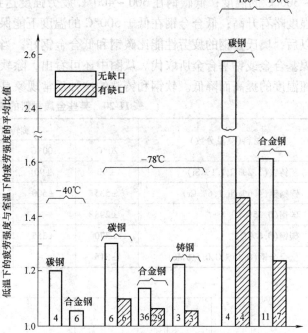

图 11-43　无缺口和缺口钢试样在低温下的疲劳极限与
室温下疲劳极限的平均比值

注：各纵行底部数字表示所用材料种类数目。

11.3　高温疲劳

11.3.1　概述

高温疲劳可以分为低于蠕变温度的高温疲劳和高于蠕变温度的高温疲劳。蠕变温度约等于$(0.3\sim0.5)T_m$，T_m为以热力学温度计的金属熔点。高于室温、但低于蠕变温度时，金属的疲劳强度虽然一般比室温有所降低，但降低不多。高于蠕变温度以后，疲劳强度急剧下降，并且往往是疲劳与蠕变联合作用。

许多金属的高温疲劳强度之所以较低，是因为表面受到大气的氧化或化学侵蚀。在高温疲劳和蠕变中，氧化起着关键作用。在高温下形成的保护性氧化膜可以提高其疲劳性能，但是它们可能由于反复滑移而破裂，从而使高温下的裂纹萌生寿命大大缩短。裂纹扩展速率也会因高温介质的氧化作用而加速。再者，随着温度的升高晶界弱化，更易发生晶界开裂，这也是高温疲劳强度降低的一个重要原因。

11.3.2　金属的高温疲劳性能

金属在高温下通常没有疲劳极限（铸铁除外），疲劳强度随寿命的增加而不断降低，S-N曲线没有水平段。某些金属材料的高温疲劳强度见表11-20。Forrest（福雷斯特）研究了高温对许多材料长寿命疲劳强度的影响，得出了图11-44的结果，给高温下金属疲劳强度的变化情况勾画出了一个较全面的轮廓。由图11-44可以看出：铝合金和镁合金只适用于200

~300°C 的温度；低碳钢在 300 ~400°C 疲劳强度达到最大值；高强铸铁在 450°C 以下疲劳强度略有升高；低合金钢在低于 500°C 的温度下能保持很高的疲劳强度；当温度超过 600°C 以后，奥氏体钢的疲劳性能比碳钢和低合金钢好；当工作温度超过 750°C 以后，铁基合金被镍基合金或钴基合金所取代。从图中还可看出，除软钢和铸铁以外，其他金属的疲劳强度均随温度的提高而降低。软钢和铸铁的这种反常现象是由循环应变时效引起的。

表 11-20 某些金属材料的高温疲劳强度

材料(质量分数)	旋转弯曲疲劳强度(10⁷ 周次)/MPa					
	20°C	100°C	200°C	300°C	400°C	500°C
灰铸铁(3.2%C,1.1%Si)	±90	±90	±90	±105	±110	±95
镍铬钢(4.6%Ni,1.6%Cr)	±535	±500	—	±485	±420	—
碳钢(0.35%C)	±298	—	±310	±330	—	±275
碳钢(0.6%C)	±370	±355	±395	±505	±425	±185
低合金钢(0.14%C,0.5%Mo)	±315	—	—	±400	±370	±275

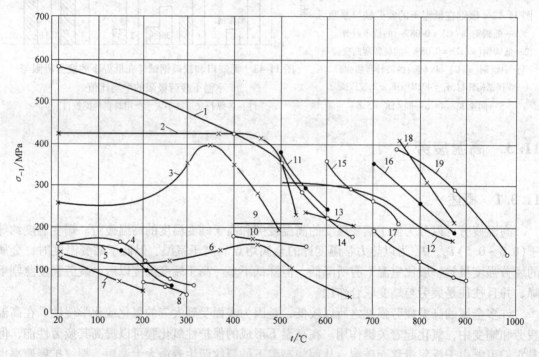

图 11-44 温度对金属材料疲劳强度的影响

1—钛合金（含铝的钛合金） 2—Ni-Cr-Mo 钢 3—低碳钢（0.17%C） 4—铝铜合金 5—铝锌镁合金 6—高强度铸铁 7—镁铝锌合金 8—镁锌锆钛合金 9—铜镍合金（30%Ni,0.5%Cr,1.5%Al,其余 Cu） 10—铜镍合金（30%Ni,1%Mn,1%Fe,其余 Cu） 11—合金钢（2.7%Cr,0.5%Mo,0.75%V,0.5%W） 12—奥氏体镍铬钼钢 13—奥氏体钢（18.75%Cr,12.0%Ni,1.25%Nb） 14—合金钢（11.6%Cr,0.6%Mo,0.3%V,0.25%Nb） 15—奥氏体钢（13%Cr,13%Ni,10%Co） 16—钴合金（19%Cr,12%Ni,4.5%Co） 17—奥氏体钢 18—镍铬合金（15%Cr,20%Co,1.2%Ti,4.5%Al,5%Mo,其余 Ni） 19—镍铬合金（20%Cr,18%Co,2.4%Ti,1.4%Al,其余 Ni）

注：材料中各元素百分数都是质量分数。

表 11-21 ~ 表 11-23 给出了不同温度下金属材料的疲劳极限。表 11-24 给出了叶片钢的疲劳极限。表 11-25 给出了高温合金在不同温度下的疲劳极限和疲劳比。图 11-45 所示为温度对 $w(C) = 0.17\%$ 的钢疲劳极限的影响。图 11-46 所示为温度对 $w(C) = 0.17\%$ 的钢抗拉强度和旋转弯曲疲劳强度的影响。图 11-47 所示为温度对 4 种金属疲劳极限的影响。图 11-48 所示为温度对 6 种金属材料疲劳极限的影响。图 11-49 所示为温度与旋转弯曲疲劳极限的关系。图 11-50 所示为温度对铸铁旋转弯曲疲劳极限的影响。图 11-51 所示为温度对莫尼克合金疲劳极限的影响。图 11-52 ~ 图 11-59 所示为某些金属材料的高温 S-N 曲线。

表 11-21　不同温度下钢的疲劳极限

钢的主要化学成分(质量分数)	疲劳极限($N = 10^8$ 周次)σ_{-1}/MPa		
	20°C	70°C	100°C
0.6% C,0.7% Mn	430	370	—
0.24% C,3.9% Ni,1.0% Cr	490	430	—
0.2% C,4.7% Ni,1.4% Cr,0.6% Mo	570	—	450

表 11-22　不同温度下钢铁材料的疲劳极限

材料(质量分数)	旋转弯曲疲劳极限($N = 10^7$ 周次)σ_{-1}/MPa					
	20°C	100°C	200°C	300°C	400°C	500°C
灰铸铁(3.2% C,1.1% Si)	90	90	90	105	110	95
镍铬钢(4.6% Ni,1.6% Cr)	535	500	—	485	420	—
0.35% C 钢	298	—	310	330	—	275
0.6% C 钢	370	355	395	505	425	185
低合金钢(0.14% C,0.5% Mo)	315	—	—	400	370	275

表 11-23　不同温度下铝合金的疲劳极限

铝合金(质量分数)	疲劳极限($N = 1.2 \times 10^8$ 周次)σ_{-1}/MPa				
	20°C	150°C	200°C	250°C	300°C
DTD683(5.5% Zn)	170	115	60	—	—
BSL65(4.5% Cu)	130	80	57	39	39
DTD324(12% Si)	127	85	60	39	29
DSL64(4.5% Cu)	125	90	62	54	39

表 11-24　叶片钢的疲劳极限 ($N = 10^7$ 周次)

材 料	热 处 理	试 样	疲劳极限 σ_{-1}/MPa					
			20°C	200°C	300°C	400°C	500°C	550°C
12Cr13	1030 ~ 1050°C 油淬 680 ~ 700°C 回火	光滑试样	367	—	271	—	248	191
		缺口试样	183	—	114	—	104	100
20Cr13	1000 ~ 1020°C 油淬 700 ~ 720°C 回火	光滑试样	362	343	313	304	235	

表 11-25 高温合金在不同温度下的疲劳极限和疲劳比

材 料	试验温度/°C	疲劳极限/MPa	抗拉强度/MPa	疲 劳 比
GH2132 型	20	330	1190	0.28
	600	343	940	0.36
	700	285	770	0.37
	800	235	780	0.30
GH4033 型	20	370	1020	0.36
	600	360	—	—
	700	390	810	0.48
	800	260	620	0.42
GH4037 型	20	370	1040	0.36
	700	380	880	0.43
	800	360	750	0.48
	900	280	520	0.54
尼莫尼克 80[①] （Nimonic80）	20	346	820	0.42
	600	299	580	0.52
	650	288	—	—
	700	263	360	0.73
	750	195	—	—
	800	142	200	0.71

①其主要化学成分（质量分数）为：18% ~21% Cr, 2% Co, 1.8% ~2.7% Ti, 0.5% ~1.8% Al。

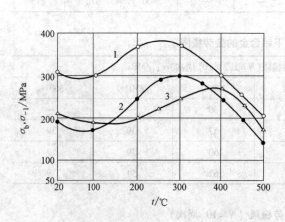

图 11-45 温度对 $w(C) = 0.17\%$ 的钢疲劳
强度的影响
1—抗拉强度 σ_b 2—弯曲疲劳极限 $(f = 10\text{Hz})$
3—弯曲疲劳极限 $(f = 2000\text{Hz})$

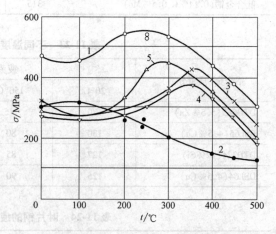

图 11-46 温度对 $w(C) = 0.17\%$ 的钢抗拉强度和
旋转弯曲疲劳强度的影响
1—抗拉强度 σ_b 2—屈服强度 σ_s 3—在 33Hz 下的旋
转弯曲疲劳强度 $(N = 5 \times 10^5$ 周次） 4—在 33Hz 下的旋
转弯曲疲劳强度 $(N = 10^8$ 周次） 5—在 0.17Hz 下的
旋转弯曲疲劳强度 $(N = 5 \times 10^5$ 周次）

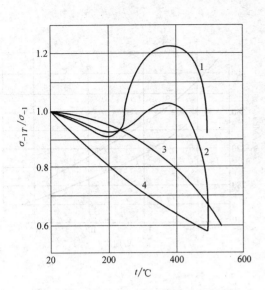

图 11-47 温度对 4 种金属材料疲劳极限的影响

1—0.48%（质量分数）C 钢 2—CrNiMo 钢 3—12%
（质量分数）Cr 钢 4—耐热钢 σ_{-1}—室温下的疲劳极限
σ_{-1T}—温度 T 时的疲劳极限

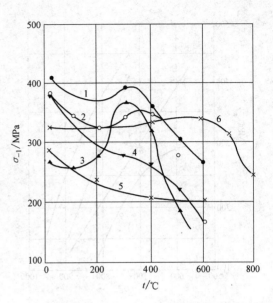

图 11-48 温度对 6 种金属材料疲劳极限的影响

1—30CrMo 钢 2—30CrNiMo 钢 3—0.17%（质
量分数）C 钢 4—12Cr13 钢 5—12Cr18Ni9 钢
6—CrNi77TiAl 合金

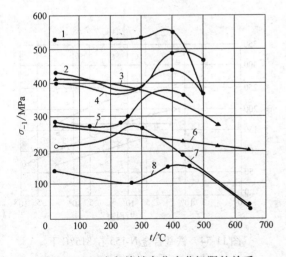

图 11-49 温度与旋转弯曲疲劳极限的关系

1—Ni-Cr 钢 2—Cr-Mo-V 钢 3—12%（质
量分数）Cr 钢 4—0.5%（质量分数）C 钢
5—0.25%（质量分数）C 钢 6—18Cr-8Ni 钢
7—0.17%（质量分数）C 钢 8—铸铁

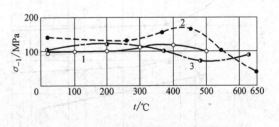

图 11-50 温度对铸铁旋转弯曲
疲劳强度的影响

○—灰铸铁［化学成分（质量分数）为 3.2% C，
1.09% Si；$N = 10^7$ 周次］
●—高级铸铁［化学成分（质量分数）为 2.84% C，
0.37% Cu，0.31% Cr，0.20% N；$N = 2 \times 10^7$ 周次］
◐—奥氏体铸铁［化学成分（质量分数）为 2.63% C，
6.94% Cu，2.09% Cr，1.49% Ni；$N = 2 \times 10^7$ 周次］

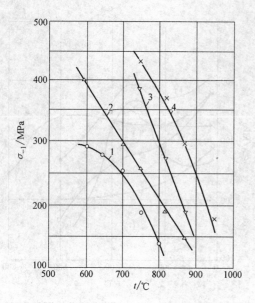

图 11-51　温度对尼莫尼克合金疲劳强度的影响

1—尼莫尼克 80，轴向对称循环应力，$N = 4 \times 10^7$ 周次

2—尼莫尼克 90，轴向对称循环应力，$N = 3.6 \times 10^7$ 周次

3—尼莫尼克 90，旋转弯曲应力，$N = 3.6 \times 10^7$ 周次

4—尼莫尼克 100，旋转弯曲应力，$N = 4.5 \times 10^7$ 周次

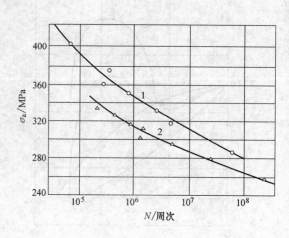

图 11-52　低碳钢在 400°C 时的 S-N 曲线

1—旋转弯曲疲劳　2—拉压疲劳

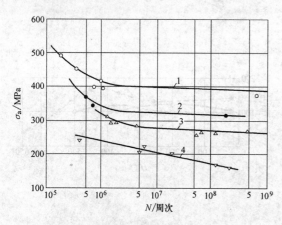

图 11-53　铁基合金 N-155 在高温下的
旋转弯曲 S-N 曲线

1—温度 = 20°C　2—温度 = 650°C

3—温度 = 730°C　4—温度 = 815°C

注：N-155 的化学成分（质量分数）：0.08% ~ 0.16% C，
1.0% ~ 2.0% Mn，小于 1% Si，20.0% ~ 22.5% Cr，
19.0% ~ 21.0% Ni，18.5% ~ 21.0% Co，2.50% ~
3.50% Mo，2.0% ~ 3.0% W，0.75% ~ 1.25% Nb，
0.10% ~ 0.20% N。

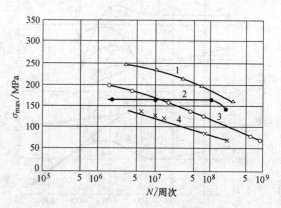

图 11-54　铁基合金 N-155 在 815°C 下
的 S-N 曲线

1—应力比 $R = -0.242$　2—应力比 $R = -1$

3—应力比 $R = 0.6$　4—应力比 $R = 1$

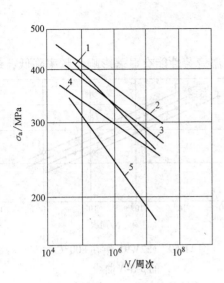

图 11-55 镍基高温合金在不同温度下的 S-N 曲线

1—600°C 2—800°C 3—900°C

4—950°C 5—1000°C

注：镍基高温合金化学成分（质量分数）：5% Cr, 5% W, 4% Mo, 4.5% Co, 5.5% Al, 2.8% Ti, 0.15% C, 0.0% B。

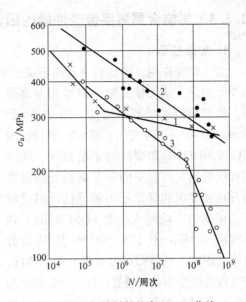

图 11-56 三种材料的高温 S-N 曲线

1—钛合金，$t = 200°C$ 2—镍基合金，$t = 700°C$

3—镍基合金，$t = 800°C$

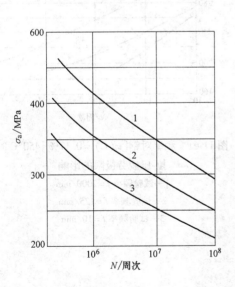

图 11-57 GH4037 合金的高温 S-N 曲线

1—700°C 2—800°C 3—850°C

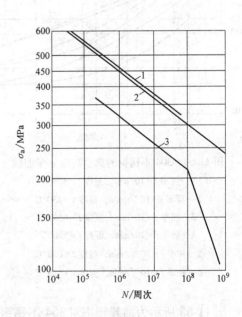

图 11-58 GH2132 合金在不同温度下

的 S-N 曲线

1—20°C 2—700°C 3—800°C

11.3.3 影响金属高温疲劳性能的因素

1. 加载频率

由于蠕变作用,加载频率对高于蠕变温度的高温疲劳性能有显著影响。频率降低,蠕变的作用加强,从而使其疲劳强度和寿命降低,疲劳裂纹扩展速率增加。图 11-60 所示为 304 不锈钢(相当于我国 06Cr19Ni10)的典型高温 ε-N 曲线。从该图可以看出,高温下的 ε-N 曲线,随温度的升高和频率的降低而不断降低,温度越高,频率的影响越大。图 11-61 示出了频率对钢 $[w(C) = 0.17\%]450°C$ 拉-压疲劳极限的影响。从该图可以看出,频率越低,高温疲劳强度和寿命越低。图 11-62 所示为保持时间对高温 ε-N 曲线的影响。由该图可以看出,保持时间越长,疲劳强度和寿命越低。图 11-63 所示为频率对 U700 镍基合金在 760°C 时的疲劳寿命的影响,图 11-64 所示为 A286 合金(相当于我国 GH2132)在 593°C 时断口形貌与频率的关系。

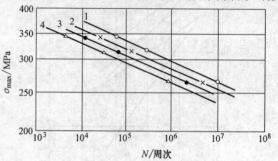

图 11-59 Cr2W9V 钢在 800°C 时的 p-S-N 曲线

1—存活率 $p = 50\%$ 2—存活率 $p = 68\%$
3—存活率 $p = 95.4\%$ 4—存活率 $p = 99.7\%$

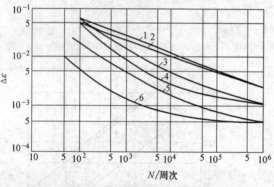

图 11-60 304 不锈钢的典型高温 ε-N 曲线

1—频率 $f = 10/min$,温度 $t = 430°C$
2—频率 $f = 10^{-3}/min$,温度 $t = 430°C$
3—频率 $f = 10/min$,温度 $t = 650°C$
4—频率 $f = 10/min$,温度 $t = 816°C$
5—频率 $f = 10^{-3}/min$,温度 $t = 650°C$
6—频率 $f = 10^{-3}/min$,温度 $t = 816°C$

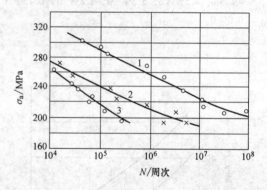

图 11-61 频率对钢 $[w(C) = 0.17\%]450°C$ 时拉-压疲劳极限的影响

1—试验频率 $f = 2000/min$
2—试验频率 $f = 125/min$
3—试验频率 $f = 10/min$

图 11-65 所示为加载频率对 304 不锈钢高温(538°C)疲劳裂纹扩展频率的影响。由该图可以看出,高温下的疲劳裂纹扩展速率随频率的降低而不断增大。高温下的疲劳裂纹扩展速率可用下面的修正 Paris 公式表达

$$\frac{\mathrm{d}a}{\mathrm{d}N} = C(f)(\Delta K)^m \tag{11-12}$$

式中　$C(f)$——频率和温度的某种函数。

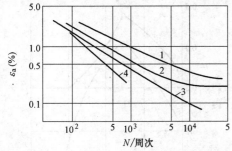

图 11-62　$2\frac{1}{4}$Cr-1Mo 钢在高温对称弯曲时

保持时间对 ε-N 曲线的影响

1—室温，保持时间为 0，经过时间 1min

2—600°C，保持时间为 0，经过时间 1min

3—600°C，保持时间 30min，经过时间 31min

4—600°C，保持时间 300min，经过时间 301min

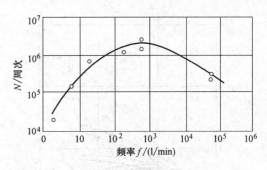

图 11-63　频率对 U700 镍基合金在 760°C 时的

疲劳寿命的影响

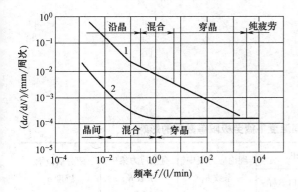

图 11-64　A286 合金在 593°C 时断口

形貌与频率的关系

1—在空气中　2—在真空中

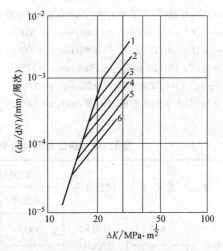

图 11-65　加载频率对 304 不锈钢高温

（538°C）疲劳裂纹扩展速率的影响

1—频率 $f = 0.08/min$　2—$f = 0.4/min$

3—$f = 4/min$　4—$f = 40/min$

5—$f = 400/min$　6—$f = 4000/min$

2. 应力集中

在以疲劳为主的条件下，高温下缺口是有害的。但是，在以蠕变为主的条件下，缺口可以使以净截面计的强度降低或升高。因此，蠕变与疲劳有不同的缺口效应。但总的说来，金属在高温下，由于缺口处产生局部塑性变形、蠕变和表面氧化现象，缺口敏感性较室温下为低。图 11-66 所示为某些碳钢高温下的疲劳缺口系数。图 11-67 所示为旋转弯曲疲劳试验时的疲劳缺口敏感度随温度的变化曲线。表 11-26 所示为缺口对两种合金不同温度下疲劳极限等数据的影响。

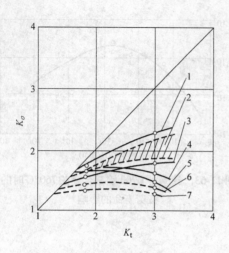

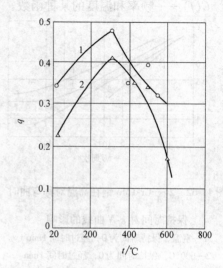

图 11-66　某些碳钢高温下的疲劳缺口系数 K_σ

1—$w(C) = 0.21\%$ 的钢，$f = 2980/\text{min}$，$t = 300°C$

2—$w(C) = 0.21\% \sim 0.72\%$ 的钢，$f = 150/\text{min}$，$t = 20°C$

3—$w(C) = 0.21\%$ 的钢，$f = 2980/\text{min}$，$t = 500°C$

4—$w(C) = 0.72\%$ 的钢，$f = 2980/\text{min}$，$t = 500°C$

5—$w(C) = 0.72\%$ 的钢，$f = 2980/\text{min}$，$t = 575°C$

6—$w(C) = 0.72\%$ 的钢，$f = 150/\text{min}$，$t = 575°C$

7—$w(C) = 0.21\%$ 的钢，$f = 150/\text{min}$，$t = 500°C$

图 11-67　旋转弯曲疲劳试验时的疲劳
缺口敏感度（q）随温度的变化曲线

1—12Cr13 钢　2—30CrMo 钢

表 11-26　缺口对两种合金不同温度下疲劳极限等数据的影响

材　　料	温度/°C	试验条件	疲劳极限/MPa		理论应力集中系数 K_t	有效应力集中系数 K_σ	疲劳缺口敏感度 q
			光滑试样	缺口试样			
GH4037	800	纯弯曲 180kHz 100h	350	250	2	1.40	0.4
	900		280	190	2	1.48	0.48
GH4033	20	纯弯曲 180kHz 100h	370	220	2	1.68	0.68
	600		360	240	2	1.50	0.50
	700		390	230	2	1.70	0.70
	800		260	230	2	1.13	0.13

3. 表面状态

表面加工对疲劳强度的影响随温度的上升而降低。表 11-27 所示为各种加工工艺对镍基合金（CrNi77TiAl）试样疲劳寿命的影响。表 11-28 所示为磨削和喷丸对钴基合金缺口试样疲劳强度的影响。表 11-29 所示为表面残余压应力对铁基合金试样疲劳性能的影响。从表 11-28 可以看出，磨削的有害作用和喷丸的有利作用均随温度的升高而降低。

表 11-27　各种加工工艺对镍基合金（CrNi77TiAl）试样疲劳寿命的影响

加 工 工 艺	硬化层厚度 /μm	当 $\sigma_a = 412MPa$ 时，到达破坏的循环数			
		当20°C 时		当700°C 时	
		N/周次	寿命（%）	N/周次	寿命（%）
电抛光	—	4.85×10^6	—	13.4×10^6	—
精车	128	2.85×10^6	−41	9.01×10^6	−34
粗车	185	1.53×10^6	−68	5.35×10^6	−61
带电车削	91	2.27×10^6	−53	7.05×10^6	−48
新砂轮磨削	49	3.61×10^6	−25	11.7×10^6	−13
钝砂轮磨削	37	3.44×10^6	−29	1.04×10^6	−23
新刀车削后抛光	75	4.28×10^6	−11.6	10.0×10^6	−26
钝刀车削后抛光	139	3.82×10^6	−21	8.55×10^6	−36
磨削后抛光	37	5.03×10^6	+3.7	12.6×10^6	−6
滚压	296	7.83×10^6	+61	14.3×10^6	+6.4
喷丸	189	17.8×10^6	+246	15.2×10^6	+12.6

注：电抛光试样的寿命设为100%。

表 11-28　磨削和喷丸对钴基合金缺口试样疲劳强度的影响

加 工 工 艺	有效应力集中系数 $K_\sigma(K_t = 2.7, N = 10^8$ 周次)		
	室温	482~593°C	649°C
槽部磨削	4.6	2.9	2.4
喷丸	1.3	1.5	1.9

表 11-29　表面残余压应力对铁基合金试样疲劳性能的影响

铁基合金	试样类型	试验温度 /°C	残余应力 /MPa	$\sigma_{-1}(N = 10^7$ 周次)/MPa		σ_{-1}增加率 （%）
				未喷丸	喷丸	
GH1140	缺口 $K_t = 1$	550	−1100	350	460	31
GH2135	缺口 $K_t = 2$	450	−950	175	275	57
GH2135	缺口 $K_t = 2$	550	−950	240	300	25
GH2036	缺口 $K_t = 2$	600	−1400	≤200	300	≥28
GH2132	缺口 $K_t = 2$	650	−1600	230	255	30

4. 平均应力

图 11-68 所示为钴基高温合金 S-816 高温下的等寿命曲线。由该图可以看出，随着温度的升高，整条曲线向原点移动，即蠕变强度和疲劳强度都降低。对于光滑试样，高温下的平均应力影响可用下面的椭圆方程表示：

$$\left(\frac{\sigma_a}{\sigma_{-1}}\right)^2 + \left(\frac{\sigma_m}{\sigma_R}\right)^2 = 1 \tag{11-13}$$

式中　σ_a——应力幅（MPa）；

　　　σ_m——平均应力（MPa）；

σ_{-1}——对称弯曲疲劳极限（MPa）；

σ_{R}——蠕变断裂强度（MPa）。

对于缺口试样，平均应力的影响服从 Gerber 抛物线或 Goodman 直线。

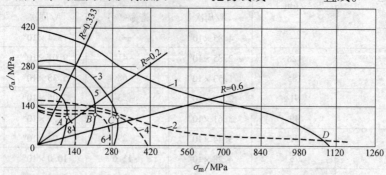

图 11-68　钴基高温合金 S-816 在 100h 寿命或 2.16×10^7 周次循环下，
有平均拉应力时的等寿命曲线

1—光滑试样，$t = 24℃$　2—缺口试样（$K_t = 3.4$），$t = 24℃$　3—光滑试样，$t = 732℃$

4—缺口试样（$K_t = 3.4$），$t = 732℃$　5—光滑试样，$t = 816℃$　6—缺口试样（$K_t = 3.4$），

$t = 816℃$　7—光滑试样，$t = 900℃$　8—缺口试样（$K_t = 3.4$），$t = 900℃$

A 点—900℃　B 点—816℃　C 点—732℃　D 点—24℃

图 11-69 给出了铁基高温合金 N-155 光滑试样 150h 寿命下的等寿命曲线。

11.3.4　高温疲劳寿命估算方法

低于蠕变温度下的高温疲劳设计方法与
室温下相同，不另赘述。

高于蠕变温度下的高温疲劳寿命估算方
法的进展过程可以大体归纳如下：

1）1930 年，应力方法（用 S-N 曲线）。

2）1952 年，应变方法（用 Manson-Cof-
fin 方程）。

3）1965 年，通用斜率法。

4）1966 年，加上蠕变的 10% 法则。

5）1968 年，蠕变修正的 10% 法则。

6）1962—1971 年，累积损伤法。

7）1971 年，频率修正法。

8）1973 年，应变范围划分法。

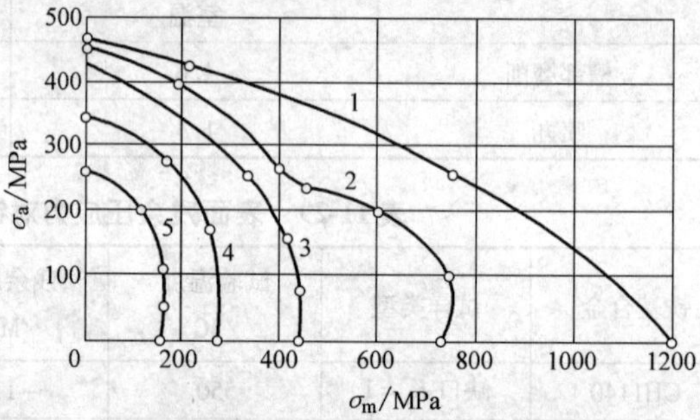

现在应用较广的是累积损伤法和应变范围划分法，下面仅介绍这两种方法。

1. 累积损伤法

最常使用线性累积损伤法则，其表达式为

$$\frac{n}{N} + \frac{t_{cp}}{t_r} = 1 \tag{11-14}$$

图 11-69　铁基高温合金 N-155 光滑试样
在 150h 寿命下的等寿命曲线

1—室温　2—538℃　3—649℃

4—732℃　5—816℃

式中　　n——循环载荷的循环数；

　　　　N——零件在该温度下的破坏循环数；

　　　　t_{cp}——零件在高温下的工作时间；

　　　　t_r——蠕变寿命。

t_r 可以用下式求出：

$$\sigma_K = 1.75\sigma_b \left(\frac{t_r}{A} \right)^m \tag{11-15}$$

式中　　σ_K——循环中的最高应力；

　　　　σ_b——抗拉强度；

　　　　A、m——材料常数。

t_{cp} 可以用下式求出：

$$t_{cp} = \frac{\kappa N}{f} \tag{11-16}$$

式中　　κ——系数，可取为 0.6；

　　　　f——加载频率。

　　线性累积损伤法则已用于高温设备的设计，在许多情况下能得到满意的结果。但也有不少人指出，在蠕变-低周疲劳复合条件下实测出的疲劳寿命，远低于线性累积损伤法则的估算寿命。与线性累积损伤法则的这种偏离，是由于蠕变损伤与疲劳损伤交互作用的结果，这种交互作用，产生了一种附加的损伤，从而使其使用寿命大大缩短。为了克服线性法则的这种缺点，Lagneborg（拉尼保尔格）提出了以下的非线性损伤公式：

$$\frac{n}{N} + B\left(\frac{n}{N} \times \frac{t_{cp}}{t_r} \right)^{\frac{1}{2}} + \frac{t_{cp}}{t_r} = 1 \tag{11-17}$$

式中　　B——交互作用系数，当 $B=0$ 时相当于线性累积损伤法则。

2. 应变范围划分法

　　Manson 将非弹性应变划分为塑性应变和蠕变应变。前者由晶体滑移产生，与时间无关；后者由晶界变形产生，与时间有关。他认为，材料的寿命受这两种应变控制。

　　根据每个复杂循环的塑性应变和蠕变应变处在拉伸区或压缩区，可将非弹性应变分为以下 4 种基本循环（见图 11-70）：

$\Delta\varepsilon_{pp}$——拉伸塑性应变，压缩塑性应变；

$\Delta\varepsilon_{pc}$——拉伸塑性应变，压缩蠕变应变；

$\Delta\varepsilon_{cp}$——拉伸蠕变应变，压缩塑性应变；

$\Delta\varepsilon_{cc}$——拉伸蠕变应变，压缩蠕变应变。

　　在估算疲劳寿命时，先通过高温疲劳试验，分别求出基本循环的应变-寿命曲线，然后将实际的应变循环划分为几种基本的应变循环，并分别求出其应变范围，并由其各自的应变-寿命曲线，计算出基

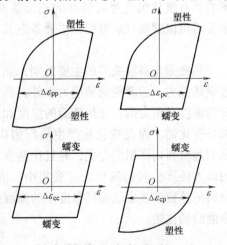

图 11-70　应变范围划分法的
4 种基本非弹性应变范围

本循环下的疲劳寿命 N_{pp}、N_{pc}、N_{cp}、N_{cc}，然后按线性累积损伤法则，用下式计算其疲劳寿命 N：

$$\frac{1}{N} = \frac{1}{N_{pp}} + \frac{1}{N_{pc}} + \frac{1}{N_{cp}} + \frac{1}{N_{cc}} \tag{11-18}$$

11.4　热疲劳

11.4.1　热应力与热疲劳

温度循环变化产生的循环热应力所导致的疲劳称为热疲劳。在零构件中产生热应力的原因很多。诸如：①零构件的热胀冷缩受到固定或夹持件的外加约束；②两组装件之间具有温差；③零构件中具有温度梯度，导致各部位热胀冷缩不一致；④线胀系数不同的材料相组合（例如线胀系数不同的材料相焊接）。

影响热应力大小的因素有：

1）热应力与热胀系数成正比，热胀系数越大，热应力越大。

2）在相同的热应变下，材料的弹性模量越大，热应力越大。

3）上下限温度差越大，热应力越大。

4）当热应力是因骤热骤冷引起的温度梯度产生时，热导率越小，热应力越大。当热应力是因材料受到约束产生时，热导率无关紧要。

热疲劳裂纹由表面起始，其形成过程为：缺口根部首先产生不均匀的塑性形变，出现一些微小的凹凸，然后在塑性形变最大的部位形成一些楔形微裂纹，微裂纹中充满了氧化腐蚀物。此后，其中的一条微裂纹发展成为主裂纹，其余裂纹因热应力松弛而不再扩展。

热疲劳主要是晶间断裂，裂纹附近有晶粒碎化现象。疲劳区断口呈暗灰色，其微观形貌具有氧化膜龟裂时特有的花朵状花样，清洗后可以观察到疲劳裂纹扩展条痕及腐蚀坑。

热疲劳与高温疲劳的主要区别，除了前者受热应力、后者受机械应力以外，高温疲劳的温度是恒定的，而热疲劳的温度和应力都是变化的。温度变化除产生热应力以外，还引起材料内部组织变化，并且在温度差大的地方还产生较高的塑性应变集中。因此，

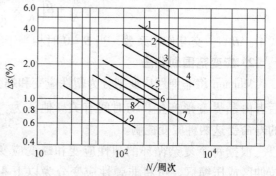

图 11-71　热疲劳曲线与高温疲劳曲线的比较
高温疲劳：1—200℃　2—500℃　3—700℃
热疲劳：4—500~200℃　5—600~200℃　6—700~300℃
7—700~200℃　8—700~100℃　9—800~300℃

材料的热疲劳强度比相同温度下的高温疲劳强度为低。图 11-71 所示为热疲劳曲线与高温疲劳曲线的比较。

11.4.2　热疲劳寿命估算方法

热疲劳可以看作是温度周期变化下的低周疲劳，其疲劳寿命可以使用 Manson-Coffin 方

程估算，见式（7-14），即

$$\Delta\varepsilon_p N^Z = C$$

式中的 Z 值一般为 $0.3 \sim 0.8$，平均值为 0.5。C 值随平均温度 $t_m = (t_1 + t_2)/2$ 的提高而减小，图 11-72 所示为平均温度 t_m 对 C 值的影响，曲线 1 表示下限温度为 200℃ 而变化上限温度的情况，曲线 2 表示上限温度为 700℃ 而变化下限温度的情况。图 11-73 所示为三种钢的 $\Delta\varepsilon_p$-N 曲线。图 11-74 所示为 347 不锈钢（相当于我国 06Cr18Ni11Nb）的 $\Delta\varepsilon_p$-N 曲线。

原苏联学者通过试验研究得出，在进行寿命估算时，弹性应变不可忽略，应当使用式（7-15）或 $\Delta\varepsilon_t$-N 曲线进行寿命估算：

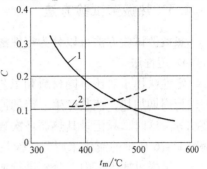

图 11-72　平均温度 t_m 对 C 值的影响

$$\Delta\varepsilon_t N^m = C$$

变形合金和钢的 m 和 C 值列于表 11-30，其 $\Delta\varepsilon_t$-N 曲线如图 11-75 所示。

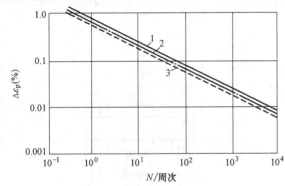

图 11-73　三种钢的 $\Delta\varepsilon_p$-N 曲线

1—18/8Cr-Ni 钢　2—13%Cr 钢　3—Cr-Mo 钢

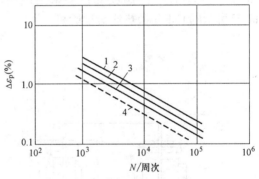

图 11-74　不锈钢 347 的 $\Delta\varepsilon_p$-N 曲线

高温低周疲劳：1—350℃　2—500℃　3—600℃
热疲劳：4—其平均温度为 350℃

表 11-30　变形合金和钢的 m、C 值

序号	材料	T_{max}/℃	m	C
1	CrNi77TiAlB	750	0.825	1072
		800	0.918	1096
		850	0.526	48
2	CrNi70WMoTiAl	800	0.875	1175
		850	0.936	807
		900	1.68	8260
3	CrNi60WTi	800	0.554	46
		900	0.874	129
4	CrNi62NbMoCoTiAl	800	0.468	56
5	37Cr12Ni8Mn8MoVNb	700	0.414	25.1
6	12Cr18Ni9	700	0.56	57.5
		750	0.60	56.3
		800	0.82	162

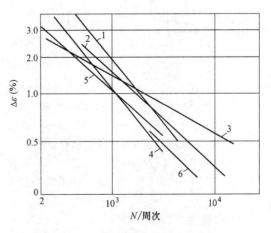

图 11-75　几种变形合金的热疲劳曲线

注：图中 1～6 编号对应于表 11-30 中的材料排列序号。

在 T_{max} 下有保持时间时，其寿命估算公式为

$$\Delta\varepsilon_{e+p+c} N^{m_1} = C_1 \qquad\qquad (11\text{-}19)$$

11.4.3　热疲劳试验方法

热疲劳试验方法可以分为定性法、定量法和实物法。

1. 定性法

定性法用于对比不同材料和工艺的热疲劳强度，多采用圆柱形试样或圆盘形试样，对它们进行周期加热，使其产生一定的循环变形或达到一定的破坏程度，如表面出现一定长度的裂纹等。这时，只记录其热循环次数，而不分析其热应力和热变形。这种方法中有代表性的是图 11-76 所示的流化床疲劳试验装置。该装置中有两个流化床，一个是加热床，一个是冷却床，试样可插入床中，分别进行加热和冷却。

2. 定量法

定量法多采用端部被夹持的薄壁管状试样或实心圆柱试样，使用高频感应电流加热和压缩空气冷却。试样的温度测量多采用细热电偶丝焊在试样表面。用定量法测定常使用图 11-77 所示的 Coffin 型热疲劳试验机。

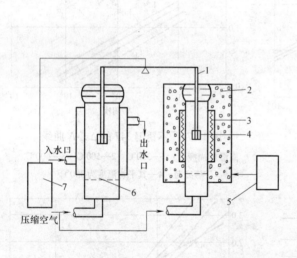

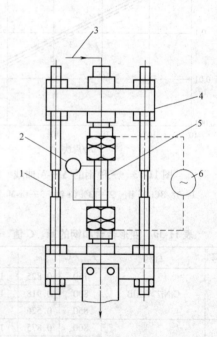

<table>
<tr><td>

图 11-76　流化床热疲劳试验装置
1—升降机构　2—保温材料　3—电阻丝　4—试样
5—电控箱　6—多孔板　7—空气净化装置和调节器

</td><td>

图 11-77　Coffin 型热疲劳试验机
1—支柱　2—伸长计　3—压缩空气
4—固定板　5—试样　6—电源

</td></tr>
</table>

3. 实物法

实物法是在模拟服役条件下进行零件疲劳试验，其结果不能应用到其他零件和其他载荷条件。汽轮机叶片、蒸汽管道常进行这种热疲劳试验。

11.5　微动磨损疲劳

两块相互压紧的材料，在同时承受与压紧力相垂直方向的载荷的条件下，由于接触面间的微小往复错动而产生的疲劳失效称为微动磨损疲劳。工程中发生微动磨损疲劳的情况有：压配合、销钉联接、螺栓联接，铆接，压紧的钢板弹簧等。

微动磨损可以大大降低高周疲劳强度，Mann（曼）指出，微动磨损疲劳强度可以低达材料疲劳强度的 5% ~ 10%。对低周疲劳来说，由于它以裂纹扩展寿命为主，微动磨损的影响不大。

微动磨损是由于配合表面在压力作用下，相配合的微凸体不断焊合和断裂所致。其疲劳机制为：在法向载荷与循环切应力的作用下，微凸体接触面上的氧化膜破裂，产生了金属与金属的强烈黏附。这时，如果循环切应力尚不足以使焊接点分离，则焊接点就会分布在更大的面积上，使焊接区边缘产生很高的应力集中，从而使裂纹萌生。而相邻的裂纹汇合以后，又会使这些粘结的微凸体断裂，引起点蚀，使金属从一个表面迁移到另一个表面。这时也会产生局部高温，使断裂金属的微小碎片发生氧化，形成氧化粒子。对于大多数金属，这些氧化粒子都比金属本身硬，它们落在配合表面之间时，便引起磨粒磨损和擦伤。在微动循环变形下，以上过程反复进行，从而使裂纹扩展，疲劳强度降低，并引起两表面配合不良。

配合表面间的法向压力对微动磨损疲劳强度有重要影响。对于钢和铝、钛、镍合金，当法向压力增加到 50MPa 时，微动磨损疲劳强度大大降低；当压力超过 50MPa 以后，疲劳强度不再继续下降。

由于氧化粒子是金属的氧化物组成的，因此，氧的存在使微动磨损加剧。在干摩擦情况下，微动磨损量最大。润滑剂能减轻微动磨损损伤，但并不能大大提高其微动磨损疲劳强度。二硫化钼的作用比油脂稍好一些。

喷丸、表面滚压和渗氮等能够建立残余压应力的表面强化方法，能大大提高材料的微动磨损疲劳强度，有时能完全消除微动磨损的不利影响。渗碳和表面淬火也能起有利作用。在配合表面间添加软材料作夹层或涂层（如纯铝垫片和聚四氟乙烯涂层等），也能提高抗微动磨损疲劳性能。

现在，微动磨损条件下的抗疲劳设计数据还很少，这方面的抗疲劳设计基本上还是定性的。对于装有配合零件的轴，弯曲时的 K_σ/ε 值可以查图 11-78。当 σ_b 和配合压力 p 与图中的数值不同时，图中查出的 K_σ/ε 值应乘以强度修正系数 ξ' 和压力修正系数 ξ''，ξ' 和 ξ'' 可以由图 11-79 和图 11-80 查出。间隙配合、过渡配合和过盈配合时的 K_σ/ε 和 K_τ/ε_τ 值也可由图 11-81 和图 11-82 查出。

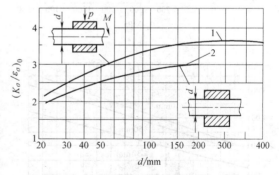

图 11-78　装有压配合零件的轴受弯时的 $\left(\dfrac{K_\sigma}{\varepsilon_\sigma}\right)$ 值

1—力和力矩通过压配零件传递

2—力不通过压配零件传递

注：$\sigma_b = 500\text{MPa}$，$p > 30\text{MPa}$。

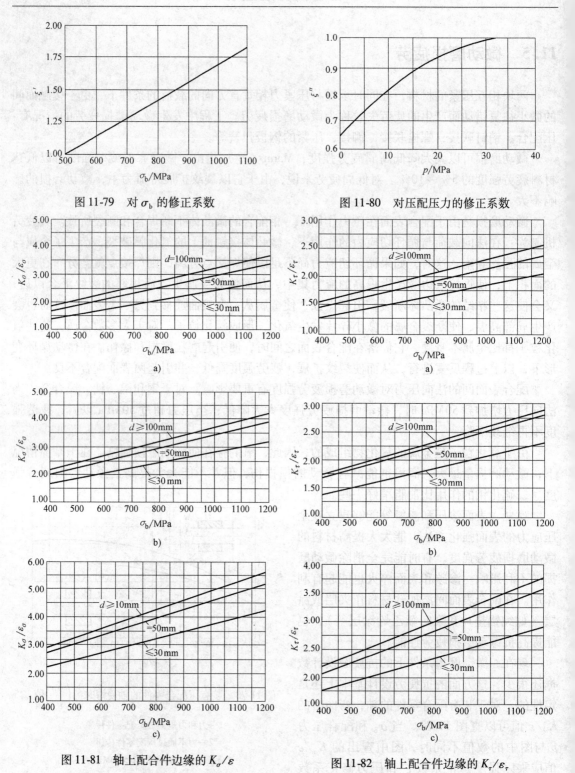

图 11-79　对 σ_b 的修正系数

图 11-80　对压配压力的修正系数

图 11-81　轴上配合件边缘的 K_σ/ε

a）间隙配合　b）过渡配合　c）过盈配合

图 11-82　轴上配合件边缘的 K_τ/ε

a）间隙配合　b）过渡配合　c）过盈配合

　　表 11-31 给出了各种材料产生微动磨损而引起的疲劳强度降低系数。表 11-32 给出了接触对零件接触区疲劳极限的影响。表 11-33 给出了过盈配合轴的弯曲疲劳试验结果。表 11-

34～表 11-37 给出了带过盈配合轴套的钢轴和钛合金试样的疲劳试验结果。表 11-38 给出了大锻件不同部位过盈配合的疲劳试验结果。表 11-39 所示为带过盈配合的 $\phi160mm$ 试验轴的疲劳试验结果与热处理制度的关系。表 11-40 给出了带小条沟半径和过盈配合轴套的 $\phi260mm$ 阶梯轴的疲劳试验结果。图 11-83～图 11-85 所示为过盈配合轴的弯曲和扭转疲劳缺口系数。

表 11-31 各种材料产生微动磨损而引起的疲劳强度降低系数

材料（质量分数，%）		硬度 HV	疲劳强度/MPa	夹钳材料（质量分数，%）	微动磨损疲劳强度/MPa	强度降低系数
碳钢	0.1C 钢	137	127	0.1C 钢	122	1.41
				黄铜	95	1.83
				锌	1.37	1.25
	0.33C 钢	165	372	0.33C 钢	254	1.48
	0.4C 钢	420	550	0.2C 钢	450	1.23
				0.4C 钢	257	2.00
				70/30 黄铜	325	1.70
				Al-4.4Cu-0.5Mn-1.5Mg	500	1.10
	0.7C 钢，冷拉	365	525	0.7C 钢，冷拉	147	3.18
	0.7C 钢，正火	270	371	0.7C 钢，正火	178	2.08
合金钢	0.25Cr-0.25Ni-1.0Mn	285	372	0.1C 钢	294	1.62
				18Cr-8Ni 钢	264	1.80
	1.3Cr-2.6Ni-0.4Mo	217	304	3Si 钢	241	1.19
	1.1Cr-3.7Ni-0.4Mo	176	272	18Cr-8Ni 钢	212	1.28
				铝	238	1.14
	0.6Cr-2.5Ni-0.5Mo	330	542	0.6Cr-2.5Ni-0.5Mo	124	4.14
	1.4Cr-4.0Ni-0.3Mo	510	850	1.4Cr-4.0Ni-0.3Mo	240	3.55
铝合金	Al-Cu-Mg	—	276	Al-Cu-Mg	99	2.07
	Al-4.4Cu-0.5Mn-1.5Mg	140	159	Al-4.4Cu-0.5Mn-1.5Mg	32	1.92
	Al-4.4Cu-0.8Mn-0.7Mg	160	134	Al-4.4Cu-0.8Mn-0.7Mg	49.5[①]	2.72
				软钢	35.6[①]	3.78
	Al-4Cu	117	83.5	Al-4Cu	52.5	1.59
铜合金	70/30 黄铜	175	139	70/30 黄铜	93	1.50

① 平均应力为 193MPa。

表 11-32 接触对零件接触区疲劳极限的影响

材料	试样的形状和尺寸	加载方式	接触区的疲劳极限 σ_{-1}/MPa	系数 K_σ
低碳钢 $\sigma_b = 450MPa$	带过盈配合轴套的 $\phi12mm$ 圆柱试样	旋转弯曲	115	2.0

（续）

材料	试样的形状和尺寸	加载方式	接触区的疲劳极限 σ_{-1}/MPa	系数 K_σ
铬钼钢 σ_b =890MPa	带过盈配合轴套的 φ12mm 圆柱试样	旋转弯曲	155	3.3
低碳钢 σ_b =460MPa	端部保护的平板试样(50mm 厚)	平面弯曲	90	1.72
	端部保护的平板试样(200mm 厚)	平面弯曲	45	3.21

表 11-33　过盈配合轴的弯曲疲劳试验结果

材料	试样形式	轴径/mm	疲劳极限/MPa	系数 K_σ
40 钢	光轴	42	245	—
	过盈配合		110①	2.2
40 钢	光轴	180	200	—
	过盈配合		70①	2.9
40Cr	光轴	160	330	—
	过盈配合		135	2.4
40CrNi	光轴	160	335	—
	过盈配合		130	2.6

① 这些疲劳极限值系按裂纹形成，其他均按完全破坏。

表 11-34　带过盈配合轴套的 40 钢试样的疲劳极限

试样直径 /mm	接触压力 /MPa	疲劳极限 σ_{-1} /MPa	有效系数	
			轴套 β	轴套和尺寸 β'
10	0	320	1.00	1.00
10	106	180	1.78	1.78
20	0	305	1.00	1.05
20	104	140	2.18	2.28
100	0	288	1.00	1.11
100	107	100	2.88	3.20

表 11-35　34CrNiMo 钢和 35 钢光滑轴和带过盈配合轴套的轴的疲劳试验结果

材料	轴径/mm	轴的疲劳极限/MPa	
		光滑	带压配合轴套
34CrNiMo	12	305	185
	20	—	145
	160	—	105

（续）

材料	轴径/mm	轴的疲劳极限/MPa	
		光滑	带压配合轴套
35 钢	12	185	115
	20	—	115
	160	—	115

表 11-36 带过盈配合轴套的钛合金试样的疲劳试验结果

试样直径 /mm	试样的 σ_{-1}/MPa		试样的 K_σ		试样的 ε		滚压后 σ_{-1} 的 提高率(%)
	未滚压	滚压	未滚压	滚压	未滚压	滚压	
12	135	175	1.6	1.2	1.00	1.00	30
20	90	150	2.2	1.3	0.66	0.85	66
40	95	160	1.8	1.1	0.70	0.91	68
180	105	140	1.4	1.07	0.78	0.80	33
180	—	175[①]	—	—	—	—	66

① 轴套压合在滚压后机加工（切削层厚度0.2mm）的表面上。

表 11-37 带过盈配合轴套的 $\phi60$mm 光滑轴的扭转疲劳试验结果

试 样	材料	热处理和强化	疲劳极限/MPa
光滑	45 钢	正火	110
带有传递扭矩的轴套	45 钢		70
	45 钢	正火 + 滚压	110
光滑	40Cr		145
带有不传递扭矩的轴套	40Cr	油淬，550℃回火	135
	40Cr		70
带有传递扭矩的轴套	40Cr	油淬，550℃回火 + 滚压	132
	40Cr	油淬，550℃回火 + 水冷	135
光滑	15Cr2Mn2SiWA	油淬，200℃回火	216
带有传递扭矩的轴套	（σ_b = 1370MPa）		40

表 11-38 大锻件不同部位过盈配合的疲劳试验结果

试样的缺口位置	试样的疲劳极限/MPa								
	ϕ12mm 的光滑试样		过 盈 配 合						
			ϕ12mm 钢试样		ϕ20mm 钢试样		ϕ160mm 钢试样		ϕ160mm （冷作强化）
	34CrNiMo	35	34CrNiMo	35	34CrNiMo	35	34CrNiMo	35	34CrNiMo
表面区	$\dfrac{315}{—}$	$\dfrac{205}{195}$	$\dfrac{200}{—}$	$\dfrac{145}{145}$	$\dfrac{155}{—}$	$\dfrac{125}{125}$			

（续）

试样的缺口位置	试样的疲劳极限/MPa								
	φ12mm 的光滑试样		过　盈　配　合						
			φ12mm 钢试样		φ20mm 钢试样		φ160mm 钢试样		φ160mm（冷作强化）
	34CrNiMo	35	34CrNiMo	35	34CrNiMo	35	34CrNiMo	35	34CrNiMo
距表面 1/3 半径的距离处	305/—	185/185	185/—	115/125	145/—	115/115	105/—	115/115	205/—
与纵向槽相当的区域（或距表面 2/3 半径处）	305/—	185/190	185/—	115/125	145/—	115/115	105/—	115/115	205/—
轴心区	185/185	135/135			115/115				
平均值	308/189	190/189	189/—	130/132	148/—	120/120	105/—	115/115	205/—

注：分子—调质后的数据；分母—正火后的数据。

表 11-39　带过盈配合的 φ160mm 试验轴的疲劳试验结果与热处理制度的关系

材料	试样正火及 650℃ 回火后用下面方法冷却时的 σ_{-1}/MPa		
	炉冷	水冷	油冷
25 钢	120	135	—
45 钢	110	165	145

表 11-40　带小条沟半径和过盈配合轴套的 φ260mm 阶梯轴的疲劳试验结果

轴号	轴的状态	应力/MPa	$N/10^6$ 周次	轴试验后的状态
1	未强化	50	50.4	未损伤
		70	42.7	在轴套下破坏
2	未强化	70	28.2	在轴套下破坏
3	未强化	55	50.0	未损伤
		65	50.0	未损伤
		75	9.2	在轴套下破坏
1—1	强化（两个条沟及轴套配合处）	90	15.1	沿自由条沟（轴套以外）破坏
		80	49.1	未损伤
1—2	强化（两个条沟及轴套配合处）	90	50.0	未损伤
		100	27.5	沿自由条沟破坏
1—3	强化（两个条沟及轴的全部工作表面）	95	50.0	未损伤
		110	20.0	试验中断

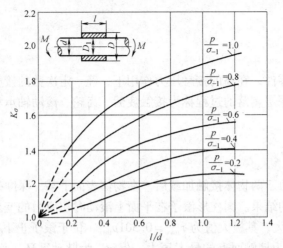

图 11-83　压入的过盈配合钢轴的弯曲疲劳缺口系数

注：$p = E(d - D_1)(D^2 - d^2)/(2dD^2)$，式中，$p$—径向压力（MPa）；
　　E—弹性模量（MPa）；D_1—轴套内径（mm）；D—轴套外径（mm）。

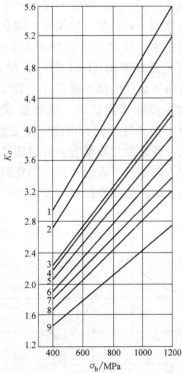

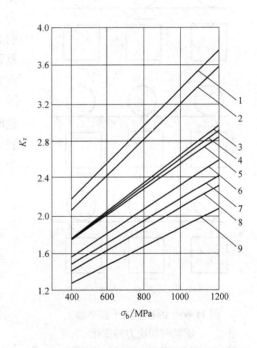

图 11-84　过盈配合钢轴的弯曲疲劳缺口系数

1—过盈配合 $\dfrac{H7}{s6}$，$d > 100\text{mm}$　2—过盈配合 $\dfrac{H7}{s6}$，$d = 50\text{mm}$

3—过盈配合 $\dfrac{H7}{s6}$，$d = 30\text{mm}$　4—过盈配合 $\dfrac{H7}{r5}$，$d > 100\text{mm}$

5—过盈配合 $\dfrac{H7}{r5}$，$d = 50\text{mm}$　6—间隙配合 $\dfrac{H7}{h6}$，$d > 100\text{mm}$

7—间隙配合 $\dfrac{H7}{h6}$，$d = 50\text{mm}$　8—过盈配合 $\dfrac{H7}{r5}$，$d = 30\text{mm}$

9—间隙配合 $\dfrac{H7}{h6}$，$d = 30\text{mm}$

图 11-85　过盈配合钢轴的扭转疲劳缺口系数

1—过盈配合 $\dfrac{H7}{s6}$，$d > 100\text{mm}$　2—过盈配合 $\dfrac{H7}{s6}$，$d = 50\text{mm}$

3—过盈配合 $\dfrac{H7}{s6}$，$d = 30\text{mm}$　4—过盈配合 $\dfrac{H7}{r5}$，$d > 100\text{mm}$

5—过盈配合 $\dfrac{H7}{r5}$，$d = 50\text{mm}$　6—间隙配合 $\dfrac{H7}{h6}$，$d > 100\text{mm}$

7—间隙配合 $\dfrac{H7}{h6}$，$d = 50\text{mm}$　8—过盈配合 $\dfrac{H7}{r5}$，$d = 30\text{mm}$

9—间隙配合 $\dfrac{H7}{h6}$，$d = 30\text{mm}$

11.6　接触疲劳

相互接触的滚动零件，在高的接触压力作用下，经一定次数的接触应力循环后，接触表面产生麻点、浅层或深层剥落的过程称为接触疲劳。齿轮、滚动轴承和凸轮等都是典型的接触疲劳失效零件。

11.6.1　失效机理

接触疲劳破坏是由于两物体接触加载后，在物体表面下某一深度处产生的循环切应力超过材料接触疲劳极限的结果。圆柱形滚子在平面上滚动时切应力的变化如图 11-86 所示，在 45°方向上的切应力最大，其极大值为 $\tau_{max} = 0.301 p_{max}$，位于滚子正下面深 $0.78b$ 处。这里 b 为接触面的半宽，p_{max} 为接触面上的最大压力。但 τ_{max} 为脉动循环，而水平和垂直方向上的切应力在距接触点为 $\pm(\sqrt{3}/2)b$ 处距表面为 $b/2$ 深度处最大，其值为 $\tau_{yz} = \pm p_0/4$，并以 τ_0 表示之。τ_{yz} 虽然小于 τ_{max}，但由于它在滚子滚动时变号，从 $+\tau_0$ 变到 $-\tau_0$，是对称循环，因此，切应力 τ_{yz} 比 τ_{max} 更危险，接触疲劳破坏主要是由 τ_{yz} 所引起。τ_{yz} 的变化曲线如图 11-87 所示。在 τ_{yz} 的重复作用下，表面下会产生微小的空穴，裂纹从这些空穴处以某种角度向表面扩展，从而造成表面点蚀。当接触应力很高时，也有可能产生表面开裂，这时表面裂纹一开始沿与滚动方向成锐角的方向扩展，然后改变方向平行于表面扩展，当它们与另一个表面裂纹相交时，使表面材料完全脱落。

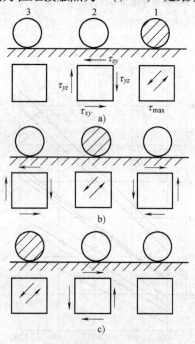

图 11-86　圆柱形滚子在平面上
滚动时切应力的变化

a) 滚子位于位置 1 处　b) 滚子位于
位置 2 处　c) 滚子位于位置 3 处
1~3—滚子位置

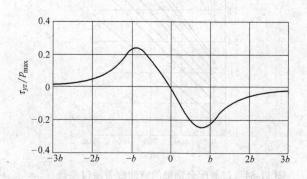

图 11-87　在表面下 $0.5b$ 处切应力 τ_{yz} 的变化曲线

11.6.2　接触应力

图 11-88a 表示两物体相接触时采用的坐标系，未加载时于 O 点接触。假设：①两物体均为各向同性的完全弹性体；②仅产生弹性变形并服从胡克定律；③接触面积比物体总面积小得多；④压力垂直于接触表面，摩擦力可忽略不计；⑤表面光滑，无承载油膜。

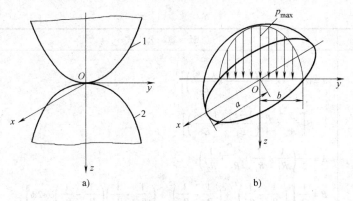

图 11-88 两物体的接触

两物体受接触压力后，其接触面的形状如图 11-88b 所示，一般为椭圆。最大压力 p_{max} 的计算公式为

点接触
$$p_{max} = \frac{3F}{2\pi ab} \qquad (11\text{-}20a)$$

线接触
$$p_{max} = \frac{2F}{\pi bl} \qquad (11\text{-}20b)$$

式中 F——接触力（N）；

a、b——接触面尺寸（mm），计算公式见表 11-41；

l——滚柱接触长度（mm）。

表 11-41 接触面尺寸的计算公式

序号	接触体情况	计 算 公 式	备注
1	两圆球接触	$a = b = \left[\dfrac{3}{4} \times \dfrac{R_1 R_2}{R_1 + R_2} \left(\dfrac{1 - \nu_1^2}{E_1} + \dfrac{1 - \nu_2^2}{E_2} \right) p \right]^{\frac{1}{3}}$	点接触
2	圆球与平面接触	$a = b = \left[\dfrac{3}{4} R_0 \left(\dfrac{1 - \nu_1^2}{E_1} + \dfrac{1 - \nu_2^2}{E_2} \right) p \right]^{\frac{1}{3}}$	点接触
3	圆球与凹球面接触	$a = b = \left[\dfrac{3}{4} \times \dfrac{R_1 R_2}{R_2 - R_1} \left(\dfrac{1 - \nu_1^2}{E_1} + \dfrac{1 - \nu_2^2}{E_2} \right) p \right]^{\frac{1}{3}}$	点接触
4	两平行圆柱接触	$b = \left[\dfrac{4}{\pi} \times \dfrac{R_1 R_2}{R_1 + R_2} \left(\dfrac{1 - \nu_1^2}{E_1} + \dfrac{1 - \nu_2^2}{E_2} \right) p \right]^{\frac{1}{2}}$	线接触
5	圆柱与平面接触	$b = \left[\dfrac{4}{\pi} R_0 \left(\dfrac{1 - \nu_1^2}{E_1} + \dfrac{1 - \nu_2^2}{E_2} \right) p \right]^{\frac{1}{2}}$	线接触
6	凹圆柱面与平行圆柱面接触	$b = \left[\dfrac{4}{\pi} \times \dfrac{R_1 R_2}{R_2 - R_1} \left(\dfrac{1 - \nu_1^2}{E_1} + \dfrac{1 - \nu_2^2}{E_2} \right) p \right]^{\frac{1}{2}}$	线接触
7	两正交圆柱体接触	$a = \alpha \left[\dfrac{2 R_1 R_2}{R_1 + R_2} \left(\dfrac{1 - \nu_1^2}{E_1} + \dfrac{1 - \nu_2^2}{E_2} \right) p \right]^{\frac{1}{3}}$ $b = \beta \alpha$	点接触 α、β 查表 11-42

（续）

序号	接触体情况	计 算 公 式	备注
8	普遍情况	$a = \alpha \left[\dfrac{3}{4} \times \dfrac{p}{A} \left(\dfrac{1-\nu_1^2}{E_1} + \dfrac{1-\nu_2^2}{E_2} \right) \right]^{\frac{1}{3}}$ $b = \beta \left[\dfrac{3}{4} \times \dfrac{p}{A} \left(\dfrac{1-\nu_1^2}{E_1} + \dfrac{1-\nu_2^2}{E_2} \right) \right]^{\frac{1}{3}}$ $A = \dfrac{1}{2} \left(\dfrac{1}{R_1} + \dfrac{1}{R_1'} + \dfrac{1}{R_2} + \dfrac{1}{R_2'} \right)$ $B = \dfrac{1}{2} \left[\left(\dfrac{1}{R_1} - \dfrac{1}{R_1'} \right)^2 + \left(\dfrac{1}{R_2} - \dfrac{1}{R_2'} \right)^2 + \left(\dfrac{1}{R_1} - \dfrac{1}{R_1'} \right) \left(\dfrac{1}{R_2} - \dfrac{1}{R_2'} \right) \cos 2\phi \right]$	点接触，α、β 根据 θ 值查表 11-42 及表 11-43，$\cos\theta = B/A$

注：E_1、E_2—弹性体 1、2 的弹性模量；

ν_1、ν_2—弹性体 1、2 的泊松比；

R_1、R_2—圆球或圆柱的半径，在普遍情况时为主曲率半径，其中下标 1、2 依次代表弹性体 1、2；

R_1'、R_2'—弹性体 1、2 的另一主曲率半径；

ϕ—R_1、R_2 两主曲率半径所在平面之间的夹角。

表 11-42　两正交圆柱体接触时接触面尺寸计算公式中的 α、β 值

R_1/R_2	1	3/2	2	3	4	6	10
α	0.908	1.045	1.158	1.350	1.505	1.767	2.175
β	1	0.765	0.652	0.482	0.400	0.300	0.221

表 11-43　以普遍形式接触时 a、b 计算公式中的 α、β 值

θ	0°	10°	20°	30°	35°	40°	45°	50°
α	∞	6.612	3.778	2.731	2.397	2.136	1.926	1.754
β	0	0.319	0.408	0.493	0.530	0.576	0.604	0.641
θ	55°	60°	65°	70°	75°	80°	85°	90°
α	1.611	1.486	1.378	1.284	1.202	1.128	1.061	1.00
β	0.678	0.717	0.759	0.802	0.846	0.893	0.944	1.00

11.6.3　影响接触疲劳强度的因素

1. 滑动速度

图 11-89 所示为滚动或滑动时接触体内切应力的分布。由该图可以看出，纯滑动时，最大切应力在表面；纯滚动时，最大切应力数值增大，位置向内部移动；滚动伴有滑动时，切应力分布与纯滚动时相似，但最大值加大。因此，在接触疲劳中存在滑动，将降低其疲劳寿命。

2. 表面粗糙度

粗糙表面在滑动和滚动接触过程中，产生两表面的峰和谷相嵌合、压碎、弹性变形和塑性压扁等现象，使其表面损伤、摩擦因数增大、表面发热、润滑变坏，从而使其接触疲劳性能比抛光表面降低。

3. 润滑油

若两接触体之间能形成流体动压油膜，则使其最大接触压力大大降低，疲劳寿命显著增加。

润滑油的腐蚀作用，使其接触疲劳强度降低，不同的润滑油和不同的添加剂有不同的腐蚀作用。

4. 非金属夹杂物

如图 11-90 所示，脆性夹杂物和氧化铝、硅酸盐、氮化物等，使其接触疲劳寿命降低。适量的塑性硫化物夹杂，可以把脆性的氧化物包住，降低氧化物夹杂的不利作用，从而提高接触疲劳寿命。

5. 硬度

表面硬度对轴承钢接触疲劳寿命的影响如图11-91所示。在一定的硬度范围内，接触疲劳寿命随硬度的增加而增加，超过62HRC 时，疲劳寿命反而降低。

渗碳件心部硬度过低（<35HRC），使表层硬度梯度过陡，易在过渡区形成裂纹而造成深层剥落，也使其接触疲劳强度降低。

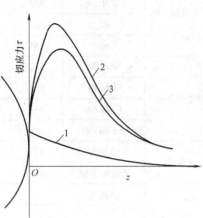

图 11-89 滚动或滑动时接触体内切应力的分布

1—纯滑动 2—滚动伴随滑动 3—纯滚动

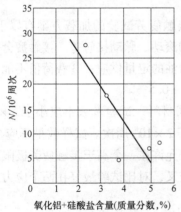

图 11-90 轴承钢中脆性夹杂物对接触疲劳寿命的影响

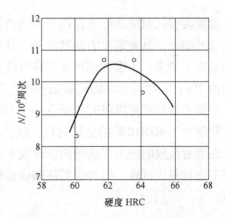

图 11-91 表面硬度对轴承钢接触疲劳寿命的影响

11.6.4 接触疲劳强度计算方法

接触疲劳一般用无限寿命设计，按最大接触压力 p_{max} 进行疲劳强度校核，其强度条件为

$$p_{max} \leqslant [p] \tag{11-21}$$

式中 $[p]$——许用接触压力（MPa）。

$[p]$值可以由表 11-44 查出。碳钢的$[p]$值（MPa）还可用下面的近似公式计算：

$$[p] = (2.81 \sim 3.02) HBW \tag{11-22}$$

表 11-44　材料的许用接触压力 $[p]$

材　　料		屈服强度 σ_s/MPa	抗拉强度 σ_b/MPa	伸长率 $\delta(\%)$	硬度 HBW		许用接触压力 $[p]$/MPa	$\dfrac{[p]}{HBW}$
					试验前	试验后		
碳钢	20	338	485	32.0	140	169	422	3.01
	30	358	568	28.0	159	191	481	3.03
	45	342	650	24.8	187	218	530	2.83
	60	364	806	18.3	230	271	647	2.81
调质合金钢	SiMn 钢	521	797	23.2	229	266	706	3.08
	SiMn 钢	555	867	21.2	255	292	770	3.02
	CrMn 钢	—	—	—	345		1040	3.01
	CrMn 钢	1065	1149	15.0	347	363	1040	3.00
未淬火	渗氮钢	928	989	17.5	310	322	559	1.80
	滚动轴承钢	686	—	—	200	—	588	2.94
淬火	渗氮钢	—	1902	—	555	594	1686	3.04
	滚动轴承钢（油淬）	—	1981	—	573	592	1726	3.01
		—	2010	—	629	642	1912	3.04
		—	2059	—	651	665	2030	3.12

11.6.5　接触疲劳试验方法

接触疲劳试验应尽可能在模拟使用条件下进行。接触疲劳试验的加载方案有以下几种：无滑动的滚动、具有定值滑动的滚动、具有牵引力矩的滚动、脉动接触等。接触疲劳试验机应满足以下要求：①模拟试样的加载方式；②保证润滑油的定量供应；③载荷值不能大于规定值的 2%；④相对滑动的极限偏差不应超过规定值的 ±0.5%。

在测定接触疲劳极限时，硬度小于 400HBW 的金属材料，试验基数不应小于 5×10^7 周次；硬度大于 400HBW 的金属材料，试验基数不应小于 2×10^8 周次。试样数量不应少于 12 个，在疲劳极限的应力下试验的试样数不应少于 3 个。允许在一个高于接触疲劳极限的应力水平下进行对比试验，但考虑到接触疲劳极限有可能交叉，对比试验最好在两个应力水平下进行。

11.7　冲击疲劳

由重复冲击载荷所导致的疲劳称为冲击疲劳。当冲击次数小于 500~1000 周次即破坏时，零件的断裂形式与一次冲击下相同。当冲击次数大于 10^5 周次才破坏时，其断口具有典型的疲劳特征，零件的破坏属于疲劳破坏。材料的高周冲击疲劳性能，可以用 S-N 曲线表示，冲击疲劳时的 S-N 曲线与平稳加载下的 S-N 曲线相似，也可以根据 S-N 曲线确定出冲击疲劳极限值。冲击疲劳极限值与平稳加载下的疲劳极限值有一定差别，这种差别可以用冲击疲劳系数表达。冲击疲劳系数为冲击疲劳极限与平稳加载下的疲劳极限之比。钢的冲击疲劳系数见表 11-45。

表 11-45　钢的冲击疲劳系数

钢的类型	冲击疲劳系数	钢的类型	冲击疲劳系数
退火钢	1.14 ~ 1.19	中温回火钢	0.90 ~ 0.91
正火钢	0.97 ~ 1.01	低温回火钢	0.80 ~ 0.91
高温回火钢			

　　材料的低周冲击疲劳性能一般用 A-N 曲线表示，A 为冲击能量。如图 11-92 所示，强度高韧性低的材料与韧性高强度低的材料的 A-N 曲线有一交点。在交点左边较高能量时，韧性高强度低的材料寿命长；在交点右边较低能量时，韧性低强度高的材料寿命长。材料的多次冲击疲劳强度主要决定于强度。图 11-93 示出了等强度下多次冲击强度与冲击韧度 a_K 之间的关系。

　　如图 11-94 所示，低、中碳钢和合金结构钢淬火后低、中温回火具有较高的多冲强度，而习惯上认为最佳的是调质处理，但它虽然一次冲击韧度很高，而多冲强度却较低，即使在尖锐缺口下也是如此（见图 11-95）。

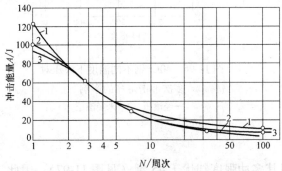

图 11-92　钢试样多次冲击拉伸试验的 A-N 曲线
1—20Cr 钢，淬火后 200℃ 回火　2—40Cr 钢，淬火后
600℃ 回火　3—40Cr 钢，淬火后 400℃ 回火

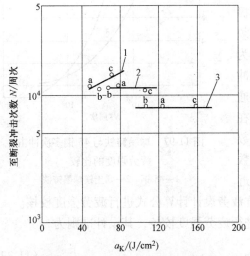

图 11-93　等强度下多次冲击强度与冲击韧度 a_K 的关系
a—40 钢　b—40MnB　c—40CrNiMoA
1—σ_b = 980MPa　2—σ_b = 1275MPa　3—σ_b = 1471MPa
注：冲击能量 A = 2.0J。

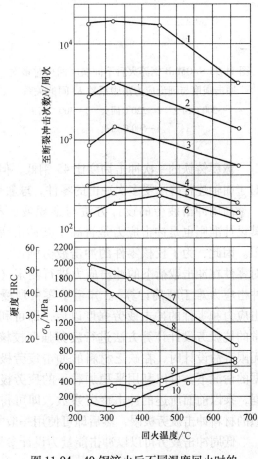

图 11-94　40 钢淬火后不同温度回火时的
静强度和多冲强度
1—冲击能量 A = 1.3J　2—A = 2.5J　3—A = 3.8J
4—A = 5.8J　5—A = 7.3J　6—A = 8.8J
7—HRC　8—σ_b　9—δ　10—a_K

表面冷作硬化可提高钢的多次冲击强度。钢的强度越高，提高越大（见图 11-96）。

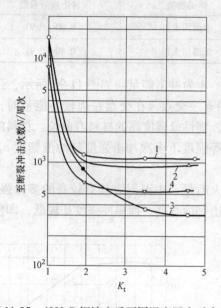

图 11-95　40MnB 钢淬火后不同温度回火时多次
冲击强度与理论应力集中系数 K_t 间的关系
1—200℃回火　2—320℃回火　3—400℃回火
4—500℃回火

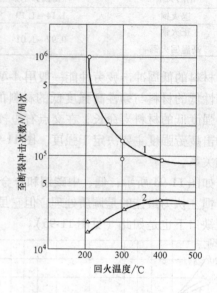

图 11-96　40Cr 钢不同温度下滚压对
多次冲击寿命的影响
1—经滚压　2—未经滚压

球墨铸铁的一次冲击韧度比 45 钢低，但其多冲强度却优于 45 钢（见图 11-97）。因此，对于曲轴连杆等承受多次冲击的零件，球墨铸铁代钢是可行的。

高周冲击疲劳的设计方法与常规疲劳相同。其设计准则也是冲击应力是否高于其冲击疲劳极限。因此，为了校核零件的冲击疲劳强度，必须对零件在冲击载荷下的冲击应力进行测定（因为冲击应力难于精确计算）。知道了零件所受的冲击应力和零件的冲击疲劳强度以后，即可利用通常的抗疲劳设计计算方法进行疲劳强度校核。在无限寿命设计时，在缺乏材料的冲击疲劳极限数据的情况下，可以利用平稳加载下的疲劳极限数

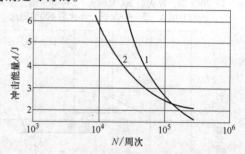

图 11-97　球墨铸铁与 45 钢多次冲击
疲劳强度的比较
1—45 钢　2—稀土镁球墨铸铁

据，乘以前面所述的冲击疲劳系数，即可得出近似的材料冲击疲劳极限，然后即可使用一般的抗疲劳设计计算公式进行疲劳强度校核。

低周冲击疲劳可以以冲击能量为设计参量进行疲劳强度校核，其设计准则为

$$\frac{A_C}{A} \geq n_A \qquad (11\text{-}23a)$$

或

$$\frac{N_C}{N} \geq n_N \qquad (11\text{-}23b)$$

式中　A_C——在某一寿命下的冲击能量（J）；

　　　A——设计冲击能量（J）；

　　　n_A——冲击能量的许用安全系数，对一般机械，推荐 $n_A = 1.3 \sim 1.5$；

　　　N_C——在某一冲击能量下的疲劳寿命；

　　　N——设计寿命；

　　　n_N——寿命安全系数，对一般机械，推荐 $n_N = 2.0 \sim 10$。

　　测定材料的冲击疲劳强度一般使用以下两种方法：多次冲击法、加以平缓的周期性简谐冲击载荷。前者用于测定 A-N 曲线，后者用于测定冲击 S-N 曲线和冲击疲劳极限。

第 12 章 典型零部件的抗疲劳设计

12.1 轴的抗疲劳设计

12.1.1 轴的受力特点与疲劳破坏部位

广义的轴包括直轴和曲轴，通常将直轴简称为轴。直轴还可分为心轴和转轴。转轴用于传递转矩，其疲劳破坏形式为扭转疲劳或弯扭复合疲劳。心轴不传递转矩，其破坏形式为弯曲疲劳。

轴是最典型的疲劳破坏零件。轴上容易发生疲劳破坏的部位有：轴肩过渡圆角、花键、环槽、横孔及配合零件端部。

轴肩过渡圆角的曲率半径越小，应力集中系数越大，疲劳强度越低。因此，在结构允许的条件下，轴肩处要采用尽可能大的过渡圆角半径。过渡圆角的理论应力集中系数 K_t 可以查图 3-26 ~ 图 3-33。

键槽、花键、环槽和横孔都能产生很高的应力集中，其理论应力集中系数可以查图 3-10 ~ 图 3-19 和图 3-63、图 3-64。面铣刀加工出的键槽比盘铣刀加工出的键槽应力集中系数大，因此应尽可能使用盘铣刀加工键槽。

当轴上装有配合件时，在配合件的端部产生应力集中和微动磨损，从而使其疲劳强度大大降低。

对轴肩的过渡圆角、轴的过盈配合部分和横孔表面进行滚压，对键槽、花键和横孔进行高频感应淬火，可以大大提高其疲劳强度，因此轴类零件常采用以上的强化措施。

计算轴时，可以把轴看作承受集中力和力矩的铰支梁。滑动轴承的变形较大，精确计算时可把它看作弹性基础上的梁。精确计算多支点轴时，也可把滚动轴承看作弹性铰支承。

光滑钢轴和阶梯钢轴对称循环下的弯曲疲劳试验结果列于表 12-1。带环形切口的轴的疲劳试验结果列于表 12-2。$\phi 60mm$ 和 $\phi 260mm$ 的 Q235A 轧钢轴的疲劳试验结果列于表 12-3。$\phi 60mm$ 的 0.4%（质量分数）C 钢轴的扭转疲劳试验结果列于表 12-4。带有不同条沟过渡半径的阶梯轴的扭转疲劳试验结果列于表 12-5。$\phi 260mm$ 钢轴的扭转疲劳试验结果列于表 12-6。$\phi 135 \sim \phi 280mm$ 阶梯轴弯曲疲劳极限的分散范围与应力集中系数的关系如图 12-1 所示。

12.1.2 名义应力计算

用以下材料力学公式计算名义应力分量：

$$\sigma_a = \frac{M_a}{Z}, \quad \tau_a = \frac{M_{ta}}{Z_p}$$

$$\sigma_m = \frac{M_m}{Z}, \quad \tau_m = \frac{M_{tm}}{Z_p} \tag{12-1}$$

表 12-1　光滑钢轴和阶梯钢轴对称循环下的弯曲疲劳试验结果

钢　材			d/mm	σ_{-1d} /MPa	σ_{-1Kd} /MPa	K_t	K_σ	q	ε_σ	加载条件
牌号	σ_b /MPa	$\sigma_{-1(10)}$ /MPa								
碳　钢										
Q235A	402	185	190	125	—	—	—	—	0.68	平面弯曲
22G	445	205	20	185	—	—	—	—	—	弯曲，试样静止
			200	165	—	—	—	—	—	
			150	137	—	—	—	—	0.67	
45 钢	580	267	75	195	115	2.0	1.7	0.7	0.59	平面弯曲
45 钢	584	269	42	245	120	2.4	—	—	0.91	弯曲，试样静止
			180	200	130	2.4	1.5	0.4	0.74	
40 钢	711	327	135	200	106	2.2	1.9	0.7	0.61	平面弯曲
			135	—	87	3.4	2.3	0.5	—	
45 钢	700	322	135	191	110	2.2	1.7	0.6	0.59	平面弯曲
			135	—	76	3.4	2.5	0.6	—	
ZG270-500	485	155	200	75	—	—	—	—	0.48	弯曲，试样静止
合　金　钢										
34CrNi3Mo	820	377	20	355	215	1.6	1.6	1.0	0.94	悬臂旋转弯曲
	820	377	170	—	145	1.6	1.6	1.0	0.94	平面弯曲
34CrNi3Mo	997	558	160	245	190	1.6	1.3	0.5	0.51	
	888	440	20	440	295	1.6	1.5	0.8	1.00	
34CrNiMo	810	373	135	290	152	2.2	1.9	0.8	0.78	平面弯曲
	810	373	135	—	88	3.4	3.3	1.0	—	
34CrNiMo	850	391	160	300	—	—	—	—	0.77	平面弯曲
25CrMoV	912	420	20	410	175	2.6	2.3	0.8	0.97	悬臂旋转弯曲
	912	420	160	310	125	2.6	2.2	0.7	0.74	平面弯曲
25CrNi3MoVA	817	376	280	—	77	3.1	—	—	—	平面弯曲
	823	379	18	305	—	—	—	—	0.81	悬臂旋转弯曲
15MnNi4Mo	888	440	170	255	185	1.6	1.4	0.7	0.63	
40Cr	910	311	65	345	235	1.8	1.5	0.6	0.86	平面弯曲
40CrNi	838	385	65	305	185	1.8	1.6	0.7	0.79	
40Cr	805	390	20[①]	365	195	2.3	1.9	0.7	0.94	悬臂旋转弯曲
	805	390	160[①]	330	175	2.4	1.9	0.6	0.85	弯曲，试样静止
40CrNi	821	390	20[①]	390	195	2.3	2.0	0.8	1.00	悬臂旋转弯曲
	821	390	160[①]	335	165	2.4	2.0	0.7	0.88	弯曲，试样静止

① $N = 10^6$ 周次。

表 12-2　带环形切口的轴的疲劳试验结果

钢材	$\sigma_{-1(10)}$/MPa	$\sigma_{-1(18)}$/MPa	$\sigma_{-1(180)}$/MPa	$\dfrac{K_\sigma}{\varepsilon_{\sigma(180)}}$
Q235A	175	95	75	2.3
45 钢	248	145	55	4.5
40CrNi2MoA	423	185	65	6.5

注：V 形缺口的张角均为 60°。ϕ18mm 试样：$t=1.0$mm，$R=0.2$mm；ϕ180mm 试样：$t=2$mm，$R=0.4$mm。

表 12-3　ϕ60mm 和 ϕ260mm 的 Q235A 轧钢轴的疲劳试验结果

轴号	轴径/mm	应力/MPa	$N/10^6$ 周次	轴试验后的状态
1	60	80	50.0	未损伤
		100	50.0	未损伤
		120	50.0	未损伤
		140	50.0	未损伤
2		100	50.0	未损伤
		140	1.7	破坏
3		120	52.2	未损伤
		140	29.4	破坏
4		130	52.8	未损伤
		150	29.5	破坏
5		140	50.4	未损伤
		150	50.0	未损伤
		160	9.7	破坏
1—1	260	115	12.8	破坏
1—2		70	52.0	未损伤
		80	52.2	未损伤
		90	6.8	破坏
1—3		80	50.4	未损伤
		100	50.5	未损伤
		120	4.7	破坏
1—4		100	6.8	破坏

表 12-4　ϕ60mm 的 0.4%（质量分数）C 钢的扭转疲劳试验结果

轴的状态	轴的极限尺寸偏差[2]/μm	τ_{-1}/MPa	K_τ	τ_{-1} 比光滑轴的降低比例(%)
光滑	—	207	—	—
带有传递转矩的配合法兰[1]	+319 +300	130	1.59	37
	+245 +226	118	1.75	43

（续）

轴的状态	轴的极限尺寸偏差[2]/μm	τ_{-1}/MPa	K_τ	τ_{-1}比光滑轴的降低比例(%)
带有传递转矩的配合法兰[1]	+191 +172	117	1.76	44
	+141 +122	123	1.68	41

① 法兰孔尺寸的极限偏差为 0 ~ +30μm。

② 按压合座。

表 12-5 带有不同条沟过渡半径的阶梯轴的扭转疲劳试验结果

轴径/mm	条沟半径/mm	τ_{-1}/MPa	轴径/mm	条沟半径/mm	τ_{-1}/MPa
75	1.6	111	145	3.2	102
	3.1	116		6.4	111
	3.8	123		12.7	127
	4.8	123		25.4	134
	7.6	131	250	3.9	81
	9.5	131		7.8	91
	15.2	138		15.4	107
	19.0	151		30.9	120
	25.4	148		38.1	134

表 12-6 ϕ260mm 钢轴的扭转疲劳试验结果

轴	轴的状态	疲劳极限(按断裂)	
		MPa	%
光滑	未强化	85	100
带有过盈配合轴套的阶梯轴		68	80
	强化(两个条沟)以及与轴套配合处	85	100
	强化(全部工作部分)	95	112

式中 σ_a、σ_m——弯曲应力幅和弯曲平均应力（MPa）；

τ_a、τ_m——扭转应力幅和扭转平均应力（MPa）；

M_a、M_m——弯矩振幅与平均弯矩（N·mm）；

M_{ta}、M_{tm}——扭矩振幅与平均扭矩（N·mm）；

Z——抗弯截面系数（mm³），对圆轴，$Z = \pi d^3/32$，d 为轴的直径（mm）；

Z_p——抗扭截面系数（mm³），对圆轴，$Z_p = \pi d^3/16$，d 为轴的直径（mm）。

当外载荷为变幅载荷时，用下式计算出当量应力幅：

$$\sigma_e = \left(\frac{1}{aN_0} \sum_{i=1}^{l} \sigma_i^m n_i \right)^{\frac{1}{m}}$$ (12-2a)

$$\tau_e = \left(\frac{1}{aN_0} \sum_{i=1}^{l} \tau_i^m n_i \right)^{\frac{1}{m}} \tag{12-2b}$$

式中　σ_i、τ_i——第 i 级应力水平的应力幅（MPa）；

　　　　n_i——第 i 级应力幅的循环次数；

　　　　l——应力水平级数；

　　　　N_0——S-N 曲线转折点的循环次数；

　　　　m——S-N 曲线表达式的指数；

　　　　a——损伤和，一般情况下取 $a = 1$ 而无很大误差。

在非对称循环下，上式中的 σ_i 和 τ_i 用等效应力幅 σ_{qi} 和 τ_{qi} 代替。σ_{qi} 用式（5-54）计算：

$$\sigma_{qi} = \frac{\sigma_{agi} \sigma_b}{(\sigma_b - \sigma_{mgi})[n]}$$

τ_{qi} 的计算公式与 σ_{qi} 相同，只需将公式中相应的 σ 变为 τ 即可。

为简化计算，可引用当量系数 K_e，它与当量应力的关系为

$$\sigma_e = \sigma_a K_{e\sigma} \tag{12-3a}$$

$$\tau_e = \tau_a K_{e\tau} \tag{12-3b}$$

式中　σ_a、τ_a——损伤最大的应力级的应力幅（MPa）；

　　　　$K_{e\sigma}$、$K_{e\tau}$——正应力和切应力下的当量系数。

当量系数的计算公式为

$$K_{e\sigma} = \left[\sum_{i=1}^{l} \left(\frac{\sigma_i}{\sigma_a} \right)^m \frac{n_i}{aN_0} \right]^{\frac{1}{m}} \tag{12-4a}$$

$$K_{e\tau} = \left[\sum_{i=1}^{l} \left(\frac{\tau_i}{\tau_a} \right)^m \frac{n_i}{aN_0} \right]^{\frac{1}{m}} \tag{12-4b}$$

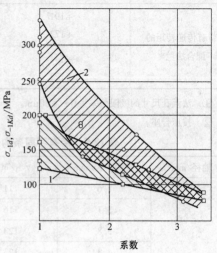

图 12-1　$\phi135 \sim \phi280$mm 阶梯轴弯曲疲劳极限的分散范围与应力集中系数的关系

1—Q235A、22g、40 和 45 碳素锻钢或轧钢（$\sigma_b = 400 \sim 710$MPa），正火和调质　2—34CrNi3Mo、15MnNi4Mo、40Cr、40CrNi、25CrMoV、25CrNiMoVA 合金锻钢（$\sigma_b = 800 \sim 1000$MPa），调质

12.1.3　疲劳强度校核

在应力比 R 保持不变的简单应力循环下，用式（5-2）进行疲劳强度校核，即

$$n_\sigma = \frac{\sigma_{-1}}{K_{\sigma D} \sigma_a + \psi_\sigma \sigma_m} \geqslant [n]$$

$$n_\tau = \frac{\tau_{-1}}{K_{\tau D} \tau_a + \psi_\tau \tau_m} \geqslant [n]$$

同时承受弯曲和扭转时复合安全系数 n 用式（5-19）计算，即

塑性材料　　　　　　$n = \dfrac{n_\sigma n_\tau}{\sqrt{n_\sigma^2 + n_\tau^2}}$

低塑性和脆性材料

$$n = \frac{n_\sigma n_\tau}{\sqrt{n_\sigma^2 + n_\tau^2}} \kappa \tag{12-5}$$

图 12-2 中示出了 κ 随 $\lambda = \tau_{-1D}/\sigma_{-1D}$ 的变化曲线，σ_{-1D} 和 τ_{-1D} 用以下公式计算：

$$\sigma_{-1D} = \frac{\sigma_{-1}}{K_{\sigma D}}, \quad K_{\sigma D} = \frac{K_{\sigma S}}{\varepsilon \beta_1}, \quad K_{\sigma S} = 1 + (K_\sigma - 1)\beta_1 \tag{12-5a}$$

$$\tau_{-1D} = \frac{\tau_{-1}}{K_{\tau D}}, \quad K_{\tau D} = \frac{K_{\tau S}}{\varepsilon_\tau \beta_{1\tau}}, \quad K_{\tau S} = 1 + (K_\tau - 1)\beta_{1\tau} \tag{12-5b}$$

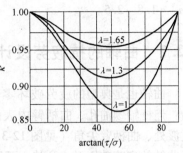

图 12-2　系数 κ 值

$K_{\sigma D}$ 和 $K_{\tau D}$ 的计算公式还可以改写为如下形式：

$$K_{\sigma D} = \frac{K_\sigma + 1/\beta_1 - 1}{\varepsilon} \tag{12-6a}$$

$$K_{\tau D} = \frac{K_\tau + 1/\beta_{1\tau} - 1}{\varepsilon_\tau} \tag{12-6b}$$

12.1.4　影响系数和安全系数的确定方法

1. 影响系数

影响系数 K_σ、K_τ、ε、ε_τ、β_1、$\beta_{1\tau}$、ψ_σ、ψ_τ 的确定方法参看第 3 章和第 5 章。轴的各种强化方法的表面质量系数 β_3 见表 12-7。

表 12-7　轴的各种强化方法的表面质量系数 β_3

强化方法	心部强度 σ_b/MPa	β_3		
		光轴	低应力集中的轴 $K_\sigma \leqslant 1.5$	高应力集中的轴 $K_\sigma \geqslant 1.8 \sim 2$
高频感应淬火	600 ~ 800	1.5 ~ 1.7	1.6 ~ 1.7	2.4 ~ 2.8
	800 ~ 1000	1.3 ~ 1.5	—	
渗氮	900 ~ 1200	1.1 ~ 1.25	1.5 ~ 1.7	1.7 ~ 2.1
渗碳	400 ~ 600	1.8 ~ 2.0	3	—
	700 ~ 800	1.4 ~ 1.5		
	1000 ~ 1200	1.2 ~ 1.3	2	
喷丸硬化	600 ~ 1500	1.1 ~ 1.25	1.5 ~ 1.6	1.7 ~ 2.1
滚子滚压	600 ~ 1500	1.1 ~ 1.3	1.3 ~ 1.5	1.6 ~ 2.0

注：1. 高频感应淬火系根据直径为 10 ~ 20mm，淬硬层厚度为 (0.05 ~ 0.20) d 的试件试验求得的数据；对大尺寸的试件强化系数的值会有某些降低。

2. 渗氮层厚度为 0.01d 时用小值，在 (0.03 ~ 0.04) d 时用大值。

3. 喷丸硬化系根据 8 ~ 40mm 的试件求得的数据。喷丸速度低时用小值，速度高时用大值。

4. 滚子滚压系根据 17 ~ 130mm 的试件求得的数据。

2. 安全系数

当计算精度较高，设计数据可靠时，$[n]=1.3\sim1.5$；当使用近似计算方法，设计数据不太精确时，$[n]=1.5\sim1.8$；当计算精度低，材料均匀性较差，轴的直径大于 200mm 时，$[n]=1.8\sim2.5$。

12.2　曲轴的抗疲劳设计

曲轴也是典型的疲劳破坏零件。曲轴通常要计算弯扭复合疲劳强度。曲轴的危险截面为：连杆轴颈油孔、曲柄臂内表面与轴颈的圆角过渡处、曲柄臂尖角（见图 12-3）。表 12-8 列出了曲轴的疲劳破坏形式及其主要原因。表 12-9 列出了铸铁曲轴和钢曲轴的扭转疲劳极限。

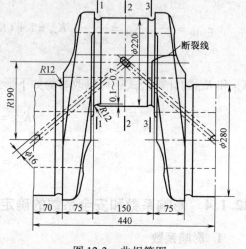

图 12-3　曲拐简图

12.2.1　连杆轴颈的疲劳强度校核

危险截面为油孔截面，因此应校核油孔截面的疲劳强度。

1. 应力计算

计算油孔所在的 θ 角截面上的应力：

扭转应力　　$\tau=\beta_{t}\dfrac{M_{t}}{Z_{p}}$　　　　(12-7)

弯曲应力　$\sigma=\beta_{1}\dfrac{M_{x}}{Z}+\beta_{2}\dfrac{M_{y}}{Z}$　　(12-8)

式中　M_{t}、M_{x}、M_{y}——扭矩、曲拐平面内的弯矩和与曲拐垂直平面上的弯矩（N·mm）；

　　　β_{1}、β_{2} 和 β_{t}——结构参数对轴颈应力的影响系数，β_{t}、β_{1} 和 β_{2} 依次为扭转、曲拐平面内弯曲和与它垂直方向弯曲时的影响系数，可由表 12-10 查出；

　　　Z、Z_{p}——抗弯截面系数与抗扭截面系数（mm³），其计算公式分别为式（12-9a）和式（12-9b）。

表 12-8　曲轴的疲劳破坏形式及其主要原因

破坏形式	特征	主 要 原 因
	裂纹最初常发生在主轴颈或连杆轴颈与曲柄臂过渡圆角处应力集中严重点，随后逐渐发展成横断曲柄臂的疲劳裂纹	1）由于曲轴过渡圆角太小，曲柄臂太薄，过渡圆角加工不完善所致 2）曲轴箱或支承刚度太小，引起附加弯矩过大 3）由于曲轴箱刚度不够，主轴颈变形太大，引起不均匀磨损，造成不同心度，致使附加弯矩过大。这时断裂常发生在运行较长时间之后

（续）

破坏形式	特征	主要原因
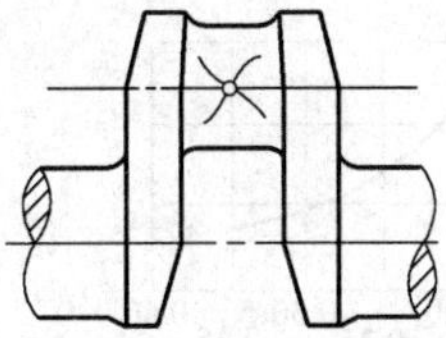	裂纹起源于油孔，沿与轴线呈45°方向发展	1）由于过大的扭转振动，引起附加应力 2）油孔边缘加工不完善，或孔口过渡圆角太小，引起过大的应力集中
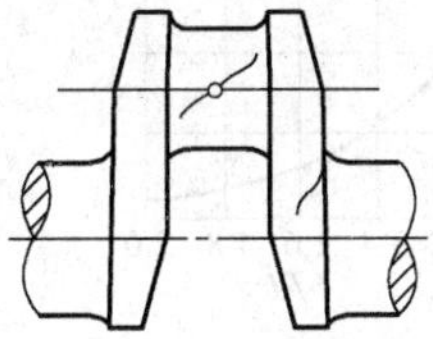	裂纹起源于过渡圆角或油孔，且只有一个方向裂纹，裂纹与轴线呈45°	1）由于不对称交变扭矩引起最大应力，致使疲劳破坏 2）圆角加工不好，及热加工工艺不完善，造成材料组织不均匀 3）油孔孔口圆角加工不完善 4）连杆轴颈太细
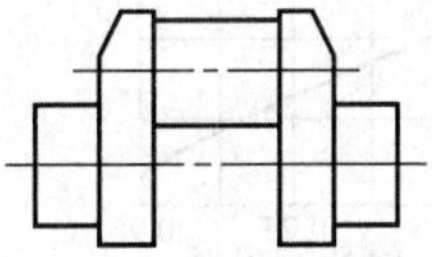	裂纹沿过渡圆角周向同时发生，断口呈径向锯齿形	由于圆角太尖锐，引起过大的应力集中

表 12-9　铸铁曲轴和钢曲轴的扭转疲劳极限 （$d_1 = 60\text{mm}$，$d_2 = 48\text{mm}$）

材　料	扭转疲劳极限 τ_{-1}/MPa	材　料	扭转疲劳极限 τ_{-1}/MPa
低合金铸铁	41.2	钢，$\sigma_b = 1010\text{MPa}$	88.5
高合金铸铁	51.2	钢，$\sigma_b = 1240\text{MPa}$	130.0
钢，$\sigma_b = 700\text{MPa}$	69.8		

表 12-10　曲轴的结构参数对轴颈中应力分布的影响

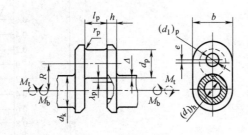

（续）

系数	曲轴的结构参数	弯曲（图中，1—曲拐平面内；2—垂直平面内）	扭转
β_h	曲柄臂厚 h/d	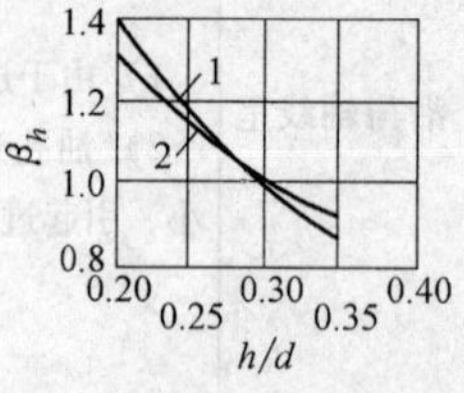	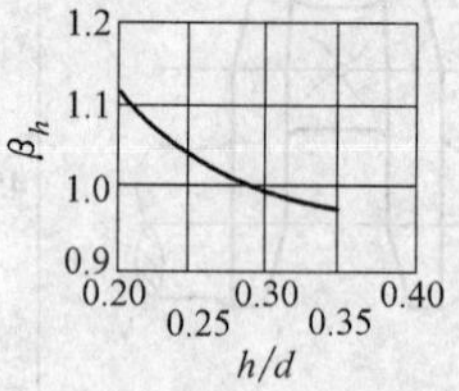
β_b	曲柄臂宽 b/d	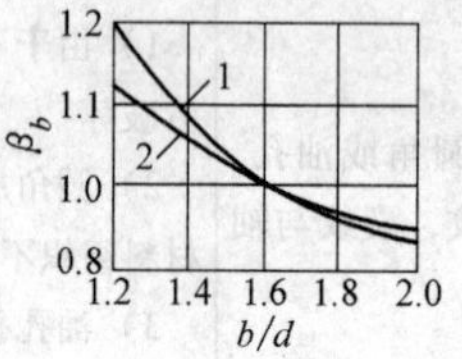	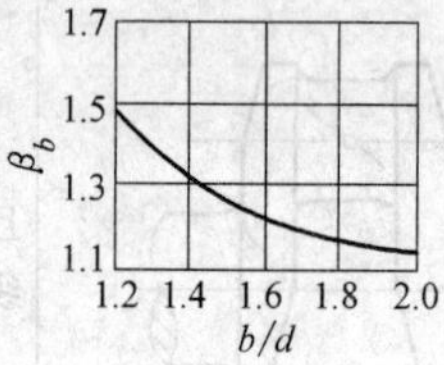
β_l	轴颈长度 l/d	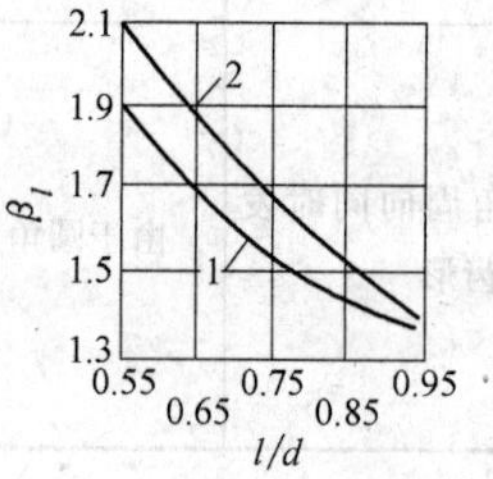	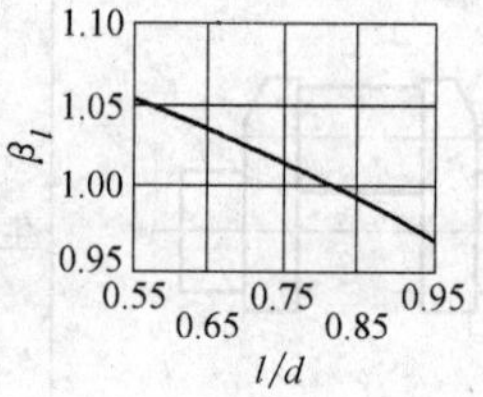
β_Δ	重合度	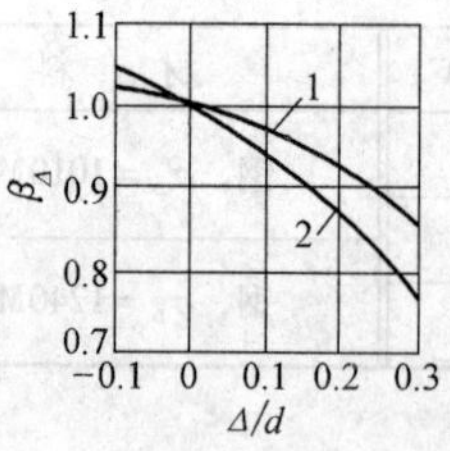	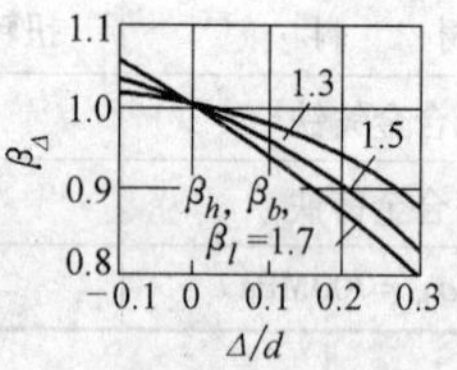
β_θ	润滑孔的配置角 θ		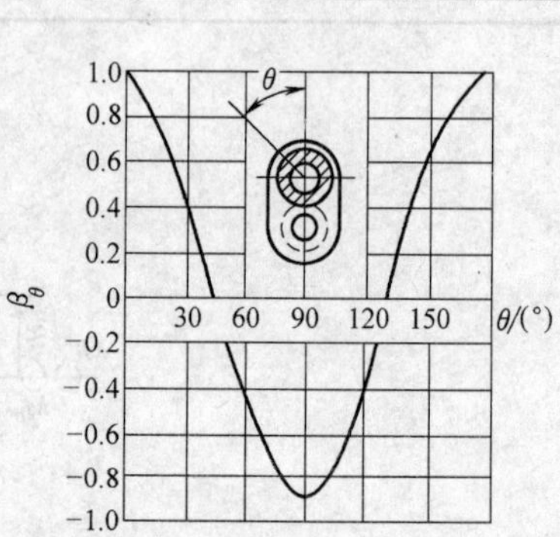

（续）

系数	曲轴的结构参数	弯曲（图中，1—曲拐平面内；2—垂直平面内）	扭转
		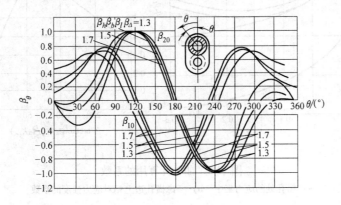	
β	总的应力分布不均匀系数	$\beta = \beta_\theta \beta_h \beta_b \beta_l \beta_\Delta$	$\beta_t = 1 + \beta_\theta (\beta_h \beta_b \beta_l \beta_\Delta - 1) = 1 + \beta - \beta_\theta$

$$Z = \frac{\pi d_p^3}{32} \left[1 - \left(\frac{d_p'}{d_p} \right)^4 \right] \tag{12-9}$$

$$Z_p = 2Z \tag{12-10}$$

式中 d_p、d_p'——连杆轴颈的外径和内径（mm）。

用式（12-8）计算出油孔处的最大正应力及最小正应力之后，可用下式计算出 σ_a 和 σ_m：

$$\sigma_a = \frac{\sigma_{max} - \sigma_{min}}{2} \tag{12-11a}$$

$$\sigma_m = \frac{\sigma_{max} + \sigma_{min}}{2} \tag{12-11b}$$

并采用类似的方法计算出 τ_a 和 τ_m。由于扭转时孔边产生与切应力相等的正应力，因此扭转应力应与弯曲应力相叠加，合成正应力 $\sigma_{a\Sigma}$ 的计算公式为

$$\sigma_{a\Sigma} = \eta K_{t\sigma} \sigma_a + \eta_\tau K_{t\tau} \tau_a \tag{12-12}$$

式中 $K_{t\sigma}$、$K_{t\tau}$——弯曲和扭转时横孔的理论应力集中系数，可由图 12-4a 查出。

η、η_τ——表示横孔边缘上最大合成应力处相对强度的系数，可由图 12-4b 查出。

2. 计算工作安全系数

用下式计算：

$$n = \frac{\sigma_{-1} \varepsilon_\sigma}{K_\sigma \eta \sigma_a + K_\tau \eta_\tau \tau_a + \psi_\sigma (\eta \sigma_m + \eta_\tau \tau_m)} \tag{12-13}$$

3. 疲劳强度校核

强度条件仍为 $n \geqslant [n]$。$[n]$ 的取值见表 12-11。

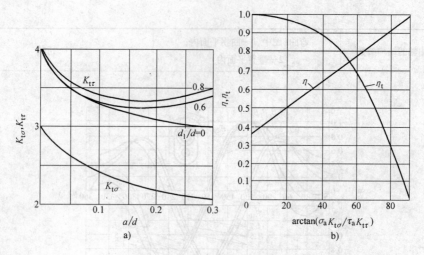

图 12-4　曲轴计算用的系数

a）横孔处的应力集中　b）考虑横孔边上相对应力强度的系数

表 12-11　发动机曲轴各部分的疲劳强度安全系数

曲轴各部分	发 动 机	
	飞机发动机	船舶和汽车拖拉机发动机
主轴颈	2.5 ~ 4.0	3 ~ 5
连杆轴颈	1.7 ~ 3.0	2.0 ~ 3.0
曲柄臂（圆角处）	1.3 ~ 1.5	1.5 ~ 2.0
曲柄臂（尖角处）	1.5 ~ 2.0	1.5 ~ 2.0

12.2.2　主轴颈的疲劳强度校核

危险截面仍为油孔所在截面，强度校核方法和应力计算公式与连杆轴颈相同。

12.2.3　曲柄臂的疲劳强度校核

危险截面为曲柄臂内表面与轴颈过渡处和曲柄臂的尖角处。

1. 曲柄臂与轴颈过渡处

名义弯应力和拉应力为

$$\sigma_{\mathrm{arm}} = \mp \frac{M_{\mathrm{arm}}}{Z} + \frac{F}{A} \tag{12-14}$$

式中　M_{arm}——曲柄上的弯矩（N·mm）；

　　　F——曲柄上的拉力（N）；

　Z、A——抗弯截面系数和截面积，$Z = bh^2/6$，$A = bh$，b 和 h 为曲柄臂的宽度和高度（mm）。

名义扭转应力为

$$\tau_{\mathrm{jour}} = \frac{M_{\mathrm{t}}}{Z_{\mathrm{p}}} \tag{12-15}$$

式中　M_t——扭矩（N·mm）；

　　　Z_p——轴颈的抗扭截面系数（mm³），其计算公式为

$$Z_p = \frac{\pi d^3}{16}\left[1 - \left(\frac{d'}{d}\right)^4\right] \tag{12-16}$$

式中　d、d'——轴颈的外径和内径（mm）。

由于曲轴的结构参数对应力状态有影响，在求出名义应力以后，还需乘以反映结构参数影响的系数 β（对正应力）和 β_t（对切应力），于是：

$$\sigma = \sigma_{arm}\beta \tag{12-17a}$$
$$\tau = \tau_{jour}\beta_t \tag{12-17b}$$

β 和 β_t 值可由表 12-12 查出。

表 12-12　曲轴的结构参数对曲柄臂与轴颈连接处应力分布的影响

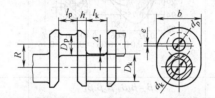

系数	曲轴的结构参数	弯　曲	扭　转
β_b	曲柄臂宽 b/d	β_b 曲线，横坐标 b/d 从 1.2 到 2.0，纵坐标 0.9、1.0、1.1	β_b 曲线，横坐标 b/d 从 1.0 到 2.0，纵坐标 1.1~1.7
β_{d_1}	轴颈孔径 d_1/d	β_{d_1} 曲线，横坐标 d_1/d 从 0 到 0.8，纵坐标 1.0~1.3	—
β_h	曲柄臂厚 h/d	—	β_h 曲线，横坐标 h/d 从 0.20 到 0.36，纵坐标 1.0~1.2
β_Δ	重合度 Δ/d	β_Δ 曲线，横坐标 Δ/d 从 0.1 到 0.3，纵坐标 0.5~1.1，$h/d=0.35$、$h/d=0.27$、0.2	β_Δ 曲线，横坐标 Δ/d 从 0.08 到 0.32，纵坐标 0.8~1.0，$(\beta_\tau)_b(\beta_\tau)_h=1.25$、1.5

（续）

系数	曲轴的结构参数	弯　曲	扭　转
β_L	曲柄臂中孔与圆角的距离 λ/λ_0	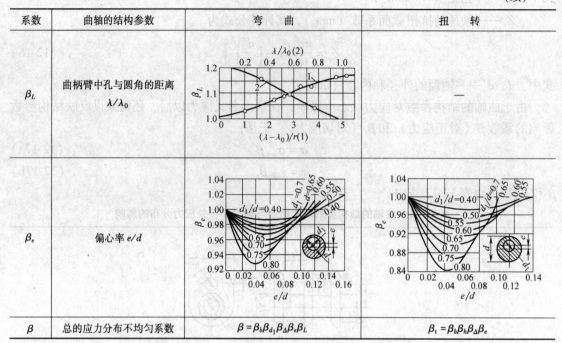	—
β_e	偏心率 e/d		
β	总的应力分布不均匀系数	$\beta = \beta_b \beta_{d_1} \beta_\Delta \beta_e \beta_L$	$\beta_t = \beta_b \beta_h \beta_\Delta \beta_e$

注：与重合度有关的减轻孔的最佳距离 $\lambda_0 \approx 3\left(1 - 2.25\dfrac{\Delta}{d}\right)r$。如果相邻曲柄臂中孔的实际距离 λ 大于最佳距离 $\left(\dfrac{\lambda}{\lambda_0} > 1\right)$，则 β_L 按曲线 1 确定，如果 λ 小于 λ_0，则 β_L 按曲线 2 确定。

用以上公式计算出最大应力和最小应力后，可用式（12-11）计算出 σ_a 和 σ_m。

工作安全系数的计算公式为

$$n_\sigma = \frac{\sigma_{-1}\varepsilon_\sigma}{K_\sigma\beta\sigma_a + \psi_\sigma\beta\sigma_m} \tag{12-18a}$$

$$n_\tau = \frac{\tau_{-1}\varepsilon_\tau}{K_\tau\beta_t\tau_a + \psi_\tau\beta_t\tau_m} \tag{12-18b}$$

式中的影响系数 ε_σ、ε_τ、K_σ、K_τ 的求法参看第 3 章，计算 K_σ 和 K_τ 所需的理论应力集中系数 K_t 可用图 12-5 查出。

求出 n_σ 和 n_τ 以后，复合安全系数 n 可用式（5-19）或式（12-5）算出，然后检查强度条件 $n \geqslant [n]$ 是否满足。许用安全系数 $[n]$ 可由表 12-11 查出。

2. 曲柄上的尖角处

曲柄尖角处作用有两个平面内的弯曲应力和拉应力，其计算公式为

$$\sigma = \frac{M_{xarm}}{Z_x} + \frac{M_{yarm}}{Z_y} + \frac{F}{A} \tag{12-19}$$

式中　M_{xarm}、M_{yarm}——曲拐平面内的弯矩和与其垂直平面内的弯矩（N·mm）；

　　　　Z_x、Z_y——沿曲拐平面弯曲和沿与其垂直的平面弯曲时的截面系数（mm³）；

　　　　F——曲柄上的拉力（N）；

　　　　A——曲柄截面积（mm²），$A = bh$。

工作安全系数的计算公式为

$$n_\sigma = \frac{\sigma_{-1}\varepsilon_\sigma}{\sigma_a + \psi_\sigma \sigma_m} \tag{12-20a}$$

$$n_\tau = \frac{\tau_{-1}\varepsilon_\tau}{\tau_a + \psi_\tau \tau_m} \tag{12-20b}$$

复合安全系数 n 仍用式（5-19）或式（12-5）算出。其强度条件仍为 $n \geqslant [n]$。$[n]$ 的数值仍由表（12-11）查出。

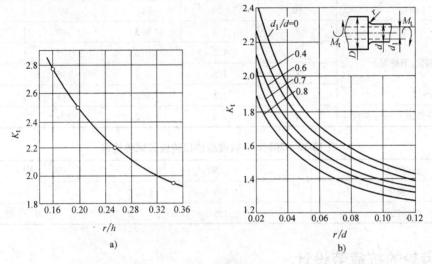

图 12-5　曲轴的曲柄臂与轴颈连接处的理论应力集中系数

a）受弯时　b）受扭时

3. 提高曲轴疲劳强度的强化方法

氮碳共渗、渗氮、离子渗氮、过渡圆角滚压和圆角感应淬火，均能提高曲轴的疲劳强度。表 12-13 给出了常用曲轴强化方法的强化效果。表 12-14 和表 12-15 给出了曲轴模型强化前后的疲劳试验结果。

表 12-13　常用曲轴强化方法的强化效果

名称	氮碳共渗、渗氮和离子渗氮	圆角滚压	圆角淬火
作用	表面层产生残余压应力并提高硬度可提高抗弯疲劳强度	表面层产生残余压应力，降低表面粗糙度并消除显微裂纹、针孔等缺陷，可提高抗弯疲劳强度	将圆角部位连同轴颈一起进行感应淬火（采用特殊淬火冷却介质），表面层产生残余压应力可提高抗弯疲劳强度
抗弯疲劳强度提高效果	氮碳共渗： 碳钢曲轴 60%～80% 低合金钢曲轴 20%～30% 球铁曲轴 50%～70% 渗氮： 钢和球墨铸铁曲轴 30%～40% 离子渗氮： 钢、球墨铸铁曲轴 30%～50%	钢曲轴：20%～70% 球墨铸铁曲轴：50%～90%	钢或球墨铸铁曲轴：30%～100%

（续）

名称	氮碳共渗、渗氮和离子渗氮	圆角滚压	圆角淬火
备注	同时提高轴颈耐磨性 应用广泛	中小型曲轴 应用广泛	方法简单、效果也好，但应注意控制曲轴变形等

表 12-14　45 钢曲轴模型的试验结果

轴	轴的数量	R、r/mm	h/mm	σ_{-1}/MPa	$S_{\sigma_{-1}}$/MPa
未强化	10	2	0	69	4.4
滚压强化，下挖深 h	8	1.5	0.3	149	17.2
	8	1.5	0.6	175	11
	8	1.5	0.9	176	18.7
	8	1.5	1.2	213	16.2
滚压强化后机加工 1mm 深度	8	1.5	1.2	209	14.6

表 12-15　20Mn 曲轴模型的扭转疲劳试验结果

处理情况	τ_{-1}/MPa	$S_{\tau_{-1}}$/MPa
未强化	105	7
滚压强化	155	9

12.3　齿轮的抗疲劳设计

齿轮是重要的基础件。齿轮传动具有传动比恒定、传动效率高、结构紧凑等优点，应用非常广泛。

最常使用的齿轮是圆柱齿轮和锥齿轮。常用的圆柱齿轮为渐开线齿轮和圆弧齿轮。

齿轮传动按其使用环境可分为闭式齿轮传动和开式齿轮传动，闭式齿轮传动装在封闭的齿轮箱内，开式齿轮传动露天使用。闭式齿轮传动的主要失效形式是轮齿的弯曲疲劳破坏、齿面接触疲劳破坏、齿面胶合和塑性变形。开式齿轮传动的主要破坏形式是磨损。本节主要介绍闭式齿轮传动的抗疲劳设计方法。

开始设计时，由于不知道齿轮的尺寸和参数，无法准确确定出所需的设计参数，所以不能进行精确的计算。因此，通常需要先初步选择某些参数，按简化计算方法初步确定出主要尺寸，然后再进行精确的疲劳强度校核。

12.3.1　渐开线圆柱齿轮传动

渐开线圆柱齿轮传动具有传动的速度和功率范围大，传动效率高（可达 98% ~ 99.5%），对中心距的敏感性小，装配和维修简便，可以进行变位切削及各种修形、修缘以适应提高传动质量的要求，易于精密加工等优点，是应用最广的齿轮传动。

1. 主要尺寸的初步确定

齿轮传动的主要尺寸（中心距 a 或小齿轮分度圆直径 d_1 或模数 m）可按下述方法之一初步确定：

1）参照已有的工作条件相同或类似的齿轮传动，用类比方法初步确定主要尺寸。

2）根据齿轮传动在设备上的安装、结构要求，例如中心距、中心高以及外廓尺寸等要求，定出主要尺寸。

3）根据表 12-16 的简化公式确定出主要尺寸。

利用简化计算公式确定尺寸时，对闭式齿轮传动，若两个齿轮或两齿轮之一为软齿面（≤350HBW），可只按接触强度的计算公式确定尺寸；若两齿轮均为硬齿面（ >350HBW），则应同时按接触强度及弯曲强度的计算公式确定尺寸，并取其中大值。对开式齿轮传动，可只按弯曲强度的计算公式确定模数 m，并应将求得的 m 值加大 10% ~ 20%，以考虑磨损的影响。表中的齿宽系数 $\phi_a = b/a$，$\phi_d = b/d_1$，$\phi_m = b/m$。

表 12-16 中的接触强度计算公式适用于钢制齿轮；对于钢对铸铁、铸铁对铸铁齿轮传动，应将求得的 a 或 d_1 乘以 0.9 及 0.83。

根据简化计算定出主要尺寸之后，对重要的传动还应进行疲劳强度校核计算，并根据疲劳强度校核结果重新调整初定尺寸。对低速不重要的传动，可不必进行疲劳强度校核计算。

表 12-16 圆柱齿轮传动简化设计计算公式 （单位：mm）

齿轮类型	接触强度	弯曲强度
直齿轮	$a \geqslant 483(u \pm 1) \sqrt[3]{\dfrac{KT_1}{\phi_a \sigma_{HP}^2 u}}$ $d_1 \geqslant 766 \sqrt[3]{\dfrac{KT_1}{\phi_d \sigma_{HP}^2} \times \dfrac{u \pm 1}{u}}$	$m \geqslant 12.6 \sqrt[3]{\dfrac{KT_1}{\phi_m z_1} \times \dfrac{Y_{FS}}{\sigma_{FP}}}$
斜齿轮	$a \geqslant 476(u \pm 1) \sqrt[3]{\dfrac{KT_1}{\phi_a \sigma_{HP}^2 u}}$ $d_1 \geqslant 756 \sqrt[3]{\dfrac{KT_1}{\phi_d \sigma_{HP}^2} \times \dfrac{u \pm 1}{u}}$	$m_n \geqslant 12.4 \sqrt[3]{\dfrac{KT_1}{\phi_m z_1} \times \dfrac{Y_{FS}}{\sigma_{FP}}}$
人字齿轮	$a \geqslant 447(u \pm 1) \sqrt[3]{\dfrac{KT_1}{\phi_a \sigma_{HP}^2 u}}$ $d_1 \geqslant 709 \sqrt[3]{\dfrac{KT_1}{\phi_d \sigma_{HP}^2} \times \dfrac{u \pm 1}{u}}$	$m_n \geqslant 11.5 \sqrt[3]{\dfrac{KT_1}{\phi_m z_1} \times \dfrac{Y_{FS}}{\sigma_{FP}}}$
说明	a—中心距(mm)；d_1—小齿轮的分度圆直径(mm)；m、m_n—端面模数及法向模数(mm)；z_1—小齿轮的齿数；ϕ_a、ϕ_d、ϕ_m—齿宽系数；u—齿数比，$u = z_2/z_1$；Y_{FS}—复合齿形系数，按图 12-6 及图 12-7 确定；σ_{HP}—许用接触应力(MPa)，简化计算中，近似取 $\sigma_{HP} \approx \sigma_{Hlim}/S_{Hmin}$，$\sigma_{Hlim}$ 为试验齿轮的接触疲劳极限应力(MPa)，按图 12-8 查取，S_{Hmin} 为接触强度计算的最小安全系数，可取 $S_{Hmin} \geqslant 1.1$；σ_{FP}—许用弯曲应力(MPa)，简化计算中可近似取 $\sigma_{FP} \approx \sigma_{FE}/S_{Fmin}$，$\sigma_{FE}$ 为齿轮材料的弯曲疲劳强度基本值，按图 12-9 查取，S_{Fmin} 为弯曲强度计算的最小安全系数，可取 $S_{Fmin} \geqslant 1.4$；T_1—小齿轮传递的额定转矩(N·m)；K—载荷系数，若原动机采用电动机或汽轮机、燃气轮机时，一般可取 $K = 1.2 \sim 2$；当载荷平稳、精度较高、速度较低、齿轮对称轴承布置时，应取较小值；对直齿轮应取较大值；若原动机采用多缸内燃机，应将 K 值加大 1.2 倍上下	

注：1. 各式内（$u \pm 1$）项中，" + "号用于外啮合传动，" − "号用于内啮合传动。

2. 接触强度计算公式中的 σ_{HP} 应代入 σ_{HP1} 及 σ_{HP2} 中的小值，弯曲强度计算公式中的 $\dfrac{Y_{FS}}{\sigma_{FP}}$ 应代入 $\dfrac{Y_{FS1}}{\sigma_{FP1}}$ 及 $\dfrac{Y_{FS2}}{\sigma_{FP2}}$ 中的大值。

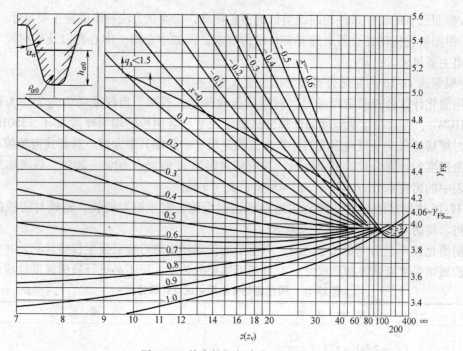

图 12-6　外齿轮的复合齿形系数 Y_{FS}

注：1. z 为齿数，z_v 为当量齿数，q_s 为齿根圆系数，$Y_{FS\infty}$ 为齿数 z（z_v）为 ∞ 时的 Y_{FS} 值。

　　2. $\alpha_n = 20°$；$h_\alpha/m_n = 1$；$h_{\alpha 0}/m_n = 1.25$；$\rho_{\alpha 0}/m_n = 0.38$。对 $\rho_f = \rho_{\alpha 02}/2$，齿高 $h = h_{\alpha 0} + h_\alpha$ 的内齿轮，$Y_{FS} = 5.10$，当 $\rho_f = \rho_{\alpha 0}$ 时，$Y_{FS} = Y_{FS\infty}$。

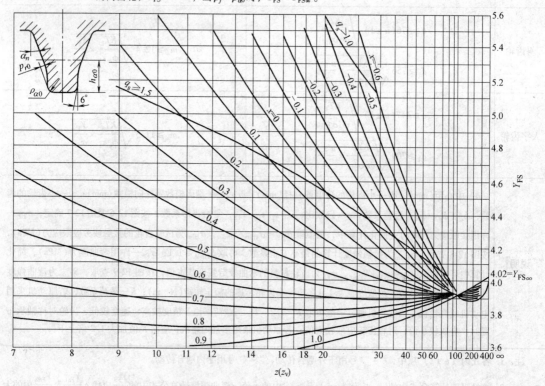

图 12-7　外齿轮的复合齿形系数 Y_{FS}

注：$\alpha_n = 20°$；$h_\alpha/m_n = 1$；$h_{\alpha 0}/m_n = 1.4$；$\rho_{\alpha 0}/m_n = 0.4$；剩余凸台量 $0.02m_n$；刀具凸台量 $P_{r0} = 0.02m_n + q$，$q = $ 磨削量。

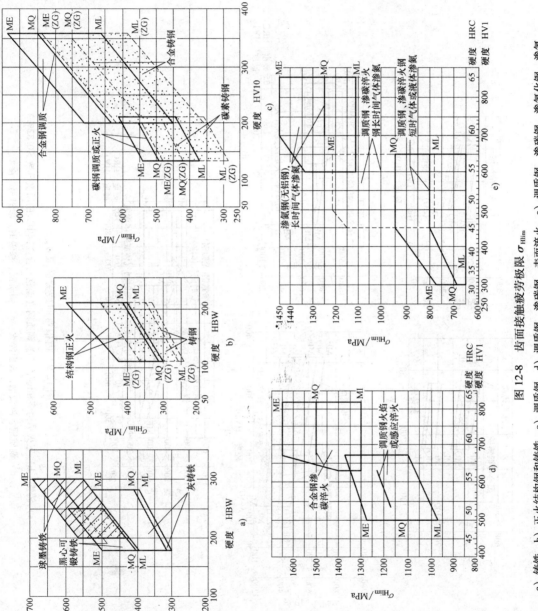

图 12-8 齿面接触疲劳极限 σ_{Hlim}

a) 铸铁 b) 正火结构钢和铸铁 c) 调质钢 d) 调质钢、渗碳钢、表面淬火 e) 调质钢、渗碳钢、渗氮化钢、渗氮

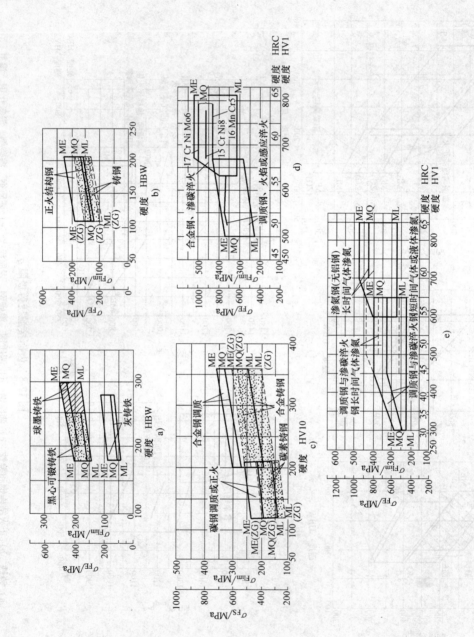

图 12-9 齿根弯曲疲劳极限 σ_{Flim}

a) 铸铁 b) 正火结构钢和铸钢 c) 调质钢（碳钢与合金钢中碳的质量分数 >0.32%）
d) 调质钢、渗碳钢、表面淬火 e) 调质钢、渗碳钢、渗氮钢、渗氮

2. 疲劳强度校核

圆柱齿轮传动齿面接触疲劳强度与齿根弯曲疲劳强度校核计算公式见表 12-17。

表 12-17 圆柱齿轮传动齿面接触疲劳强度与齿根弯曲疲劳强度校核计算公式

项目	齿面接触疲劳强度	齿根弯曲疲劳强度
强度条件	$\sigma_H \leqslant \sigma_{HP}$ 或 $S_H \geqslant S_{Hmin}$	$\sigma_F \leqslant \sigma_{FP}$ 或 $S_F \geqslant S_{Fmin}$
计算应力 /MPa	$\sigma_H = Z_H Z_E Z_{\varepsilon\beta} \sqrt{\dfrac{F_t}{bd_1}\dfrac{u\pm1}{u}K_A K_v K_{H\beta} K_{H\alpha}}$	$\sigma_F = \dfrac{F_t}{bm_n} K_A K_v K_{F\beta} K_{F\alpha} Y_{FS} Y_{\varepsilon\beta}$
许用应力 /MPa	$\sigma_{HP} = \dfrac{\sigma_{Hlim} Z_N Z_{LVR} Z_W Z_X}{S_{Hmin}}$	$\sigma_{FP} = \dfrac{\sigma_{FE} Y_N Y_{\delta relT} Y_{RrelT} Y_X}{S_{Fmin}}$
安全系数	$S_H = \dfrac{\sigma_{Hlim} Z_N Z_{LVR} Z_W Z_X}{\sigma_H}$	$S_F = \dfrac{\sigma_{FE} Y_N Y_{\delta relT} Y_{RrelT} Y_X}{\sigma_F}$
说明	\multicolumn{2}{l}{m_n—法面模数 (mm)；b—齿宽 (mm)(人字齿轮为两半齿圈宽度之和)；d_1—小齿轮分度圆直径 (mm)；F_t—分度圆上的圆周力 (N)，用式 (12-21) 计算；K_A—使用系数，见表 12-18；K_v—动载系数，见式 (12-25)；$K_{H\beta}$、$K_{F\beta}$—齿向载荷分布系数，见式 (12-26)；$K_{H\alpha}$、$K_{F\alpha}$—齿间载荷分配系数，见表 12-19；σ_H—计算接触应力 (MPa)；Z_E—材料弹性系数 ($\sqrt{MPa}$)，见式 (12-28)；Z_H—节点区域系数，见式 (12-27)；$Z_{\varepsilon\beta}$—接触强度计算的重合度与螺旋角系数，见图 12-10；σ_{HP}—许用接触应力 (MPa)；σ_{Hlim}—试验齿轮的接触疲劳极限应力 (MPa)，见图 12-8；Z_N—接触强度计算的寿命系数，见图 12-11；Z_{LVR}—润滑油膜影响系数，见图 12-12 及图 12-13；Z_W—工作硬化系数，见图 12-14；Z_X—接触强度计算的尺寸系数，见图 12-15；S_{Hmin}—接触强度最小安全系数，当失效概率为 1% 时取为 1；σ_F—计算弯曲应力 (MPa)；Y_{FS}—复合齿形系数，见图 12-6 和图 12-7；$Y_{\varepsilon\beta}$—弯曲强度计算的重合度与螺旋角系数，见图 12-16；σ_{FP}—许用弯曲应力 (MPa)；σ_{FE}—齿轮材料的弯曲疲劳强度基本值 (MPa)，见图 12-9；Y_N—弯曲强度计算的寿命系数，见图 12-17；$Y_{\delta relT}$—相对齿根圆角敏感性系数，见表 12-20；Y_{RrelT}—相对表面状况系数，$Rz \leqslant 16\mu m$，时为 1.0，$Rz > 16\mu m$ 时为 0.9；Y_X—弯曲强度计算的尺寸系数，见图 12-18；S_{Fmin}—弯曲强度最小安全系数，推荐为 $S_{Fmin} = 1.4$}	

注：1. 接触强度应按两齿轮中 σ_{HP} 的小值进行计算。

2. 弯曲强度应按大小齿轮分别进行计算。

表 12-18 使用系数 K_A

原动机工作特性	工作机工作特性			
	均匀平稳	轻微振动	中等振动	强烈振动
均匀平稳	1.00	1.25	1.50	1.75
轻微振动	1.10	1.35	1.60	1.85
中等振动	1.25	1.50	1.75	2.0
强烈振动	1.50	1.75	2.0	2.25

注：1. 表中数值仅适用于在非共振速度区运转的齿轮装置。对于在重载运转，起动力矩大，间歇运行以及有反复振动载荷等情况，就需要校核静强度和有限寿命强度。

2. 对于增速传动，根据经验建议取上表值的 1.1 倍。

3. 当外部机械与齿轮装置之间有挠性联接时，通常 K_A 值可适当减小。

表 12-19　齿间载荷分配系数 $K_{H\alpha}$、$K_{F\alpha}$

$K_A F_t/b$		≥100N/mm					<100N/mm
精度等级 II 组		5	6	7	8	9	5 级以下
经表面硬化	$K_{H\alpha}$	1.0		1.1	1.2	$1/Z_\varepsilon^2 \geq 1.2$	
的直齿轮	$K_{F\alpha}$					$1/Y_\varepsilon \geq 1.2$	
经表面硬	$K_{H\alpha}$	1.0	1.1	1.2	1.4	$\varepsilon_\alpha/\cos^2\beta_b \geq 1.4$	
化的斜齿轮	$K_{F\alpha}$						
未经表面硬化	$K_{H\alpha}$	1.0			1.1	1.2	$1/Z_\varepsilon^2 \geq 1.2$
的直齿轮	$K_{F\alpha}$						$1/Y_\varepsilon \geq 1.2$
未经表面硬	$K_{H\alpha}$	1.0	1.1	1.2	1.4	$\varepsilon_\alpha/\cos^2\beta_b \geq 1.4$	
化的斜齿轮	$K_{F\alpha}$						

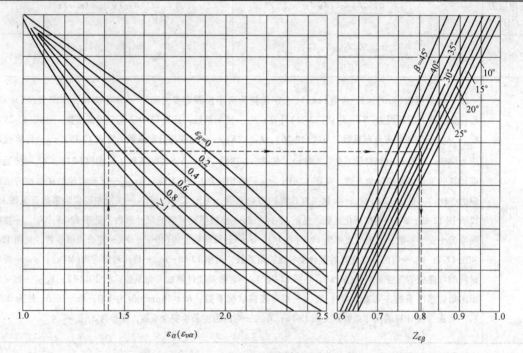

图 12-10　接触强度重合度系数 $Z_{\varepsilon\beta}$

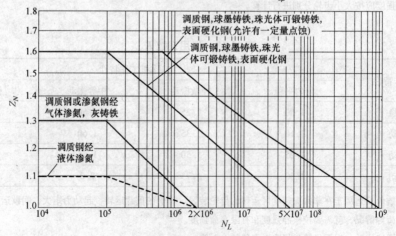

图 12-11　接触强度寿命系数 Z_N

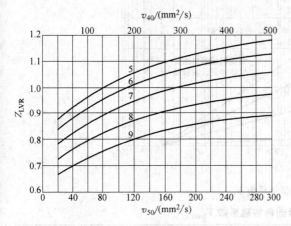

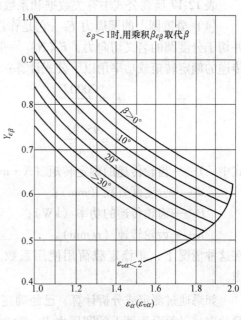

图 12-12　软齿面及调质钢、渗碳淬火钢
短时间气体或液体渗氮齿轮的 Z_{LVR} 值

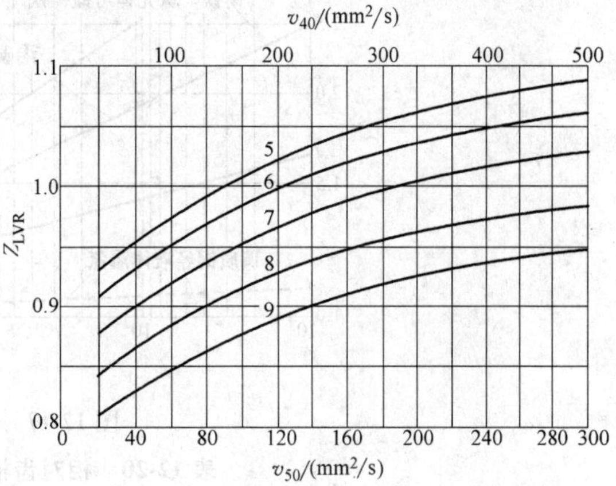

图 12-13　硬齿面齿轮的 Z_{LVR} 值

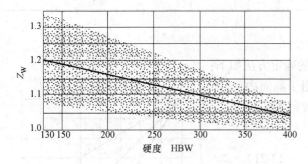

图 12-14　工作硬化系数 Z_W

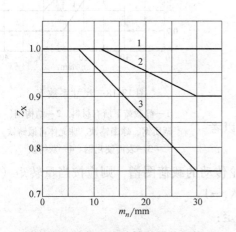

图 12-15　接触强度计算的尺寸系数 Z_x
1—调质钢、正火钢、静载荷下的所有材料
2—短时间液体或气体渗氮、长时间气体渗氮钢
3—渗碳淬火、感应或火焰淬火表面硬化钢

图 12-16　抗弯强度计算的重合度
与螺旋角系数 $Y_{\varepsilon\beta}$

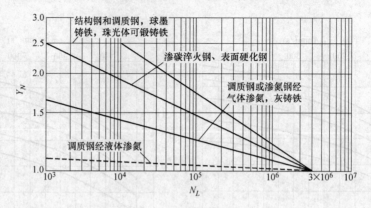

图 12-17　寿命系数 Y_N

表 12-20　相对齿根圆角敏感系数 $Y_{\delta relT}$

齿根圆角参数范围	$Y_{\delta relT}$ 值	
	疲劳强度计算时	静强度计算时
$q_s \geqslant 1.5$	1	1
$q_s < 1.5$	0.95	0.7

注：q_s 取值范围见图 12-6 及图 12-7。

表 12-17 所列公式中有关数据和系数的确定方法如下：

（1）分度圆上的圆周力 F_t　它是作用于端面内并切于分度圆的名义切向力，F_t（N）一般可按齿轮传递的额定转矩或功率用以下公式计算：

$$F_t = \frac{2000T}{d} \qquad (12\text{-}21)$$

$$T = \frac{9549P}{n}$$

式中　T——齿轮传递的额定转矩（N·m）；

d——分度圆直径（mm）；

P——齿轮传递的功率（kW）；

n——齿轮转速（r/min）。

在这种情况下，非稳定载荷用使用系数 K_A 加以考虑。

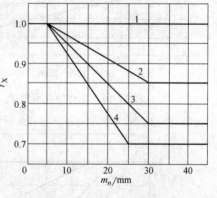

图 12-18　尺寸系数 Y_X

1—静载荷下所有材料　2—结构钢、调质钢、球墨铸铁、珠光体可锻铸铁　3—表面硬化钢　4—灰铸铁

如果通过测定或分析计算，已经确定了齿轮传动的载荷图谱，则应按当量转矩（或当量功率）计算分度圆上的圆周力 F_t，这时应取 $K_A = 1$。

当量载荷（当量转矩 T_{eq}）可按如下方法确定：

若某个齿轮传动的承载能力曲线及其整个工作寿命的载荷谱示于图 12-19，图中 T_1、T_2、T_3……为经整理后的实测的各级载荷，N_1、N_2、N_3……为与 T_1、T_2、T_3……相对应的应力循环数。小于名义载荷 T 的 50% 的载荷（如图中的 T_5）认为对齿轮的疲劳损伤不起作用，略去不计，则当量循环次数 N_{Leq} 为

$$N_{Leq} = N_1 + N_2 + N_3 + N_4$$
$$N_i = 60 n_i k h_i \tag{12-22}$$

式中 N_i——第 i 级载荷的循环次数；

n_i——第 i 级载荷下的齿轮转速（r/min）；

k——齿轮每转一周同侧齿面的接触次数；

h_i——在第 i 级载荷作用下齿轮的工作小时数。

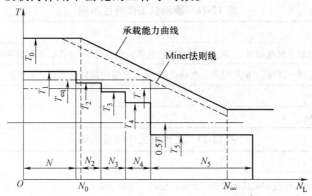

图 12-19 齿轮的承载能力曲线与载荷图谱

根据 Miner 法则，此时的当量载荷为

$$T_{eq} = \left(\frac{N_1 T_1^p + N_2 T_2^p + N_3 T_3^p + N_4 T_4^p}{N_{Leq}} \right)^{\frac{1}{p}} \tag{12-23}$$

材料的试验指数 p 为

$$p = \frac{\lg N_\infty / N_0}{\lg T_0 / T_\infty} \tag{12-24}$$

常用齿轮材料的特性参数 N_0、N_∞ 及 p 值列于表 12-21。

表 12-21 常用的齿轮材料的特性数

计算方法	齿轮的材料	N_0	N_∞	p
接触强度 （疲劳点蚀）	调质钢，球墨铸铁，珠光体可锻铸铁，表面硬化钢	10^5	5×10^7	6.6
	调质钢，球墨铸铁，珠光体可锻铸铁，表面硬化钢（允许有一定量点蚀）	10^5	9×10^7	7.89
	调质钢或渗氮钢经气体渗氮，灰铸铁	10^5	2×10^6	5.7
	调质钢经液体渗氮	10^5	2×10^6	15.7
抗弯强度	结构钢，调质钢，球墨铸铁	10^4	3×10^6	6.25
	渗碳淬火钢，表面淬火钢	10^3	3×10^6	8.7
	调质钢或渗氮钢经气体渗氮，灰铸铁	10^3	3×10^6	17
	调质钢经液体渗氮	10^3	3×10^6	83

计算 T_{eq} 时，当 $N_{Leq} < N_0$（材料疲劳破坏的最少应力循环次数）时，取 $N_{Leq} = N_0$；当 $N_{Leq} > N_\infty$ 时，取 $N_{Leq} = N_\infty$。

（2）使用系数 K_A　　K_A 是考虑由于原动机和工作机械的载荷变动、冲击、过载等对齿轮产生的外部附加动载荷的系数。K_A 与原动机和工作机械的特性、质量比、联轴器的类型以及运行状态等有关。如有可能，K_A 应通过精确测量或对系统进行分析来确定。一般当按额定载荷计算齿轮时，可参考表 12-18 选取 K_A 值；当已知载荷谱，按当量载荷计算齿轮时，则应取 $K_A = 1$。

表 12-18 中原动机的工作特性可参考表 12-22，工作机的工作特性可参考表 12-23。

表 12-22　原动机工作特性示例

工作特性	原　动　机
均匀平稳	电动机（例如直流电动机），均匀运转的蒸汽轮机、燃汽轮机（小的，起动力矩很小）
轻微振动	蒸汽轮机、燃汽轮机、液压马达、电动机（较大、经常出现较大的起动力矩）
中等振动	多缸内燃机
强烈振动	单缸内燃机

表 12-23　工作机工作特性示例

工作特性	工　作　机
均匀平稳	发电机，均匀传送的带式运输机或板式运输机，螺旋运输机，轻型升降机，包装机，机床进给传动，通风机，轻型离心机，离心泵，轻质液态物质或均匀密度材料搅拌器，剪切机、压力机①，车床，行走机构②
轻微振动	不均匀传动（如包装件）的带运输机或板式运输机，机床主传动，重型升降机，起重机旋转机构，工业和矿用通风机，重型离心分离器，离心泵，黏稠液体或变密度材料搅拌机，多缸活塞泵，给水泵，普通挤压机，压光机，转炉，轧机③（连续锌条、铝条以及线材和棒料轧机）
中等振动	橡胶挤压机，橡胶和塑料搅拌机，球磨机（轻型），木工机械（锯片、木车床），钢坯初轧机③④，提升机构，单缸活塞泵
强烈振动	挖掘机（铲斗传动装置、多斗传动装置、筛分传动装置、动力铲），球磨机（重型），橡胶搓揉机，破碎机（石块、矿石），冶金机械，重型给水泵，旋转式钻机，压砖机，去皮机卷筒，落砂机，带材冷轧机③⑤，压砖机，碾碎机

① 额定转矩＝最大切削、压制、冲击转矩。
② 额定转矩＝最大起动转矩。
③ 额定转矩＝最大轧制转矩。
④ 用电流控制力矩限制器。
⑤ 由于轧制带材经常开裂，可提高 K_A 至 2.0。

（3）动载系数 K_v　　K_v 是考虑齿轮传动在啮合过程中，大、小齿轮啮合振动所产生的内部附加动载荷影响的系数。影响 K_v 的主要因素有：基节偏差、齿形误差、圆周速度、大小齿轮的质量、轮齿的啮合刚度及其在啮合过程中的变化、载荷、轴及轴承的刚度、齿轮系统的阻尼等。

K_v 值可按下式计算确定：

$$K_v = 1 + \left(\dfrac{K_1}{K_A \dfrac{F_t}{b}} + K_2 \right) \dfrac{z_1 V}{100} \sqrt{\dfrac{u^2}{1 + u^2}} \qquad (12\text{-}25)$$

式中，系数 K_1 和 K_2 由表 12-24 查出。

式（12-25）不适用于在共振区工作的齿轮。

表 12-24　系数 K_1、K_2

齿轮种类	K_1					K_2
	齿轮Ⅱ组精度					各种精度等级
	5	6	7	8	9	
直齿轮	7.51	14.94	26.81	39.07	52.85	0.0193
斜齿轮	6.68	13.30	23.87	34.79	47.06	0.0087

（4）齿向载荷分布系数 $K_{H\beta}$、$K_{F\beta}$　齿向载荷分布系数是考虑沿齿向载荷分布不均匀性影响的系数，在接触强度计算中记为 $K_{H\beta}$，在弯曲强度计算中记为 $K_{F\beta}$。本书取 $K_{F\beta} = K_{H\beta}$（这样取值偏于安全）。影响 $K_{F\beta}$、$K_{H\beta}$ 的主要因素有：轮齿、轴系及箱体的刚度、齿宽系数、齿向误差、轴心线平行度、载荷、跑合情况及齿向修形等。齿向载荷分布系数是影响齿轮承载能力的重要因素，应通过改善结构、改进工艺等措施使载荷沿齿向分布均匀，以降低它的影响。如果通过测量和检查能够确切掌握轮齿的接触情况，并做相应的修形（如螺旋角修形，鼓形修形等），可取 $K_{H\beta} = K_{F\beta} = 1$。如果对齿轮的结构做特殊处理或经过仔细跑合，能使载荷沿齿向均匀分布，也可取 $K_{H\beta} = K_{F\beta} = 1$。

$K_{H\beta}$、$K_{F\beta}$ 的值用下式计算：

$$K_{H\beta} = K_{F\beta} = K_{\beta S} + K_{\beta M} \tag{12-26}$$

式中　$K_{\beta S}$——考虑综合变形对载荷沿齿向分布影响的系数，其值由图 12-20 查出；

$K_{\beta M}$——考虑制造安装误差对载荷沿齿向分布影响的系数，可由图 12-21 查出。

（5）齿间载荷分配系数 $K_{H\alpha}$、$K_{F\alpha}$　此系数考虑同时啮合的各对齿轮间载荷分配不均匀性的影响，在齿面接触强度计算中记为 $K_{H\alpha}$，在轮齿弯曲强度计算中记为 $K_{F\alpha}$。影响 $K_{H\alpha}$、$K_{F\alpha}$ 的主要因素有：齿轮啮合刚度、基节偏差、重合度、载荷、跑合情况等。

$K_{H\alpha}$ 和 $K_{F\alpha}$ 可由表 12-19 查出。

（6）节点区域系数 Z_H　Z_H 是考虑节点啮合处法面曲率与端面曲率的关系，并把节圆上的圆周力换算为端面圆周力的系数，其计算公式为

$$Z_H = \sqrt{\frac{2\cos\beta_b}{\cos^2\alpha_t \tan\alpha_t'}} \tag{12-27}$$

式中　α_t——分度圆端面压力角；

α_t'——节圆端面啮合角；

β_b——基圆柱螺旋角。

对于 $\alpha = 20°$ 的外啮合和内啮合齿轮，其 Z_H 值可根据 $(X_2 \pm X_1)/(Z_2 + Z_1)$ 及 β 由图 12-22 查得。其中"+"号用于外啮合；"－"号用于内啮合。

（7）弹性系数 Z_E　Z_E 是考虑配对齿轮的材料弹性模量 E 和泊松比 ν 对接触应力影响的系数，其计算公式为：

$$Z_E = \sqrt{\frac{1}{\pi\left(\dfrac{1-\nu_1^2}{E_1} + \dfrac{1-\nu_2^2}{E_2}\right)}} \tag{12-28}$$

式中　E_1、E_2——小、大齿轮材料的弹性模量（MPa）；

ν_1、ν_2——小、大齿轮材料的泊松比。

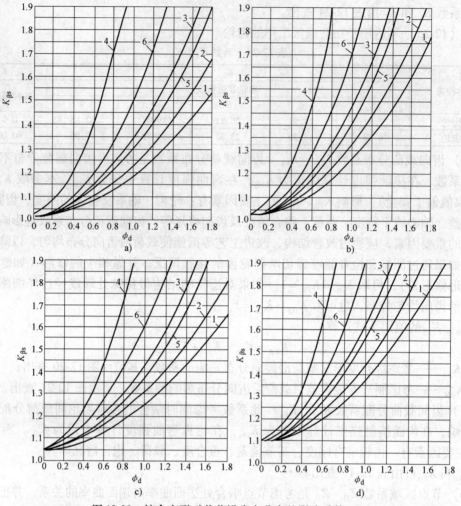

图 12-20　综合变形对载荷沿齿向分布的影响系数 $K_{\beta s}$

a) 直齿轮 HB_1、$HB_2 \leqslant 350HBW$ 或 $HB_1 > 350HBW$、$HB_2 \leqslant 350HBW$　b) 直齿轮 HB_1、$HB_2 > 350HBW$

c) 斜齿轮 HB_1、$HB_2 \leqslant 350HBW$ 或 $HB_1 > 350HBW$、$HB_2 \leqslant 350HBW$　d) 斜齿轮 HB_1、$HB_2 > 350HBW$

1—对称布置　2—非对称布置（轴刚性较大）　3—非对称布置（轴刚性较小）　4—悬臂布置
5—中间轴上布置两个齿轮，同侧啮合　6—中间轴上布置两个齿轮，异侧啮合

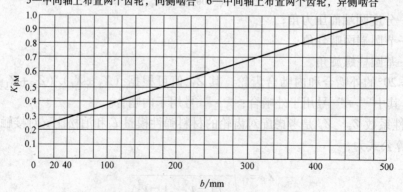

图 12-21　$HB \leqslant 350HBW$，装配时不做调整的一般齿轮的 $K_{\beta M}$ 值

注：1. 图中齿轮的精度为第Ⅲ组精度。
　　2. HB_1 和 $HB_2 > 350HBW$ 时，$K_{\beta M}$ 为图中数值的 1.5 倍。
　　3. 装配时调整，鼓形齿 $K_{\beta M}$ 为图中数值的 0.5 倍。
　　4. 齿端修薄 $K_{\beta M}$ 为图中数值的 0.75 倍。

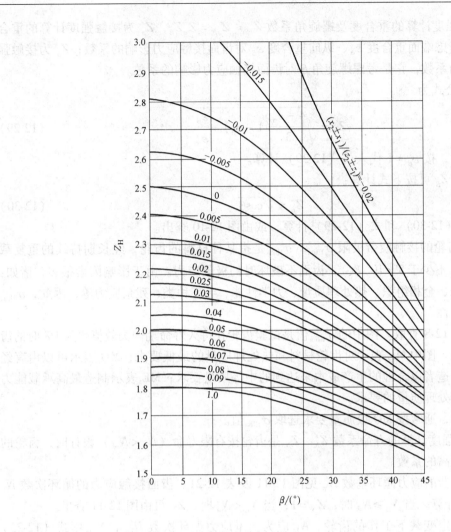

图 12-22　节点区域系数 Z_H（$\alpha = 20°$）

齿轮不同材料配对时的 Z_E 值查表 12-25。

表 12-25　材料弹性系数 Z_E　　　　　　　　　　　　（单位：$\mathrm{MPa}^{\frac{1}{2}}$）

小齿轮材料	大齿轮材料				
	钢	铸钢	球墨铸铁	铸铁	织物层压塑料
钢	189.8	188.9	181.4	162.0	56.4
铸钢		188.0	180.5	161.4	
球墨铸铁			173.9	156.6	
铸铁				143.7	

注：表中 Z_E 值按式（12-28）算出，计算时泊松比及弹性模量取以下数值：钢铁材料 $\nu = 0.3$，织物层压塑料 $\nu = 0.5$；钢 $E = 206000\mathrm{MPa}$，铸钢 $E = 202000\mathrm{MPa}$，球墨铸铁 $E = 173000\mathrm{MPa}$，铸铁 $E = 118000\mathrm{MPa}$，织物层压塑料 $E = 7850\mathrm{MPa}$。

（8）接触强度计算的重合度及螺旋角系数 $Z_{\varepsilon\beta}$ $Z_{\varepsilon\beta}=Z_\varepsilon Z_\beta$，$Z_\varepsilon$ 为接触强度计算的重合度系数，它是考虑端面重合度 ε_α、纵向重合度 ε_β 对齿面接触应力影响的系数；Z_β 为接触强度计算的螺旋角系数，它是考虑螺旋角 β 对齿面接触应力影响的系数。

Z_ε 的计算公式为

$$Z_\varepsilon=\sqrt{\frac{4-\varepsilon_\alpha}{3}(1-\varepsilon_\beta)+\frac{\varepsilon_\beta}{\varepsilon_\alpha}} \tag{12-29}$$

当 $\varepsilon_\beta>1$ 时，按 $\varepsilon_\beta=1$ 代入式（12-29）计算。

根据试验，Z_β 可按下式计算：

$$Z_\beta=\sqrt{\cos\beta} \tag{12-30}$$

$Z_{\varepsilon\beta}$ 可用式（12-30）和式（12-29）计算，或由图12-10查出。

（9）试验齿轮的接触疲劳极限 σ_{Hlim} σ_{Hlim} 是指某种材料的齿轮，经长期持续的重复载荷作用后（通常不少于 5×10^7 次），齿面不破坏时的极限应力。由于影响因素很多，诸如：材料的化学成分、金相组织、热处理质量、力学性能、毛坯种类、残余应力等，因此，σ_{Hlim} 具有一定的离散性。

σ_{Hlim} 可由图12-8查取。图中的 σ_{Hlim} 值是试验齿轮在持久寿命期内失效概率为1%时的齿面接触疲劳极限。图中 ML 表示对齿轮材料和热处理质量的最低要求；MQ 表示可以由有经验的工业齿轮制造者以合理的生产成本来达到的中等质量要求；ME 表示制造最高承载能力齿轮对材料和热处理质量的要求。

对工业齿轮，通常按 MQ 级质量要求选取 σ_{Hlim} 值。

（10）接触强度计算的寿命系数 Z_N Z_N 是齿轮按有限寿命（$N_L<N_\infty$）设计时，齿轮的接触疲劳极限提高的系数。

齿面接触疲劳的应力循环基数 N_∞ 见图12-11及表12-21。齿面接触应力的循环次数 N_L 按式（12-22）计算。当 $N_L\geq N_\infty$ 时，$Z_N=1$；当 $N_L<N_\infty$ 时，Z_N 可由图12-11查出。

对于在非稳定变载下工作的齿轮，N_L 应为当量应力循环次数 N_{Leq}，N_{Leq} 用式（12-23）计算。

（11）润滑油膜影响系数 Z_{LVR} 齿面间的润滑状况对齿面接触强度有很大影响。影响齿面间润滑状况的主要因素有：润滑油的黏度、圆周速度、齿面表面粗糙度等。Z_{LVR} 就是考虑这些因素对润滑油膜影响的系数。

软齿面和调质钢、渗碳淬火钢短时间气体或液体渗氮齿轮的 Z_{LVR} 值见图12-12；硬齿面齿轮的 Z_{LVR} 值见图12-13。图12-12和图12-13适用于矿物油（加或不加添加剂），齿轮精度为Ⅱ级精度。

（12）工作硬化系数 Z_W Z_W 是考虑经光整加工的硬齿面小齿轮在运转过程中对调质钢大齿轮齿面产生冷作硬化，从而使大齿轮的齿面接触疲劳极限提高的系数。

对硬度 HB 范围为 130～470HBW 的调质钢或结构钢的大齿轮与齿面光滑（$Ra\leq1\mu m$ 或 $Rz\leq6\mu m$）的硬化小齿轮相啮合时，Z_W 用下式计算或由图12-14查出。

$$Z_W=1.2-\frac{HB-130}{1700} \tag{12-31}$$

当不符合上述条件时，取 $Z_W=1$。

（13）接触强度计算的尺寸系数 Z_X　　Z_X 是考虑计算齿轮的模数大于试验齿轮时，由于尺寸效应使齿轮的齿面接触疲劳极限降低的系数，可由图 12-15 查出。

（14）最小安全系数 S_{Hmin}、S_{Fmin}　　这两个系数是考虑齿轮工作可靠性的系数。齿轮的使用场合不同，对其可靠性的要求也不同。S_{Hmin} 和 S_{Fmin} 应根据对齿轮可靠性的要求确定。当齿轮的失效概率为 1% 时，推荐取 $S_{Hmin} = 1$。与点蚀损伤相比，齿轮折断后果更为严重，因此，对轮齿弯曲疲劳强度的可靠度应有更高的要求，推荐取弯曲疲劳的最小安全系数为 $S_{Fmin} = 1.4$。

（15）复合齿形系数 Y_{FS}　　$Y_{FS} = Y_{F\alpha} Y_{S\alpha}$，其中 $Y_{F\alpha}$ 为力作用于齿顶时的齿形系数，它是考虑齿形对齿根弯曲应力影响的系数；$Y_{S\alpha}$ 为力作用于齿顶时的应力修正系数，它是考虑齿根过渡曲线处的应力集中效应以及弯曲应力以外的其他应力对齿根应力影响的系数。

Y_{FS} 可根据齿数 z（z_v），变位系数 χ 由图 12-6 和图 12-7 查取。内齿轮的 Y_{FS} 用替代齿条（$z = \infty$）来确定，见图 12-6 的图注。

由于应力修正系数 $Y_{S\alpha}$ 对静强度没有影响，因此在进行静强度计算时，应把由图 12-6 及图 12-7 查出的复合齿形系数 Y_{FS} 除以 $Y_{S\alpha}$；而且许用应力也不应计及试验齿轮的应力修正系数 Y_{ST}。$Y_{S\alpha}$ 可根据齿数 z（z_v）及变位系数 χ 由图 12-23 和图 12-24 查取。

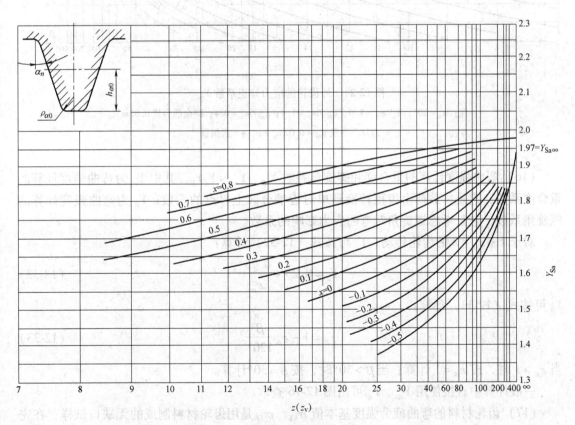

图 12-23　外齿轮的应力修正系数 $Y_{S\alpha}$

注：$\alpha_n = 20°$；$h_\alpha / m_n = 1.0$；$h_{\alpha 0} / m_n = 1.25$；$\rho_{\alpha 0} / m_n = 0.38$　对 $\rho_f = \rho_{\alpha 02} / 2$，齿高

$h = h_{\alpha 0} + h_\alpha$ 的内齿轮，$Y_{S\alpha} = 2.474$，$\rho_f = \rho_{\alpha 0}$ 时，$Y_{S\alpha} = Y_{S\alpha \infty}$。

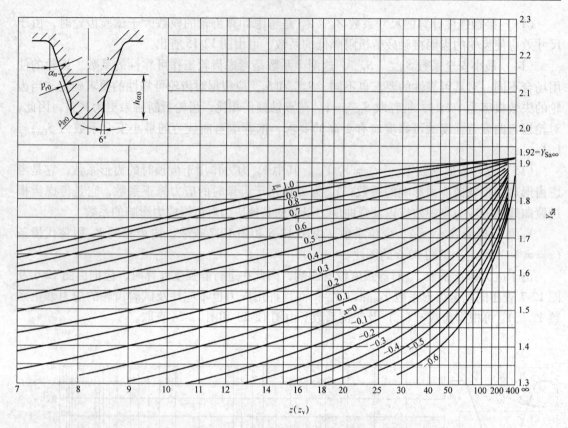

图 12-24 外齿轮的应力修正系数 $Y_{S\alpha}$

注: $\alpha_n = 20°$; $h_\alpha/m_n = 1.0$; $h_{\alpha 0}/m_n = 1.4$; $\rho_{\alpha 0}/m_n = 0.4$; 剩余凸台量 $0.02m_n$;

刀具凸台量 $p_{r0} = 0.02m_n + q$, q = 磨削量

（16）弯曲强度计算的重合度和螺旋角系数 $Y_{\varepsilon\beta}$　$Y_{\varepsilon\beta} = Y_\varepsilon Y_\beta$, 其中 Y_ε 为弯曲强度计算的重合度系数, 它是将载荷由齿顶转换到单对齿啮合区上界点的系数; Y_β 为弯曲强度计算的螺旋角系数, 它是考虑螺旋角对弯曲应力影响的系数。

对于 $1 < \varepsilon_\alpha < 2$ 的齿轮传动, Y_ε 可按式（12-32）计算:

$$Y_\varepsilon = 0.25 + \frac{0.75}{\varepsilon_\alpha} \tag{12-32}$$

Y_β 可按式（12-33）计算:

$$Y_\beta = 1 - \varepsilon_\beta \frac{\beta}{120°} \tag{12-33}$$

当 $\varepsilon_\beta > 1$ 时, 按 $\varepsilon_\beta = 1$ 计算; 当 $\beta > 30°$ 时, 按 $\beta = 30°$ 计算。

一般计算中直接使用 $Y_{\varepsilon\beta}$、$Y_{\varepsilon\beta}$ 可由图 12-16 查取。

（17）齿轮材料的弯曲疲劳强度基本值 σ_{FE}　σ_{FE} 是用齿轮材料制成的无缺口试样, 在完全弹性范围内经受脉动载荷作用时的名义弯曲疲劳极限, 用下式计算:

$$\sigma_{FE} = \sigma_{Flim} Y_{ST} \tag{12-34}$$

式中　σ_{Flim}——试验齿轮的弯曲疲劳极限（MPa）, 它是指某种材料的齿轮, 经长期持续的重复载荷作用后（$\geqslant 3 \times 10^6$ 周次），齿根不破坏时的极限应力；

Y_{ST}——试验齿轮的应力修正系数，取为 $Y_{ST} = 2.0$。

σ_{FE} 及 σ_{Flim} 值可从图 12-9 查取。对工业齿轮，通常按 MQ 级质量要求选取 σ_{FE} 及 σ_{Flim} 值。对于在对称循环载荷下工作的齿轮（如行星齿轮、中间齿轮），应将从图中查出的 σ_{FE} 及 σ_{Flim} 值乘以系数 0.7。对于双向运转工作的齿轮，所乘系数可稍大于 0.7。

使用图 12-9d 时，对表面淬火齿轮，硬化层的深度不应小于 $0.15m_n$，且硬化层应包括齿根圆角部分；当齿根圆角部分不淬硬时，则取值应为淬硬时的 70% ~ 80%。

使用图 12-9e 时，对气体渗氮齿轮，渗氮层的深度应为 0.4 ~ 0.6mm。

（18）弯曲强度计算的寿命系数 Y_N　Y_N 是齿轮按有限寿命（$N_L < 3 \times 10^6$ 周次）设计时，齿根弯曲疲劳极限提高的系数。齿根弯曲疲劳的应力循环基数 N_∞ 见图 12-17 和表 12-21。齿根弯曲应力的循环次数 N_L 用式（12-22）计算。当 $N_L > N_\infty$ 时，$Y_N = 1$；当 $N_L < N_\infty$ 时，Y_N 可由图 12-17 查取。

对于在非稳定变载荷下工作的齿轮，N_L 应为当量应力循环次数 N_{Leq}，N_{Leq} 由式（12-21）计算。

（19）相对齿根圆角敏感系数 $Y_{\delta relT}$　$Y_{\delta relT}$ 是考虑齿轮的材料、几何尺寸等对齿根应力的敏感度与试验齿轮不同而引进的系数，其值见表 12-20。

（20）相对齿根表面状况系数 Y_{RrelT}　Y_{RrelT} 是考虑所计算齿轮的齿根表面状况与试验齿轮不同而引进的系数。在疲劳强度计算中，当齿根表面粗糙度 $Rz \leqslant 16\mu m$（$Ra \leqslant 2.6\mu m$）时，$Y_{RrelT} = 1.0$；当 $Rz > 16\mu m$（$Ra > 2.6\mu m$）时，$Y_{RrelT} = 0.9$。在静强度计算时，$Y_{RrelT} = 1$。

（21）弯曲疲劳强度计算的尺寸系数 Y_X　Y_X 是考虑计算齿轮的模数大于试验齿轮时，由于尺寸效应使齿轮的弯曲疲劳极限降低的系数，可由图 12-18 查取。

3. 开式齿轮传动的计算特点

通常，开式齿轮传动只需计算齿根弯曲疲劳强度，计算时可根据齿厚磨损量的指标，由表 12-26 查得磨损系数 K_m，并将计算弯曲应力 σ_F 乘以 K_m。

表 12-26　磨损系数 K_m

允许齿厚的磨损量占原齿厚的百分数（%）	K_m	说　明
10	1.25	
15	1.40	这个百分数是开式齿轮传动磨损报废的主要指标,可按有关机器设备维修规程的要求确定
20	1.60	
25	1.80	
30	2.00	

对低速重载的开式齿轮传动，除按上述方法计算齿根的弯曲疲劳强度以外，还应进行接触疲劳强度计算，不过这时的齿面接触许用应力应取为 $\sigma_{HP} = （1.05 ~ 1.1）\sigma_{Hlimmin}$。当速度较低及润滑剂较净时可取较大值。$\sigma_{Hlimmin}$ 是两齿轮 σ_{Hlim} 值中的较小值。

12.3.2　圆弧齿轮传动

圆弧齿轮传动具有齿面接触疲劳强度高、效率高、磨损小而均匀、没有根切现象等优点，目前已在冶金、矿山、起重运输机械及高速齿轮传动中得到广泛应用。

图 12-25 所示为圆弧齿轮传动的外形图，它是一种以圆弧做齿形的斜齿（或人字齿）轮。为加工方便，一般法面齿形做成圆弧，而端面齿形只是近似的圆弧。

按照圆弧齿轮的齿形组成，圆弧齿轮可分为单圆弧齿轮传动和双圆弧齿轮传动两种类型。单圆弧齿轮传动如图 12-26 所示，通常小齿轮的轮齿做成凸圆弧形，大齿轮的轮齿做成凹圆弧形。双圆弧齿轮传动如图 12-26b 所示，其大小齿轮均采用同一种齿廓：其齿顶部分的齿廓为凸圆弧，齿根部分的齿廓为凹圆弧，整个齿廓由凸凹圆弧组成。

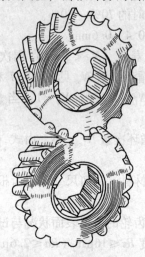

图 12-25　圆弧齿轮传动

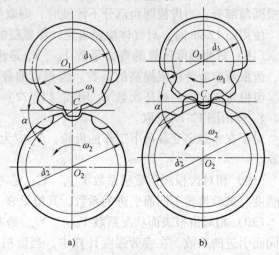

图 12-26　单圆弧齿轮传动和双圆弧齿轮传动
a) 单圆弧齿轮传动　b) 双圆弧齿轮传动

由于圆弧齿轮受力情况比较复杂，因此建立完善的计算公式比较困难，这里仅介绍 81 型双圆弧齿轮传动和 67 型单圆弧齿轮传动中的齿面接触疲劳强度和轮齿弯曲疲劳强度计算方法。

81 型双圆弧齿轮传动的计算公式列于表 12-27，67 型单圆弧齿轮传动的计算公式列于表 12-28。计算公式中有关系数和数据的确定方法如下：

1）小齿轮的齿数 z_1 通常取为 18～30。齿面硬度 ≤350HBW，过载不大时，宜取较大值；齿面硬度 >350HBW，过载大时，宜取较小值。齿轮速度高时宜取较大值。

表 12-27　81 型双圆弧齿轮传动的疲劳强度计算公式

项目	齿根弯曲疲劳强度计算	齿面接触疲劳强度计算
计算应力 /MPa	$\sigma_F = \left(\dfrac{T_1 K_A K_v K_1}{2\mu_\varepsilon + K_{\Delta\varepsilon}}\right)^{0.86} \dfrac{Y_E Y_u Y_\beta Y_F}{z_1 m_n^{2.58}} Y_{\text{end}}$	$\sigma_H = \left(\dfrac{T_1 K_A K_v K_1 K_{H2}}{2\mu_\varepsilon + K_{\Delta\varepsilon}}\right)^{0.73} \dfrac{Z_E Z_u Z_\beta Z_\alpha}{z_1 m_n^{2.19}}$
法向模数 /mm	$m_n \geqslant \left(\dfrac{T_1 K_A K_v K_1}{2\mu_\varepsilon + K_{\Delta\varepsilon}}\right)^{1/3} \left(\dfrac{Y_E Y_u Y_\beta Y_F}{z_1 \sigma_{FP}} Y_{\text{end}}\right)^{1/2.58}$	$m_n \geqslant \left(\dfrac{T_1 K_A K_v K_1 K_{H2}}{2\mu_\varepsilon + K_{\Delta\varepsilon}}\right)^{1/3} \left(\dfrac{Z_E Z_u Z_\beta Z_\alpha}{z_1 \sigma_{HP}}\right)^{1/2.19}$
小齿轮转矩 /N·mm	$T_1 = \dfrac{2\mu_\varepsilon + K_{\Delta\varepsilon}}{K_A K_v K_1} m_n^3 \left(\dfrac{Z_1 \sigma_{FP}}{Y_E Y_u Y_\beta Y_F Y_{\text{end}}}\right)^{1/0.86}$	$T_1 = \dfrac{2\mu_\varepsilon + K_{\Delta\varepsilon}}{K_A K_v K_1 K_{H2}} m_n^3 \left(\dfrac{z_1 \sigma_{HP}}{Z_E Z_u Z_\beta Z_\alpha}\right)^{1/0.73}$
许用应力 /MPa	$\sigma_{FP} = \sigma_{F\lim} Y_N Y_X / S_{F\min} \geqslant \sigma_F$	$\sigma_{HP} = \sigma_{H\lim} Z_N Z_L / S_{H\min} \geqslant \sigma_H$
安全系数	$S_F = \sigma_{F\lim} Y_N Y_X / \sigma_F \geqslant S_{F\min}$	$S_H = \sigma_{H\lim} Z_N Z_L / \sigma_N \geqslant S_{H\min}$

注：对人字齿轮传动，转矩按 $0.5T_1$ 计算，$(2\mu_\varepsilon + K_{\Delta\varepsilon})$ 按一半齿宽计算。

表 12-28　67 型单圆弧齿轮传动的疲劳强度计算公式

项目	齿根弯曲疲劳强度计算	齿面接触疲劳强度计算
计算应力 /MPa	凸齿 $\sigma_{F1} = \left(\dfrac{T_1 K_A K_v K_1}{\mu_\varepsilon}\right)^{0.79} \dfrac{Y_{E1} Y_{u1} Y_{\beta 1} Y_{F1} Y_{end}}{z_1 m_n^{2.37}}$ 凹齿 $\sigma_{F2} = \left(\dfrac{T_1 K_A K_v K_1}{\mu_\varepsilon}\right)^{0.73} \dfrac{Y_{E2} Y_{u2} Y_{\beta 2} Y_{F2} Y_{end}}{z_1 m_n^{2.19}}$	$\sigma_H = \left(\dfrac{T_1 K_A K_v K_1 K_{H2}}{\mu_\varepsilon}\right)^{0.7} \dfrac{Z_E Z_u Z_\beta Z_a}{z_1 m_n^{2.1}}$
法向模数 /mm	凸齿 $m_n \geqslant \left(\dfrac{T_1 K_A K_v K_1}{\mu_\varepsilon}\right)^{1/3} \left(\dfrac{Y_{E1} Y_{u1} Y_{\beta 1} Y_{F1} Y_{end}}{z_1 \sigma_{FP1}}\right)^{1/2.1}$ 凹齿 $m_n \geqslant \left(\dfrac{T_1 K_A K_v K_1}{\mu_\varepsilon}\right)^{1/3} \left(\dfrac{Y_{E2} Y_{u2} Y_{\beta 2} Y_{F2} Y_{end}}{z_1 \sigma_{FP2}}\right)^{1/2.19}$	$m_n \geqslant \left(\dfrac{T_1 K_A K_v K_1 K_{H3}}{\mu_\varepsilon}\right)^{1/3} \left(\dfrac{Z_E Z_u Z_\beta Z_q}{z_1 \sigma_{HP}}\right)^{1/2.1}$
小齿轮(凸齿) 转矩/N·m	凸齿 $T_1 = \dfrac{\mu_\varepsilon}{K_A K_v K_1} m_n^3 \left(\dfrac{z_1 \sigma_{FP1}}{Y_{E1} Y_{u1} Y_{\beta 1} Y_{F1} Y_{end}}\right)^{1/0.79}$ 凹齿 $T_1 = \dfrac{\mu_\varepsilon}{K_A K_v K_1} m_n^3 \left(\dfrac{z_1 \sigma_{FP2}}{Y_{E2} Y_{u2} Y_{\beta 2} Y_{F2} Y_{end}}\right)^{1/0.73}$	$T_1 = \dfrac{\mu_\varepsilon}{K_A K_v K_1 K_{H2}} m_n^3 \left(\dfrac{z_1 \sigma_{HP}}{Z_E Z_u Z_\beta Z_a}\right)^{1/0.7}$
许用应力/MPa	$\sigma_{FP} = \sigma_{Flim} Y_N Y_X / S_{Fmin} \geqslant \sigma_F$	$\sigma_{HP} = \sigma_{Hlim} Z_N Z_L / S_{Hmin} \geqslant \sigma_H$
安全系数	$S_P = \sigma_{Flim} Y_N Y_X / \sigma_F \geqslant S_{Fmin}$	$S_H = \sigma_{Hlim} Z_N Z_L / \sigma_H \geqslant S_{Hmin}$

注：1. 对人字齿轮传动，转矩按 $0.5T_1$ 计算，μ_ε 按一半齿宽计算。

　　2. 目前 67 型单圆弧齿轮传动的接触迹系数 $K_{\Delta\varepsilon}$ 尚无试验数据，故公式中暂未放入该系数。

2）μ_ε 为重合度 ε_β 的整数部分。选取较大的重合度，可以提高传动的平稳性，降低噪声，提高承载能力。对中、低速传动，常取 $\varepsilon_\beta > 2$；对高速传动，取 $\varepsilon_\beta > 3$。

3）使用系数 K_A 可由表 12-18 查出。对高速齿轮传动，在使用表值时，根据经验建议：当 $v = 40 \sim 70 \text{m/s}$ 时，取表值的 $1.02 \sim 1.15$ 倍；当 $v = 70 \sim 100 \text{m/s}$ 时，取表值的 $1.15 \sim 1.3$ 倍；当 $v > 100 \text{m/s}$ 时，取表值的 1.3 倍以上。

4）动载系数 K_v 查图 12-27。

5）接触迹间载荷分配系数 K_1 查图 12-28。

6）接触迹内载荷分布系数 K_{F2}、K_{H2} 查表 12-29。

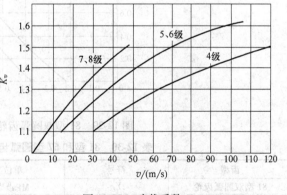

图 12-27　动载系数 K_v

7）接触迹系数 $K_{\Delta\varepsilon}$，是考虑由于重合度尾数 $\Delta\varepsilon$ 的增大而使每个接触迹上的正压力减小的系数。81 型双圆弧齿轮传动的 $K_{\Delta\varepsilon}$ 值查图 12-29。

8）弹性系数 Y_E、Z_E 见表 12-30。

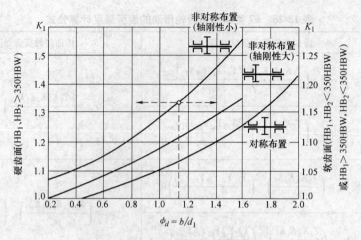

图 12-28　接触迹间载荷分配系数对人字齿轮（b 用全齿宽）

表 12-29　接触迹内载荷分布系数

Ⅲ组精度等级		5	6	7	8
K_{F2}		1			
K_{H2}	81 型	1.15	1.23	1.42	1.49
	67 型	1.16	1.24	1.44	1.52

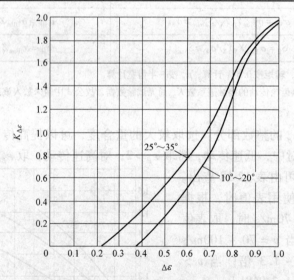

图 12-29　81 型双圆弧齿轮的接触迹系数 $K_{\Delta\varepsilon}$

表 12-30　81 型和 67 型圆弧齿轮的弹性系数 Y_E、Z_E

齿型	符号	单位	一对锻钢齿轮	其他材料
81 型双圆弧齿轮	Y_E	$MPa^{0.14}$	2.073	$0.37E'^{0.14}$
67 型单圆弧凸齿	Y_{E1}	$MPa^{0.21}$	6.59	$0.494E'^{0.21}$
67 型单圆弧凹轮	Y_{E2}	$MPa^{0.27}$	16.76	$0.60E'^{0.27}$
81 型双圆弧齿轮	Z_E	$MPa^{0.27}$	31.37	$1.123E'^{0.27}$
67 型单圆弧齿轮	Z_E	$MPa^{0.3}$	31.39	$0.770E'^{0.3}$

注：$E' = 2 \left/ \left(\dfrac{1-\nu_1^2}{E_1} + \dfrac{1-\nu_2^2}{E_2} \right) \right.$，$E_1$、$E_2$ 是弹性模量，ν_1、ν_2 是泊松比。

9）齿数比系数 Y_u、Z_u 见图 12-30。

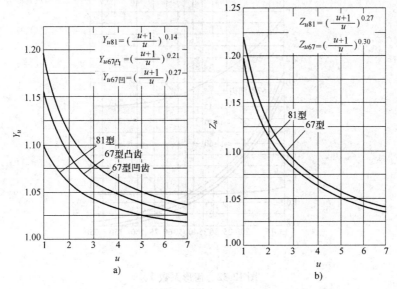

图 12-30　齿数比系数 Y_u、Z_u

a）Y_u　b）Z_u

10）螺旋角系数 Y_β、Z_β 见图 12-31。

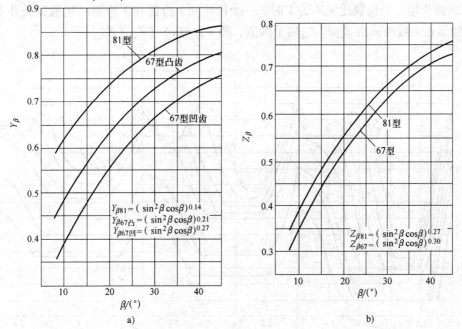

图 12-31　螺旋角系数 Y_β、Z_β

a）Y_β　b）Z_β

11）齿形系数 Y_F 见图 12-32。

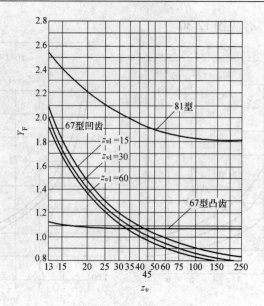

图 12-32　齿形系数 Y_F

12）齿端系数 Y_{end} 是考虑当瞬时接触迹在齿端时，端部齿根应力增大的系数。其值为端部齿根最大应力与齿宽中部最大应力的比值。81 型双圆弧齿轮的齿端系数见图 12-33。

13）接触弧长系数 Z_a，是考虑模数和当量齿数对接触弧长影响的系数，见图 12-34。对 81 型双圆弧齿轮，当齿数比 u 不为 1 时，一个齿轮的上齿面和下齿面的接触弧长并不相同，故其接触弧长系数需采用 Z_{a1} 和 Z_{a2} 的平均值，即 $Z_{am} = 0.5（Z_{a1} + Z_{a2}）$。

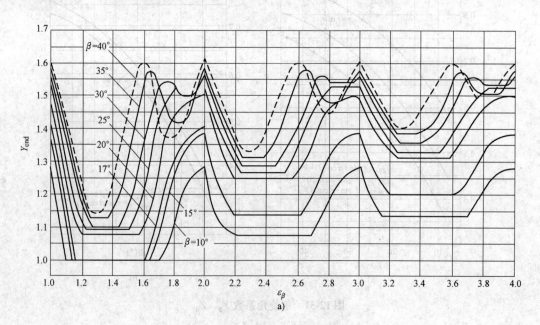

图 12-33　81 型双圆弧齿轮齿端系数 Y_{end}

a）$\varepsilon_\beta = 1.0 \sim 4.0$

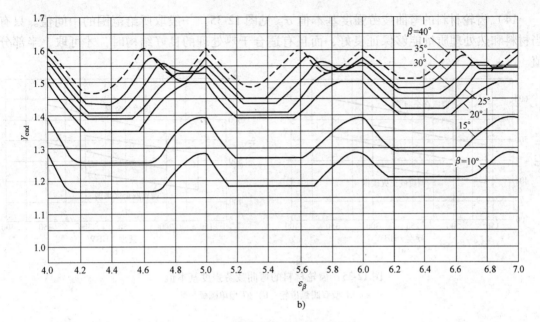

图 12-33　81 型双圆弧齿轮齿端系数 Y_{end}（续）

b）$\varepsilon_\beta = 4.0 \sim 7.0$

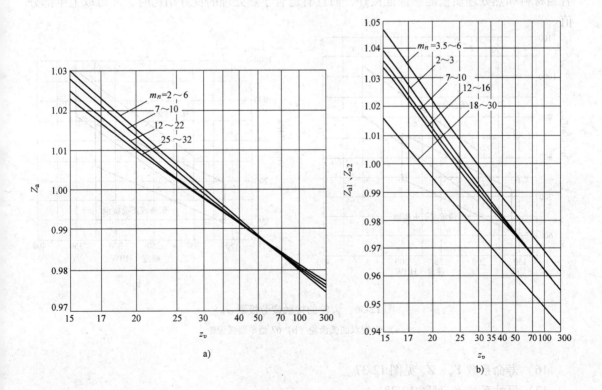

图 12-34　接触弧长系数 Z_a

a）67 型　b）81 型

14）齿轮材料的弯曲疲劳强度基本值 σ_{FE} 见图 12-35。一般取所给范围的中间值。只有当材料和热处理质量能够保证良好，而且有适合于热处理的良好结构时，才可取上半部分值。

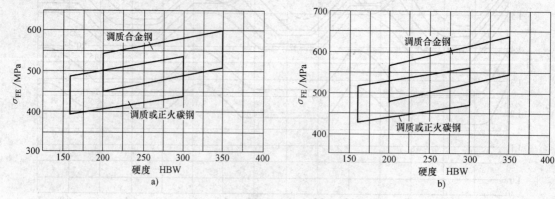

图 12-35 齿轮材料的弯曲疲劳强度基本值

a）81 型双圆弧齿轮 b）67 型单圆弧齿轮

对于对称循环应力下工作的齿轮，其 σ_{Flim} 值应将从图中选取的数值乘以 0.7。

15）试验齿轮的齿面接触疲劳极限应力 σ_{Hlim} 见图 12-36。一般取所给范围的中间值。只有当材料和热处理质量能够保证良好，而且有适合于热处理的良好结构时，才可取上半部分值。

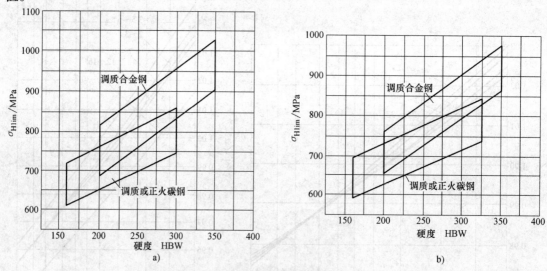

图 12-36 齿轮的接触疲劳极限 σ_{Hlim}

a）81 型双圆弧齿轮 b）67 型单圆弧齿轮

16）寿命系数 Y_N、Z_N 见图 12-37。

17）尺寸系数 Y_X 见图 12-38。

18）润滑剂系数 Z_L 见图 12-39。

19）最小安全系数 S_{Fmin}、S_{Hmin} 见表 12-31。

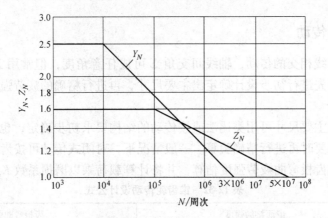

图 12-37　寿命系数 Y_N、Z_N

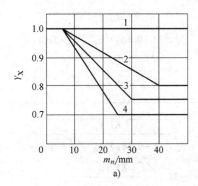
a)

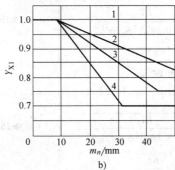
b)

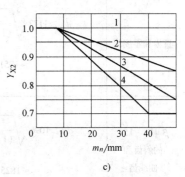
c)

图 12-38　尺寸系数 Y_X

a) 81 型　b) 67 型凸齿　c) 67 型凹齿

1—静载荷下所有材料　2—调质、正火钢　3—表面硬化钢　4—铸钢

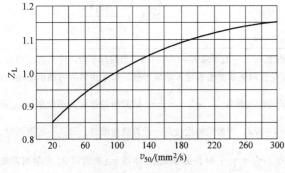

图 12-39　润滑系数 Z_L

注：应用某些具有较小摩擦因数的合成油时，对调质钢齿轮图
　　值应乘以系数 1.4；对渗碳淬火钢齿轮值应乘以 1.1。

表 12-31　最小安全系数的参考值

S_{Fmin}	1.6 ~ 1.8
S_{Hmin}	1.3 ~ 1.5

　　进行圆弧齿轮传动抗疲劳设计时，也需要分为两步。在初步设计时，先按齿根弯曲疲劳强度初步确定出齿轮模数和其他主要传动参数，然后再根据已确定出的齿轮传动参数，对齿根的弯曲疲劳强度和齿面的接触疲劳强度进行精确的疲劳强度校核。初步设计时，也使用表 12-27 或表 12-28 中的计算公式。

12.3.3　锥齿轮传动

锥齿轮用于轴线相交的传动，轴线间交角 Σ 可成任意角度，但常用 $\Sigma = 90°$。锥齿轮传动设计时，也需要先进行初步设计确定出主要尺寸，再进行精确的疲劳强度校核。

1. 初步设计

锥齿轮传动的主要尺寸可用类比法或按传动的结构要求初步确定，也可用表 12-32 所列公式进行估算，必要时再进行精确验算。一般情况下，对闭式传动可按齿面接触疲劳强度估算；对开式传动按齿根弯曲疲劳强度估算，并将计算载荷乘以磨损系数 K_m（见表 12-26）。

表 12-32　锥齿轮传动设计公式

锥齿轮种类	齿面接触强度[①]	齿根弯曲强度
直齿和零度齿	$d_{e1} \geqslant 1172 \sqrt[3]{\dfrac{KT_1}{(1-0.5\psi_R)^2 \phi_R u \sigma'^2_{HP}}}$ $\approx 1951 \sqrt[3]{\dfrac{KT_1}{u\sigma'^2_{HP}}}$	$m_e \geqslant 19.2 \sqrt[3]{\dfrac{KT_1 Y_{FS}}{z_1^2(1-0.5\phi_R)^2 \phi_R \sqrt{u^2+1}\,\sigma'_{FP}}}$ $\approx 32 \sqrt[3]{\dfrac{KT_1 Y_{FS}}{z_1^2 \sqrt{u^2+1}\,\sigma'_{FP}}}$
$\beta = 8° \sim 15°$ 的斜齿和曲线齿	$d_{e1} \geqslant 1096 \sqrt[3]{\dfrac{KT_1}{(1-0.5\phi_R)^2 \phi_R u \sigma'^2_{HP}}}$ $\approx 1825 \sqrt[3]{\dfrac{KT_1}{u\sigma'^2_{HP}}}$	$m_e \geqslant 18.7 \sqrt[3]{\dfrac{KT_1 Y_{FS}}{z_1^2(1-0.5\phi_R)^2 \phi_R \sqrt{u^2+1}\,\sigma'_{FP}}}$ $\approx 31.1 \sqrt[3]{\dfrac{KT_1 Y_{FS}}{z_1^2 \sqrt{u^2+1}\,\sigma'_{FP}}}$
$\beta = 35°$ 的斜齿和曲线齿	$d_{e1} \geqslant 983 \sqrt[3]{\dfrac{KT_1}{(1-0.5\phi_R)^2 \phi_R u \sigma'^2_{HP}}}$ $\approx 1636 \sqrt[3]{\dfrac{KT_1}{u\sigma'^2_{HP}}}$	$m_e \geqslant 15.8 \sqrt[3]{\dfrac{KT_1 Y_{FS}}{z_1^2(1-0.5\phi_R)^2 \phi_R \sqrt{u^2+1}\,\sigma'_{FP}}}$ $\approx 26.3 \sqrt[3]{\dfrac{KT_1 Y_{FS}}{z_1^2 \sqrt{u^2+1}\,\sigma'_{FP}}}$
说明	K—载荷系数，当原动机为电动机、汽轮机时，一般可取 $K = 1.2 \sim 1.8$。当载荷平稳、传动精度较高、速度较低、斜齿、曲线齿，以及大、小齿轮皆两侧布置轴承时 K 取较小值。如采用多缸内燃机驱动时，K 值应增大 1.2 倍左右。σ'_{HP}—设计齿轮的许用接触应力，$\sigma'_{HP} = \dfrac{\sigma_{Hlim}}{S'_H}$；试验齿轮接触疲劳极限 σ_{Hlim} 查图 12-8。估算时接触强度的安全系数 $S'_H = 1 \sim 1.2$，当齿轮精度较高，计算载荷准确，设备不甚重要时，可取低值。σ'_{FP}—设计齿轮的许用弯曲应力，$\sigma'_{FP} = \dfrac{\sigma_{FE}}{S'_F}$；材料抗弯强度基本值 σ_{FE} 查图 12-9。估算时弯曲强度的安全系数 $S'_F = 1.4 \sim 2$，对模数较小，精度较高，设备不甚重要及计算载荷较准时，取小值。Y_{FS}—复合齿形系数，查图 12-40 和图 12-41	

① 齿面接触强度计算公式仅适用于钢配对齿轮，非钢配对齿轮要将按表中公式求得的 d_{e1} 乘以下表的系数：

齿轮 1	齿轮 2	系数	齿轮 1	齿轮 2	系数
钢	球墨铸铁	0.97	球墨铸铁	球墨铸铁	0.94
	灰铸铁	0.90		灰铸铁	0.88
			灰铸铁	灰铸铁	0.84

表中所列公式中各参数符号的意义及各参数的确定方法如下：

1）d_{e1} 为小齿轮的大端分度圆直径（mm）。

2）m_e 为大端模数（mm），$m_e = d_{e1}/z_1$，z_1 为小轮齿数。

3）K 为载荷系数，当原动机为电动机、汽轮机时，一般可取 $K = 1.2 \sim 1.8$。当载荷平稳，传动精度较高，速度较低，斜齿，曲线齿，以及大、小齿轮两侧布置轴承时，K 取较小值。如采用多缸内燃机驱动时，K 值应增大 1.2 倍左右。

4）T_1 为小齿轮传递的额定转矩（N·m）。

5）ϕ_R 为齿宽系数。对于轻载和中载齿轮传动：$0.2 \leqslant \phi_R \leqslant 0.286$；对于重载齿轮传动，$0.286 \leqslant \phi_R \leqslant 0.33$。

6）u 为齿数比，按传动要求确定，一般情况下，$u = 1 \sim 10$。

7）σ'_{HP} 为设计齿轮的许用接触应力，$\sigma'_{HP} = \sigma_{Hlim}/S'_H$。$\sigma_{Hlim}$ 为试验齿轮的接触疲劳极限（MPa），查图 12-8。S'_H 为估算时接触疲劳强度的安全系数，$S'_H = 1 \sim 1.2$，当齿轮精度较高，计算载荷准确，设备不甚重要时，可取低值。

8）σ'_{FP} 为设计齿轮的许用弯曲应力（MPa），$\sigma'_{FP} = \sigma_{FE}/S'_F$。$\sigma_{FE}$ 为材料弯曲疲劳强度的基本值（MPa），可由图 12-9 查出。S'_F 为估算时弯曲疲劳强度的安全系数，$S'_F = 1.4 \sim 2$，对模数较小，精度较高，设备不甚重要，及计算载荷较准时，取小值。

9）Y_{FS} 为复合齿形系数，可由图 12-40 或图 12-41 查出。

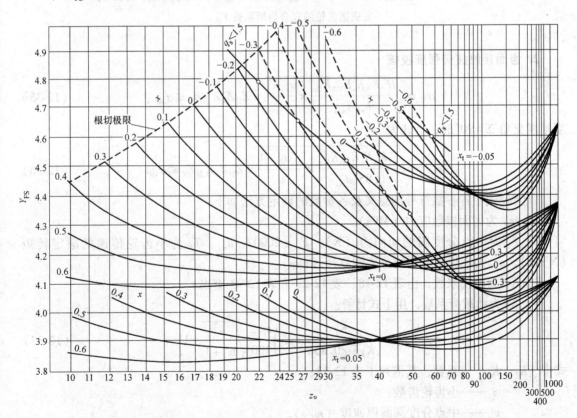

图 12-40　基本齿条为 $\alpha_n = 20°$，$h_\alpha/m_{nm} = 1$，$h/m_{nm} = 1.25$，$\rho_f/m_{nm} = 0.3$ 的
展成锥齿轮的复合齿形系数 Y_{FS}

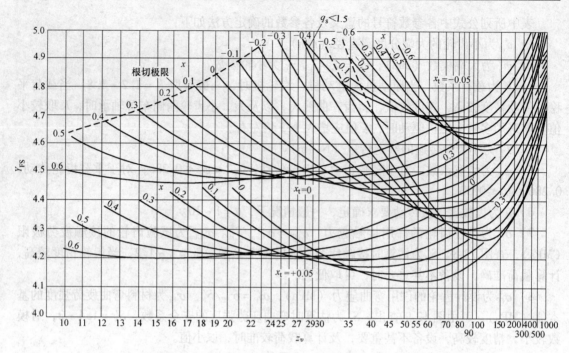

图 12-41　基本齿条为 $\alpha_n = 20°$，$h_a/m_{nm} = 1$，$h_f/m_{nm} = 1.25$，$\rho_f/m_{nm} = 0.20$ 的

展成锥齿轮的复合齿形系数 Y_{FS}

2. 齿面接触疲劳强度校核

$$\sigma_H = \sqrt{\dfrac{F_t K_A K_v K_{H\beta} K_{H\alpha}}{b_{eH} d_{mv1}} \times \dfrac{u_v + 1}{u_v}} \times Z_H Z_E Z_{\varepsilon\beta} Z_K \leqslant \sigma_{HP} \tag{12-35}$$

当轴线交角 $\Sigma = 90°$ 时，上式为

$$\sigma_H = \sqrt{\dfrac{F_t K_A K_v K_{H\beta} K_{H\alpha}}{0.85 b d_{m1}} \times \dfrac{\sqrt{u_2 + 1}}{u}} \times Z_H Z_E Z_{\varepsilon\beta} Z_K \leqslant \sigma_{HP} \tag{12-36}$$

以上公式中各参数符号的意义及各参数的确定方法如下：

1）σ_H 为齿面接触应力（MPa）。

2）F_t 为中点分度圆的切向力（N），$F_t = 2000 T_1/d_{m1}$，T_1 为小齿轮传递的额定转矩（N·m），d_{m1} 为小齿轮的平均分度圆直径（mm）。

3）K_A 为使用系数，由表 12-18、表 12-22 和表 12-23 查出。

4）K_v 为动载荷系数，用下式计算：

$$K_v = \left(\dfrac{K_1}{K_A F_t/0.85 b} + K_2 \right) \dfrac{z_1 v_m}{100} \sqrt{\dfrac{u^2}{u^2 + 1}} + 1 \tag{12-37}$$

式中　K_1、K_2——系数，其值列于表 12-33；

　　　　z_1——小齿轮齿数；

　　　　v_m——中点分度圆圆周速度（m/s）。

5）$K_{H\beta}$ 为齿向载荷分布系数，用下式计算

$$K_{H\beta} = 1.5 K_{H\beta be} \tag{12-38}$$

式中 $K_{H\beta be}$——支承情况系数，其值列于表 12-34。

表 12-33 系数 K_1、K_2 值

系　　数						K_1					K_2
Ⅱ 公差组精度等级	4	5	6	7	8	9	10	11	12		4 ~ 12
直齿锥齿轮	3.49	5.83	10.11	16.33	28.76	62.20	113.52	155.50	233.25		0.0193
斜齿和曲线齿锥齿轮	3.28	5.48	9.50	15.34	27.02	58.43	106.64	146.08	219.12		0.0100

表 12-34 支承情况系数 $K_{H\beta be}$ 值

支承情况	两轮皆两端支承	有一轮悬臂支承	两轮皆悬臂
$K_{H\beta be}$	1.1	1.25	1.5

常系数 1.5，是鼓形啮合（点接触）时局部齿面接触压强相对于非鼓形齿增大的倍数。对于非鼓形直齿锥齿轮，应将由式（12-38）求得的 $K_{H\beta}$ 值适当增大。

6）齿间载荷分配系数 $K_{H\alpha}$ 可由表 12-35 查出。

表 12-35 齿间载荷分配系数 $K_{H\alpha}$、$K_{F\alpha}$ 值

$K_A K_v K_{H\beta} F_t / b_{eH}$					$\geqslant 100\text{N/mm}$				$< 100\text{N/mm}$
Ⅱ 公差组精度等级			4、5	6	7	8	9	10、11、12	所有精度
硬齿面	直齿	$K_{H\alpha}$	1		1.1	1.2		$1/Z_E^2 \geqslant 1.2$	
		$K_{F\alpha}$	1		1.1	1.2		$1/Y_E \geqslant 1.2$	
	斜齿和曲线齿	$K_{H\alpha}$	1	1.1	1.2	1.4		$\varepsilon_{van}^{①} \geqslant 1.4$	
		$K_{F\alpha}$	1	1.1	1.2	1.4		$\varepsilon_{van}^{①} \geqslant 1.4$	
软齿面	直齿	$K_{H\alpha}$		1		1.1	1.2	$1/Z_E^2 \geqslant 1.2$	
		$K_{F\alpha}$		1		1.1	1.2	$1/Y_E \geqslant 1.2$	
	斜齿和曲线齿	$K_{H\alpha}$	1		1.1	1.2	1.4	$\varepsilon_{van} \geqslant 1.4$	
		$K_{F\alpha}$	1		1.1	1.2	1.4	$\varepsilon_{van} \geqslant 1.4$	

① 当量圆柱齿轮端面重合度。

7）b_{eH} 为有效齿宽（mm），相当于齿面接触区长度，一般 $b_{eH} = 0.85b$，b 为齿宽。如果齿轮经过检测，则应取满载时的实测接触区长度。

8）d_{m1} 为小齿轮的平均分度圆直径（mm）。

9）u_v 为当量齿数比，u 为齿数比。当量齿数的计算公式为

$$z_v = \frac{z}{\cos\delta\cos^3\beta_m} \tag{12-39}$$

式中 z——齿数；

　　δ——分锥角；

　　β_m——齿宽中点的螺旋角。

10）d_{mv1} 为当量分度圆直径（mm），d_{m1} 为分度圆直径（mm）。

11）Z_H 为节点区域系数，对锥齿轮按齿宽中点当量齿轮节点的齿廓曲率来考虑。

常用的标准压力角的 Z_H 值，可由图 12-42 查出，图中 α_n 为压力角。

12）弹性系数 Z_E 见表 12-25。

13）$Z_{\varepsilon\beta}$ 为重合度和螺旋角系数，用下式计算：

$$Z_{\varepsilon\beta} = Z_\varepsilon Z_\beta \tag{12-40}$$

直齿锥齿轮的重合度系数 Z_ε 为

$$Z_\varepsilon = \sqrt{\frac{4 - \varepsilon_{v\alpha}}{3}} \tag{12-41}$$

式中　$\varepsilon_{v\alpha}$——端面重合度。

斜齿和曲线锥齿轮的重合度系数为

$$Z_\varepsilon = \sqrt{\left[\frac{4 - \varepsilon_{v\alpha}}{3}(1 - \varepsilon_{v\beta})\right] + \frac{\varepsilon_{v\beta}}{\varepsilon_{v\alpha}}} \tag{12-42}$$

式中　$\varepsilon_{v\beta}$——轴向重合度。

当 $\varepsilon_{v\beta} \geqslant 1$ 时：

$$Z_\varepsilon = \sqrt{\frac{1}{\varepsilon_{v\alpha}}} \tag{12-43}$$

螺旋角系数为

$$Z_\beta = \sqrt{\cos\beta_m} \tag{12-44}$$

式中　β_m——齿宽中点的螺旋角。

当 $\varepsilon_{v\alpha}$、$\varepsilon_{v\beta}$ 和 β_m 已知后，$Z_{\varepsilon\beta}$ 也可由图 12-10 查出。

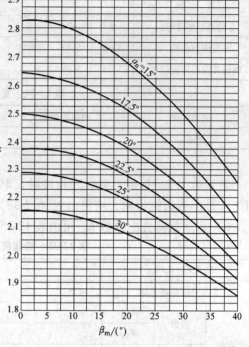

图 12-42　$X_1 + X_2 = 0$ 和未径向变位锥齿轮的 Z_H

14）Z_K 为锥齿轮系数，它考虑锥齿轮齿形与渐开线的差异和齿向刚度变化对点蚀的影响。当配对齿轮的齿顶和齿根进行适当修形时，可取 $Z_K = 0.85$；如未进行修形，取 $Z_K = 1$。

15）σ_{HP} 为许用接触应力（MPa），大小齿轮的许用接触应力应分别计算，以较小的为准。计算公式为

$$\sigma_{HP} = \frac{\sigma_{Hlim}}{S_{Hlim}} Z_N Z_{LVR} Z_X Z_W \tag{12-45}$$

式中　σ_{Hlim}——试验齿轮的接触疲劳极限，见图 12-8；

　　　Z_N——寿命系数，参见本章 12.3.1 节；

　　　Z_{LVR}——润滑油膜影响系数，见图 12-12 和图 12-13；

　　　Z_W——工作硬化系数，参见本章 12.3.1 节；

　　　Z_X——尺寸系数，参见本章 12.3.1 节；

　　　S_{Hlim}——安全系数，参见本章 12.3.1 节。

3. 齿根弯曲疲劳强度校核

强度条件为

$$\sigma_F = \frac{F_t K_A K_v K_{F\beta} K_{F\alpha}}{0.85 b m_n} Y_{FS} Y_{\varepsilon\beta} \leqslant \sigma_{FP} \tag{12-46}$$

式中各参数符号的意义和各参数的确定方法如下：

1）K_A、K_v、$K_{F\beta} = K_{H\beta}$、$K_{F\alpha} = K_{H\alpha}$ 的确定方法同前。

2）复合齿形系数 Y_{FS}，根据 $z_v = \dfrac{z}{\cos^3\beta_m \cos\delta}$ 查图 12-40 和图 12-41。

3）弯曲疲劳强度的重合度和螺旋角系数 $Y_{\varepsilon\beta}$ 查图 12-16。

4）许用弯曲应力用下式计算：

$$\sigma_{FP} = \frac{\sigma_{FE}}{S_{Fmin}} Y_N Y_{\delta relT} Y_{Rrelt} Y_X \tag{12-47}$$

式中　σ_{FE}——齿轮材料的弯曲疲劳强度基本值（MPa），见图 12-9；

　　Y_N——寿命系数，查图 12-17；

　　Y_{Rrelt}——相对（齿根）表面状况系数，参见本章 12.3.1 节；

　　Y_X——尺寸系数，按法向平均模数查图 12-18；

　　$Y_{\delta relT}$——相对齿根圆角敏感系数，见表 12-20；

　　S_{Fmin}——齿根弯曲疲劳强度的最小安全系数，参见本章 12.3.1 节。

12.4　滚动轴承的抗疲劳设计

12.4.1　概述

滚动轴承的主要失效形式是接触疲劳、过量的永久变形和磨损。疲劳剥落是最常见的失效形式，它决定了轴承的疲劳寿命；过量的永久变形使轴承在运转中产生剧烈的振动和噪声；磨损使轴承游隙、噪声和振动增大，降低轴承的运转精度，一些精密机械用的轴承可用磨损量来确定轴承寿命。

疲劳剥落可根据使用寿命，由基本额定动载荷限定载荷能力。过量永久变形可由基本额定静载荷限定载荷能力。磨损尚无统一的计算方法。

滚动轴承的疲劳寿命一般符合威布尔分布，即

$$\lg \frac{1}{R} = AL_n^\kappa \tag{12-48}$$

式中　R——可靠度；

　　L_n——与 R 相应的轴承寿命，$n = (1 - R) \times 100$；

　　A——常数；

　　κ——威布尔形状参数，球轴承 $\kappa = 10/9$，滚子轴承 $\kappa = 9/8$。

滚动轴承是标准件，设计师只需知道如何选用，而不需自己设计。滚动轴承的选择方法，对于转速较高的轴承，按额定动载荷 C 计算选择，然后检验其额定静载荷 C_0 是否满足要求。对低速旋转或缓慢摆动的轴承，应按额定动载荷和额定静载荷两种方法计算选择，取其中尺寸较大者。

12.4.2　按额定动载荷选择轴承

1. 额定寿命 L

在大量抽样的轴承中，有 90% 能超过的寿命称为额定寿命 L，即具有 90% 存活率的寿命，通常以转数表示，其单位是 10^6 r，也常用 L_{10} 表示，或称 B-10 寿命。

额定寿命可用下式计算：

$$L = \left(\frac{C}{P}\right)^{\varepsilon} \tag{12-49}$$

式中　C——额定动载荷（kN），由轴承尺寸表中查出；

　　　P——当量动载荷（kN）；

　　　ε——寿命指数，对球轴承 $\varepsilon = 3$，对滚子轴承 $\varepsilon = 10/3$。

在实际计算中一般用工作小时数表示轴承的额定寿命，这时式（12-49）可改写为

$$L_{\mathrm{h}} = \frac{10^6}{60n}\left(\frac{C}{P}\right)^{\varepsilon} \tag{12-50}$$

式中　L_{h}——额定寿命（h）；

　　　n——工作转速（r/min）。

2. 额定动载荷 C

额定寿命为 $10^6 r$ 时轴承所能承受的载荷称为额定动载荷，用 C 表示。对向心轴承是指纯径向载荷，对推力轴承是指中心推力载荷。

一般情况下，额定动载荷 C 可用下式计算：

$$C = \frac{f_{\mathrm{h}}f_F}{f_n f_T}P \tag{12-51}$$

$$f_n = \left(\frac{100}{3n}\right)^{\frac{1}{\varepsilon}}$$

$$f_{\mathrm{h}} = \left(\frac{L_{\mathrm{h}}}{500}\right)^{\frac{1}{\varepsilon}}$$

式中　f_n——速度系数，可由本式计算，或由表 12-36 查出；

　　　f_{h}——寿命系数，可由本式计算，或由表 12-37 查出；

　　　f_F——载荷系数，由表 12-38 查出；

　　　f_T——温度系数，由表 12-39 查出。

由式（12-51）计算出额定动载荷 C 以后，即可根据选用的轴承型式及 C 值，由滚动轴承尺寸及性能参数表查出所需的轴承型号。

表 12-36　滚动轴承的寿命系数 f_{h}

L_{h}/h	f_{h}		L_{h}/h	f_{h}		L_{h}/h	f_{h}		L_{h}/h	f_{h}		L_{h}/h	f_{h}	
	球轴承	滚子轴承		球轴承	滚子轴承		球轴承	滚子轴承		球轴承	滚子轴承		球轴承	滚子轴承
100	0.585	0.617	135	0.647	0.675	170	0.698	0.723	210	0.749	0.771	280	0.824	0.84
105	0.595	0.626	140	0.654	0.683	175	0.705	0.73	220	0.761	0.782	290	0.834	0.849
110	0.604	0.635	145	0.662	0.69	180	0.712	0.736	230	0.772	0.792	300	0.843	0.858
115	0.613	0.643	150	0.670	0.697	185	0.718	0.742	240	0.783	0.802	310	0.852	0.866
120	0.622	0.652	155	0.677	0.704	190	0.724	0.748	250	0.794	0.812	320	0.861	0.875
125	0.631	0.66	160	0.684	0.71	195	0.731	0.754	260	0.804	0.822	330	0.870	0.883
130	0.639	0.668	165	0.691	0.717	200	0.737	0.76	270	0.814	0.831	340	0.879	0.891

（续）

L_h/h	f_h 球轴承	f_h 滚子轴承	L_h/h	f_h 球轴承	f_h 滚子轴承	L_h/h	f_h 球轴承	f_h 滚子轴承	L_h/h	f_h 球轴承	f_h 滚子轴承	L_h/h	f_h 球轴承	f_h 滚子轴承
350	0.888	0.898	900	1.215	1.19	3000	1.815	1.71	8000	2.52	2.30	25000	3.68	3.23
360	0.896	0.906	920	1.225	1.20	3100	1.835	1.73	8200	2.54	2.31	26000	3.73	3.27
370	0.905	0.914	940	1.235	1.21	3200	1.855	1.745	8400	2.56	2.33	27000	3.78	3.31
380	0.913	0.921	960	1.245	1.215	3300	1.875	1.76	8600	2.58	2.35	28000	3.82	3.35
390	0.921	0.928	980	1.25	1.225	3400	1.895	1.775	8800	2.60	2.36	29000	3.87	3.38
400	0.928	0.935	1000	1.26	1.23	3500	1.91	1.795	9000	2.62	2.38	30000	3.91	3.42
410	0.936	0.942	1050	1.28	1.25	3600	1.93	1.81	9200	2.64	2.40	31000	3.96	3.45
420	0.944	0.949	1100	1.30	1.27	3700	1.95	1.825	9400	2.66	2.41	32000	4.00	3.48
430	0.951	0.956	1150	1.32	1.285	3800	1.965	1.84	9600	2.68	2.43	33000	4.04	3.51
440	0.959	0.962	1200	1.34	1.30	3900	1.985	1.85	9800	2.70	2.44	34000	4.08	3.55
450	0.966	0.969	1250	1.36	1.315	4000	2.0	1.865	10000	2.71	2.46	35000	4.12	3.58
460	0.973	0.975	1300	1.375	1.33	4100	2.02	1.88	10500	2.76	2.49	36000	4.16	3.61
470	0.980	0.982	1350	1.395	1.345	4200	2.03	1.895	11000	2.80	2.53	37000	4.20	3.64
480	0.987	0.988	1400	1.41	1.36	4300	2.05	1.905	11500	2.85	2.56	38000	4.24	3.67
490	0.994	0.994	1450	1.425	1.375	4400	2.07	1.92	12000	2.89	2.59	39000	4.27	3.70
500	1.000	1.00	1500	1.445	1.39	4500	2.08	1.935	12500	2.93	2.63	40000	4.31	3.72
520	1.015	1.01	1550	1.46	1.405	4600	2.1	1.945	13000	2.96	2.66	41000	4.35	3.75
540	1.025	1.025	1600	1.475	1.42	4700	2.11	1.96	13500	3.00	2.69	42000	4.38	3.78
560	1.040	1.035	1650	1.49	1.43	4800	2.13	1.97	14000	3.04	2.72	43000	4.42	3.80
580	1.050	1.045	1700	1.505	1.445	4900	2.14	1.985	14500	3.07	2.75	44000	4.45	3.83
600	1.065	1.055	1750	1.52	1.455	5000	2.16	2.00	15000	3.11	2.77	45000	4.48	3.86
620	1.075	1.065	1800	1.535	1.47	5200	2.18	2.02	15500	3.14	2.80	46000	4.51	3.88
640	1.085	1.075	1850	1.545	1.48	5400	2.21	2.04	16000	3.18	2.83	47000	4.55	3.91
660	1.100	1.085	1900	1.56	1.49	5600	2.24	2.06	16500	3.21	2.85	48000	4.58	3.93
680	1.110	1.095	1950	1.575	1.505	5800	2.27	2.09	17000	3.24	2.88	49000	4.61	3.96
700	1.12	1.105	2000	1.59	1.515	6000	2.29	2.11	17500	3.27	2.91	50000	4.64	3.98
720	1.13	1.115	2100	1.615	1.54	6200	2.32	2.13	18000	3.30	2.93	55000	4.80	4.1
740	1.14	1.125	2200	1.64	1.56	6400	2.34	2.15	18500	3.33	2.95	60000	4.94	4.2
760	1.15	1.135	2300	1.665	1.58	6600	2.37	2.17	19000	3.36	2.98	65000	5.07	4.3
780	1.16	1.145	2400	1.69	1.60	6800	2.39	2.19	19500	3.39	3.00	70000	5.19	4.4
800	1.17	1.15	2500	1.71	1.62	7000	2.41	2.21	20000	3.42	3.02	75000	5.30	4.5
820	1.18	1.16	2600	1.73	1.64	7200	2.43	2.23	21000	3.48	3.07	80000	5.43	4.58
840	1.19	1.17	2700	1.755	1.66	7400	2.46	2.24	22000	3.53	3.11	85000	5.55	4.66
860	1.20	1.18	2800	1.775	1.675	7600	2.48	2.26	23000	3.58	3.15	90000	5.65	4.75
880	1.205	1.185	2900	1.795	1.695	7800	2.50	2.28	24000	3.63	3.19	95000	5.75	4.84
												100000	5.85	4.90

表 12-37　滚动轴承的速度系数 f_n

$n/$ (r/min)	f_n 球轴承	f_n 滚子轴承	$n/$ (r/min)	f_n 球轴承	f_n 滚子轴承	$n/$ (r/min)	f_n 球轴承	f_n 滚子轴承	$n/$ (r/min)	f_n 球轴承	f_n 滚子轴承	$n/$ (r/min)	f_n 球轴承	f_n 滚子轴承
10	1.494	1.435	45	0.905	0.914	125	0.644	0.673	400	0.437	0.475	1000	0.322	0.361
11	1.447	1.395	46	0.898	0.908	130	0.635	0.665	410	0.433	0.471	1050	0.317	0.355
12	1.405	1.359	47	0.892	0.902	135	0.627	0.657	420	0.43	0.467	1100	0.312	0.35
13	1.369	1.326	48	0.885	0.896	140	0.62	0.65	430	0.426	0.464	1150	0.307	0.346
14	1.335	1.297	49	0.88	0.891	145	0.613	0.643	440	0.423	0.461	1200	0.303	0.341
15	1.305	1.271	50	0.874	0.886	150	0.606	0.637	450	0.42	0.458	1250	0.299	0.337
16	1.277	1.246	52	0.863	0.875	155	0.599	0.631	460	0.417	0.455	1300	0.295	0.333
17	1.252	1.226	54	0.851	0.865	160	0.593	0.625	470	0.414	0.452	1350	0.291	0.329
18	1.228	1.203	56	0.841	0.856	165	0.586	0.619	480	0.411	0.449	1400	0.288	0.326
19	1.206	1.184	58	0.831	0.847	170	0.581	0.613	490	0.408	0.447	1450	0.284	0.322
20	1.186	1.166	60	0.822	0.838	175	0.575	0.608	500	0.406	0.444	1500	0.281	0.319
21	1.166	1.149	62	0.813	0.83	180	0.57	0.603	520	0.40	0.439	1550	0.278	0.316
22	1.148	1.133	64	0.805	0.822	185	0.565	0.598	540	0.395	0.434	1600	0.275	0.313
23	1.132	1.118	66	0.797	0.815	190	0.56	0.593	560	0.39	0.429	1650	0.272	0.31
24	1.116	1.104	68	0.788	0.807	195	0.555	0.589	580	0.386	0.425	1700	0.27	0.307
25	1.11	1.09	70	0.781	0.80	200	0.55	0.584	600	0.382	0.42	1750	0.267	0.305
26	1.086	1.077	72	0.774	0.794	210	0.541	0.576	620	0.378	0.416	1800	0.265	0.302
27	1.073	1.065	74	0.767	0.787	220	0.533	0.568	640	0.374	0.412	1850	0.262	0.30
28	1.06	1.054	76	0.76	0.781	230	0.525	0.56	660	0.37	0.408	1900	0.26	0.297
29	1.048	1.043	78	0.753	0.775	240	0.518	0.553	680	0.366	0.405	1950	0.258	0.295
30	1.036	1.032	80	0.747	0.769	250	0.511	0.546	700	0.363	0.401	2000	0.255	0.293
31	1.025	1.022	82	0.741	0.763	260	0.504	0.54	720	0.359	0.398	2100	0.251	0.289
32	1.014	1.012	84	0.735	0.758	270	0.498	0.534	740	0.356	0.395	2200	0.247	0.285
33	1.003	1.003	86	0.729	0.753	280	0.492	0.528	760	0.353	0.391	2300	0.244	0.281
34	0.994	0.994	88	0.724	0.747	290	0.487	0.523	780	0.35	0.388	2400	0.24	0.277
35	0.984	0.986	90	0.718	0.742	300	0.481	0.517	800	0.347	0.385	2500	0.237	0.274
36	0.975	0.977	92	0.713	0.737	310	0.476	0.512	820	0.344	0.383	2600	0.234	0.271
37	0.966	0.969	94	0.708	0.733	320	0.471	0.507	840	0.341	0.38	2700	0.231	0.268
38	0.958	0.962	96	0.703	0.728	330	0.466	0.503	860	0.339	0.377	2800	0.228	0.265
39	0.949	0.954	98	0.698	0.724	340	0.461	0.498	880	0.336	0.375	2900	0.226	0.262
40	0.941	0.947	100	0.693	0.719	350	0.457	0.494	900	0.333	0.372	3000	0.223	0.259
41	0.933	0.94	105	0.682	0.709	360	0.453	0.49	920	0.331	0.37	3100	0.221	0.257
42	0.926	0.933	110	0.672	0.699	370	0.448	0.486	940	0.329	0.367	3200	0.218	0.254
43	0.919	0.927	115	0.662	0.69	380	0.444	0.482	960	0.326	0.365	3300	0.216	0.252
44	0.912	0.92	120	0.652	0.681	390	0.441	0.478	980	0.324	0.363	3400	0.214	0.25

（续）

$n/$ (r/min)	f_n		$n/$ (r/min)	f_n		$n/$ (r/min)	f_n		$n/$ (r/min)	f_n		$n/$ (r/min)	f_n		$n/$ (r/min)	f_n	
	球轴承	滚子轴承		球轴承	滚子轴承		球轴承	滚子轴承		球轴承	滚子轴承		球轴承	滚子轴承		球轴承	滚子轴承
3500	0.212	0.248	4500	0.195	0.23	6000	0.177	0.211	8000	0.161	0.193	10000	0.149	0.181
3600	0.21	0.246	4600	0.193	0.228	6200	0.175	0.209	8200	0.16	0.192	11000	0.145	0.176
3700	0.208	0.243	4700	0.192	0.227	6400	0.173	0.207	8400	0.158	0.19	12000	0.141	0.171
3800	0.206	0.242	4800	0.191	0.225	6600	0.172	0.205	8600	0.157	0.189	13000	0.137	0.167
3900	0.205	0.24	4900	0.19	0.224	6800	0.17	0.203	8800	0.156	0.188	14000	0.134	0.163
4000	0.203	0.238	5000	0.188	0.222	7000	0.168	0.201	9000	0.155	0.187	15000	0.131	0.16
4100	0.201	0.236	5200	0.186	0.22	7200	0.167	0.199	9200	0.154	0.185	18000	0.123	0.152
4200	0.199	0.234	5400	0.183	0.217	7400	0.165	0.198	9400	0.153	0.184	20000	0.119	0.147
4300	0.198	0.233	5600	0.181	0.215	7600	0.164	0.196	9600	0.152	0.183	25000	0.11	0.137
4400	0.196	0.231	5800	0.179	0.213	7800	0.162	0.195	9800	0.15	0.182	30000	0.104	0.13

表 12-38　载荷系数 f_F 的近似值

负荷性质	f_F	举　　例
没有冲击力或轻微冲击力	1.0 ~ 1.2	电机、汽轮机、通风机、水泵
中等冲击力	1.2 ~ 1.8	车辆、机床、传动装置、起重机、冶金设备、内燃机、减速箱
强大冲击力	1.8 ~ 3.0	破碎机、轧钢机、石油钻机、振动筛

表 12-39　温度系数 f_T

轴承工作温度/℃	≤100	125	150	175	200	225	250	300	350
f_T	1	0.95	0.90	0.85	0.80	0.75	0.70	0.60	0.50

3. 当量动载荷 P

　　向心轴承和推力轴承，常常同时承受径向载荷和轴向载荷，在计算中须换算为当量动载荷。当量动载荷是一假定载荷，在此载荷作用下的轴承寿命与实际载荷条件下的寿命相同。对向心轴承当量动载荷是一假定径向载荷，对推力轴承当量动载荷为一假定轴向载荷。当量动载荷的计算公式如下：

$$P = XF_r + YF_a \tag{12-52}$$

式中　F_r——径向载荷（kN）；

　　　　F_a——轴向载荷（kN）；

　　　　X——径向系数，可由表 12-40 或轴承尺寸表查出；

　　　　Y——轴向系数，可由表 12-40 或轴承尺寸表查出。

深沟球轴承的轴向承载能力随其径向游隙增大而增大。表 12-40 及轴承样本所列 X、Y 值系指径向游隙符合基本组游隙时的情况。如轴承径向游隙为辅助组游隙，其 X、Y 值应按表 12-41 选取。

表 12-40　径向系数 X 和轴向系数 Y

轴承类型		$\dfrac{iF_a}{C_0}$	单列轴承				双列轴承				e
			$\dfrac{F_a}{F_r} \leqslant e$		$\dfrac{F_a}{F_r} > e$		$\dfrac{F_a}{F_r} \leqslant e$		$\dfrac{F_a}{F_r} > e$		
			X	Y	X	Y	X	Y	X	Y	
深沟球轴承		0.025	1	0	0.56	2.0					0.22
		0.04	1	0	0.56	1.8					0.24
		0.07	1	0	0.56	1.6					0.27
		0.13	1	0	0.56	1.4					0.31
		0.25	1	0	0.56	1.2					0.37
		0.5	1	0	0.56	1.0					0.44
角接触球轴承	36000 型 $\beta = 12°$	0.025	1	0	0.45	1.61	1	1.85	0.74	2.62	0.34
		0.04	1	0	0.45	1.53	1	1.75	0.74	2.49	0.36
		0.07	1	0	0.45	1.40	1	1.60	0.74	2.28	0.39
		0.13	1	0	0.45	1.26	1	1.44	0.74	2.05	0.43
		0.25	1	0	0.45	1.12	1	1.28	0.74	1.82	0.49
		0.50	1	0	0.45	1.00	1	1.15	0.74	1.63	0.55
	46000 型 $\beta = 26°$		1	0	0.41	0.85	1	0.89	0.66	1.38	0.70
	66000 型 $\beta = 36°$		1	0	0.36	0.64	1	0.64	0.59	1.05	1.0
调心球轴承							1	$0.42\cot\beta$	0.65	$0.65\cot\beta$	$1.5\tan\beta$
调心滚子轴承							1	$0.45\cot\beta$	0.67	$0.67\cot\beta$	$1.5\tan\beta$
圆锥滚子轴承			1	0	0.4	$0.4\cot\beta$	1	$0.45\cot\beta$	0.67	$0.67\cot\beta$	$1.5\tan\beta$
推力调心滚子轴承					$\tan\beta$	1					$1.5\tan\beta$

注：e 是与轴承实际接触角 β 有关的参数，C_0 是轴承的额定静载荷，i 是轴承中滚动体的列数。

表 12-41　辅助组游隙深沟球轴承的 X 和 Y

$\dfrac{F_a}{C_0}$	第 3 辅助组游隙					第 4 辅助组游隙				
	$\dfrac{F_a}{F_r} \leqslant e$		$\dfrac{F_a}{F_r} > e$		e	$\dfrac{F_a}{F_r} \leqslant e$		$\dfrac{F_a}{F_r} > e$		e
	X	Y	X	Y		X	Y	X	Y	
0.025	1	0	0.46	1.74	0.31	1	0	0.44	1.42	0.39
0.04	1	0	0.46	1.61	0.33	1	0	0.44	1.36	0.41
0.07	1	0	0.46	1.46	0.36	1	0	0.44	1.27	0.44
0.13	1	0	0.46	1.30	0.41	1	0	0.44	1.17	0.48
0.25	1	0	0.46	1.14	0.47	1	0	0.44	1.05	0.53
0.5	1	0	0.46	1.00	0.54	1	0	0.44	1.00	0.56

注：本表适于轴承与轴的配合为 j5 ~ n6 与孔的配合为 J6 ~ K6。

角接触球轴承和圆锥滚子轴承，在承受径向载荷时，产生的附加轴向力会使轴承套圈互相分离，因此，为了保证轴承正常工作，此类轴承通常成对使用；如单纯使用，其外加轴向力必须大于附加轴向力。在计算此类轴承的当量动载荷时，必须将此附加轴向力考虑进去。

附加轴向力与轴承径向载荷和接触角有关，近似计算公式如下：

$$S = 1.25 F_r \tan\beta \tag{12-53}$$

式中　S——角接触球轴承的附加轴向力（N）；

　　　F_r——轴承径向载荷（kN）；

　　　β——轴承的实际接触角。

角接触球轴承由径向载荷产生的附加轴向力可按表 12-42 所列的近似公式计算。

表 12-42　角接触球轴承由径向载荷产生的轴向力

圆锥滚子轴承	角接触球轴承		
	$\beta_0 = 12°$	$\beta_0 = 26°$	$\beta_0 = 36°$
$S = \dfrac{F_r}{2Y}$	$S = 0.4 F_r$	$S = 0.7 F_r$	$S = F_r$

注：1. β_0 为名义接触角。

　　2. Y 为轴向系数，每个型号轴承的 Y 值可由尺寸表格中查出。

4. 修正的额定寿命

对非常规材料或特殊工作条件下（如高温等）运转，可靠度为 $(100 - n)\%$ 的滚动轴承，其修正的额定寿命计算公式为：

$$L_{na} = a_1 a_2 a_3 L_n \tag{12-54}$$

式中　a_1——对可靠度的寿命修正系数，查表 12-43；

　　　a_2——对材料的寿命修正系数，一般由轴承制造厂家根据试验结果及经验给出，对常规轴承钢，$a_2 = 1$；

　　　a_3——对运转条件的寿命修正系数，当转速特别低（$nD_{pw} < 10000\,\mathrm{mm \cdot r/min}$，$D_{pw}$ 为球或滚子组的节圆直径），或高温工作使润滑剂的黏度对球轴承小于 $13\,\mathrm{mm^2/s}$、对滚子轴承小于 $20\,\mathrm{mm^2/s}$ 时，应考虑降低 a_3 值。一般运转条件下，$a_3 = 1$。

表 12-43　对可靠性的寿命修正系数 a_1

可靠度(%)	90	95	96	97	98	99
L_n	L_{10}	L_5	L_4	L_3	L_2	L_1
a_1	1	0.62	0.53	0.44	0.33	0.21

5. 载荷或速度变动时的寿命计算

当轴承工作过程中，载荷和转速有变化时，寿命计算公式中的当量动载荷 P 和转速 n 应以平均当量动载荷 P_m 和平均转速 n_m 代替。P_m 和 n_m 可按以下方法计算：

假定轴承依次在当量动载荷 P_1、P_2、P_3 等下工作，其相应转速为 n_1、n_2、n_3 等，轴承在每种工作状态下的运转时间与总运转时间之比为 q_1、q_2、q_3 等，如图 12-43 所示，则其平均当量动载荷为

$$P_m = \left(\frac{\sum_{i=1}^{m} P_i^3 n_i q_i}{n_m} \right)^{\frac{1}{3}} \tag{12-55}$$

式中 n_m——平均转速（r/min），按下式计算：

$$n_m = \sum_{i=1}^{m} n_i q_i \qquad (12\text{-}56)$$

如果轴承转速和载荷方向保持不变，而载荷数值在 $P_{\min}$ 和 $P_{\max}$ 之间线性变化（或周期性单调连续变化），如图 12-44 所示，则其平均载荷按下式求出：

$$P_m = \frac{P_{\min} + 2P_{\max}}{3} \qquad (12\text{-}57)$$

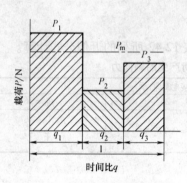

图 12-43 阶梯形的当量动载荷

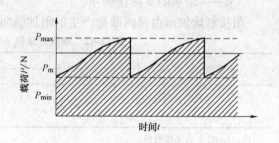

图 12-44 周期性连续单调变化的动载荷

12.4.3 按额定静载荷选择轴承

额定静载荷 C_0 的计算公式为

$$C_0 = n_0 P_0 \qquad (12\text{-}58)$$

式中 P_0——当量静载荷（kN）；

n_0——安全系数。

当量静载荷按以下二式计算，取其较大值：

$$\left.\begin{array}{l} P_0 = X_0 F_r + Y_0 F_a \\ P_0 = F_r \end{array}\right\} \qquad (12\text{-}59)$$

式中 F_r——径向载荷（kN）；

F_a——轴向载荷（kN）；

X_0、Y_0——静径向系数和静轴向系数，可由表 12-44 查出，或查轴承尺寸表。

安全系数 n_0 可由表 12-45 查出。

表 12-44 系数 X_0 和 Y_0

轴承类型		单列轴承		双列轴承	
		X_0	Y_0	X_0	Y_0
深沟球轴承		0.6	0.5		
角接触球轴承	36000 型 $\beta = 12°$	0.5	0.48		
	46000 型 $\beta = 26°$	0.5	0.37		
	66000 型 $\beta = 36°$	0.5	0.28		
调心球轴承				1	$0.44\cot\alpha$
调心滚子轴承				1	$0.44\cot\alpha$

（续）

轴承类型	单列轴承		双列轴承	
	X_0	Y_0	X_0	Y_0
圆锥滚子轴承	0.5	$0.22\cot\alpha$	1	$0.44\cot\alpha$
推力调心滚子轴承	$2.3\tan\alpha$	1		

注：β 为接触角。

表 12-45　安全系数

使用要求或载荷性质	n_0	说　　明
对旋转精度和平稳运转的要求较高，或承受强大的冲击载荷	1.2 ~ 2.5	1）对于推力调心滚子轴承应取 $n_0 \geqslant 2$ 2）按静载荷选择轴承时，应注意与轴承配合部件的刚度。轴承座较弱时应选取较高的安全系数。对于刚性较好的轴承可选取较低的安全系数
正常使用	0.8 ~ 1.2	
对旋转精度和平稳运转的要求较低，没有冲击和振动	0.5 ~ 0.8	

12.4.4　滚动轴承的极限转速

滚动轴承的极限转速与轴承类型、尺寸大小、载荷、润滑、游隙、保持架结构和冷却条件等诸多因素有关。各类轴承在脂润滑和油浴润滑条件下的极限转速，可由轴承尺寸表查出。轴承尺寸表中所列极限转速仅适用于 $P \leqslant 0.1C$ 的载荷条件下，冷却条件良好，向心轴承仅受径向载荷，推力轴承仅受轴向载荷的普通级（G 级）轴承。

当轴承在 $P > 0.1C$ 的载荷条件下运转时，轴承尺寸表中所列极限转速应乘以降低系数 f_1（见图 12-45）。对于承受轴向载荷的向心轴承，轴承尺寸表中所列极限转速应乘以载荷分布系数 f_2（见图 12-46）。

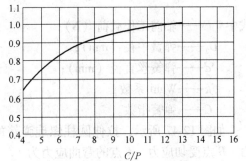

图 12-45　极限转速降低系数 f_1

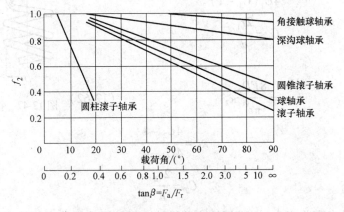

图 12-46　载荷分布系数 f_2

若轴承尺寸表中所列极限转速不能满足使用要求，应采取改进措施予以提高。提高轴承的制造精度，适当加大游隙，改用特殊材料和结构的保持架，改善润滑条件，增设循环油冷却系统等，都能提高轴承的极限转速。

12.5 弹簧的抗疲劳设计

常用的弹簧为螺旋弹簧和板弹簧，下面分别叙述其抗疲劳设计方法。

12.5.1 螺旋弹簧

螺旋弹簧可分为压缩弹簧、拉伸弹簧和扭转弹簧。压缩圆柱螺旋弹簧的最大切应力用下式计算：

$$\tau_0 = \frac{8\kappa D_2 F}{\pi d^3} \tag{12-60}$$

$$\kappa = \frac{4C-1}{4C-4} + \frac{0.615}{C}$$

$$C = \frac{D_2}{d}$$

式中　F——轴向工作载荷（N）；
　　　D_2——弹簧中径（mm）；
　　　d——弹簧丝直径（mm）；
　　　κ——Wahl 系数；
　　　C——弹簧指数。

如图 12-47 所示，拉伸圆柱螺旋弹簧的薄弱环节为图中的 A 点和 B 点，A 点受弯曲应力，B 点受切应力。A 点的弯曲应力为

$$\sigma_A = \frac{16FD_2}{\pi d^3}\kappa_1 + \frac{4F}{\pi d^2} \tag{12-61}$$

$$\kappa_1 = \frac{4C_1^2 - C_1 - 1}{4C_1(C_1 - 1)}$$

$$C_1 = \frac{2r_1}{d}$$

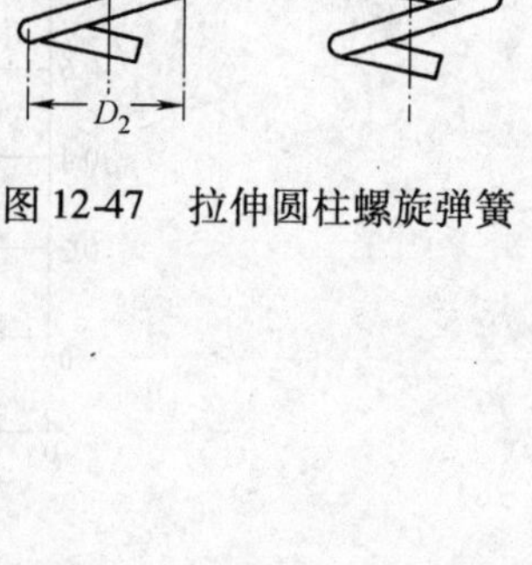

B 点的切应力为

$$\tau_1 = \frac{8FD_2}{\pi d^3}\kappa_2 \tag{12-62}$$

$$\kappa_2 = \frac{4C_2 - 1}{4C_2 - 4}$$

$$C_2 = \frac{2r_2}{d}$$

图 12-47　拉伸圆柱螺旋弹簧

扭转弹簧按最大弯曲应力 σ_B 进行抗疲劳设计，扭转圆柱螺旋弹簧的应力计算公式为

$$\sigma_B = \frac{32T\kappa_3}{\pi d^3} \tag{12-63}$$

$$\kappa_3 = \frac{4C-1}{4C-4}$$

$$C = \frac{D_2}{d}$$

螺旋弹簧的强度条件为

$$\sigma \leqslant [\sigma]$$

或（和）
$$\tau \leqslant [\tau]$$

式中 σ、τ——弯曲应力和切应力（MPa）；

$[\sigma]$、$[\tau]$——许用弯曲应力和许用切应力（MPa）。

螺旋弹簧的许用切应力可用图 12-48 确定。图中 τ_a 为许用切应力幅，τ_m 为平均切应力，τ_{al} 为静载下的许用应力，可以用以下近似公式求出：

压缩弹簧
$$\tau_{al} = 0.40\sigma_b \tag{12-64a}$$

拉伸弹簧
$$\tau_{al} = 0.32\sigma_b \tag{12-64b}$$

螺旋弹簧的脉动疲劳极限可由表 12-46 查出。喷丸处理能使 10^7 周次循环下的疲劳极限提高 20% 以上，使 10^4 周次循环下的疲劳极限提高 10% 以上。

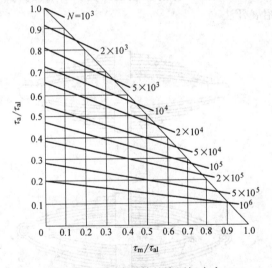

图 12-48 螺旋弹簧的许用切应力

表 12-46 高优质钢丝、不锈钢丝、铍青铜等的脉动疲劳极限

疲劳寿命 N	疲劳极限	
	弯曲 σ_0	扭转 τ_0
屈服强度	$0.80\sigma_b$	$0.45\sigma_b$
10^4	$0.80\sigma_b$	$0.45\sigma_b^{①}$
10^5	$0.53\sigma_b$	$0.35\sigma_b$
10^6	$0.50\sigma_b$	$0.33\sigma_b$
10^7	$0.48\sigma_b$	$0.30\sigma_b$

① 对于硅青铜、不锈钢丝，此值取 $0.35\sigma_b$。

由表 12-46 查出的疲劳极限，除以许用安全系数 $[n]$，即为脉动循环下的许用应力。当弹簧的设计计算和材料性能数据准确时，取 $[n] = 1.3 \sim 1.7$；上述数据精确度低时，取 $[n] = 1.8 \sim 2.2$。

在非脉动循环下，可用下式检验螺旋弹簧的强度：

$$n_\tau = \frac{\tau_0 + 0.75\tau_{min}}{\tau_{max}} \leqslant [n] \tag{12-65a}$$

或（和）
$$n_\sigma = \frac{\sigma_0 + 0.75\sigma_{min}}{\sigma_{max}} \leqslant [n] \tag{12-65b}$$

式中　σ_0、τ_0——脉动疲劳极限（MPa）；

　　　σ_{min}、τ_{min}——最小工作应力（MPa）；

　　　σ_{max}、τ_{max}——最大工作应力（MPa）。

某些弹簧钢丝与钢条的抗拉强度 σ_b 值列于表 12-47。

表 12-47　某些弹簧钢丝与钢条的极限抗拉强度　　　　　（单位：MPa）

材　　料	直径/mm					
	0.1	0.5	1	5	10	50
钢琴丝	3000	2500	2300	1750		
硬拉钢材		2000	1800	1400	1200	
硬拉阀弹簧				1600		
油回火阀弹簧		2100	1950	1600	1400	
热卷合金钢					1450	1450

12.5.2　板弹簧

板弹簧主要在汽车、拖拉机和机车车辆中用作弹性悬挂装置，起缓冲和减振作用，也在各种机械中用作减振装置。板弹簧具有结构简单、修理方便等优点。

板弹簧一般都是若干片重叠起来使用，如图 12-49 所示，称为多层板弹簧。多层板弹簧的应力可以用展开法或板端法计算，本节仅介绍展开法。

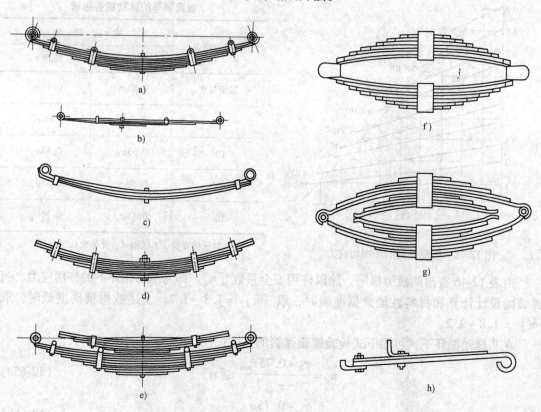

图 12-49　板弹簧的类型

　　展开法是一种近似方法，它将图 12-50a 所示的板弹簧中各板片沿长度方向等分为两半，并依次并接在主板的两侧，形成一块板，如图 12-50b 所示，将此单板弹簧看作与原有板弹簧特性相同而进行计算，并假定原有板弹簧各板片间在全长范围内都接触，即各板片在同一位置处的曲率相等。图 12-50c 所示为按梯形近似展开的简化计算用图，图 12-50d 所示为按阶梯展开的较精确的计算用图。

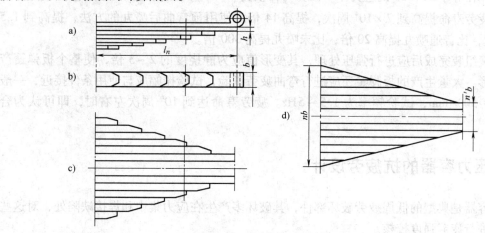

图 12-50　多层板弹簧的展开方法

　　各片等厚的多层板弹簧的应力计算式为

$$\sigma_{max} = \frac{6Fl_n}{nbh^2} \tag{12-66}$$

式中　F——作用力（N）。

　　各片不等厚的多层板弹簧按阶梯展开的应力计算式为

$$\sigma_i = \frac{6Fl_nh_i}{b\sum\limits_{i=1}^{n}h_i^3} \tag{12-67}$$

式中　σ_i——第 i 片板的最大弯曲应力（MPa）；
　　　h_i——第 i 片板的厚度（mm）。

　　板弹簧的材料应用最广的是 55Si2Mn、60Si2Mn 和 55SiMnVB 等。当板片厚度 > 12mm 时，采用 55SiMnMoVB。板片在热处理后，硬度应达到 39 ~ 47HRC。

　　板弹簧的疲劳极限可由图 12-51 的极限应力线查出。使用时，由最小应力 σ_{min} 和使用寿命查出最大应力 σ_{max}，并根据使用条件考虑必要的安全系数，得出许用应力。其强度条件仍是最大应力 σ 小于许用应力 $[\sigma]$。

　　板弹簧一般都要进行喷丸处理，喷丸处理可以

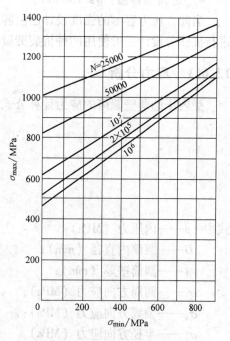

图 12-51　板弹簧的极限应力线

提高板弹簧的疲劳极限。但喷丸处理时，由于丸粒很小，不能得到很大的残余压应力。为了提高喷丸效果，可以使用弹簧预弯曲后喷丸的方法。喷丸时，将板弹簧预先弯曲，使喷丸的一面几乎拉伸到屈服强度，这样，喷射到弹簧表面上的丸粒的能量几乎可以完全转化为塑性变形功，从而可以得到很大的残余压应力。大大提高弹簧的疲劳寿命。例如，板弹簧不经喷丸处理时，在等于$95\%\sigma_s$的应力下，疲劳寿命仅为5×10^3周次循环，而用通常的喷丸方法处理后，疲劳寿命提高到7×10^4周次，提高14倍。使用预弯曲后喷丸的方法，提高到1.5×10^6周次，比普通喷丸提高20倍，比未喷丸提高300倍。

板弹簧组装完成后应进行强压处理，其变形值应为静挠度的2~3倍，使整个板弹簧产生残余变形。大量生产的板弹簧还应进行弯曲疲劳试验，试验振幅应与使用条件接近，一般取±（15~50）mm，试验频率为1.5~5Hz。疲劳寿命达到10^6周次左右时，即可认为合格。

12.6　压力容器的抗疲劳设计

压力容器是典型的低周疲劳破坏部件，其破坏多产生在应力集中和焊接缺陷处，对这些部位都应进行疲劳强度校核。

压力容器按筒体外径与内径的比值K可分为薄壁压力容器（$K\leqslant1.2$）和厚壁压力容器（$K>1.2$）；按工作压力p可分为低压、中压、高压、超高压四个等级，具体划分如下所述：

1）低压容器：$0.1\text{MPa}\leqslant p\leqslant1.6\text{MPa}$。

2）中压容器：$1.6\text{MPa}\leqslant p\leqslant10\text{MPa}$。

3）高压容器：$10\text{MPa}\leqslant p\leqslant100\text{MPa}$。

4）超高压容器：$p\geqslant100\text{MPa}$。

当前，压力容器的强度设计已由静强度设计发展到抗疲劳设计和动态设计。对压力容器进行抗疲劳设计一般使用两种抗疲劳设计方法：低周疲劳设计和损伤容限设计。

12.6.1　应力分析

受内压的薄壁圆筒的应力计算公式为

$$\sigma_t = \frac{pD}{2t} \tag{12-68}$$

$$\sigma_z = \frac{pD}{4t}$$

$$\sigma_r = 0$$

式中　p——内压力（MPa）；

　　　D——圆筒内直径（mm）；

　　　t——圆筒壁厚（mm）；

　　　σ_t——圆周方向应力（MPa）；

　　　σ_z——轴线方向应力（MPa）；

　　　σ_r——半径方向应力（MPa）。

厚壁圆筒及厚壁球的应力和位移计算公式列于表12-48。

表 12-48　厚壁圆筒及厚壁球的应力与位移公式

序号	类型	载荷情况	应力计算公式	位移计算公式
1	厚壁圆筒	(1) 受均匀内压 p_1 和外压 p_2 作用 	(1) $\sigma_{\mathrm{t}} = \dfrac{p_1 r_1^2 - p_2 r_2^2}{r_2^2 - r_1^2}$ $+ \dfrac{r_1^2 r_2^2 (p_2 - p_2)}{r^2 (r_2^2 - r_1^2)}$ (2) $\sigma_{\mathrm{r}} = \dfrac{p_1 r_1^2 - p_2 r_2^2}{r_2^2 - r_1^2}$ $- \dfrac{r_1^2 r_2^2 (p_1 - p_2)}{r^2 (r_2^2 - r_1^2)}$ (3) σ_{z} 分三种情况 1) 两端闭口 $\sigma_{\mathrm{z}} = \dfrac{p_1 r_1^2 - p_2 r_2^2}{r_2^2 - r_1^2}$ 2) 两端开口 $\sigma_{\mathrm{z}} = 0$ 3) 平面应变状态 $\sigma_{\mathrm{z}} = \dfrac{2\mu (p_1 r_1^2 - p_2 r_2^2)}{r_2^2 - r_1^2}$ (4) 最大切应力 $\tau_{\max} = \dfrac{\sigma_{\mathrm{t}} - \sigma_{\mathrm{r}}}{2} = \dfrac{(p_1 - p_2) r_1^2 r_2^2}{r^2 (r_2^2 - r_1^2)}$	(1) 两端闭口 $u_{\mathrm{r}} = \dfrac{1}{E} \left[\dfrac{(1+\mu)(p_1 - p_2) r_1^2 r_2^2}{r(r_2^2 - r_1^2)} + \dfrac{(1-2\mu)(p_1 r_1^2 - p_2 r_2^2) r}{r_2^2 - r_1^2} \right]$ (2) 两端开口 $u_{\mathrm{r}} = \dfrac{1}{E} \left[\dfrac{(1+\mu)(p_1 - p_2) r_1^2 r_2^2}{r(r_2^2 - r_1^2)} + \dfrac{(1-\mu)(p_1 r_1^2 - p_2 r_2^2) r}{r_2^2 - r_1^2} \right]$ (3) 平面应变状态 $u_{\mathrm{r}} = \dfrac{1}{E} \left[\dfrac{(1+\mu)(p_1 - p_2) r_1^2 r_2^2}{r(r_2^2 - r_1^2)} + \dfrac{(1+\mu)(1-2\mu)(p_1 r_1^2 - p_2 r_2^2) r}{r_2^2 - r_1^2} \right]$
		(2) 仅受均匀内压 p_1 作用 	(1) $\sigma_{\mathrm{t}} = \dfrac{p_1 r_1^2}{r_2^2 - r_1^2} \left(1 + \dfrac{r_2^2}{r^2} \right)$ (2) $\sigma_{\mathrm{r}} = \dfrac{p_1 r_1^2}{r_2^2 - r_1^2} \left(1 - \dfrac{r_2^2}{r^2} \right)$ $r = r_1$ 时(内壁) $\sigma_{\mathrm{t\,max}} = p_1 \dfrac{K^2 + 1}{K^2 - 1}$ $\sigma_{\mathrm{r\,max}} = -p_1$ (3) σ_{z} 分三种情况 1) 两端闭口 $\sigma_{\mathrm{z}} = \dfrac{p_1 r_1^2}{r_2^2 - r_1^2} = \dfrac{p_1}{K^2 - 1}$ 2) 两端开口 $\sigma_{\mathrm{z}} = 0$ 3) 平面应变状态 $\sigma_{\mathrm{z}} = \dfrac{2\mu p_1 r_1^2}{r_2^2 - r_1^2} = \dfrac{2\mu p_1}{K^2 - 1}$ (4) $\tau_{\max} = \dfrac{\sigma_{\mathrm{t}} - \sigma_{\mathrm{r}}}{2} = \dfrac{p_1 r_1^2 r_2^2}{r^2 (r_2^2 - r_1^2)}$	(1) 两端闭口 $u_{\mathrm{r}} = \dfrac{p_1 r_1^2}{E(r_2^2 - r_1^2)}$ $\times \left[\dfrac{(1+\mu) r_2^2}{r} + (1-2\mu) r \right]$ (2) 两端开口 $u_{\mathrm{r}} = \dfrac{p_1 r_1^2}{E(r_2^2 - r_1^2)}$ $\times \left[\dfrac{(1+\mu) r_2^2}{r} + (1-\mu) r \right]$ (3) 平面应变状态 $u_{\mathrm{r}} = \dfrac{p_1 r_1^2 (1+\mu)}{E(r_2^2 - r_1^2)}$ $\times \left[\dfrac{r_2^2}{r} + (1-2\mu) r \right]$

（续）

序号	类型	载荷情况	应力计算公式	位移计算公式
1	厚壁圆筒	（3）仅受均匀外压 p_2 作用 p_2 r_2 r_1 σ_r σ_t	（1）$\sigma_t = -\dfrac{p_2 r_2^2}{r_2^2 - r_1^2}\left(1 + \dfrac{r_1^2}{r^2}\right)$ （2）$\sigma_r = -\dfrac{p_2 r_2^2}{r_2^2 - r_1^2}\left(1 - \dfrac{r_1^2}{r^2}\right)$ $r = r_1$ 时（内壁） $\sigma_{tmax} = -\dfrac{2p_2 K^2}{K^2 - 1}$ $r = r_2$ 时（外壁） $\sigma_{rmax} = -p_2$ （3）σ_z 分三种情况 1）两端闭口 $\sigma_z = -\dfrac{p_2 r_2^2}{r_2^2 - r_1^2} = -\dfrac{p_2 K^2}{K^2 - 1}$ 2）两端开口 $\sigma_z = 0$ 3）平面应变状态 $\sigma_z = -\dfrac{2\mu p_2 r_2^2}{r_2^2 - r_1^2} = -\dfrac{2\mu p_2 K^2}{K^2 - 1}$ （4）$\tau_{max} = \dfrac{\sigma_t - \sigma_r}{2}$ $= -\dfrac{p_2 r_1^2 r_2^2}{r^2(r_2^2 - r_1^2)}$	（1）两端闭口 $u_r = -\dfrac{p_2 r_2^2}{E(r_2^2 - r_1^2)}$ $\times \left[\dfrac{(1+\mu)r_1^2}{r} + (1-2\mu)r\right]$ （2）两端开口 $u_r = -\dfrac{p_2 r_2^2}{E(r_2^2 - r_1^2)}$ $\times \left[\dfrac{(1+\mu)r_1^2}{r} + (1-\mu)r\right]$ （3）平面应变状态 $u_r = -\dfrac{p_2 r_2^2(1+\mu)}{E(r_2^2 - r_1^2)}$ $\times \left[\dfrac{r_1^2}{r} + (1-2\mu)r\right]$
2	厚壁球	p_2 r_1 p_1 σ_t σ_r σ_t σ_r σ_t	（1）$\sigma_t = -\dfrac{p_2 r_2^3 - p_1 r_1^3}{r_2^3 - r_1^3}$ $-\dfrac{(p_2 - p_1)r_1^3 r_2^3}{2r^3(r_2^3 - r_1^3)}$ （2）$\sigma_r = -\dfrac{p_2 r_2^3 - p_1 r_1^3}{r_2^3 - r_1^3}$ $+\dfrac{(p_2 - p_1)r_1^3 r_2^3}{r^3(r_2^3 - r_1^3)}$	$u_r = -\dfrac{(1-2\mu)}{E}\dfrac{(p_2 r_2^3 - p_1 r_1^3)r}{(r_2^3 - r_1^3)}$ $-\dfrac{(1+\mu)}{2E}\dfrac{(p_2 - p_1)r_1^3 r_2^3}{(r_2^3 - r_1^3)r^2}$

式中，r_1—圆筒（或球）内半径（mm）；r_2—圆筒（或球）外半径（mm）；r—由圆筒轴线（或球心）至任意点的径向距离（mm）；p_1—内压力（MPa）；p_2—外压力（MPa）；σ_t—圆周方向应力（MPa）；σ_z—轴线方向应力（MPa）；σ_r—半径方向应力（MPa）；u_r—半径方向位移（mm）；E—弹性模量（MPa）；μ—泊松比；$K = \dfrac{r_2}{r_1} = \dfrac{d_2}{d_1}$（外径与内径之比）。

对多层组合式压力容器，求得内、外圆筒的径向接触压力以后，即可按单层筒计算筒壁应力。组合筒过盈配合的计算公式如下：

接触压力：

$$p_{j} = \frac{\delta}{2r_{2}} \times \frac{1}{\dfrac{r_{3}^{2}+r_{2}^{2}}{E_{1}(r_{3}^{2}-r_{2}^{2})}+\dfrac{r_{2}^{2}+r_{1}^{2}}{E_{2}(r_{2}^{2}-r_{1}^{2})}+\dfrac{\mu_{1}}{E_{1}}-\dfrac{\mu_{2}}{E_{2}}} \tag{12-69}$$

式中　r_1——内筒内半径（mm）；

　　　r_2——内筒、外筒接触面半径（mm）；

　　　r_3——外筒外半径（mm）；

　　　E_1——外筒材料弹性模量（MPa）；

　　　E_2——内筒材料弹性模量（MPa）；

　　　μ_1——外筒材料的泊松比；

　　　μ_2——内筒材料的泊松比；

　　　p_j——内外筒间接触压力（MPa）；

　　　δ——内外筒间过盈量（mm）。

若 $E_1 = E_2 = E$，$\mu_1 = \mu_2 = \mu$，则

$$p_{j} = \frac{E\delta}{4r_{2}^{3}} \times \frac{(r_{3}^{2}-r_{2}^{2})(r_{2}^{2}-r_{1}^{2})}{(r_{3}^{2}-r_{1}^{2})} = \frac{E\delta}{4r_{2}} \times \frac{(K_{2}^{2}-1)(K_{1}^{2}-1)}{(K^{2}-1)} \tag{12-70}$$

式中　$K = r_3/r_1$，$K_1 = r_2/r_1$，$K_2 = r_3/r_2$。

过盈量：

$$\delta = \frac{4p_{j}r_{2}^{2}}{E} \times \frac{(r_{3}^{2}-r_{1}^{2})}{(r_{3}^{2}-r_{2}^{2})(r_{2}^{2}-r_{1}^{2})} = \frac{4p_{j}r_{2}}{E} \times \frac{(K^{2}-1)}{(K_{2}^{2}-1)(K_{1}^{2}-1)} \tag{12-71}$$

12.6.2　低周疲劳设计

美国 ASME 锅炉和压力容器规范第 8 章的附录五"疲劳分析"一节中提出了比较可靠的压力容器低周疲劳设计方法，这是目前较成熟的压力容器抗疲劳设计规范。该规范中使用了 Langer 的低周疲劳关系式：

$$N = \left[\frac{E\varepsilon_{f}}{4(\sigma_{a}-\sigma_{-1})}\right]^{2}$$

在应力集中处以实际应力幅代替式中的 σ_a，并取应力安全系数，$n = 2$ 时，上式变为

$$N = \left[\frac{E\varepsilon_{f}}{4(2K_{\sigma}\sigma_{a}-\sigma_{-1})}\right]^{2} \tag{12-72}$$

式中　E——弹性模量（MPa）；

　　　ε_f——真断裂延性；

　　　K_σ——疲劳缺口系数；

　　　σ_a——以名义应力表示的应力幅（MPa）；

　　　σ_{-1}——对称弯曲疲劳极限。

上式即为 ASME 规范中使用的寿命关系式，适用于对称循环下的寿命估算。

圆筒容器与喷管的连接是许多压力容器特有的结构特征。图 12-52 所示为接管与壳体的连接结构。在两个圆筒壳的连接区，最大应力产生在壳轴截面内的连接点 A（图 12-53）处的内表面上，其理论应力集中系数示于图 12-54。当喷管与圆筒口翻边上有圆角的转接部分连接时（见图 12-52b），最大应力产生在圆环壳的外表面上，其理论应力集中系数值见图 12-55。

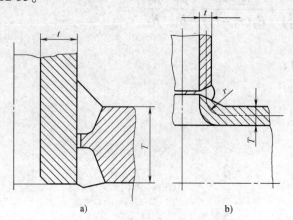

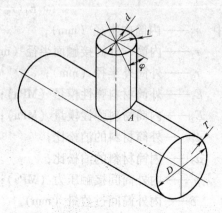

图 12-52 壳体与接管的连接结构
a）直接连接（焊接） b）通过壳体翻边连接

图 12-53 壳（喷管与壳体）的示意图

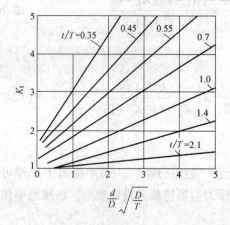

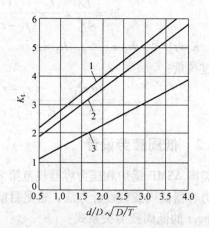

图 12-54 在内压作用下穿通喷管应力
集中系数的变化

图 12-55 通过壳体翻边连接的喷管应
力集中系数的变化
1—r/T=3 2—r/t=2 3—r/t=0

圆筒壳体常与平底连接，这种情况下。壳与板的过渡区将产生应力集中，其应力集中系数见图 12-56。

容器的内部缺陷也能产生应力集中，隐藏的内部缺陷可能造成的疲劳缺口系数可由图 12-57 查出。当内部缺陷造成的疲劳缺口系数小于结构因素产生的疲劳缺口系数时，隐藏的内部缺陷已不再是控制因素，它造成的应力集中可不予考虑。

对于不对称循环，可按 Goodman 图进行修正。如图 12-58 所示，若工作应力幅为 σ_a，平均应力为 σ_m，疲劳缺口系数为 K_σ，将工作点 P（σ_m，K_σ，σ_a）与（σ_b，0）直线相连，并延长与纵轴相交于 σ_{qa}，则 σ_{qa} 即为等效应力幅。用等效应力幅 σ_{qa} 代替式（12-72）中的

$K_\sigma \sigma_a$，即可得出有平均应力时的疲劳寿命 N。

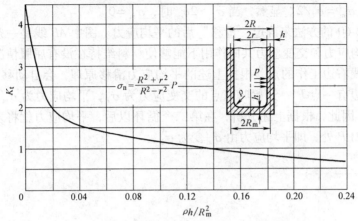

图 12-56　圆筒与平底连接处应力集中系数的变化

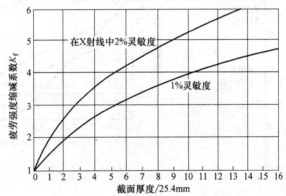

图 12-57　考虑到隐藏缺陷的疲劳缺口系数

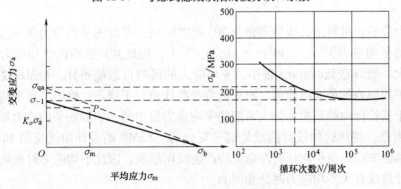

图 12-58　确定疲劳寿命的方法

应当注意的是，这里所用的平均应力是应力集中处的实际平均应力。当应力集中处的峰值应力不超过屈服强度时，实际平均应力为名义平均应力乘以应力集中系数 K_t。当峰值应力超过屈服强度时，则必须考虑由于局部屈服引起的平均应力"滑移"。平均应力"滑移"的原因可用图 12-59 来说明。由于 $\sigma_1 > \sigma_s$，因此加载时的最大应力为 $\sigma_{\max} = \sigma_s$，卸载时的最小应力为 $\sigma_{\min} = \sigma_s - \sigma_1$，当 $\sigma_1 < 2\sigma_s$ 时，由于尚未达到反向屈服，因此以后再加载时应力应

变沿 DB 线上下，这时应力幅仍为 $\sigma_a = \sigma_1/2$，而平均应力为 $\sigma_m = \sigma_s - \sigma_1/2$，小于不产生滑移时的平均应力 $\sigma_m' = \sigma_1/2$。显然，当 $\sigma_1 > 2\sigma_s$ 时，$\sigma_m = 0$。

可以用图 12-60 的方法来确定"滑移"后的平均应力。图中 AB 线是一条"弹性行为极限线"，它是平均应力和交变应力共同作用下能够使材料维持在没有屈服情况下工作的许可上限值。在 AB 线右边工作的点，根据上述的平均应力滑移原理，会自动移到 AB 线上。例如，设 AB 线右边有一点 P'，开始时该点的交变应力为 σ_P，平均应力为 σ_m'，由于 $\sigma_P + \sigma_m' > \sigma_P + \sigma_m = \sigma_s$，因此，根据上述分析，在第二个循环以后，平均应力就将发生滑移，P' 点将回到 AB 线上的 P 处，即平均应力由 σ_m' 变为 σ_m。

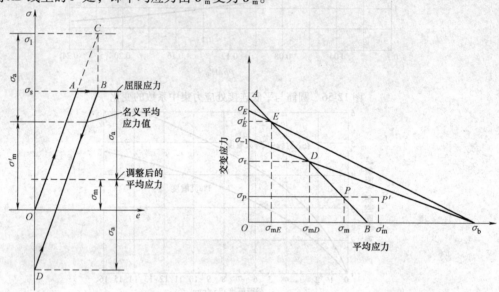

图 12-59　材料屈服后平均应力调整示意图　　　图 12-60　平均应力最大影响修正

根据以上分析还可得出，疲劳寿命为 10^7 周次时最大可能的平均应力为 σ_{mD}，在低寿命时最大可能的平均应力为 σ_{mE}。由于 σ_{mD} 比 σ_{mE} 为大，因此高周疲劳时平均应力的影响较低周疲劳时为大。当 N 较低时，σ_{mE} 很小，平均应力的影响可忽略不计。ASME 规范中，根据各种寿命下平均应力的最大可能值，对疲劳寿命曲线进行了修正，给出了有平均应力时的设计曲线。由于其设计曲线是根据最大可能的平均应力得出的，实际的平均应力不一定达到最大可能值，因此，使用这种设计曲线是偏于安全的。ASME 的设计曲线见图 12-61 和图 12-62。对于不锈钢来说，由于在任何寿命下均产生反向屈服，因此平均应力对奥氏体不锈钢无影响，其设计曲线有无平均应力时是相同的。

英国标准 BS1515 中给出了另一种类似的安全寿命计算公式：

碳钢和低合金钢

$$N = \left[\frac{13.8(3000 - T)}{2Kf_r - f} \right]^2 \tag{12-73a}$$

奥氏体不锈钢

$$N = \left[\frac{13.8(3000 - T)}{1.8Kf_r - f} \right]^2 \tag{12-73b}$$

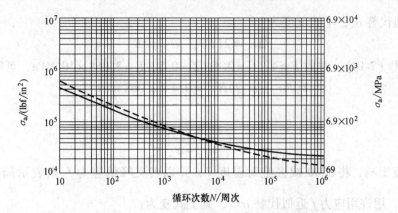

图 12-61 ASME 碳钢、低合金钢和高强度钢的设计曲线

- - - 抗拉强度 $\sigma_b \leqslant 552\text{MPa}$（80ksi） —— 抗拉强度 $\sigma_b = 793 \sim 896\text{MPa}$（115 ~ 130ksi）

注：$E = 2.07 \times 10^5 \text{MPa}$。

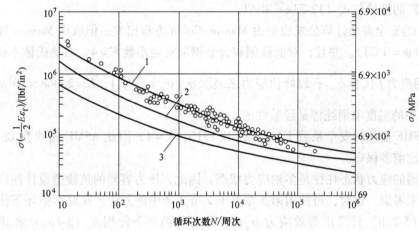

图 12-62 奥氏体不锈钢的低周疲劳设计曲线

1—最佳曲线，断面收缩率为 72.6%，弹性极限为 300MPa

2—断面收缩率为 50%，弹性极限为 258MPa 3—设计曲线

式中　K——疲劳缺口系数；

　　　f_r——以名义应力表示的峰值应力（MPa）；

　　　f——许用应力（MPa），取为 $\sigma_b/2.5$ 与 $\sigma_s/1.5$ 中的较低者；

　　　T——热力学温度（K）。

式（12-73a）可由式（7-14）推导出来：

$$\Delta\varepsilon_p N^z = C$$

$$\Delta\varepsilon_p = 2(\sigma_a - \sigma_s)/E$$

式中　σ_a——虚拟应力幅（MPa）；

　　　σ_s——屈服强度（MPa）。

若取应力安全系数为 F，它表示 σ_a 应有 F 倍的裕量，即应将 σ_a 值再乘以 F，因而 $\Delta\varepsilon_p$ 的表达式变为

$$\Delta\varepsilon_p = 2(F\sigma_a - \sigma_s)/E$$

再以 σ_{-1} 近似代替 σ_s，上式又变为

$$\Delta\varepsilon_p = 2(F\sigma_a - \sigma_{-1})/E$$

将上式代入式（7-14），并取 $F=4$，$C=0.4$，$Z=0.5$，$E=2.068\times10^5\text{MPa}$，可得

$$2(F\sigma_a - \sigma_{-1})N^{0.5} = 0.4\times2.068\times10^5$$

解上式可得

$$N = \left(\frac{13.8\times3000}{4\sigma_a - \sigma_{-1}}\right)^2$$

考虑温度影响，将3000减去绝对温度 T，并以名义峰值应力 f_r 来表示局部应力幅 σ_a $\left(\sigma_a = \dfrac{1}{2}f_r K\right)$，用许用应力 f 近似代替 σ_{-1}，则上式变为：

$$N = \left(\frac{13.8\ (3000-T)}{2Kf_r - f}\right)^2$$

式（12-73b）的推导与式（12-73a）相似。

BS1515 的安全寿命计算公式也是由 Manson-Coffin 方程出发，但取用 Manson 建议的 $C = \varepsilon_f = 0.4$（即 $\psi=0.33$）。并且，对低碳钢和合金钢取安全系数 $F=4$，对奥氏体不锈钢取 $F = 3.6$；用许用应力 f 代替 σ_{-1}；以峰值应力来表示 $\sigma_a\left(\sigma_a = \dfrac{1}{2}Kf_r\right)$；$E = 2.068\times10^5\text{MPa}$（$30\times10^6\text{psi}$）。式中的温度项则纯粹是经验性的。

由于 ASME 曲线的安全系数 $F=2$，而 BS1515，$F=4$，因此 ASME 曲线在 BS1515 曲线之上，后者比前者保守。

压力容器的应力状态往往是多轴应力状态，因此，压力容器的抗疲劳设计往往需要按多轴应力状态来考虑。这时，可使用第 5 章 5.1.2 节 2 条中的方法，在对称循环下使用式（5-23a）或式（5-23b）计算出等效应力 σ_q；在非对称循环下使用式（5-26a）和式（5-26b）计算出等效应力幅 σ_{qa} 和等效平均应力 σ_{qm}。计算出等效应力 σ_q 或等效应力幅 σ_{qa} 和等效平均应力 σ_{qm} 以后，就可将它们代替单轴应力下的 σ 或 σ_a 和 σ_m，按单轴应力的计算公式进行抗疲劳设计。

对于受内压的圆筒来说，$\sigma_1 = \sigma_t$，$\sigma_2 = \sigma_z$，$\sigma_3 = \sigma_r$。因此，对称循环下的等效应力计算公式为

$$\sigma_q = \left\{\left[(\sigma_t - \sigma_z)^2 + (\sigma_z - \sigma_r)^2 + (\sigma_r - \sigma_t)^2\right]/2\right\}^{\frac{1}{2}} \tag{12-74}$$

非对称循环下的等效应力幅 σ_{qa} 和平均应力 σ_{qm} 的计算公式为

$$\sigma_{qa} = \left\{\left[(\sigma_{ta} - \sigma_{ra})^2 + (\sigma_{ra} - \sigma_{za})^2 + (\sigma_{za} - \sigma_{ta})^2\right]/2\right\}^{\frac{1}{2}}$$

$$\sigma_{qm} = \sigma_{tm} + \sigma_{zm} + \sigma_{rm} \tag{12-75}$$

12.6.3　损伤容限设计

1. 初始裂纹尺寸

压力容器中的缺陷可分为平面缺陷和非平面缺陷。非平面缺陷包括焊接气孔、夹杂等；平面缺陷包括裂纹、未熔合、未焊透、咬边、叠层等。表面上断开的非平面缺陷以及暂不能确定为非平面缺陷的缺陷一律作为平面缺陷处理。将简化以后的平面缺陷称为规则化裂纹，

简称裂纹，平面缺陷一律作为裂纹进行计算。

实际构件中所发现的平面缺陷都是不规则的，在评定时，应把它们简化为图 12-63 所示的三种规则裂纹之一，以确定计算尺寸 a 和 c。当存在两个以上裂纹时，应考虑两裂纹之间的相互影响。对复合后的裂纹不再进行相互影响的处理。

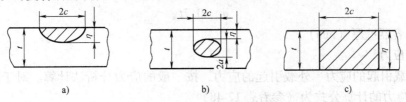

图 12-63　典型裂纹图

a）表面裂纹　　b）埋藏裂纹　　c）穿透裂纹

对埋藏有未焊透和未熔合的焊缝，如无损检测难以确定其高度时，应取样解剖较典型的有未焊透和未熔合的焊缝，以确定在厚度方向上的高度。如解剖有困难，可按下述近似方法确定其计算尺寸：

1）对于设计要求全焊透的焊缝，取两个焊层的高度作为埋藏裂纹的计算尺寸。

2）对于原设计允许有未焊透的焊缝，应将允许的未焊透尺寸加上两个焊层高度作为埋藏裂纹的计算尺寸。

对于无法进行无损检测的区域，可参照所采用的焊接工艺，已达到的焊接水平及以往的实际经验进行综合考虑，给出可能存在的裂纹尺寸。

当裂纹方向与主应力倾斜时，应把裂纹投影响到主应力平面内，确定计算尺寸。在复合应力作用下的斜裂纹，应把裂纹分别投影到两个或三个主应力平面内，分别进行评定。

2. 临界裂纹尺寸

（1）贯穿裂纹　当缺陷部位的总应力低于材料的屈服强度时，可以用应力强度因子法确定，其确定准则为 $K_{\mathrm{I}} \leqslant 0.6 K_{\mathrm{IC}}$。由此可得临界裂纹长度 c_{c} 为

$$c_{\mathrm{c}} = \frac{K_{\mathrm{I}}^{2}}{\sigma^{2} \pi} \tag{12-76}$$

当裂纹长度较长时，式中的 K_{I} 值应进行鼓胀效应修正，即式中的 K_{I} 应乘以 M，M 用下式计算：

圆筒形容器轴向裂纹

$$M = \left(1 + 1.61 \frac{c^{2}}{Rt}\right)^{\frac{1}{2}} \tag{12-77a}$$

圆筒形容器环向裂纹

$$M = \left(1 + 0.32 \frac{c^{2}}{Rt}\right)^{\frac{1}{2}} \tag{12-77b}$$

球形容器

$$M = \left(1 + 0.93 \frac{c^{2}}{Rt}\right)^{\frac{1}{2}} \tag{12-77c}$$

式中 c——裂纹长度之半（mm）；

R——筒体的计算半径（mm）；

t——壁厚（mm）。

（2）表面裂纹和埋藏缺陷 当容器不允许有贯穿壁厚的缺陷时，临界缺陷长度 a_c 取为

$$a_c = 0.7t \tag{12-78}$$

式中 t——容器壁厚（mm）。

3. 工作应力

（1）外载引起的应力 外载引起的应力，按一般的应力分析法计算。对于厚壁圆筒形容器，工作应力的计算公式为（参看表12-48）

$$\sigma_t = \frac{p_1 r_1^2 - p_2 r_2^2}{r_2^2 - r_1^2} + \frac{(p_1 - p_2) r_1^2 r_2^2}{(r_2^2 - r_1^2) r^2} \tag{12-79a}$$

$$\sigma_r = \frac{p_1 r_1^2 - p_2 r_2^2}{r_2^2 - r_1^2} - \frac{(p_1 - p_2) r_1^2 r_2^2}{(r_2^2 - r_1^2) r^2} \tag{12-79b}$$

$$\sigma_z = \frac{p_1 r_1^2 - p_2 r_2^2}{r_2^2 - r_1^2} \tag{12-79c}$$

式中 σ_t、σ_r、σ_z——切应力、径向应力和轴向应力（MPa）；

r_1、r_2——圆筒内半径和外半径（mm）；

p_1、p_2——内压力和外压力（MPa）；

r——待求应力点的半径（mm）。

一般来说，外载应力沿截面的分布是不均匀的，在损伤容限设计中，可按图12-64的方法将它近似地分解为沿截面均匀分布的拉应力 σ_1 和沿截面线性分布的弯曲应力 σ_w。在计算裂纹的应力强度因子 K_1 时，σ_w 用拉应力的当量 σ_2 来表示：

$$\sigma_2 = \alpha_w \sigma_w \tag{12-80}$$

α_w 的数值见表12-49。

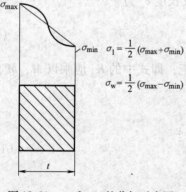

$\sigma_1 = \frac{1}{2} (\sigma_{max} + \sigma_{min})$

$\sigma_w = \frac{1}{2} (\sigma_{max} - \sigma_{min})$

图12-64 σ_1 和 σ_w 的分解示意图

表 12-49 α_w 值

裂 纹 种 类		α_w
埋藏裂纹		0.25
穿透裂纹		0.5
表面裂纹	拉伸侧	0.75
	压缩侧	0

按上述方法，可得出圆筒形容器内壁的拉应力 σ_1 和弯曲应力 σ_w 的表达式如下：

$$\sigma_1 = \frac{2p_1 r_1^2 - (r_1^2 + r_2^2) p_2}{r_2^2 - r_1^2} \tag{12-81}$$

$$\sigma_w = p_1 - p_2 \tag{12-82}$$

对于容器在制造过程中由于焊缝形状不规则（如出现焊缝增高量、错边、角变形等）造成几何不连续而产生的集中应力，用应力集中系数来描述。几种焊缝的理论应力集中系数 K_t 的取值规则见表 12-50。

表 12-50 由焊缝形状引起的应力集中系数 K_t 取值的几个例子（曲壳按平板近似处理）

焊缝种类	形状	K_t	备 注
	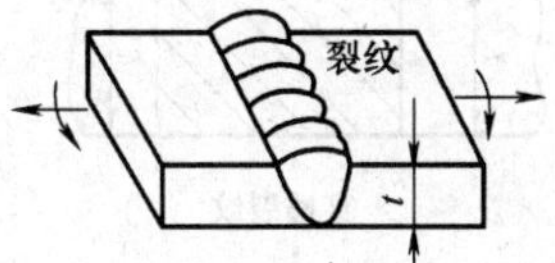 a)	$\eta \leqslant 0.15t$，取 1.5 $\eta > 0.15t$，取 1	无焊缝增高量时，取 $K_t = 1$
	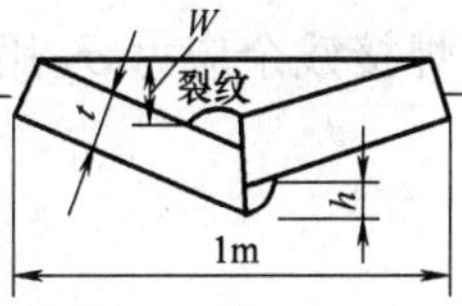 b)	$\eta \leqslant 0.5t$，取 $K_t = 1 + \dfrac{3(W+h)}{t}$ $\eta > 0.5t$，取 $K_t = 1 + \dfrac{3(W+h)}{2t}$	考虑焊缝增高量时，求得的 K_t 值应加上 0.5，对埋藏裂纹，按 $\eta > 0.5t$ 计算 K_t，对凸侧的表面裂纹，取 $K_t = 1$
	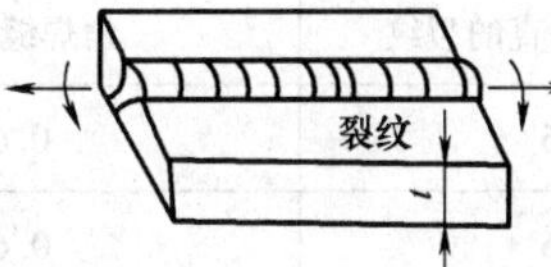 c)	1	
对接焊缝	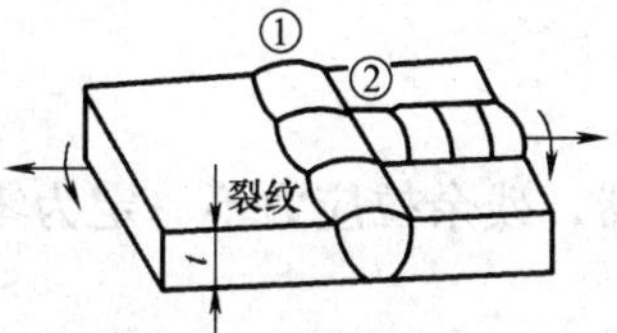 d)	1	焊接顺序为②→①时，同图 a
	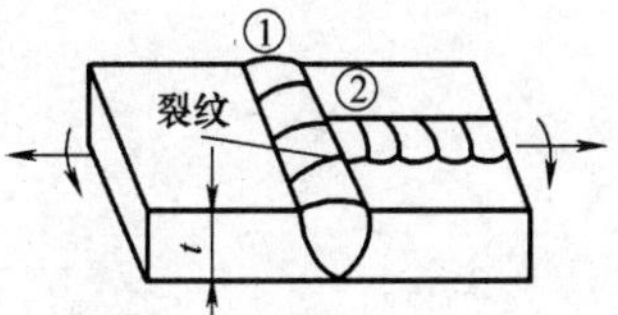 e)	$\eta \leqslant 0.1t$，取 1.5 $\eta > 0.1t$，取 1	焊接顺序为②→①时，$K_t = 1$
	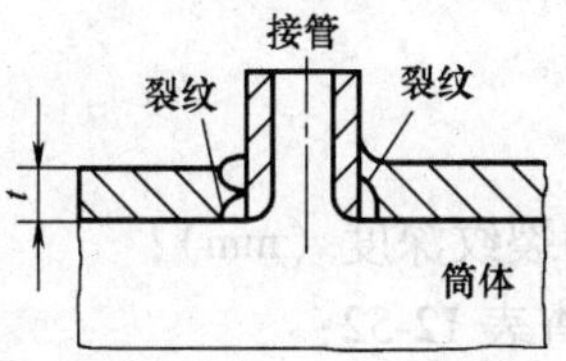 f)	$\eta \leqslant 0.1t$，取 1.5 $\eta > 0.1t$，取 1	内、外壁取值相同

（续）

焊缝种类	形状	K_t	备 注

η 对不同的裂纹有不同的定义

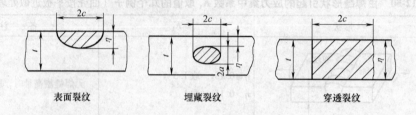

表面裂纹　　　　　　埋藏裂纹　　　　　　穿透裂纹

（2）焊接残余应力　在计算裂纹的应力强度因子时，焊接残余应力 σ_r 用拉应力的当量值 σ_3 来表示：

$$\sigma_3 = \alpha_r \sigma_r \tag{12-83}$$

α_r 的值见表 12-51。

表 12-51　α_r 值

裂纹种类	与熔合线平行的裂纹	与熔合线垂直的裂纹	角焊缝裂纹
穿透裂纹	0	0.6	0.6
埋藏裂纹	0	0.6	0.6
表面裂纹	$0.2 \sim 0.6$①	0.6	0.6

① 对球罐和补焊部位取0.6。

对于焊态容器，取 $\sigma_r = \sigma_s$。对于焊后热处理的容器，残余拉应力不一定为零，应对实际值做出估计。残余应力也要考虑应力集中。

4. 应力强度因子

应力强度因子 K_1 按以下公式计算：

穿透裂纹　　　　　　$K_1 = \sigma \sqrt{\pi c}$　　　　　　　　　　（12-84a）

埋藏裂纹　　　　　　$K_1 = \dfrac{\Omega}{\Psi} \sigma \sqrt{\pi a}$　　　　　　　　（12-84b）

表面裂纹　　　　　　$K_1 = \dfrac{F}{\Psi} \sigma \sqrt{\pi a}$　　　　　　　　（12-84c）

式中　σ——等效拉应力（MPa）；

　　　c——裂纹长度之半（mm）；

　　　a——对埋藏裂纹为裂纹深度之半，对表面裂纹为裂纹深度（mm）；

　　　Ψ——第二类椭圆积分，用式（12-85）计算，或查表12-52；

　　　F——表面裂纹的修正系数，用式（12-86）计算；

　　　Ω——埋藏裂纹的修正系数，用式（12-87）计算，或保守地查表12-53。

表 12-52 Ψ 的数值

a/c	0.00	0.05	0.10	0.15	0.20	0.25	0.30
Ψ	1.000	1.005	1.015	1.031	1.051	1.072	1.100
a/c	0.35	0.40	0.45	0.50	0.55	0.60	0.65
Ψ	1.123	1.151	1.180	1.211	1.243	1.276	1.311
a/c	0.70	0.75	0.80	0.85	0.90	0.95	1.00
Ψ	1.346	1.382	1.417	1.456	1.493	1.532	1.571

表 12-53 Ω 的值

$x = \dfrac{a}{p_1 + a}$	$0.4 \leqslant \lambda < 0.5$	$0.3 \leqslant \lambda < 0.4$	$\lambda < 0.3$
Ω	1.13	1.05	1.01

$$\Psi = \int_0^{\frac{\pi}{2}} \left(1 - \frac{c^2 - a^2}{c^2}\sin\alpha\right)^{\frac{1}{2}} \mathrm{d}\alpha$$

$$\approx \left[1 + 1.464\left(\frac{a}{c}\right)^{1.65}\right]^{\frac{1}{2}} \tag{12-85}$$

$$F = 1.10 + 5.2\ (0.5)^{\frac{5a}{c}}\left(\frac{a}{t}\right)^{1.8 + \frac{a}{c}} \tag{12-86a}$$

$$(a/c > 0)$$

$$F = 1.12 - 0.23\frac{a}{t} + 10.55\left(\frac{a}{t}\right)^2 - 21.71\left(\frac{a}{t}\right)^2 + 30.38\left(\frac{a}{t}\right)^4$$

$$(a/c = 0) \tag{12-86b}$$

式中 t——板厚（mm）。

$$\Omega = 1 + b\left(\frac{a}{p_1 + a}\right)^K \tag{12-87}$$

式中 p_1——埋藏裂纹面距裂纹体表面的最短距离（mm）；

b——系数，用下式计算：

$$b = \left[0.42 + 2.23\left(\frac{a}{c}\right)^{0.8}\right]^{-1.0}$$

K——指数，用下式计算：

$$K = 3.3 + \left(1.1 + 50 \times \frac{a}{c}\right)^{-1.0} + 1.95\left(\frac{a}{c}\right)^{1.5}$$

5. 疲劳评定

当 $\Delta K > \Delta K_{\mathrm{th}}$ 时，使用 Paris 公式确定 $\mathrm{d}a/\mathrm{d}N$（mm/周次）：

$$\frac{\mathrm{d}a}{\mathrm{d}N} = C\ (\Delta K)^m$$

Paris 公式中的系数 C 和 m 需要由试验确定。对于温度不超过200℃，在非腐蚀介质中使用的铁素体钢，可使用下式：

$$\frac{\mathrm{d}a}{\mathrm{d}N} = 1.7 \times 10^{-15} (\Delta K)^4 \tag{12-88}$$

式中 ΔK——应力强度因子（N/mm$^{3/2}$）。

ΔK_{th}（N/mm$^{3/2}$）可以用下式计算：

低碳钢和碳锰钢：

$$\Delta K_{th} = 190(1 - 0.76R) \tag{12-89a}$$

其他钢材：

$$\Delta K_{th} = 222(1 - 0.76R) \quad (\text{应力比 } R > 0.1) \tag{12-89b}$$

$$\Delta K_{th} = 191 \quad (\text{应力比 } R < 0.1) \tag{12-89c}$$

N 次循环后裂纹的最后尺寸可按以下公式计算：

（1）穿透裂纹

$$c_N = \frac{c_0}{1 - C(\Delta K_e)^m \dfrac{N}{c_0}} \tag{12-90}$$

$$\Delta K_e = (\Delta\sigma_1 + 0.5\Delta\sigma_w)\sqrt{\pi c_0}$$

（2）埋藏裂纹

$$2a_N = \frac{2a_0}{1 - C(\Delta K_e)^m \dfrac{N}{a_0}} \tag{12-91}$$

$$\Delta K_e = (\Delta\sigma_1 + 0.25\Delta\sigma_w)\sqrt{\pi a_0}$$

当深度为 $2a_N$ 时，裂纹沿板宽方向的长度为

$$2c_N = 2c_0\left(1 + \frac{a^{m-1} - a_0^{m-1}}{c_0^{m-1}}\right)^{\frac{1}{m-1}} \tag{12-92}$$

（3）表面裂纹

1）均衡表面裂纹。满足下面关系式的裂纹定义为均衡表面裂纹：

$$\frac{a}{c} = (0.98 + 0.07R_b) - (0.06 + 0.94R_b)\frac{a}{t} \tag{12-93}$$

$$R_b = \frac{\sigma_w}{\sigma_1 + \sigma_w}$$

在循环应力下，裂纹深度和裂纹长度同时扩展，N 次循环后：

$$c_N = \frac{c_0}{1 - C(\Delta K_e)^m \dfrac{N}{c_0}} \tag{12-94}$$

$$\Delta K_e = (\Delta\sigma_1 + 0.5\Delta\sigma_w)\sqrt{\pi c_0}$$

2）浅长表面裂纹。满足下面关系式的裂纹定义为浅长表面裂纹：

$$\frac{a}{c} < (0.98 + 0.07R_b) - (0.06 + 0.94R_b)\frac{a}{t} \tag{12-95}$$

N 次循环以后，其深度方向的最后尺寸按下式计算：

$$a_N = \frac{a_0}{1 - C(\Delta K_e)^m \dfrac{N}{a_0}}$$ (12-96)

$$\Delta K_e = (\Delta\sigma_1 + 0.75\Delta\sigma_w)\sqrt{\pi a_0}$$

在式（12-95）限定的范围内，板宽方向的裂纹长度认为是不变的。当 a 值增加到式（12-92）确定的值以后，按均衡表面裂纹计算。

3）深短表面裂纹。满足下面关系式的裂纹定义为深短表面裂纹：

$$\frac{a}{c} > (0.98 + 0.07R_b) - (0.06 + 0.94R_b)\frac{a}{t}$$ (12-97)

N 次循环以后，裂纹长度方向的最后尺寸按下式计算：

$$c_N = \frac{c_0}{1 - C(\Delta K_e)^m \dfrac{N}{c_0}}$$ (12-98)

$$\Delta K_e = (\Delta\sigma_1 + 0.5\Delta\sigma_w)\sqrt{\pi c_0}$$

在式（12-97）限定的范围内，裂纹的深度是不变的。当 c 增大到按下式确定的值以后，按均衡表面裂纹计算：

$$c = \frac{1}{\dfrac{0.98 + 0.07R_b}{a_0} - \dfrac{0.06 + 0.94R_b}{t}}$$ (12-99)

由式（12-94）计算出 c_N 以后，可以根据相关的 a/c 关系式计算出 a_N 值。

对于贯穿裂纹，疲劳评定的强度条件为

$$c_N \leqslant c_c$$ (12-100)

对于表面裂纹和埋藏裂纹，疲劳评定的强度条件为

$$a_N \leqslant a_c$$ (12-101)

以上公式中 c_0、a_0 为初始裂纹尺寸，c_c、a_c 为临界裂纹尺寸。当 a_N 或 c_N 满足上述条件时，容器可以工作 N 次循环而不产生疲劳破坏。当 a_N 或 c_N 不满足上述条件时，容器的强度不足，其疲劳寿命小于 N 次循环，必须修改设计。

第 13 章　联接和接头的疲劳强度

13.1　轴向受力的螺纹联接

螺纹联接是一种可拆联接，是机器中最常使用的一种联接方式，大至水压机的立柱，小至仪表中的螺钉，都属于螺纹联接。在某种意义上可以说任何机器都离不开螺纹联接。在某些机器中，螺纹联接是重要的受力构件，它们常常承受着很大的循环载荷，螺纹联接一旦发生疲劳破坏，常常酿成重大事故，如水压机立柱、连杆螺栓都属于这种情况。

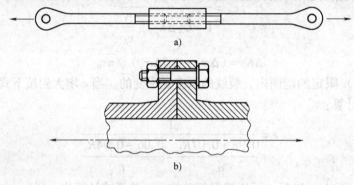

图 13-1　轴向受力的螺纹联接

a) 拉杆联接　b) 螺栓凸缘联接

轴向受力的螺纹联接如图 13-1 所示，轴向螺纹联接一般在螺栓上发生疲劳破坏，螺栓上的疲劳危险区有三处：①与螺母配合部分第一螺牙的根部，如图 13-2 中 1 所示；②螺栓头与螺杆的过渡圆角处，如图 13-2 中 2 所示；③螺纹与光滑部分的过渡区，如图 13-2 中 3 所示。第三个危险区可以避免，只要缩小光滑部分的直径即可，光滑部分直径可以小到螺纹根径的 90%。因此在抗疲劳设计时只需校验第一、二危险区的疲劳强度。

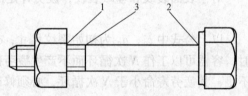

图 13-2　螺栓上的疲劳危险区

13.1.1　轴向螺纹联接的载荷和载荷分配

如图 13-3 所示，轴向螺纹联接中轴向载荷为基本载荷。在循环载荷作用下，预紧时产生的扭矩会逐渐消失，因此可以不考虑切应力。轴向载荷包括预紧力 T 和工作载荷 F。螺纹联接为静不定系统，载荷在各传力件间的分配取决于联接件的柔度比。

如图 13-3 所示的螺纹联接，若在旋紧螺母时建立了预紧力 T，这时联接件对螺母的作用力为 T，螺母对联接件的作用力也是 T。工作时螺杆中加上工作载荷 F 以后，由于螺栓所受的载荷增大，因此比未受工作载荷时伸长。螺栓伸长以后，被联接件放松，从而使螺母与

被联接件间的相互作用力减小。这时螺栓所受的轴向载荷 Q（见图 13-4）为

$$Q = T + \chi F \tag{13-1}$$

式中 χ——外载荷系数，由联接中螺栓系统与衬垫系统的柔度比决定，在正确设计的螺纹联接中，外载荷系数通常为 $\chi = 0.20 \sim 0.30$。

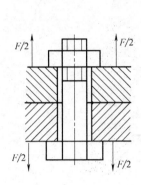

图 13-3 螺纹联接示意图

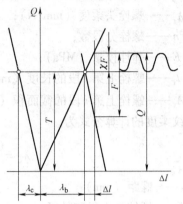

图 13-4 螺纹联接中的作用力线图

χ 的计算公式为

$$\chi = \frac{\lambda_c}{\lambda_b + \lambda_c} \tag{13-2}$$

式中 λ_c——衬垫系统的柔度（mm/N）；

λ_b——螺栓系统的柔度（mm/N）。

螺纹联接中的各个元件，哪一个属螺栓系统，哪一个属衬垫系统，视其在承受工作载荷后受力增大或减小而定。凡是加工作载荷后受力增大的元件都属于螺栓系统，反之则都属于衬垫系统。几种典型加载方式下的 χ 值计算公式见图 13-5。图中，λ_b 为螺栓的柔度，λ_1 为被联接件 1 的柔度，λ_2 为被联接件 2 的柔度。

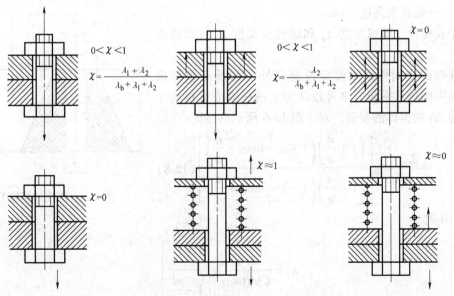

图 13-5 几种典型加载方式下的 χ 值

螺栓柔度可按下式计算：

$$\lambda_b = \sum_{i=1}^{n} \frac{l_i}{EA_i} + \lambda_p + \lambda_r \tag{13-3}$$

式中　λ_p——螺纹柔度（mm/N）；

　　　λ_r——螺栓头柔度（mm/N）；

　　　n——螺栓分段数；

　　　E——弹性模量（MPa）；

　　　l_i——螺栓上第 i 段的长度（mm）；

　　　A_i——螺栓上第 i 段的截面积（mm²）。

螺纹柔度的计算公式为

$$\lambda_p = \frac{0.49}{dE} \sqrt{1.44 + 9.28 \frac{s}{d_2}} \tag{13-4}$$

式中　s——螺距（mm）；

　　d_2、d——螺纹的中径和外径（mm）。

近似计算时，可使用下面的简化公式：

$d/s = 6 \sim 10$ 时

$$\lambda_p = (0.95 \sim 0.80)\frac{1}{dE} \tag{13-5}$$

$d/s = 10 \sim 20$ 时

$$\lambda_p = (0.80 \sim 0.70)\frac{1}{dE} \tag{13-6}$$

螺栓头柔度可按下式估算：

$$\lambda_r = \frac{0.15}{hE} \tag{13-7}$$

式中　h——螺栓头高度（mm）。

对于长螺栓，螺纹柔度 λ_p 和螺栓头柔度 λ_r 可以略去不计。

被联接的中间件的柔度应根据其外形和承载条件确定。如果中间件是平板，则可以认为它的压缩变形相当于锥顶角为 2α 的锥体的变形。对于图 13-6 所示的情况：

$$\lambda_c = \frac{2.3}{E\pi d\tan\alpha}\lg\left[\frac{\left(1+\frac{d}{a}\right)\left(1+2\frac{l}{a}\tan\alpha-\frac{d}{a}\right)}{\left(1-\frac{d}{a}\right)\left(1+2\frac{l}{a}\tan\alpha+\frac{d}{a}\right)}\right] \tag{13-8}$$

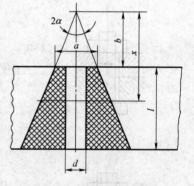

图 13-6　刚度计算简图

当 $l/a > 10$ 时

$$\lambda_c = \frac{2.3}{E\pi d\tan\alpha}\lg\left(\frac{1+\frac{d}{a}}{1-\frac{d}{a}}\right) \tag{13-9}$$

通常取 $\tan\alpha = 0.4$，这时式（13-8）变为

$$\lambda_c = \frac{1.83}{Ed}\lg\left[\frac{\left(1+\dfrac{d}{a}\right)\left(1+0.8\dfrac{l}{a}-\dfrac{d}{a}\right)}{\left(1-\dfrac{d}{a}\right)\left(1+0.8\dfrac{l}{a}+\dfrac{d}{a}\right)}\right] \tag{13-10}$$

当联接两个凸缘时（见图 13-7），以上各式计算出的 λ_c 应乘以 2。

如果压力锥超出零件范围，则 $a + l\tan\alpha > D$（图 13-8），则

$$\lambda_c = \frac{2.3}{E\pi d\tan\alpha}\lg\left[\frac{\left(1+\dfrac{d}{a}\right)\left(1-\dfrac{d}{D}\right)}{\left(1-\dfrac{d}{a}\right)\left(1+\dfrac{d}{D}\right)}\right] + \frac{\dfrac{l}{a}-\dfrac{D/a-1}{2\tan\alpha}}{E\pi d^2\dfrac{D^2/d^2-1}{4a}} \tag{13-11}$$

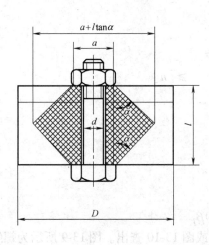

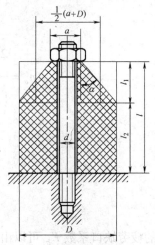

图 13-7　联接两个凸缘的刚度计算简图　　　图 13-8　压力锥超出零件范围时的刚度计算简图

由上述可知，预紧力的存在可以大大减小螺纹中的交变应力。若预紧力不够大，加工作载荷后，联接件松动，则螺栓中的交变应力将比未松动时大大增大，并且在受力过程中产生冲击。因此，为了保证螺纹联接能够承受较高的循环载荷，必须保证它在加工作载荷后不能松动。根据不能松动的要求，预紧力可按下式选取：

$$T = \kappa(1-\chi)F \tag{13-12}$$

式中　κ——预紧系数，在循环载荷时可取为 $\kappa = 1.5 \sim 4.0$。

螺纹联接中各圈螺牙上的载荷为不均匀分配，一般以螺母与被联接件接触处的第一圈螺牙所传递的载荷为最大。因此，螺纹联接一般在第一圈螺牙的根部应力集中处产生疲劳破坏。螺纹联接中各圈螺牙上的载荷分配可以用变形协调方程求出。

13.1.2　轴向螺纹联接的抗疲劳设计

由轴向载荷引起的名义应力为

预紧应力

$$\sigma_1 = \frac{T}{A} \tag{13-13}$$

外载引起的附加应力

$$\sigma_2 = \chi\frac{F}{A} \tag{13-14}$$

合成应力 $\qquad\qquad$ $\sigma = \sigma_1 + \sigma_2 = \dfrac{Q}{A}$ $\qquad\qquad$ (13-15)

螺栓工作时，一般相当于最小应力 $\sigma_{\min}$ 保持不变的情况，这时有：

$$\sigma_{\min} = \sigma_1 = \frac{T}{A} \qquad\qquad (13\text{-}16)$$

$$\sigma_a = \frac{\sigma_2}{2} = \frac{\chi}{2} \times \frac{F}{A} \qquad\qquad (13\text{-}17)$$

因此，其强度条件应使用最小应力 $\sigma_{\min}$ 保持不变时的强度条件，见式（5-4），即

$$n_a = \frac{\sigma_{-1D} - \dfrac{\psi_\sigma}{K_{\sigma D}}\sigma_{\min}}{\left(1 + \dfrac{\psi_\sigma}{K_{\sigma D}}\right)\sigma_a} \geqslant [n_a]$$

$$n_\sigma = \frac{2\sigma_{-1D} + \left(1 - \dfrac{\psi_\sigma}{K_{\sigma D}}\right)\sigma_{\min}}{\left(1 + \dfrac{\psi_\sigma}{K_{\sigma D}}\right)(2\sigma_a + \sigma_{\min})} \geqslant [n]$$

$$\sigma_{-1D} = \frac{\sigma_{-1}}{K_{\sigma D}}$$

$$K_{\sigma D} = \frac{K_{\sigma s}}{\varepsilon_\sigma \beta_1}$$

$$K_{\sigma s} = 1 + (K_\sigma - 1)\beta_1$$

式中的疲劳缺口系数 K_σ 可以由表 13-1、图 13-9 或图 13-10 查出。图 13-9 所示为螺纹联接部分的疲劳缺口系数。图 13-10 所示为螺栓头过渡处的疲劳缺口系数，图中 R 为螺栓头的过渡圆角半径，r 为螺牙根部圆角半径。K_σ 还可使用第 3 章 3.1.2 节中所述的方法由理论应力集中系数 K_t 和缺口半径 r 或相对应力梯度计算出来，其 K_t 值可由图 13-11 查出。图中曲线 1 适用于螺纹联接部分，曲线 2 适用于螺纹的自由部分，曲线 3 为螺栓头的理论应力集中系数 K_t 与过渡圆角半径 R 对螺栓杆直径 d 之比的关系曲线。螺纹联接的尺寸系数 ε_σ 可由图 13-12 查出。表面加工系数 β_1 和平均应力影响系数可以用第 3 章的方法确定。许用安全系数可以取为 $[n_a] = 2.5 \sim 4.0$，$[n] = 1.25 \sim 2.5$。

表 13-1　螺纹联接中的疲劳缺口系数

材料	光滑试样的疲劳极限 σ_{-1z}/MPa	螺纹的疲劳极限 σ_{-1K}/MPa		疲劳缺口系数 K_σ	
		切削螺纹	辊压螺纹	切削螺纹	辊压螺纹
35 钢	176	49	63	2.7	2.1
45 钢	215	58	78	2.8	2.1
38CrA	294	73	98	3.0	2.3
30CrMnSiA	294	73	98	3.0	2.3
40CrNiMoA	431	93	122	3.5	2.6
18Cr2Ni4VA	441	98	127	3.4	2.6

注：本表适用于 $d \leqslant 16\text{mm}$ 的米制螺纹，对于大尺寸的螺纹，应考虑尺寸系数。表中的疲劳极限是拉-压疲劳试验得到的数值。

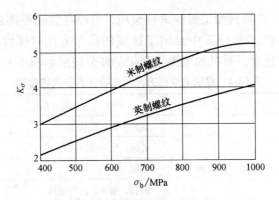

图 13-9 螺纹联接部分的疲劳缺口系数（$d = 12\text{mm}$）

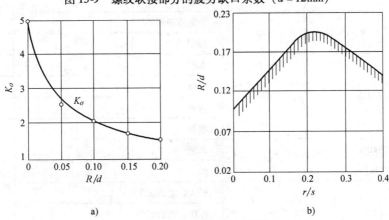

图 13-10 螺栓头过渡处的疲劳缺口系数

a）K_σ 与 R/d 的关系 　b）R/d 与 r/s 的关系

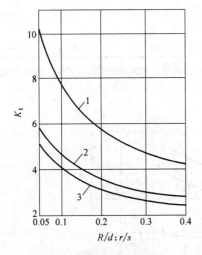

图 13-11 理论应力集中系数 K_t 与圆角半径的关系

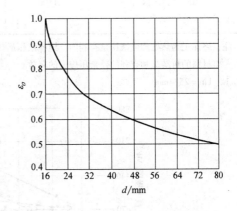

图 13-12 螺纹联接的尺寸系数 ε_σ

13.1.3 提高轴向螺纹联接疲劳强度的方法

提高螺纹联接的疲劳强度可以使用以下方法：

1）使用滚压螺栓，或将机加工螺纹进行滚压，可以在螺纹根部建立残余压应力，从而提高螺纹联接的疲劳强度。表 13-2 中给出了螺纹的成形方法对螺纹联接疲劳极限的影响。而提高螺栓材料的抗拉强度，对机加工螺纹联接的疲劳极限影响不大（见图 13-13）。

表 13-2 螺纹的成形方法对螺栓疲劳强度的影响

试验条件	σ_b/MPa	成形方法	疲劳极限/MPa
$\sigma_m = 250$MPa	1050	机加工，之后滚压	96
		磨削，之后滚压	78.4
		车削	65
		滚制，退火，之后滚压	63
		磨削	50
$R=0$，$N=3\times10^6$ 周次，$d=1$in[①]	476	车削或研磨	59.5
		滚制	99.4
不经螺母加载	476	车削	84.5
		磨削	91.7
		研磨	95.2
		滚制	145.0
$\sigma_m = 129$MPa $d=0.75$in[①]	610	车削	59.5
		磨	58.0
$\sigma_m = 196$MPa M8，45 钢	560	退火，之后滚压	90
		冷作，之后切削	90
		冷作，之后滚压	120
		滚制，之后热处理	50
M8，CrMo 钢	1100	热处理，之后磨削	70
		热处理，之后切削	80
		热处理，终加工为车削	170

注：终加工为热处理或滚压是有利的。螺栓滚压后热处理得到高抗拉强度，而疲劳强度反而较低，是由于应变硬化材料的再结晶和有利的残余压应力的释放。

① 1in = 25.4mm

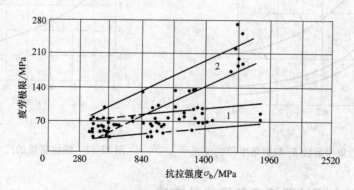

图 13-13 螺栓-螺母联接的疲劳极限（$N=10^7$ 周次）与抗拉强度的关系

1—机加工螺纹 2—滚制螺纹

2）增大螺纹根部的圆角半径 r，可以降低应力集中，从而提高螺纹联接的疲劳强度（见图 13-11）。

3）改变螺母形式。如将压缩螺母改为拉伸螺母，可使载荷在各圈螺纹上均匀分布（如图 13-14 中 1 所示），从而提高其疲劳强度。或将螺母制成截面沿高度变化，使载荷在各圈螺纹上均匀分布。图 13-15 所示为使载荷分配较均匀的几种螺母结构。

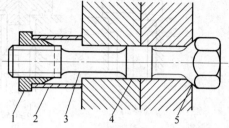

图 13-14　增加螺栓疲劳强度的几项措施

4）在螺母与被联接件间加弹性垫圈（如图 13-14 中 2 所示），可以增大螺栓系统的柔度，从而可以降低动载荷分量，提高螺纹联接的疲劳强度。

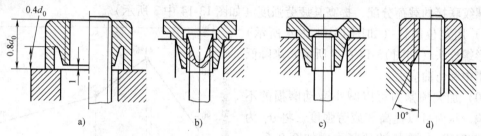

图 13-15　使载荷分配较均匀的几种螺母结构

a）$K_\sigma = 1.6$　b）$K_\sigma = 1.65$　c）$K_\sigma = 1.4$　d）$K_\sigma = 1.2$

5）螺纹的牙形角对螺纹联接的疲劳极限影响很大，图 13-16 是 38CrA 制 M10 螺纹的双头螺栓在牙形角 $\alpha = 45°$、$60°$、$75°$ 和 $90°$ 时的极限应力幅，从图中可以看出，牙形角为 $60°$ 时最不利。

6）对于大件（如箱座、箱盖）上的双头螺栓，为了改善其载荷分配，可以采用图 13-17 所示的结构。

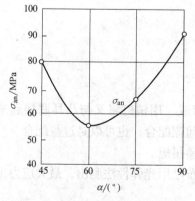

图 13-16　极限应力幅与牙形角的关系

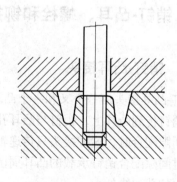

图 13-17　改善载荷沿螺纹高度分布的结构

7）螺栓杆到螺栓头的过渡圆角半径应等于或大于 $0.2d$（d 为螺纹外径），图 13-18 所示为几种较好的过渡结构。

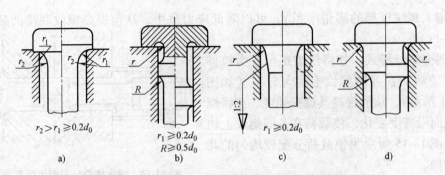

图 13-18　从螺栓杆到螺栓头的各种过渡结构

8）将螺柱无螺纹部分的直径比螺纹部分适当减小，可以增大螺杆系统的柔度，从而有利于螺纹联接的载荷分配，提高其疲劳强度（如图 13-14 中 3 所示）。

9）用定位圆柱（如图 13-14 中 4 所示）和锥形螺栓头（如图 13-14 中 5 所示）来降低应力集中和弯曲应力。

10）加大预紧力可以减小微动磨损的不利影响，从而可以提高其疲劳强度。将 σ_b 为 $820 \sim 900\text{MPa}$ 的螺栓的预紧力增加至 $0.6\sigma_s$，往往可以取得有益效果。

11）将螺栓预拉至屈服强度以上，可以提高其疲劳极限。图 13-19 所示为塑性应变对螺栓疲劳极限的影响。

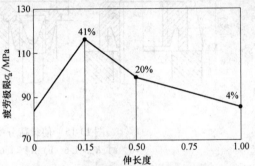

图 13-19　塑性应变对螺栓疲劳极限的影响

12）为了减小附加弯曲应力，可采取以下措施：降低螺柱的刚度，保证螺纹与相配零件的加工精度，减小螺母的端面圆跳动，减小被联接件支承面的歪斜度，采用球面垫圈，减少螺纹对螺栓杆的跳动等。

13. 2　销钉-凸耳、螺栓和铆接接头

13. 2. 1　销钉-凸耳接头

销钉-凸耳接头由一个叉和一个凸耳及一个销钉组成，用销钉将叉与凸耳联接起来。载荷通过销钉传到凸耳上，销钉与凸耳孔的配合可以是间隙配合，也可以是过盈配合。当销钉与孔为间隙配合时，这种接头只传递轴向载荷而不传递扭矩。

通过间隙配合销钉承载的凸耳周围的弹性应力分布已用光弹性法测出，最大应力出现在最小截面的孔边缘处。

矩形凸耳的理论应力集中系数 K_t 可以用 Heywood 提出的以下公式计算（见图 13-20）：

$$H/d = 0.5 \quad K_t = 0.85 + 0.95W/d \tag{13-18a}$$

$$H/d = 1 \quad K_t = 0.6 + 0.95W/d \tag{13-18b}$$

式中　d——凸耳孔直径（mm）；

W——凸耳宽度（mm）；

H——孔中心到凸缘端面的距离（mm）；

K_t——按净截面计算出的理论应力集中系数。

W/d 越大，H/d 越小，凸耳的理论应力集中系数越大。头部为半圆形的凸耳的 K_t 比头部为矩形的略低。航空凸耳头部的尺寸比通常为：$W/d = 1.6 \sim 3$，$a/c = 1 \sim 1.3$（符号的意义参看图 13-20）。

图 13-21 所示为矩形凸耳和开孔板的理论应力集中系数。图 13-22 所示为"蜂腰"形凸耳的理论应力集中系数。

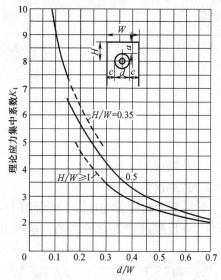

图 13-20　孔与销钉间有小间隙的
矩形凸耳的理论应力集中系数

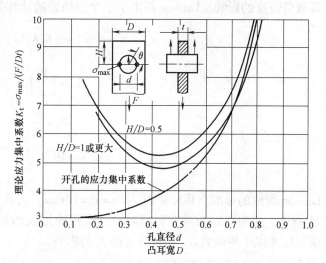

图 13-21　矩形凸耳和开孔板的理论应力
集中系数（孔和销之间为小间隙）

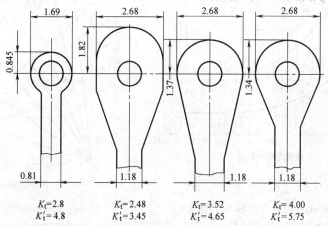

$K_t = 2.8$ $K_t = 2.48$ $K_t = 3.52$ $K_t = 4.00$
$K_t' = 4.8$ $K_t' = 3.45$ $K_t' = 4.65$ $K_t' = 5.75$

图 13-22　"蜂腰"形凸耳的理论应力集中系数

注：孔径均为 25.4mm；K_t 是使用精致配合销时的应力集中系数；K_t' 是有径向间隙时的

应力集中系数，对于第一种情况径向间隙为 0.48mm，其他情况为 0.38mm。

Heywood 对间隙配合钢销钉承载的各种铝合金凸耳和钢凸耳进行疲劳试验，得出的标准凸耳（$d = 25$mm）的 S-N 曲线，如图 13-23 所示。在 10^7 周次循环下，σ_b 为 $900 \sim 1500$MPa

的钢凸耳的疲劳极限为 4% σ_b；高强度铝合金凸耳的疲劳极限为 2.5% σ_b。对于钢凸耳，平均拉应力对疲劳强度影响不大；而对铝合金凸耳，则平均拉应力使疲劳强度降低。

其他尺寸和形状凸耳的疲劳强度可用下式计算：

$$\frac{\sigma_a}{\sigma_A} = \frac{2.5}{K_t}\left(\frac{50.8}{25.4 + d}\right) \tag{13-19}$$

式中 σ_A——标准凸耳的疲劳强度（MPa）；

σ_a——其他形状和尺寸凸耳在同样疲劳寿命下的疲劳强度（MPa）。

上面的 Heywood 公式只能近似估算凸耳的疲劳强度，它不能考虑钢种和平均应力对凸耳疲劳强度的影响。Larsson 提出了一个更精确的计算公式：

$$\frac{\sigma_a}{\sigma_A} = 1 + (K_1 K_2 - 1)\theta \tag{13-20}$$

$$K_1 = \left(\frac{10}{d}\right)^{0.2}$$

$$K_2 = \frac{ad}{c^2}$$

$$\theta = 0.25[1 + \lg(0.001N)] \quad (N < 10^6 \text{ 周次})$$
$$\theta = 1 \quad (N \geqslant 10^6 \text{ 周次})$$

Larsson 所取的标准凸耳尺寸为 $d = a = c = 10$mm，头部为半圆形，其疲劳强度 σ_A 可由图 13-24 查出。式中，K_1 反映孔径的影响，K_2 反映形状的影响，θ 反映疲劳寿命的影响。这种方法可以考虑平均应力 σ_m 和疲劳寿命 N 的影响。

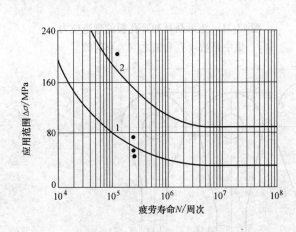

图 13-23 Heywood 的标准凸耳 S-N 曲线
1—铝合金凸耳 2—钢凸耳
注：$d = 25$mm，$K_t = 2.5$。

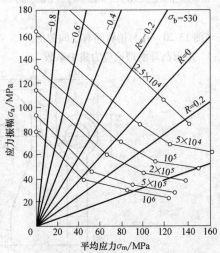

图 13-24 Larsson 的标准凸耳等寿命线
注：2014-T6 铝合金，$d = a = c = 10$mm，
过盈配合凸耳，过盈量 $\delta/d = 0.3\%$。

Larsson 公式与 2024-T3 和 7075-T6 铝合金的脉动拉伸试验结果符合良好，图 13-25 所示为 Larsson 公式的计算结果与 2024-T3 和 7075-T6 铝合金凸耳脉动拉伸疲劳试验结果的比较。图 13-26 所示为具有同样理论应力集中系数（$K_t = 2.65$）的 2024-T3 铝合金带孔试样与销钉-

凸耳接头的疲劳强度对比。由图可见，当疲劳寿命较低时，销钉-凸耳接头的疲劳强度与带孔试样接近，当疲劳寿命较高时，销钉-凸耳接头的疲劳强度比带孔试样大大降低，寿命越长，降低越大。销钉-凸耳接头在长寿命时疲劳强度之所以大大降低，是由于微动磨损的不利影响。

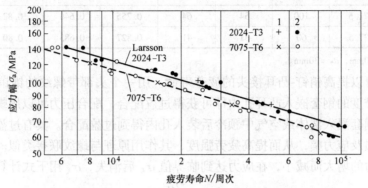

图 13-25　Larsson 公式的计算结果与 2024-T3 和 7075-T6 铝合金
凸耳脉动拉伸疲劳试验结果的比较

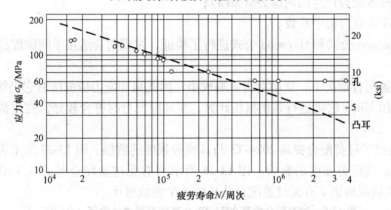

图 13-26　具有同样理论应力集中系数（$K_t = 2.65$）的 2024-T3 铝合金
带孔试样与销钉-凸耳接头的疲劳强度对比

注：销钉-凸耳试样 $d = 10\text{mm}$，开孔试样 $d = 12.5\text{mm}$。

表 13-3 给出了 2024-T3 凸耳的疲劳缺口系数，表 13-4 给出了 $K_t = 2.65$ 凸耳的尺寸影响。

表 13-3　2024-T3 凸耳的疲劳缺口系数

疲劳寿命 N/周次	材料疲劳强度 σ_0/MPa	$K_t = 2.65$ 的凸耳 $d = 10\text{mm}$		$K_t = 3.7$ 的凸耳 $d = 10\text{mm}$		$K_t = 2.65$ 的孔 $d = 12.7\text{mm}, W = 50.8\text{mm}$	
		σ_{0K}/MPa	K_f	σ_{0K}/MPa	K_f	σ_{0K}/MPa	K_f
10^6	240	82	2.90	48	5.00	120	2.00
10^5	330	180	1.84	119	2.77	175	1.89
10^4	430	400	1.07	200	2.15	315	1.40

注：σ_{0K} 为脉动循环下的疲劳极限，K_f 为脉动循环下的疲劳缺口系数。

表 13-4　$K_t = 2.65$ 凸耳的尺寸影响

疲劳寿命 $N/10^3$ 周次	疲劳强度 σ_{a1}/MPa		疲劳强度 σ_{a2}/MPa		σ_{a2}/σ_{a1} 试验值		σ_{a2}/σ_{a1} 计算值	
	间隙配合	过盈配合	间隙配合	过盈配合	间隙配合	过盈配合	Larsson	Heywood
60	110	140	75	86	0.682	0.614	0.84	0.64
200	71.5	100	54	64	0.755	0.640	0.82	0.64
1300	37.5	60	31	41	0.827	0.683	0.80	0.64

注：孔径 $d_1 = 10mm$，$d_2 = 30mm$。

干涉配合可以提高销钉-凸耳接头的疲劳寿命。用一个头部带螺纹的锥销将一个剖分成两半的内孔带锥度的钢套嵌入凸耳孔内即可获得过盈配合，配合压力可以用螺母调节。也可将带有过盈的钢套浸入液体或空气中预冷后装入孔内得到过盈配合。具有过盈配合以后，可以减少微动磨损及应力幅，从而提高疲劳强度，其作用原理与螺纹联接类似。过盈配合的有利作用随着外力的增大而减小，在应力达到临界值 σ_K 后消失，σ_K 用下式计算：

$$\sigma_K = \frac{2\sigma_i}{K_t} \tag{13-21}$$

式中　σ_i——过盈配合产生的内应力（MPa）；

　　　K_t——理论应力集中系数。

Buch 对 Larsson 公式和 Heywood 公式进行了验证，发现前者适用于间隙配合，后者适用于过盈配合。

由于在过盈配合情况下，微动磨损影响较小，因此局部应力应变法对它仍能适用。在谱载荷下可以使用 Miner 法则进行累积损伤计算，在间隙配合时符合较好，在过盈配合时有时偏于危险。

表 13-5 给出了过盈配合提高 2024-T3 凸耳疲劳强度的数据。图 13-27 所示为销钉尺寸及过盈对铝合金凸耳疲劳强度的影响。图 13-28 所示为有无过盈配合时的 S-N 曲线对比。图 13-29 所示为机动载荷谱下有无过盈配合凸耳的 S-N 曲线对比。

表 13-5　过盈配合提高 2024-T3 凸耳疲劳强度的数据（$R = 0$）

理论应力集中系数 K_t	孔径 d/mm	过盈程度（%）	$N/10^3$ 周次	应力振幅 σ_a/MPa	理论应力集中系数 K_t	孔径 d/mm	过盈程度（%）	$N/10^3$ 周次	应力振幅 σ_a/MPa
2.65	30	0	60	75	3.2	10	0	200	52
2.65	30	0.2~0.3	60	80	3.2	10	0.2~0.3	200	73
2.65	10	0	60	110	3.7	10	0	200	42
2.65	10	0.2~0.3	60	140	3.7	10	0.2~0.4	200	55
3.2	10	0	60	76	2.65	30	0	1300	31
3.2	10	0.2~0.3	60	90	2.68	30	0.2~0.3	1300	41
3.7	10	0	60	66	2.65	10	0	1300	38
3.7	10	0.2~0.4	60	78	2.65	10	0.2~0.3	1300	59
2.65	30	0	200	54	3.2	10	0	1300	30
2.65	30	0.2~0.3	200	64	3.2	10	0.2~0.3	1300	54
2.65	10	0	200	70	3.7	10	0	1300	23
2.65	10	0.2~0.3	200	98	3.7	10	0.2~0.4	1300	40

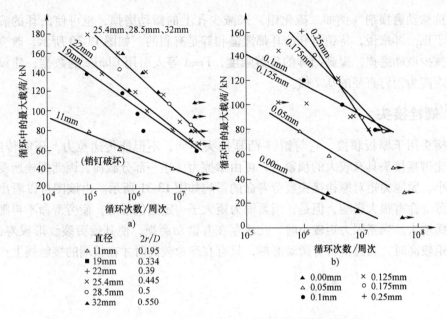

图 13-27 销钉尺寸及过盈对铝合金凸耳的疲劳强度

a) 销钉尺寸的影响（过盈为 0.007mm/mm）　b) 过盈的影响（销钉直径为 25.4mm）

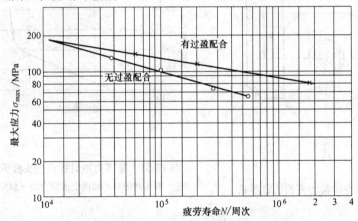

图 13-28 有无过盈配合时的凸耳 S-N 曲线对比

注：$K_t = 3.7$，$d = 10mm$。

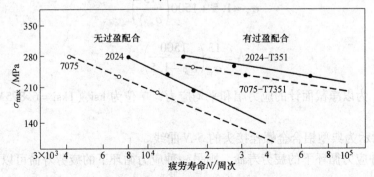

图 13-29 机动载荷谱下有无过盈配合凸耳的 S-N 曲线对比

注：σ_{max} 为载荷谱中的最高应力。

利用抗微动磨损剂（例如二硫化钼）来减少孔上的微动磨损，也可使凸耳的疲劳强度提高。对于钢凸耳来说，将销钉和凸耳都镀镉和锌是有利的。如图 13-30 所示，改变销钉形状，也都减少微动磨损，提高凸耳的疲劳强度，Frost 等人引用 Clarke 的数据，建议取两个平面间的距离为销钉直径的 0.7 倍。

13.2.2　螺栓接头

螺栓接头用于厚板联接，它与销钉-凸耳接头不同，不但能传递拉力，还能传递扭矩。螺栓接头比铆接接头具有较大的预紧力，可由摩擦力传递一部分载荷，因此螺栓所受的剪切力比铆钉小。紧固力矩对螺栓接头疲劳寿命的影响如图 13-31 所示。由该图可以看出，紧固力矩对疲劳寿命有很大影响，但是，当紧固力矩大于一定数值以后，疲劳寿命不再随紧固力矩的增大而增大。当紧固力矩较小时，孔边存在有微动磨损，使其疲劳裂纹形成寿命降低。当紧固力矩较高时，孔边不再有微动磨损，只有在寿命较高时才在板端的接触线上产生微动磨损。

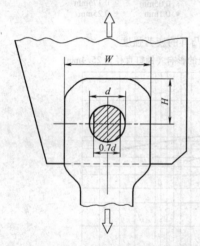

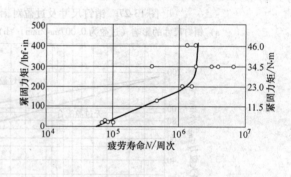

图 13-30　能减少微动磨损的销钉形状

图 13-31　紧固力矩对螺栓接头疲劳寿命的影响
注：两孔间的最小截面上的应力为（145.6±49）MPa。

典型的铝合金螺栓接头的疲劳强度和寿命可以用 Heywood 提出的以下公式计算：

$$\sigma_a = 1.5 + 1500 \left(\frac{13}{\sigma_m N} \right)^{\frac{1}{2}} \tag{13-22}$$

$$N = \frac{13}{\sigma_m} \left(\frac{1500}{\sigma_a - 1.5} \right)^2 \tag{13-23}$$

式中，σ_a 和 σ_m 为以净截面计的应力幅和平均应力，单位为 ksi（1ksi = 6.895MPa）。N 为疲劳寿命。

图 13-32 所示为典型铝合金螺栓接头的 $S\text{-}N$ 曲线。

若已知一种应力循环下的疲劳寿命，则另一种应力循环下的疲劳寿命可以用下式计算：

$$\frac{N_1}{N_2} = \frac{\sigma_{m1}}{\sigma_{m2}} \left(\frac{\sigma_{a1} - 1.5}{\sigma_{a2} - 1.5} \right)^2 \tag{13-24}$$

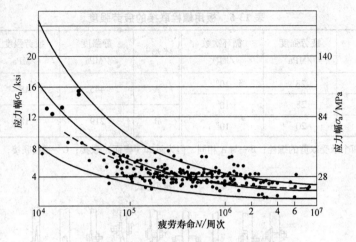

图 13-32　典型铝合金螺栓接头的 *S-N* 曲线

式中，σ_{a1}、σ_{m1} 和 N_1 为第一种应力循环下的应力幅、平均应力和疲劳寿命，σ_{a2}、σ_{m2} 和 N_2 为第二种应力循环下的应力幅、平均应力和疲劳寿命，应力的单位为 ksi（$1\text{ksi} = 6.895\text{MPa}$）。此相对公式在载荷传递方式及失效形式不随加载水平改变的情况下适用。

　　螺栓接头的类型对疲劳强度有显著影响，如图 13-33 所示，对称型接头（图 13-33 中 A 型、B 型、C 型）的疲劳强度高于非对称型的。表 13-6 给出了板用螺栓联接的疲劳强度。图 13-34 所示为螺栓接头形式对螺栓接头疲劳寿命的影响。

　　螺栓的排列方式、尺寸和孔距都影响其疲劳强度和效率。在相同的疲劳寿命下接头所能传递的载荷与相同横截面积的等效平板试样所能传递的载荷之比定义为接头效率。在通常情况下，螺栓接头的效率为 5%。增大紧固力，采用抗微动磨损的塑性衬垫，使用干涉配合套筒，冷扩孔，表面冷作，都能改进接头效率。冷作是提高紧固件疲劳强度的有效方法。

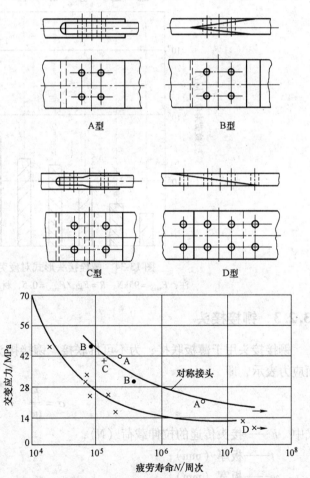

图 13-33　螺栓接头类型对疲劳寿命的影响

注：应力为毛截面应力，$\sigma_m = 49\text{MPa}$，字母表示接头类型。

表 13-6　　板用螺栓联接的疲劳强度

类型[①]	静强度/MPa	疲劳强度/MPa	循环次数/周次	类型[①]	静强度/MPa	疲劳强度/MPa	循环次数/周次
A	445	28	10^6	A	445	18	10^7
B	219	28	10^6	B	219	18	10^7
C		20	10^6				

① A—两排各两个承受双剪的螺栓；B—与 A 相同，但为斜口（楔面）联接；C—搭接联接，三排各三个螺栓。

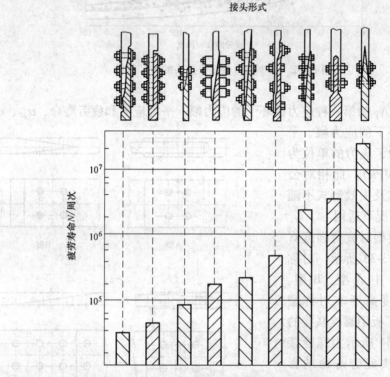

图 13-34　螺栓接头形式对疲劳寿命的影响

注：$F_{max} = 95kN$，$R = F_{min}/F_{max} = 0.5$，材料为 7075-T6 铝合金。

13.2.3　铆接接头

铆接接头用于薄板联接，为不可拆联接。铆接接头的疲劳强度常用不考虑铆钉孔的毛截面应力表示，即

$$\sigma = \frac{F}{tw} \tag{13-25}$$

式中　F——接头传递的拉伸载荷（N）；

　　　t——板厚（mm）；

　　　w——板宽（mm）。

在铆钉孔上发生的微动磨损，使铆钉接头的疲劳强度比板材大大降低，并使其疲劳强度与板材的强度无关。已经查明，各种钢板的双搭接铆钉联接的疲劳强度（2×10^6 周次循环）

一般为 0~123MPa 与 0~139MPa。图 13-35 和图 13-36 所示为 2024-T3 和 7075-T6 平板试件和铆接接头在轴向载荷下的疲劳强度。

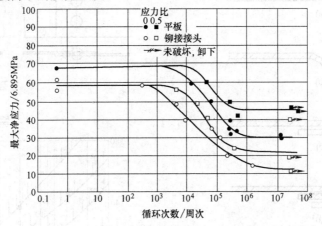

图 13-35　2024-T3 平板试件和铆接接头轴向载荷下的疲劳强度

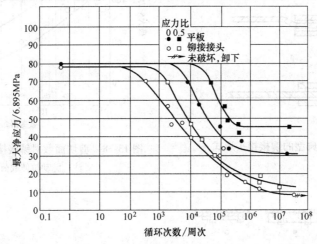

图 13-36　7075-T6 平板试件和铆接接头轴向载荷下的疲劳强度

　　剪切面数和倾侧力矩对铆接接头的强度有重要影响。图 13-37 所示为几种典型的铆接接头形式。图 a 的单剪搭接接头只有一个剪切面，具有倾侧力矩，疲劳强度最低。图 f 所示的对称双剪接头疲劳强度最高。图 13-38 所示为剪切面数对铆接接头 S-N 曲线的影响。如图 13-39 所示，加劲板可以提高搭接接头的疲劳强度，它对高周疲劳作用更加显著，可使其疲劳强度提高到与对称双剪接头接近。

　　铆钉类型对铆接接头的疲劳强度也有一定影响，如图 13-40 所示，圆头铆钉的疲劳强度最高，平头铆钉次之，沉头铆钉最低。但铆钉类型的影响随疲劳寿命的增加而降低，当 $N>10^7$ 周次时影响很小。高压挤压铆钉接头由于微动磨损降低，载荷传递情况改善，疲劳强度比手铆接头提高 10%。

　　铆钉的直径 d 与板厚 t 之比对疲劳强度也有一定影响（见图 13-41）。对搭接接头，推荐 $d/t=3~4.5$，这时疲劳强度最高。推荐的搭接铆钉排列方式及孔距示于图 13-42。对多排铆钉接头，相邻铆钉之间的距离不应小于 $3.5d$。推荐的铆钉行数为 3。

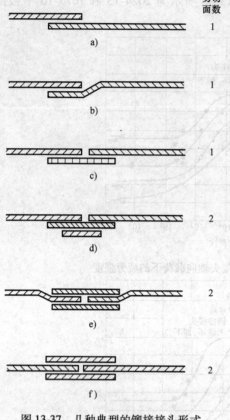

剪切
面数

a) 1

b) 1

c) 1

d) 2

e) 2

f) 2

图 13-37　几种典型的铆接接头形式

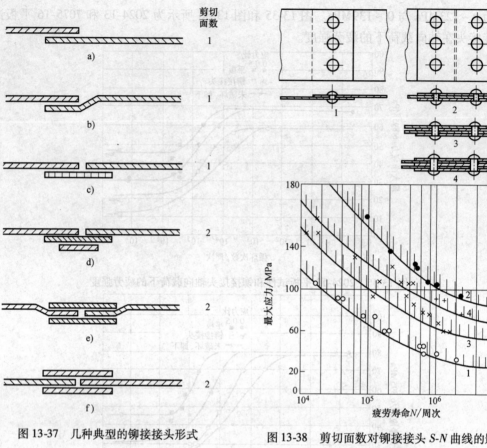

图 13-38　剪切面数对铆接接头 S-N 曲线的影响
注：脉动拉伸载荷，R = 0。

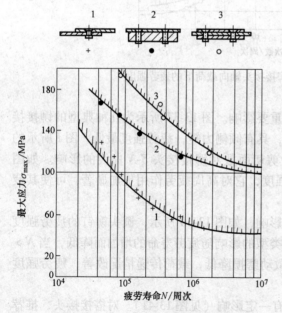

图 13-39　各种铆接接头的 S-N 曲线
1—单剪搭接头　2—有厚盖板的单剪接头　3—双剪接头

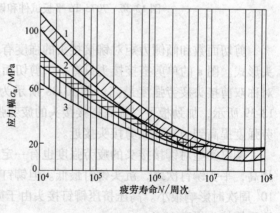

图 13-40　铆钉类型对疲劳寿命的影响
1—圆头铆钉　2—平头铆钉　3—沉头铆钉
注：拉-压载荷，应力比 R = -1。

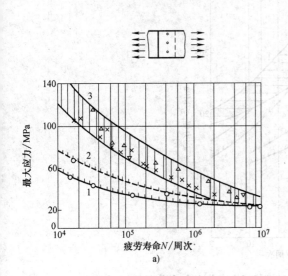
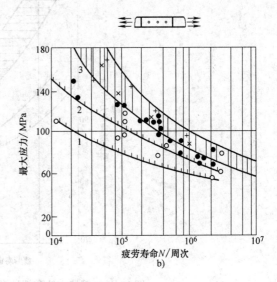

图 13-41　铆钉直径对搭接铆接接头疲劳寿命的影响

a) 3 个铆钉，横向排列　b) 3 个铆钉，轴向排列

1—$d = 2.6$mm, $t = d/5.8$　2—$d = 3$mm, $t = d/5$　3—$d = 4 \sim 7$mm, $t = d/3.8 \sim d/2.1$

注：脉动拉伸载荷，$R = 0$。

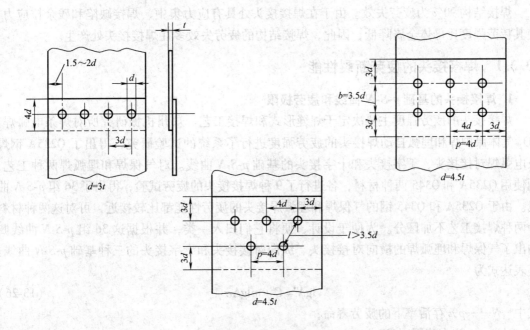

图 13-42　推荐的搭接铆钉接头排列方式及孔距

铆接方法与螺栓类型对搭接接头的疲劳寿命的影响如图 13-43 所示。由图可以看出，挤压铆钉接头的疲劳寿命最高，圆柱螺栓接头的疲劳寿命最低。

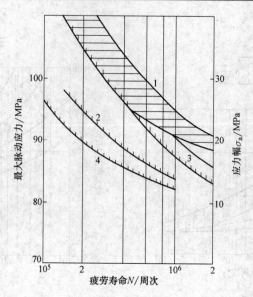

图 13-43   铆接方法和螺栓类型对搭接接头疲劳寿命的影响
1—挤压铆钉接头   2—手工铆钉接头   3—圆锥螺栓接头   4—圆柱螺栓接头

13.3   焊接接头

焊接结构 90% 为疲劳失效。由于在焊接接头处具有应力集中、焊接缺陷和残余拉应力，使其疲劳强度比母体金属降低，因此，焊接结构的疲劳失效多在焊接接头处产生。

13.3.1   焊接接头的疲劳断裂性能

1. 焊接接头的基础 *p-S-N* 曲线和疲劳极限

焊接接头的疲劳强度主要决定于焊缝形式和焊接工艺。郑州机械研究所对焊条电弧焊、CO_2 气体保护焊和埋弧自动焊接头的疲劳强度进行了系统的试验研究，得出了 Q235A 钢焊条电弧焊对接接头、丁字接头和十字接头的基础 *p-S-N* 曲线。对气保焊和埋弧焊两种工艺，则使用 Q235A 和 Q345 两种材料，各进行了 9 种焊接接头的疲劳试验，得出了 36 组 *p-S-N* 曲线。由于 Q235A 和 Q345 钢的气保焊和埋弧焊接头的疲劳性能都比较接近，可对这两种材料和两种焊接工艺不加区分。为便于设计，便将它们归入一类，并根据这 36 组 *p-S-N* 曲线归纳出了气保焊和埋弧焊的横向对接接头、纵向对接接头和十字接头的三种基础 *p-S-N* 曲线。其表达式为

$$\lg N = C + m \lg \Delta\sigma \tag{13-26}$$

式中 N——$p\%$ 存活率下的疲劳寿命；

$\Delta\sigma$——应力范围（MPa）；

m、C——常数，其数值列于表 13-7。

有人曾用统计学观点全面分析了各种焊接接头（对接接头、搭接接头、有加强肋的接头和具有相交焊缝的接头等）的疲劳曲线转折点的横坐标 N_0 值，求得了 N_0 值的正态分布曲线，其平均值为 $\overline{N}_0 = 2.7 \times 10^6$ 周次循环，标准差 $s_{N_0} = 0.7 \times 10^6$ 周次循环。在存活率 $p\%$

为 90% 的概率下，$N_0 = (1.7 \sim 3.8) \times 10^6$ 周次循环。

表 13-7　焊接接头的基础 p-S-N 曲线表达式中的 C 和 m 值

焊接工艺	接头形式	p = 50%		p = 95%	
		C	m	C	m
焊条电弧焊	对接接头	14.2989	-3.6320	13.45	-3.371
	丁字接头	13.5596	-3.3844	11.9162	-2.7951
	十字接头	13.2563	-3.2545	12.9168	-3.217
气保焊与埋弧焊	横向对接接头	14.5038	-3.6663	12.7114	-3.0971
	纵向对接接头	15.7492	-4.0364	13.1911	-3.1915
	丁字接头	12.7486	-2.9469	11.9846	-2.8038

注：1. 焊条电弧焊的试验条件为：Q235A 母材，板厚 20mm，试样尺寸 20mm×60mm×600mm，四点弯曲加载，应力比 $R = 0.1$。

　　2. 气保焊和埋弧焊的试验条件为 Q235A 和 Q345 母材，板厚 10~20mm，有或无坡口，四点弯曲加载，应力比 $R = 0.1$。

疲劳曲线左支倾角的指数可按下式确定：

$$mK_{\sigma D} = 12 \tag{13-27}$$

式中　m——S-N 曲线的指数；

　　　$K_{\sigma D}$——焊接接头的疲劳强度降低系数。

表 13-8 给出了焊缝材料的单调和循环应变特性。

表 13-8　焊缝材料的单调与循环应变特性

焊缝材料[①]	σ_b/MPa	σ_s/MPa	σ_s'/MPa	K/MPa	K'/MPa	n	n'	ε_f	ε_f'	σ_f/MPa	σ_f'/MPa	b	c
A36(Q235)母体金属	414	225	230	780	1100		0.25	1.19	0.27	950	1015	-0.132	-0.45
A36(Q235)热影响区	667	530	400	980	1490	0.102	0.215	0.74	0.22	920	720	-0.070	-0.49
E60S 焊缝金属	710	580	385	990	1010	0.098	0.155	0.59	0.61	990	900	-0.075	-0.55
E60 焊缝金属	580	410	365	850	1235	0.130	0.197	0.93	0.60	1015	1030	-0.090	-0.57
A514(Q690)母体金属	938	890	600	1190	1090	0.060	0.091	0.99	0.97	1490	1305	-0.080	-0.70
A514(Q690)热影响区	1408	1180	940	2110	1765	0.092	0.103	0.75	0.78	2250	2000	-0.087	-0.71
E110S 焊缝金属	1035	835	650	1560	2020	0.092	0.177	0.86	0.85	2210	1890	-0.115	-0.73
E110 焊缝金属	910	760	600	1290	1670	0.085	0.166	0.90	0.59	1660	1410	-0.079	-0.59
5083-O 铝母体金属	294	130	290	300	580	0.129	0.114	0.36	0.40	415	710	-0.122	-0.69
5183 铝焊缝金属	299	140	270	310	510	0.133	0.072	0.40	0.58	420	640	-0.107	-0.89

① 括号内牌号为对应的我国牌号。

表 13-9 给出了焊条、焊接方法对碳钢焊接接头疲劳强度的影响数据。表 13-10 给出了英国标准 BS 153 中的焊缝形式和疲劳强度。表 13-11 给出了 10 号钢对接接头的弯曲疲劳极限。表 13-12 给出了用电渣焊焊接的 22K 钢板的疲劳试验结果。表 13-13 给出了截面 50mm×75mm 的低碳钢和合金钢基体金属试样和电渣焊接头试样的弯曲疲劳极限。表 13-14 给出了低合金钢对接接头的疲劳试验结果。表 13-15 给出了端焊接头的拉-压疲劳极限。表 13-16 给出了各种搭接接头不同填角焊缝的疲劳强度。表 13-17 给出了 Q235A 钢十字接头焊接试样

的疲劳极限。表 13-18 给出了大型管接头焊接试样的疲劳试验结果。表 13-19 给出了焊到钢板上的悬臂管的疲劳试验结果。图 13-44 所示为焊接方法对横向对接接头疲劳强度的影响。图 13-45 所示为部分焊透填角焊缝试样的疲劳试验结果。

表 13-9　焊条、焊接方法对碳钢焊接接头疲劳强度的影响数据

焊接方法	焊接材料或状态	静强度			疲劳强度
		σ_b/MPa	σ_s/MPa	$\delta(\%)$	σ_{-1}/MPa
焊条电弧焊	E4301	431 ~ 490	362 ~ 411	22 ~ 28	196 ~ 225
	E4311	431 ~ 509	362 ~ 421	22 ~ 28	196 ~ 225
	E4313	470 ~ 539	382 ~ 450	17 ~ 22	245 ~ 294
	E4316	470 ~ 529	382 ~ 431	22 ~ 35	245 ~ 294
	E4320	431 ~ 470	362 ~ 401	25 ~ 30	205 ~ 235
埋弧焊	焊接状态	486	—	37.5	245.9
	焊后去应力处理	434	—	38.5	206.7

表 13-10　英国标准 BS 153 中的焊缝形式和疲劳强度

焊缝形式	BS 153 中的等级	2×10^6 周次循环下的疲劳强度($R=0$)/MPa	焊缝形式	BS 153 中的等级	2×10^6 周次循环下的疲劳强度($R=0$)/MPa
轧制普通板	A	193	其他横向对接焊缝和用垫板焊的横向对接焊缝。十字形对接焊缝	E	100
自动焊纵向填角焊缝和对接焊缝（无起点和终点）	B	170	T 形对接焊缝。横向非承载填角焊缝或对接焊缝和端焊缝。如图所示的横向承载填角焊缝 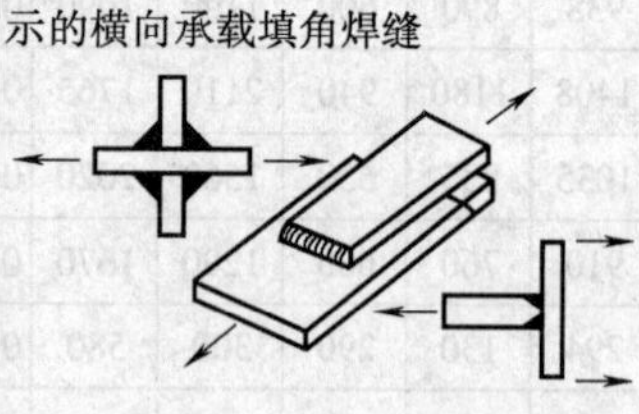	F	77
焊条电弧焊纵向对接焊缝	C	147			
焊条电弧焊纵向填角焊缝 无沉割的水平焊横向对接焊缝	D	131	横向或纵向承载填角焊缝。板边上焊缝或板边附近焊缝 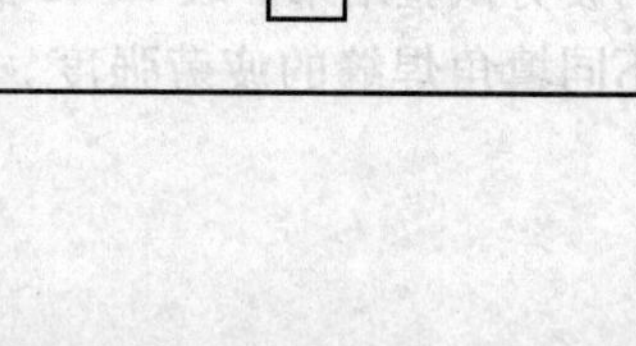	G	51

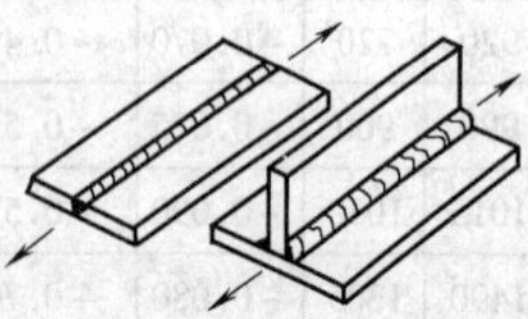

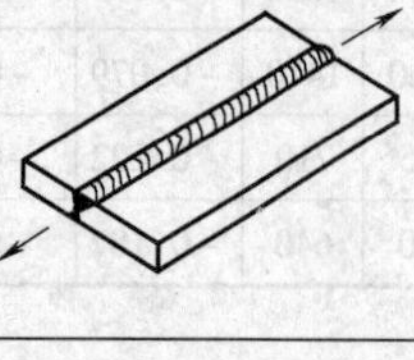

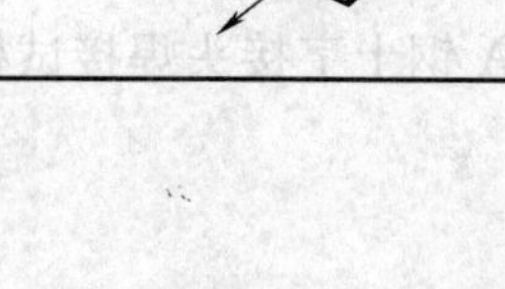

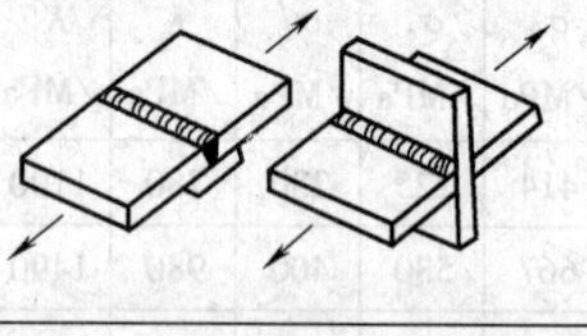

表 13-11   10 钢对接接头的弯曲疲劳极限

试件	焊后处理	疲劳极限	
		MPa	%
未焊接(母材)	—	369	100
对接接头	—	178	48.4
对接接头	600℃回火,保温 2h	167	45.2
对接接头	喷丸	277	75.0
对接接头	锤击($R=5mm$)	261	70.7
对接接头	锤击($R=3mm$)	261	70.7

表 13-12   用电渣焊焊接的 22K 钢板的疲劳试验结果

钢 板 状 态	热处理	σ_{-1}/MPa
母体金属	未经热处理	152~162
焊接后未经机械加工	未经热处理	83
	650℃回火,保温 2h	108
	920℃正火,保温 2h	113
焊接后经过机械加工	未经热处理	137
	650℃回火,保温 2h	152
	920℃正火,保温 1h,再 650℃回火保温 2h	137
焊接后未经机械加工但经过敛缝	未经热处理	172
焊接后经机械加工并敛缝		169

表 13-13   截面 50mm×75mm 的低碳钢和合金钢基体金属试样和
电渣焊接头试样的弯曲疲劳极限

材料	σ_b/MPa	基体金属的 σ_{-1}[1]/MPa	焊后热处理	焊接连接的 σ_{-1}/MPa
22G 和 ZG20MnSi[2]	468 528	155 155~165	正火和回火	160
16MnNiMo[3]	569	215~225	650~660℃回火	205
			930℃正火,在 100℃/h 的速度下冷却到 500℃,650~660℃回火	225
15MnNi4Mo	769	255	650℃正火,830~860℃正火和 590~610℃回火	245
34CrMo	765	205	570~590℃正火,840~910℃正火和 560~600℃回火	195
40CrNi	779	165~185	830~850℃正火,580~620℃回火	185
	820	215	830~850℃油淬,500~550℃回火	190

[1] 基体金属的疲劳极限,在与焊接连接试样相同尺寸的试样上和同样的试验基数下测定。

[2] 不同钢种相连接。

[3] 试验基数为 10^6 周次循环;其他情况下均为 10^7 周次循环。

表 13-14　低合金钢对接接头的疲劳试验结果

零件部位名称		σ_{-1}/MPa
带有氧化皮的母体金属		236
表面经过加工的母体金属		316
焊缝具有自然平滑外形的对接接头		230
不符合制造公差的对接接头	未做处理	118
	经局部加工校正	239
	整个表面经过加工	318

表 13-15　端焊接头的拉-压疲劳极限

材料	试件	对称循环		脉动循环	
		σ_{-1}/MPa	K_σ	σ_{-1}/MPa	K_σ
Q235A	母体金属	132	1.0	220	1.0
	焊接接头	50 ± 4.0	2.6	99^{+8}_{-7}	2.2

表 13-16　各种搭接接头不同填角焊缝的疲劳强度

接头形式	σ_{-1}/MPa		σ_0/MPa		$\sigma_{0.67}$/MPa		断裂位置
	范围	平均	范围	平均	范围	平均	
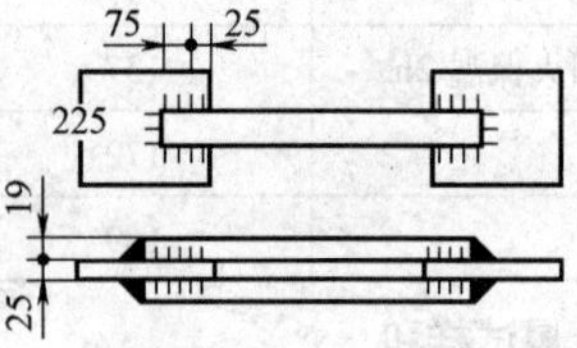 侧面及正面组合搭接接头 （75, 25, 225, 19, 25）	35 ~ 42	40	65 ~ 74	68	103 ~ 121	114	盖板
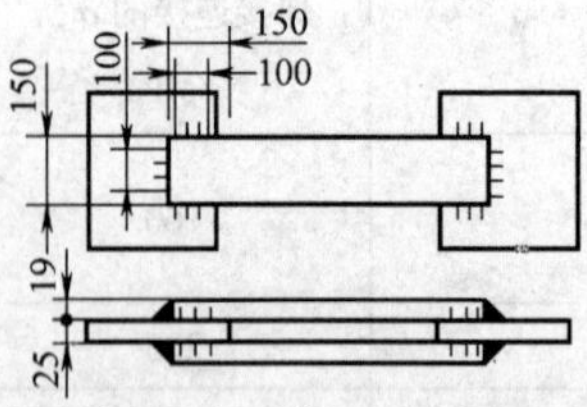 组合填角尺寸：1 道8mm，3 道12.5mm （150, 100, 100, 19, 25）	45 ~ 70 56 ~ 76	63 65	122 ~ 169	144	247	278	焊接区剪断
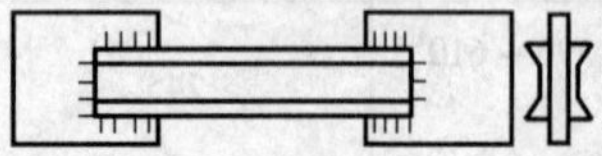 槽钢盖板	40 ~ 45		52 ~ 73		103 ~ 124		槽钢
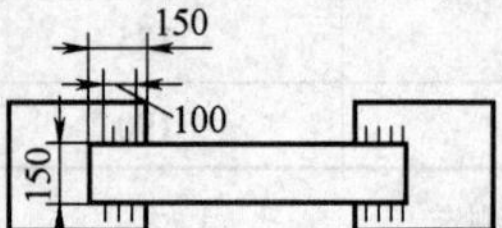 侧面填角尺寸：1 道8mm，3 道12.5mm （150, 100, 150）	70 ~ 88 53 ~ 56	75 55	129 ~ 160	136	197 ~ 316	281	焊接区剪断

（续）

接头形式	σ_{-1}/MPa		σ_0/MPa		$\sigma_{0.67}$/MPa		断裂位置
	范围	平均	范围	平均	范围	平均	
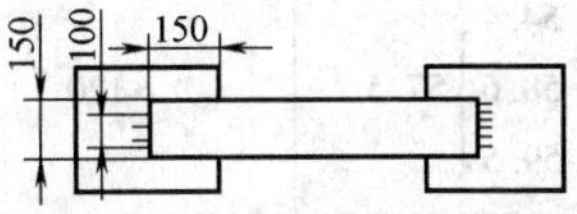 正面填角尺寸: 1道8mm, 3道12.5mm	70~93 84~179	79 96	110~144 174~246		250~313		焊接区
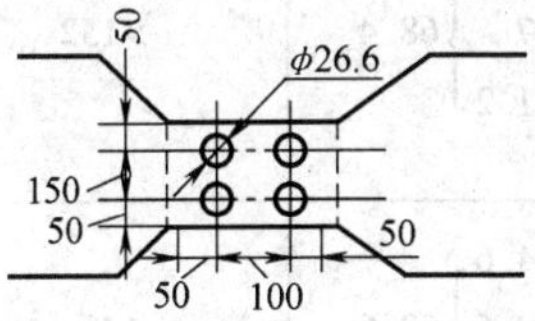 塞焊	35~39 42~49 46~47	46	61~84 86~90 78~89	88	139~153 157~191 157~196	168	中间板焊接区剪断盖板

表 13-17　Q235A 钢十字接头焊接试样的疲劳极限

试 验 对 象	10^6 周次循环下的 σ_{-1}	
	MPa	%
基体金属（40mm×50mm 截面试样）焊接连接	175	100
带有未切开的元件，完全焊透	135	77
带有切开的元件，完全焊透	98	56
带有切开的元件，未焊透	128	73
带有切开的元件，完全焊透（在 30mm×30mm 的光滑试样上）	165	94

表 13-18　大型管接头焊接试样的疲劳试验结果

焊接的结构形式	焊接方法	热处理方式	焊缝表面状态	弯矩振幅 /kN·m	条件疲劳极限 /MPa
整体平板[①]	—	供货状态	—	105.7 118.9 ⎫ 123 145.4	170
带孔平板[②]	—	供货状态	—	49.1 56.1 ⎫ 56.1 63.1	130
套管用浅坡口的单面焊缝焊到钢板[③]上	焊条电弧焊	—	焊后状态	42.8 ⎫ 47.3 51.9	90
两面焊套管	焊条电弧焊	—	焊后状态	42.1 44.9 ⎫ 45.8 50.4	92
两面焊套管	焊条电弧焊	620℃回火		59.2 63 ⎫ 65.9 66.5 74.8	137

（续）

焊接的结构形式	焊接方法	热处理方式	焊缝表面状态	弯矩振幅 /kN·m	条件疲劳极限 /MPa
两面焊套管	焊条电弧焊	620℃回火		54.4 58.6 } 57.5 59.5	>120
		不处理	向基体金属过渡处用气锤的冲头进行处理(620℃回火)	67 67 } 68.4 71.2	>152
斜两面焊套管	焊条电弧焊	620℃回火	用气錾加工，并用磨石清理	54.6 59.6 } 60.6 67.7	125
套管用不完全焊透(1/3板厚未焊透)的两面焊方法焊到钢板上	焊条电弧焊	620℃回火	用刀具加工	70	144
	二氧化碳气体保护焊			70 76 } 73	151
套管用不完全焊透(1/2板厚未焊透)的两面焊方法焊到钢板上	二氧化碳气体保护焊	620℃回火	用刀具加工	76 82 } 80 82	165

① 整体钢板的尺寸为 298mm×115mm×1100mm。
② 在类似的钢板上镗有 $\phi108mm$ 孔。
③ 钢板由 Q235A 钢制成。

表 13-19　焊到钢板上的悬臂管的疲劳试验结果

焊接的结构形式	热处理方式	焊缝表面状态	弯矩振幅 /kN·m	疲劳极限 /MPa
焊到钢板上的钢管	不处理	焊后状态	1.7	58
	620℃回火	焊后状态	1.95	65
	620℃回火	用刀具加工	2.4	85
	620℃回火	用气锤的冲头处理焊缝两边的边缘	3	100
用圆缘焊缝焊到钢板上的钢管	620℃回火	焊后状态	1.8	65

2. 焊接接头的断裂性能

郑州机械研究所对 Q235A 和 Q345 钢焊接接头的断裂性能进行了系统的试验，得出的试验结果列于表 13-20。

$\lg C$ 与 m 线性相关，其表达式为

焊条电弧焊　　　　　　　$\lg C = -3.4141 - 3.0779m$　　　　　　　(13-28a)

气体保护焊和埋弧焊　　　$\lg C = -5.030 - 2.672m$　　　　　　　(13-28b)

初始缺陷尺寸为 $a_0 = 0.21mm$。裂纹前缘线形状为半椭圆形，短轴与长轴之比为 $a/c = 0.3$。裂纹扩展寿命占总寿命的比例为 30%～60%。

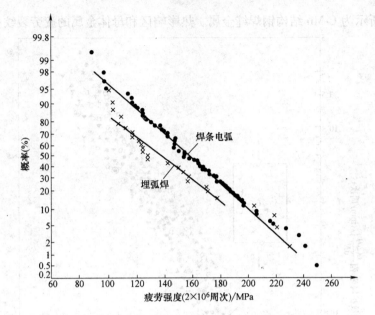

图 13-44 焊接方法对横向对接接头疲劳强度的影响

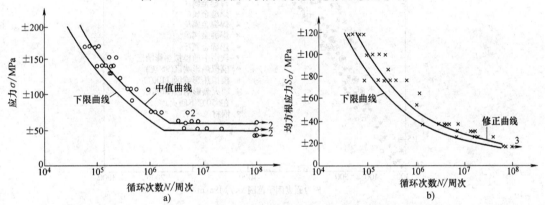

图 13-45 部分焊透填角焊缝试样的疲劳试验结果

a）脉动循环下的等幅疲劳试验结果 b）脉动循环下承受窄带随机载荷时的结果

表 13-20 焊接接头的断裂性能

性　能	材料	焊条电弧焊	气体保护焊	埋弧焊
FATT/℃	Q235A	-5	-24	-1
	Q345	-2	14	-1
J_{Ic}/(N/mm)	Q235A	48	137.5	138
	Q345	55.32	70	120
COD/mm	Q235A	—	0.247	0.199
	Q345	—	0.082	0.208
ΔK_{th}/(N/mm$^{\frac{3}{2}}$)	Q235A	149.5	207.6	180.2
	Q345	159.9	133.11	120.98
C	Q235A, Q345	2.194×10^{-14}	2.56×10^{-14}	2.56×10^{-14}
m	Q235A, Q345	3.3285	3.214	3.214

注：C 和 m 为 Paris 公式的系数和指数。

图 13-46 所示为 C-Mn 结构钢焊缝金属、热影响区和母体金属的疲劳裂纹扩展数据。

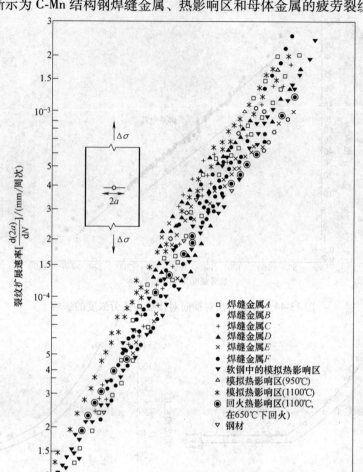

图 13-46　C-Mn 结构钢焊缝金属、热影响区和母体
金属的疲劳裂纹扩展数据

13.3.2　影响焊接接头疲劳强度的因素

影响焊接接头疲劳强度的主要因素有：应力集中、表面加工、焊接残余应力、焊接缺陷、加载方式、尺寸因素等。

1. 应力集中和表面加工影响

应力集中和焊接残余应力是影响焊接接头疲劳强度的两大主要因素。试验表明，焊缝的凸出部是应力集中源，如果焊后不经机械加工，将使其疲劳强度大大降低。影响横向对接接头应力集中的主要因素是凸出部与试样轴线的交角 θ、凸出部高度 h、过渡圆角半径 r 和焊缝宽度 l。图 13-47 所示为交角 θ 的影响，图 13-48 和表 13-21 所示为凸出部高度的影响。由图 13-47、图 13-48 和表 13-21 可见，当交角减小时，接头的疲劳强度降低，高度 h 减小时疲劳强度增加。增大焊缝宽度 l 和过渡圆角半径 r 也都使其疲劳强度增高。

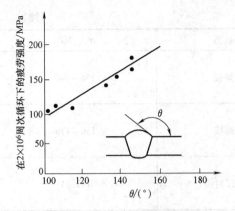

图 13-47 凸出部与轴线交角 θ 对横向
对接焊缝疲劳强度的影响

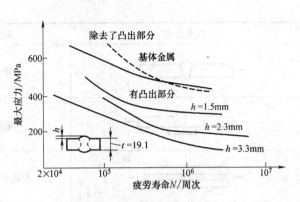

图 13-48 凸出部高度 h 对横向对接
焊缝疲劳强度的影响

表 13-21 增高量对接头疲劳强度的影响

接头形式	增高量高度 h/mm	σ_0/MPa
	1.0	156 ~ 176
	2.0	127 ~ 137
	3.0	107 ~ 117

如果使用机械加工方法将凸出部切除，则应力集中可以大大减小，对接接头的疲劳极限可以提高 30% ~ 70% 或更多。经过加工的对接接头的疲劳极限与带有氧化皮的母体金属的疲劳极限几乎相等。对接头的整个表面进行磨光，可使母体金属和接头的疲劳极限再提高 30% ~ 35%。但当焊缝带有严重缺陷或未焊透时，其缺陷或未焊透处的应力集中要比焊缝表面的应力集中更严重得多，这时对焊缝表面进行机械加工是毫无意义的。在对接焊缝中使用加强盖板，增大了应力集中，反而使疲劳强度降低。表面状态对对接接头疲劳强度的影响见表 13-22。图 13-49 所示为焊道经过修整的对焊试样的 S-N 曲线。由横向焊缝改为斜焊缝，也可提高对接接头的疲劳强度。斜向焊缝夹角 α 对疲劳强度的影响见表 13-23。

表 13-22 表面状态对对接接头疲劳强度的影响数据

接头形式	表面状态	σ_{-1}/MPa
	轧制状态(黑皮)	225 ~ 235
	焊接状态	117 ~ 127
	两面加工	215 ~ 225

（续）

接头形式	表面状态	σ_{-1}/MPa
	背面焊接	156 ~ 176
	垫板焊接	156 ~ 176
	焊接状态（对接）	179.34

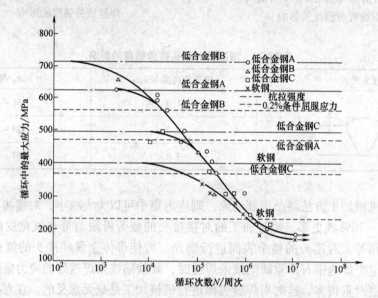

图 13-49　焊道经过修整的对焊试样的 S-N 曲线
（零到最大应力）

表 13-23　斜向焊缝夹角 α 对疲劳强度的影响

接头形式		$+\sigma_0(2 \times 10^6$ 周次$)/\text{MPa}$		
		90°	45°	0°
		117	166	196.9
		176	215	
			230	

搭接接头的应力集中严重，疲劳强度比对接接头降低。表 13-24 列出了 M16C 钢端焊缝接头的脉动拉伸疲劳极限，其对应的试样形式见图 13-50。由表 13-24 可以看出，当焊缝直角边的比值为 1∶1 和未经过机械加工时，端焊缝接头的疲劳极限仅为母体金属板的 40%。

表 13-24　M16C 钢端焊缝接头的脉动拉伸疲劳极限（$\sigma_b = 400\text{MPa}$）

试样编号（见图 13-50）	试　　样	σ_0/MPa	K_σ
—	母体金属	200	1.0
1	端焊缝接头，焊缝直角边为 1∶1	80	2.50
2	同上，直角边为 1∶2	97	2.06
3	同上，焊缝经机械加工	102	1.95
4	用盖板加强的对接焊接头	97	2.06
5	端焊缝接头（直角边之比值为 1∶3.8）经过机械加工	200	1.0

注：$\sigma_b = 400\text{MPa}$。

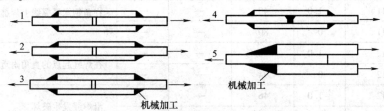

图 13-50　端焊缝接头的疲劳试样形式

1~5—试样编号

无论是拉-压或弯曲，侧焊缝接头的疲劳极限都比端焊缝为低，侧焊缝接头仅为端焊缝接头的 57%~95%。表 13-25 列出了侧焊缝接头的疲劳极限值，其对应的试样形式见图 13-51。同时具有侧焊缝和端焊缝接头的疲劳极限比具有两条完整侧焊缝的接头几乎高 50%。横向承载角接头焊缝接触角对疲劳缺口系数和模拟接头疲劳强度的影响见表 13-26。盖板端部形状对疲劳强度的影响见表 13-27。

表 13-25　侧焊缝接头的疲劳极限

母体金属	试样编号（见图 13-51）	应力比 R	焊接接头的疲劳极限 σ_{rk}/MPa	母体金属的疲劳极限 σ_r/MPa	K_σ	附　注
Q235A	1	+0.14	75	199	2.7	侧焊缝端部经过清理
	2		110	199	1.8	
	3		118	212	2.0	
	4		105	212	2.0	
	1		84	212	2.5	
25 钢	5	0	108	—	—	$l_z = 200\text{mm}$
	5		88	—	—	
	6		98	—	—	$l_z = 30\text{mm}$
	7		98	—	—	

（续）

母体金属	试样编号（见图13-51）	应力比 R	焊接接头的疲劳极限 σ_{rk}/MPa	母体金属的疲劳极限 σ_r/MPa	K_σ	附　注
35 钢	8	0	82	—	—	
Q235A	9	-1.0	38 ± 2.9	—	—	循环基数 $N_0 = 2 \times 10^6$ 周次
	9	-1.0	31.9	—	—	循环基数 $N_0 = 5 \times 10^6$ 周次
	10	-1.0	34	—	—	在角钢水平翼缘上焊缝起点附近发生破坏
	10	0	71	—	—	
	10	-2.0	+23.5	—	—	
			-47	—	—	
	10	-1.0	43	—	—	沿焊缝发生破坏
	10	0	70	—	—	
	11	-1.0	40	—	—	在角钢水平翼缘上焊缝起点附近发生破坏
	11	0	80	—	—	
	12	-1.0	50	—	—	在焊缝起点的直角附近发生破坏
	12	0	94	—	—	
	12	-1.0	46	—	—	沿焊缝发生破坏
	12	0	80	—	—	
	13	-1.0	38	—	—	沿端焊缝边缘发生破坏
	13	0	70	—	—	

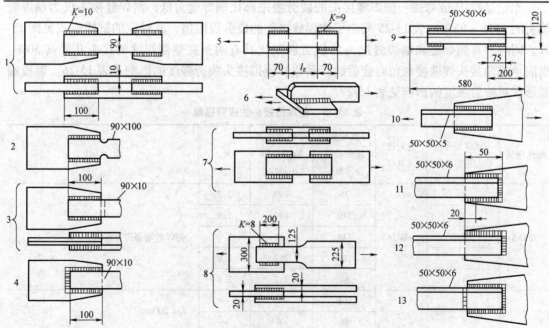

图 13-51　侧焊缝接头的疲劳试样形式

1 ～ 13—试样编号

表 13-26 横向承载角接接头焊缝接触角对疲劳缺口
系数和模拟接头疲劳强度的影响

焊缝接触角	疲劳缺口系数		疲劳测试结果/MPa		
	焊趾	焊根	低碳钢	高碳钢	失效位置
30	2.1	6.1	172	186	
37	3.2	6.6	139	170	焊趾处
45	4.7	6.9	100	150	
52	5.7	8.1	93	104	焊趾和焊根处

表 13-27 盖板端部形状对疲劳强度的影响

类型	盖板端部形状	疲劳强度/MPa	
		10^5 周次	2×10^6 周次
A		182	79
B		234	79
G		202	80
C		211	100
D		239 —	83 77
F		261	93
G		127	56

对于丁字接头和十字接头，由于焊缝向基体金属过渡处有明显的截面变化，其应力集中系数远比对接接头高，因此疲劳强度也远比对接接头低。未开坡口的丁字接头，当焊缝传递工作应力时，其薄弱环节有二：一为焊缝，一为焊趾。当焊缝的计算厚度 a 与板厚 δ 之比 $a/\delta < 0.7$ 时，一般断于焊缝；当 $a/\delta > 0.7$ 时，一般断于焊趾。因此，当焊缝的计算厚度大于 0.7δ 以后，再增大焊缝厚度并不能使其疲劳强度进一步提高。这时，提高丁字接头和十字接头疲劳强度的根本措施是开坡口焊接和加工焊缝向基体金属的趾端过渡区，使之光滑过渡。十字焊接头的试样形式见图 13-52，其疲劳极限见表 13-28。未开坡口和未完全焊透时，疲劳缺口系数 $K_\sigma = 2.5 \sim 4.0$，开坡口和焊透深度较深时 $K_\sigma = 1.1 \sim 1.7$。完全焊透且焊缝经过机械加工，从而保证其外形平滑时，十字接头的疲劳极限可以提高到与母体金属板相等。

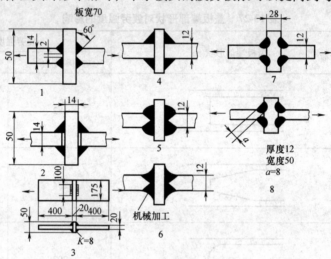

图 13-52　十字焊接头的试样形式

1 ~ 8—试样编号

表 13-28　十字焊接头的疲劳极限

母体金属	试样编号 （见图 13-52）	应力比 R	焊接接头的疲劳极限 σ_{rk}/MPa	母体金属的疲劳极限 σ_r/MPa	K_σ
25 钢	1	-1.0	118 ± 13.7	162	1.4
		0	236 ± 15.7	260	1.1
35 钢	1	-1.0	139	201	1.45
		0	191	326	1.7
25 钢	2	-1.0	71 ± 15.7	162	2.3
		0	103 ± 14.7	260	2.5
35 钢	2	-1.0	78	201	2.6
35 钢	3	0	83	—	—
Q235	3	0	83	—	—
Q235A	4	0	116	—	—

（续）

母体金属	试样编号 （见图 13-52）	应力比 R	焊接接头的疲劳极限 σ_{rk}/MPa	母体金属的疲劳极限 σ_r/MPa	K_σ
35 钢	5	0	143	—	—
	6	0	229	—	—
	7	0	88	—	—
25 钢	8	0.39	127 ~ 137	—	—
		0.32	108 ~ 128	—	—
		0.1 ~ -0.2	98 ~ 108	—	—
		-0.36	59	—	—
		-0.36	59	—	—
		-0.70	49	—	—
		0	88	—	—
		-1.0	39	—	—

　　在许多情况下，受力件上焊有各种结构件和连接件（角板、连接板、肋等）。在这些情况下，焊缝不传力，但由于受力件的截面发生了急剧变化，在被连接件的边缘发生了应力集中。由于应力集中和焊接产生的其他因素（金属软化、残余应力、缺陷等），疲劳极限将大大降低。表 13-29 列出了带有连接件的焊接接头（见图 13-53）承受拉-压载荷时的疲劳极限和疲劳缺口系数。表 13-30 和图 13-54 给出了其平面弯曲疲劳极限。疲劳极限的降低主要决定于连接板的形状。对于承受拉-压载荷的丁字焊接头，当连接板为矩形而未经机械加工时（试样 6、19、20），疲劳极限降低 50% ~ 73%。当连接板具有平滑外形而过渡处经机械加工时（试样 17、18），疲劳极限降低 37% ~ 47%。在母体金属上有纵向或横向焊缝也会使疲劳极限降低 25% ~ 58%（试样 10、11）。

表 13-29　带连接件的焊接头承受拉-压载荷时的疲劳极限和疲劳缺口系数

母体金属	试样编号 （见图 13-53）	应力比 R	焊接头的疲劳极限 σ_{rk}/MPa	母体金属的疲劳极限 σ_r/MPa	K_σ
Q235AF	1	-1.0	65	—	2.0
	2	-1.0	—	—	2.0
	3	-1.0	—	—	1.7
Q235AZ	4	-1.0	52	154	3.0
	4	0	91	254	2.8
	5	-2.0	+40 -80	+109 -218	2.7
	5	-4.0	+27 -108	—	—
	5	-10.0	+17.2 -172	—	—

（续）

母体金属	试样编号 （见图 13-53）	应力比 R	焊接头的疲劳极限 σ_{rk}/MPa	母体金属的疲劳极限 σ_r/MPa	K_σ
Q235AZ	6	-1.0	54	154	2.9
	6	0	114	254	2.2
	7	-1.0	94	—	1.5
	6	-1.0	75.5	—	1.9
	6	0	145	—	
	6	-4.0	+45 -180	—	
	6	-1.0	77.5	—	1.9
25 钢	8	0	211 ± 17.7	260	1.2
	8	-1.0	137 ± 13.7	162	1.2
35 钢	8	0	245	326	1.35
	8	-1.0	149	201	1.35
25 钢	9①	0	196 ~ 216	—	1.2
	9②	0	177 ~ 206	—	1.3
	10①	0	186 ~ 206	—	1.25
	10②	0	157 ~ 177	—	1.5
	11①	0	201	—	1.2
	11②	0	172	—	1.4
	12②	0	181	—	1.35
	13	0	118	206	1.75
	14	0	108	206	1.9
	15	0	78	206	2.6
	16①	0	86	221	2.6
	17	0	177	255	1.45
	18①	0	157	255	1.6
	19	0	69	255	3.7
	20	0.2	157 ~ 167	—	—

① 焊缝经过加工。

② 焊缝未经加工。

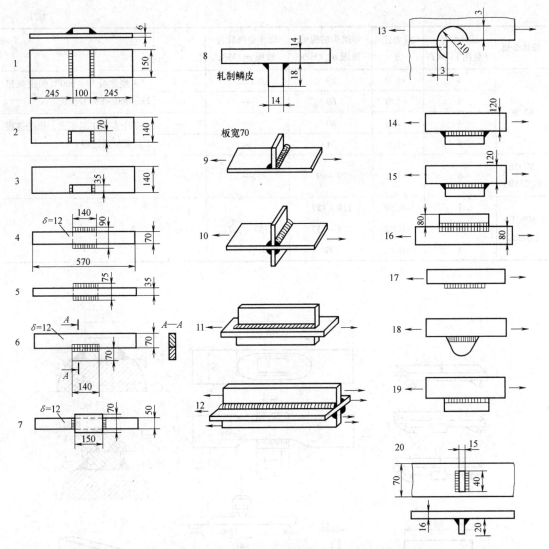

图 13-53　带连接件的焊接头疲劳试样形式（拉-压）

1～20—试样编号

表 13-30　带连接件焊接头的弯曲疲劳极限

母体金属	试样编号 （见图 13-54）	应力比 R	焊接头的疲劳 极限 σ_{rk}/MPa	母体金属疲劳 极限 σ_r/MPa	K_σ	备　注
Q235A	1	0	—		1	
	2	0	165	220	1.3	
	3	0	78	—	2.8	
	4	−1.0	29	127	4.3	未经热处理，600℃回火保温
	4	−1.0	74			2h，860～880℃正火
	4	−1.0	93	—	—	焊上盖板 1 后正火，焊上盖板
	5	−1.0	29			2 后未经热处理

（续）

母体金属	试样编号（见图13-54）	应力比 R	焊接头的疲劳极限 σ_{rk}/MPa	母体金属疲劳极限 σ_r/MPa	K_σ	备　注
45 钢	4	-1.0	29	162	5.5	未经热处理，600℃回火保温2h，860~880℃正火
	4	-1.0	69	—	—	
	4	-1.0	80	—	—	焊上盖板1后正火，焊上盖板2后未经热处理
	5	-1.0	34	—	—	
MSt3b（Q235B）	6	-1.0	39~49	—	—	
MSt3U（Q235）	7	-0.62	118~137		1.15	
	8	-0.62	118~137	157~167	~1.4	
	9	-0.62	137			

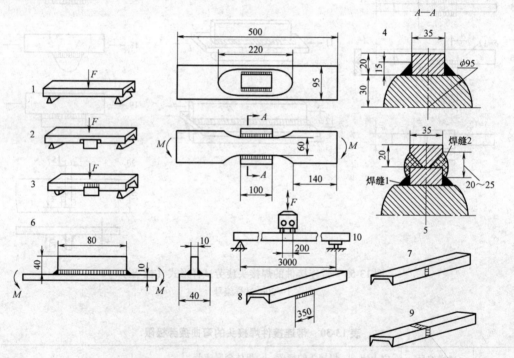

图 13-54　带连接件的焊接头疲劳试样形式（弯曲）

1~9—试样编号

2. 焊接残余应力

残余应力的作用与平均应力相当，二者的区别仅在于，残余应力在加载过程中会逐渐释放，因此其影响也逐渐减小，而平均应力则在加载过程中是不变的。焊接过程常常产生残余拉应力，其值往往能达到材料的屈服强度。残余拉应力相当于增加一个平均拉应力，从而使其疲劳极限降低。有人对图 13-55 所示三种类型的疲劳试样进行了疲劳试验。试样材料为Q345 钢，厚度为 16mm，焊缝用自动焊接法完成。可以认为，C 型试样沿试样轴线方向几乎没有残余应力（用 X 射线法进行的测量表明，残余应力 σ_{res} 很小）。D 型和 E 型试样的区别在于焊接次序不同。在 D 型试样上，焊好对接焊缝后再焊纵向焊缝，因此沿纵向产生了残余应力，其值接近于屈服强度。在 E 型试样上，先在板上焊纵向焊缝，然后将板切断，再焊对接焊缝。在这种情况下，沿纵向几乎不存在残余应力。C 型和 E 型试样经 2×10^6 周次对称平面弯曲试验后，测得的疲劳极限几乎相同，都等于 114～126MPa。D 型试样的疲劳极限为 73.5MPa，由此可见残余应力使 σ_{-1} 降低了 35%～40%。

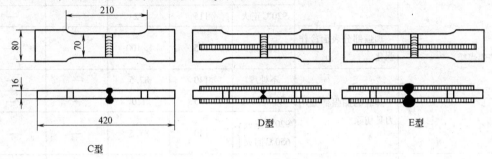

图 13-55 三种类型疲劳试样的结构

为了消除焊接残余应力，有时将焊接件进行退火或回火，这对焊接件的疲劳极限有双重影响。消除残余应力能使疲劳极限提高，但同时又使焊缝附近区域的金属软化，从而使疲劳极限降低。退火的最终效果取决于两种因素的综合作用。焊后消除残余应力处理对焊接接头疲劳强度的影响见表 13-31。22G 钢大型基体金属试样和用不同焊接方法焊成的对接焊接头的疲劳极限见表 13-32。

表 13-31 焊后消除残余应力处理对接头疲劳强度的影响

钢种强度级/MPa	试样	状态	σ_b/MPa	σ_s/MPa	δ(%)	σ_{-1}/MPa	σ_{-1}/σ_{-1M}[1]
310	母材		380	260	27	210	1.00
	V 形接头	焊接状态	387	275	15.5	93.7	0.446
		焊后去应力				96.3	0.458
480	母材		490	280	24	235	1.00
	V 形接头	焊接状态	495	280	14	118	0.505
		焊后去应力				122	0.520
520	母材		610	370	25	307	1.00
	V 形接头	焊接状态	615	390	15.5	126	0.412
		焊后去应力				134	0.438

① σ_{-1M} 为母材的 σ_{-1}。

表 13-32 22G 钢大型基体金属试样和用不同焊接方法焊成的对接焊接头的疲劳极限

研究对象	焊缝表面状态	热处理形式	不同截面试样的 σ_{-1}			
			50mm × 75mm		65mm × 75mm	
			MPa	%	MPa	%
基体金属		供货状态	155～165	100	185	100

（续）

研究对象	焊缝表面状态	热处理形式	不同截面试样的 σ_{-1}			
			50mm×75mm		65mm×75mm	
			MPa	%	MPa	%
电渣焊焊接	带有加强部分	不处理	85	53	—	—
		650℃回火	110	69	—	—
		920℃正火	115	72	—	—
	加强部分表面冷作强化	不处理	175	>100	—	—
	焊缝的加强部分用刀具切除	不处理	140	87.5	—	—
		650℃回火	155	110	—	—
		920℃正火 } 650℃回火	140	87.5	—	—
带 V 形坡口的焊接,下面位置用焊条以横堆方法焊接	带加强部分	不处理	—	—	75	40.5
		620℃回火	—	—	115	63
		不处理	—	—	105	57
		620℃回火	—	—	145	78.5
		930℃正火 } 620℃回火	—	—	155~185	84~100
带 V 形坡口的焊接,下面位置用二氧化碳气保护焊	带加强部分		—	—	135	73
	焊缝的加强部分用刀具切除	620℃回火	—	—	145	78.5
			—	—	95[①]	51
带 K 形坡口用电极的焊接	焊缝的加强部分用刀具切除	620℃回火	—	—	155~175	84~94

注：1. 50mm×75mm 试样疲劳极限的试验基数为 10^7 周次，65mm×75mm 试样的试验基数为 10^6 周次。

2. 65mm×75mm 试样试验时试样上带有轧制表面。

为了提高焊接接头的疲劳强度，常对其进行冷作强化（喷丸、滚压、锤击等）。表面冷作能大大提高焊接接头的疲劳极限。喷丸处理和气锤冷作（半径 $R = 3 \sim 5mm$）是提高焊接接头疲劳强度的有效手段。图 13-56 所示为可能提高 Al-Zn-Mg 合金（7005）非承载角焊缝寿命的各种方法的效果。

3. 焊接缺陷

当母体金属或焊料（焊条、熔剂等）质量差或焊接质量不高时，在焊接接头中可能产生各种缺陷，如冷裂缝和热裂缝、未焊透、气孔和夹渣等。这些缺陷能造成严重的应力集中，因而大大降低其疲劳强度。

当金属中的杂质含量高或其他不利因素结合在一起时，会形成热裂缝，这些因素有的与焊接时的热态有关，有的与接头的结构和尺寸有关。形成冷裂缝会促使残余应力提高，特别是促使三向应力提高。冷裂缝和热裂缝尖端的曲率半径接近于零，是严重的应力集中源。

在对接焊缝中，如有未焊透现象，应力集中就非常严重。例如，当未焊透深度很深时

（占截面厚度的 50% ），理论应力集中系数可达 $K_t = 23$ ；当未焊透深度很浅时（截面厚度的 6% ~ 7% ）， $K_t = 4$ 。未焊透深度对 Q235A 钢对焊接接头 2×10^6 周次时的拉伸疲劳极限的影响见表 13-33 （应力比 $R = 0.2$ ，试样厚 18mm，开双侧坡口，中部未焊透）。

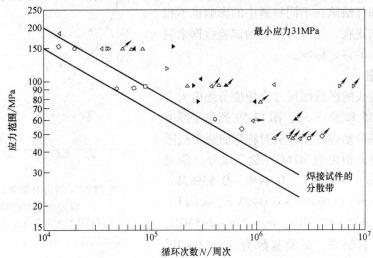

图 13-56　可能提高 Al-Zn-Mg 合金（7005）非承载填角焊缝寿命的各种方法的效果

○—喷丸　▽—磨削　●—磨削和喷丸　△—锤击　▲—磨削和锤击　◁—预加一次载荷

▷—预加 10 次载荷　◀—每 1000 次循环有一次过载　▶—每 1000 次循环有 10 次过载

◇—喷砂和油漆　↗—无破坏或破坏处远离横焊缝趾部

表 13-33　未焊透深度对焊接接头拉伸疲劳极限的影响

未焊透深度	疲劳极限/MPa	未焊透深度	疲劳极限/MPa
$(0.05 \sim 0.06)\delta$	186	$(0.11 \sim 0.16)\delta$	132
$(0.24 \sim 0.28)\delta$	81		
完全焊透	260	$(0.43 \sim 0.46)\delta$	64

注： δ 为板厚。

咬肉对静强度影响比较小，而动载荷下则仅有轻微咬肉也能显著降低其疲劳强度。咬肉对焊接接头疲劳强度的影响见表 13-34。错边对横向对接接头疲劳强度的影响见图 13-57。

表 13-34　咬肉对焊接接头疲劳强度的影响

接头形式	焊趾状态	σ_0/MPa
	平滑过渡	160 ~ 180
	咬肉	90 ~ 100
	圆滑过渡	160 ~ 180

　　一般来说，缺陷对疲劳强度的影响，与缺陷的种类、尺寸、方向和位置等很多因素有关。片状缺陷对疲劳强度的影响比带圆角的缺陷大，位于残余拉应力场的缺陷比位于残余压应力场的缺陷影响大。同时，不同材料具有不同的缺口敏感性。同样缺陷在不同材料中的影响也不相同。因此，直到现在，还没有足够的试验数据来制订一个焊接缺陷的评定标准。

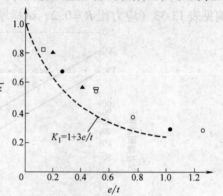

图 13-57　错边对横向对接接头疲劳强度的影响

注：K_1 为无错边时的疲劳强度与有错边时的疲劳强度之比，e 为错位尺寸，t 为板厚。

4. 尺寸因素

　　增加对接接头的横截面尺寸会使疲劳强度大大降低。在表 13-35 和图 13-58、图 13-59 列出了厚度和宽度对助溶剂自动焊对接接头对称弯曲疲劳极限影响的试验结果。板由钢 M16C［化学成分（质量分数）为 0.16% ~ 0.19% C、0.44% ~ 0.53% Mn、0.15% ~ 0.26% Si、0.031% ~ 0.048% S、0.013% ~ 0.024P，$\sigma_b = 402 ~ 427MPa$，$\sigma_s = 226 ~ 245MPa$，$\psi = 64\% ~ 68\%$］制成，试验基数为 $N_B = 2 \times 10^6$ 周次，保留焊缝的凸出部分，焊趾处的形状均相同。

表 13-35　板的尺寸对对接接头疲劳极限的影响

板的尺寸/mm		σ_{-1}/MPa	板的尺寸/mm		σ_{-1}/MPa
宽　度	厚　度		宽　度	厚　度	
70	16	114 ~ 123	85	26	77
200	16	92	300	26	68
200	26	68	200①	26①	55
200	46	68			

①　除对接焊缝外，试件上还有纵向焊道。

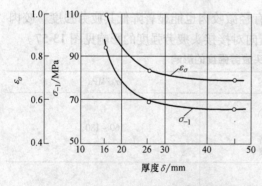

图 13-58　板厚对对接接头疲劳极限的影响

注：宽度 $b = 200mm$。$\varepsilon_\sigma = \dfrac{(\sigma_{-1})_\delta}{(\sigma_{-1})_{\delta=16}}$。

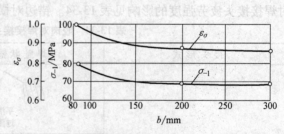

图 13-59　板宽对对接接头疲劳极限的影响

注：厚度 $\delta = 26mm$。$\varepsilon_\sigma = \dfrac{(\sigma_{-1})_b}{(\sigma_{-1})_{b=85}}$。

　　由表 13-35 可以看出，当板厚由 16mm 增加到 46mm（宽度都是 200mm）时，疲劳极限从 92MPa 降低到 68MPa，降低 26%；当板宽从 85mm 增加到 200mm（厚度都是 26mm）时，疲劳极限从 77MPa 降低到 68MPa，降低 12%。当厚度保持不变而宽度由 200mm 增加到 300mm，或宽度保持不变而厚度 >40mm 时，疲劳强度并不进一步降低。因此，只要对宽度不小于 200mm 且厚度不小于 40mm 的大试样进行疲劳试验，就可以得到大型焊接接头疲劳强度的可靠数据。

郑州机械研究所试验得出的 40mm 厚试样对 20mm 厚试样的尺寸系数，对接接头为 0.56，丁字接头为 0.83，十字接头为 0.86。

焊接接头的疲劳强度随尺寸增大而降低的原因与非焊接件基本相同，但尺寸对焊接接头疲劳强度的影响更大一些，其原因是焊后焊缝中产生了很高的残余拉应力，试样的截面尺寸越大，拉伸残余应力也越大，因而降低疲劳强度的作用也越强。

表 13-36 给出了不同试样尺寸的横向对接接头的交变弯曲疲劳强度。表 13-37 给出了板厚和焊缝尺寸对横向不承载角焊缝疲劳强度的影响数据。表 13-38 给出了 22g 和 ZG270-500 基体金属试样和电渣焊连接试样的尺寸和形状对弯曲疲劳极限的影响数据。表 13-39 给出了盖板尺寸和焊缝长度对纵向承载角焊缝疲劳强度的影响数据。表 13-40 给出了翼板长度对疲劳强度的影响数据。表 13-41 给出了焊缝长度和盖板宽度对纵向承载角焊缝疲劳寿命的影响数据。表 13-42 给出了不同喉部截面对承载角焊缝疲劳强度的影响数据。

表 13-36 不同试样尺寸的横向对接接头的交变弯曲疲劳强度

$(2 \times 10^6$ 周次$)$ （单位：MPa）

试样宽度/mm	试样厚度/mm		
	16	26	46
70	±117	—	—
85	—	±79	—
200	±90	±68	±65
300	—	±68	—

表 13-37 板厚和焊缝尺寸对横向不承载角焊缝的疲劳强度的影响数据 $(2 \times 10^6$ 周次$)$

（单位：MPa）

平板厚度/mm	焊角长度 / 板厚			
	0.25	0.4	0.63	0.79
8	—	—	120	—
12.7	—	99	98	97
25.4	104	102	86	82
38	78	79	—	—

表 13-38 22g 和 ZG270-500 基体金属试样和电渣焊连接试样的尺寸与形状对弯曲疲劳极限的影响数据 $(10^7$ 周次$)$

研究对象	钢材	热处理方式	不同试样直径或截面下的 σ_{-1}/MPa					
			10mm	20mm	150mm	200mm	50mm×75mm	200mm×200mm
基体金属	22G	供货状态	205~225	185~215	137~152	165	155~165	145
	ZG270-500	870~900℃ 正火 600~680℃ 回火	155	115~145	—	75~105	—	—

（续）

研究对象	钢材	热处理方式	不同试样直径或截面下的 σ_{-1}/MPa					
			10mm	20mm	150mm	200mm	50mm×75mm	200mm×200mm
焊接连接	22G	不处理	—	—	>135	<150	140	135
		930~940°C 正火			147	—	—	105①
		930~940°C 正火 620°C 回火	165~195		>120		140	125
焊接连接	ZG270-500	不处理	—	145~155		>75		
		870~900°C 正火 680°C 回火		155	—	>75	—	

① 熔化区有夹渣。

表 13-39　盖板尺寸和焊缝长度对纵向承载角焊缝疲劳强度的影响数据

盖板尺寸/mm	焊缝长度/mm	主　板		盖　板	
		K_f	疲劳强度($2×10^6$ 周次) /MPa	K_f	疲劳强度($2×10^6$ 周次) /MPa
89×9.6	108	1.8	—	2.07、1.78	$\begin{cases} 0~54 \\ ±28 \end{cases}$
89×12.7	108	1.91	0~71	1.95、1.26	—
89×9.6	171	1.46	±37	1.58、1.36	$\begin{cases} 0~65 \\ ±34 \end{cases}$
89×12.7	171	1.52	$\begin{cases} 0~85 \\ ±37 \end{cases}$	1.51、0.97	—

表 13-40　翼板（板缘带有纵向角焊缝的加力板）长度对疲劳强度的影响数据

板厚/mm	翼板长度/mm	疲劳强度/MPa		
		10^5 周次	$6×10^5$ 周次	$2×10^6$ 周次
12.7	200	212	104	69
12.7	100	—	120	77

表 13-41　焊缝长度和盖板宽度对纵向承载角焊缝疲劳寿命的影响数据

焊缝长度 l/mm	盖板宽度 W/mm	l/W	$\dfrac{焊缝喉部面积}{盖板面积}$	平均寿命/10^3 周次
171	89	1.93	1.12	250
110	89	1.21	0.71	170
267	229	1.17	1.63	195
102	102	1.0	1.4	177
102	152	0.67	0.93	156
102	229	0.45	0.62	43

表 13-42　不同喉部截面对承载角焊缝疲劳强度的影响数据

试样形式	T/mm	t/mm	焊缝尺寸/mm	疲劳强度/MPa			
				循环次数/周次	$R=-1$	$R=2$	$R=0.5$
(图)	25.4	19	8	10^5	103	187	396
				2×10^6	72	151	276
(图)	38	32	12.7	10^5	114	—	—
				2×10^6	66	—	—
(图)	25.4	19	8	10^5	90	194	367
				2×10^6	62	140	273
(图)	38	32	12.7	10^5	102	—	—
				2×10^6	56	—	—
(图)	25.4	19	8	10^5	110	208	313
				2×10^6	77	125	262
(图)	38	32	12.7	10^5	124	254	—
				2×10^6	98	193	—

5. 加载方式

加载方式对焊接接头的疲劳强度影响很大。郑州机械研究所对加载方式的影响进行试验研究得出：气体保护焊和埋弧焊接头弯曲疲劳极限与拉-压疲劳极限的比值为 1.3；焊条电弧焊的相应比值为：对接接头 1.79，丁字接头 1.46，十字接头 1.50。其影响均超过非焊接件。

6. 应力比

应力比对疲劳强度的影响可以用平均应力影响系数 ψ_σ 表示。焊接接头的 ψ_σ 试验数据非常分散。根据对试验结果的统计分析，建议对中等应力集中（$K_{\sigma D}<2$）的焊接接头，取 $\psi_\sigma=0.2$；对具有严重应力集中（$K_{\sigma D}>2$）和很大残余应力的焊接接头，取 $\psi_\sigma=0.05$。图 13-60 所示为应力比对横向对接头疲劳强度的影响。图 13-61 所示为碳钢对接接头的等寿命图。图 13-62 所示为横向双 V 形对接接头的疲劳强度。图 13-63 所示为抗力矩接头的平均疲劳强度。表 13-43 给出了有氧化皮的母体金属及碳钢和低合金钢焊接承受拉-压载荷时循环不对称性影响系数 ψ_σ 的重复数。表 13-44 给出了横向对接接头压应力循环下的疲劳强度。表 13-45 给出了应力比对填角焊缝疲劳强度的影响数据。表 13-46 给出了应力比对纵向不承载角焊缝疲劳强度的影响数据。

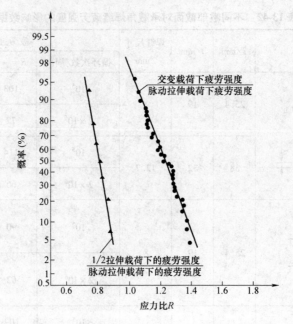

图 13-60 应力比对横向对接接头（2×10^6 周次）疲劳强度的影响

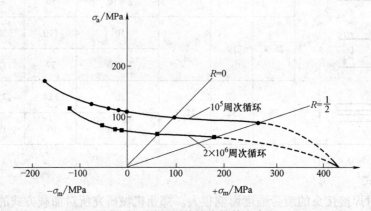

图 13-61 碳钢对接接头的等寿命图

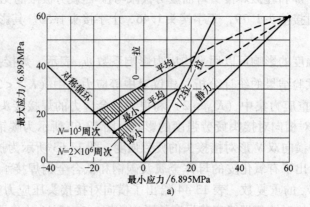

图 13-62 横向双 V 形对接接头的疲劳强度

a）结构钢

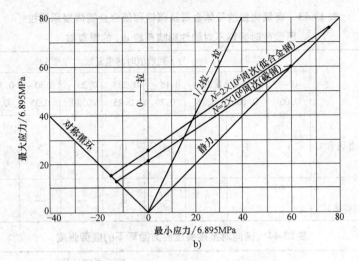

图 13-62 横向双 V 形对接接头的疲劳强度（续）

b）结构钢与高强度低合金钢的比较

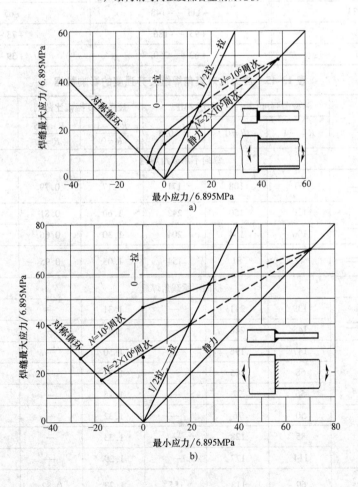

图 13-63 抗力矩接头的平均疲劳强度

a）用水平角焊接工形梁 b）用垂直角焊接垂直板

表 13-43 有氧化皮的母体金属及碳钢和低合金钢焊接承受拉-压载荷时循环不对称性影响系数 ψ_σ 的重复数

$K_{\sigma D}$	ψ_σ 为下列数值时的重复数								总数
	0 ~ 0.05	0.05 ~ 0.10	0.10 ~ 0.15	0.15 ~ 0.20	0.20 ~ 0.25	0.25 ~ 0.30	0.30 ~ 0.35	0.35 ~ 0.40	
<2 （有氧化皮的母体金属和有中等应力集中的焊接）	4	4	9	4	14	7	5	2	49 ($\bar{\psi}_\sigma = 0.20$)
>2 （有严重应力集中的焊接）	11	2	2	—	1	—	—	—	16 ($\bar{\psi}_\sigma = 0.05$)

表 13-44 横向对接接头压应力循环下的疲劳强度

应力比 R	疲劳强度/MPa	
	10^5 周次	2×10^6 周次
−1.33	+111 ~ −148	+65 ~ −86
−2	+93 ~ −186	+73 ~ −147
−4	+62 ~ −250	+39 ~ −156

表 13-45 应力比对填角焊缝疲劳强度的影响数据

试样类型	疲劳强度(2×10^6 周次)/MPa			疲劳强度振幅比范围		备　注
	R = −1	R = 0	R = 0.5	$\dfrac{R = -1}{R = 0}$	$\dfrac{R = 0.5}{R = 0}$	
纵向不承载角焊缝						
	63	108	171	1.17	0.79	—
	120	150	242	1.60	0.81	—
	100	154	204	1.30	0.66	—
	42	81	154	1.05	0.95	—
横向不承载角焊缝						
	139	211	—	1.31	—	—
	148	246	—	1.21	—	—
	147	196	—	1.50	—	—
	68	105	—	1.29	—	—
	56	97	—	1.15	—	弯曲条件下测试
	50	76	—	1.32	—	—
	85	128	—	1.33	—	—
	114	177	—	1.29	—	—
	69	113	185	1.23	0.82	从焊根失效
	93	140	216	1.32	0.77	—

（续）

试样类型	疲劳强度(2×10^6 周次)/MPa			疲劳强度振幅比范围		备　注
	$R=-1$	$R=0$	$R=0.5$	$\dfrac{R=-1}{R=0}$	$\dfrac{R=0.5}{R=0}$	
纵向不承载角焊缝						
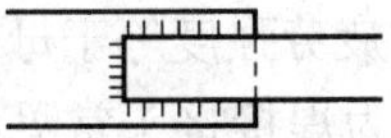	38	66	113	1.16	0.85	—
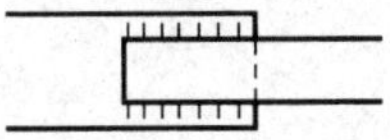	34	65	—	1.05	—	在搭接处失效
	28	54	—	1.03	—	在搭接处失效
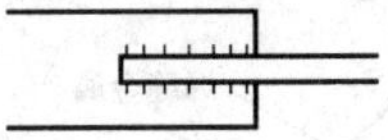	34	54	—	1.25	—	—
横向不承载角焊缝						
	71	103	—	1.37	—	—
	79	113	—	1.40	—	—
	54	103	—	1.05	—	在焊缝失效
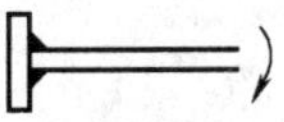	128	232	—	1.11	—	在平板失效
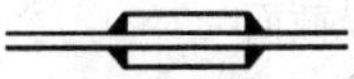	59	96	167	1.23	0.87	—
	93	162	—	1.14	—	—

表 13-46　应力比对纵向不承载角焊缝疲劳强度的影响数据

应力比 R	疲劳强度/MPa		
	10^5 周次	$6×10^5$ 周次	$2×10^6$ 周次
$-\infty$	—	$-155\sim0$	$-100\sim0$
-4	$+69\sim-278$	$+31\sim-124$	$+18\sim-77$
-1	±120	±77	±42
0	220	139	81
0.5	—	$131\sim262$	$77\sim154$

7. 母体金属材料

碳钢和低合金钢焊接接头是用钢板焊成的，板上留有氧化皮，一般不把它去掉。对接接头承受对称拉-压载荷时的疲劳极限 σ_{-1c} 与抗拉强度 σ_b 的关系见图 13-64。图中 2 区中的白点表示经过加工的焊缝，1 区中的黑点表示未经机械加工的焊缝，3 区表示有氧化皮的母体金属板。由图 13-64 可以看出，母体金属的力学性能对焊接接头疲劳强度的影响远比对母体金属疲劳强度的影响小。只有在应力比很大（应力比 $R>+0.5$），静强度条件起主要作用时，焊接接头母材才应采用合金钢。

8. 近缝区金属性质的变化

如图 13-65 所示，焊接接头可以分为三个区：焊缝金属、热影响区和母体金属。这三个区具有不同的显微组织、残余应力、缺陷和力学性能。焊缝金属与铸造金属相同，具有明显的各向异性。热影响区属母体金属，但在焊接过程中受到高温，足以引起再结晶，因此其力学性能不同于母体金属。但大量的试验结果表明，对于低碳钢和低合金钢，近缝区力学性能的变化对接头的疲劳强度并没有太大影响，可以近似认为，近缝区金属的疲劳强度等于母体金属的疲劳强度。疲劳裂纹一般萌生于应力集中和缺陷处，图 13-66 所示为焊接接头常见的疲劳裂纹萌生部位。

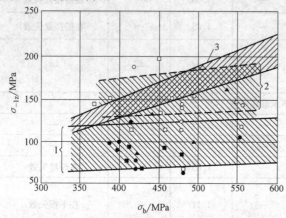

图 13-64　对接接头承受对称拉-压载荷时的
疲劳极限 σ_{-1z} 与拉抗强度 σ_b 的关系
1—焊缝未经加工　2—焊缝经过机械加工　3—母体金属

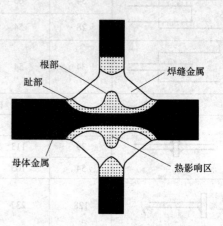

图 13-65　非承载十字焊接头上经抛
光和浸蚀的纵截面

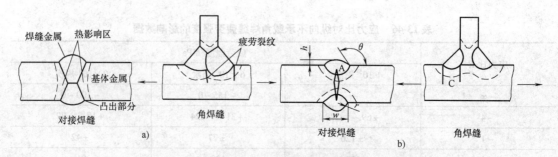

图 13-66　焊接接头常见的疲劳裂纹萌生部位
a) 全焊透焊缝　b) 部分焊透焊缝

13.3.3　焊接接头的抗疲劳设计方法

1. 许用应力法

这种方法是过去应用最广的焊接接头抗疲劳设计方法，它以疲劳试验或模拟疲劳试验为基础，利用 σ_{max} 与 σ_{min} 或 σ_{max} 与 σ_m 疲劳图，推导出相应的许用应力公式，其强度条件为

$$\sigma \leqslant [\sigma_r^p] \qquad (13-29)$$

式中　σ——$|\sigma_{max}|$ 和 $|\sigma_{min}|$ 中的较大者（MPa）；
　　　$[\sigma_r^p]$——应力比 R 时的许用应力（MPa）。

$[\sigma_r^p]$ 的计算公式为

绝对值最大的应力为拉力时：

$$[\sigma_r^p] = \frac{[\sigma_0^p]}{1 - kR} \tag{13-30a}$$

绝对值最大的应力为压力时：

$$[\sigma_r^p] = \frac{[\sigma_0^p]}{k - R} \tag{13-30b}$$

式中 　$[\sigma_0^p]$——脉动循环下的许用应力（MPa）；

　　　R——应力比；

　　　k——系数。

不同标准中给出不同的 $[\sigma_0^p]$ 和 k 值。我国过去钢结构设计规范中采用的 $[\sigma_0^p]$ 和 k 值见表 13-47。我国起重机钢结构采用的 $[\sigma_0^p]$ 和 k 值见表 13-48。我国铁路工程技术规范规定的铁路钢桥 Q345 和 Q345q 钢的疲劳许用应力 $[\sigma_0^p]$ 值见表 13-49。

表 13-47　我国过去钢结构设计规范中采用的 $[\sigma_0^p]$ 和 k 值

项次	简　图	类　别		Q235A		Q345	
				$[\sigma_0^p]$ /MPa	k	$[\sigma_0^p]$ /MPa	k
1			辊轧边,刨边	210	0.5	270	0.6
2			机械气割边	185		220	
3		未受应力集中或焊接影响的主体金属其两侧为横向对接焊缝及其附近基本金属	焊缝未经机加工的焊条电弧焊和自动焊	145	0.5	160	0.6
4			焊缝经机加工并通过精确方法检查　焊条电弧焊	200		220	
5			自动焊	200		240	
6	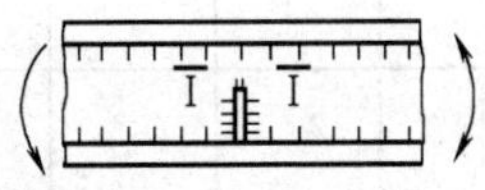	横向加筋端部处焊条电弧焊焊缝附近的基本金属		130	0.5	145	0.6
7	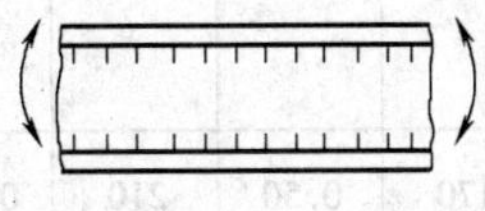	梁的受拉翼缘与腹板的连接焊缝(自动焊)及附近基本金属	焊缝通过普通方法检查	145	0.5	175	0.6
8			焊缝通过精确方法检查	210		270	
9 ~ 16		关于铆接(略)					
17	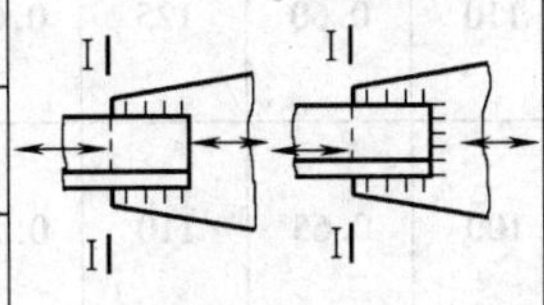	角焊缝端部处基本金属	正、侧面焊	80	0.80	90	0.85
18			仅侧面焊	70		75	
19		角焊缝		50		55	

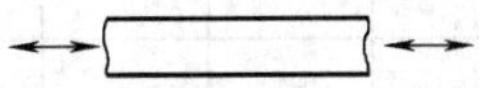

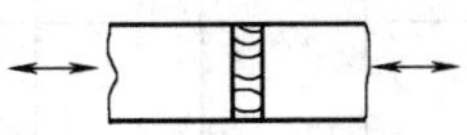

表 13-48　我国起重机钢结构采用的 $[\sigma_0^p]$ 和 k 值

项次	简　图	验算部位 （图中 A—A 截面）	接头特性	Q235A		Q345	
				$[\sigma_0^p]$ /MPa	k	$[\sigma_0^p]$ /MPa	k
1	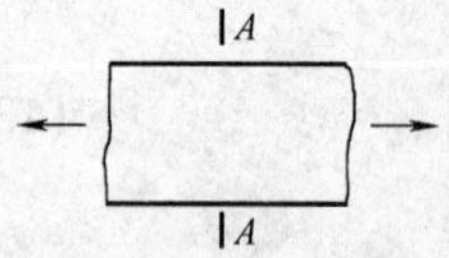	未受应力集中或焊接 影响的基本金属	轧制及刨边	170	0.50	210	0.55
2			机械气割边	150	0.55	180	0.60
3	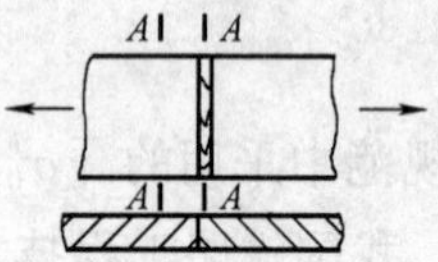	等厚板横向对接焊缝 及附近金属	焊缝不加工	110	0.60	123	0.65
4			焊缝机加工	150	0.55	180	0.60
5	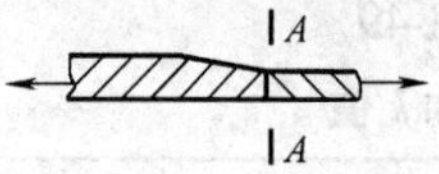	不等厚板不对称斜度 ≤1:4	焊缝不加工	100	0.65	110	0.70
6	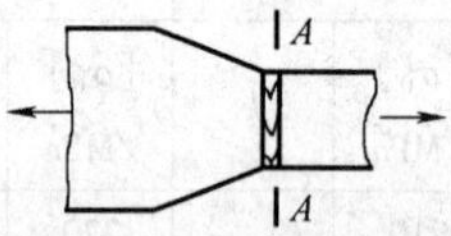	不等宽板不对称斜度 ≤1:4 横向对接缝及其附近 金属	焊缝机加工	120	0.60	140	0.65
7	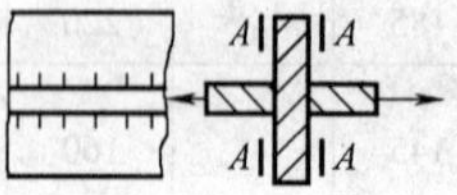	十字接头横向受力焊 缝(不加工)	K 形对接焊缝	100	0.65	110	0.70
8			角焊缝	120	0.60	140	0.65
9	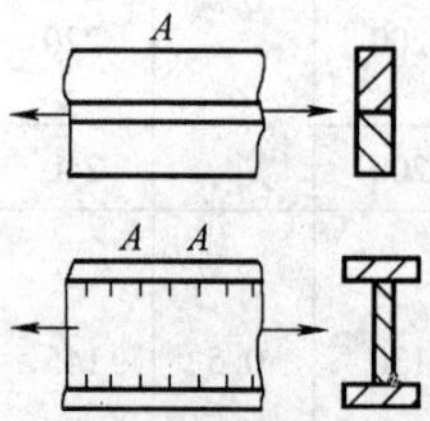	用连续纵缝焊成的 板、工字形、T 形及其他 焊件的横截面(联系焊 缝)	自动焊	150	0.55	180	0.60
10	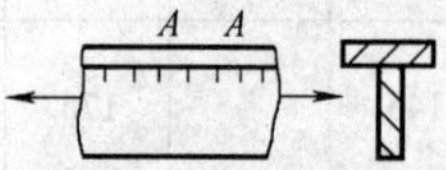		手工电弧焊	120	0.60	140	0.65
11	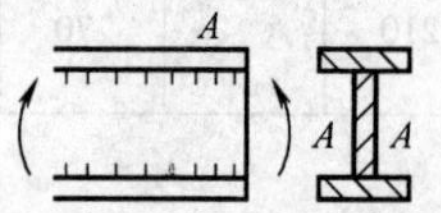	梁受拉翼缘与腹板的 连接缝(自动焊)及附近 金属	K 形对接	170	0.50	210	0.55
12			角焊缝	120	0.60	140	0.65
13	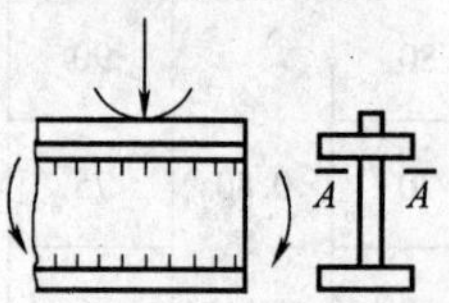	在集中轮压作用下的 翼缘焊缝	K 形对接	110	0.60	125	0.65
14			角焊缝	100	0.65	110	0.70

（续）

项次	简图	验算部位（图中 A—A 截面）	接头特性	Q235A $[\sigma_0^p]$/MPa	Q235A k	Q345 $[\sigma_0^p]$/MPa	Q345 k
15	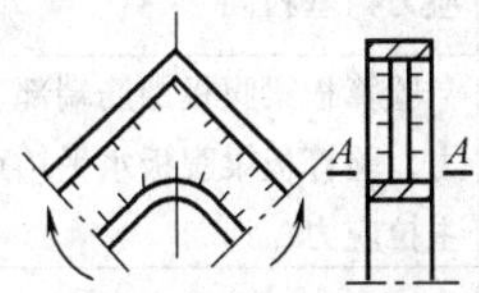	弯曲翼缘与腹板的连接焊缝	K形对接缝	120	0.60	140	0.65
16			角焊缝	100	0.65	110	0.70
17	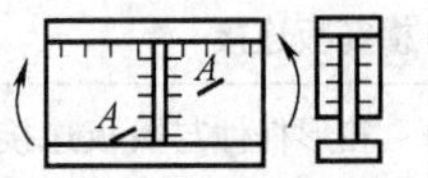	腹板横向加筋板端部的附近金属（验算主拉应力）	手工电弧焊	110	0.60	125	0.65
18	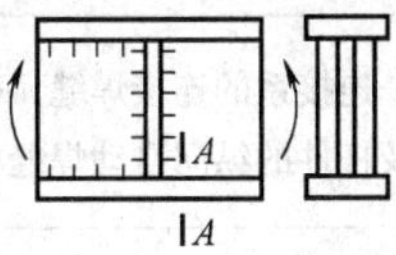	受拉翼缘板横向加筋焊缝附近金属	手工电弧焊	100	0.65	110	0.70
19	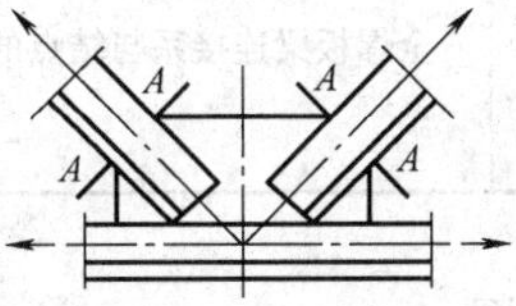	桁架节点：角焊缝附近基本金属	正面侧面角焊	70	0.80	75	0.85
20		桁架节点：角焊缝附近基本金属	侧面焊	60	0.80	65	0.85
21	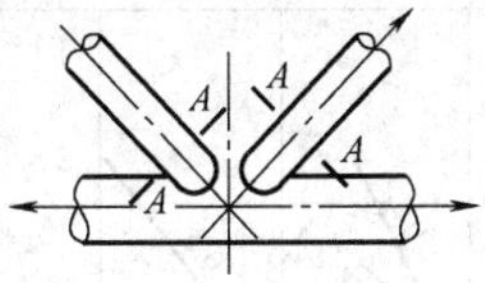	桁架节点：角焊缝	手工电弧焊	40	0.80	45	0.85

表 13-49 铁路钢桥 Q345 及 Q345q 钢的疲劳许用应力 $[\sigma_0^p]$ 值

序号	种类	简图（箭头指验算截面）	疲劳许用应力$[\sigma_0^p]$ 以拉为主 $[\sigma_0^p]/(1-kp)\leqslant[\sigma]$	疲劳许用应力$[\sigma_0^p]$ 以压为主 $-[\sigma_0^p]/(k-p)\leqslant[\sigma]$	附注：验算部位均为连接处基材应力，序号8、13焊缝的疲劳许用应力与基材同
1	基材及无缺陷的纵向自动焊缝	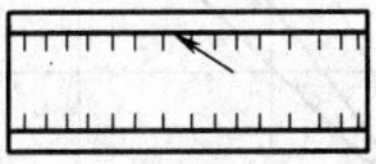	$\frac{240}{1-0.6p}\leqslant[\sigma]$	$\frac{-240}{0.6-p}\leqslant[\sigma]$	杆件连接焊缝，板梁翼缘焊缝
2～7	略				
8	磨光的无缺陷的纵向自动焊缝：等宽厚的；等宽不等厚的；等厚不等宽的（要求有圆弧均匀过渡）		$\frac{186}{1-0.6p}\leqslant[\sigma]$	$\frac{-186}{0.6-p}\leqslant[\sigma]$	等厚等宽、等宽不等厚、等厚不等宽，应用于板梁翼缘，等宽等厚是否用于杆件由设计制造单位协商决定

（续）

序号	种　类	简图 （箭头指验算截面）	疲劳许用应力 $[\sigma_0^p]$		附　注
			以拉为主 $[\sigma_0^p]/(1-kp)$ $\leqslant[\sigma]$	以压为主 $-[\sigma_0^p]/(k-p)$ $\leqslant[\sigma]$	验算部位均为连接处基材应力，序号8、13焊缝的疲劳许用应力与基材同
9	板梁腹板半自动焊筋板	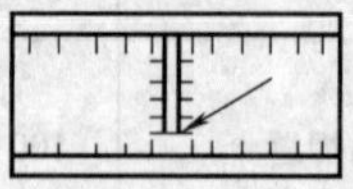	$\dfrac{147}{1-0.6p}\leqslant[\sigma]$	$\dfrac{-147}{0.6-p}\leqslant[\sigma]$	验算板梁腹板加筋端部主拉应力，验算板梁腹板水平结点板端主拉应力
10	T形半自动连接	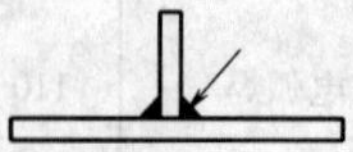	$\dfrac{167}{1-0.6p}\leqslant[\sigma]$	$\dfrac{-167}{0.6-p}\leqslant[\sigma]$	箱形梁与隔板连接，钢桥面与横筋板连接
11	T形手工电弧焊连接		$\dfrac{137}{1-0.6p}\leqslant[\sigma]$	$\dfrac{137}{0.6-p}\leqslant[\sigma]$	箱形杆件与隔板连接（要求焊缝横向成形均匀）
12	未探伤的纵向自动焊缝	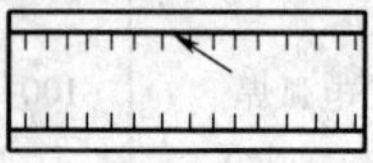	$\dfrac{137}{1-0.6p}\leqslant[\sigma]$	$\dfrac{-110}{0.6-p}\leqslant[\sigma]$	连接系的连接焊缝，确定板梁及杆件的纵向自动焊缝检测部位
13	角焊缝正侧面围焊	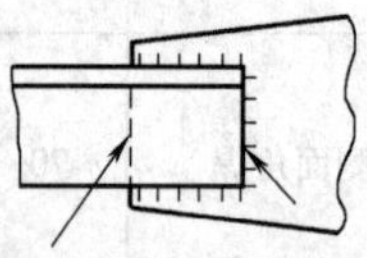	$\dfrac{69}{-0.6p}\leqslant[\sigma]$	$\dfrac{-69}{0.65-p}\leqslant[\sigma]$	全焊板梁连接系与结点的连接

注：$[\sigma]$ 为母材的静载许用应力，其值为200MPa。

图 13-67～图 13-73 所示为各国采用的焊接接头的许用应力线图。

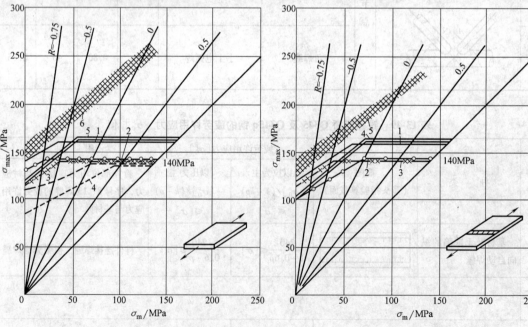

图 13-67　Q235A 类钢母体金属的
许用应力线图
1—前联邦德国　2—奥地利　3—前苏联　4—瑞士
5—技术资料中的数据　6—疲劳极限

图 13-68　经过机械加工的 Q235A 类钢
对接焊接头的许用应力线图
1—前联邦德国　2—前苏联，波兰　3—奥地利
4—技术资料中的数据　5—疲劳极限

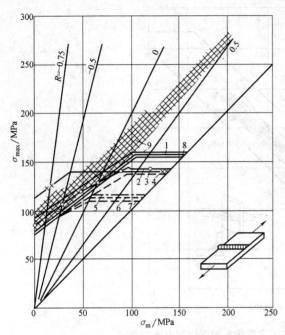

图 13-69　未经机械加工的 Q235A 类钢
对接焊接头的许用应力线图
1—原联邦德国　2—奥地利　3—原苏联　4—瑞士
5—捷克　6—波兰　7—原民主德国
8—技术资料中的数据　9—疲劳极限

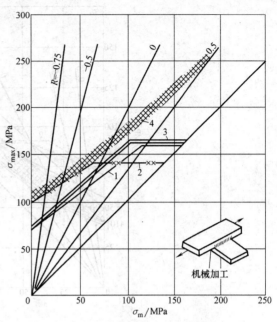

图 13-70　焊有异形件并经机械加工的
Q235A 类钢板的许用应力线图
1—原联邦德国　2—原苏联　3—技术资料中
的数据　4—疲劳极限

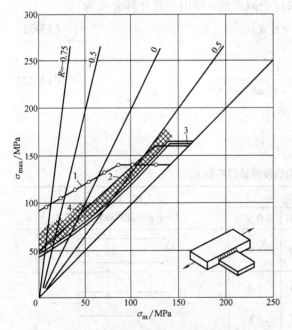

图 13-71　焊有异形件而未经机械加工
的 Q235A 类钢的许用应力线图
1—奥地利　2—原联邦德国　3—技术资料中
的数据　4—疲劳极限

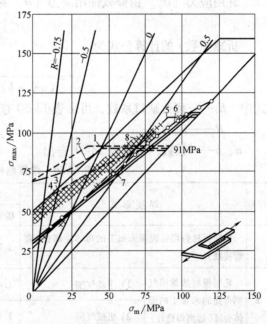

图 13-72　Q235A 类钢侧焊缝接头的许用应力线图
1—波兰　2—原民主德国　3—原联邦德国　4—瑞士
5—原苏联　6—奥地利　7—技术资料中的
数据　8—疲劳极限

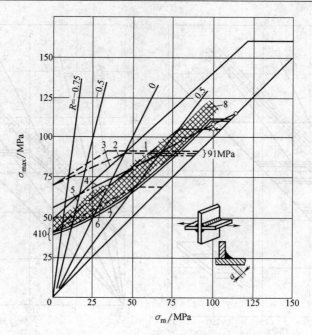

图 13-73　Q235A 类钢无坡口丁字焊接头的许用应力线图
1—波兰　2—原民主德国　3—原联邦德国　4—捷克　5—奥地利　6—瑞士
7—技术资料中的数据　8—疲劳极限

2. 应力折减系数法

许用应力 $[\sigma_r^p]$ 由静载许用应力 $[\sigma]$ 乘以折减系数 r 得出，其计算公式为

$$[\sigma_r^p] = r[\sigma] \tag{13-31}$$

折减系数 r 的计算公式为

$$r = \frac{1}{(aK_f + b) - c(aK_f - b)R} \tag{13-32}$$

式中　K_f——疲劳缺口系数，可由表 13-50 查出；

　　　R——应力比；

　　　a、b——系数，可由表 13-51 查出。

表 13-50　焊接结构的疲劳缺口系数 K_f

序号	焊接形式		K_f		简　图
			碳钢	低合金钢	（A—A 表示试样破坏的截面）
1	轧制板材剪切后表面未加工的母体金属（远离焊接处）		1.0	1.0	
2	轧制板材边缘用气割得到的未加工的母体金属（远离焊缝处）	1）手动气割	1.4	1.8	
		2）机械气割	1.1	1.8	
3	表面和边缘未经机械加工的母体金属	1）$R=200mm$	1.0	1.0	
		2）$R=10mm$	1.6	1.9	
		3）$R=1mm$	2.0	2.4	

（续）

序号	焊接形式		K_f		简　图 （*A—A* 表示试样破坏的截面）
			碳钢	低合金钢	
4	有铆接和螺栓联接孔的截面处的母体金属，用钻头钻孔		1.4 ~ 1.6	1.4 ~ 1.6	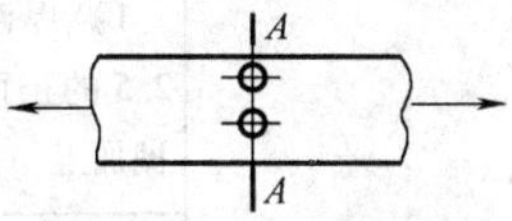
5	对接焊缝，焊缝全部焊透		1.0	1.0	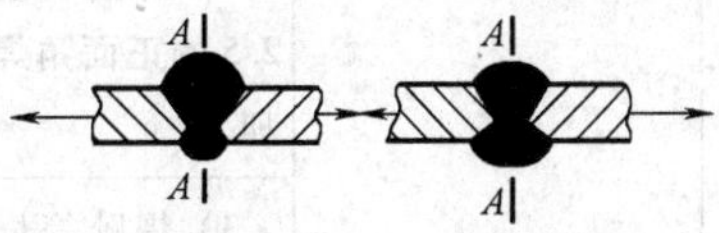
6	对接焊缝，焊缝根部未焊透		2.67	—	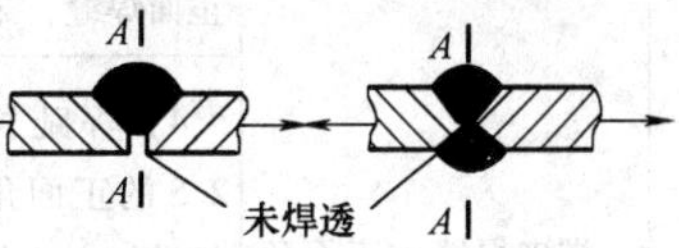
7	搭接正面角焊缝	1）焊条电弧焊	2.3	—	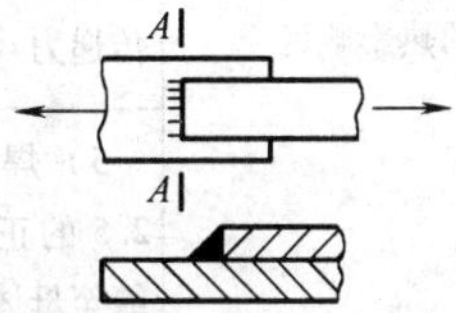
		2）自动焊	1.7	—	
8	侧面角焊缝、焊条电弧焊		3.4	4.4	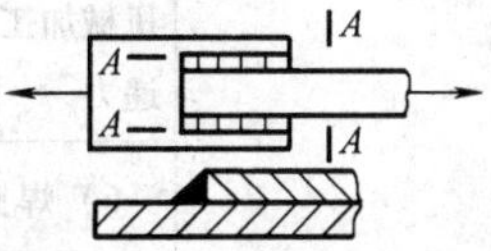
9	对接焊缝的热影响区	1）经机械加工	1.1	1.2	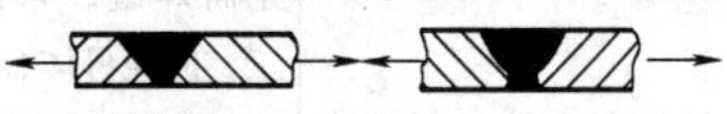
		2）由焊缝至母体金属的过渡区足够平滑时，未经机械加工 直焊缝时 斜焊缝时	1.4 1.3	1.5 1.4	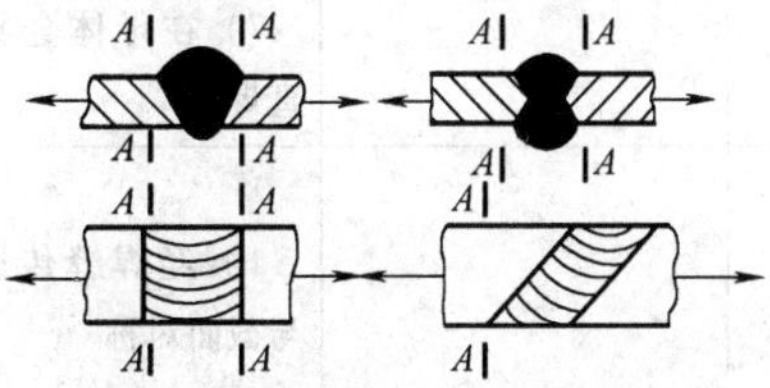
		3）由焊缝至母体金属的过渡区足够平滑时，但焊缝高出母体金属 0.2δ 未经机械加工的直焊缝	1.8	2.2	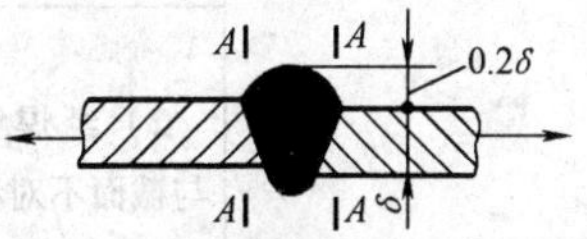
		4）由焊缝至母体金属的过渡区足够平滑时，有垫圈的管子对接焊缝，未经机械加工	1.5	2.0	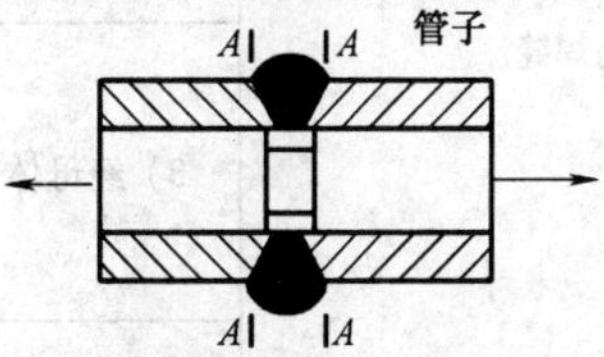
		5）沿力作用线的对接焊缝，未经机械加工	1.1	1.2	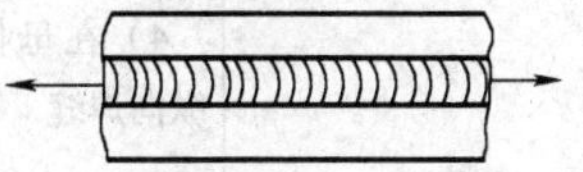

（续）

序号	焊接形式		K_f		简图（A—A 表示试样破坏的截面）
			碳钢	低合金钢	
10	搭接焊缝中正面角焊缝的热影响区	1）焊趾长度比为 2～2.5 的正面角焊缝未经机械加工	2.4	2.8	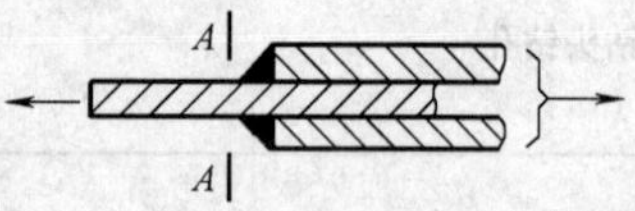
		2）焊趾长度比为 2～2.5 的正面角焊缝经机械加工	1.8	2.1	
		3）焊趾等长度的凸形正面焊缝，未经机械加工	3.0	3.5	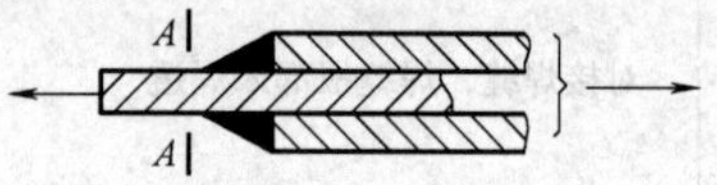
		4）焊趾长度比为 2～2.5 的正面角焊缝，未经机械加工，但经母体金属传递力	1.7	2.3	
		5）焊趾长度比为 2～2.5 的正面角焊缝，由焊缝至母体金属的过渡区经机械加工，经母体金属传递力	1.4	1.9	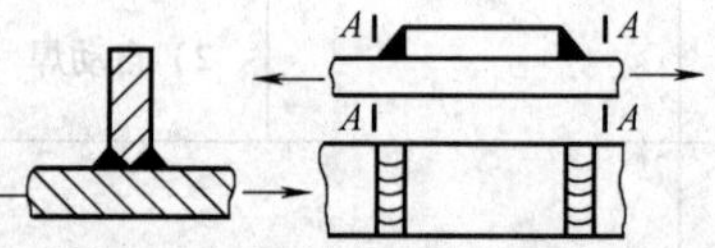
		6）焊趾等长度的凸形正面焊缝，未经机械加工，但经母体金属传递力	2.2	2.6	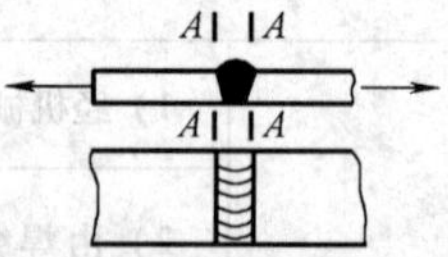
		7）在母体金属上加焊直焊缝	2.0	2.3	
11	搭接焊缝中的侧面角焊缝	1）经焊缝传递力，并与截面对称	3.2	3.5	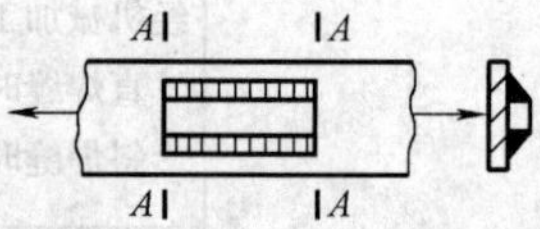
		2）经焊缝传递力，并与截面不对称	3.5	—	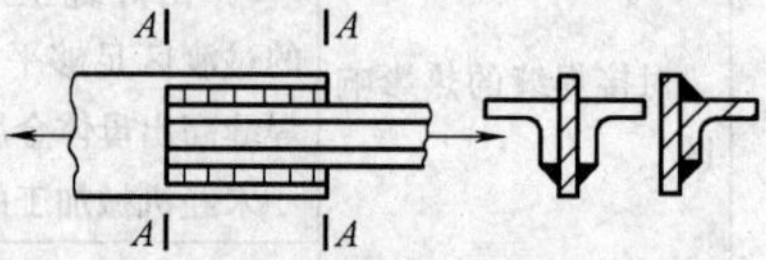
		3）经母体金属传递力	3.0	3.8	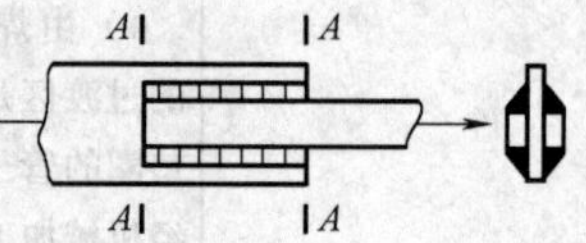
		4）在母体金属上加焊纵向焊缝	2.2	2.5	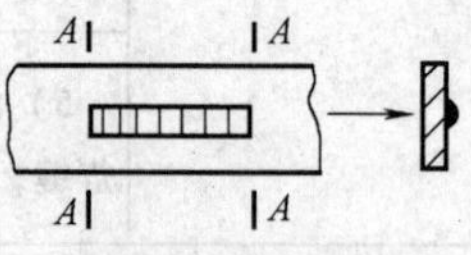

（续）

序号	焊接形式		K_f		简　图
			碳钢	低合金钢	（A—A 表示试样破坏的截面）
12	母体金属上加焊板件	1）加焊矩形板，周边焊接，应力集中区未经机械加工	3.5	3.5	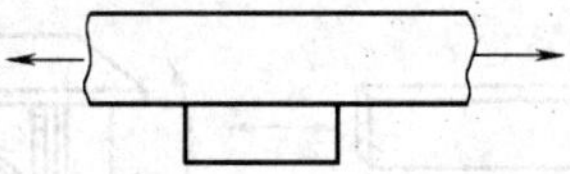
		2）加焊矩形板，周边焊接，应力集中区经机械加工	2.0	—	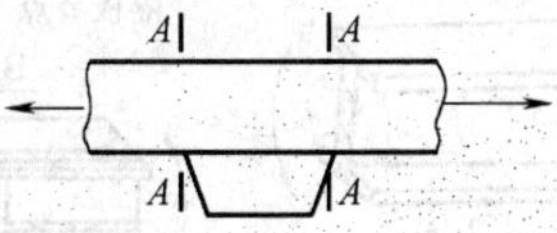
		3）加焊梯形板，周边焊接，应力集中区经机械加工	1.5	2.0	
13	组合焊缝		3.0	—	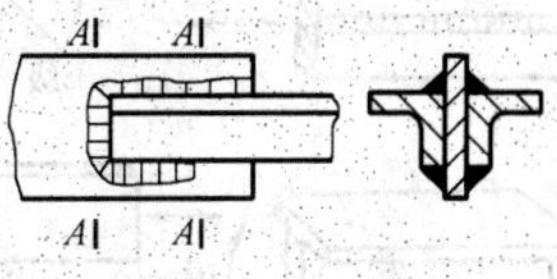

表 13-51　焊接结构计算中的系数 a 和 b 值

载荷、结构形式	钢　种	系　数	
		a	b
脉动循环载荷作用下的结构	碳钢	0.75	0.3
	低合金钢	0.8	0.3
对称循环载荷作用下的结构	碳钢	0.9	0.3
	低合金钢	0.95	0.3

3. 结构构造细节分析法

美国从 1967 年开始进行大规模试验研究，试验结果表明，材料抗拉强度 σ_b 和应力比对焊接接头疲劳强度的影响可予以忽略，从而提出了仅根据应力变化范围 $\Delta\sigma$ 和结构构造细节来确定疲劳寿命 N 的新方法。新方法 1977 年已为 AASHTO 公路桥梁规范和 AREA 铁路桥和钢结构规范采用。日本钢结构协会疲劳设计指南和德国桥规 DV804 也先后采用这些试验研究成果。

新方法将不同的焊接接头形式，按疲劳强度相似情况分为 A、B、C、D、E、F 6 个等级，分别给出其许用应力范围 $[\Delta\sigma]$ 与循环次数间关系的许用应力曲线。按照这种新方法进行疲劳设计时，应满足以下静载和动载强度条件：

$$\sigma_{max} \leqslant [\sigma] \tag{13-33}$$

$$\Delta\sigma \leqslant [\Delta\sigma] \tag{13-34}$$

式中　σ_{max}——最大应力（MPa）；

$[\sigma]$——静载许用应力（MPa）；

$\Delta\sigma$——应力范围（MPa）；

$[\Delta\sigma]$——许用应力范围（MPa）。

　　$[\Delta\sigma]$ 可根据焊接接头的结构构造细节（见图 13-74），由表 13-52 查出其疲劳强度级别，再根据其应达到的循环次数（查表 13-53），由图 13-75 或表 13-54 查出。

　　我国的钢结构设计规范 GB 50017—2003 中已用此法代替 TJ 17—1974 中的许用应力法。该设计规范中将构件和连接分为 8 个类别（等级）。

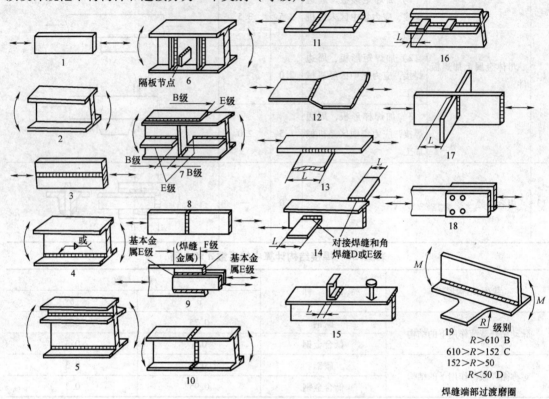

图 13-74　AREA 规范的构造细节

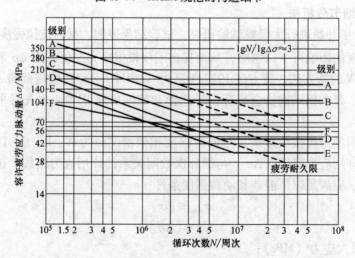

图 13-75　从 A 到 E 各级细节应力脉动量与循环次数关系曲线
——许用应力脉动量 $[\Delta\sigma]$ 和等幅应力循环次数 N 的关系　······应力脉动量均方根值与变幅应力循环次数 N_v 关系的延长线

表 13-52 构造类型及疲劳强度级

构造类型	细 节 说 明	应力性质	疲劳强度级别(见图 13-74)	图 13-74 编号
母材基本金属	具有轧制或清整表面的基本金属,边缘气切表面粗糙度等于或小于 ANSI1000 者(Ra 为 25μm)	拉或反复	A	1, 2
组合杆件	用平行于应力方向的连续性熔透或不熔透对接焊、连续性角焊缝连接,板材和型钢组合的杆件,没有附加部件的基本金属和焊缝	拉或反复	B	3, 4, 5, 7
组合杆件	板梁腹板或翼板在其竖加筋的焊趾处弯曲应力计算值	拉或反复	C	6
组合材料	焊接梁外层盖板中断处的基本金属,盖板以直角或尖角状断开,盖板可以有或没有横向端焊缝	拉或反复	E	7
对接接头	截面完全相同的型材或焊接件的对接,包括基本金属或焊缝,其接缝完全焊透,焊缝表面磨平,无损检测合格	拉或反复	B	8, 10
对接接头	宽度或厚度不相等的工件对接,焊缝熔透,无损检测合格,表面磨成不大于 1:2.5 斜度的过渡,打磨方向和应力方向相同	拉或反复	B	11, 12
对接接头	宽度或厚度不相等的工件对接,焊缝熔透,焊缝增高量被保留,是否有不大于 1:2.5 斜度的过渡不做限制	拉或反复	C	8, 10, 11, 12
对接接头	位于用对接焊缝附连的部件处的基本金属,承受横向及(或)纵向力。其平行于应力线的细节长度是在 50mm 和 12 倍板厚之间,且小于 100mm	拉或反复	D	13, 14
对接接头	位于对接焊缝附近的部件处的基本金属,承受横向及(或)纵向力,其平行于应力线的细节长度大于 12 倍板厚,或大于 100mm	拉或反复	E	13, 14
对接接头	位于用对接焊缝附近的部件处的基本金属,承受横向及(或)纵向力者,不论细节多长 1)焊缝端磨圆,过渡半径≥610mm 2)焊缝端磨圆,过渡半径≥152mm 3)焊缝端磨圆,过渡半径≥50mm	拉或反复	B C D	19 19 19
角接接头	在和应力方向平行的断续角焊缝处的基本金属	拉或反复	E	
角接接头	邻近用角焊缝做连接的部件处的基本金属,顺应力方向长度小于 50mm,邻近角缝连接的抗剪小件处的基本金属	拉或反复	C	15, 16, 17
角接接头	与用角焊缝相连的附件(或细节)邻接的基本金属,其顺应力方向长度 L 在 50mm 和 12 倍板厚之间,并小于 100mm 者	拉或反复	D	14, 15, 16
角接接头	和用角焊缝相连的附件(或细节)邻接的基本金属,其顺应力方向长度 L 或大于 12 倍板厚,或大于 100mm 者	拉或反复	E	14, 16
角接接头	在用角焊缝做连接的细节处的基本金属,其顺应力方向上长度不限 1)当焊缝端头磨圆,过渡半径≥610mm 2)当焊缝端头磨圆,过渡半径≥152mm 3)当焊缝端头磨圆,过渡半径≥50mm	拉或反复	B C D	19
机械性紧固连接	摩擦式高强螺栓接头内全截面基本金属,应将连接材料表面处发生弯曲的轴向受力接头除外	拉或反复	B	18
机械性紧固连接	铆接接头或上项之处的螺栓接头内的净截面基本金属	拉或反复	D	18
角焊缝	角缝喉部截面剪应力	剪	F	9

表 13-53　各种构件和接头的应力循环次数（AREA）

铁路钢桥规范		
分 类 说 明	跨长（受弯杆件和桁架）L/m	恒幅应力受力次数 N/周次
Ⅰ类：纵向受弯杆件及其接头，包括端斜杆在内的桁架弦杆及其接头	>30.5	1.5×10^5
	>22.9~30.5	2×10^5
	>15.2~22.9	5×10^5
	>9.1~15.2	2×10^6
	≤9.1	$>2 \times 10^6$
Ⅱ类：桁架腹杆及其接头，但须将属于Ⅲ类者除外	双线加载时	2×10^5
	单线加载时	5×10^5
Ⅲ类：横梁及其接头，桁架只受横梁反力的立杆和次要斜杆及其接头	双线加载时	5×10^5
	单线加载时	$>2 \times 10^6$

AASHTO 公路桥规范规定				
路的类型	负载等级	平均每天（单向）汽车过桥数	按汽车计	按车道计
主要（纵向）承载杆件				
直达线、高速线、干线和重要街道	Ⅰ	≥2500	2×10^6	5×10^5
	Ⅱ	<2500	5×10^5	1×10^5
不属于Ⅰ和Ⅱ级其他公路和街道	Ⅲ	—	1×10^5	1×10^5
承受车轮负载的横向杆件及细节				
直达线、高速线、干线和重要街道	Ⅰ	≥2500	$>2 \times 10^6$	—
	Ⅱ	<2500	2×10^6	—
不属于Ⅰ和Ⅱ级的其他公路和街道	Ⅲ		5×10^5	—

表 13-54　许用应力脉动量 $[\Delta\sigma]$　　　　　（单位：MPa）

AREA 铁路钢桥规范				
疲劳强度级别	常幅应力受力次数 N/周次			
	1.5×10^5	2×10^5	5×10^5	2×10^6	$>2 \times 10^6$
A	365.4	331.0	248.2	165.5	165.5
B	275.8	248.2	186.2	124.1	110.3
C	193.1	179.3	131.0	89.6	69.0
D	165.5	151.7	110.3	69.0	82.7[①] 48.3
E	131.0	117.2	82.7	55.2	34.5
F	96.5	89.6	82.7	62.1	55.2

（续）

疲劳强度级别	AASHTO 公路桥规范			
	常幅应力受力次数 *N*/周次			
	1×10^5	5×10^5	2×10^6	$>2 \times 10^6$
有多途承载结构（多途径承载，一杆件断裂，不致坍毁）				
A	413.69	248.21	165.47	165.47
B	310.26	189.60	124.10	110.31
C	220.63	131.00	89.63	68.95 82.74②
D	186.16	110.31	68.95	48.26
E	144.79	86.18	55.15	34.47
F	103.42	82.74	62.05	55.15
无多途承载结构（一途径承载，一杆件断裂，导致结构灾难性坍毁）				
A	248.21	165.47	165.47	165.47
B	189.60	124.10	110.31	110.31
C	131.00	89.63	68.95 82.74②	62.05 75.84②
D	110.31	68.95	48.26	34.47
E	86.18	55.15	34.47	17.24
F	82.74	62.05	55.15	48.26

① 用于竖筋焊于腹板或翼板者。
② 用于竖筋焊于板梁腹板或翼板焊缝所影响的基本金属。

4. 安全系数法

安全系数法是常规疲劳设计方法在焊接接头疲劳设计中的应用。原苏联中央交通部科学研究所（ЦНИИМПС）所制定的机车转向架上焊接框架的疲劳设计法是有代表性的安全系数法，其计算公式为：

$$n_\sigma = \frac{\sigma_{-1}}{K_{\sigma D}\sigma_a + \psi_\sigma \sigma_m} \leqslant [n] \tag{13-35}$$

$$K_{\sigma D} = K_\sigma = \frac{K_1 K_2}{\beta \varepsilon} \eta$$

式中　$K_{\sigma D}$——焊接接头的综合疲劳强度降低系数；

K_σ——焊接接头的疲劳缺口系数；

K_1——零件材料不均匀系数；

K_2——考虑框架中存在残余应力的系数；

β——考虑表面加工质量的系数；

ε——考虑截面绝对尺寸的系数；

η——考虑制造误差影响的系数。

应力幅的计算值可按下式求出：

$$\sigma_a = \overline{\sigma}_a + 3s_{\sigma_a} \tag{13-36}$$

式中　$\overline{\sigma}_a$——应力幅的平均值（MPa）；

　　　s_{σ_a}——应力幅的标准差（MPa）。

当 $K_{\sigma D} \leqslant 2$ 时，可取 $\psi_\sigma = 0.2$；当 $K_{\sigma D} > 2$ 时，可取 $\psi_\sigma = 0.05$。对机车转向架框架，可取 $[n] = 2$；对起重机金属结构，取 $[n] = 1.3 \sim 1.6$。

5. 断裂力学法

在焊接接头中常常存在有焊接缺陷，在焊接缺陷处很容易萌生疲劳裂纹。因此，焊接接头的裂纹形成寿命较短，其疲劳寿命主要是裂纹扩展寿命。使用断裂力学方法可以计算出焊接接头的疲劳裂纹扩展寿命。

与常规疲劳设计相似，根据是否允许已有的裂纹扩展，断裂力学法也可分为无限寿命设计和有限寿命设计，其分界线是裂纹尖的应力强度因子范围是否大于门槛值 ΔK_{th}，$\Delta K \leqslant \Delta K_{th}$ 时为无限寿命设计，$\Delta K > \Delta K_{th}$ 时为有限寿命设计。

（1）有限寿命设计　估算疲劳裂纹扩展寿命的步骤如下：

1）对焊接接头的缺陷进行探测，确定出其尺寸位置，并将缺陷看作裂纹，得出初始缺陷尺寸 a_0。焊接接头的缺陷可分为表面缺陷和内部缺陷，它们都能导致疲劳破坏，其危险程度取决于缺陷尺寸、焊接接头型式和焊缝几何形状。在设计阶段，则应对最危险的缺陷尺寸和位置作出基本假设，并由此确定出初始缺陷尺寸 a_0。

2）确定临界裂纹尺寸 a_c，也就是确定断裂标准。由于裂纹扩展寿命 N_P 主要决定于初期扩展阶段，因此就无须对临界裂纹尺寸下一个确切定义。对于焊边缺陷，断裂时的临界尺寸可以假定为 $a_c = B$，B 为板厚；对于未焊透，可以假定为 $a_c = B/2 + l$，l 为焊脚长。

3）根据缺陷的位置、焊接接头的形状及加载方式，确定出焊件中最危险裂纹的 ΔK 表达式，其一般形式为

$$K = \alpha \sigma \sqrt{\pi a}$$

式中　α——取决于焊件与缺陷几何形状的系数。

为了使用方便，上式可以表示为

$$K = k \sigma a^n \tag{13-37}$$

式中　k、n——取决于焊件几何形状的参数，可以从图 13-76 ~ 图 13-82 查出，图中的数值相应于 N、mm 的单位系统。

如果同时出现偏心和角变形，可以将每种误差对 k 的影响相叠加，即

$$k_{e,\alpha} = k_{e=\alpha=0} + (k_{e,\alpha=0} - k_{e=\alpha=0}) + (k_{e=0,\alpha} - k_{e=\alpha=0}) \tag{13-38}$$

对于平板上的长表面裂纹，k 和 n 值可取为 $k = 2.0$，$n = 0.5$。

4）确定出焊件的疲劳裂纹扩展速率表达式，一般使用 Paris 公式：

$$\frac{\mathrm{d}a}{\mathrm{d}N} = C \Delta K^m$$

式中　ΔK——应力强度因子范围，$\Delta K = K_{max} - K_{min}$；

　　　C、m——疲劳裂纹扩展参数，应取其上限值，当缺乏试验数据时，可使用表 13-55 中的数据。

计算 ΔK 时所用的 $\Delta \sigma$ 值，当有残余应力时应使用全应力范围；当无残余应力时，由于

压应力对裂纹扩展不起作用，这时只计算拉应力范围。在计算名义应力 σ 时，不计缺陷的影响，并且，只考虑垂直于裂纹扩展平面的分量。

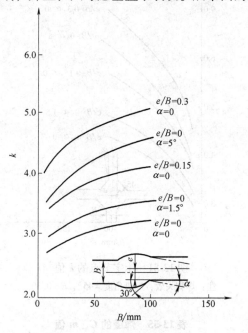

图 13-76　对接焊缝的 k 值

注：$n = 0.39$，焊脚角度 $= 30°$，超填量 $= 0.1B$。

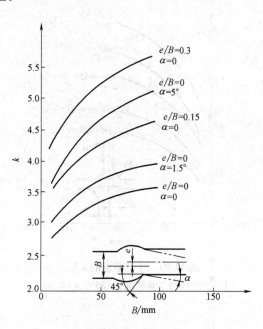

图 13-77　对接焊缝的 k 值

注：$n = 0.39$，焊脚角度 $= 45°$，超填量 $= 0.1B$。

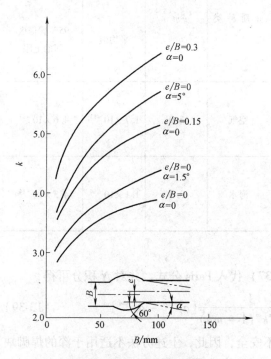

图 13-78　对接焊缝的 k 值

注：$n = 0.39$，焊脚角度 $= 60°$，超填量 $= 0.1B$。

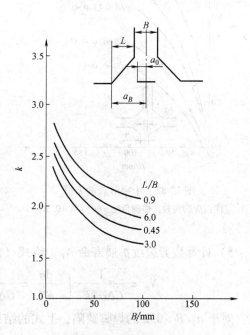

图 13-79　角焊缝的 k 值

注：根部失效，$n = 0.66$。

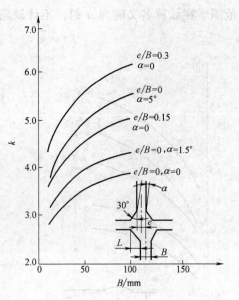

图 13-80　十字节点的 k 值

注：焊脚失效，焊脚角度 = 30°，$n = 0.30$。

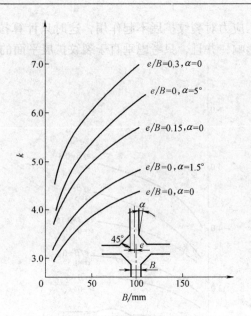

图 13-81　十字节点的 k 值

注：焊脚失效，焊脚角度 = 45°，$n = 0.30$。

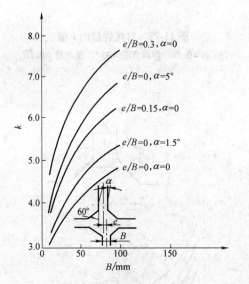

图 13-82　十字节点的 k 值

注：焊脚失效，焊脚角度 = 60°，$n = 0.30$。

表 13-55　焊缝的 C、m 值

介 质 种 类	m	C	
		平均值	95% 置信区间的上限
空气	3.0	1.7×10^{-13}	4.6×10^{-13}
海水	3.7	1.1×10^{-14}	4.3×10^{-14}

5）计算疲劳裂纹扩展寿命 N_P，将式（13-37）代入 Paris 公式，并对 N 积分可得

$$N_P = \frac{1}{C \Delta\sigma^m k^m} \int_{a_0}^{a_c} \frac{\mathrm{d}a}{a^{mn}} = \frac{1}{C \Delta\sigma^m k^m (1 - mn)} \left[a_c^{1-mn} - a_0^{1-mn} \right] \qquad (13\text{-}39)$$

对于 $a_0/B > 0.2$ 的焊脚缺陷，上式的结果不安全，因此，上述方法不适用于深的焊脚缺陷。但对未焊透，上述方法在较大的 $a_0/(B + L)$ 下仍然适用。

在程序载荷下，可用下式计算出等效应力范围 $\Delta\sigma_e$，再代入式（13-39）计算疲劳寿命。

$$\Delta\sigma_e = \left(\frac{\sum_{i=1}^{n}\Delta\sigma_i^m n_i}{\sum_{i=1}^{n}n_i}\right)^{\frac{1}{m}} \quad (13\text{-}40)$$

使用上述的断裂力学法，可以得出具有特定缺陷的焊接接头的 S-N 曲线，这种曲线可以使用与常规 S-N 曲线完全相同的方法进行累积损伤计算。

计算出的疲劳寿命应除以寿命安全系数 n_N，可取为 $n_N = 2 \sim 4$。

（2）无限寿命设计　强度校核公式为

$$\Delta\sigma \leqslant \frac{\Delta K_{th}}{k a_0^n} \quad (13\text{-}41)$$

式中　ΔK_{th}——疲劳裂纹扩展门槛值，一些常用工程材料的 ΔK_{th} 值列于表 13-56；

　　　　a_0——初始裂纹尺寸，确定方法同前，当缺乏确切数据时，可取为 0.21mm；

　　　　k、n——取决于焊件几何形状的参数，可从图 13-76 ~ 图 13-82 查出。

表 13-56　常用工程材料的门槛值

材料种类	σ_b/MPa	R	$\Delta K_{th}(2a=0.5\sim 5mm)$ /$(N/mm^{\frac{3}{2}})$
低碳钢	439	−1	205
		0.13	213
		0.35	166
		0.49	138
		0.64	103
		0.75	124
低合金钢	847	−1	202
		0.00	212
		0.33	163
		0.50	142
		0.64	106
		0.75	71
18-8 型不锈钢		−1	195
		0.00	195
		0.33	191
		0.62	149
		0.74	131
Ni-Cr 合金钢	938	−1	205
Ni-Cr 高强钢	1720	−1	56.7
M 体时效钢	2030	0.67	87(2a 为 0.0025mm)
工业纯钛	550	0.62	71

（续）

材料种类	σ_b/MPa	R	$\Delta K_{th}(2a = 0.5 \sim 5mm)$ /($N/mm^{\frac{3}{2}}$)
铝	78.4	-1	33
		0.00	53.2
		0.33	46
		0.53	39
4.5%[1]Cu-Al 合金	455	-1	67.4
		0.00	67.4
		0.33	53.2
		0.50	49.6
		0.67	39
铜	220	-1	82
		0.00	81.5
		0.33	56.7
		0.56	48.6
		0.80	42.5
60%[1]Cu + 40%[1]Zn(黄铜)	330	-1	99.8
		0.00	113
		0.33	99.8
		0.51	85
		0.72	85
P + Sn + Cu(磷青铜)	330 370	-1	121
		0.33	131
		0.50	103
		0.74	78
镍	440	-1	191
		0.00	255
		0.33	209
		0.57	166
		0.71	117
镍基合金	420	-1	206
		0.00	230
		0.57	152
		0.71	127

[1] 质量分数。

第14章 提高零构件疲劳强度的方法

提高零构件疲劳强度的途径有：合理选材，改进结构和工艺，表面强化，表面防护，合理操作。

14.1 合理选材

1. 强度、塑性和韧性间的最佳配合

强度和塑性对疲劳寿命的影响可以用以下的通用斜率方程来说明：

$$\Delta\varepsilon_t = 3.5\frac{\sigma_b}{E}N^{-0.12} + \varepsilon_f^{0.6}N^{-0.6}$$

式中　$\Delta\varepsilon_t$——总应变范围；

σ_b——抗拉强度；

E——弹性模量；

ε_f——真断裂延性，$\varepsilon_f = \ln[1/(1-\psi)]$，$\psi$ 为断面收缩率；

N——疲劳寿命。

由上式可见，当材料承受总应变范围 $\Delta\varepsilon_t$ 时，其疲劳寿命取决于抗拉强度 σ_b，真断裂延性 ε_f 和弹性模量 E。对钢说来，弹性模量 E 变化很小，因而高应变低周疲劳时，决定性的因素是塑性指标 ε_f（或 ψ），低应变高周疲劳时，决定性的指标是强度指标 σ_b。材料性能对疲劳寿命的影响，还可形象地用图 14-1 表示。

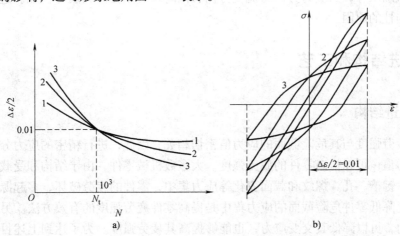

图 14-1　循环应变抗力示意图

1—高强度材料　2—韧性材料　3—塑性材料

由图 14-1 可以看出，当应变幅 $\Delta\varepsilon_t/2$ 为 0.01 时，各种材料具有接近相同的疲劳寿命 $N = 10^3$ 周次循环；当 $N < 10^3$ 周次循环时，塑性好的材料具有高的疲劳寿命；当 $N > 10^3$ 周次循环时，强度高的材料具有高的疲劳寿命。因此，低周疲劳时，应选择塑性好的材料；高周疲劳时，应选择强度高的材料；寿命介于高低周疲劳之间时，应兼顾强度和塑性，选择韧性好的材料。

在进行损伤容限设计时，为使临界裂纹尺寸易于检测，应选择断裂韧度 K_{IC} 高的材料。

2. 材料纯度的影响

气孔、夹杂等缺陷和第二相质点的存在，都相当于具有内在的应力集中，从而使其疲劳强度降低。因此，应选择纯度高的材料。高强材料的缺口敏感度高，纯度的影响更大。纯度的作用与应变的大小有很大关系，在接近疲劳极限处影响最大。对于低周疲劳，因外加应变很高，不管有无缺陷和第二相质点，均产生相当大的塑性变形，使其应力重新分配，且这时裂纹形成寿命只占较小比例，纯度的影响已无关紧要。图 14-2 所示为材料纯度对 40CrNiMoA 钢疲劳寿命的影响。

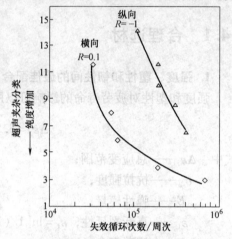

图 14-2　材料纯度对 40CrNiMoA 钢疲劳寿命的影响（轴向载荷下）

3. 晶粒度的影响

晶界能阻止滑移、裂纹形成和扩展。晶粒越小，晶界所占比例越大，上述作用也越强。因此，细化晶粒能提高室温下的疲劳强度。而在高温下，则由于晶界的强度比晶粒内部为弱，疲劳断裂由穿晶变为沿晶，所以粗晶粒材料的疲劳强度反而比细晶粒材料提高。

4. 晶粒的择优取向

锻造和压延时，材料的缺陷（夹杂、偏析和孔洞等）也沿流变方向延伸，从而减小其横截面上的缺陷尺寸，当应力方向与流变方向相同时，可以提高其疲劳性能。这也是锻材和轧材具有方向性的原因。

14.2　改进结构和工艺

14.2.1　改进结构

零件的疲劳强度与其危险截面的应力值密切相关，因此，进行精密的应力分析，降低危险截面的应力值，可以提高零件的疲劳强度。大多数机械零件，由于结构和受载等原因，都存在有缺口、键槽、孔、螺纹和截面变化等应力集中，零件的疲劳破坏，多起源于这些应力集中处，因此降低零件危险截面的应力集中是提高零件疲劳强度的有效方法。另外，建立预应力和预紧力，可以降低其交变应力，也能够提高其疲劳强度。为了达到上述目的，可以采取以下结构措施（见图 14-3）：

1）适当加大危险截面尺寸（见图 14-3b、f）。

2）避免尖角和适当加大过渡圆角半径（见图 14-3a、b、d、f）。

3）设卸载孔、卸载沟或卸载槽，改进应力流线，以降低应力集中（见图 14-3a、b、c、e）。

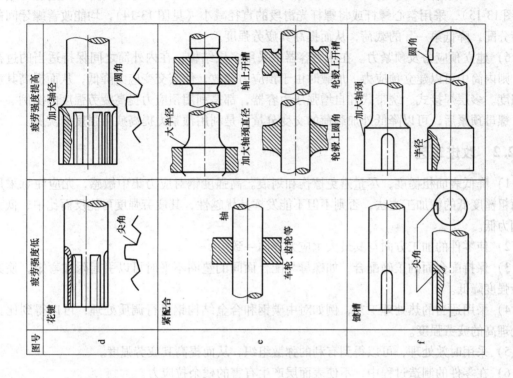

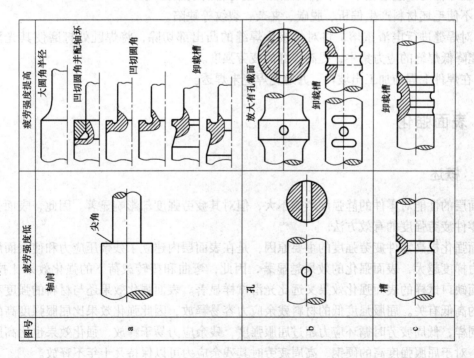

图 14-3　降低应力集中或加大零件尺寸的措施

4）将微动磨损与应力集中分离开来（见图 14-3e）。

5）改善载荷的不均匀分配，如采用拉伸螺母（见图 13-14），螺母倒角，改进螺母结构（见图 13-15），采用空心螺杆或将螺杆光滑段的直径减小（见图 13-14），均能改善螺牙间的载荷分配，降低第一牙的载荷，从而提高其疲劳强度。

6）建立预应力及预紧力。在压力容器中采用多层结构，在内外筒之间保持适当的过盈量，则内筒中可以建立预应力，加载时由于预应力释放，使其交变应力降低，从而提高其疲劳强度。多层焊接式、绕带式和自增强压力容器，都是利用预应力提高疲劳强度的实例。

螺母预紧后，可以降低外加载荷的交变分量，是利用预紧力提高疲劳强度的实例。

14.2.2　改进工艺

1）降低表面粗糙度，尽量避免擦伤和划痕。高强度钢对应力集中敏感，尤应注意采用表面粗糙度低的精加工方法，否则不但不能发挥其优越性，其疲劳强度可能反而比中、低强度钢为低。

2）使零件的加工方向与其最大主应力方向一致。

3）保持配合面的正确配合，如螺母与配合面间的垫圈不平时可以引起附加弯矩，使其疲劳强度降低。

4）采用适当的热处理工艺，例如对中碳钢和合金结构钢进行调质处理，可以得到比正火处理高的疲劳强度。

5）采用时效处理，可以得到有利的弥散组织，从而提高其疲劳强度。

6）在零件的制造过程中，不使表面层产生有害的残余拉应力。

7）不使毛坯材料产生偏析、脱碳、夹杂、裂纹等缺陷。

8）对焊缝进行电渣重熔，将对焊接头焊缝的凸出部切除，将焊趾处打磨使其光滑过渡，均能降低焊缝的应力集中，提高焊缝的疲劳强度。

9）在焊件上焊前加工出坡口，并避免焊缝未焊透。

14.3　表面强化

14.3.1　概述

表面层的性能对零件的静强度影响不大，但对其疲劳强度却影响显著。因此，表面强化是提高零件疲劳强度的有效方法。

表面强化提高零件疲劳强度的主要原因，是在表面层内建立了残余压应力和使表面层硬化。应力梯度越大，表面强化的效果越显著，因此，弯曲和扭转载荷下的强化效果要比拉-压时大，而缺口试样的表面强化效果又远比光滑试样显著。表面强化效果还与材料的强度和循环应力的高低有关。屈服强度低的材料残余应力容易释放，因此强化效果比屈服强度高的材料差。同样，低周疲劳时循环应力超过屈服强度，残余应力易于释放，强化效果也比高周疲劳时差。对于屈服强度高的硬钢，高周疲劳时其残余应力可以保持几十年不释放。

现在使用的表面强化方法有：表面热处理、表面化学热处理、表面冷作强化。表面热处理包括火焰淬火和感应淬火。表面化学热处理包括渗氮、渗碳和碳氮共渗。表面冷作强化包括喷丸、滚压、锤击和超载拉伸等。

有利的表面处理工艺可以提高零件的疲劳强度,不利的表面处理工艺也能降低零件的疲劳强度。例如,钢经过热处理后,表面上往往存在有脱碳软点,若不进行机械加工,则往往会成为薄弱环节,降低零件的疲劳强度。而进行冷作强化是克服其不利影响的有效方法。又如,电镀时引入了不利的残余拉应力,使其疲劳强度降低,而电镀前进行冷作强化,则往往能提高电镀件的疲劳强度。各种表面处理工艺对疲劳极限的影响见表 14-1。

表 14-1　各种表面处理工艺对疲劳极限的影响

表面处理方法		材　　料	试 样 形 式	疲劳极限提高或降低比例(%)
有利处理	喷丸	钢,Al、Ti 和 Cu 合金	光滑	>10
			缺口	>30
	滚压	钢,Al、Ti 和 Cu 合金	光滑	>10
			缺口	>30
	渗氮	渗氮钢	光滑	>10
			缺口	>50
	渗碳	低碳钢	光滑	>30
			缺口	>50
	感应淬火	中碳钢	光滑	>30
			缺口	>50
有害处理	脱碳	弹簧钢	光滑	>30
	镀铬和镀镍	钢($\sigma_b > 1000$MPa)	光滑	>30
	包铝	高强铝合金	薄板试样	>15

表面强化对疲劳强度的影响可以用表面强化系数 β_3 来表示,表面强化系数 β_3 为强化试样的疲劳极限与未强化试样的疲劳极限之比,表 14-2 ~ 表 14-4 分别给出了高频感应淬火、化学热处理和表面冷作强化处理的表面强化系数。

表 14-2　高频感应淬火的表面强化系数

材　　料	试件形式	试件直径/mm	β_3
结构用碳钢和合金钢	无应力集中	7 ~ 20	1.3 ~ 1.6
		30 ~ 40	1.2 ~ 1.5
	有应力集中	7 ~ 20	1.6 ~ 2.8
		30 ~ 40	1.5 ~ 2.5
铸铁	光滑试件和有应力集中试件	20	1.2

注:表中数据适用于旋转弯曲情况。淬硬层厚度为 0.9 ~ 1.5mm。大值适用于应力集中水平高的零件。

表 14-3　化学热处理的表面强化系数

化学热处理的特性值	试 件 形 式	试件直径/mm	β_3
渗氮层深度为 0.1 ~ 0.4mm,硬度为 730 ~ 970HBW	无应力集中	8 ~ 15	1.15 ~ 1.25
		30 ~ 40	1.10 ~ 1.15
	有应力集中 (横孔、切口)	8 ~ 15	1.9 ~ 3.0
		30 ~ 40	1.3 ~ 2.0

（续）

化学热处理的特性值	试件形式	试件直径/mm	β_3
渗碳层深度为 0.2~0.6mm	无应力集中	8~15	1.2~2.1
		30~40	1.1~1.5
	有应力集中	8~15	1.5~2.5
		30~40	1.2~2.0
碳氮共渗层深度为0.2mm	无应力集中	10	1.8

表 14-4　表面冷作强化的表面强化系数

材　料	冷作方法	试件形式	试件直径/mm	β_3
结构用碳钢 和合金钢	用滚子滚压	无应力集中	7~20	1.2~1.4
			30~40	1.1~1.25
		有应力集中	7~20	1.5~2.2
			30~40	1.3~1.8
结构用碳钢 和合金钢	喷丸	无应力集中	7~20	1.1~1.3
			30~40	1.1~1.2
		有应力集中	7~20	1.4~2.5
			30~40	1.1~1.5
铝合金和镁合金	喷丸	无应力集中	8	1.05~1.15

14.3.2　表面淬火

表面淬火是一种将零件表面加热到钢的临界温度以上，然后进行淬火，以产生具有残余压应力的马氏体硬表层的热处理工艺。钢件在加热到超过临界温度以后便奥氏体化，此时以大于临界值的冷却速度将其快冷到马氏体转变开始温度 Ms 以下，就发生了马氏体转变。表面层由奥氏体相变为马氏体以后，体积增大 4%，从而在表面层中建立了较大的残余压应力，使其疲劳强度提高。为了能得到稳定的回火马氏体组织，淬火后还要在 150~210℃ 回火。

表面淬火分为火焰淬火和感应淬火等，主要适用于钢制零件。火焰淬火多用氧乙炔焰加热，但也有用其他火焰的。钢经火焰淬火后，硬化层厚度约为 3~6mm。钢的感应淬火的原理是：当感应圈中通过交流电时，周围产生交变磁场，使置于磁场中的零件表面产生感应电涡流，将零件表面加热。由于趋肤效应，电流频率越高，涡流越趋于零件表面，加热也越集中于零件表层，淬火后得到的硬化层也越薄。感应淬火分高频感应淬火、中频感应淬火和工频感应淬火三种。一般情况下，高频的频率为 20000Hz 以上，适用于直径小于 100mm 的零件，硬化层厚度为 0.5~5mm；中频的频率为 2000~8000Hz，用于直径 80~300mm 的零件，硬化层厚度为 6~10mm；工频的频率为 50Hz，用于直径大于 1000mm 的零件，硬化层厚度达 20mm 以上。

表面淬火提高光滑钢试样疲劳强度的作用与硬化层相对厚度有关，图 14-4 所示为 42CrMo 钢感应淬火硬化层相对厚度与疲劳强度相对增量的关系。由图可以看出，硬化层相对厚度越大，表面淬火后的疲劳强度越高；而硬化层过厚，则疲劳强度反而降低。表面淬火提高缺口试样疲劳强度的作用远比光滑试样大。对于缺口试样，不论缺口是在淬火前还是淬火后加工出来，只要硬化层厚度大于缺口深度，表面淬火都能大大提高其疲劳强度。表面淬火时，淬火区外的过渡区上作用着残余拉应力，因此淬火区必须包括全部应力集中区。例如，压配轴的淬硬区长度必须超过压配件的长度，带轴肩的轴和曲轴的淬硬区必须包括全部过渡圆角。

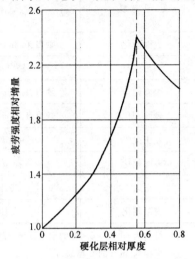

图 14-4　42CrMo 钢感应淬火硬化层相对厚度与疲劳强度相对增量的关系

表面淬火对大小零件同样适用，但零件尺寸增大时，硬化层厚度也要相应增大，才能起到同样的强化作用。

表面淬火适用于钻杆、花键轴、压配合轴、汽车后桥、轮座、曲轴和齿轮等零件。表 14-5 ~ 表 14-8 给出了感应淬火对碳钢试样弯曲疲劳极限的影响数据。图 14-5 所示为不同硬化层厚度的感应淬火碳钢缺口试样的疲劳极限。图 14-6 所示为不同硬化层厚度的感应淬火碳钢试样的 S-N 曲线。图 14-7 所示为淬硬层厚度对扭转疲劳极限的影响。图 14-8 所示为回火温度对感应淬火件表面残余压应力及扭转疲劳极限的影响。图 14-9 所示为不同尺寸的表面淬火轴的疲劳试验结果。

表 14-5　感应淬火对圆柱钢试样对称弯曲疲劳极限的影响

表面硬度 HV	硬化层厚度 t /mm	相对厚度 t/R	疲劳极限	
			MPa	%
250	—	—	380	100
650 ~ 800	1.5	0.1875	590	155
650 ~ 800	1.9	0.2375	598	157
650 ~ 850	3.3	0.4125	664	175

注：材料为 $w(C) = 0.46\%$ 的钢，$d = 2R = 16mm$，$\sigma_b = 771MPa$。

表 14-6　感应淬火对光滑和缺口试样旋转弯曲疲劳极限的影响

处 理 方 式	试 样 形 式	疲劳极限	
		MPa	%
正火	光滑	245	100
表面硬化	光滑	425	173
正火	缺口，0.4mm 深[①]	148	100
表面硬化	缺口，0.4mm 深[①]	422	282
正火	缺口，0.8mm 深[①]	143	100
表面硬化	缺口，0.8mm 深，硬化前加工	375	262

（续）

处理方式	试样形式	疲劳极限	
		MPa	%
表面硬化	缺口,0.8mm深,硬化后加工	382	269
正火	缺口,1.2mm深	133	100
表面硬化	缺口,1.2mm深,硬化前加工	285	214
表面硬化	缺口,1.2mm深,硬化后加工	302	227
正火	孔,$d=3.6$mm	145	100
表面硬化	孔,$d=3.6$mm	245	169
正火	带压配轴套	142	100
表面硬化	带压配轴套	365	259

注：材料为 $w(C)=0.4\%$ 的钢。硬化层厚度为 1.2mm。
① 半径 0.3mm 的 U 型缺口。

表 14-7　感应淬火对退火钢试样疲劳极限的影响

材料（质量分数,%）	感应淬火前的热处理	疲劳极限/MPa				
		未感应淬火	硬化层厚度 $t=1.5$mm		硬化层厚度 $t=2.5$mm	
			200°C 回火	350°C 回火	200°C 回火	350°C 回火
碳钢(0.4C)	正火	290	443	413	367	363
碳钢(0.4C)	调质(580°C 回火)	418	400	450	365	440
合金钢(0.4C, 0.8~1.1Cr)	调质(600°C 回火)	473	565	588	665	575
合金钢(0.37C,3Ni, 0.8~1.1Cr)	调质(630°C 回火)	505	484	527	475	524

注：直径 $d=18$mm。

表 14-8　感应淬火对正火钢和回火钢旋转弯曲疲劳极限的影响

试样	处理方式	疲劳极限/MPa	疲劳极限(%)
正火	未硬化	356	100
正火	硬化(包括圆角)	462	130
正火	硬化(不包括圆角)	313	88
回火	未硬化	407	114
回火	硬化(包括圆角)	578	162
正火,有环形槽	未硬化	198	100
正火,有环形槽	全部长度都硬化	490	247

注：材料为 $w(C)=0.5\%$、$w(Cr)=0.8\%\sim1.1\%$ 的钢,直径 $d=18$mm, 硬度 $=58\sim59$HRC, 硬化层厚度 $t=0.9\sim1.1$mm。

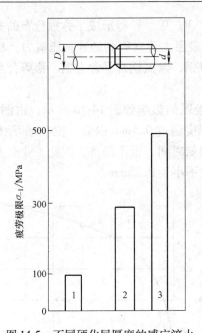

图 14-5　不同硬化层厚度的感应淬火
碳钢缺口试样的疲劳极限

1—无硬化层　2—$t = 3.4$mm　3—$t = 4.4$mm

注：材料为 45 钢，$d = 43$mm，$D = 56$mm。

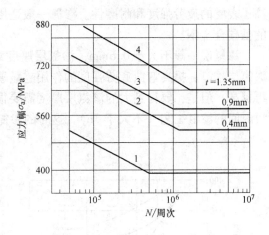

图 14-6　不同硬化层厚度的感应淬火碳钢
试样的 S-N 曲线

1—回火到 $\sigma_b = 840$MPa　2、3、4—具有

0.4mm、0.9mm 和 1.35mm 厚的硬化层

注：材料为 45 钢，$\sigma_b = 840$MPa，$d = 7.5$mm。

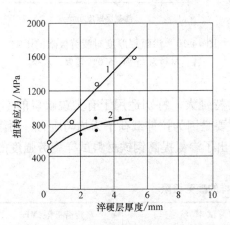

图 14-7　淬硬层厚度对扭转疲劳
强度的影响

1—静载扭转强度　2—扭转疲劳强度

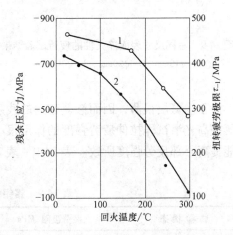

图 14-8　回火温度对感应淬火件表面残余压
应力及扭转疲劳极限的影响

1—扭转疲劳极限　2—残余压应力

14.3.3　表面化学热处理

表面化学热处理包括渗氮、渗碳和碳氮共渗等，它主要适用于钢铁材料，可以提高其抗磨性和疲劳强度。

1. 渗氮

渗氮时，将零件放入含氮介质中，在 $500 \sim 600°C$ 下加热 10min ~ 100h，介质中的氮原子渗入零件表层,与钢中的合金元素如 Al、Cr、Mo、V、W、Ti 等形成了弥散分布的氮化物表层(硬度达 650~1000HV),并使其体积膨胀,在表层内建立有利的残余压应力,从而提高了表层的疲劳强度和耐磨性。渗氮一般适用于渗氮钢,渗氮钢都是含有铝、铬等合金元素的低碳合金钢。

渗氮层一般不大于 0.6mm,渗氮层厚度对疲劳极限的影响如图 14-10 所示。由图可见,渗氮层越厚,提高弯曲疲劳强度的作用越显著,而厚度超过 0.5mm 以后,拉-压疲劳强度不再提高。但是,要得到大的渗氮层厚度需要很长的渗氮时间,很不经济,因此工业上多使用短时间的渗氮工艺(不大于 3h),这时的渗氮层厚度不小于 0.25mm。

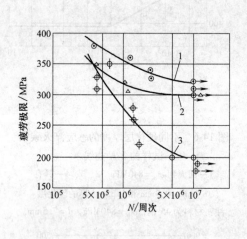

图 14-9   不同尺寸表面淬火轴的疲劳试验结果
1—φ10mm   2—φ20mm   3—φ100mm

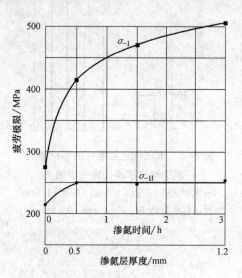

图 14-10   渗氮层厚度对疲劳极限的影响
注:材料为 15 钢,570℃渗氮,水冷。

由于渗氮层很薄,因而渗氮建立的残余压应力特别大,特别适用于有尖锐缺口的零件。渗氮提高光滑试样拉伸疲劳强度的作用很小,这主要是因为拉伸载荷下为均匀应力,而渗氮不能提高心部疲劳强度所致。表 14-9~表 14-16 给出了渗氮提高钢铁材料试样疲劳强度的数据。

表 14-9   铬钼钢渗氮试样的疲劳极限

试样状态	疲劳极限/MPa	试样状态	疲劳极限/MPa
未渗氮	±510	在 485℃下渗氮 22h	±590
在 485℃下渗氮 10h	±590	在 485℃下渗氮 72h	±630

表 14-10   铬钼钒钢渗氮试样的疲劳极限

试样状态	疲劳极限(10^7 周次循环)/MPa		
	旋转弯曲	循环扭转	交变轴向应力
未渗氮	±560	±310	±525
渗氮	±740	±400	±525

表 14-11　渗氮对圆柱钢试样对称弯曲疲劳极限的影响

表面硬度 HV	表面层厚度 t/mm	表面层相对厚度 t/R	疲劳极限	
			MPa	%
290	—	—	380	100
850~950	0.3	0.0375	472	114
900~1000	0.5	0.0625	460	117
850~950	0.6	0.0750	460	119

注：材料为 CrAl 钢［化学成分（质量分数,%）为 0.52C, 1.47Cr, 1.11Al］, $d=2R=16mm$, $\sigma_b=964MPa$。渗氮温度为 520°C。

表 14-12　渗氮和渗碳的强化系数 β_3

表面处理	厚度 t/mm	硬度 HV	试样形式	试样直径	β_3
渗氮	0.1~0.4	700~1000	光滑	8~15	1.15~1.25
	0.1~0.4	700~1000	光滑	30~40	1.10~1.15
	0.1~0.4	700~1000	缺口	8~15	1.90~3.00
	0.1~0.4	700~1000	缺口	30~40	1.30~2.00
渗碳	0.2~0.8	670~750	光滑	8~15	1.2~2.1
	0.2~0.8	670~750	光滑	30~40	1.1~1.5
	0.2~0.8	670~750	缺口	8~15	1.5~2.5
	0.2~0.8	670~750	缺口	30~40	1.2~2.5

表 14-13　液体渗氮对回火钢光滑试样和缺口试样疲劳极限 σ_{-1} 的影响

试样形式	材料	疲劳极限 σ_{-1}/MPa		σ_{-1} 提高率 (%)	疲劳极限 σ_{-1}/MPa		σ_{-1} 提高率 (%)
		530°C 回火	530°C 回火 510°C 渗氮		600°C 回火	600°C 回火 570°C 渗氮	
光滑	45 钢	520	590	13.5	450	530	17.7
	20MnCr5	590	710	20.3	520	620	19.2
	16MnCr5	540	620	14.8	410	520	26.8
	42MnV7	620	650	4.8	490	550	12.2
缺口	45 钢	280	350	25.0	240	340	41.6
	20MnCr5	280	450	60.7	280	360	28.5
	16MnCr5	250	330	32.0	190	290	52.6
	42MnCr7	320	450	40.6	230	350	52.2

注：试样直径 $d=5mm$, 环形槽, $R=0.63mm$。$N_B=10^7$ 周次循环。

表 14-14　液体渗氮曲轴与其他方法处理的相同曲轴的疲劳极限比较

材料	加载方式	处理方法	疲劳极限/MPa
37Cr4	旋转弯曲	回火至 $\sigma_b=900MPa$ 后感应淬火	105
		回火至 $\sigma_b=900MPa$ 后表面感应淬火,圆角过渡处喷丸	115
		回火至 $\sigma_b=900MPa$ 后液体渗氮	150
		正火至 $\sigma_b=700MPa$ 后液体渗氮	145

（续）

材　料	加载方式	处 理 方 法	疲劳极限/MPa
15CrNi6	旋转弯曲	渗碳	140
		回火后液体渗氮	175
37Cr4	对称扭转	回火至 $\sigma_b = 900\text{MPa}$ 后表面感应淬火	65
		回火至 $\sigma_b = 900\text{MPa}$ 后液体渗氮	90

表 14-15　　液体渗氮对正火钢光滑试样和缺口试样旋转弯曲疲劳极限的影响

试样形式	材　料	疲劳极限 σ_{-1}/MPa			σ_{-1} 提高率（%）	
		正火	510°C 渗氮	570°C 渗氮	510°C 渗氮	570°C 渗氮
光滑	45 钢	360	400	510	11.1	41.6
	20MnCr5	320	300	430	25.0	34.4
	16MnCr5	310	390	420	25.8	35.5
	42MnV7	350	490	510	40.0	45.7
缺口	45 钢	140	250	240	78.6	71.4
	20MnCr5	170	290	250	70.6	47.0
	16MnCr5	140	240	230	71.4	64.3
	42MnV7	170	250	300	47.0	76.5

注：试样直径 $d = 5\text{mm}$，环形槽，$R = 0.63\text{mm}$。$N_B = 10^7$ 周次循环。

表 14-16　　渗氮提高疲劳极限的作用

材　　料	疲劳极限/MPa			
	未渗氮		渗氮	
	光滑试样	缺口试样	光滑试样	缺口试样
普通铸铁	215	156	264	313
球墨铸铁	245	171	269	342
20Cr13	—	225	—	402

2. 渗碳

渗碳是在高温下使碳元素渗入低含碳量零件表层的工艺。根据所用渗碳剂的状态，可分为气体渗碳、液体渗碳和固体渗碳。渗碳提高疲劳强度的作用有三：①不均匀冷却产生的表面残余压应力；②相变产生的表面残余压应力；③渗碳使表面的强度提高。而表面淬火时仅仅是零件表层加热，其心部是冷却的，表层冷却时产生的残余应力是残余拉应力，它必然会抵消相变残余应力的有利作用，因此表面淬火形成的残余压应力比渗碳小。渗碳与渗氮相比，其硬化层厚度优于渗氮。典型的渗碳层厚度为 $0.7 \sim 2.5\text{mm}$。对光滑试样，渗碳层厚度 t 与工件直径 d 的关系一般为 $t/d = 0.2$。渗碳层厚度对旋转弯曲疲劳极限的影响如图 14-11 所示。

由于渗氮和渗碳层都比较薄，因此应避免对渗氮和渗碳后的零件进行机械加工。由于渗氮和渗碳时疲劳裂纹一般都在硬化层下面萌生，因此基体的性能对其疲劳强度有很大影响。在渗碳和渗氮前应对零件进行调质处理，以提高基体材料的疲劳强度。心部抗拉强度对渗碳和渗氮试样疲劳极限的影响如图 14-12 所示。表 14-17 ~ 表 14-20 给出了渗碳提高钢试样疲劳极限的数据。

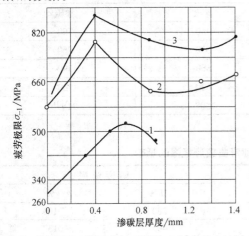

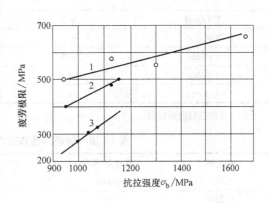

图 14-11　渗碳层厚度对旋转弯曲
　　疲劳极限的影响

1—碳钢[$w(C)=0.12\%$]　2—CrNiMo 钢　3—CrNi 钢

图 14-12　心部抗拉强度对渗碳和渗氮
　　试样疲劳极限的影响

1—渗碳（旋转弯曲，σ_{-1}）　2—渗氮（σ_{-1}）

3—渗氮（扭转，τ_{-1}）

表 14-17　淬火对提高渗碳件疲劳极限的作用

热　处　理	硬化层厚度/mm	疲劳极限/MPa
未经热处理	0	±193
在 910°C 下渗碳,空冷	0.5	±280
在 910°C 下渗碳,油冷淬火	2.0	±555
在 910°C 下渗碳,油冷淬火	0.5	±415

注：试样材料为 $w(C)=0.2\%$ 的钢，试样直径 $d=7.6mm$。

表 14-18　渗碳钢试样的旋转弯曲疲劳极限

材　料	光滑试样的疲劳极限/MPa		缺口试样[1]处理后的疲劳极限/MPa
	处理前	处理后	
$w(C)=0.20\%$ 的钢	195	415	260
$w(C)=0.35\%$ 的钢	220	470	370
CrNi 钢	300	660	370

注：试样直径 $d=10mm$，渗碳深度 $1.0~1.2mm$，渗碳温度：1050°C。

[1]　缺口半径 $r=0.75mm$。

表 14-19　渗碳对各种钢光滑试样旋转弯曲疲劳极限的影响

材　料	试样直径 d/mm	疲劳极限/MPa	
		淬火	渗碳
低碳钢	6.5	260	490
	8.0	330	610
	8.0	450	850
	8.0	530	860
16MnCr5	6.5	410	840
16CrMo4	6.5	440	740

（续）

材　料	试样直径 d /mm	疲劳极限/MPa	
		淬火	渗碳
22CrMo4	6.5	460	790
20MnCr5	6.5	550	960
CrNiMo	6.5	600	790
CrNiMo	14.0	620	700
CrNiMo	14.0	250[1]	315[1]

[1]　对称扭转疲劳极限。

表 14-20　渗碳对圆钢试样对称弯曲疲劳极限的影响

表面硬度 HV	硬化层厚度 t /mm	相对厚度 t/R	疲 劳 极 限	
			MPa	%
230	—	—	280	100
750 ~ 800	1.0	0.1250	405	137
750 ~ 800	1.1	0.1375	375	139
750 ~ 820	1.2	0.1500	415	141
700 ~ 850	1.4	0.1750	410	145
750 ~ 800	1.5	0.1875	420	147
700 ~ 800	1.6	0.2010	443	149
680 ~ 740	2.0	0.2500	400	157

注：材料为 $w(C) = 0.10\%$ 的钢，试样直径 $d = 2R = 16mm$，$\sigma_b = 624MPa$。渗碳温度为 880°C。

3. 碳氮共渗与氮碳共渗

（1）碳氮共渗　在零件表面同时渗入碳和氮，且以渗碳为主的热处理工艺称为碳氮共渗。其目的是使工件在保持心部较高韧性的条件下，表面层获得高硬度，以提高其耐磨性和疲劳极限。18CrMnTi 渗碳与碳氮共渗的疲劳试验结果见表 14-21。

表 14-21　18CrMnTi 渗碳与碳氮共渗的疲劳试验结果

热处理方法	渗层厚度/mm	缺口试样（$R = 1mm$）的疲劳极限/MPa	齿轮单齿（$m = 3mm$）的脉动疲劳极限/kN
渗碳	0.94	421	39
碳氮共渗	0.74	529	51

（2）氮碳共渗　在工件表面同时渗入氮和碳，且以渗氮为主的热处理工艺称为氮碳共渗。其目的是提高工件的表面硬度、耐磨性和疲劳极限，并使其具有一定的耐蚀性。氮碳共渗层厚度对旋转弯曲疲劳极限的影响如图 14-13 所示。

14.3.4　表面冷作

1. 概述

冷作强化是提高零件疲劳强度的一种有效方法，由英国人 Gilbet 于 1927 年首先提出。原苏联的中央机器制造与工艺科学研究院（ЦНИИТМАШ）从 1945 年开始，对这种方法进行了系统的理论和试

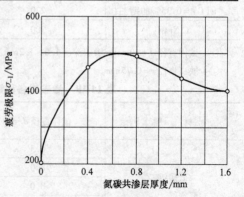

图 14-13　氮碳共渗层厚度对旋转弯曲疲劳极限的影响
注：材料为 20 钢，$d = 15mm$。

验研究，并在工业中得到了广泛的成功应用。

冷作强化提高零件疲劳强度的主要原因，是在冷作层中产生了残余压应力。结构钢进行表面冷作强化处理后的残余压应力可达几百 MPa，其分布深度也不小于塑性层的深度。残余压应力可以提高材料的疲劳强度，而零件的疲劳破坏多自表面起始，因此在表面层中建立有利的残余压应力以后，可以提高零件的疲劳强度。

冷作塑性变形的结果也能使硬度有某种程度提高。含有铁素体、奥氏体和马氏体组织的钢，硬度提高较大；含有索氏体和托氏体组织的钢，硬度提高较小；而钛合金则硬度实际上不提高。硬度提高是冷作强化提高疲劳强度的次要原因。

研究表明，残余应力与外力引起的应力相似，也能在缺口上引起应力集中，因而表面冷作对带有应力集中的零件特别有利。表面冷作可以使应力集中零件的疲劳极限提高 0.5 ~ 1倍。在很多情况下，表面冷作能完全抵消应力集中对疲劳强度的不利影响。

在钢制零件中，表面冷作建立的残余压应力在常温下可以保持几十年而不松弛。这种残余应力只是在应力值较高时才在应力集中区稍有降低。并且，即使在零件残余应力逐渐松弛的高载荷下，表面冷作也能因使残余应力暂时保持，而使总寿命仍有明显提高。

表面冷作的强化效果，不仅不随零件横截面尺寸的增大而降低，一般还有所提高。材料的强度越高，冷作强化的效果越大。圆柱形零件冷作层的合理深度范围为 $0.01d \leqslant t \leqslant 0.05d$，这里 d 为截面直径，t 为冷作层深度。研究还表明，冷作时未冷作到的过渡区域的疲劳强度也并不降低。另外，它不仅适用于钢，还适用于铝合金、钛合金、铜合金和球墨铸铁等。这都是它比其他强化方法优越之处。此外，滚压和内孔挤压还可以降低零件的表面粗糙度。

2. 滚压强化

滚压强化是一种最常使用的表面冷作强化方法，适用于圆柱形零件和平面零件。圆柱形零件可以在车床上进行滚压，大型零件的滚压装置如图 14-14 所示，它使用具有适当轮廓的滚轮对零件进行滚压，滚压时滚轮与工件反向旋转。在对平面进行滚压时，仅仅滚轮转动。滚轮需要有很高的硬度（58 ~ 65HRC）和很低的表面粗糙度。冷作层厚度 t 取决于压力 F 和材料的屈服强度 σ_s，一些学者建议用下式计算冷作层厚度 $t(\mathrm{mm})$：

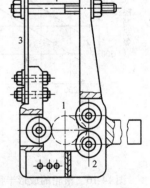

图 14-14　大直径试样的
滚压装置
1—轴　2—滚轮　3—弹簧
4—加载螺栓

$$t = \left(\frac{F}{2\sigma_s} \right)^{\frac{1}{2}} \qquad (14-1)$$

式中 F 的单位为 N，σ_s 的单位为 MPa。在一定范围内，增大 F 可提高零件的疲劳强度，压力 F 过大则不再有利。对带有槽沟的 37CrS4 钢零件的研究表明，最有利的接触压力（用赫芝公式计算）为 $p = 1300\mathrm{MPa}$。冷作层厚度的推荐范围为 $t/d = 0.025 ~ 0.15$。冷作层的硬度增加 15% ~ 30%。滚轮轴向进给量对中碳钢试样滚压后旋转弯曲疲劳极限的影响如图 14-15 所示，进给量超过 0.5mm/r 后疲劳极限下降。滚轮的成形半径和压力对旋转弯曲疲劳极限的影响如图 14-16 所示，成形半径减小，疲劳极限增大，表面粗糙度降低；成形半径加大，疲劳极限减小，表面粗糙度提高。由图 14-17 还可看出，滚压效果与钢的硬度有关，钢的硬度越高，滚压效果越好。

光滑试样滚压之后，疲劳极限平均提高 10% ~ 20%。在有应力集中的情况下，可以建立较高的残余压应力，滚压效果大大提高。阶梯轴和曲轴的圆角过渡处、螺纹根部、轴的压配合面常常使用这种方法进行强化。

对于轴和曲轴，原苏联的中央机器制造与工艺科学研究院还研制出了一种小条沟过渡的滚压强化方法。这种方法适用于轴肩过渡圆角的强化。它的最大优点是，条沟过渡半径不需要有严格的公差，条沟过渡半径的最小值不受限制，而且滚压强化时轴的挠曲大大减小，可以在切削机床上用滚压夹具进行强化。这种方法既适用于钢轴，也适用于铸铁轴，而且轴的尺寸不受限制。使用这种方法时，条沟的初始半径 R 必须小于滚柱的成形半径 r。这种方法也适用于螺纹的强化。

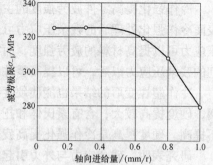

图 14-15　滚轮轴向进给量对中碳钢试样滚压后旋转弯曲疲劳极限的影响

注：滚轮直径 $D = 11mm$，成形半径 $r = 38mm$。

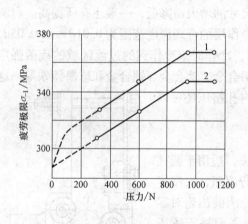

图 14-16　滚轮的成形半径和压力对旋转弯曲疲劳极限的影响

1—$r = 2.4mm$　2—$r = 28mm$

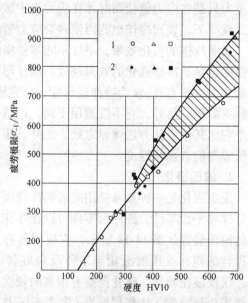

图 14-17　表面硬度对旋转弯曲疲劳极限的影响

1—滚压前　2—滚压后（$F = 3500N$）

表 14-22 ～ 表 14-33 给出了滚压对各种试样疲劳强度的影响数据。图 14-18 所示为滚压力对阶梯轴疲劳极限的影响。图 14-19 所示为滚压力对 20Cr 和 40Cr 钢棒材三点弯曲疲劳极限的影响。图 14-20 所示为不同形状钢板的疲劳极限与板厚的关系。

表 14-22　滚压对不同尺寸钢试样旋转弯曲疲劳极限的影响

钢材硬度 HV	硬化层相对厚度	直径/mm	疲 劳 极 限		硬度增量 HV
			MPa	%	
12CrNi3A 315 ~ 325	—	6.5	500	100	—
	—	35	430	100	—
	0.057	6.5	550	110	20

（续）

钢材 硬度 HV	硬化层相对厚度	直径/mm	疲劳极限		硬度增量 HV
			MPa	%	
12CrNi3A 315~325	0.057	35	480	112	65
	0.114	6.5	580	116	25
	0.114	35	500	116	95
	0.170	6.5	610	122	55
	0.170	35	530	123	95
37CrNi3A 360~365	—	6.5	640	100	—
	—	35	560	100	—
	0.057	6.5	700	109	20
	0.057	35	600	107	10
	0.114	6.5	720	112	50
	0.114	35	580	104	45
	0.170	6.5	720	112	35
	0.170	35	650	116	70
18CrNiWA 325~370	—	6.5	570	100	—
	—	35	480	100	—
	0.057	6.5	680	119	80
	0.057	35	550	114	105
	0.110	6.5	640	112	60
	0.170	6.5	670	117	75

表 14-23　ϕ18mm 的 25CrNi3MoVA 钢试样的疲劳极限

缺口形式	σ_{-1K}/MPa		K_σ
	初始状态	缺口液压	
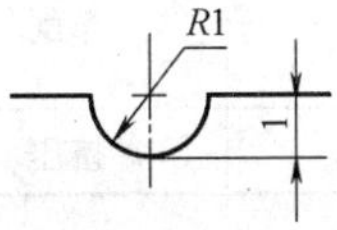	180	—	1.6~1.8
		355	0.8~0.9
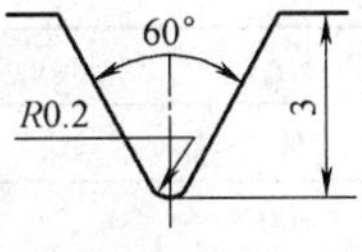	115	—	2.6~2.7
		295	1.0~1.1

注：光滑试样的 σ_{-1} = 295~315MPa。

表 14-24　42CrMo 钢辊压前后的疲劳极限

静强度/MPa		疲劳极限（$N = 10^6$ 周次）/MPa	
σ_s	σ_b	未辊压	辊压
853	963	618	689
880	1044	591	698
982	1145	532	731

表 14-25   对称弯曲试样的疲劳试验结果

试　　样	试样截面尺寸 /mm	σ_{-1}/MPa		K_σ	
		未强化	滚压强化	未强化	滚压强化
光滑	200×200	145	—	—	—
带有 R = 25mm 的未配合槽沟	200×300	95	140	1.53	1.00
支承在 R = 25mm 的滚柱上	200×300	55	65	2.63	2.23
光滑	50×75	165	—	—	—
带有 R = 6.25mm 的未配合槽沟	50×75	95	35	1.73	1.22
支承在 R = 6.25mm 的滚柱上	50×75	75	90	2.20	1.83

表 14-26 ϕ135mm/ϕ220mm 阶梯试样的弯曲疲劳试验结果

材料	R/mm	条沟形成方法	K_t	σ_{-1}/MPa	$s_{\sigma_{-1}}$/MPa	K_σ	$q = \dfrac{K_\sigma - 1}{K_t - 1}$
锻钢	3	车削	3.4	87	6.05	2.3	0.54
	9		2.2	106	16	1.9	0.75
	3	滚压	3.4	200	26.9	1.0	0
铸钢 （电渣铸造）	3	车削	3.4	84	6.5	1.6	0.25
	9		2.2	106	12	1.3	0.25
	3	滚压	3.4	136	19	1.0	0

表 14-27 ϕ135mm/ϕ220mm 阶梯轴不同条沟过渡形成方法下的疲劳试验结果

材　　料	R/mm	K_t	K_σ	σ_{-1}/MPa	$s_{\sigma_{-1}}$/MPa	条沟成形方法
34CrNiMo	3	3.4	3.3	88	6	车削
	9	2.2	1.9	152	13	
	3	3.4	1.0	290	17	挤压
45 钢	3	3.4	2.5	76	3	车削
	9	2.2	1.7	110	7	
	3	3.4	1.0	191	16	挤压

表 14-28   带大条沟半径的 ϕ12mm 45 钢光滑圆柱试样的疲劳试验结果

试　　样	试样的疲劳极限	
	MPa	%
磨	275	100
滚压(F = 1kN)	332	120
扭转塑性变形($\varepsilon_1 = 35\%$)	325	118

表 14-29   不同热处理对 15SiMn3WVA 钢的辊压效果

热　处　理	抗拉强度 σ_b/MPa	脉动扭转疲劳极限/MPa		提高率(%)
		抛光	辊压	
880～900℃ 空淬,580℃ 回火	961	372	666	79
880～900℃ 空淬,220℃ 回火	1000	431	784	82

注: 试样直径为 ϕ14mm, 辊压力为 1000N, 试样转速为 44r/min。

表14-30 各种组织的铸铁的辊压效果

组织状态	辊压力/N	弯曲疲劳极限/MPa		提高率(%)
		辊压前	辊压后	
珠光体 + 片状石墨	353	115	139	20
铁素体 + 片状石墨	490	61	131	114
珠光体 + 球状石墨	1804	193	468	142
铁素体 + 球状石墨	1451	123	360	193

表14-31 $\phi10.6mm$ 的缺口试样和 $\phi75mm$ 的铸铁曲轴滚压前后的疲劳极限 σ_{-1}

缺口形式	材料	疲劳极限 σ_{-1} ($N=10^7$ 周次)/MPa		提高率(%)
		滚压前	滚压后	
轴肩过渡,圆角,$r=5mm$	45 钢	122	176	44
	珠光体铸铁	118	195	65
	铁素体铸铁	124	240	93
V 型缺口,$r=0.25mm$	珠光体灰铸铁	118	141	20
	铁素体灰铸铁	63	134	112
	珠光体球墨铸铁	197	478	243
	铁素体球墨铸铁	127	367	193

表14-32 $\phi40mm$ 钛合金试样的滚压结果

滚压段序号	滚压力 F/kN	滚子直径 D/mm	滚子成形半径/mm	送进量($s=0.1b$)/mm	表面状况
1	3.5	28	4	0.11	光亮,没有起皮
2	4.0	28	2	0.11	
3	4.5	28	1	0.11	
4	3.0	28	1.5	0.10	无光泽,没有起皮
5	3.5	28	1.5	0.10	
6	4.0	28	1.5	0.13	无光泽,轻度起皮。
7	4.5	28	0.15	0.13	滚压时小轴的顶部破坏

注:试样的转动频率为100r/min。b 为滚压后的压痕宽度。

表14-33 光滑钛合金试样的疲劳试验结果

试样直径/mm	试样的 σ_{-1}/MPa		$\dfrac{\sigma_{-1}}{\sigma_b}$
	未滚压	滚压	
12	220	220	0.28
20	200	160	0.26
40	160	160	0.20
180	145	145	0.18

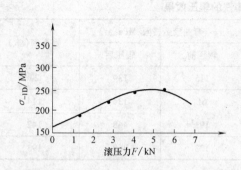

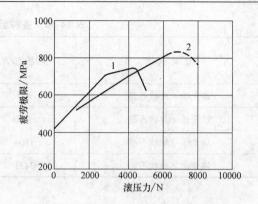

图 14-18　滚压力对阶梯轴疲劳极限的影响
注：材料为 $w(C)=0.35\%$ 的钢，$\sigma_{-1}=270MPa$，
　　$D=22mm$，$d=17mm$，$r=1.2mm$。

图 14-19　滚压力对 20Cr 和 40Cr 钢棒材三点
弯曲疲劳极限的影响
1—20Cr　2—40Cr
注：$N=2\times10^{6}$ 周次。

3. 喷丸处理

喷丸处理特别适用于复杂形状的零件（如螺旋弹簧等）和具有内外表面的零件（如管子）。它可对零件表面进行整体或局部冷作处理。喷丸处理是利用喷丸机或压缩空气将钢丸高速喷射到零件表面，使其产生塑性变形和建立有利的残余压应力，从而提高其疲劳强度。

要测定硬化层的有效深度，可以用一块任意厚度的平板进行喷丸处理。将平板的两面相继进行处理后，按下面公式计算出硬化层深度 t：

$$t=\frac{f_2}{f_1}\times\frac{h}{2} \tag{14-2}$$

式中　f_1——从板的一面处理后的挠度（mm）；

　　　f_2——从板的另一面处理后的挠度（mm）；

　　　h——板厚（mm）。

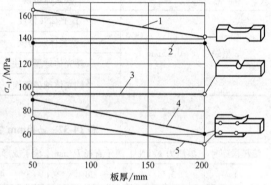

图 14-20　不同形状钢板的疲劳极限
与板厚的关系
1、3、5—未强化　2、4—强化

假如用两块平板，都仅处理一面，一块板的厚度为另一块板的两倍（$h_2=2h_1$），则硬化层深度为

$$t=\frac{h_1}{6}\left(\frac{f_1}{f_2}-4\right) \tag{14-3}$$

式中　h_1——薄板厚度（mm）；

　　　f_1——薄板挠度（mm）；

　　　f_2——厚板挠度（mm）。

喷丸除使用钢丸以外，也可使用玻璃丸和陶瓷丸。除了使用气体喷丸装置以外，还可使用气液喷丸装置，它具有尺寸小，重量轻和喷嘴寿命高、劳动条件好等优点。

喷丸对弹簧钢疲劳强度的影响见表 14-34。图 14-21 所示为喷丸对 40CrMnSiMoVA 钢旋转弯曲 $S\text{-}N$ 曲线的影响。图 14-22 所示为喷丸对 K406 镍基铸造合金高温旋转弯曲疲劳强度的影响。图 14-23 所示为喷丸对 $w(C)=0.2\%$ 的钢微动磨损疲劳性能（旋转弯曲）的影响。图 14-24 所示为喷丸时间对旋转弯曲疲劳极限的影响。

表 14-34　喷丸对弹簧钢疲劳强度的影响

材　　料	表　面　状　态	疲劳极限/MPa	
		未喷丸	喷丸
55Si2	无脱碳	235	353
	脱碳层 0.15~0.25mm 厚	220	353

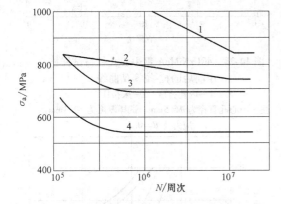

图 14-21　喷丸对 40CrMnSiMoVA 钢（$\sigma_b = $1950MPa）旋转弯曲 S-N 曲线的影响

1—光滑试样，喷丸　2—光滑试样

3—缺口试样，喷丸　4—缺口试样

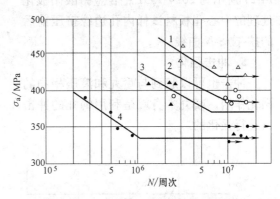

图 14-22　喷丸对 K406 镍基铸造合金高温（650℃）旋转弯曲疲劳强度的影响

1—缺口试样，喷丸　2—光滑试样，喷丸

3—光滑试样　4—缺口试样

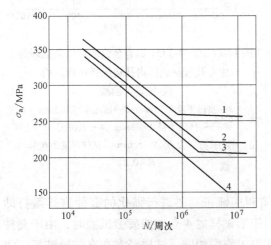

图 14-23　喷丸对 $w(C)=0.2\%$ 的钢微动磨损疲劳性能（旋转弯曲）的影响

1—高周疲劳（喷丸）　2—微动磨损疲劳（喷丸）

3—高周疲劳　4—微动磨损疲劳

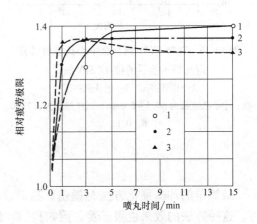

图 14-24　喷丸时间对旋转弯曲疲劳极限的影响

1—喷射速率 53m/s　2—喷射速率 66m/s

3—喷射速率 79m/s

4. 内孔挤压

许多带孔的零件，疲劳裂纹往往起源于孔上。内孔挤压是提高孔疲劳强度的有效方法。

对于直径为 6 ~ 10mm 的孔，挤压后使其直径增大 0.2 ~ 0.3mm，即可显著提高其疲劳强度，还可同时降低其表面粗糙度。内孔挤压提高疲劳强度的原理，也是产生有利的残余压应力。图 14-25 所示为 40CrNiMoA 钢中心孔板材试样挤压前后的拉-拉 S-N 曲线。图 14-26 所示为 7075-T651 铝合金中心孔板材试样内孔挤压前后的拉-拉 S-N 曲线。图 14-27 所示为 2024-T351 铝合金铬酸阳极化处理的中心孔板材试样内孔边缘挤压前后的拉-拉 S-N 曲线。

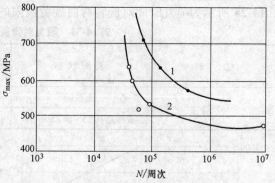

图 14-25　40CrNiMoA 钢中心孔板材试样挤
压前后的拉-拉 S-N 曲线
1—内孔挤压　2—未挤压
注：中心孔直径为 ϕ6.5mm，试样厚度为 10.4mm。
应力比 $R = 0.2$。

5. 冲击强化

冲击也可以起到与喷丸和滚压相同的强化作用，喷丸本身就是利用钢丸的冲击力进行强化的。

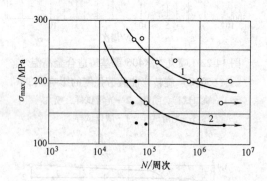

图 14-26　7075-T651 铝合金中心孔板材试样
内孔挤压前后的拉-拉 S-N 曲线
1—内孔挤压　2—内孔未挤压
注：中心孔直径为 ϕ6.5 ~ 6.6mm，试样厚度为 3.2mm。
$R = 0.1$。

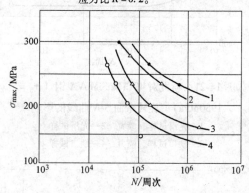

图 14-27　2024-T351 铝合金铬酸阳极化处理的
中心孔板材试样内孔边缘挤压前后的
拉-拉 S-N 曲线
1—挤压半径 0.15mm　2—挤压半径 0.1mm
3—挤压半径 0.076mm　4—未挤压
注：中心孔直径为 ϕ6.5 ~ 6.6mm，试样厚度为 6.4mm。
$R = 0.2$。

最简单的冲击强化方法是锤击，这时，只需利用锤子对要进行强化的部件进行敲打即可。这种方法的效果也很显著，例如我们在进行矩形试样的 4 点弯曲疲劳试验时，由于夹持部分的宽度仅为工作段的 1.5 倍，夹持段的高度与工作段相同，试样经常在夹持段破坏。为了解决这一问题，我们用手锤对夹持部分进行了锤击强化，锤击之后，所有试样都不再在夹持段破坏。

也可以利用气锤的冲头对轴的过渡圆角进行冲击，这时可以用较小的能量得到较大的压力。用这种方法对接触区进行强化也能得到较好效果。表 14-35 给出了曲轴的冲击强化效果。

表 14-35 ϕ175mm 钢曲轴和高强铸铁曲轴的疲劳试验结果

轴的材料	条沟处理	条沟应力/MPa	加载次数/10^6 周次	轴的试验结果
45 钢	未强化	±80	3.5	沿条沟断裂
		±60	5.5	
	强化	±140	10.0	未损伤
		±160	1.5	沿条沟断裂
铁素体铸铁	强化	±110	6.0	未损伤
		±160	1.5	沿轴颈断裂(在条沟以外)
	未强化	±60	10.0	未损伤
		±80	7.5	沿条沟断裂
珠光体铸铁	未强化	±60	10.0	未损伤
		±80	6.5	沿条沟断裂

6. 超载拉伸

对于受拉的缺口零件进行超载拉伸，可以在缺口处建立残余压应力，也能提高缺口零件的拉伸疲劳强度。如果将图 14-28 所示的双边缺口板拉伸，使缺口处的应力超过屈服强度，则部分材料产生塑性变形，而板内的其他部分仍处在弹性状态。卸载以后，塑性变形不能恢复，因此缺口处建立了残余压应力，截面上的其他部分则产生残余拉应力与之平衡，而残余压应力远比残余拉应力大（见图 14-28b）。由于在缺口上建立了压缩残余应力，因此使其疲劳强度提高。

对焊接结构及其他结构预先进行超载拉伸，可以使危险区冷作和建立有利的残余压应力，从而可提高其疲劳强度。在许多情况下，可以用超载来代替高温回火工序。

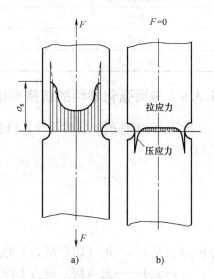

图 14-28 超载拉伸建立的残余应力
a) 拉伸时的应力分布 b) 卸载后的残余应力

14.3.5 硬化层厚度对疲劳强度的影响

表面强化零件疲劳强度的提高与硬化层厚度 t 的关系可以用图 14-29 来说明。在该图中，粗线为疲劳强度线，细线为工作应力线，当细线与粗线相切时，在切点发生疲劳开裂。由图可见，当试样承受弯曲载荷时，由于表面层得到强化，其薄弱环节转移到表面层下的过渡区，这时的疲劳极限由强化前的 σ_{-1} 增大为 σ_{-1t}。由几何关系可得

$$\frac{\sigma_{-1t} - \sigma_{-1}}{\sigma_{-1t}} = \frac{\Delta\sigma}{\sigma_{-1} + \Delta\sigma} = \frac{2t}{d} \tag{14-4}$$

即零件疲劳极限的提高与相对厚度 t/d 成正比。Linhart 由上述简化分析出发，在归纳了大量的表面强化零件的试验数据以后，提出了一个如下的表面强化系数 β_3 的计算式：

$$\beta_3 = \frac{\sigma_{-1t}}{\sigma_{-1}} = K\left[1 + \frac{2t}{d} + \left(\frac{2t}{d}\right)^2\right] \tag{14-5}$$

式中　d——试样直径（mm）；

　　　t——硬化层厚度（mm）；

　　　K——心部材料的疲劳强度提高系数。

对调质钢，K 值可由表 14-36 选用。当基体材料为正火状态时，$K=1$。对于冷作强化，也应取 $K=1$。

必须说明的是，式（14-5）仅适用于光滑试样，缺口试样的情况比光滑试样复杂得多，式（14-5）不能使用。要确定缺口试样的强化效果，必须进行专门的疲劳试验。

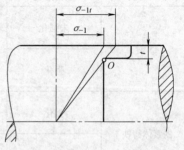

图 14-29　疲劳极限的提高与
硬化层厚度的关系

表 14-36　心部材料的疲劳强度提高系数 K

表面处理方法	硬化层厚度/mm	K
渗氮	0.3 ~ 0.6	1.10
渗碳	1.0 ~ 1.6	1.20
感应淬火	1.5 ~ 3.3	1.26

14.3.6　表面强化零件的抗疲劳设计方法

表面强化零件的抗疲劳设计，仍使用第 5 章中的相应公式，但公式中的 $K_{\sigma D}$ 和 $K_{\tau D}$ 改用下式计算：

$$K_{\sigma D} = \frac{K_\sigma}{\varepsilon \beta_3} \tag{14-6a}$$

$$K_{\tau D} = \frac{K_\tau}{\varepsilon_\tau \beta_{3\tau}} \tag{14-6b}$$

式中　$K_\sigma(K_\tau)$——正（切）应力下的疲劳缺口系数；

　　　$\varepsilon(\varepsilon_\tau)$——正（切）应力下的尺寸系数；

　　　$\beta_3(\beta_{3\tau})$——正（切）应力下的表面强化系数。

14.4　表面防护

疲劳破坏一般都自表面起始，而表面与外界环境接触，其疲劳强度受外界环境影响。因此，采用一定的表面防护方法，使表面与有害的外界环境隔离，可以提高其疲劳强度。

1. 液体涂层

在金属表面涂以润滑剂薄膜或润滑油，可以将金属表面与空气中的有害成分——氧和湿气隔开，可以提高金属的疲劳强度。对 40CrNiMoA 钢光滑试样和缺口试样的试验表明，液体涂层可使其疲劳寿命提高一倍。润滑剂薄膜可以改善微动磨损条件下的疲劳寿命，但这时必须确保薄膜在两表面摩擦时被挤出后仍能回复原位。

2. 金属镀层

在钢制零件上镀以非铁金属，可以提高零件的耐磨、防蚀和耐热性能，有时也可用来修复已磨损的零件。常用的金属镀层有铬、镍、锌、锡和镉等。在淬火钢上镀铬和镍后疲劳强度降低，原因是电镀材料的疲劳强度比基体材料低和引起的有害残余应力。而镀锌、锡和镉则对软钢的疲劳强度影响不大。

已经查明，镀铬使高强度钢的疲劳极限降低得比低强度钢多。图 14-30 所示为具有不同抗拉强度的钢的疲劳极限因有 0.15mm 厚的镀铬层而发生变化的百分率。对于高强度钢已知，当镀铬层厚度为 0.025 ~ 0.3mm 时，疲劳极限的降低与铬层厚度无关。而另外的试验结果则表明，镀层厚度对正火或淬火并回火钢的疲劳极限有影响（见表 14-37）。各种热处理对镀有 0.125mm 厚铬的 $w(C) = 0.3\%$ 钢试样旋转弯曲疲劳极限的影响见表 14-38。镀镍也会使钢的疲劳强度降低，钢的抗拉强度越高，镀层中的残余拉应力越大，疲劳强度降低得越多。表 14-39 列出的镀镍钢试样的疲劳试验结果说明了这一点。镀铜和镀铅对高强钢疲劳极限的影响见表 14-40。

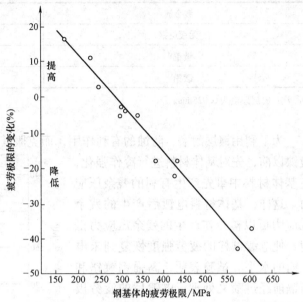

图 14-30　钢的疲劳极限因有 0.15mm 厚的镀铬层而发生变化的百分率

飞机用的包铝板具有较好的耐蚀性，但其疲劳强度却比未包铝的降低 15% ~ 20%。

表 14-37　镀层厚度对镀铬钢疲劳极限的影响

钢的状态	镀层厚度/mm					
	0	0.0025	0.025	0.1	0.23	磨至 0.23
	疲劳极限/MPa					
正火	±300	±255	±225	±255	±280	±260
淬火并回火	±640	±400	±420	±340	±310	±400

表 14-38　各种热处理对镀有 0.125mm 厚铬的 w (C) = 0.3% 钢试样旋转弯曲疲劳极限的影响

状　　态	疲劳极限(10^7 周次)/MPa	状　　态	疲劳极限(10^7 周次)/MPa
未电镀	±245	电镀后在 420°C 下加热 1h	±235
电镀	±250	电镀后在 500°C 下加热 1h	±245
电镀后在 250°C 下加热 1h	±200		

表 14-39　镀镍钢试样的疲劳试验结果

试　　样	镀镍层中的残余应力/MPa	疲劳极限/MPa
无镀层钢	0	±310
镀镍钢	−42	±310
镀镍钢	+175	±200

表 14-40   镀铜和镀铅对高强钢疲劳极限的影响

镀金属	疲劳极限/MPa
无镀层钢	±700
镀铜[①]	±600
镀铅[①]	±730

注：镀层厚度为 0.025mm。

为了利用镀层耐磨、防蚀的有利作用，而克服其对疲劳强度的不利影响，可以在镀铬和镀镍以前，先对基体材料进行冷作强化，使基体材料中事先产生有利的残余压应力。这样，基体材料电镀后产生的残余拉应力可以被冷作产生的残余压应力抵消，使电镀试样的疲劳强度恢复到未电镀前的水平。试验表明，高强钢镀铬和镀镉前经过喷丸处理，电镀后的疲劳极限可恢复到电镀前的水平。而镀镍试样事先经过喷丸处理，其疲劳极限还可比基体金属提高。图 14-31 所示为镀铬和喷丸对 40CrNiMoA 钢疲劳性能的影响。

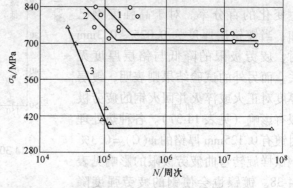

图 14-31   镀铬和喷丸对 40CrNiMoA（52~53HRC）疲劳性能的影响

1—未喷丸   2—喷丸后镀铬   3—镀铬

3. 阳极氧化

阳极氧化是一种电解镀液过程，它能在铝合金上形成一层硬的耐蚀耐磨的氧化铝表层。氧化层较薄时对疲劳强度影响不大，较厚或应力水平较高时都能使疲劳强度降低。在阳极氧化处理以前将铝合金酸洗，可使其疲劳强度恢复到阳极氧化前的水平。阳极氧化前用氢氧化钠溶液浸洗，还可使其疲劳强度比母体金属提高。

14.5   合理操作与定期检修

合理操作对提高零部件的疲劳强度也具有重要意义。误操作可以使零件载荷骤增，产生较大的损伤。振动和共振可增大其交变应力，降低疲劳强度和寿命。频繁的起动停车和载荷波动，都能造成低周疲劳破坏或高低周复合疲劳破坏。为了保证和提高设备的使用寿命，必须按操作规程进行操作，并尽可能避免不必要的起停和载荷波动，以降低其高、低周交变应力。

为了提高设备的使用期限，还必须对设备进行定期检修，以便及时发现问题，采取有效措施，防止设备长期在不正常的工况下运行，而加速其受力件的疲劳破坏和磨损失效。

参 考 文 献

[1] 高镇同. 疲劳性能测试 [M]. 北京：国防工业出版社，1986.

[2] 赵少汴，王忠保. 疲劳设计 [M]. 北京：机械工业出版社，1992.

[3] 徐灏. 疲劳强度 [M]. 北京：高等教育出版社，1988.

[4] Fuchs H O，Stephens R I. 工程中的金属疲劳 [M]. 漆平生，等译. 北京：中国农业机械出版社，1983.

[5] Miller K J. 金属疲劳——过去、现在和未来. 柯伟，等译 [J]. 机械强度，1993，15（1）：77-80；15（2）：77-80.

[6] 高镇同. 疲劳应用统计学 [M]. 北京：国防工业出版社，1986.

[7] Buch A. Fatigue Strength Calculation. [M]. Switzerland：Trans Tech Publications，1988.

[8] 库德里亚弗采夫 И B，等. 大型机器零件的疲劳 [M]. 赵少汴，译. 北京：机械工业出版社，1986.

[9] 西田正孝. 应力集中 [M]. 李安定，等译. 北京：机械工业出版社，1986.

[10] 谢联先 C B. 机器零件的承载能力和强度计算 [M]. 汪一麟，等译. 北京：机械工业出版社，1984.

[11] 日本材料学会. 金属材料疲劳设计便览 [M]. 東京：養賢堂，1978.

[12] 弗罗斯特 N E，等. 金属疲劳 [M]. 汪一麟，等译. 北京：冶金工业出版社，1984.

[13] 航空部科学技术委员会. 应变分析手册 [M]. 北京：科学出版社，1987.

[14] 徐灏. 机械强度的可靠性设计 [M]. 北京：机械工业出版社，1984.

[15] Школбник Л М. 疲劳试验方法手册 [M]. 陈玉琨，战嘉禾，译. 北京：机械工业出版社，1983.

[16] 闻邦椿. 机械设计手册：第2卷 [M]. 5版. 北京：机械工业出版社，2010.

[17] 闻邦椿. 机械设计手册：第3卷 [M]. 5版. 北京：机械工业出版社，2010.

[18] 闻邦椿. 机械设计手册：第6卷 [M]. 2版. 北京：机械工业出版社，2010.

[19] 赵少汴. 抗疲劳设计 [M]. 北京：机械工业出版社，1993.

[20] 北京航空材料研究所. 航空金属材料疲劳性能手册 [M]. 北京：北京航空材料研究所，1981.

[21] 机械工程材料性能数据手册编委会. 机械工程材料性能数据手册 [M]. 北京：机械工业出版社，1994.

[22] 胡雨人. 随机振动下的疲劳强度——随机疲劳 [J]. 振动、测试与诊断，1984（3）：3-10.

[23] 牟致忠. 机械零件可靠性设计 [M]. 北京：机械工业出版社，1988.

[24] 赵少汴. S-N 曲线转折点循环数 N_0 的探讨 [J]. 机械强度，2001，23（1）：22-24.

[25] 赵少汴. 单轴载荷下的无限寿命疲劳设计方法与设计数据 [J]. 机械设计，1999，16（9）：4-8.

[26] 赵少汴. 多轴载荷下的无限寿命疲劳设计方法与设计数据 [J]. 机械设计，1999，16（10）：4-6.

[27] 赵少汴. 有限寿命疲劳设计法的基础曲线 [J]. 机械设计，1999，16（11）：5-7，18.

[28] 赵少汴. 等幅载荷下的有限寿命疲劳设计方法 [J]. 机械设计，1999，16（12）：3-5.

[29] 赵少汴. 变幅载荷下的有限寿命疲劳设计方法和设计数据 [J]. 机械设计，2000，17（1）：5-8.

[30] 赵少汴. 局部应力应变法及其设计数据 [J]. 机械设计，2000，17（2）：1-3.

[31] 赵少汴. 局部应力应变法的推广应用 [J]. 机械设计，2000，17（3）：11-13.

[32] 赵少汴. 概率疲劳设计方法与设计数据，[J]. 机械设计，2000，17（4）：8-10.

[33] 赵少汴. 损伤容限设计方法和设计数据 [J]. 机械设计，2000，17（5）：4-7.

［34］　赵少汴. 腐蚀疲劳设计方法与设计数据［J］. 机械设计，2000，17（6）：6-7.

［35］　邓增杰，周敬恩. 工程材料的断裂与疲劳［M］. 北京：机械工业出版社，1995.

［36］　中国钢铁工业协会. GB/T 24176—2009 金属材料　疲劳试验　数据统计方案与分析方法［S］. 北京：中国标准出版社，2010.

［37］　中华人民共和国建设部，GB 50017—2003 钢结构设计规范［S］. 北京：中国计划出版社，2003.